普通高等教育“十一五”国家级规划教材

普通高等院校工程训练系列规划教材

材料成形技术基础

汤酞则　主编
刘舜尧　主审

清华大学出版社
北京

内 容 简 介

本书是普通高等教育"十一五"国家级规划教材。在编写过程中认真总结了材料成形技术课程建设与教学改革的经验，在精选传统材料成形技术内容的基础上，增加了在现代工业制造工程中应用的新材料、新技术和新工艺，介绍了当前材料成形技术的新进展及发展趋势。全书共分7章，内容包括：液态金属铸造成形、固态金属塑性成形、金属材料焊接成形、粉末冶金成形、非金属材料与复合材料的成形、快速原型制造技术、选择材料成形方法时要考虑的问题。每节后附有适量的思考练习题。

本书是高等工科院校机械类专业本科学生的通用教材，也可供工科近机类专业学生选用，同时可作为相关科研及工程技术人员的参考书。

图书在版编目（CIP）数据

材料成形技术基础/汤酞则主编．—北京：清华大学出版社，2008.7(2019.12重印)
（普通高等院校工程训练系列规划教材）
ISBN 978-7-302-17466-0

Ⅰ．材… Ⅱ．汤… Ⅲ．工程材料—成形—高等学校—教材 Ⅳ．TB3

中国版本图书馆CIP数据核字(2008)第057274号

责任编辑：张秋玲
责任校对：赵丽敏
责任印制：刘祎淼

出版发行：清华大学出版社
http://www.tup.com.cn
地 址：北京清华大学学研大厦A座
邮 编：100084
社 总 机：010-62770175
邮 购：010-62786544
投稿与读者服务：010-62776969，c-service@tup.tsinghua.edu.cn
质 量 反 馈：010-62772015，zhiliang@tup.tsinghua.edu.cn
印 装 者：北京国马印刷厂
经 销：全国新华书店
开 本：185×260 印 张：21.5 字 数：521千字
版 次：2008年7月第1版 印 次：2019年12月第10次印刷
定 价：55.00元

产品编号：024885-03

改革开放以来，我国贯彻科教兴国、可持续发展的伟大战略，坚持科学发展观，国家的科技实力、经济实力和国际影响力大为增强。如今，中国已经发展成为世界制造大国，国际市场上已经离不开物美价廉的中国产品。然而，我国要从制造大国向制造强国和创新强国过渡，要使我国的产品在国际市场上赢得更高的声誉，必须尽快提高产品质量的竞争力和知识产权的竞争力。清华大学出版社和本编审委员会联合推出的普通高等院校工程训练系列规划教材，就是希望通过工程训练这一培养本科生的重要窗口，依靠作者们根据当前的科技水平和社会发展需求所精心策划和编写的系列教材，培养出更多视野宽、基础厚、素质高、能力强和富于创造性的人才。

我们知道，大学、大专和高职高专都设有各种各样的实验室。其目的是通过这些教学实验，使学生不仅能比较深入地掌握书本上的理论知识，而且掌握实验仪器的操作方法，领悟实验中所蕴含的科学方法。但由于教学实验与工程训练存在较大的差别，因此，如果我们的大学生不经过工程训练这样一个重要的实践教学环节，当毕业后步入社会时，就有可能感到难以适从。

对于工程训练，我们认为这是一种与社会、企业及工程技术的接口式训练。在工程训练的整个过程中，学生所使用的各种仪器设备都来自社会企业的产品，有的还是现代企业正在使用的主流产品。这样，学生一旦步入社会，步入工作岗位，就会发现他们在学校所进行的工程训练，与社会企业的需求具有很好的一致性。另外，凡是接受过工程训练的学生，不仅为学习其他相关的技术基础课程和专业课程打下了基础，而且同时具有一定的工程技术素养，开始走向工程了。这样就为他们进入社会与企业，更好地融入新的工作群体，展示与发挥自己的才能创造了有利的条件。

近 10 年来，国家和高校对工程实践教育给予了高度重视，我国的理工科院校普遍建立了工程训练中心，拥有前所未有的、极为丰厚的教学资源，同时面向大量的本科学生群体。这些宝贵的实践教学资源，像数控加工、特种加工、先进的材料成形、表面贴装、数字化制造等硬件和软件基础设施，与国家的企业发展及工程技术发展密切相关。而这些涉及多学科领域的教学基础设施，又可以通过教师和其他知识分子的创造性劳动，转化和衍生出为适应我国社会与企业所迫切需求的课程与教材，使国家投入的宝贵资源发挥其应有的教育教学功能。

为此，本系列教材的编审，将贯彻下列基本原则：

(1) 努力贯彻教育部和财政部有关“质量工程”的文件精神，注重课程改革与教材改革配套进行。

(2) 要求符合教育部工程材料及机械制造基础课程教学指导组所制订的课程教学基本要求。

(3) 在整体将注意力投向先进制造技术的同时，要力求把握好常规制造技术与先进制造技术的关联，把握好制造基础知识的取舍。

(4) 先进的工艺技术，是发展我国制造业的关键技术之一。因此，在教材的内涵方面，要着力体现工艺设备、工艺方法、工艺创新、工艺管理和工艺教育的有机结合。

(5) 有助于培养学生独立获取知识的能力，有利于增强学生的工程实践能力和创新思维能力。

(6) 融汇实践教学改革的最新成果，体现出知识的基础性和实用性，以及工程训练和创新实践的可操作性。

(7) 慎重选择主编和主审，慎重选择教材内涵，严格按照和体现国家技术标准。

(8) 注重各章节间的内部逻辑联系，力求做到文字简练，图文并茂，便于自学。

本系列教材的编写和出版，是我国高等教育课程和教材改革中的一种尝试，一定会存在许多不足之处。希望全国同行和广大读者不断提出宝贵意见，使我们编写出的教材更好地为教育教学改革服务，更好地为培养高质量的人才服务。

普通高等院校工程训练系列规划教材编审委员会

主任委员：傅水根

2008 年 2 月于清华园

本书是普通高等教育“十一五”国家级规划教材。它是根据国家教育部颁布的《工程材料及机械制造基础课程教学基本要求》和《工程材料及机械制造基础系列课程改革指南》的精神，在认真吸取国内兄弟院校教学改革和课程建设成果的基础上，结合编者多年的教学实践体会和教学经验编写而成的。

材料的选用与材料成形技术是机械制造生产过程中必须考虑的重要问题。材料的选用与材料成形技术密切相关。材料只有经过各种加工，包括材料的成形、切削加工、改性处理、热处理和连接等，最后形成产品，才能体现其功能和价值。随着科学技术的飞速发展，以金属材料为主要加工对象的机械制造技术已经发生了根本性的变化，金属在现代制造业中所占的比重日益下降，各种新材料所占的比重越来越大。材料成形技术已不再是仅仅涉及金属材料的成形，而是涉及各种不同工程材料的成形。因此，拓宽材料成形技术基础的研究领域，建设好以现代工程材料成形工艺为基础的课程，是适应当前工程教育和现代制造技术发展的必然趋势。

社会主义市场经济的发展对高等教育的人才培养提出了新的要求，既要注重培养学生获取知识的能力，更要注重学生全面素质的提高。基于这一要求，本书以各种材料的成形技术为主线，系统阐述了材料成形技术的基本原理、基本知识和工程应用三个层次的内容。在体系上，精选传统金属工艺学内容，增加先进制造技术及其工艺方法。在内容上，突出材料成形的理论基础，强化综合分析与应用，增加了在制造业中普遍应用的新材料，增加了计算机应用等多方面的新工艺和新技术。在选材及选择成形方法方面，安排了许多实例，给学生以一定的启发，同时还加强了质量、成本、环保、竞争意识等教学内容。另外，书末还增加了常用材料成形技术专业术语英汉对照表，以帮助学生学习科技英语。

教材注重理论联系实际。在讲清基本原理的基础上，从应用的角度出发，引入了大量实例，让学生从中学习分析和设计材料成形的基本方法和技巧。

教材注重加强针对性和实用性，力求把传授专业知识和培养专业技术应用能力有机地结合起来。培养学生正确运用材料成形的理论和方法的能力，让学生掌握解决实际问题的方法和手段，以达到使学生所学知识与工作岗位要求内容接轨的目的。

教材内容的安排遵循人的认知规律。对概念、术语的引入，从实际出发，由浅入深，概念明确，条理性强。各节之后均附有思考练习题，供学生课后复习与扩展知识能力使用。

教材内的专业名词、术语、符号、单位等均采用最新国家标准和行业标准。

教材适用面宽。本教材既可作为高等工科院校机械类专业本科学生的通用教材，也可供工科近机类专业学生选用，同时可供相关科研及工程技术人员学习参考。教材具有较广的实用性和较大的参考价值。

本书由汤酞则教授主编，湘潭大学周增文、湖南工学院何鹤林任副主编。参加编写的人员还有中南大学钟世金，国防科技大学周继伟，湖南大学叶久新。

本书由中南大学刘舜尧教授主审，他对本教材的编写提出了许多宝贵的建设性意见，在此谨表示衷心的感谢！

在本书的编写过程中，参考并引用了许多有关手册、教材、学术杂志、文献资料上的相关内容，借鉴了兄弟院校和同行专家的教学改革成果。值此本教材出版之际，特向以上专家、教授表示诚挚的感谢！

本书涉及的专业面较广，由于编者水平所限，书中难免有错误和不足之处，敬请读者及专家指正。

编者

2008 年 4 月

目录

绪　论

"材料成形技术基础"是机械工程专业和相关工程专业的一门重要的综合性技术基础课程，主要研究机器零件的常用材料和材料成形方法，即从选择材料到毛坯或零件的成形。它是机械制造技术的重要组成部分，是现代工业生产技术的基础。材料成形技术可分为液态成形技术(铸造)、塑性成形技术（锻压)、连接成形技术(焊接)、粉末冶金成形技术、非金属材料成形技术等。大多数机械零件是用上述方法制成毛坯，然后经过机械加工(车、铣、刨、磨等)，具有符合要求的尺寸、形状、相对位置和表面质量。

1. 我国材料成形技术的发展概况

我国是世界上应用材料成形技术最早的国家之一，特别是铸造和锻造。1975 年在甘肃省东乡林家村古遗址中发现的一把青铜器铜刀，距今已有 5000 多年。出土的殷商祭器司马戊大鼎，不仅体积庞大，长和高都超过 1 m，质量达 875 kg，而且花纹精巧，造形美观，说明当时已具有很先进的铸造技术。1978 年在湖北省随州还出土了距今 2400 年前战国初期的曾侯乙墓青铜器，总质量达 10 t 左右，其中还有 64 件一套的编钟。公元前 6—7 世纪的春秋时代，我国就发明了冶铸生铁技术，比欧洲早 1700 年。对 1972 年河北藁城县商代遗址出土的兵器进行考证，距今已有 3300 余年。经采用现代技术检验，其刃口是采用合金嵌锻而成，这是我国至今发现的最早生产的锻件。我国的铸、锻生产历史虽然悠久，但由于历史原因，我国的社会生产力发展受到了严重束缚，长期处于手工和作坊式的落后状态，直到新中国成立之后，我国的铸、锻、焊工业才随着机械制造业的发展同步壮大起来。

改革开放以来，随着我国国民经济的持续快速发展，铸、锻、焊等生产也随之快速发展。统计表明，我国压铸机数量已超过 3000 台，大小铸造厂遍布全国。近几年来，我国铸件产量已达 1000 万 t/年，居世界前三位。我国目前拥有重点锻造企业 350 多家，其中合资与外资锻造企业 20 余家，主要锻造设备 32 000 多台，锻件年产量 260 余万 t。目前全世界锻件年产量约 1450 万 t，我国锻件产量居第一位。1996 年我国钢产量达 1 亿 t，居世界第一位，其中以焊接管为主的钢管近 1000 万 t，我国现已建有各类焊管厂 600 多家，焊管机组多达 2000 余套。铸件、锻件、焊接件的出口也逐年增长。

我国是铸、锻、焊件大国，但不是强国。与工业发达国家相比，我国的铸、锻、焊件生产的规模和产量上去了，但质量和效率上却存在较大差距。

2. 材料成形技术的作用和地位

材料成形技术在汽车、拖拉机与农用机械、工程机械、动力机械、起重机械、石油化工机械、桥梁、冶金、机床、航空航天、兵器、仪器仪表、轻工和家用电器等制造业中，起着极为重要的作用。这些行业中的铸件、锻件、钣金件、焊接件、塑料件和橡胶件等的主要生产方式和方法都是利用材料成形技术。

采用铸造方法可以生产铸钢件，铸铁件，各种铝、铜、镁、钛及锌等有色合金铸件。我国铸件年产量超过1400万t，是世界铸件生产第一大国。现已铸造出重约315t的大型厚板轧机的铸钢框架，重260t的大型铸铁钢锭模，还铸出了300MW水轮机转子等复杂铸件，其尺寸精度达到了国际电工行业规定的标准。

采用塑性成形方法，既可生产钢锻件、钢板冲压件、各种有色金属及其合金的锻件和板料冲压件，也可生产塑料件与橡胶制件。据统计，全世界75%的钢材经由塑性加工。塑性成形加工的零件与制件，其比例在汽车与摩托车中占70%～80%，在拖拉机及农业机械中约占50%，在航空航天飞行器中占50%～60%，在仪表中约占90%，在家用电器中占90%～95%，在工程与动力机械中占20%～40%。

虽然采用连接方法生产独立的制件或产品不如采用铸、锻方法生产的数量多，但据国外权威机构统计，目前在各种门类的工业制品中，45%的金属结构用焊接方法才得以成形，半数以上都是采用一种或多种连接技术制成的。

总之，材料成形技术是整个制造技术的一个重要领域，金属材料约有70%以上需经过铸、锻、焊成形加工才能获得所需制件，非金属材料也主要依靠成形方法才能被加工成半成品或最终产品。

只有使用先进的材料成形技术，才能获得高质量的产品结构和性能。因此，大力加强和重视材料成形技术与科学的发展，将是振兴中国制造业的关键。

3. 主要的材料成形技术

由于传统的材料成形过程——铸造、锻造和焊接技术中，都有一个对坯料进行加热的过程，因此，材料成形技术曾被称为材料热加工工艺。材料成形技术是一门研究如何利用热加工方法将材料加工成机器零件和结构，并研究如何保证、评估、提高这些部件和结构的安全可靠度和寿命的技术科学，它属于机械制造学科。然而，现代科学技术的飞速发展，大量新材料新技术的应用，材料与成形技术的一体化使材料成形技术的内容已远远超过了传统的热加工范围，例如常温下的冷冲压、超声波焊接、物理气相沉积、化学气相沉积以及激光快速成形技术等，这些工艺方法已远远超过了传统的成形技术的概念，因此，现代材料成形技术可定义为：一切用物理、化学、冶金原理制造机器零件和结构，或改进机器零件化学成分、微观组织及性能的方法。其任务不仅是要研究如何使机器零件获得必要的几何尺寸，同时还要研究如何通过过程控制获得一定的化学成分、组织结构和性能，从而保证机器零件的安全可靠度和寿命。

4. 材料成形技术的特点

根据材料成形方法的工艺原理不同，并与机械切削加工工艺相比较，可将材料成形技术的特点归纳如下：

(1) 一般在热态下成形。材料在热态下(液态或固态)通过模具或模型，在机器外力或材料自重作用下成形为所需制件，制件形状与最终零件产品相似或完全相同，有些留有一定的机械加工余量。

(2) 产品性能良好。首先,采用成形工艺生产时,材料尤其是金属材料沿着零件的轮廓形状能够分布着连续的金属纤维,而一般切削加工时会将金属纤维割断。其次,材料在外力或自重作用下成形,处于三向压应力或以压应力为主的应力状态下成形,有利于提高材料的成形性能和材料的紧实程度,其综合效果有利于提高零件产品的内在质量,这里主要是指力学性能,如强度、疲劳寿命等。

(3) 材料利用率相对较高。对于相同的零件产品,当毛坯为棒状或块状金属时,一般要通过车、钻、刨、铣、磨等方法将多余金属切削掉,从而得到所需的零件产品;当采用铸、锻件为毛坯进行切削加工时,则仅将其机械加工余量切削掉即可。以常见的锥齿轮和汽车轮胎螺母为例,当采用第一种工艺方法生产时,其材料利用率分别为41%、37%;当采用第二种工艺方法生产时,其材料利用率分别为68%、72%。其一般规律是,零件形状越复杂,采用成形工艺加工时的材料利用率越高。

(4) 产品尺寸规格一致。对于大批量生产的机电与家电产品来说,由于产品尺寸规格一致,生产中更能获得价廉物美的效果。

(5) 劳动生产率高。对于成形工艺,普遍可采用机械化、自动化流水作业来实现大批大量乃至大规模生产。

(6) 一般制件尺寸精度比切削加工的低,而表面粗糙度值比切削加工的高。

因此,对于金属零件的生产,一般采用材料成形工艺来获得具有一定机械加工余量和尺寸公差的毛坯,然后通过机械切削加工获得最终产品。

5. 材料成形技术的发展趋势

1) 采用精密成形技术

从节约材料资源和能源出发,零件的少、无切削加工已成为制造技术发展的重要方向。材料成形的精密化,从尺寸上看,已进入亚微米和纳米技术领域。在20世纪90年代中期,国际生产技术协会及有关专家曾预测:到21世纪初,零件粗加工的75%、精加工的50%将采用成形工艺来实现。其总的发展趋势是,由近形(near net shape of productions)向净形(net shape of productions)发展,即向通常所说的向精密成形方向发展。以轿车为例,汽车质量减轻10%可使燃烧效率提高10%,并减少10%的污染。为了达到每100 km油耗减少到3 L的目标,要求整车质量与目前相比减轻40%~50%。因此,其铸、锻件生产的发展趋势为:以轻代重,以薄代厚,少、无切削,精密化,成线成套,高效自动化。

目前,广泛应用精密毛坯,例如精密铸件、精密锻件、板料精密冲裁件等。精密成形零件主要是一些形状比较简单的零件。而较为普遍的方法是,将零件上难以进行切削加工的、形状复杂的部分采用精密成形工艺,使其完全达到最终形状与尺寸精度,而其余容易采用切削加工的部分,仍采用切削加工方法使其达到最终要求。近年来,有的齿轮加工就采用这一方法,即齿形采用精铸或精锻,而小花键孔和一些窄的台阶面均采用切削加工,这样可以达到良好的效果。

2) 采用复合成形技术

复合成形工艺包括铸锻复合、铸焊复合、锻焊复合和不同塑性成形方法的复合等。如液态模锻即为铸锻复合成形工艺,它是将一定量的液态金属注入金属模膛,然后施以机械静压力，使熔融或半熔融状态的金属在压力下结晶凝固，并产生少量塑性变形，从而获得所需制件。它综合了铸、锻两种工艺的优点，尤其适合于锰、锌、铜、镁等有色金属合金零件的成形加工，近年来发展很快。

铸焊、锻焊复合工艺，则主要应用于一些大型机架或构件，一般首先采用铸造或锻造方法加工成铸钢或锻钢单元体，然后通过焊接将单元体连接成形获得所需制件。板料冲压与焊接复合工艺，是先采用冲压方法获得单个钣金制件，再通过焊接方法获得所需的整体构件，这在轿车覆盖件和载货汽车车身的生产中应用广泛。

3）采用快速成形技术

生产的发展促使铸造、锻压、焊接等成形不断采用新技术和新方法，从不同的角度不断地提高生产率。同时，各种新型高效成形技术不断涌现，其主要方法有：将逆向设计（RE）、快速成形（RP）、快速制模（RT）技术结合起来，建立起快速制造平台；将数值模拟技术应用于铸、锻、焊和热处理等工艺设计中，并与物理模拟和专家系统结合起来确定工艺参数，优化工艺方案，预测加工过程中可能产生的缺陷及防止措施，控制和保证成形工件的质量。例如，波音公司采用的现代产品开发系统，将新产品研制周期从 8 年缩短到 5 年，工程返工量减少了 50%。2002 年日本丰田公司在研制佳美新车型时将研发周期缩短了 10 个月。

目前，快速成形原理的多种技术和方法已进入了实用阶段。这些技术的发展和应用已引起成形技术的一场革命，并正在改变着传统的机械制造业。

4）采用计算机辅助设计与制造技术

模具、模型及工装是实现材料成形生产的重要工艺装备。例如，生产一辆东风 EQ140 载货汽车，一般需要各种模具 4000 多套。如果采用计算机辅助设计与制造（CAD/CAM）就能大大提高其设计、制造效率与质量。模具 CAD/CAM 是发展模具工业的先进技术，其优点是将计算机的快速与人的智力紧密结合，可显著提高模具设计与制造的速度和质量，缩短周期，快速反应，提高竞争力。工业发达国家于 20 世纪 70 年代开始研究与开发 CAD/CAM 技术，到 80 年代已将一些简单的模具 CAD/CAM 系统应用于模具设计与制造，90 年代中末期以来 CAD/CAM 技术得到了较快的发展，开发了不少实用性的商业软件。

5）采用计算机数值模拟技术

材料成形过程模拟有液态金属凝固过程模拟、固态金属塑性成形过程模拟、金属材料焊接过程模拟和塑料注射成形过程模拟等。目前，计算机数值模拟（CAE）的方法主要是采用有限元法通过计算机实现。通过成形过程的模拟分析，可以获得工件的内部金属或高分子材料质点的流向分布、温度场、应力与应变场、成形力-变形行程曲线和瞬间轮廓形状，同时还可预测是否会形成缺陷及缺陷所在位置，为制定合理的工艺参数、优化原始毛坯（如钣金件的展开毛坯）和中间毛坯、获得优质制件提供更为科学的依据。

随着功能强大的专业软件和高效集成制造设备的出现，以三维造形为基础，基于并行工程（CE）的模具 CAD/CAM 技术正成为发展方向，它能实现面向制造和装配的设计，实现成形过程的模拟和数控加工过程的仿真，使设计、制造一体化。

6. 教学目的及要求

本课程的教学目的及要求是：

（1）初步掌握铸造、锻压、焊接、粉末冶金及其他材料成形加工的基本原理和工艺方法；

(2) 熟悉成形零件结构工艺性、加工装备及生产过程自动化和生产流水线；

(3) 能对材料成形方法进行经济分析和比较；

(4) 掌握各种材料成形工艺的相互关联性和互补性；

(5) 了解有关新材料、新技术、新工艺及其发展趋势。

通过对本课程的教学，让学生初步掌握材料成形技术的基本原理、基本方法，培养学生的工艺分析能力，了解现代材料成形的先进技术和发展趋势，具有综合运用本书中所学知识来解决工程技术中实际问题的初步能力，为学习后续其他有关课程及今后从事机械设计与制造方面的工作，奠定必要的技术基础。

由于本课程是一门综合性技术学科，内容非常丰富，同时，由于材料的种类繁多，其性能千变万化，加工方法复杂多变，因此课程涉及的概念多，术语多，而且较抽象，因此学习起来有一定的难度。但只要弄清楚基本理论和重要的概念，掌握事物的规律，同时参加一定的实践训练，认真完成作业，注重主动学习、自主学习，注重理论联系实际，是完全可以学好这门课程的。

1 液态金属铸造成形

将液态金属浇注到具有与零件形状、尺寸相适应的铸型型腔中，待其冷却凝固后获得一定形状与性能的毛坯或零件的方法，称为铸造。它是毛坯或机器零件成形的重要方法之一。

用铸造方法获得的毛坯或零件统称铸件。铸件一般是毛坯，需经切削加工后才能成为零件。

金属材料能够在液态下一次成形的性质使其具有很多优点：

(1) 适应性广泛。工业上常用的金属材料，如铸铁、碳素钢、合金钢、非铁合金等，均可在液态下成形，特别是对于不宜压力加工或焊接成形的材料，该生产方法具有特殊的优势。并且铸件的大小、形状几乎不受限制，质量可从零点几克到数百吨，壁厚可从 1 mm 到 1000 mm。

(2) 可以形成形状复杂的铸件。具有复杂内腔的毛坯或零件，如复杂箱体、机床床身、阀体、泵体、缸体等都能成形。

(3) 生产成本较低。铸造用原材料大都来源广泛，价格低廉。铸件与最终零件的形状相似、尺寸相近，加工余量小，可减少切削加工量。

铸造是液态成形，因而也存在一些缺点：

(1) 涉及的生产工序较多，生产过程中难以精确控制，因而废品率较高。

(2) 铸件组织疏松，晶粒粗大，内部常出现缩孔、缩松、气孔、砂眼等缺陷，导致铸件某些力学性能较低。

(3) 铸件表面粗糙，尺寸精度不高。

(4) 一般来说，铸造工作环境较差，工人劳动强度大。

随着特种铸造方法的发展，铸件质量已有了很大的提高，工作环境也有了进一步改善。

铸造在工业生产中获得了广泛应用，铸件所占的比重相当大。如果按质量计算，在机床和内燃机产品中铸件占 70%～90%；在拖拉机和农用机械中占 50%～70%。

从造形方法来分，铸造可分为砂型铸造和特种铸造两大类。

1.1 液态金属成形理论基础

合金在铸造过程中所表现出来的工艺性能，称为合金的铸造性能(castability)，主要是指流动性、收缩性、偏析和吸气性等。铸件的质量与合金的铸造性能密切相关，其中流动性和收缩性对铸件的质量影响最大。

液态金属成形的基本过程是充型和凝固,充型过程对铸件质量的影响很大。充型时可能造成冷隔、浇不足、夹杂、气孔、夹砂、粘砂等缺陷,这些都是在液态金属充型不利的情况下产生的。正确地设计浇注系统,使液态金属平稳而又合理地充满型腔,对保证铸件质量起着重要的作用。

1.1.1 液态金属的流动性和充型能力

1. 液态金属充型流动过程的水力学特征

液态金属在砂型中流动时呈现出如下所述的水力学特性:

(1) 黏性流体流动　液态金属是有黏性的流体,黏度大小与其成分有关,在流动过程中又随液态金属温度的降低而不断增大。当液态金属中出现晶体时,液体的黏度急剧增加,其流速和流态也会发生急剧变化。

(2) 不稳定流动　在充型过程中,液态金属的温度不断降低,而铸型的温度不断增高,两者之间的热交换呈不稳定状态。液流随着温度的下降,黏度增加,流动阻力也随之增加,加之充型过程中液流的压头增加或减少,液态金属的流速和流态也不断变化,因而导致液态金属在充填铸型过程中的不稳定流动。

(3) 多孔管中流动　由于砂型具有一定的孔隙,可以把砂型中的浇注系统和型腔看作是多孔的管道和容器。液态金属在"多孔管"中流动时,往往不能很好地贴附于管壁,此时可能将外界气体卷入液流,形成气孔或引起金属液的氧化而形成氧化夹渣。

(4) 紊流流动　生产实践中的测试和计算证明,液态金属在浇注系统中流动时,其雷诺数 Re 大于临界雷诺数 $Re_{临}$,属于紊流流动。例如,ZAlSi9Mg(ZL104)合金在670℃浇注时,液流在直径为20 mm的直浇道中以50 cm/s的速度流动时,其雷诺数为25 000,远大于2300的临界雷诺数。对一些水平浇注的薄壁铸件或厚大铸件的充型,液流上升速度很慢,也有可能得到层流流动。

对轻合金优质铸件浇注系统的研究表明,当雷诺数小于20 000时,液流表面的氧化膜不会破碎;如果将雷诺数控制在4000～10 000,就可以符合生产铝合金和镁合金优质铸件的要求。有人通过水力模拟和铝合金铸件的实浇试验证明:允许的最大雷诺数,在直浇道内应不超过10 000,横浇道内不超过7000,内浇道内不超过1100,型腔内不超过280。

综上分析,液态金属的水力学特性与理想液体相比有明显的差别。但是实验研究和生产实践表明,由于液态金属浇注时有一定的过热度,加之浇注系统长度不大,充型时间很短,因此在浇注过程中浇道壁上不发生结晶现象,其黏度变化对流动影响并不显著。所以对液态金属的充型过程和浇注系统的设计,可以用水力学的基本公式进行分析和计算。但在某些特种铸造工艺中,如压力铸造、半固态铸造等的充型过程中,液态金属的特点将呈现出较大差别。

2. 液态金属的流动性

1) 液态金属的流动性介绍

液态合金本身的流动能力,叫作合金的流动性(fluidity),它是合金的主要铸造性能之一。合金的流动性差时，铸件容易产生浇不到位、冷隔、气孔和夹渣等缺陷。流动性好的合金，充型能力强，便于浇铸出轮廓清晰、薄而复杂的铸件。有利于液态金属中的气体和非金属夹杂物的上浮，有利于对铸件进行补缩。

液态合金流动性的好坏，通常用螺旋形试样的长度来衡量。如图 1.1.1 所示，浇出的试样愈长，说明流动性愈好。表 1.1.1 列出了常用铸造合金的流动性，其中灰铸铁、硅黄铜的流动性最好，而铸钢最差。

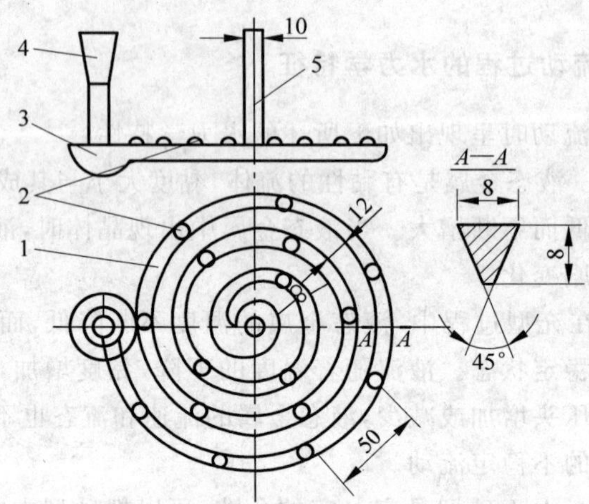

图 1.1.1 螺旋形金属液体流动性试样

1—试样铸件；2—试样凸台；3—内浇道；4—浇口杯；5—冒口

表 1.1.1 常用铸造合金的流动性（砂型，试样截面 8 mm×8 mm）

合金种类	元素含量	铸型种类	浇注温度/℃	螺旋线长度/mm
灰铸铁	$w_{C+Si}=6.2\%$	砂型	1300	1800
	$w_{C+Si}=5.9\%$	砂型	1300	1300
	$w_{C+Si}=5.2\%$	砂型	1300	1000
	$w_{C+Si}=4.2\%$	砂型	1300	600
铸钢	$w_C=0.4\%$	砂型	1600	100
		砂型	1640	200
锡青铜	$w_{Sn}\approx10\%$，$w_{Zn}\approx2\%$	砂型	1040	420
硅黄铜	$w_{Si}=1.5\%\sim4.5\%$	砂型	1100	1000
镁合金（含 Al 和 Zn）		砂型	700	400～600
铝硅合金（硅铝明）		金属型（300℃）	680～720	700～800

2）影响合金流动性的因素

化学成分对合金流动性的影响最为显著。纯金属和共晶成分的合金，由于在恒温下结晶，液态合金从表层逐渐向中心凝固，固、液界面比较光滑，因此对液态合金的流动阻力较小。同时，由于共晶成分合金的凝固温度最低，可获得较大的过热度，能推迟合金的凝固，故流动性最好。其他成分的合金是在一定温度范围内结晶的，由于初生树枝状晶体与液体金属两相共存，粗糙的固、液界面使合金的流动阻力加大，合金的流动性大大下降。

Fe-C合金的流动性与含碳量之间的关系如图1.1.2所示。由图可见,亚共晶铸铁随含碳量增加,结晶温度区间减小,流动性逐渐提高。越接近共晶成分,合金的流动性愈好。

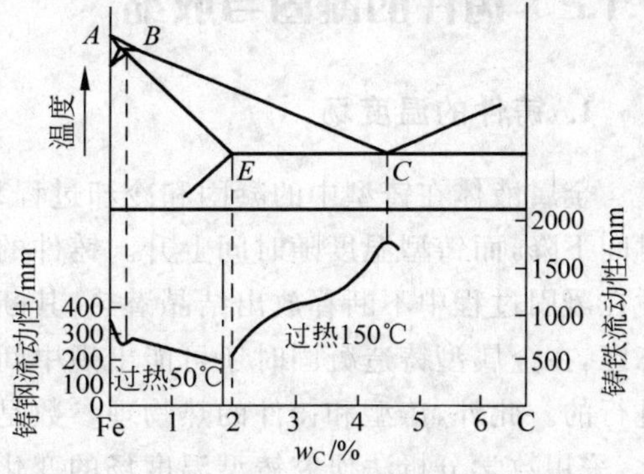

图1.1.2 Fe-C合金的流动性与含碳量的关系

3. 液态金属的充型能力

1) 充型能力

充型能力(mold-filling capacity)是指金属液体充满铸型型腔,获得轮廓清晰、形状准确的铸件的能力。

液态金属能否充满铸型,获得尺寸精确、轮廓清晰的铸件,取决于充型能力。在液态合金的充型过程中,若充型能力不足,伴随着结晶过程,在型腔被填满之前形成的晶粒会将充型的通道堵塞,金属液体被迫停止流动,于是铸件将产生浇不足或冷隔等缺陷。浇不足使铸件不能获得完整的形状;冷隔时,铸件虽可获得完整的外形,但因存有未完全熔合的垂直接缝,铸件的力学性能严重受损。

2) 影响充型能力的因素

合金的充型能力除了受合金本身流动性的影响之外,还受到很多工艺因素的影响。

充型能力首先取决于金属液体本身的流动能力,同时又受铸型性质、浇注条件及铸件结构等因素的影响。

影响充型能力的因素有合金的流动性、浇注温度、充型压力、铸型中的气体、铸型的传热系数、铸型温度、浇注系统的结构、铸件的折算厚度、铸件的复杂程度等,如表1.1.2所示。

表1.1.2 影响充型能力的因素和原因

序号	影响因素	定义	影响原因
1	合金的流动性	液态金属本身的流动能力	流动性好,易于浇出轮廓清晰、薄而复杂的铸件;有利于非金属夹杂物和气体的上浮和排除;易于对铸件的收缩进行补缩
2	浇注温度	浇注时金属液的温度	浇注温度越高,充型能力越强
3	充型压力	金属液体在流动方向上所受到的压力	压力越大,充型能力越强。但压力过大或充型速度过高会发生喷射、飞溅和冷隔现象
4	铸型中的气体	浇注时因铸型发气而形成的在铸型内的气体	能在金属液与铸型间产生气膜,减小摩擦阻力,但发气太大,铸型的排气能力又小时,铸型中的气体压力会增大,阻碍金属液的流动
5	铸型的传热系数	铸型从其中的金属吸取并向外传输热量的能力	传热系数越大,铸型的激冷能力就越强,金属液在其中保持液态的时间就越短,充型能力下降
6	铸型温度	铸型在浇注时的温度	温度越高,液态金属与铸型的温差就越小,充型能力越强
7	浇注系统的结构	各浇道的结构复杂情况	结构越复杂,流动阻力越大,充型能力越差
8	铸件的折算厚度	铸件体积与表面积之比	折算厚度大,散热慢,充型能力好
9	铸件的复杂程度	铸件结构复杂状况	结构复杂,流动阻力大,铸型充填困难

1.1.2 铸件的凝固与收缩

1. 铸件的温度场

金属液体在铸型中的凝固和冷却过程是一个不稳定的传热过程，铸件上各点的温度随时间下降，而铸型温度随时间上升。铸件的形状多种多样，其中大部分为三维传热问题。铸件在凝固过程中不断释放出结晶潜热，其断面上存在固态外壳、液固态并存的凝固区域和液态区，在金属型铸造凝固时还可能出现中间层。因此，铸件与铸型的传热是通过若干个区域进行的。此外，铸型和铸件的热物理参数是随温度而变化的。由于这些因素的多样性和变化，采用数学分析法研究铸型温度场的变化必须要对问题进行合理的简化处理。

图 1.1.3(a)所示为厚度 30 mm 的平板铸铁件在湿砂型中凝固时湿型断面上的温度曲线。可见，湿砂型被金属液急剧加热，随着时间的推移，铸型热量由型腔表面向内层砂型转移，高温表面层中的水分会向低温的里层迁移，含水铸型的温度场在任何时刻都可以划分为4个特征区。如图 1.1.3(b)所示，Ⅰ区为干砂区，温度大于 100℃，水分极少，强度高。Ⅱ区为水分饱和凝聚区，温度约 100℃，水分(质量分数)由 w_{m0}(湿型的原始水分)增至 w_{m1}(凝聚区水分)，属高水区，强度很低。Ⅲ区为水分未饱和凝聚区，温度和水分分别由相邻Ⅱ区的 100℃及 w_{m1} 降至室温 t_0 和 w_{m0}，强度较低。Ⅳ区为未受影响区(正常区)，温度为常温，水分适宜，强度正常。这 4 个区是逐渐由型腔表面向铸型内部延伸扩展的。

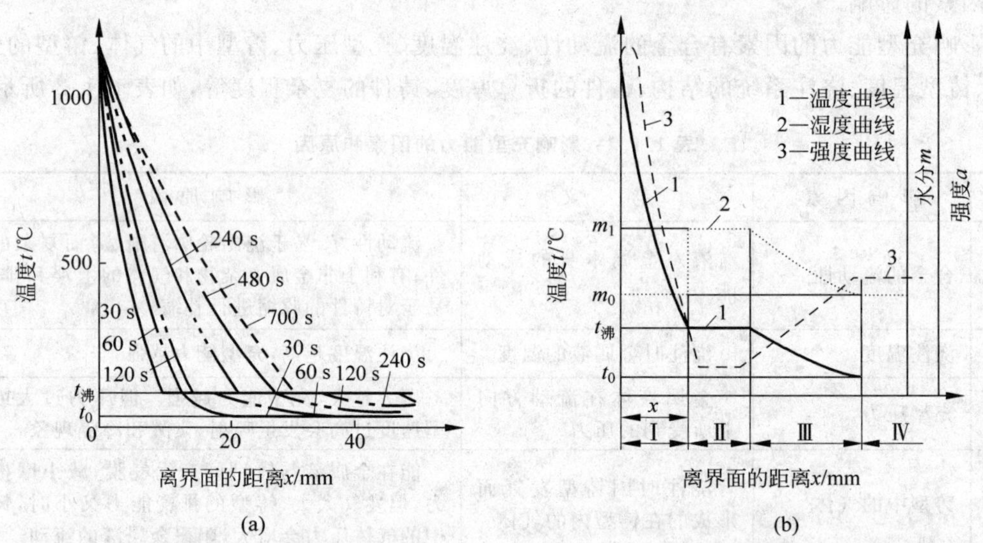

图 1.1.3 湿态砂-黏土铸型的温度场(30 mm 厚平板铸件)和铸件凝固时铸型的温度曲线

湿砂型中出现水分迁移现象的传热、传质特征是：

(1) 热通过两种方式传递，一是通过温度梯度进行导热，未被吸收的热通过干砂区传导至蒸发界面使水分汽化；二是靠蒸汽相传递热量，蒸汽的迁移依赖于蒸汽的压力梯度。

(2) 干砂区的外侧为水分蒸发界面和水分凝聚区，没有温度梯度。

(3) 铸件的表面温度及其降温速度与干砂区的厚度及其蓄热系数有关。

由此可见，砂型内出现水分迁移现象，实际上是砂型温度梯度和湿度梯度综合作用的结果。

2. 铸件的凝固

1）铸件的凝固方式

在铸件的凝固(solidification)过程中，其断面上一般存在 3 个区域，即固相区、凝固区和液相区。3 个区域中，对铸件质量影响较大的主要是液相和固相并存的凝固区的宽窄。铸件的凝固方式就是依据凝固区的宽窄(图 1.1.4(b)中的 S)来划分的。

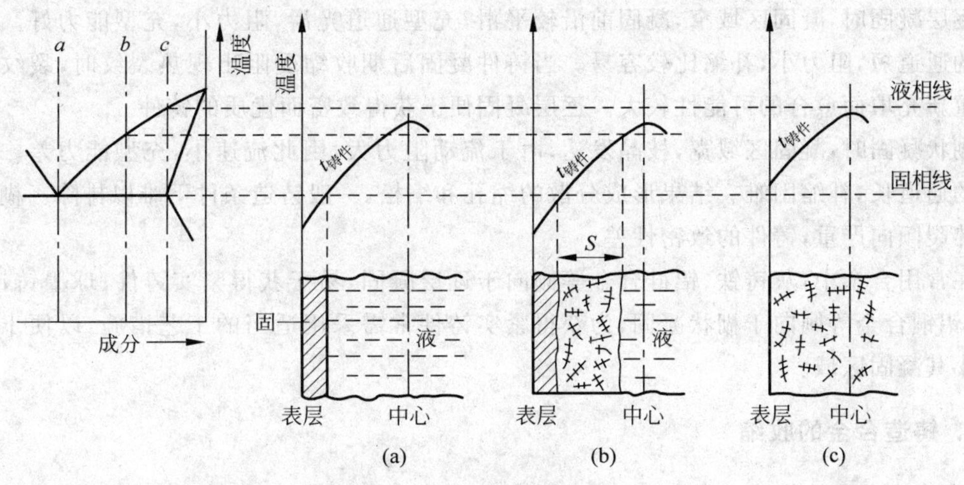

图 1.1.4 铸件的凝固方式

(1) 逐层凝固　纯金属或共晶成分合金在凝固过程中因不存在液、固并存的凝固区(图 1.1.4(a))，故断面上外层的固体和内层的液体由一条界线(凝固前沿)清楚地分开。随着温度的下降，固体层不断加厚、液体层不断减少，直达铸件的中心，这种凝固方式称为逐层凝固。

(2) 糊状凝固　如果合金的结晶温度范围很宽，且铸件的温度分布较为平坦，则在凝固的某段时间内，铸件表面并不存在固体层，而液、固并存的凝固区贯穿整个断面(图 1.1.4(c))。由于这种凝固方式与水泥类似，即先呈糊状而后固化，故称为糊状凝固。

(3) 中间凝固　大多数合金的凝固介于逐层凝固和糊状凝固之间(图 1.1.4(b))，称为中间凝固。

2）影响凝固区宽度的因素

凝固方式取决于凝固区的宽度。凝固区宽度主要受合金结晶温度间隔和铸件断面上温度梯度两个因素的影响。

(1) 合金结晶温度间隔的影响　纯金属和共晶合金，无结晶温度间隔，凝固过程中凝固区域宽度很小甚至趋近于零，一般呈典型的逐层凝固方式。对结晶温度间隔很大的合金，当断面上的温度梯度比较小时，铸件凝固期间各个时刻凝固区域很宽，甚至贯穿整个铸件断面，这时凝固则呈现为典型的糊状凝固。大部分铸造合金都有一定的结晶温度间隔，凝固区宽度可介于上述两种情况之间，即中间凝固。

(2) 温度梯度的影响　合金的结晶温度间隔确定之后，凝固区域宽度主要取决于温度梯度。当温度梯度很大时，宽结晶温度间隔的合金可以有较小的凝固区域，趋于中间凝固甚至逐层凝固。例如，高碳钢在金属型铸造中的凝固情况就趋近于这种情况。当温度梯度很小时，凝固区域宽度一般均较大，甚至趋于糊状凝固。例如，工业纯铝在砂型铸造中凝固时为典型的糊状凝固，而在金属型中铸造时则为逐层凝固。

3）凝固方式对铸件质量的影响

铸件质量与其凝固方式密切相关。凝固方式影响到铸件的充型能力、补缩条件、缩孔类型、热裂纹愈合能力等，因而影响铸件的致密性和合格程度。

逐层凝固时，凝固区域窄，凝固前沿较平滑，充型通道光滑，阻力小，充型能力好。液体补缩的通道短，阻力小，补缩比较容易。当铸件凝固后期收缩受阻出现热裂纹时，裂纹由于液体重新充填而愈合的可能性较大。逐层凝固便于获得致密而优质的铸件。

糊状凝固时，凝固区域宽，枝晶发达，由于流动阻力大，因此流速小，充型能力差。液体补缩的通道长，补缩困难。结果形成分散的缩孔和缩松，一般铸造条件下难以排除。糊状凝固时热裂倾向严重，铸件的致密性差。

在常用合金中，灰铸铁、铝硅合金等倾向于逐层凝固，易于获得紧实铸件；球墨铸铁、锡青铜、铝铜合金等倾向于糊状凝固，为获得紧实铸件常需采用适当的工艺措施，以便于补缩或减小其凝固区域。

3. 铸造合金的收缩

1）铸造合金的收缩过程

液态合金在凝固和冷却过程中，体积和尺寸减小的现象称为液态合金的收缩(contraction)。收缩是合金的物理本性之一，它能使铸件产生缩孔、缩松、裂纹、变形和内应力等缺陷，影响铸件质量。为了获得形状和尺寸符合技术要求、组织致密的合格铸件，必须研究合金收缩的规律。

合金的收缩经历如下 3 个阶段，如图 1.1.5 所示。

(1) 液态收缩　从浇注温度($T_{浇}$)到凝固开始温度(即液相线温度 T_l)间的收缩。

(2) 凝固收缩　从凝固开始温度(T_l)到凝固终止温度(即固相线温度 T_s)间的收缩。

(3) 固态收缩　从凝固终止温度(T_s)到室温间的收缩。

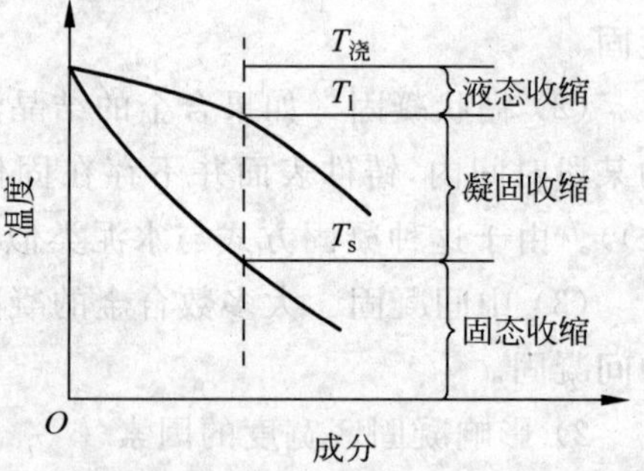

图 1.1.5　合金收缩的 3 个阶段

合金的收缩率为上述 3 个阶段收缩率的总和。

因为合金的液态收缩和凝固收缩表现为合金体积的缩减，故常用单位体积收缩量(即体积收缩率)来表示。合金的固态收缩不仅引起体积上的缩减，同时还使铸件在尺寸上缩减，因此常用单位长度上的收缩量(即线收缩率)来表示。

不同合金的收缩率不同。常用合金中，铸钢的收缩率最大，灰铸铁最小。几种铁碳合金的体积收缩率见表 1.1.3。常用铸造合金的线收缩率见表 1.1.4。

表 1.1.3 几种铁碳合金的体积收缩率

合金种类	含碳量 w_C/%	浇注温度/℃	液态收缩 $\psi_{液}$/%	凝固收缩 $\psi_{凝}$/%	固态收缩 $\psi_{固}$/%	总体积收缩 $\psi_{总}$/%
碳素铸钢	0.35	1610	1.6	3.0	7.86	12.46
白口铸铁	3.0	1400	2.4	4.2	5.4～6.3	12～12.9
灰铸铁	3.5	1400	3.5	0.1	3.3～4.2	6.9～7.8

表 1.1.4 常用铸造合金的线收缩率

合金种类	灰铸铁	可锻铸铁	球墨铸铁	碳素铸钢	铝合金	铜合金
线收缩率	0.8～1.0	1.2～2.0	0.8～1.3	1.38～2.0	0.8～1.6	1.2～1.4

2）缩孔和缩松

液态合金在铸型内冷凝过程中，当其液态收缩和凝固收缩所缩减的容积得不到补足时，将在铸件最后凝固的部位形成孔洞。根据孔洞的大小和分布，可将其分为缩孔和缩松两类。

缩孔(shrinkage hole)是指集中在铸件上部或最后凝固部位、容积较大的孔洞。缩孔多呈倒圆锥形，内表面粗糙。

缩松(dispersed shrinkage)是指分散在铸件某些区域内的细小缩孔。当缩松和缩孔的容积相同时，缩松的分布面积要比缩孔大得多。

(1) 缩孔的形成　假设铸件呈逐层凝固，缩孔形成过程如图 1.1.6 所示。液态合金充满型腔(图 1.1.6(a))后，由于铸型的吸热，靠近型腔内表面的金属很快凝固成一层外壳，而内部仍然是高于凝固温度的液体(图 1.1.6(b))。温度继续下降，外壳加厚，内部液体因液态收缩和补充凝固层的凝固收缩，体积缩减，液面下降，使铸件内部出现了空隙(图 1.1.6(c))。至内部完全凝固，在铸件上部形成了缩孔(图 1.1.6(d))。继续冷至室温，整个铸件发生固态收缩，缩孔的绝对体积略有减小(图 1.1.6(e))。浇注温度越高，铸件的壁越厚，合金的液态收缩和凝固收缩越大，缩孔的容积就越大。

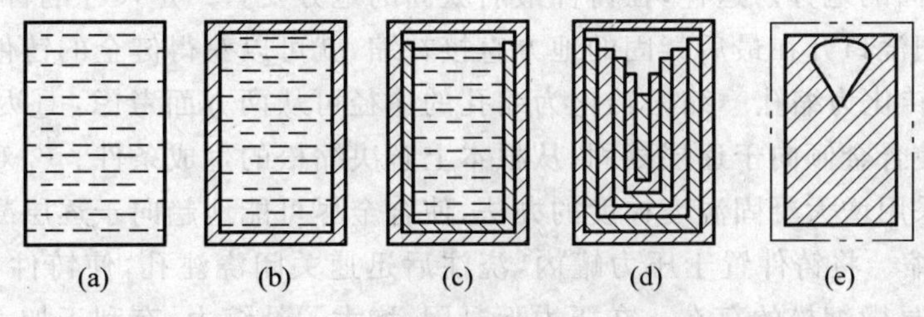

图 1.1.6　缩孔形成过程示意图

(2) 缩松的形成　缩松主要出现在呈糊状凝固方式的合金中或断面较大的铸件壁中，是被树枝状晶体分隔开的小液体区难以得到补缩所致。缩松大多分布在铸件中心轴线处、热节处、冒口根部、内浇道附近或缩孔下方，如图 1.1.7 所示。

合金液态收缩和凝固收缩越大，收缩的容积就越大，越易形成缩孔。合金浇注温度越高，液态收缩也越大，越易产生缩孔。结晶间隔大的合金，易产生缩松；纯金属或共晶成分的合金，易形成集中的缩孔。图 1.1.8 表示相图与缩孔、缩松和铸件致密性的关系。

对气密性、力学性能、物理性能或化学性能要求很高的铸件，必须设法减少缩松。

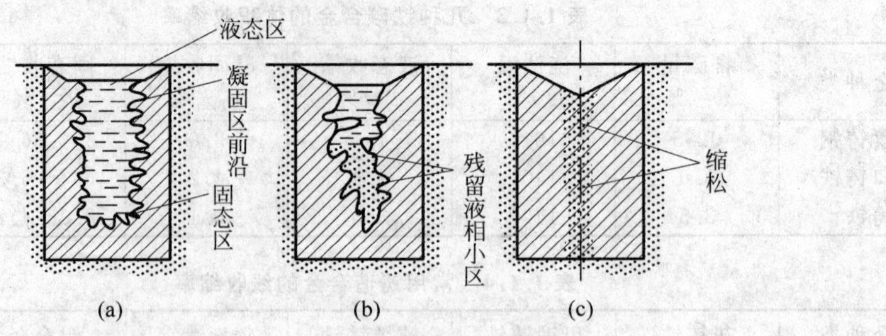

图 1.1.7　缩松形成过程示意图

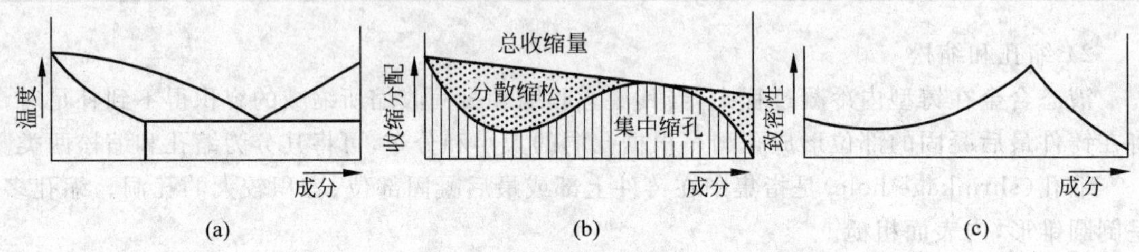

图 1.1.8　相图与缩孔、缩松和铸件致密性的关系

生产中可采用一些工艺措施，如控制冷却速度来控制铸件的凝固方式，使产生缩孔和缩松的倾向在一定条件下、一定范围内相互转化。

3）防止缩孔、缩松的方法

缩孔和缩松都会使铸件的力学性能下降，缩松还可使铸件因渗漏而报废。因此，必须采取适当的工艺措施，防止缩孔和缩松的产生。

防止铸件中产生缩孔和缩松的基本原则是针对该合金的收缩和凝固特点制定正确的铸造工艺，使铸件在凝固过程中建立良好的补缩条件，尽可能使缩松转化为缩孔，并使缩孔出现在铸件最后凝固的地方。这样，在铸件最后凝固的地方安置一定尺寸的冒口，使缩孔集中于冒口中，或者把浇口开在最后凝固的地方直接补缩，就可以获得健全的铸件。

（1）使缩松转化为缩孔　缩松转化为缩孔的途径可从两方面考虑：①尽量选择凝固区域较窄的合金，使合金倾向于逐层凝固，从根本上解决缩松的生成条件。②对一些凝固区域较宽的合金，可采用增大凝固温度梯度的办法，使合金尽可能地趋向于逐层凝固。

（2）加压补缩　将铸件置于压力罐内，浇注后迅速关闭浇注孔，使铸件在压力下凝固，可以消除或减轻显微缩松的存在。在压力下凝固，增大了补缩力，有利于加大厚大铸件及铸件厚大部位的致密性。

（3）采用定向凝固方法　防止产生缩孔的有效措施，是使铸件实现定向凝固(directional solidification)，即在铸件可能出现缩孔的厚大部位，通过安放冒口等工艺措施，使铸件上远离冒口的部位最先凝固(图 1.1.9 所示Ⅰ区)，然后是靠近冒口的部位凝固(图 1.1.9 所示Ⅱ、Ⅲ区)，最后冒口本身凝固。按照这样的凝固顺序，先凝固部位的收缩，由后凝固部位的金属液来补充，后凝固部位的收缩，由冒口中的金属液来补充，从而使铸件各个部位的收缩均能得到补充，而将缩孔转移到冒口之中。冒口为铸件的多余部分，在铸件清理时去除。

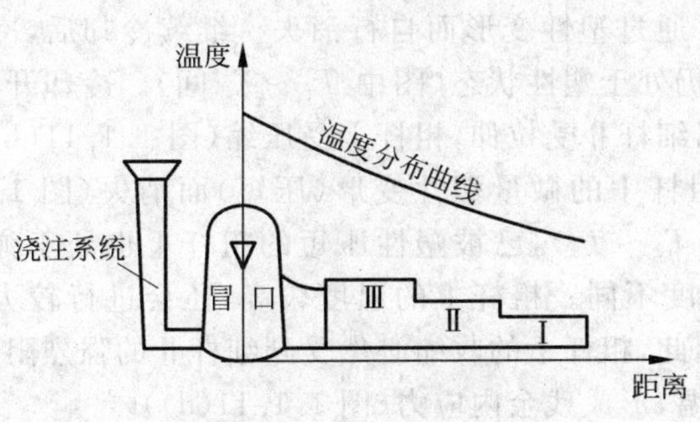

图 1.1.9 定向凝固示意图

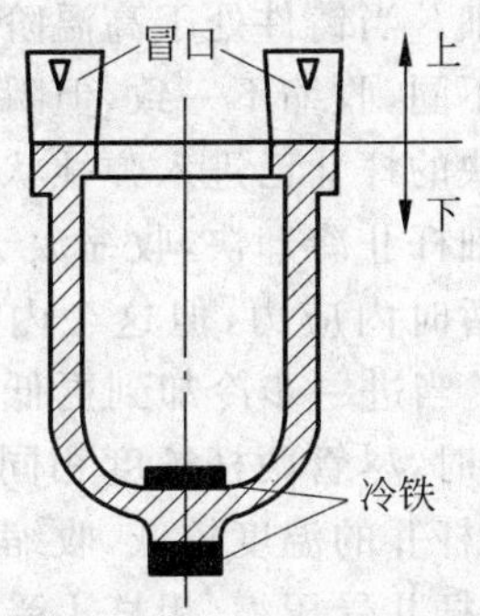

图 1.1.10 冷铁的应用

为了实现定向凝固，在安放冒口的同时，还可在铸件上某些厚大部位增设冷铁。如图 1.1.10 所示，铸件的厚大部位不止一个，仅靠顶部冒口，难以向底部的凸台补缩，为此，在该凸台的型壁上安放了两块外冷铁。冷铁加快了铸件在该处的冷却速度，使厚度较大的凸台反而最先凝固，从而实现了自下而上的定向凝固，防止了凸台处缩孔、缩松的产生。可以看出，冷铁的作用是加快某些部位的冷却速度，以控制铸件的凝固顺序，但本身并不起补缩作用。冷铁通常用铸钢或铸铁加工制成。

采用定向凝固，虽然可以有效防止铸件产生缩孔，但却会耗费许多金属和工时，增加铸件成本。同时，定向凝固也加大了铸件各部分之间的温度梯度，促使铸件的变形和裂纹倾向加大。因此，定向凝固主要用于体积收缩大的合金，如铝青铜、铝硅合金和铸钢件等。

对于结晶温度范围很宽的合金，由于倾向于糊状凝固，结晶开始之后，发达的树枝状骨架布满了铸件整个截面，使冒口的补缩通道严重受阻，因而难以避免缩松的产生。显然，选用近共晶成分或结晶温度范围较窄的合金，是防止缩松产生的有力措施。此外，加快铸件的冷却速度或加大结晶压力，也可达到部分防止缩松的效果。

1.1.3 铸造内应力、变形和裂纹

1. 铸造内应力

在铸件凝固之后的继续冷却过程中，若固态收缩受到阻碍，将会在铸件内部产生内应力(internal stress)。这些内应力有的是在冷却过程中暂存的，有的则一直保留到室温，称为残留内应力。铸造内应力有热应力和机械应力两类，它们是铸件产生变形和裂纹的基本原因。

1）热应力的形成

热应力是由于铸件壁厚不均匀，各部分冷却速度不同，以致在同一时期铸件各部分收缩不一致而引起的。

为了分析热应力的形成，首先必须了解金属自高温冷却到室温时的应力状态变化。固态金属在弹-塑临界温度(620～650℃)以上的较高温度时，处于塑性状态，在应力作用下会产生塑性变形，变形之后，应力可自行消除。而在弹-塑临界温度以下，金属呈弹性状态，在应力作用下发生弹性变形，变形之后，应力仍然存在。

下面用图 1.1.11(a)所示的框形铸件来分析热应力的形成。该铸件中的杆Ⅰ较粗，杆

Ⅱ较细。当铸件处于高温阶段(图中 $T_0 \sim T_1$ 间)时,两杆均处于塑性状态,尽管两杆的冷却速度不同,收缩不一致,但瞬时的应力均可通过塑性变形而自行消失。继续冷却后,冷却速度较快的杆Ⅱ已进入弹性状态,而粗杆Ⅰ仍处于塑性状态(图中 $T_1 \sim T_2$ 间)。冷却开始时,由于细杆Ⅱ冷却快,收缩大于粗杆Ⅰ,所以细杆Ⅱ受拉伸,粗杆Ⅰ受压缩(图 1.1.11(b)),形成了暂时内应力,但这个内应力随之因粗杆Ⅰ的微量塑性变形(压短)而消失(图 1.1.11(c))。当进一步冷却到更低温度时(图中 $T_2 \sim T_3$),已被塑性压短的粗杆Ⅰ也处于弹性状态,此时,尽管两杆长度相同,但所处的温度不同。粗杆Ⅰ的温度较高,还会进行较大的收缩;细杆Ⅱ的温度较低,收缩已趋停止。因此,粗杆Ⅰ的收缩必然受到细杆Ⅱ的强烈阻碍,于是,细杆Ⅱ受压缩,粗杆Ⅰ受拉伸,直到室温,形成残余内应力(图 1.1.11(d))。

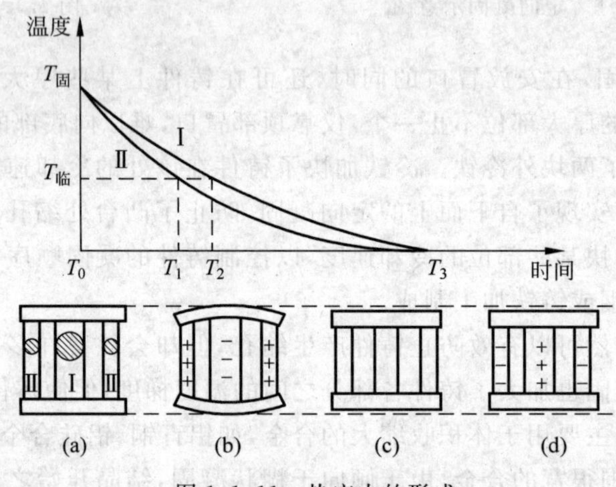

图 1.1.11 热应力的形成

"+"表示拉应力;"-"表示压应力

由此可见,不均匀冷却使铸件的厚壁或心部受拉应力,薄壁或表层受压应力。铸件的壁厚差别越大、合金的线收缩率越高、弹性模量越大,热应力也越大。

2) 机械应力的形成

机械应力是合金的线收缩受到铸型或型芯的机械阻碍而形成的内应力,如图 1.1.12 所示。

机械应力使铸件产生的拉伸或剪切应力是暂时存在的,在铸件落砂之后,这种内应力便可自行消除。但机械应力在铸型中可与热应力共同起作用,增大某些部位的拉应力,就会增加铸件的裂纹倾向。

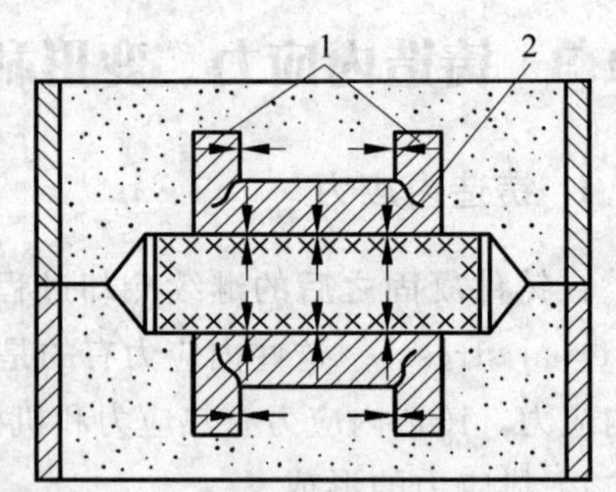

图 1.1.12 法兰收缩所受机械应力形成图

1—法兰;2—裂纹

3) 减小和消除内应力的措施

(1) 合理地设计铸件的结构。铸件的形状越复杂,各部分壁厚相差越大,冷却时温度越不均匀,铸造应力越大。因此,在设计铸件时应尽量使铸件形状简单、对称,壁厚均匀。

(2) 尽量选用线收缩率小、弹性模量小的合金,设法改进铸型、型芯的退让性,合理设置浇冒口等。

(3) 采用同时凝固原则。所谓同时凝固是指采取一些工艺措施,使铸件各部分温差很小,几乎同时进行凝固,见图 1.1.13 所示。因为各部分温差小,不易产生热应力和热裂,因此铸件变形小。

(4) 对铸件进行时效处理。时效处理分为自然时效、热时效和振动时效等。所谓自然时效(natural aging),是将铸件置于露天场地半年以上,让其内应力自然消除。热时效又称去应力退火,是将铸件加热到550～650℃之间,保温 2～4 h,随炉冷却至 150～200℃之间,然后出炉。振动时效是将铸件在其共振频率下振动 10～60 min,以消除铸件中的残余应力。

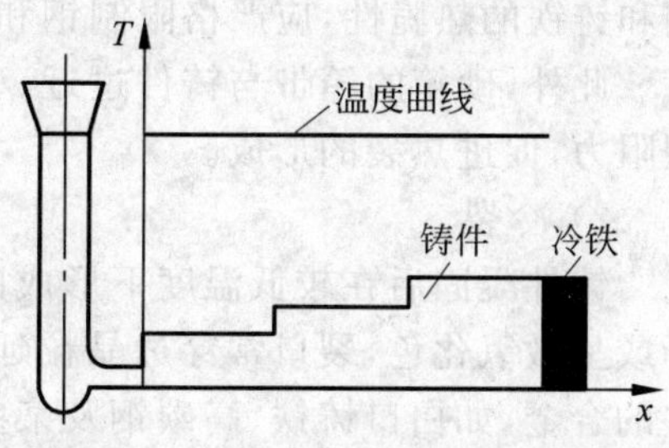

图 1.1.13 同时凝固原则示意图

2. 铸件的变形

存在残留内应力的铸件是不稳定的,它将自发地通过变形(distortion)来缓减其内应力,以便趋于稳定状态。图 1.1.14 是 T 形梁铸钢件在热应力作用下的弯曲变形情况,虚线表示变形的方向。

为防止铸件变形,在设计时应力求壁厚均匀,形状简单而对称。对于细而长、大而薄的易变形铸件,可将模样制成与铸件变形方向相反的形状,待铸体冷却后变形正好与相反的形状抵消,此方法称为反变形法,见图 1.1.15。此外,将铸件置于露天场地一段时间,使内应力消除,也可减少变形。

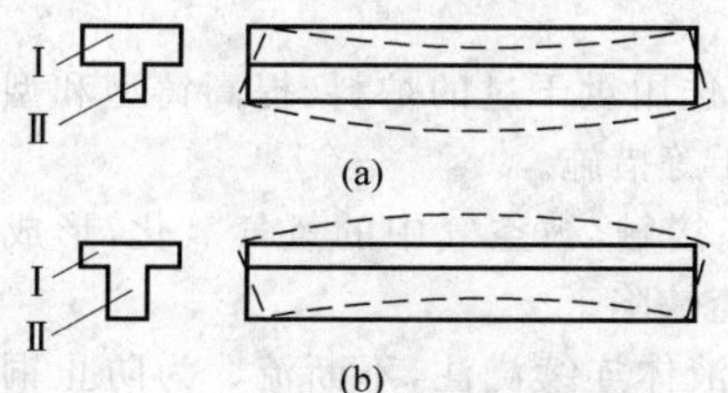

图 1.1.14 T 形梁铸钢件弯曲变形示意图

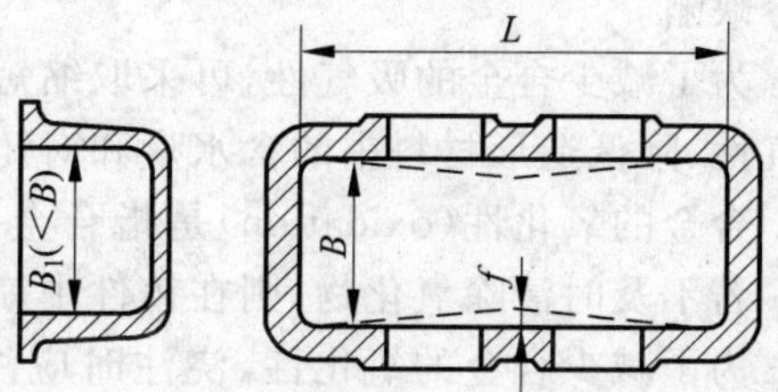

图 1.1.15 箱体件反变形量方向

3. 铸件的裂纹

当铸造内应力超过金属材料的抗拉强度时,铸件便会产生裂纹(cracking)。裂纹是严重的铸件缺陷,必须设法防止。根据产生时温度的不同,裂纹可分为热裂和冷裂两种。

1) 热裂

凝固后期,高温下的金属强度很低,如果金属较大的线收缩受到铸型或型芯的阻碍,机械应力超过该温度下金属的最大强度,便产生热裂。其形状特征是:尺寸较短,缝隙较宽,形状曲折,缝内呈现严重的氧化色。

影响热裂形成的主要因素是:

(1) 合金性质 铸造合金的结晶特点和化学成分对热裂的产生均有明显的影响。合金的结晶温度范围越宽,凝固收缩量越大,合金的热裂倾向也越大。灰铸铁和球墨铸铁由于凝固收缩甚小,故热裂倾向也较小。铸钢、某些铸铝合金、白口铸铁的热裂倾向较大。

(2) 铸型阻力 铸型、型芯的退让性对热裂的形成有着重要影响。退让性越好,机械应力越小,形成热裂的可能性也越小。

防止热裂的方法主要是：设计合理的铸件结构；改善型砂和芯砂的退让性。硫能增加钢和铸铁的热脆性，应严格限制钢和铸铁中硫的含量。

此外，砂箱的箱带与铸件过近，型芯骨的尺寸过大，浇注系统位置不合理等，均可增大铸型阻力，促进热裂的形成。

2）冷裂

铸件凝固后在较低温度下形成的裂纹叫冷裂。其形状特征是：表面光滑，具有金属光泽或呈微氧化色，裂口常穿过晶粒延伸到整个断面，常呈圆滑曲线或直线状。脆性大、塑性差的合金，如白口铸铁、高碳钢及某些合金钢，最易产生冷裂纹，大型复杂铸铁件也易产生冷裂纹。冷裂往往出现在铸件受拉应力的部位，特别是应力集中的部位。

防止冷裂的方法主要是尽量减小铸造内应力和降低合金的脆性。例如，使铸件壁厚均匀；增加型砂和芯砂的退让性；降低钢和铸铁中的含磷量。磷能显著降低合金的冲击韧度，使钢产生冷脆。例如，铸钢的 w_P 大于 0.04%、铸铁的 w_P 大于 0.3%时，因冲击韧度急剧下降，冷裂倾向明显增加。

4. 铸件的吸气性和氧化性

合金在熔炼和浇注时吸收气体的能力称为合金的吸气性(gas absorption)。气体来源于炉料熔化和燃料燃烧时产生的各种氧化物和水气、浇注时带入铸型的空气、造型材料中的水分等。如果液态时吸收的气体多，在凝固时，侵入的气体若来不及逸出，就会出现气孔、白点等缺陷。

为了减少合金的吸气性，可采取缩短熔炼时间、选用烘干过的炉料、提高铸型和型芯的透气性、降低造形材料中的含水量和对铸型进行烘干等措施。

合金的氧化性(oxidation)是指合金液体与空气接触，被空气中的氧气氧化，形成氧化物。若不及时清除氧化物，则在铸件中就会出现夹渣缺陷。

为了减少合金的氧化性，浇注时应注意使金属液体连续浇注，不断流。为防止铜的氧化，熔化时应加溶剂以覆盖铜液。为防止铝的氧化，可向坩埚内加入 KCl、NaCl 等溶剂，以将铝液与炉气隔离。

5. 铸件的常见缺陷及分析

铸件清理后应进行质量检验。根据产品要求的不同，检验的项目主要有外观、尺寸、金相组织、力学性能、化学成分和内部缺陷等。其中，最基本的是外观检验和内部缺陷检验。铸件常见的缺陷特征及其产生原因见表 1.1.5。

表 1.1.5 几种常见铸件缺陷的特征及产生的原因

类别	缺陷名称和特征	主要原因分析
孔眼	气孔：铸件内部或表面有大小不等的孔眼，孔的内壁光滑，多呈现圆形	1. 砂型舂得太紧或型砂透气性太差 2. 型砂太湿，起模、修型时刷水过多 3. 砂芯通气孔堵塞或砂芯未烘干
	缩孔：铸件厚截面处出现形状不规则的孔眼，孔的内壁粗糙	1. 冒口设置得不正确 2. 合金成分不合格，收缩过大 3. 浇注温度过高 4. 铸件设计不合理，无法进行补缩

续表

类别	缺陷名称和特征	主要原因分析
孔眼	砂眼：铸件内部或表面有充满砂粒的孔眼，孔形不规则	1. 型砂强度不够或局部没舂紧，掉砂 2. 型腔、浇口内散砂未吹净 3. 合箱时砂型局部挤坏，掉砂 4. 浇注系统不合理，冲坏砂型(芯)
	渣眼：孔眼内充满熔渣，孔形不规则	1. 浇注温度太低，熔渣不易上浮 2. 浇注时没有挡住熔渣 3. 浇注系统不正确，撇渣作用差
表面缺陷	冷隔：铸件上有未完全融合的缝隙，接头处边缘圆滑	1. 浇注温度过低 2. 浇注时断流或浇注速度太慢 3. 浇口位置不当或浇口太小
	粘砂：铸件表面粘着一层难以除掉的砂粒，使表面粗糙	1. 未刷涂料或涂料太薄 2. 浇注温度过高 3. 型砂耐火性不够
	夹砂：铸件表面有一层突起的金属片状物，在金属片和铸件之间夹有一层湿砂	1. 型砂受热膨胀，表层鼓起或开裂 2. 型砂湿态强度太低 3. 内浇口过于集中，使局部砂型烘烤厉害 4. 浇注温度过高，浇注速度太慢
形状尺寸不合格	偏芯：铸件局部形状和尺寸由于砂芯位置偏移而变动	1. 砂芯变形 2. 下芯时放偏 3. 砂芯未固定好，浇注时被冲偏
	浇不足：铸件未浇满，形状不完整	1. 浇注温度太低 2. 浇注时液态金属量不够 3. 浇口太小或未开出气口
	错箱：铸件在分型面处错开	1. 合型时上、下箱未对准 2. 定位销或泥号标准线不准 3. 造芯时上、下模样未对准
裂纹	热裂：铸件开裂，裂纹处表面氧化，呈现蓝色 冷裂：裂纹处表面氧化，发亮	1. 铸件设计不合理，壁厚差别太大 2. 砂型(芯)退让性差，阻碍铸件收缩 3. 浇注系统开设不当，使铸件各部分冷却及收缩不均匀，造成过大的内应力
其他	铸件的化学成分、组织和性能不合格	1. 炉料成分、质量不符合要求 2. 熔炼时配料不准或操作不当 3. 热处理未按照规范进行

思考练习题

1. 什么是液态合金的充型能力？它与合金的流动性有何关系？不同化学成分的合金为何流动性不同？为什么铸钢的充型能力比铸铁差？

2. 某定型生产的薄壁铸铁件，投产以来质量基本稳定，但近期浇不足和冷隔缺陷突然增多，试分析其原因。

3. 既然提高浇注温度可提高液态合金的充型能力，但为什么又要防止浇注温度过高？

4. 缩孔与缩松对铸件质量有何影响？为何缩孔比缩松较容易防止？

5. 为什么灰铸铁的收缩比碳钢小？

6. 区分以下名词：

缩孔和缩松　　浇不足与冷隔

出气口与冒口　　逐层凝固与定向凝固

7. 什么是定向凝固原则？什么是同时凝固原则？各需采用什么措施来实现？上述两种凝固原则各适用于哪种场合？

8. 分析图 1.1.16 所示轨道铸件热应力的分布，并用虚线表示出铸件的变形方向。

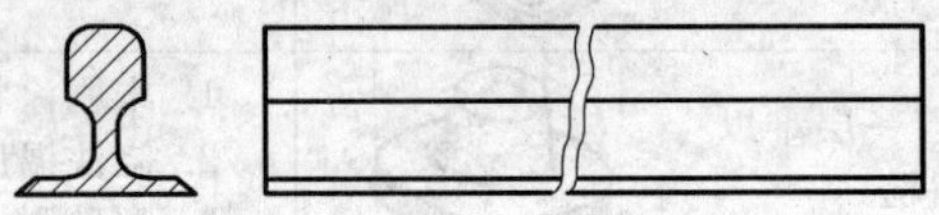

图 1.1.16　思考练习题 8 图

9. 下列哪几种情况易产生气孔？为什么？

(1) 舂砂过紧；　　(2) 型芯撑生锈；

(3) 起模时刷水过多；　　(4) 熔铝时铝料油污过多。

10. 试分析图 1.1.17 所示铸件：

(1) 哪些是自由收缩？哪些是受阻收缩？

(2) 受阻收缩的铸件形成哪一类铸造应力？

(3) 各部分应力属于拉应力还是压应力？

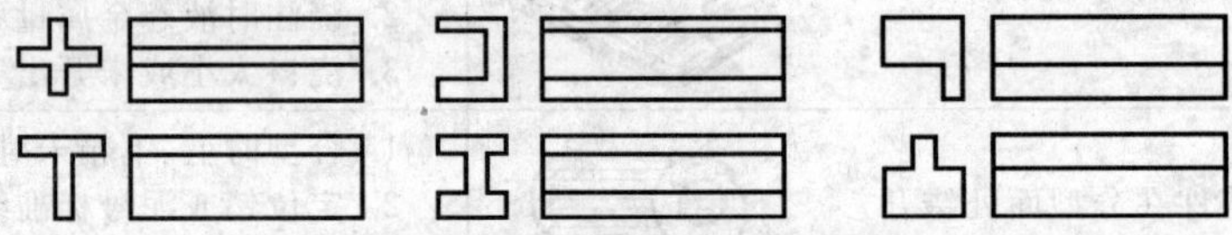

图 1.1.17　思考练习题 10 图

1.2 砂型铸造

根据铸型的不同特点，铸造可分为一次型铸造（砂型铸造、熔模铸造、石膏型铸造、实型铸造等）、半永久型铸造（泥型铸造、陶瓷型铸造、石墨型铸造等）、永久型铸造（金属型铸造、压力铸造、挤压铸造、离心铸造等）。根据浇注时金属液所承受的压力状态，可分为重力作用下的铸造和外力作用下的铸造。金属液在常压下完成的重力浇注，称为自由浇注或常压浇注。金属液在外力作用下实现充填和补缩的浇铸，称为加压铸造，例如压力铸造、挤压铸造、离心铸造和反重力铸造等。

本章主要讲述有关砂型铸造的知识内容。

1.2.1　概述

1. 砂型铸造的基本概念

铸造的方法很多，但生产中应用最广泛的仍是砂型铸造(sand casting process)。用型砂制成铸型，将熔融金属注入铸型并经凝固冷却，经落砂取出铸件的铸造方法叫砂型铸造。砂型铸造是传统的铸造方法，适用于各种形状、大小、批量及各种常用合金铸件的生产。掌握砂型铸造技术是合理选择铸造方法和正确设计铸件结构的基础。

2. 砂型铸造生产工艺过程

图 1.2.1 所示为砂型铸造生产工艺过程示意图。

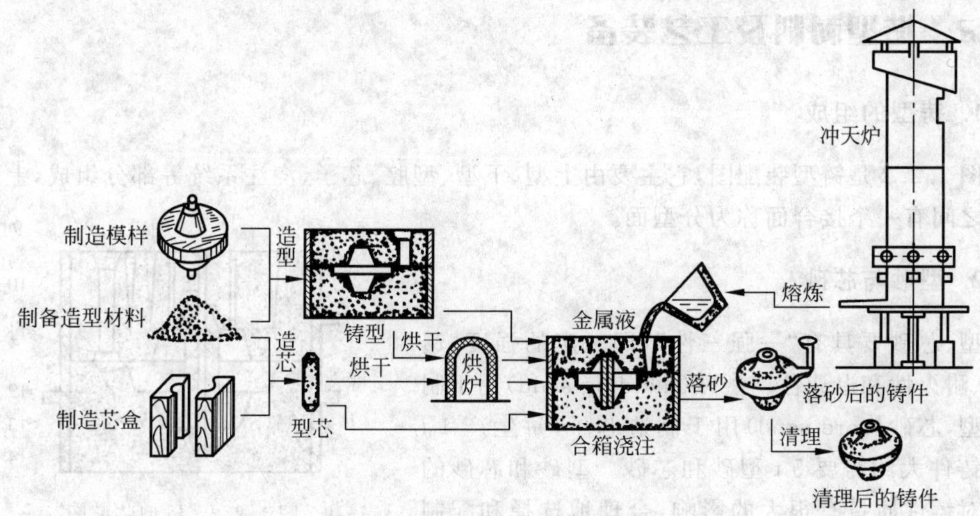

图 1.2.1　砂型铸造工艺过程

砂型铸造的主要工序有制造模样(pattern)与芯盒(core box)、制备造型材料(molding material)、造型(molding)、造芯、合型(mold assembling)、熔炼金属、浇注(pouring)、落砂(knockout)、清理(cleaning fettling)与检验(inspected)等。有的铸件需用干型铸造，造型与造芯之后，还必须将砂型和芯子送进烘房进行烘干。湿型铸造中的芯子一般也应该烘干使用。

3. 砂型铸造的种类

常用的砂型有湿型、干型、表面干型和各种化学自硬砂型。

(1) 湿型　在硅砂中加入适量的黏土和水分，混制而成的型砂称为湿型砂。用湿型砂舂实，浇注前不烘干的砂型称为湿型。铝合金与镁合金铸件、小型铸铁件的生产常使用湿型。湿型可缩短铸件生产周期，生产率高；由于不必烘干及不需要相应的烘干装置，故节省了投资及能耗；易于实现机械化和自动化；劳动条件比干型生产要好；特别适合于机械化、自动化生产。

(2) 干型　经过烘干的砂型称为干型。烘干后增加了砂型的强度和透气性，显著降低了发气性，大大减少了气孔、砂眼、胀砂、夹砂等缺陷。干型的缺点是：生产周期长，需要烘干设备，增加燃料消耗，恶化劳动条件，难于实现机械化和自动化。干型主要用于质量要求高、结构复杂的中、大型铸件的单件、小批生产。

(3) 表面干型　砂型表面仅有一层很薄(15～20 mm)的型砂被干燥，其余部分仍然是湿的型砂，称为表面干型。表面干型介于湿型和干型之间，常用于生产中、大型铝合金铸件和铸铁件。

(4) 化学自硬砂型　靠型砂自身的化学反应硬化，一般不需要烘干或只经低温烘烤的砂型，称为化学自硬砂型。其优点是强度高，节约能源，效率高。但成本较高，有的易产生粘砂等缺陷。自硬砂型目前使用较多的有水玻璃砂型以及树脂砂型等。自硬砂型对于各种铸件均可采用。

1.2.2 造型材料及工艺装备

1. 铸型的组成

图 1.2.2 是铸型装配图，它主要由上型、下型、型腔、芯子、浇注系统等部分组成，上型与下型之间有一个接合面称为分型面。

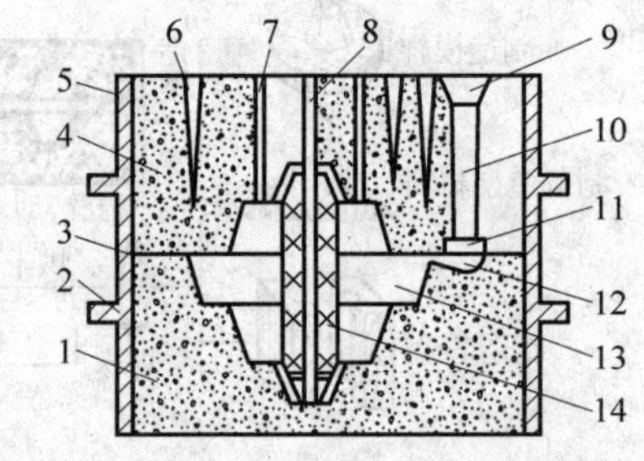

图 1.2.2　铸型装配图

1—下型；2—下砂箱；3—分型面；4—上型；5—上砂箱；6—通气孔；7—出气口；8—型芯通气孔；9—外浇口；10—直浇道；11—横浇道；12—内浇道；13—型腔；14—芯子

2. 型砂与芯砂

型、芯砂要具有"一强三性"，即一定的强度、透气性、耐火性和退让性。型砂(molding sand)用于制造砂型，芯砂(core sand)用于制造芯子，每生产 1 t 合格铸件大约需要 5 t 型砂和芯砂。型砂和芯砂的性能对铸件质量有很大的影响，合理地选择和配制型砂与芯砂，对于提高铸件质量和降低铸件成本具有重要意义。

1) 型砂与芯砂应具备的性能

(1) 强度(strength)　型砂与芯砂成形之后抵抗外力破坏的能力称为强度。强度高的铸型在搬运、合型时不易损坏，浇注时不易被熔融金属冲塌，铸件可避免产生砂眼、夹砂和塌箱等缺陷。

(2) 透气性(permeability)　型砂与芯砂透过气体的能力称为透气性。熔融金属浇入铸型时，砂型中会产生大量气体，熔融金属中也会随温度下降而析出一些气体。这些气体如不能从砂型中排出，就会使铸件形成气孔(blowhole)。

(3) 耐火性(refractoriness)　型砂与芯砂在高温熔融金属的作用下，不软化、不熔化的性质叫作耐火性。耐火性差的型(芯)砂容易使铸件表面产生粘砂缺陷，导致铸件切削加工困难。

(4) 退让性(deformability)　铸件凝固时体积要缩小，型砂与芯砂随铸件收缩而被压缩的性能称为退让性。退让性好的型(芯)砂不会阻碍铸件的收缩，使铸件避免产生裂纹，减少应力。

由于芯子被熔融金属包围，所以芯砂的性能要求比型砂要高。

2）型砂与芯砂的组成

型砂与芯砂主要由石英砂、黏结剂(binder)和水混合而制成，有时加入少量煤粉或木屑等辅助材料。

石英砂的主要成分是 SiO_2，其中含有少量杂质。砂粒应均匀且呈圆形。砂粒细小则有利于增加型(芯)砂的强度，但其透气性差，耐火性低。生产中要根据熔融金属温度的高低选择不同粒度的石英砂。通常，铸钢砂较粗，铸铁砂较细，有色金属铸造砂更细一些。

常用的黏结剂有普通黏土和膨润土，黏结剂加水之后，质点之间便产生表面张力而使砂粒相互黏结，因而使型砂具有一定的强度。型砂中的黏结剂还有水玻璃、树脂等其他物质。

在型砂中加入少量煤粉可以增加型砂的耐火性，以提高铸件的表面质量。加入少量木屑可以增加型砂的退让性。

一般铸件采用湿砂型铸造，即造型之后铸型不烘干，合型之后即可浇注。大型铸件或重要的铸件以及铸钢件，多采用干型铸造，即造型后将铸型置于烘房中烘干，使铸型中的水分(moisture content)挥发。干型的强度更高，透气性更好。

芯子一般是用来使铸件获得内腔，浇注时，芯子周围被高温熔融金属包围。因此，芯砂应有更高的性能，要求高的芯子要采用桐油、树脂等作为黏结剂。芯子一般需烘干以后使用。

3）涂料

为了提高铸件表面质量和防止铸件表面粘砂，铸型型腔和芯子外表面应刷上涂料(blacking)。铸铁件的涂料为石墨粉加水，铸钢件以石英粉作为涂料。涂料中加入少量黏土可以增加黏性。

为提高铸件质量，可在湿砂型的型腔中撒上一层干石墨粉，称为扑料。

3. 模样与芯盒

模样(pattern)用来获得铸件外部形状，芯盒(core box)用以造出芯子以获得铸件的内腔。制造模样与芯盒的材料有木材、铝合金或者塑料等。

制造模样要考虑铸造生产的特点。为了便于造型，要选择合适的分模面；为了便于起模，在垂直于分型面的模样壁上要做出斜度；模样上壁与壁连接处要以圆角过渡，称为铸造圆角；铸件需要切削加工的表面上要留出切削时切除的多余金属，即留出加工余量；有内腔的铸件，在模样上应做出安放芯子的芯头；考虑到金属凝固冷却后尺寸会变小，所以模样的尺寸要比零件大一些，称为收缩量。

把上述需要考虑的因素绘制在零件图上，就变成了铸造工艺图，再根据铸造工艺图制造模样和盒芯。图 1.2.3 所示为滑动轴承的铸造工艺图、模样结构图、盒芯结构图和铸件图。

4. 浇注系统

将熔融金属导入型腔的通道称为浇注系统(casting system)。为了保证铸件质量，浇注系统应能平稳地将熔融金属导入并充满型腔，以避免熔融金属冲击芯子和型腔，同时能防止熔渣及砂粒等进入型腔。设计合理的浇注系统还能调节铸件的凝固顺序，防止产生缩孔、裂纹等缺陷。

浇注系统通常由出气口、外浇口(浇口杯)、直浇道、横浇道及内浇道组成(见图 1.2.4)。

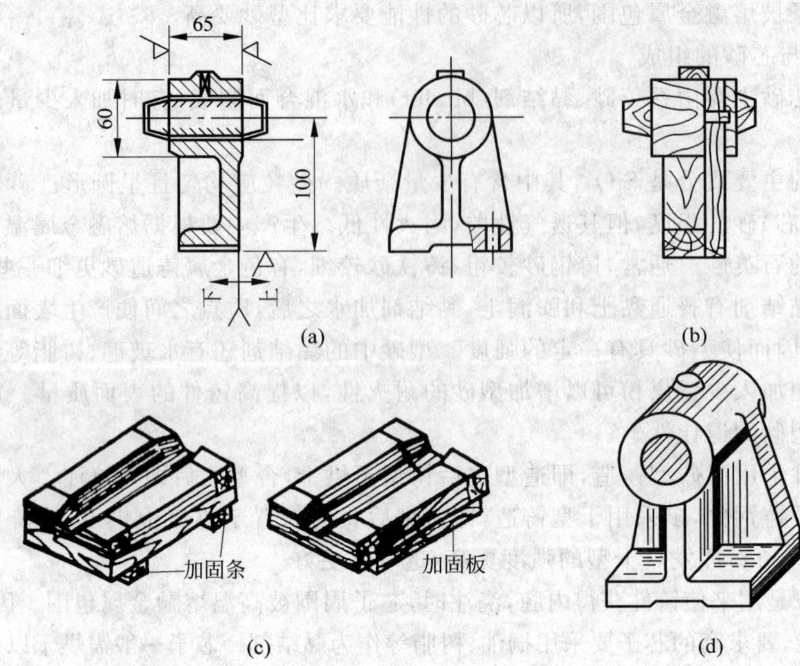

图 1.2.3　滑动轴承的铸造工艺图、模样结构图、盒芯结构图和铸件图

(a) 铸造工艺图；(b) 模样结构图；(c) 芯盒结构图；(d) 铸件图

(1) 外浇口(pouring basin)　外浇口的形状多为漏斗形。浇注时外浇口应保持充满状态，以便熔融金属比较平稳地流到铸型内并使熔渣上浮。

(2) 直浇道(sprue)　直浇道是外浇口下面的一段直立通道，利用其高度产生一定的液态静压力，使熔融金属产生充填能力。大件浇注有时有几个直浇道同时进行浇注。

(3) 横浇道(runner)　横浇道承接直浇道流入的熔融金属，一般为梯形，它的作用是将熔融金属分配进入内浇道并起挡渣作用。横浇道应开设在内浇道的上部，以便熔渣上浮而不致流入型腔内。

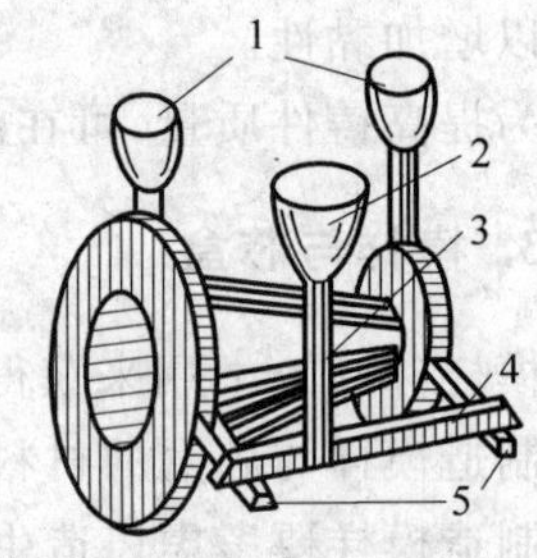

图 1.2.4　浇注系统

1—出气口；2—外浇口；3—直浇道；4—横浇道；5—内浇道

(4) 内浇道(ingate)　内浇道与型腔直接相连，其断面形状多为梯形或半圆形。内浇道的作用是控制熔融金属流入型腔的速度与方向。为防止冲毁芯子，内浇道不宜正对着芯子(如图 1.2.5 所示)。

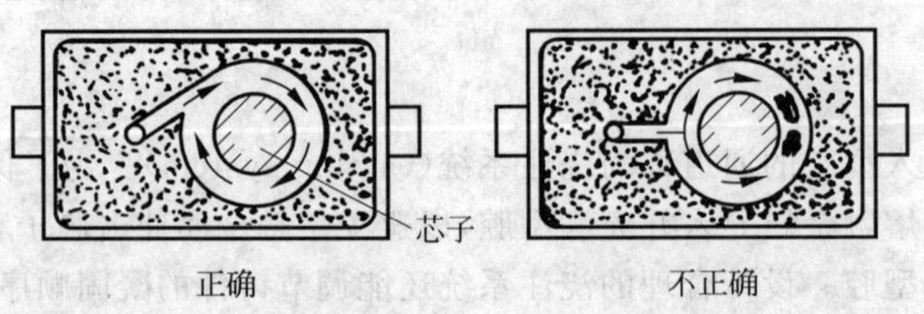

图 1.2.5　开设内浇道的方法

1.2.3 造型与造芯方法

制造砂型的工艺过程称为造型。造型是砂型铸造最基本的工序，通常分为手工造型和机器造型两大类。

1. 手工造型

手工造型(hand molding)时，填砂、紧实和起模都用手工来完成。其优点是操作方便灵活，适应性强，模样生产准备时间短；但生产率低，劳动强度大，铸件质量不易保证。故手工造型只适用于单件小批量生产。

实际生产中，造型方法的选择具有较大的灵活性，一个铸件往往可用多种方法造型。应根据铸件的结构特点、形状和尺寸、生产批量、使用要求及车间具体条件等进行分析比较，以确定最佳方案。各种常用的手工造型方法的特点及其适用范围见表1.2.1。

表 1.2.1 常用手工造型方法的特点及其适用范围

造型方法		主要特点	适用范围
按砂箱特征区分	 两箱造型	铸型由上型和下型组成，造型、起模、修型等操作方便	适用于各种生产批量，各种大、中、小铸件
	 三箱造型	铸型由上、中、下3部分组成，中型的高度需与铸件两个分型面的间距相适应。三箱造型费工，应尽量避免使用	主要用于单件、小批量生产并具有两个分型面的铸件
	 地坑造型	在车间地坑内造型，用地坑代替下砂箱，只要一个上砂箱，可减少砂箱的投资。但造型费工，而且要求操作者的技术水平较高	常用于砂箱数量不足，制造批量不大的大、中型铸件
	 脱箱造型	铸型合型后，将砂箱脱出，重新用于造型。浇注前，需用型砂将脱箱后的砂型周围填紧，也可在砂型上加套箱	主要用于生产小铸件，砂箱尺寸较小

续表

造型方法		主要特点	适用范围
按模样特征区分	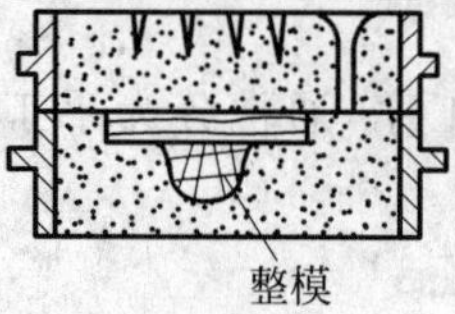 整模 整模造型	模样是整体的，多数情况下型腔全部在下半型内，上半型无型腔。造型简单，铸件不会产生错型缺陷	适用于一端为最大截面，且为平面的铸件
	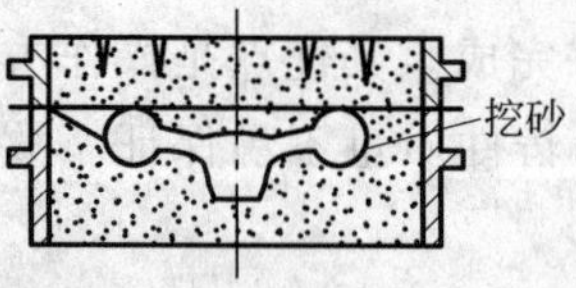 挖砂 挖砂造型	模样是整体的，但铸件的分裂面是曲面。为了起模方便，造型时用手工挖去阻碍起模的型砂。每造一件，就挖砂一次，费工、生产率低	用于单件或小批量生产分型面不是平面的铸件
	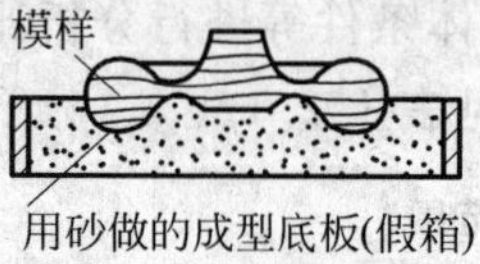 模样 用砂做的成型底板(假箱) 假箱造型	为了克服挖砂造型的缺点，先将模样放在一个预先做好的假箱上，然后放在假箱上造下型，省去挖砂操作。操作简便，分型面整齐	用于成批生产分型面不是平面的铸件
按模样特征区分	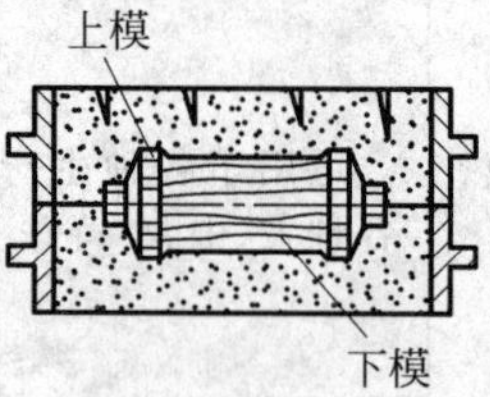 上模 下模 分模造型	将模样沿最大截面处分为两半，型腔分别位于上、下两个半型内。造型简单，节省工时	常用于最大截面在中部的铸件
	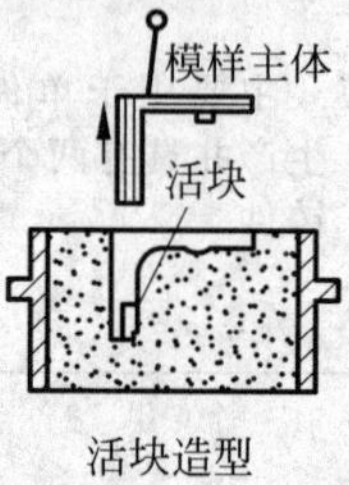 模样主体 活块 活块造型	铸件上有妨碍起模的小凸台、肋条等。制模时将此部分做成活块，在主体模样取出后，从侧面取出活块。造型费工，要求操作者的技术水平较高	主要用于单件、小批量生产带有突出部分、难以起模的铸件
	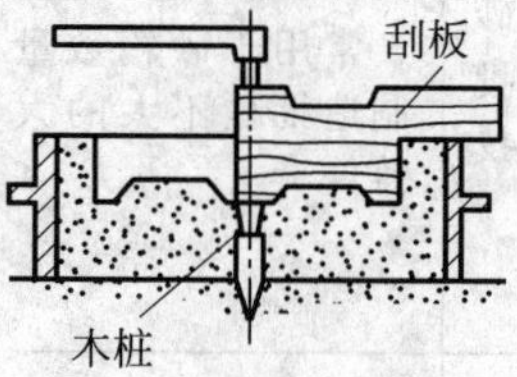 刮板 木桩 刮板造型	用刮板代替模样造型。可大大降低模样成本，节约木材，缩短生产周期。但生产率低，要求操作者的技术水平较高	主要用于有等截面的或回转体的大、中型铸件的单件或小批量生产

2. 机器造型

机器造型(machine molding)是用机器来完成填砂、紧实和起模等造型操作过程，是现代化铸造车间的基本造型方法。与手工造型相比，可以提高生产率和铸型质量，减轻劳动强度。但设备及工装模具投资较大，生产准备周期较长，主要用于成批大量生产。

1）机器造型的分类

机器造型按紧实方式的不同，分压实造型、振压造型、抛砂造型和射砂造型 4 种基本方式。

(1) 压实造型　压实造型是利用压头的压力将砂箱内的型砂紧实。图 1.2.6 所示为压实造型示意图。先将型砂填入砂箱和辅助框中，然后压头向下将型砂紧实。辅助框用来补偿紧实过程中型砂被压缩的高度。压实造型生产率较高，但砂型在砂箱高度方向的紧实度不够均匀，一般越接近模底板，紧实度越差。因此，只适于高度不大的砂箱。

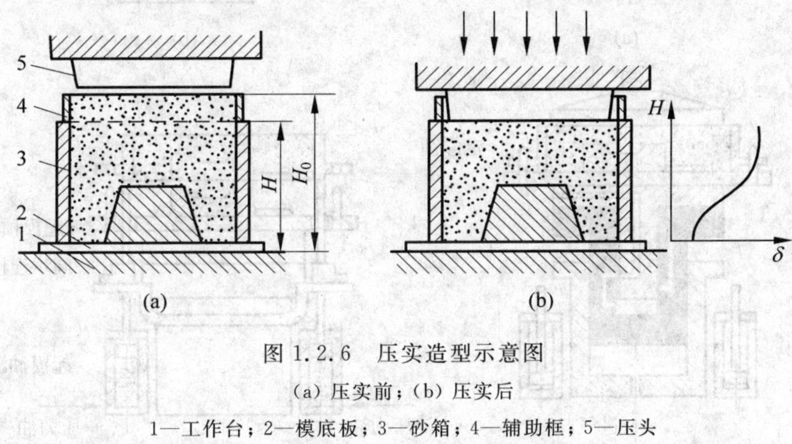

图 1.2.6　压实造型示意图

(a) 压实前；(b) 压实后

1—工作台；2—模底板；3—砂箱；4—辅助框；5—压头

(2) 振压造型　这种造型方法是利用振动和撞击力对型砂进行紧实。图 1.2.7 所示为顶杆起模式振压造型机的工作过程示意图。振压造型分为以下几个步骤：

① 填砂(图 1.2.7(a))。打开砂斗门，向砂箱中放满型砂。

② 振击紧砂(图 1.2.7(b))。先使压缩空气从进气口 1 进入振击汽缸底部，活塞上升至一定高度便关闭进气口，接着又打开排气口，使工作台与振击汽缸顶部发生一次撞击。如此反复进行振击，使型砂在惯性力的作用下被初步紧实。

③ 辅助压实(图 1.2.7(c))。由于振击后砂箱上层的型砂紧实度仍然不足，还必须进行辅助压实。此时，压缩空气从进气口 2 进入压实汽缸底部，压实活塞带动砂箱上升，在压头的作用下，使型砂再次受到压实。

④ 起模 (图 1.2.7(d))。当压力油进入起模液压缸时，4 根顶杆平稳地将砂箱顶起，从而使砂型与模样分离。

(3) 抛砂造型　图 1.2.8 为抛砂机的工作原理图。抛砂头转子上装有叶片，型砂由皮带输送机连续地送入，高速旋转的叶片接住型砂并分成一个个砂团，当砂团随叶片转到出口处时，由于离心力的作用，以高速抛入砂箱，同时完成填砂与紧实工作过程。

(4) 射砂造型　射砂紧实方法除用于造型外多用于造芯。图 1.2.9 所示为射砂机工作原理图。由储气筒中迅速进入到射膛的压缩空气，将型(芯)砂由射砂孔射入芯盒的空腔中，而压缩空气经射砂板上的排气孔排出，射砂过程在较短的时间内同时完成填砂和紧实，生产率极高。

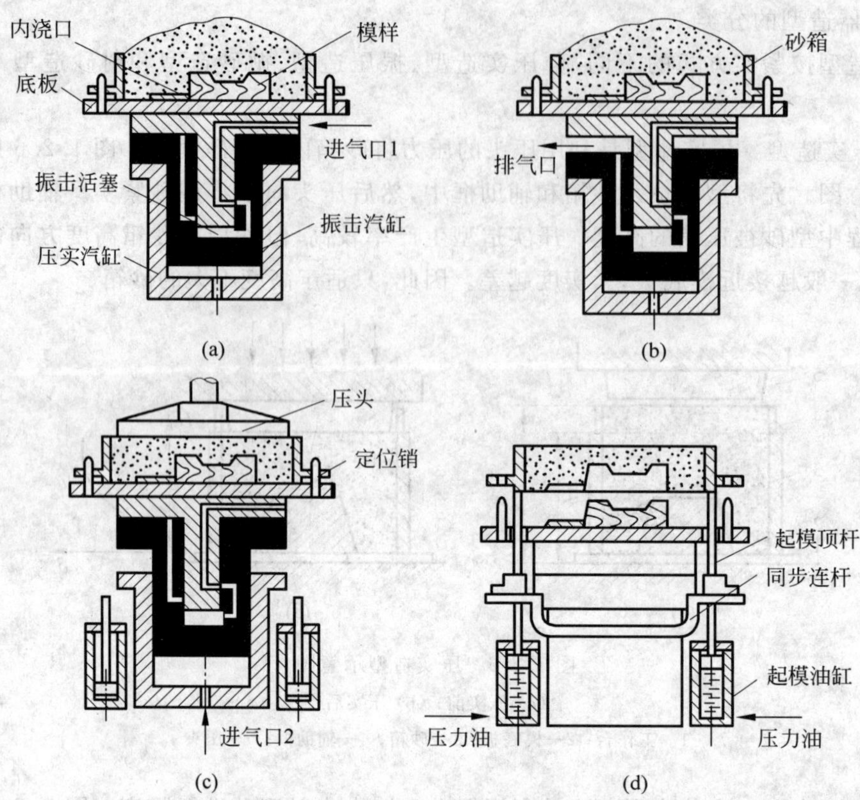

图 1.2.7 振压式造型机的工作过程

(a) 填砂；(b) 振击紧砂；(c) 辅助压实；(d) 起模

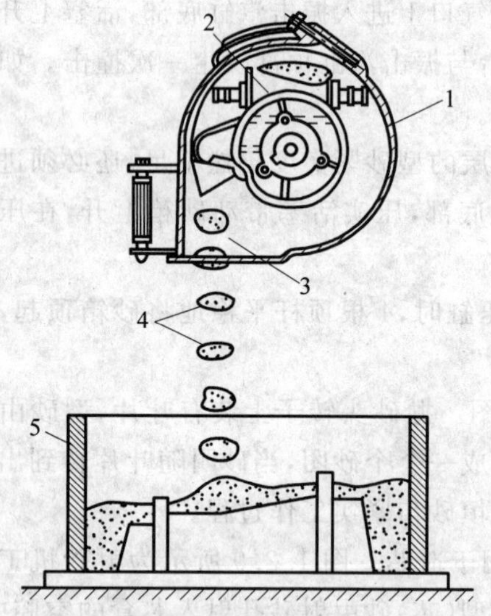

图 1.2.8 抛砂机工作原理图

1—机头外壳；2—型砂入口；3—砂团出口；4—被紧实的砂团；5—砂箱

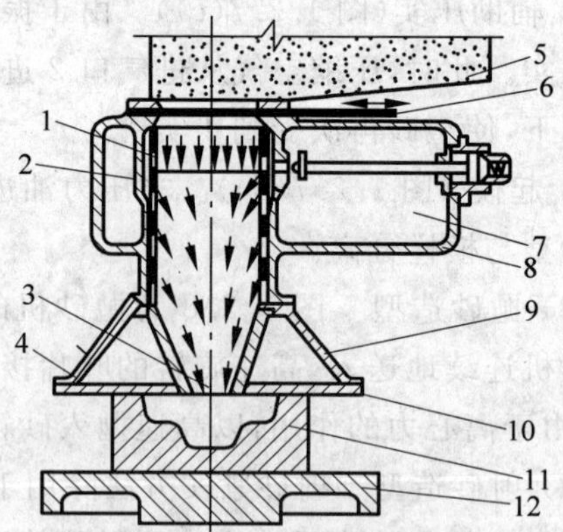

图 1.2.9 射砂机工作原理图

1—射砂筒；2—射膛；3—射砂孔；4—排气孔；5—砂斗；6—砂闸板；7—进气阀；8—储气筒；9—射砂头；10—射砂板；11—芯盒；12—工作台

2）机器造型的工艺特点

机器造型工艺是采用模底板进行两箱造型。模底板是将模样、浇注系统沿分型面与底板连接成一个整体的专用模具。造型后，底板形成分型面，模样形成铸型空腔。

机器造型所用模底板可分为单面模底板和双面模底板两种。单面模底板用于制造半个铸型，是最常用的模底板。造型时，采用两个配对的单面模底板分别在两台造型机上同时造上型和下型，造好的两个半型依靠定位装置（如箱锥）合型。双面模底板仅用于生产小铸件，它是把上、下两个半模及浇注系统固定在同一底板的两侧，此时，上、下型均在同一台造型机上制出，待铸型合型后将砂箱脱除（即脱箱造型），并在浇注之前在铸型上加套箱，以防错型。

由于机器造型不能紧实型腔穿通的中箱（模样与砂箱等高），故不能进行三箱造型。同时，机器造型也应尽力避免活块，因取出活块费时，使造型机的生产率大为降低。所以，在大批量生产铸件及制定铸造工艺方案时，必须考虑机器造型的这些工艺特点。

砂芯是用芯砂制成的型芯。芯子(core)的主要作用是用来形成铸件的内腔。有些铸型有时用外芯组成难以起模部分的局部铸型。浇铸时芯子被高温熔融金属包围，所受到的冲刷及烘烤比铸型强烈得多，因此芯子比铸型应具有更高的强度、透气性、耐火性与退让性。芯砂的组成与配比比型砂要求更严格。一般芯子用黏土砂，要求较高的芯子用桐油砂、合脂砂或树脂砂等。芯砂中一般都使用新砂，很少用旧砂。为了增加芯砂的透气性与退让性，芯砂中可适当加锯木屑。

造芯时，芯子中应放入芯骨(core rod)以提高其强度。小芯子用铁丝作芯骨，中型与大型芯子要用铸铁浇铸或用钢筋焊接成骨架。为了吊运方便，芯子上要做出吊环(见图 1.2.10)。

造芯时应该做出通气道，使芯子产生的气体能顺利地排出来。芯子的通气道要与铸型的排气孔连通。大型芯子的心部常放入焦炭以增加透气功能(见图 1.2.10)。

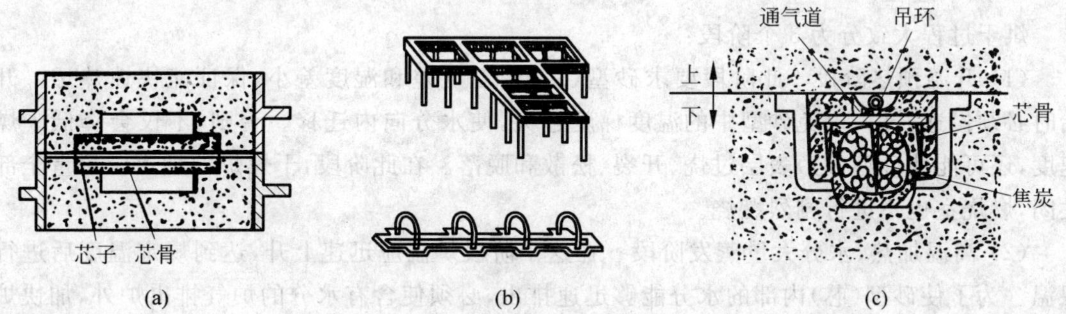

图 1.2.10 芯骨

(a) 铁丝芯骨；(b) 铸铁芯骨；(c) 带吊环的芯骨

造芯的方法很多，图 1.2.11 是几种常见的利用芯盒造芯的方法。

芯子制成以后，表面要刷上一层涂料以防止铸件内腔粘砂，然后放入烘房，在 250℃左右的温度下烘干，以提高芯子的性能。

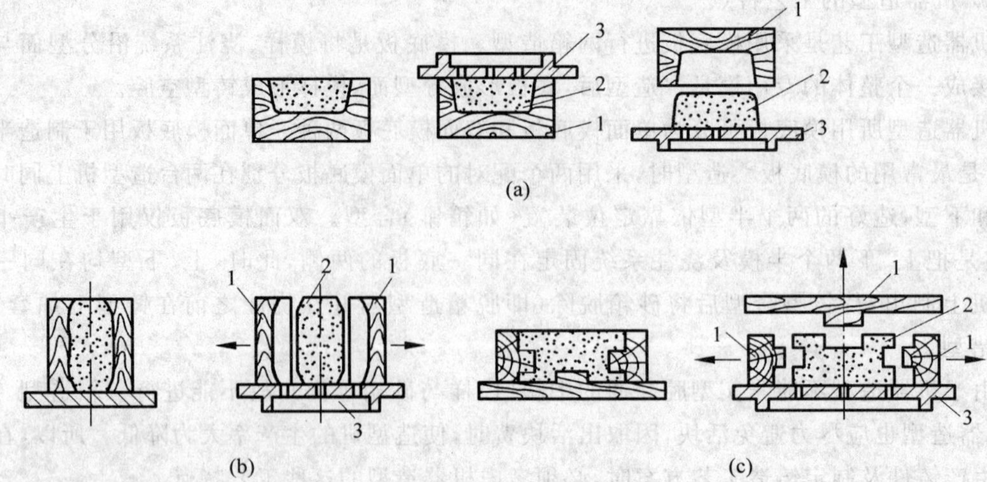

图 1.2.11 几种常见的利用芯盒造芯的方法

(a) 整体式芯盒制芯；(b) 对开式芯盒制芯；(c) 可拆式芯盒制芯

1—芯盒；2—砂芯；3—烘干板

1.2.4 砂型(芯)的烘干、合型、浇注及清理

1. 砂型(芯)的烘干

大型、重型以及质量要求高的铸件，普通砂型和砂芯均需烘干，以除去水分，提高强度和透气性，减少发气量，使铸件不易产生气孔、砂眼、夹砂和粘砂等缺陷，从而保证铸件质量。

1) 烘干过程

烘干过程大致分为 3 个阶段：

(1) 升温预热阶段　此阶段要求砂型(芯)内温度差和湿度差小，保证能快速热透。开始时必须慢速升温，以免砂型中的温度梯度过大，使水分向内迁移。否则，不仅会降低干燥速度，还可能使砂型(芯)表层过烧、开裂、松散和脱落。在此阶段，干燥炉的烟道应尽量全部关闭，燃烧室也不进行剧烈燃烧。

(2) 高温加热、水分大量蒸发阶段　在这个阶段炉温应迅速上升，达到规定温度后进行保温。为了使砂型(芯)内部的水分能够迅速排出，必须使含有水分的炉气排出炉外，加快炉气循环。因此，这个阶段应该把排气烟道的闸门全部打开。

(3) 内冷却阶段　在这个阶段中应停止燃烧加热，烟道半开。砂型(芯)缓慢冷却，铸型本身的蓄热量和残余水分继续排除，砂型得到彻底干燥。

2) 烘干方法

(1) 表面烘干　为了缩短生产周期，减少燃料消耗，有利于组织流水作业，在保证质量的条件下应尽量应用表面烘干。表面烘干的方法主要有喷灯火焰烘干、移动式焦炭炉或煤气炉烘干、红外线辐射烘干、高频干燥炉烘干和微波技术烘干。

(2) 整体烘干　大型和较重要的砂型(芯)都要进行整体烘干，一般在周期作业或连续作业的烘干炉中进行。周期式烘干炉有台车室式和抽屉式两种。前者用于大、中型砂型(芯)的烘干,后者用于较小砂芯的烘干。连续式烘干炉用在批量生产的铸造车间,有卧式和立式两种,后者占地面积小。炉内各部位按烘干规范的要求保持确定的温度和运行时间,使砂芯逐步升温、保温和降温冷却。所以,烘干燥作可连续进行,效率高于周期式烘干炉。

2. 合型

合型就是把砂型和砂芯按要求组合为铸型的过程,也是制备铸型的最后工序。合型质量不高,铸件形状、尺寸和表面质量就得不到保证,甚至会因偏芯、错型、塌箱、抬型跑火等原因使铸件报废。合型一般按以下步骤进行:

(1) 全面检查、清扫、修理所有的砂型和砂芯,特别要注意检查砂芯的烘干程度和通气道是否畅通。不符合要求者,应进行返修或废弃。

(2) 依次将砂芯装入砂型,严格检查,保证铸造件壁厚、砂芯固定、芯头排气和填补接缝处的间隙。无牢固支撑的砂芯,要用芯撑在其上、下和四周加固,防止砂芯在浇注时移动、漂浮。装在上型的砂芯,要插栓吊紧。若砂芯与砂芯之间接缝相对较大,则需使用填补料修平,并用喷灯烘干。

(3) 仔细清除型内散砂,全面检查下芯质量,在分型面上沿型腔外围放上一圈泥条或石棉绳,保证合型后分型面密合,避免液态金属从分型面的间隙流出。

(4) 放上压铁或用螺栓、金属卡子等固紧铸型(见图 1.2.12)。放好浇口杯、冒口圈,在分型面四周接缝处抹上砂泥,防止跑火。最后全面清理场地,以便安全方便地浇注。

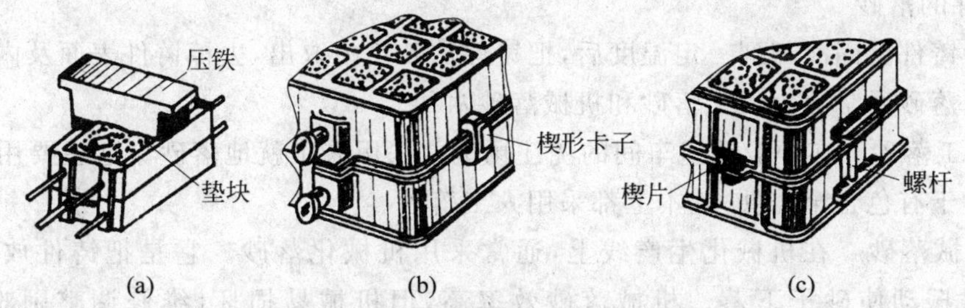

图 1.2.12 压铁及砂箱紧固装置

3. 浇注

1) 浇注前的准备工作

铸型合型紧固后在浇注前应做好下述准备工作:

(1) 了解浇注合金的种类、牌号、待浇注铸型的数量和估算所需金属液的质量。

(2) 检查浇包的修理质量、烘干预热情况及其运输与倾转机构的灵活性和可靠性。

(3) 熟悉各种铸型在车间所处的位置,以便确定浇注次序。

(4) 检查冒口、冒口圈的安放及铸型的紧固情况。

(5) 清理浇注场地,确保浇注安全。

2）浇注工艺

为了获得合格铸件，必须控制浇注温度、浇注速度，严格遵守浇注操作规程。

应根据合金的种类、铸件结构和铸型特点来确定合理的浇注温度范围。金属液由炉中注入浇包时，温度都会降低。为了减小包内降温应做到：

（1）修好的浇包一定要充分烘干，浇注前需预热。

（2）尽量避免倒包，减少金属液在浇包中的停留时间和缩短运输距离。

（3）浇包壁可采用高效保温材料，金属液出炉后，在包内液面加保温集渣覆盖剂。

（4）加强测温，严格监控金属液在包内的降温情况和浇注温度。

浇注时应注意以下几点：

（1）浇注前需除去浇包中金属液面上的熔渣。

（2）根据规定的速度和时间范围进行浇注。

（3）浇注时应避免金属液流的飞溅和中断。开始慢浇，且不能直冲浇道，以免冲毁砂型；中间快浇，以充满浇注系统。

（4）浇口杯中应始终保持一定数量的金属液，防止渣、气进入铸型。

（5）待快充满时应慢浇，防止溢出和减小抬箱力。

（6）有冒口的铸型，浇注后期应进行点浇和补浇。

（7）浇注后应注意引燃从铸型排出的气体。

（8）待铸件凝固完毕后，应及时卸除压铁和箱卡，以减少铸件收缩阻力，避免裂纹。

4. 铸件的落砂、清理及后处理

1）铸件的落砂

落砂指铸件凝固冷却到一定温度后，把铸件从砂箱中取出，去掉铸件表面及内腔中的型砂和芯砂。落砂通常分为人工落砂和机械落砂两种。

（1）人工落砂　在一般铸造车间的浇注场地常采用人工就地落砂。这主要用于单件小批生产。对于有色合金铸件，基本上都采用人工落砂。

（2）机械落砂　在机械化生产线上，通常采用机械化落砂。它是把铸件放在振动落砂机上通过振动使砂子下落。机械落砂效率高，但机械易损坏，维修调整困难，而且噪声大。

生产中常采用下述方法清砂除芯：

（1）水力清砂除芯　水力清砂除芯是利用高压水来切割、冲刷铸件上残留的芯砂与粘砂的一种有效方法。其优点是无粉尘，改善了劳动条件；生产效率高，为手工清砂的5～10倍。缺点是需要庞大的沉淀池和湿砂干燥设备。为了提高清砂效果，特别是清理铸钢件芯砂时，可在高压水射流中加入砂子。这种方法还可部分地用来清理铸件表面的粘砂，称为水砂清砂法。

（2）水爆清砂除芯　水爆清砂除芯是待铸件冷却到适当温度后，从铸型中取出立即浸入水中，水迅速进入砂芯，急剧汽化膨胀，当水汽达到一定压力后便产生爆炸，使砂芯爆裂而脱离铸件。水爆清砂设备主要是水爆池和吊车，设备简单。

2）铸件的清理

为了提高铸件表面质量，还需进一步对铸件进行清理，切除浇冒口，打磨毛刺并进行吹砂。

(1) 浇冒口的切除　铸件必须除去浇注系统的冒口。对于中、小型铸铁件，可用锤子打掉浇冒口。铸钢件一般用氧气切割或电弧切割来去掉浇冒口。不能用气割法切除浇冒口的铸钢件和大部分铝镁合金铸件，可采用车床、圆盘锯及带锯等进行切割。在大批量生产中，许多定型铸铁、铸钢生产线上都设置专用浇冒口切除机，甚至配备专用机器人或机械手来完成。

(2) 铸件的表面清理　包括去除铸件内外表面的粘砂，分型面和芯头处的披缝、毛刺、冒口切除痕迹。其方法有：

① 手工清理。它适用于单件、小批量和形状复杂的零件。

② 滚筒清理。将铸件装入滚筒，利用铸件之间以及铸件与附加角铁之间的摩擦、碰撞来去除铸件表面粘砂、毛刺和氧化铁皮。其设备结构简单，易于制造，清理效果较好；缺点是生产率低，噪声大。它适合于中、小型铸造车间。

③ 喷丸、抛丸清理。喷丸清理是用 4.90～5.88 MPa 的压缩空气，使弹丸从喷嘴以 50～70 m/s 的高速喷射到铸件表面，将黏附在铸件表面的型砂、氧化皮等清除掉。抛丸清理是用高速旋转的叶轮将弹丸以 60～80 m/s 的速度呈扇形扩散角抛射到铸件表面进行清理。

3）铸件的后处理

有些铸件经过上述处理以后，还需进行表面处理。如镁合金铸件在吹砂后需进行表面氧化处理，在表面生成一层致密的薄膜，以防止或减轻镁合金在使用过程中产生腐蚀。铸铁件、铸钢件在检验合格入库前，需涂上底漆，以防生锈，并作为进一步油漆的底漆。

1.2.5　铸造工艺方案的选择

1. 浇注位置的选择

浇注位置(pouring position)是指浇注时铸件在铸型中所处的位置。铸件浇注位置正确与否，对铸件的质量影响很大，选择浇注位置时一般应遵循如下原则：

(1) 因为铸件的上表面容易产生砂眼、气孔、夹渣等缺陷，组织也没有下表面致密，因此铸件的重要加工面应朝下或位于侧面。如果某些加工面难以做到朝下，则应尽力使其位于侧面。当铸件的重要加工面有数个时，则应将较大的平面朝下。图 1.2.13 所示为车床床身铸件的浇注位置方案。由于床身导轨面是重要表面，不允许有明显的表面缺陷，而且要求组织致密，因此应将导轨面朝下浇注。图 1.2.14 所示为起重机卷扬筒的浇注位置方案。卷扬筒的圆周表面质量要求高，不允许有明显的铸造缺陷，若采用水平浇注，则圆周朝上的表面质量难

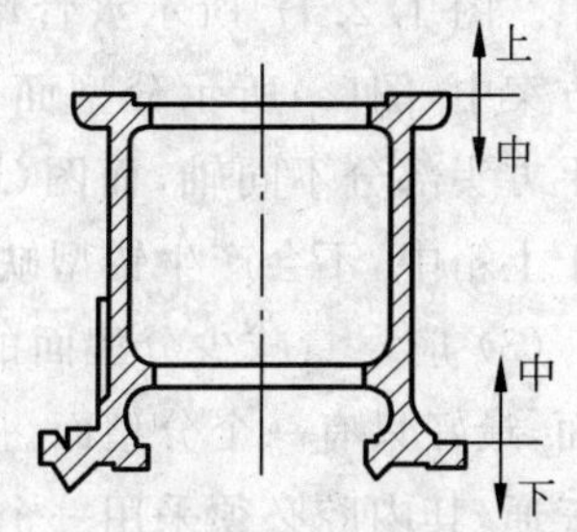

图 1.2.13　车床床身的浇注位置

以保证；反之，若采用立式浇注，由于全部圆周表面均处于侧立位置，其质量均匀一致，则较易获得合格铸件。

(2) 型腔的上表面除了容易产生砂眼、夹渣等缺陷外，大平面还常容易产生夹砂缺陷。因此，平板、圆盘类铸件的大平面应朝下。

(3) 将面积较大的薄壁部分置于铸型下部或使其处于垂直或倾斜位置，可以有效防止铸件产生浇不足或冷隔等缺陷。图 1.2.15 所示为箱盖薄壁铸件的合理浇注位置。

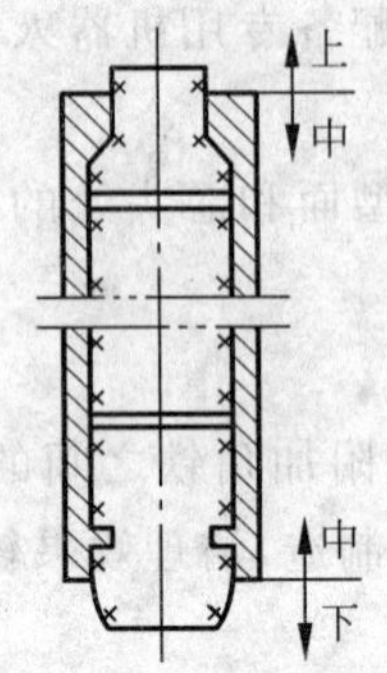

图 1.2.14 卷扬筒的浇注位置

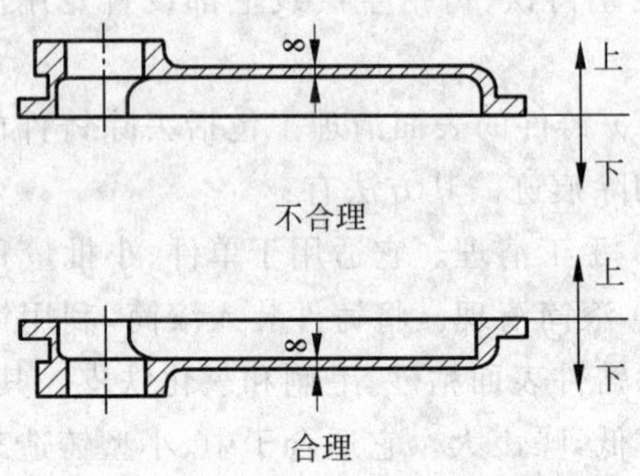

图 1.2.15 箱盖的浇注位置

(4) 对于容易产生缩孔的铸件，应将厚大部分放在分型面附近的上部或侧面，以便在铸件厚壁处直接安置冒口，使之实现自下而上的定向凝固。如前述的铸钢卷扬筒，浇注时厚端放在上部是合理的；反之，若厚端在下部，则难以补缩。

2. 铸型分型面的选择

铸型分型面(mold parting)是指两半铸型互相接触的表面。它的选择合理与否是铸造工艺合理与否的关键。如果选择不当，不仅影响铸件质量，而且还会使制模、造型、造芯、合型或清理等工序复杂化，甚至还会增大切削加工的工作量。因此，分型面的选择应能在保证铸件质量的前提下，尽量简化工艺。

分型面的选择应考虑如下原则：

(1) 应尽可能使铸件的全部或大部分置于同一砂型中，以保证铸件的精度。图 1.2.16 中的分型面 A 是正确的，它有利于合型，又可防止错型，保证了铸件的质量。分型面 B 是不合理的。

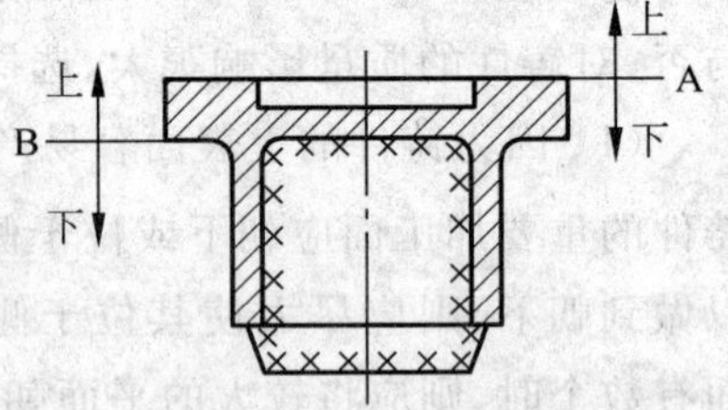

图 1.2.16 压筒分型面

(2) 应使铸件的加工面和加工基准面处于同一砂型中。图 1.2.17 所示水管堵头，铸造时采用的两种铸造方案中，图(a)所示分型面位置可能导致螺塞部分和扳手方头部分不同轴，而图(b)所示分型面位置使铸件位于上箱中，不会产生错型缺陷。

(3) 应尽量减少分型面的数量，尽可能选平直的分型面，最好只有一个分型面。这样可以简化操作过程，提高铸件的精度。图 1.2.18(a)所示的三通，其内腔必须采用一个 T 字形型芯来形成，但不同的分型方案，其分型面数量不同。当中心线 ab 呈竖直位置时(图 1.2.18(b))，铸型必须有 3 个分型面才能取出模样，即用四

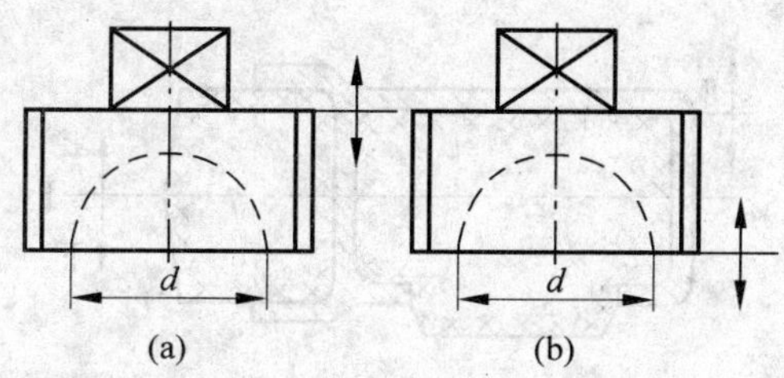

图 1.2.17 水管堵头分型面

(a) 铸件位于两箱；(b) 铸件位于同箱

箱造型。当中心线 cd 呈竖直位置时(图 1.2.18(c))，铸型有两个分型面，必须采用三箱造型。当中心线 ab 和 cd 都呈水平位置时(图 1.2.18(d))，因铸型只有一个分型面，采用两箱造型即可。显然，图 1.2.18(d)是合理的分型方案。

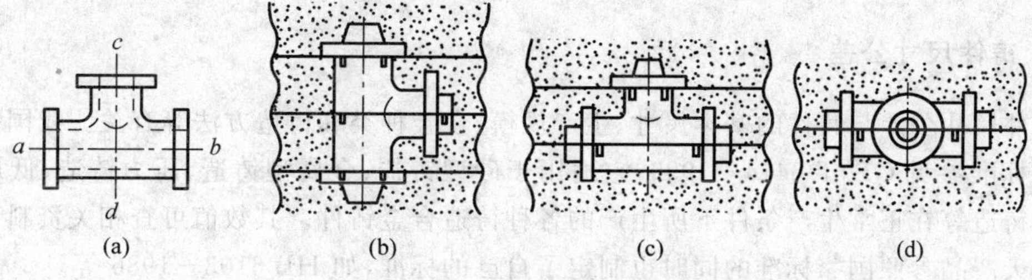

图 1.2.18 三通的分型方案

(4) 应尽量减少型芯和活块的数量，以简化制模、造型、合型等工序。图 1.2.19 所示的支架分型方案是避免活块的示例。按图中方案Ⅰ，凸台必须采用 4 个活块方可制出，而下部两个活块的部位甚深，取出困难。当改用方案Ⅱ时，可省去活块，仅在 A 处稍加挖砂即可。

(5) 应尽量使型腔及主要型芯位于下型，以便造型、下芯、合型和检验壁厚。但下型型腔也不宜过深，并应尽量避免使用吊芯。图 1.2.20 所示为机床支柱的两个分型方案。方案Ⅱ的型腔及型芯大部分位于下型，有利于起模及翻箱，故较为合理。

浇注位置和分型面的选择原则，对于某个具体铸件来说，多难以同时满足，有时甚至是相互矛盾的，因此必须抓住主要矛盾。对于质量要求很高的重要铸件，应以浇注位置为主，在此基础上再考虑简化造型工艺。对于质量要求一般的铸件，则应以简化铸造工艺、提高经济效益为主，不必过多考虑铸件的浇注位置，仅对朝上的加工表面留较大的加工余量即可。对于机床立柱、曲轴等圆周面质量要求很高，又需沿轴线分型的铸件，在批量生产中有时采用“平作立浇”法，即采用专用砂箱，先按轴线分型来造型，下芯、合箱之后，将铸型翻转 90°，竖立后进行浇注。

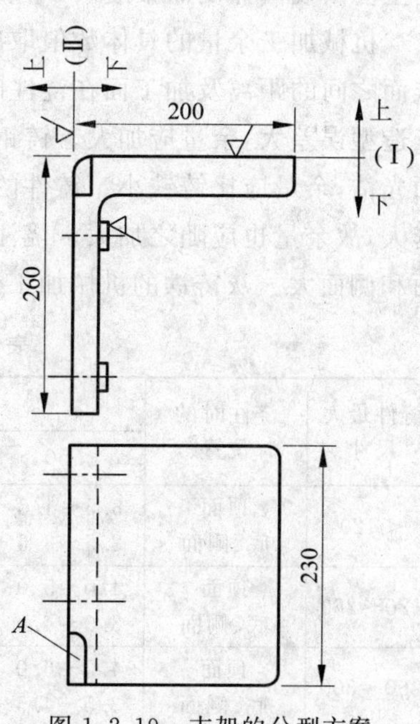

图 1.2.19 支架的分型方案

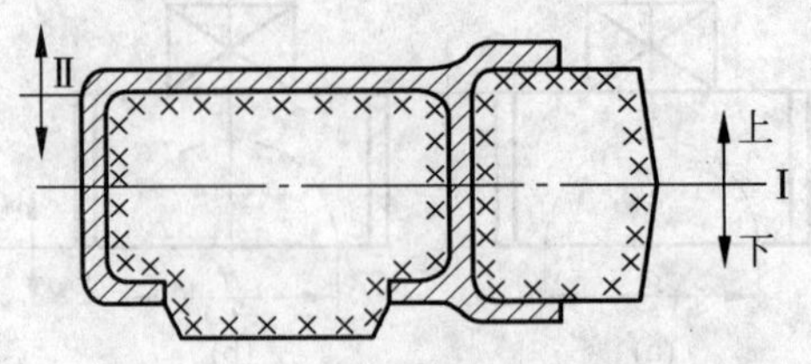

图 1.2.20 机床支柱的分型方案

1.2.6 铸造工艺参数的选择

为了绘制铸造工艺图，在铸造工艺方案初步确定之后，还必须选定铸件尺寸公差、机械加工余量、铸件工艺余量、收缩余量、起模斜度、型芯头尺寸、最小铸出孔及槽等具体参数。

1. 铸件尺寸公差

铸件尺寸公差与铸件的基本尺寸、生产规模、合金种类和铸造方法等有关。我国铸件尺寸公差标准参见 GB/T 6414—1999，它适用于砂型铸造、金属型铸造、压力铸造、低压铸造和熔模铸造等在正常生产条件下所生产的各种铸造合金铸件。其数值可查相关资料。有些航空航天产品参照国家标准的同时也制定了自己的标准，如 HB 6103—1986 等。

2. 机械加工余量

铸件上为进行机械加工而预留的切除厚度称为机械加工余量(machining allowance)。余量过大，切削加工费工，且浪费金属材料；余量过小，因铸件表层过硬会加速刀具的磨损，甚至会因残留黑皮而报废。

机械加工余量的具体数值取决于铸件生产批量、合金的种类、铸件的大小、加工面与基准面之间的距离及加工面在浇注时的位置等。采用机器造型，铸件精度高，余量可减小；手工造型误差大，余量应加大。铸钢件因表面粗糙，余量应加大；非铁合金铸件价格昂贵，且表面光洁，余量应比铸铁小。铸件的尺寸越大或加工面与基准面之间的距离越大，尺寸误差也越大，故余量也应随之加大。浇注时铸件朝上的表面因产生缺陷的几率较大，其余量应比底面和侧面大。灰铸铁的机械加工余量见表 1.2.2。

表 1.2.2 灰铸铁的机械加工余量 mm

铸件最大尺寸	浇注时的位置	加工面与基准面之间的距离					
		<50	50～120	120～260	260～500	500～800	800～1250
<120	顶面 底、侧面	3.5～4.5 2.5～3.5	4.0～4.5 3.0～3.5				
120～260	顶面 底、侧面	4.0～5.0 3.0～4.0	4.5～5.0 3.5～4.0	5.0～5.5 4.0～4.5			
260～500	顶面 底、侧面	4.5～6.0 3.5～4.5	5.0～6.0 4.0～4.5	6.0～7.0 4.5～5.0	6.5～7.0 5.0～6.0		

续表

铸件最大尺寸	浇注时的位置	加工面与基准面之间的距离					
		<50	50～120	120～260	260～500	500～800	800～1250
500～800	顶面 底、侧面	5.0～7.0 4.0～5.0	6.0～7.0 4.5～5.0	6.5～7.0 4.5～5.5	7.0～8.0 5.0～6.0	7.5～9.0 6.5～7.0	
800～1250	顶面 底、侧面	6.0～7.0 4.0～5.5	6.5～7.5 5.0～5.5	7.0～8.0 5.0～6.0	7.5～8.0 5.5～6.0	8.0～9.0 5.5～7.0	8.5～10 6.5～7.5

3. 铸件工艺余量

铸件工艺余量是为了满足工艺上的某些要求而附加的金属层。工艺余量一般都在机械加工时被切除，所以应在铸件图上标注清楚。工艺余量主要用于如下情况：

(1) 为保证铸件顺序凝固，有利于铸件补缩，应附加工艺余量，如图 1.2.21 所示。一般情况下，工艺余量应尽量附加在加工表面上。若附加在非加工表面上，就需要另行安排机械加工。

(2) 为保证铸件机械加工精度和简化铸造工艺、模具结构，对一些需要进行加工、尺寸精度要求较高的小孔、凸缘、台阶以及难以铸造的狭窄沟槽等均应附加工艺余量，最后通过机械加工去掉，如图 1.2.22 所示。

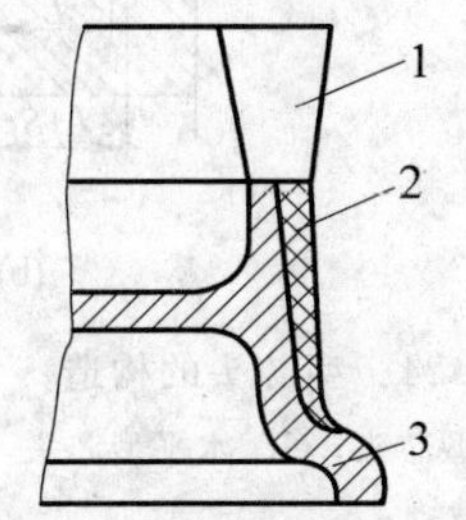

图 1.2.21 铸件工艺余量(1)

1—冒口；2—工艺余量；3—铸件

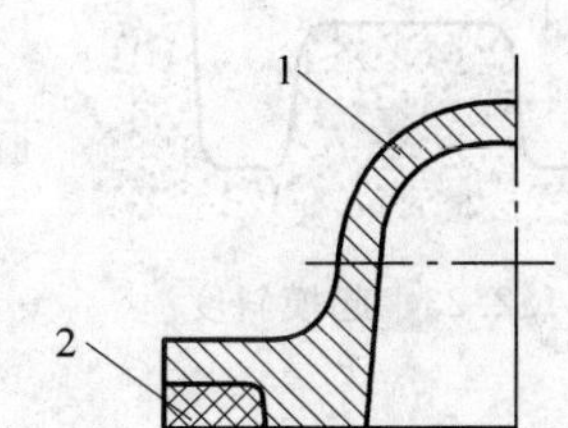

图 1.2.22 铸件工艺余量(2)

1—铸件；2—工艺余量

除上述两种主要形式外，有的还将机械加工所需的工艺凸台(辅助基准)、为防止铸件变形或热裂而增设的工艺筋、为改善合金液体充填条件而在铸件薄壁处增大的厚度，以及为防止铸件由于变形造成加工余量不足或达不到加工精度要求而增大的加工余量等，都当作铸造工艺余量处理，并在铸件图上标注。

4. 收缩余量

收缩余量(shrinkage allowance)是指由于合金的收缩，铸件的实际尺寸要比模样的尺寸小，为确保铸件的尺寸，必须按合金收缩率放大模样的尺寸。合金的收缩率受到多种因素的影响。通常灰铸铁的收缩率为 0.7%～1.0%，铸钢为 1.6%～2.0%，有色金属及其合金为 1.0%～1.5%。

5. 起模斜度

为方便起模，在模样、芯盒的起模方向留有一定斜度，以免损坏砂型或砂芯，这个斜度叫起模斜度(pattern draft)。起模斜度的大小取决于立壁的高度、造型方法、模型材料等因素。对木模,起模斜度通常为0°15′~3°,如图1.2.23所示。

6. 型芯头尺寸

型芯头(core print)是指型芯端头的延伸部分。它主要用于定位和固定砂芯,使砂芯在铸型中有准确的位置。垂直型芯一般都有上、下芯头,如图1.2.24(a)所示。但短而粗的型芯也可省去上芯头。芯头必须留有一定的斜度 α。下芯头的斜度应小些(5°~10°),上芯头的斜度为便于合箱应大些(6°~15°)。水平型芯头(见图1.2.24(b)),其长度取决于型芯头的直径及型芯的长度。如果是悬臂型芯头,则必须加长,以防合箱时型芯下垂或被金属液抬起。

为便于铸型的装配,型芯头与铸型型芯座之间应留有1~4 mm的间隙。

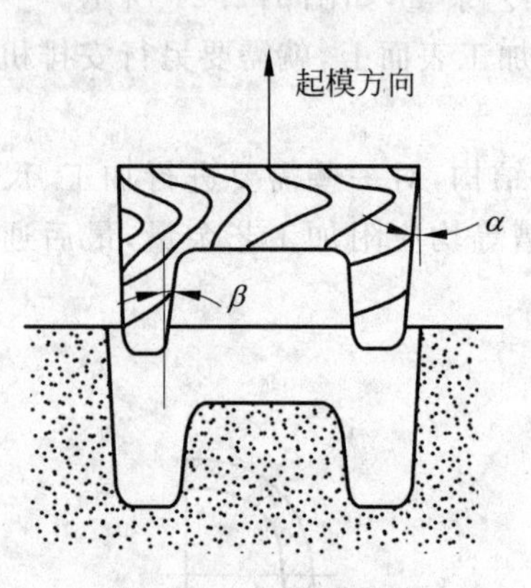

图1.2.23 起模斜度

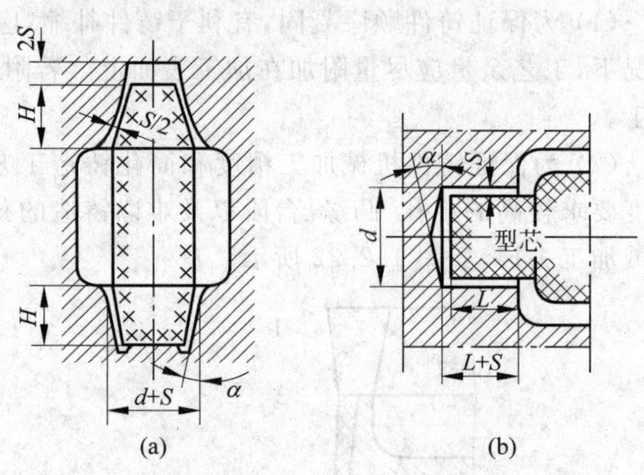

图1.2.24 型芯头的构造

(a) 垂直型芯头;(b) 水平型芯头

7. 最小铸出孔及槽

零件上的孔、槽、台阶等,是否要铸出,应从工艺、质量及经济等方面全面考虑。一般来说,较大的孔、槽等应铸出,这样不但可以减少切削加工工时,节约金属材料,还可以避免铸件的局部过厚所造成的热节,提高铸件质量。若孔、槽尺寸较小而铸件壁较厚,则不易铸孔,而依靠直接加工反而方便。有些特殊要求的孔,如弯曲孔,无法实现机械加工,则一定要铸出。可用钻头加工的受制孔最好不要铸,否则很难保证铸孔中心位置准确,再用钻头扩孔无法纠正中心位置。表1.2.3为最小铸出孔的数值。

表1.2.3 铸件的最小铸出孔

生产批量	最小铸出孔直径	
	灰铸铁	铸钢件
大量生产	12~15	—
成批生产	15~30	30~50
单件、小批量生产	30~50	50

1.2.7 铸造成形工艺设计实例

为了获得合格的铸件、减少制造铸型的工作量、降低铸件成本，必须绘制出铸件图、铸造工艺图等，并合理地制定铸造工艺规程。

1. 铸造工艺图的绘制

铸造工艺图是在零件图上用各种工艺符号及参数表示出铸造工艺方案的图形。内容包括：浇注位置，铸型分型面，型芯的数量、形状、尺寸及其固定方法，加工余量，收缩余量，浇注系统，起模斜度，冒口和冷铁的尺寸和布置等。铸造工艺图是指导模样（芯盒）设计、生产准备、铸型制造和铸件检验的基本工艺文件。

铸造工艺图有两种：一种是在零件图上用红、蓝两色绘制，常称彩色工艺铸造图；另一种是用墨线绘制。两者所用工艺符号都是按 JB 2435—1978 规定的铸造工艺符号，共有 24 种，可以查阅相关手册或资料。

2. 铸件图的绘制

在铸造工艺设计中，特别是在航空航天和汽车铸件的工艺设计中，均需绘制铸件图和铸型图，它们是指导铸造生产的主要工艺技术文件。

铸件图是在铸造工艺设计过程中初步确定铸造工艺方案后首先要完成的工作蓝图。它是设计铸型工艺及其装备、编制铸造工艺规程和铸件验收的重要依据。绘制铸件图时需要参考的资料有：产品零件图、铸造工艺方案草图（有时可在零件图上直接描画出铸件浇铸位置、铸型分型面、浇冒口系统形式及其位置、砂芯的大概结构等工艺方案）、铸件专用或通用的技术标准和由各企业自定的铸造工艺设计标准等。

在铸件图上一般应表示下列内容：铸件的浇注位置、铸型分型面、机械加工余量、工艺余量和工艺补正量、机械加工基准和划线基准、浇冒口切割后的残留量、铸件力学性能的附铸试样的部位等。同时在附注栏中还应说明铸件精度等级、起模斜度、铸造线收缩率、铸造圆弧半径、铸件热处理类别、硬度检查位置和某些特殊要求等铸件验收技术条件。铸件图上只需注出铸件主要外廓的长、宽、高度尺寸以及加工余量和需要加工切除的工艺余量、工艺筋等尺寸。铸件尺寸公差除有特殊要求必须标注外，其余一般公差不必在每个尺寸上标注。但也有些工厂习惯于将铸件的全部尺寸都标注在铸件图上，以便于铸型设计、划线检验及机械加工。图 1.2.25 所示为离心机匣铸件图。

3. 铸型装配图的绘制

铸型装配图是铸造工艺设计需要完成的最复杂而又重要的技术文件，它反映了铸造工艺方案的全貌，是设计铸造工艺装备和编制铸造工艺规程的主要依据之一。绘制铸型装配图的依据是：零件图、铸件图、铸造工艺方案草图，以及与铸型工艺设计有关的标准、手册或资料。在铸型装配图上除铸件型腔外，一般还应表示出：

（1）铸型分型面；

（2）浇注系统和冒口的结构及其全部尺寸，过滤网的规格、安放位置和面积大小；

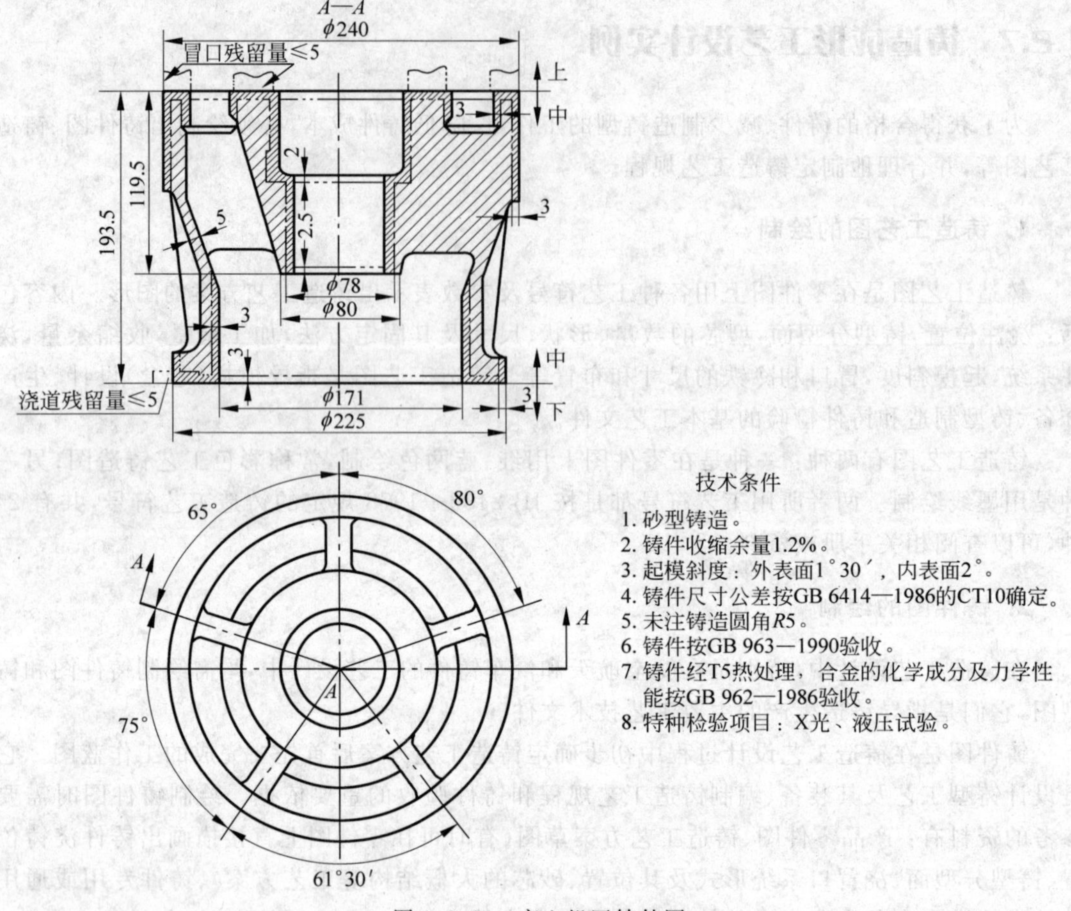

图 1.2.25 离心机匣铸件图

(3) 砂芯的形状、相互位置、装配间隙、芯头的大小和定位、排气方法，各个砂芯应按下芯顺序编号；

(4) 冷铁的位置、数量、大小及编号；

(5) 铸型的加强措施(如插钉子和挂吊钩等)和通气方法；

(6) 铸型装配时需要检查的部位及尺寸；

(7) 铸件附铸试验块的位置及尺寸；

(8) 砂箱内框的尺寸；

(9) 若是采用专用砂箱，还需画出砂箱的结构及导向、定位、锁紧装置等。

铸型装配图的主剖视图应尽可能选用自然的铸件浇铸位置。画俯视图时一般应将上型揭开，如果型腔结构简单、砂芯少，为了表示冒口布置情况也可不揭开或揭 1/2。为了保持图面清晰，除主要轮廓线外尽可能不用或少用虚线线条。

4. 铸造工艺规程和工艺卡片的编制

在铸造工艺图、铸件图、铸型装配图绘制之后，有些工厂还需要编制铸造工艺规程和工艺卡片。铸造工艺规程和工艺卡片是铸件生产的依据之一，它对铸件生产的每个工序或对某些工序的主要操作进行扼要的说明,并附有必要的简图。工艺规程和工艺卡片的内容及格式,取决于生产类型、铸件的复杂程度和对铸件质量的要求。大量、成批生产的铸件,工艺规程内容比较多;单件生产的铸件,工艺规程内容比较简单。铸造工艺规程的内容一般应包括:

(1) 型砂和芯砂的成分、制备工艺及其性能要求。在一般情况下各企业都有自己的型砂和芯砂的技术标准,当无特殊要求时,在工艺规程中,只需填写所选定的型砂或芯砂的编号(如 1# 型砂或 4# 芯砂等),其余均按技术标准的规定,不必具体说明。

(2) 造型、造芯过程所需要的模具、设备及性能要求。

(3) 造型、合型与浇注工艺卡片。画出工艺简图,表示有关的形状、尺寸、装配检查部位及检验测具和样板等。

(4) 砂型制造工艺卡片,说明砂型制造中的工艺问题。画出砂芯草图,表示砂芯的形状和主要的尺寸,芯骨、冷铁的位置、形状与数量,通气孔的形状及位置,样板的形状及其检查部位,砂芯的烘干工艺规范等。

(5) 铸件清理及热处理工艺卡片。

(6) 铸件检验卡片,说明检验项目。具体检验方法及其使用的设备、工具均按铸件检验技术标准的规定。

如果工厂没有合金熔炼的技术标准或采用某种新牌号的合金,则铸造工艺规程和工艺卡片还应包括合金熔炼操作工艺。

下面以轴架和支座为例,进行工艺过程综合分析。

例 1.2.1 如图 1.2.26(a)所示为一轴架零件,其中,两端面及 $\phi60$、$\phi70$ 内孔需进行机械加工,而且 $\phi60$ 孔表面加工精度要求较高。$\phi80$ 孔不需加工,必须用砂芯铸出。

轴架材料为 HT200,小批量生产,承受轻载荷,可用湿砂型,手工分模造型。此铸件可供选择的主要铸造工艺方案有两种。

方案Ⅰ 采用分模造型,水平浇注,如图 1.2.26(b)所示。铸件轴线为水平位置,过中心轴线的纵剖面为分型面,让分型面与分模面一致有利于下芯、起模,以及砂芯的固定、排气和检验等。两端的加工面处于侧壁,加工余量均取 4 mm,起模斜度取 1°,铸造圆角 $R3$～$R5$,内孔采用整体型芯。横浇道开在上型分型面上,内浇道开在下型分型面上,熔融金属从两端法兰的外圆中间注入。该方案由于将两端加工面置于侧壁位置,质量较易得到保证。内孔表面虽说有一侧位于上面,但对铸造质量影响不大。此方案浇注时熔融金属充型平稳,但由于分模造型,易产生错型缺陷,所以铸件外形精度较差。

方案Ⅱ 采用三箱造型,垂直浇注。铸件两端面均为分型面,上凸缘的水平面为分模面,如图 1.2.26(c)所示。上端面加工余量取 5 mm,下端面取 4 mm。采用垂直式整体型芯。在铸件上端面的分型面开一内浇道,切向导入,不设横浇道。这个方案的优点是整个铸件位于中箱,外形精度较高。但是,上端面质量不易保证,没有横浇道,熔融金属对铸型冲击较大。由于采用三箱造型,多用一个砂箱,所以型砂耗用量和造型工时增加;上端面加工余量加大,金属耗费和切削工时增加,费用明显高于方案Ⅰ。相比之下,方案Ⅰ更为合理。

例 1.2.2 图 1.2.27 所示支座为一支承件,材料为普通灰铸铁。它没有特殊质量要求的表面,在制定工艺方案时,不必考虑浇注位置要求,主要考虑如何简化造型工艺。支座虽属简单件,但底板上 4 个 $\phi10$ mm 孔的凸台及两个轴孔的内凸台可能妨碍起模。同时,轴孔

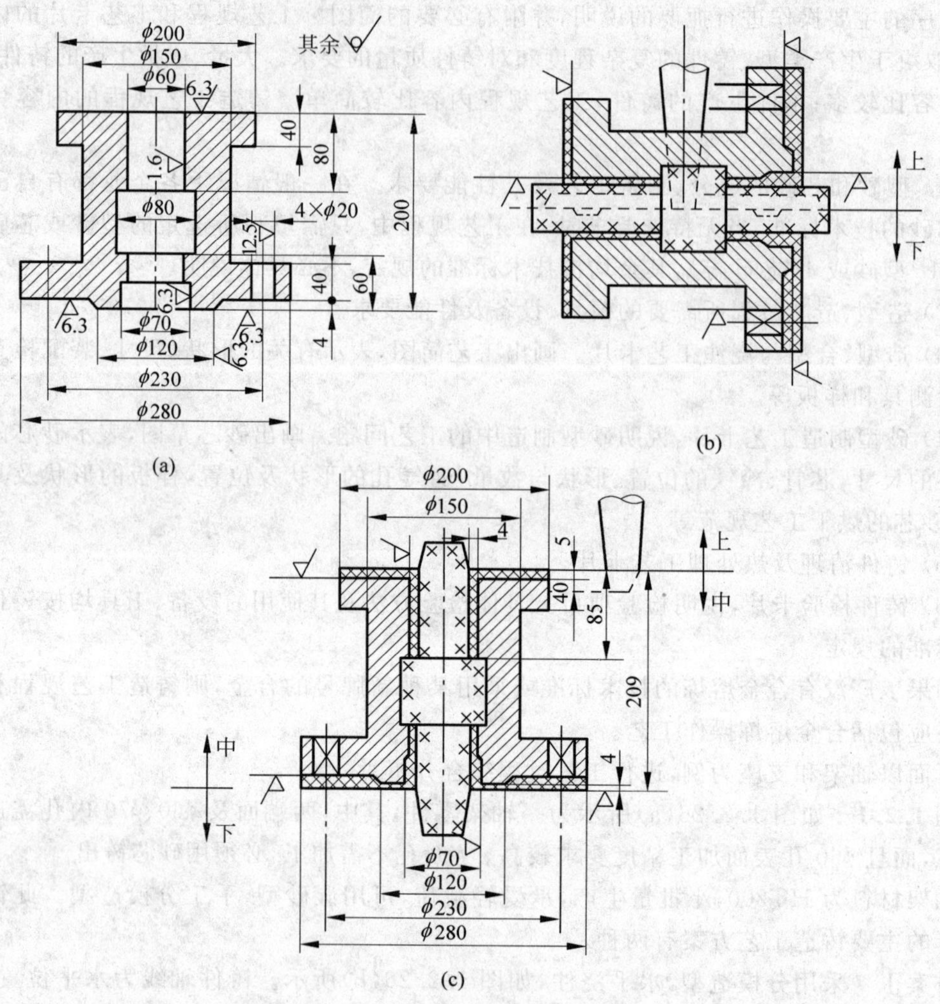

图 1.2.26 轴架铸造工艺图

(a) 轴架零件图；(b) 轴架铸造工艺方案Ⅰ；(c) 轴架铸造工艺方案Ⅱ

如若铸出，还必须考虑下芯方便。

该件可供选择分型面的方案主要有 3 个。

方案Ⅰ 沿底板中心线分型，即采用分模造型。其优点是：底面上 110 mm 凹槽容易铸出；轴孔下芯方便，轴孔内凸台不妨碍起模。缺点是：底板上 4 个凸台必须采用活块；铸件易产生错箱缺陷，飞边清理工作量大；若采用木模，则加强筋处模样过薄，木模易损坏。

方案Ⅱ 沿底面分型，铸件全部位于下箱，为铸出 110 mm 凹槽，必须采用挖砂造型。方案Ⅱ克服了方案Ⅰ的缺点，但轴孔内凸台妨碍起模，必须采用两个活块或下芯。当采用活块造型时，$\phi30$ mm 轴孔难以下芯。

方案Ⅲ 沿 110 mm 凹槽底面分型。其优缺点与方案Ⅱ相同，仅是将挖砂造型改为分模造型或假箱造型。

可以看出，方案Ⅱ、方案Ⅲ的优点多于方案Ⅰ。在不同生产条件下，方案选择如下：

单件、小批量生产时，由于轴孔直径较小，不需铸出，手工造型便于挖砂和活块造型，因

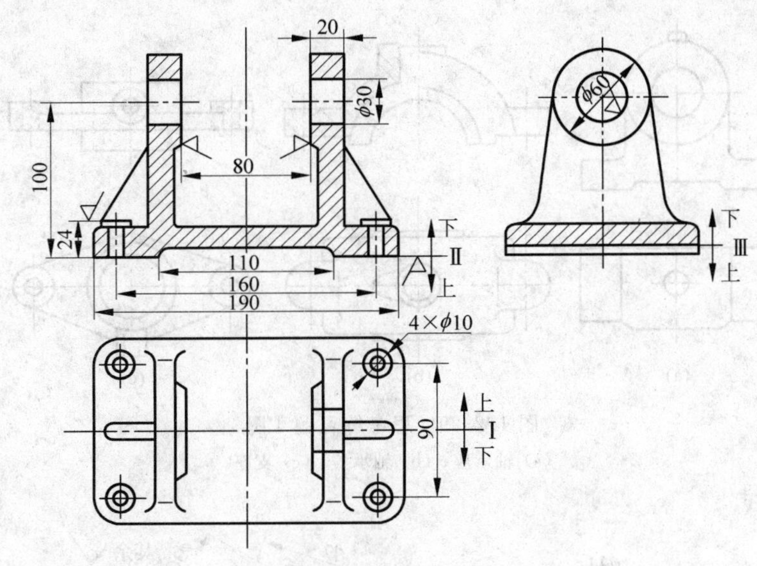

图 1.2.27 支座

此方案Ⅱ较为经济合理。

大量生产时，由于机器造型难以使用活块，轴孔内凸台应采用芯子成形，同时考虑模板制造成本，因此采用方案Ⅲ。图 1.2.28 为大量生产时的铸造工艺图，由图可见，砂芯的宽度大于底板，可使上箱压住砂芯，防止浇注时砂芯漂浮。若轴孔需要铸出，可采用组合砂芯。

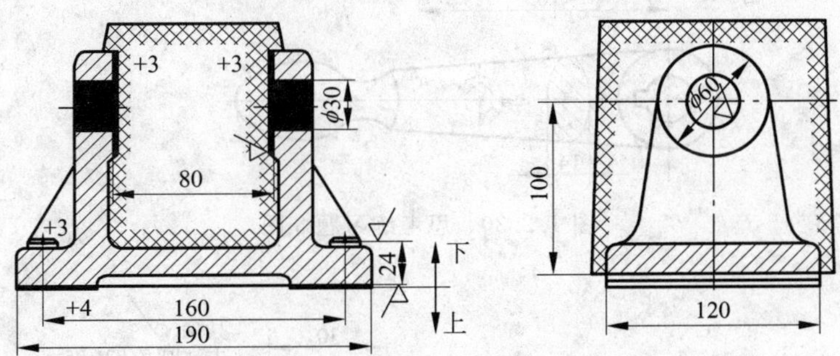

图 1.2.28 大量生产时支座铸造工艺图

思考练习题

1. 为什么手工造型仍是目前的主要造型方法?

2. 常用的机器造型方法有哪些?

3. 挖砂造型、活块造型、三箱造型分别适用于哪种场合?

4. 分析图 1.2.29 所示 3 种铸件应采用何种手工造型方法? 并确定它们的分型面和浇注位置。

5. 图 1.2.30 所示把手为单件生产，试确定其造型方法、浇注位置和分型面。

6. 图 1.2.31 所示为轴承座铸件，材料为 HT250，请分别作出大批量生产和单件生产时的铸造工艺图。

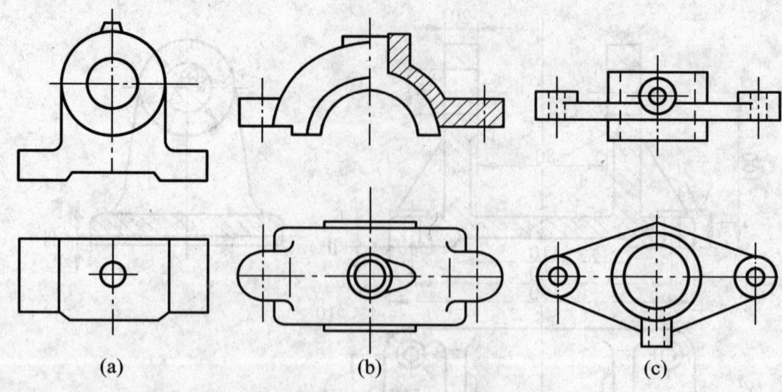

图 1.2.29　思考练习题 4 图

(a) 轴承座；(b) 轴承盖；(c) 支座

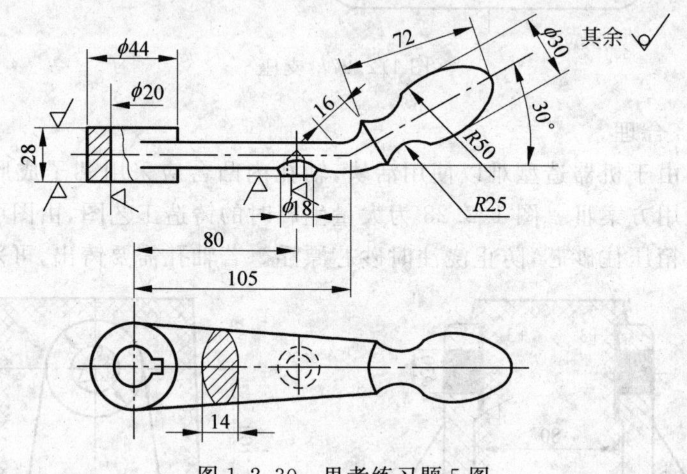

图 1.2.30　思考练习题 5 图

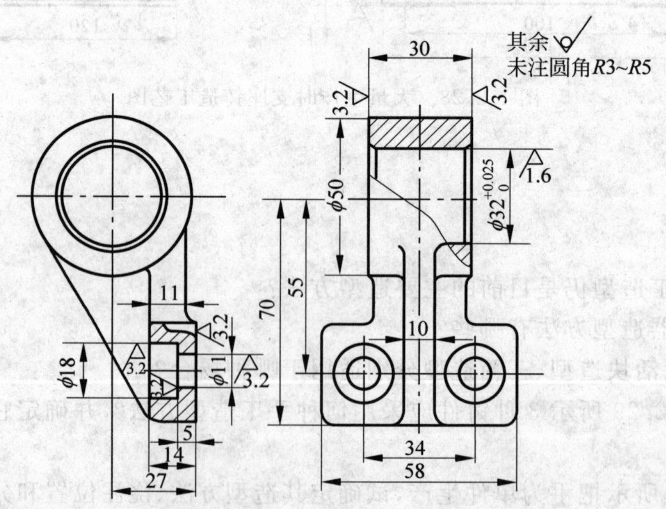

图 1.2.31　思考练习题 6 图

7. 试绘制图 1.2.32 所示几种铸件在大批量生产时的铸造工艺图。

8. 图 1.2.33 所示为家用煤气燃烧器，材料为 HT300，年产量 100 万件。

(1) 选择造型方法；

(2) 绘制铸造工艺图。

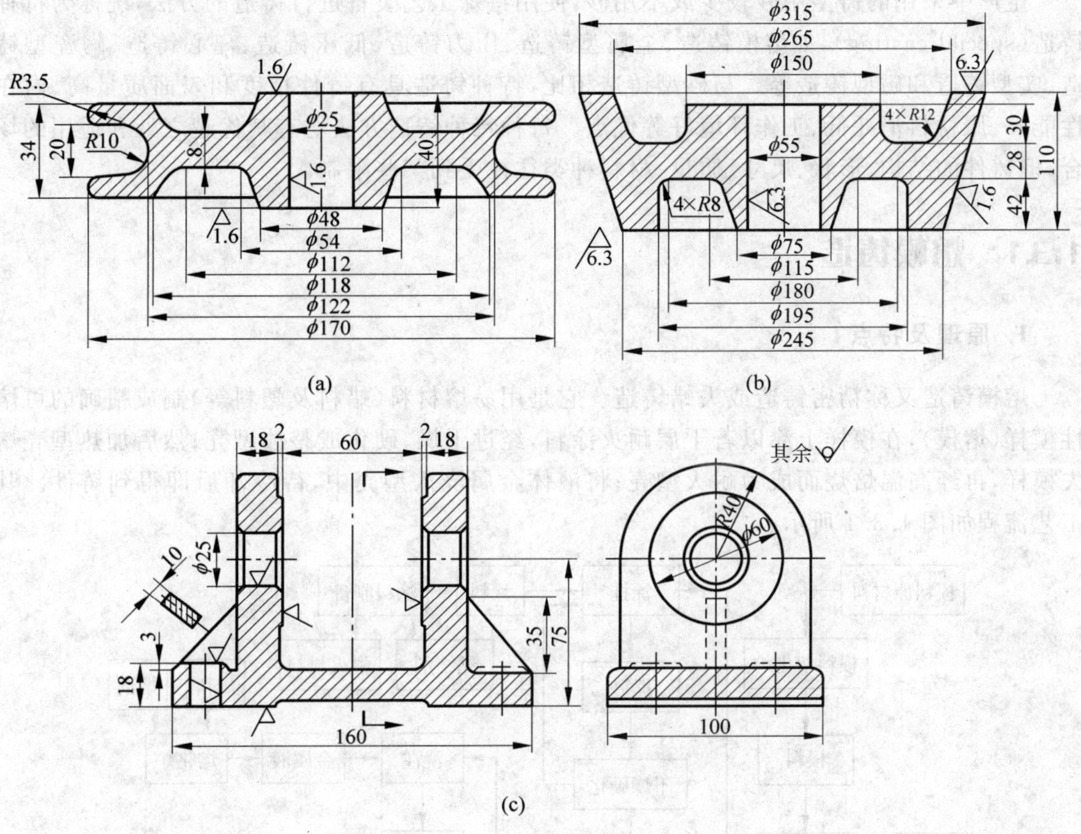

图 1.2.32 思考练习题 7 图

(a) 绳轮；(b) 锥形带轮；(c) 支座

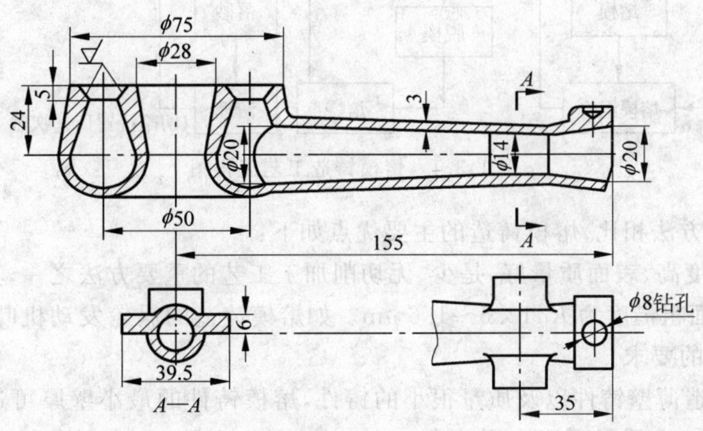

图 1.2.33 思考练习题 8 图

1.3 特种铸造

生产中采用的铸型用砂较少或不用砂，使用特殊工艺装备进行铸造的方法，统称为特种铸造(special casting)，如熔模铸造、金属型铸造、压力铸造、低压铸造、离心铸造、陶瓷型铸造、实型铸造和磁型铸造等。与砂型铸造相比，特种铸造具有铸件精度和表面质量高、内在性能好、原材料消耗低、工作环境好等优点。每种特种铸造方法均有其优越之处和适用的场合，但铸件的结构、形状、尺寸、质量、材料种类往往受到某些限制。

1.3.1 熔模铸造

1. 原理及特点

熔模铸造又称精密铸造或失蜡铸造。它是用易熔材料(蜡料及塑料等)制成精确的可熔性模样(熔模)，在模样上涂以若干层耐火涂料，经过干燥、硬化成整体型壳；然后加热型壳熔失模样，再经高温焙烧而成为耐火型壳；将液体金属浇入型壳中，待冷却后即得到铸件。其工艺流程如图 1.3.1 所示。

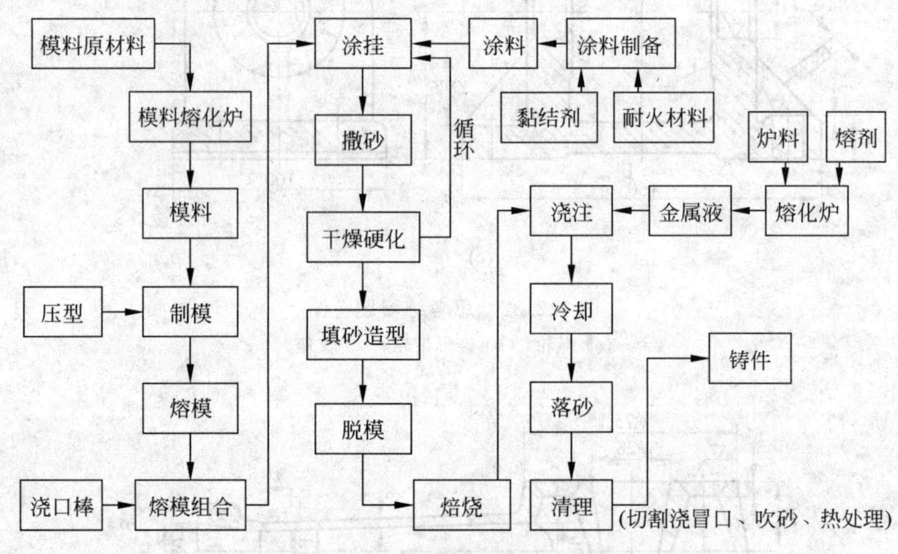

图 1.3.1 熔模铸造工艺流程图

与其他铸造方法相比，熔模铸造的主要优点如下：

(1) 铸件精度高、表面质量好，是少、无切削加工工艺的重要方法之一，其尺寸精度可达 IT11～IT14，表面粗糙度为 Ra12.5～1.6 μm。如熔模铸造的涡轮发动机叶片，铸件精度已达到无加工余量的要求。

(2) 可以铸造薄壁铸件以及质量很小的铸件，熔模铸件的最小壁厚可达 0.3 mm，最小铸出孔径为 0.5 mm，质量可以小到几克。

(3) 熔模铸件的外形和内腔形状几乎不受限制，可以制造出用砂型铸造、锻压、切削加工等方法难以制造的形状复杂的零件，而且可以使有些组合件、焊接件在稍进行结构改进后直接铸造成整体零件，从而减轻零件质量、降低生产成本。

(4) 铸造合金种类不受限制，用于铸造高熔点和难切削合金时更具显著的优越性。

(5) 生产批量基本不受限制，既可成批、大批量生产，又可单件、小批量生产。

但熔模铸造工序繁杂，生产周期长，原辅材料费用比砂型铸造高，生产成本较高。另外，受蜡模与型壳强度、刚度的限制，不适用于生产轮廓尺寸很大的铸件。质量一般限于25 kg以下。

熔模铸造主要用于生产汽轮机及燃气轮机的叶片、泵的叶轮、切削刀具，以及飞机、汽车、拖拉机、风动工具和机床上的小型零件。

2. 模料种类及性能要求

随着熔模铸造工艺的发展，熔模(模样)模料的种类日益繁多，组成各不相同。通常按模料熔点的高低将其分为高温、中温和低温模料。低温模料的熔点低于60℃，我国目前广泛应用的石蜡、硬脂酸各50%的模料就属于这一类。高温模料的熔点高于120℃。组成(质量分数)为松香50%、地蜡20%、聚苯乙烯30%的模料，即为较典型的高温模料。中温模料的熔点介于上述两类模料之间，现用的中温模料基本上可分为松香基和蜡基模料两种。

对熔模模料性能的基本要求概括为：热物理性能，主要指有合适的熔化温度和凝固区间、较小的热膨胀和收缩率、较高的耐热性(软化点)，模料在液态时应无析出物，固态时无相变；力学性能要求主要有强度、硬度、塑性、柔韧性等；工艺性能要求主要有黏度(或流动性)、灰分、涂挂性等。

3. 铸造工艺过程

如图1.3.2所示，熔模铸造主要包括蜡模制造、结壳、脱蜡、焙烧和浇注等过程。

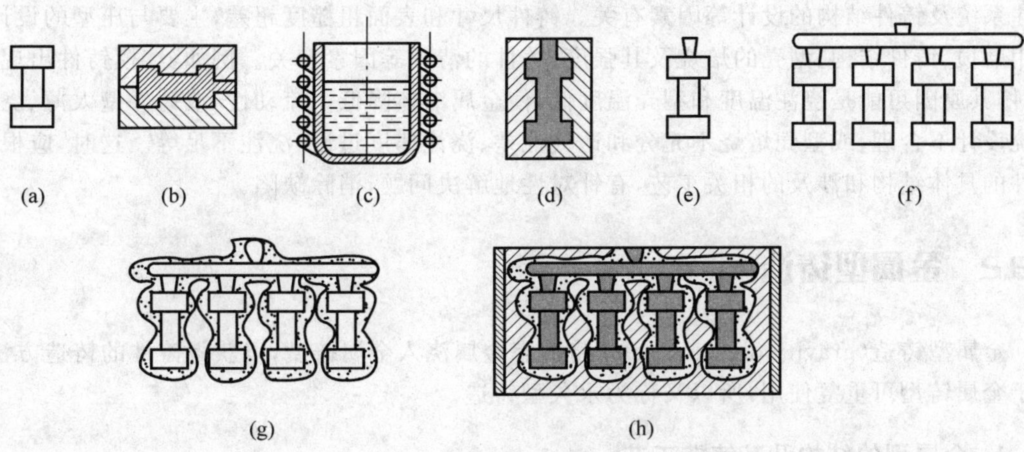

图1.3.2 熔模铸造工艺过程

(a) 母模；(b) 压型；(c) 熔蜡；(d) 充满压型；(e) 一个蜡模；(f) 蜡模组；(g) 结壳、倒出熔蜡；(h) 填砂浇注

(1) 蜡模制造　通常是根据零件图制造出与零件形状尺寸相符合的母模(图1.3.2

(a))；再根据母模做成压型(图 1.3.2(b))；把熔化成糊状的蜡质材料压入压型，等冷却凝固后取出，就得到蜡模(图 1.3.2(c)～(e))。在铸造小型零件时，常把若干个蜡模黏合在一个浇注系统上，构成蜡模组(图 1.3.2(f))，以便一次浇出多个铸件。

(2) 结壳　把蜡模组放入黏结剂与硅粉配制的涂料中浸渍，使涂料均匀地覆盖在蜡模表层，然后在上面均匀地撒一层硅砂，再放入硬化剂中硬化。如此反复 4～6 次，最后在蜡模组外表面形成由多层耐火材料组成的坚硬型壳(图 1.3.2(g))。

(3) 脱蜡　通常将附有型壳的蜡模组浸入 85～95℃的热水中，使蜡料熔化并从型壳中脱除，以形成型腔。

(4) 焙烧和浇注　型壳在浇注前，必须在 800～950℃下进行焙烧，以彻底去除残蜡和水分。为了防止型壳在浇注时变形或破裂，可将型壳排列于砂箱中，周围用砂填紧(图 1.3.2(h))。焙烧通常趁热(600～700℃)进行浇注，以提高充型能力。

(5) 待铸件冷却凝固后，将型壳打碎取出铸件，切除浇口，清理毛刺。

熔模铸造铸件的结构，除应满足一般铸造工艺的要求外，还具有其特殊性。

(1) 铸孔不能太小和太深，否则涂料和砂粒很难进入蜡模的空洞内。一般铸孔应大于 2 mm。

(2) 铸件壁厚不可太薄，一般为 2～8 mm。

(3) 铸件的壁厚应尽量均匀。熔模铸造工艺一般不用冷铁，少用冒口，多用直浇道直接补缩，故不能有分散的热节。

4. 缺陷及防止方法

熔模铸件的缺陷分为表面缺陷和内部缺陷以及尺寸和表面粗糙度超差。表面和内部缺陷指欠铸、冷隔、缩松、气孔、夹渣、热裂、冷裂等；尺寸和表面粗糙度超差主要包括铸件的拉长和变形。产生表面和内部缺陷，主要与合金液的浇注温度、型壳的焙烧温度与制备工艺、浇注系统及铸件结构的设计等因素有关。铸件尺寸和表面粗糙度超差，主要与压型的设计、使用磨损、铸件结构、型壳的焙烧及其强度、铸件的清理等因素有关。例如，熔模铸件出现欠铸时，其原因可能是浇注温度和型壳温度低，使金属液体降低了流动性，或铸件壁太薄、浇注系统设计不合理，或型壳焙烧不充分和透气性差、浇注速度过慢、浇注不足等。这时，应根据铸件的具体结构和涉及的相关工艺，有针对性地解决问题，消除缺陷。

1.3.2 金属型铸造

金属型铸造(gravity die casting)是将液态金属浇入金属铸型，以获得铸件的铸造方法。由于金属铸型可重复使用，所以又称为永久型铸造。

1. 金属型的结构及其铸造工艺

根据铸件的结构特点，金属型可采用多种形式，图 1.3.3 所示为铸造铝活塞的金属型铸造示意图。该金属型由左半型 1、右半型 5 和底型 7 组成，采用垂直分型，活塞的内腔由组合式型芯构成。铸件冷却凝固后，先取出中间型芯 3，再取出左、右两侧型芯 2 和 4，然后沿水平方向拔出左、右销孔型芯 6 和 8，最后分开左、右两个半型，即可取出铸件。

由于金属型导热速度快，没有退让性和透气性，为了确保获得优质铸件和延长金属型的使用寿命，应该采取下列工艺措施：

(1) 加强金属型的排气　例如，在金属型腔上部设排气孔、通气塞(气体能通过，金属液不能通过)，在分型面上开通气槽等。

(2) 表面喷刷涂料　金属型与高温金属液直接接触的工作表面上应喷刷耐火涂料，以保护金属型，并可调节铸件各部分的冷却速度，提高铸件质量。涂料一般由耐火材料(石墨粉、氧化锌、石英粉等)、水玻璃黏结剂和水组成，涂料层厚度约为 0.1～0.5 mm。

(3) 预热金属型　金属型浇注前需预热，预热温度一般为 200～350℃，目的是防止金属液冷却过快而造成浇不到、冷隔和气孔等缺陷。

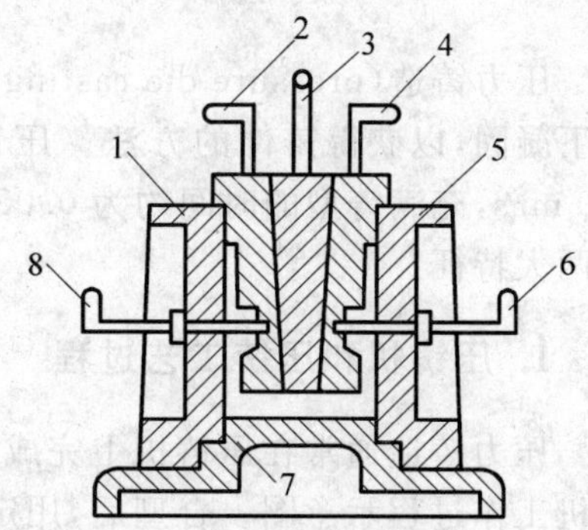

图 1.3.3　金属型铸造示意图

1—左半型；2,3,4—组合型芯；5—右半型；7—底型；6,8—销孔型芯

(4) 开型　因金属型无退让性，除在浇注时正确选定浇注温度和浇注速度外，浇注后，如果铸件在铸型中停留时间过长，易引起过大的铸造应力而导致铸件开裂，因此，铸件冷凝后，应及时从铸型中取出。通常铸铁件出型温度为 780～950℃左右，开型时间为 10～60 s。

2. 金属型铸件的结构工艺性

(1) 由于金属型无退让性和溃散性，铸件结构一定要保证能顺利出型，铸件结构斜度应比砂型铸件大。

(2) 铸件壁厚要均匀，以防出现缩松和裂纹。同时，为防止浇不到、冷隔等缺陷，铸件的壁厚不能过薄。例如，铝硅合金铸件的最小壁厚为 2～4 mm，铝镁合金为 3～5 mm，铸铁为 2.5～4 mm。

(3) 铸孔的孔径不能过小、过深，以便于金属型芯的安放和抽出。

3. 金属型铸造的特点及应用

金属型铸造的优点如下：

(1) 有较高的尺寸精度(IT12～IT16)和较小的表面粗糙度(Ra12.5～6.3 μm)，机械加工余量小。

(2) 由于金属型的导热性好，冷却速度快，因此铸件的晶粒较细，力学性能好。

(3) 可实现"一型多铸"，提高劳动生产率。且节约造型材料，可减轻环境污染，改善劳动条件。

但金属型的制造成本高，不宜生产大型、形状复杂和薄壁铸件。由于冷却速度快，铸铁件表面易产生白口，使切削加工困难。受金属型材料熔点的限制，熔点高的合金不适宜用金属型铸造。

金属型铸造主要用于铜合金、铝合金等非铁金属铸件的大批量生产，如活塞、连杆、汽缸盖等。铸铁件的金属型铸造目前也有所发展，但其尺寸限制在 300 mm 以内，质量不超过 8 kg，如电熨斗底板等。

1.3.3 压力铸造

压力铸造(pressure die casting)是将熔融的金属在高压下快速压入金属铸型中,并在压力下凝固,以获得铸件的方法。压铸时所用的比压约为 30～70 MPa,填充速度可达 5～100 m/s,充满铸型的时间约为 0.05～0.15 s。高压和高速是压铸法区别于一般金属型铸造的两大特征。

1. 压铸机和压铸工艺过程

压力铸造通常在压铸机上完成。压铸机分为立式和卧式两种。图 1.3.4 所示为立式压铸机工作过程示意图。合型后,用定量勺将金属注入压室中(图 1.3.4(a))。压射活塞向下推进,将金属液压入铸型(图 1.3.4(b))。金属凝固后,压射活塞退回,下活塞上移顶出余料,动型移开,取出铸件(图 1.3.4(c))。

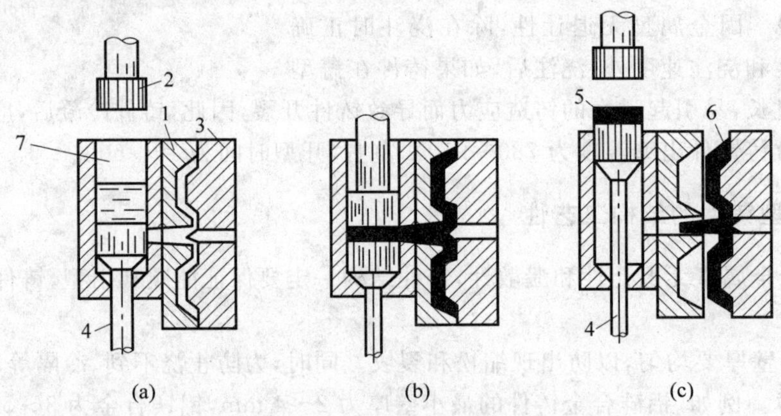

图 1.3.4 立式压铸机工作过程示意图

(a) 浇注;(b) 压射;(c) 开型

1—定型;2—压射活塞;3—动型;4—下活塞;5—余料;6—压铸件;7—压室

2. 压铸件的结构工艺性

(1) 压铸件上应消除内侧凹,以保证压铸件从压型中顺利取出。

(2) 压力铸造可铸出细小的螺纹、孔、齿和文字等,但有一定的限制。

(3) 应尽可能采用薄壁并保证壁厚均匀。由于压铸工艺的特点,金属浇注和冷却速度都很快,厚壁处不易得到补缩而形成缩孔、缩松。压铸件适宜的壁厚:锌合金为 1～4 mm,铝合金为 1.5～5 mm,铜合金为 2～5 mm。

(4) 对于复杂而无法取芯的铸件或局部有特殊性能(如耐磨、导电、导磁和绝缘等)要求的铸件,可采用嵌铸法,把镶嵌件先放在压型内,然后和压铸件铸合在一起。

3. 压力铸造的特点及应用

压力铸造的优点如下:

(1) 压铸件尺寸精度高,表面质量好,尺寸公差等级为 IT11～IT13,表面粗糙度为

$Ra6.3\sim1.6\ \mu m$，可不经机械加工直接使用，而且互换性好。

(2) 可以压铸壁薄、形状复杂以及具有很小孔和螺纹的铸件，如锌合金的压铸件最小壁厚可达 0.8 mm，最小铸出孔径可达 0.8 mm，最小可铸螺距达 0.75 mm。还能压铸镶嵌件。

(3) 压铸件的强度和表面硬度较高。压力下结晶，加上冷却速度快，铸件表层晶粒细密，其抗拉强度比砂型铸件高 25%～40%。

(4) 生产率高，可实现半自动化及自动化生产。

但压铸也存在一些不足。由于充型速度快，型腔中的气体难以排出，在压铸件皮下易产生气孔，故压铸件不能进行热处理，也不宜在高温下工作，否则气孔中的空气会产生热膨胀压力，可能使铸件开裂；金属液凝固快，厚壁处来不及补缩，易产生缩孔和缩松；设备投资大，铸型制造周期长，造价高，不宜小批量生产。

压力铸造应用广泛，可用于生产锌合金、铝合金、镁合金和铜合金等铸件。在压铸件产量中，占比重最大的是铝合金压铸件，约为 30%～50%，其次为锌合金压铸件，铜合金和镁合金的压铸件产量很小。应用压铸件最多的是汽车、拖拉机制造业，其次为仪表和电子仪器工业。此外，在农业机械、国防工业、计算机、医疗器械等制造业中，压铸件也用得较多。

1.3.4　低压铸造

低压铸造(low-pressure die casting)是液态金属在压力作用下由下而上充填型腔，以形成铸件的一种方法。由于所用的压力较低(0.02～0.06 MPa)，所以叫低压铸造。低压铸造是介于重力铸造和压力铸造之间的一种铸造方法。

1. 铸造装置和工艺过程

低压铸造装置如图 1.3.5(a)所示。其下部是一个密闭的保温坩埚炉，用于储存熔炼好的金属液。坩埚炉的顶部紧固着铸型(通常为金属型，亦可为砂型)，垂直升液管使金属液与朝下的浇注系统相通。

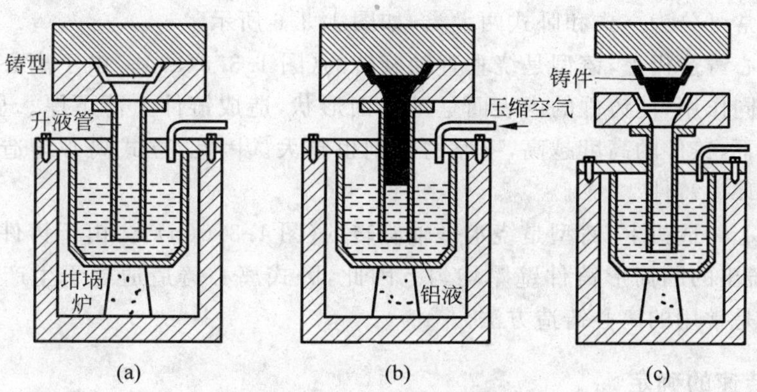

图 1.3.5　低压铸造示意图

(a) 合型；(b) 压铸；(c) 取出铸件

铸型在浇注前必须预热到工作温度，并在型腔内喷刷涂料。压铸时，先缓慢地向坩埚炉内通入干燥的压缩空气，金属液受气体压力的作用，由下而上沿着升液管和浇注系统充满型腔，如图 1.3.5(b)所示。这时将气压上升到规定的工作压力，使金属液在压力下结晶。当铸件凝固后，使坩埚炉内与大气相通，金属液的压力恢复到大气压，于是升液管及浇注系统中尚未凝固的金属液因重力作用而流回到坩埚中。然后，开起铸型，取出铸件，如图 1.3.5(c)所示。

2. 特点及应用

低压铸造的特点如下：

(1) 浇注时的压力和速度可以调节，故可适用于不同铸型，如金属型、砂型等，可铸造各种合金及各种大小的铸件。

(2) 采用底注式充型，金属液充型平稳，无飞溅现象，可避免卷入气体及对型壁和型芯的冲刷，提高了铸件的合格率。

(3) 铸件在压力下结晶，铸件组织致密，轮廓清晰，表面光洁，力学性能较高，对于大薄壁件的铸造尤为有利。

(4) 省去补缩冒口，金属利用率提高到 90%～98%。

(5) 劳动强度低，劳动条件好，设备简易，易实现机械化和自动化。

低压铸造目前广泛应用于铝合金铸件的生产，如汽车发动机缸体、缸盖、活塞、叶轮等。还可用于铸造各种铜合金铸件(如螺旋桨等)以及球墨铸铁曲轴等。

1.3.5 离心铸造

离心铸造(ture centrifugal casting)是将熔融金属浇入旋转的铸型中，使液态金属在离心力作用下充填铸型并凝固成型的一种铸造方法。

1. 铸造类型及工艺

为使铸型旋转，离心铸造必须在离心铸造机上进行。根据铸型旋转轴空间位置的不同，离心铸造机通常可分为立式和卧式两大类，如图 1.3.6 所示。

在立式离心铸造机上，铸型是绕垂直轴旋转的(图 1.3.6(a))。由于离心力和液态金属本身重力的共同作用，使铸件的内表面呈抛物面形状，造成铸件上薄下厚。显然，在其他条件不变的前提下，铸件的高度越高，壁厚的差别也越大。因此，立式离心铸造主要用于高度小于直径的圆环类铸件。

在卧式离心铸造机上，铸型是绕水平轴旋转的(图 1.3.6(b))。由于铸件各部分的冷却条件相近，故铸出的圆筒形铸件壁厚均匀。因此，卧式离心铸造适合于生产长度较大的套筒、管类铸件，是常用的离心铸造方法。

2. 铸型转速的确定

离心力的大小对铸件质量有着十分重要的影响。没有足够大的离心力，就不能获得形状正确和性能良好的铸件。但是，离心力过大又会使铸件产生裂纹，用砂套铸造时还可能引起胀砂和粘砂。因此，在实际生产中，通常根据铸件的大小来确定离心铸造的铸型转速。一般情况下，铸型转速在 250～1500 r/min 范围内。

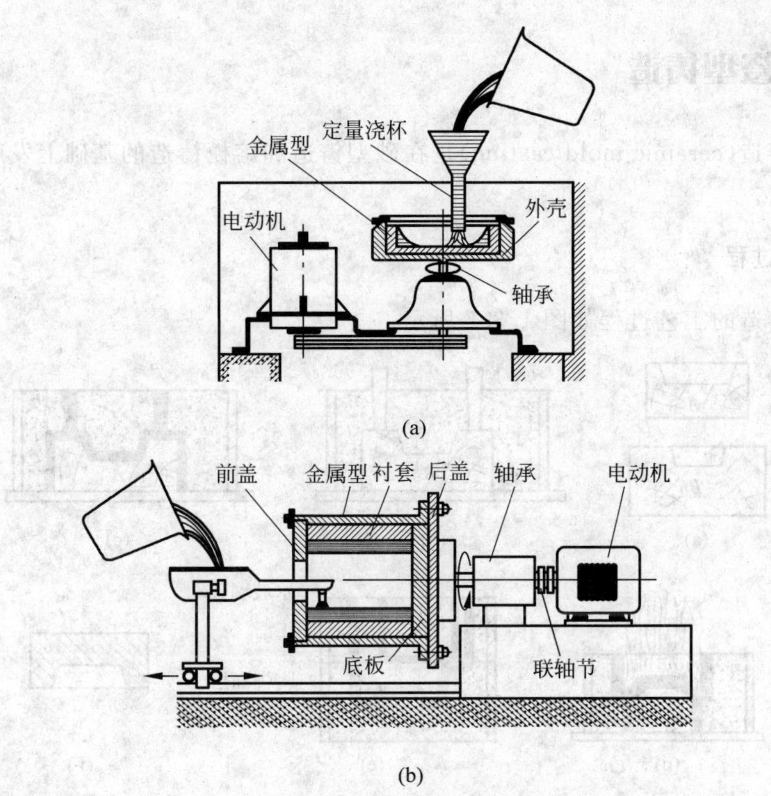

图 1.3.6 离心铸造机原理图

(a) 立式离心铸造机；(b) 卧式离心铸造机

3. 特点及应用

离心铸造的优点如下：

(1) 不用型芯即可铸出中空铸件。液体金属能在铸型中形成中空的自由表面，大大简化了套筒、管类铸件的生产过程。

(2) 可以提高金属液充填铸型的能力。由于金属液体旋转时产生离心力作用，因此一些流动性较差的合金和薄壁铸件可用离心铸造法生产，形成轮廓清晰、表面光洁的铸件。

(3) 改善了补缩条件。气体和非金属夹杂物易于从金属中排出，产生缩孔、缩松、气孔和夹渣等缺陷的比率很小。

(4) 无浇注系统和冒口，节约金属。

(5) 便于铸造“双金属”铸件，如钢套镶铜轴承等。

离心铸造也存在不足。由于离心力的作用，金属中的气体、熔渣等夹杂物，因密度较轻而集中在铸件的内表面上，所以内孔的尺寸不精确，质量也较差，必须增加机械加工余量；铸件易产生成分偏析和密度偏析。

目前，离心铸造已广泛用于铸铁管、汽缸套、铜套、双金属轴承、特殊钢的无缝管坯、造纸机滚筒等铸件的生产。

1.3.6 陶瓷型铸造

陶瓷型铸造(ceramic mold casting)是在砂型铸造和熔模铸造的基础上发展起来的一种精密铸造方法。

1. 工艺过程

陶瓷型铸造的工艺过程如图 1.3.7 所示。

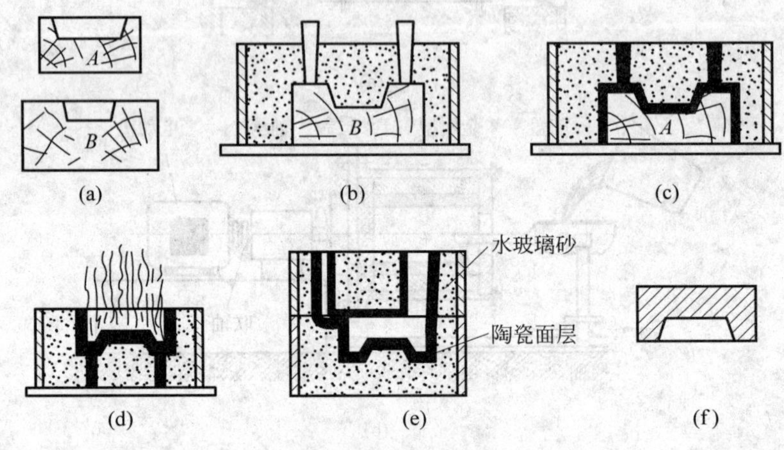

图 1.3.7 陶瓷型铸造的工艺过程

(a) 模样;(b) 砂套造型;(c) 灌浆;(d) 喷烧;(e) 合箱;(f) 铸件

(1) 砂套造型　为了节约昂贵的陶瓷材料和提高铸型的透气性,通常先用水玻璃砂制出砂套(相当于砂型铸造的背砂)。制造砂套的模样 B 比铸件模样 A 应大一个陶瓷料厚度(图 1.3.7(a))。砂套的制造方法与砂型铸造相同(图 1.3.7(b))。

(2) 灌浆与胶结　即制造陶瓷面层。其过程是将铸件模样固定于模底板上,刷上分型剂,扣上砂套,将配制好的陶瓷浆料从浇注口注满砂套(图 1.3.7(c)),经数分钟后,陶瓷浆料便开始结胶。陶瓷浆料由耐火材料(如刚玉粉、铝矾土等)、黏结剂(如硅酸乙酯水解液)等组成。

(3) 起模与喷烧　待浆料浇注 5～15 min 后,趁浆料尚有一定弹性便可起出模样。为加速固化过程、提高铸型强度,必须用明火喷烧整个型腔(图 1.3.7(d))。

(4) 焙烧与合型　陶瓷型在浇注前要加热到 350～550℃,焙烧 2～5 h,以烧去残存的水分及其他有机物质,并使铸型的强度进一步提高(图 1.3.7(e))。

(5) 浇注　浇注温度可略高,以便获得轮廓清晰的铸件(图 1.3.7(f))。

2. 特点及应用

陶瓷型铸造的特点如下:

(1) 陶瓷型铸造铸件的尺寸精度和表面粗糙度等与熔模铸造相近。这是由于陶瓷面层是在具有弹性的状态下起模的,同时陶瓷面层耐高温且变形小。

(2) 陶瓷型铸件的大小几乎不受限制,可从几千克到数吨。

(3) 在单件、小批量生产条件下，投资少，生产周期短，一般铸造车间即可生产。

(4) 陶瓷型铸造不适于生产批量大、质量轻或形状复杂的铸件，生产过程难以实现机械化和自动化。

目前陶瓷型铸造主要用于生产厚大的精密铸件，广泛用于生产冲模、锻模、玻璃器皿模、压铸型模和模板等，也可用于生产中型铸钢件等。

1.3.7 实型铸造

实型铸造(expendable pattern casting)是采用聚苯乙烯泡沫塑料模样代替普通模样，造好型后不取出模样就浇入金属液，在金属液的作用下，塑料模样燃烧、气化、消失，金属液取代原来塑料模所占据的空间位置，冷却凝固后获得所需铸件的铸造方法。其工艺过程如图 1.3.8 所示。

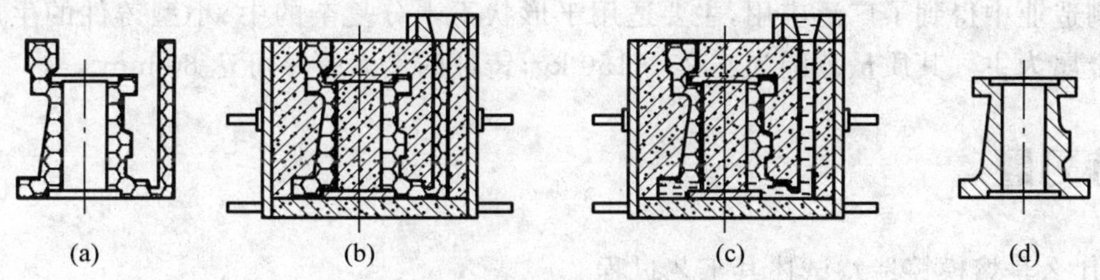

图 1.3.8 实型铸造

(a) 泡沫塑料模；(b) 铸型；(c) 浇注；(d) 铸件

实型铸造具有以下优点：

(1) 由于采用了遇金属液即气化的泡沫塑料模样，无需起模，无分型面，无型芯，因而无飞边毛刺，铸件的尺寸精度和表面粗糙度接近熔模铸造，但尺寸却可大于熔模铸造。

(2) 各种形状复杂铸件的模样均可采用泡沫塑料模粘合，成形为整体，减少了加工装配时间，可降低铸件成本 10%～30%，也可为铸件结构设计提供充分的自由度。

(3) 减少了铸件生产工序，缩短了生产周期，使造型效率比砂型铸造提高 2～5 倍。

但实型铸造的模样只能使用一次，且泡沫塑料的密度小，强度低，模样易变形，影响铸件尺寸精度。另外，实型铸造浇注时，模样产生的气体会污染环境。

实型铸造主要用于不易起模等复杂铸件的批量及单件生产。

1.3.8 磁型铸造

磁型铸造(magnetical molding process)是在实型铸造的基础上发展起来的。它是用聚苯乙烯塑料制成气化模，在其表面刷涂料，放进特制的磁丸箱内，然后填入磁丸(又称铁丸)并微振紧实，再将磁丸箱放在磁型机里。在强磁场力的作用下，磁化后的磁丸相互吸引，形成既有强度和紧实度，又有良好透气性的成形铸型。浇注时，气化模在液体金属热的作用下气化消失，金属液替代了气化模的位置，待冷却凝固后，解除磁场，磁丸恢复原来的松散状，便能方便地取出铸件。磁型铸造原理如图 1.3.9 所示。

磁型铸造的实质是用铁丸或钢丸代替石英砂，用磁场代替黏结剂，用气化模代替普通模样的一种崭新的铸造方法。磁丸的直径约为0.3～1.5 mm，铝合金铸件宜选用铁丸，铸铁件和铸钢件应选择钢丸。钢丸或铁丸的耐热性低于石英砂，为保护钢丸和铁丸，应在泡沫塑料模的表面涂抹耐火材料，厚度约为0.5～2 mm。

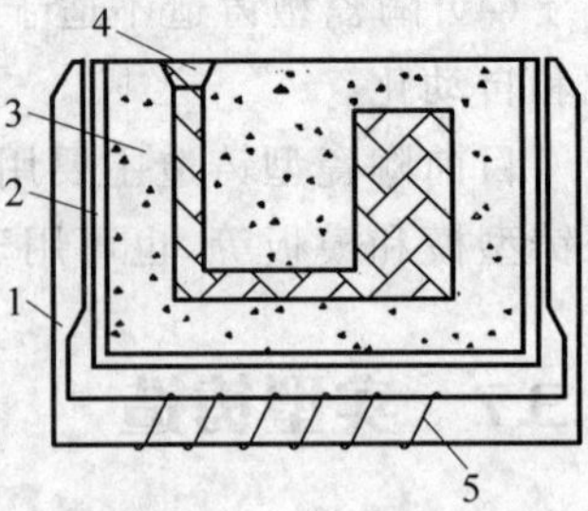

磁型铸造的特点如下：

(1) 提高了铸件的质量。因为磁型铸造无分型面，不起模，不用型芯，造型材料不含黏结剂，因此流动性和透气性好，可以避免气孔、夹砂、错型和偏芯等缺陷。

(2) 设备简单，占地面积小，所用工装设备少，通用性强，易实现机械化和自动化生产，因而成本低。

(3) 造型材料可以反复使用，不用型砂，劳动条件好。

图 1.3.9 磁型铸造原理示意图

1—磁型机；2—砂箱；3—铁丸；4—气化模；5—线圈

磁型铸造已在机车车辆、拖拉机、兵器、农业机械和化工机械等制造业中得到了广泛应用，主要适用于形状不十分复杂的中、小型铸件的生产，以浇注黑色金属为主。其质量范围为0.25～150 kg，铸件的最大壁厚可达80 mm。

思考练习题

1. 什么是熔模铸造？试述其工艺过程。

2. 金属型铸造有何优越性？为什么金属型铸造未能广泛取代砂型铸造？

3. 压力铸造有何优缺点？它与熔模铸造的适用范围有何不同？

4. 低压铸造的工作原理与压铸有何不同？为什么低压铸造发展较为迅速？为何铝合金常采用低压铸造？

5. 什么是离心铸造？它在圆筒形或圆环形铸件生产中有哪些优越性？成形铸件采用离心铸造有什么好处？

6. 陶瓷型铸造相比熔模铸造有何优越性？其适用范围为何？

7. 实型铸造的本质是什么？它适用于哪种场合？

8. 为什么空心球难以铸造出来？要采取什么措施才能铸造出来？试用草图示出。

9. 下列铸件在大批量生产时，以什么铸造方法为宜？

铝活塞	摩托车汽缸体	车床床身	铸铁水管	煤气管道
汽缸套	汽轮机叶片	缝纫机机头	大模数齿轮滚刀	内燃机缸套

1.4 常用合金铸件的生产

常用铸造合金有铸铁、铸钢和一些有色金属或合金。其中，铸铁件的应用最为广泛，而铜及其合金和铝及其合金铸件是最常用的有色金属或合金铸件，各种合金铸件的制造均有其铸造工艺特点。

要铸造出高质量的铸件，必须有优质的熔融金属液体。铸造合金的熔炼应该满足：①熔融金属的温度足够高；②熔融金属的化学成分符合要求；③融化效率高；④热能消耗较少,成本低。

1.4.1 铸铁件生产

铸铁是含碳量大于2.11%的铁碳合金,也是最重要的铸造合金。按质量百分比计算,铸铁件常占机器质量的50%以上。工业用铸铁是以铁、碳、硅为主要元素的多元合金。铸铁具有许多优良性能,且制造简单,成本低廉,是最常用的金属材料。

根据碳在铸铁组织中存在形式的不同,铸铁合金可分为3大类:

(1) 白口铸铁　白口铸铁中碳基本上以化合态 Fe_3C 形式存在,断口呈银白色,组织中存在大量共晶莱氏体,因此非常脆硬,难以加工,通常只用于一些不经加工而直接与砂、石接触的耐磨零件。

(2) 灰口铸铁　灰口铸铁中的碳除了微量溶于铁素体以外,绝大部分以游离态石墨G存在,断口呈灰色,是应用最广的铸铁。根据其中石墨形态的不同,又可分为4类,即普通灰铸铁、球墨铸铁、可锻铸铁和蠕墨铸铁。

(3) 麻口铸铁　麻口铸铁中的碳同时以 Fe_3C 形式和游离态石墨G两种形式存在,是介于白口与灰口之间的过渡组织,断口有黑白相间的麻点。其硬度介于白口铸铁与灰口铸铁之间,一般工业中较少使用。

1. 铸铁的石墨化

铸铁中的碳能以化合态的渗碳体和游离态的石墨两种形式存在,工业上常用铸铁均由金属基体和石墨所组成。铸铁中碳原子形成石墨的过程称为石墨化(graphitization)。石墨是铸铁的重要组织特征,熟悉铸铁石墨化,掌握石墨的形成条件和控制石墨形态的措施,对铸铁生产至关重要。

1) 石墨化过程

石墨既可以从液体中析出,也可以从奥氏体中析出,还可以由渗碳体分解而得到。实践表明,灰铸铁、球墨铸铁、蠕墨铸铁中的石墨主要是从液体中析出的,可锻铸铁中的石墨则是由白口铸铁经石墨化退火,使渗碳体分解而获得的。

当铸铁按照铁-石墨相图结晶时,其石墨化过程发生在共析温度(738℃)以上称为第一阶段石墨化,发生在共析温度以下称为第二阶段石墨化。

2) 影响石墨化过程和铸铁组织的因素

通常,第一阶段石墨化温度高,扩散条件好,比较容易进行。而第二阶段石墨化常因受到成分及冷却条件的限制而只是部分进行或全部被抑制,从而可得到3种不同组织:F+G、F+P+G和P+G。详细变化见表1.4.1。

铸铁的石墨化过程决定了铸铁的组织。因此,要控制铸铁的组织,就必须控制铸铁的石墨化。影响石墨化的主要因素是化学成分和冷却速度。

(1) 化学成分

铸铁中的碳、硅、锰、硫、磷对石墨化有着不同的影响。碳和硅是最主要的两个影响石墨化的元素,碳是形成石墨的元素,硅是强烈促进石墨化的元素。生产中主要通过调整碳、硅含量来控制铸铁组织。碳硅含量过低,石墨化无法进行,会形成白口。碳、硅含量过高,石墨

表 1.4.1　铸铁组织与石墨化进行程度之间的关系

铸 铁 名 称	铸铁显微组织	石墨化进行的程度	
		第一阶段石墨化	第二阶段石墨化
灰铸铁	F＋G片 F＋P＋G片 P＋G片	完全进行	完全进行 部分进行 未进行
球墨铸铁	F＋G球 F＋P＋G球 P＋G球	完全进行	完全进行 部分进行 未进行
蠕墨铸铁	F＋G蠕 F＋P＋G蠕	完全进行	完全进行 部分进行
可锻铸铁	F＋G团絮 P＋G团絮	完全进行	完全进行 未进行

数量多、尺寸大，基体铁素体化，使力学性能显著下降。通常灰铸铁的碳、硅含量控制范围是：(2.5%～3.5%)C，(1.5%～2.5%)Si。

为综合评价铸铁成分的石墨化能力，引入碳当量的概念，即把铸铁中的各元素按其对石墨化的影响程度折算成碳的相当含量。碳当量(W_{CE})的计算公式为

$$W_{CE} = W_C + \frac{1}{3}W_{Si+P}$$

由于共晶成分的铸铁具有最好的铸造性能，因此常把碳当量控制在4%左右。

锰是阻碍石墨化的元素，能促进珠光体基体的形成，提高铸铁的强度。锰与硫作用生成MnS，可部分抵消硫的有害作用。生产中常加入0.6%～1.2%的锰铁，控制铸铁组织。

硫是强烈阻碍石墨化的元素，能促进铸铁白口化，形成热脆性，并降低流动性，增大收缩，产生热裂。因此，硫是有害元素，应严格限制其含量在0.1%以下。

磷对石墨化影响不显著，磷含量大于0.3%时会形成硬而脆的磷共晶，能提高铸铁的耐磨性，但又会形成冷脆性。对于灰铸铁含磷量应限制在0.3%以下，耐磨铸铁的含磷量可提高到0.5%～0.7%。磷还能提高铸铁的流动性，浇注薄壁铸件时，可适当提高含磷量。

(2) 冷却速度

在成分相同的情况下，缓慢冷却，石墨得以顺利析出，有利于石墨化。反之，石墨的析出受到抑制，易形成白口组织。在实际生产中，冷却速度的影响通过铸件壁厚、铸型材料及浇注温度等因素体现出来。在诸因素中，铸件壁厚的影响最突出。从图1.4.1可以看出，由于薄壁件容易得到白口组织，因此要获得灰口组织就应增加碳、硅含量。相反，厚大铸件，为避免出现过多、过粗的石墨，应适当减少碳、硅含量。

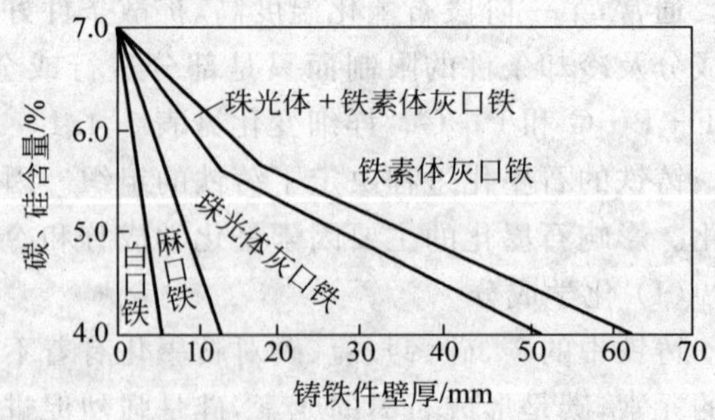

图1.4.1　碳、硅含量和铸件壁厚对铸铁组织的影响

总之，化学成分(主要是碳、硅含量)和冷却速度(主要是铸件壁厚)是影响铸铁石墨化的两个主要因素，因此，要获得所需组织和性能的铸件，必须根据铸件壁厚合理调整碳、硅含量。

2. 灰铸铁

灰铸铁(gray cast iron)是指具有片状石墨的铸铁,其断口呈暗灰色,简称灰铁。灰铸铁是应用最广的铸铁,其产量占铸铁总产量的80%以上。

1) 组织特征

灰铸铁的组织由金属基体和片状石墨组成。按照基体不同,灰铸铁分为铁素体灰铸铁、珠光体灰铸铁、铁素体+珠光体灰铸铁3种类型,如图1.4.2所示。

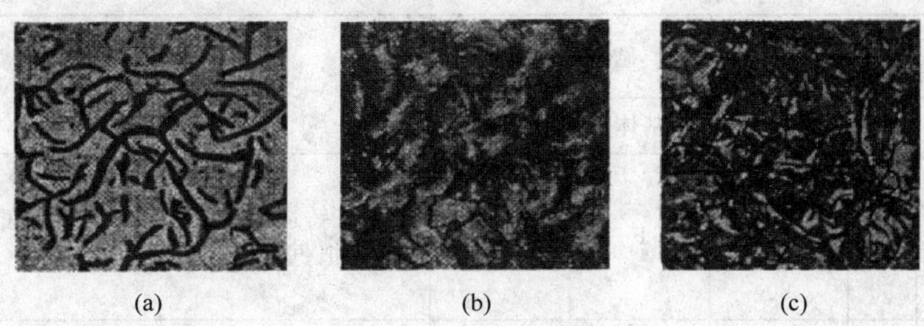

(a) (b) (c)

图1.4.2 铸铁的显微组织

(a) 铁素体灰铸铁;(b) 珠光体灰铸铁;(c) 铁素体+珠光体灰铸铁

在钢的基体上分布着的片状石墨构成了灰铸铁的组织特征。从组织上看,灰铸铁与钢仅是存在石墨的差别,但性能却相差甚远,这足以看出石墨对灰铸铁性能所起的特殊作用。

2) 性能特点

(1) 力学性能低 由于石墨强度、硬度极低($\sigma_b \leqslant 20$ MPa,约3 HBS),塑性几乎为零,相当于在钢的基体上布有许多孔洞和裂纹,减少了基体承受载荷的有效面积,被称为缩减作用。尤其是片状石墨的尖角容易造成应力集中,在拉应力作用下,导致裂纹迅速扩展而发生脆性断裂,被称为割裂作用。由于石墨的破坏作用,使灰铸铁的抗拉强度远低于钢,而塑性、韧性近于零,是典型的脆性材料。

(2) 减振性好 由于石墨的存在,割裂了基体,既阻止了振动的传播,又吸收了振动能,故能减振。石墨越粗大,减振性越好。灰铸铁的减振能力为钢的5~10倍,是制造床身、机座的优选材料。

(3) 减摩性好 石墨本身就是良好的润滑剂,在摩擦面上起润滑作用。当石墨脱落后留下的显微凹坑可以储存润滑油,保持油膜的连续性。珠光体加细小而均匀的石墨片组织具有较好的减摩性,适于制造机床导轨、活塞环、衬套等摩擦件。

(4) 缺口敏感性低 灰铸铁中的石墨片相当于大量裂口,因此,外来缺口(如孔洞、键槽、刀痕、夹渣等)对铸铁的强度影响很小,故缺口敏感性低。

另外,石墨会造成脆断的切屑,使铸铁切削加工性能好,但铸铁的焊接性能较差,不能进行压力加工,也不能通过热处理改变石墨的形状与分布,不能根本改变铸铁强度。

3) 牌号及用途

按GB 9439—1988的规定,灰铸铁的牌号以"HT"开始,表示"灰铁"二字的汉语拼音字头,后面3位数字表示最低抗拉强度值。我国灰铸铁分为HT100、HT150、HT200、HT250、

HT300 和 HT350 共 6 个牌号。其中，HT100 为铁素体灰铸铁，HT150 为珠光体-铁素体灰铸铁，HT200 和 HT250 为珠光体灰铸铁，HT300 和 HT350 为孕育铸铁。表 1.4.2 为灰铸铁的牌号、性能及应用举例。

应该指出，国际中规定的牌号是以 ϕ30 mm 试棒的性能为标准的，根据这一特定的条件，选择铸铁牌号时必须考虑铸件壁厚。例如，壁厚为 30～50 mm 的铸件，要求 σ_b 为 200 MPa 时，应选 HT250 而不是 HT200。

表 1.4.2 灰铸铁的牌号、性能、组织及应用举例

牌号	铸件壁厚/mm		抗拉强度/MPa	显微组织		应用举例
	＞	≤	≥	基体	石墨	
HT100	2.5 10 20 30	10 20 30 50	130 100 90 80	F	粗片状	手工铸造用砂箱、盖、下水管、底座、外罩、手轮、手把、重锤等
HT150	2.5 10 20 30	10 20 30 50	175 145 130 120	F+P	较粗片状	机械制造业中一般铸件，如底座、手轮、刀架等；冶金业中流渣槽、渣缸、轧钢机托辊等；机车用一般铸件，如水泵壳、阀体、阀盖等；动力机械中拉钩、框架、阀门、油泵壳等
HT200	2.5 10 20 30	10 20 30 50	220 195 170 160	P	中等片状	一般运输机械中的汽缸体、缸盖、飞轮等；一般机床中的床身、机床等；通用机械承受中等压力的泵体、阀体等；动力机械中的外壳、轴承座、水套筒等
HT250	4.0 10 20 30	10 20 30 50	270 240 220 200	细 P	较细片状	运输机械中薄壁缸体、缸盖、进排气歧管等；机床中立柱、横梁、床身、滑板、箱体等；冶金矿山机械中的轨道板、齿轮等；动力机械中的缸体、缸套、活塞等
HT300	10 20 30	20 30 50	290 250 230	细 P	细小片状	机床导轨、受力较大的机床床身、立柱机座等；通用机械的水泵出口管、吸入盖等；动力机械中的液压阀体、蜗轮、汽轮机隔板、泵壳、大型发动机缸体、缸盖等
HT350	10 20 30	20 30 50	340 290 260	细 P	细小片状	大型发动机汽缸体、缸盖、衬套等；水泵缸体、阀体、凸轮等；机床导轨、工作台等摩擦件；需经表面淬火的铸件

4）铸造性能

灰铸铁的碳当量接近共晶成分，流动性好，可浇注形状复杂的薄壁铸件，灰铸铁收缩小，可不用或少用冒口；灰铸铁熔点低，对型砂耐火性要求低，适合于湿型铸造。由于灰铸铁铸造性能好，所以应用十分广泛。

5）孕育处理

孕育处理是指铸铁件在浇注前，往铁水中加入少量颗粒状或粉末状的孕育剂(inoculating agent)，以达到增加铸铁的结晶晶核数目和细化共晶团或石墨的目的。孕育处理时应注意以下几方面：

(1) 原铁水中的碳、硅含量要低一些，锰含量要高。碳含量为 2.8%～3.2%，硅含量为 1.0%～2.0%，锰含量为 1.2%～1.5%，厚壁铸件取下限，薄壁铸件取上限。

(2) 铁水的出炉温度较高，为 1420～1450℃，这是因为低碳铁水的流动性差，且进行孕育处理也会降低铁水温度。

(3) 一般选用含硅 75% 的硅铁作孕育剂。孕育方法是采用出铁槽内冲入法，即将硅铁孕育剂均匀地加入到冲天炉的出铁槽中，当铁水出炉时将其冲入铁水包，经搅拌、扒渣后便可进行浇注。该方法的缺点是孕育剂的加入量大，且在处理完的 15～20 min 内要尽快浇注，否则会出现孕育衰退现象，即随孕育处理后时间的延续孕育效果逐渐衰减。

孕育铸铁件的组织和性能均匀性好，如图 1.4.3 所示，即灰铸铁件牌号越高，其截面组织、性能的齐一性越好。所以高牌号铸铁材质更适宜于生产厚壁铸件。此外，孕育铸铁材质还适合于制造承受较小的动载荷、较大的静载荷、耐磨性好和有一定减振性的铸件，如机床的床身。

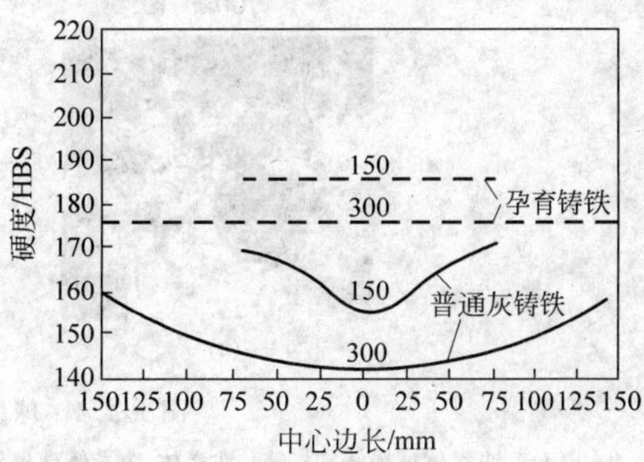

图 1.4.3 孕育铸铁和灰铸铁截面上的硬度分布

3. 球墨铸铁

孕育铸铁强度虽明显提高，但石墨形态并未改变，片状石墨的割裂作用造成的应力集中，使孕育铸铁的塑性、韧性与钢相比仍然很低。球墨铸铁(spheroidal graphite cast iron)从根本上改变了石墨形状，成为强韧铸铁。球墨铸铁通过球化处理和孕育处理使石墨呈球状，并采取恰当的热处理改善基体组织，从而使铸铁的性能产生了质的飞跃。我国从 1950 年开始生产球墨铸铁，现球墨铸铁生产处于世界前列。

1) 组织特征

球墨铸铁的显微组织由球状石墨和金属基体所组成(图 1.4.4)。在铸态下，金属基体通常是铁素体-珠光体的混合组织，铁素体位于石墨球周围呈“牛眼”状。通过热处理还可以得到铁素体基体、珠光体基体或下贝氏体基体的球铁。目前，已经通过各种工艺手段在铸态下直接获得铁素体和珠光体基体，使球墨铸铁的生产周期缩短，成本降低。

2) 性能特点

由于球状石墨对基体的缩减和割裂作用小，从而使基体强度的利用率从灰铸铁的 30%～50%提高到 70%～90%，其力学性能远远超过灰铸铁，优于可锻铸铁，抗拉强度一般为 400～600 MPa，最高可达 900 MPa，塑性、韧性明显提高，尤其是屈强比($\sigma_{0.2}/\sigma_b$)高，更增加了使用的可靠性。球墨铸铁同样具有良好的铸造性能、减振性、耐磨性、切削加工性能及低的缺口敏感性。

铁素体球墨铸铁塑性、韧性较高，强度较低，因而可代替可锻铸铁制造承受振动和冲击的零件，如汽车和拖拉机的底盘、后桥壳等。目前，国外大量用于生产自来水及煤气管道，它比灰铸铁管能承受更高的管道压力，比钢管具有更好的耐腐蚀能力。

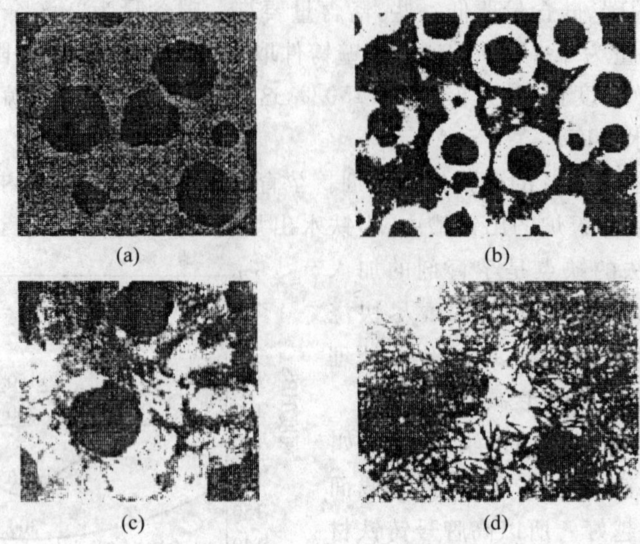

图 1.4.4 球墨铸铁的显微组织

(a) 铁素体球墨铸铁；(b) 铁素体-珠光体球墨铸铁；(c) 球光体球墨铸铁；(d) 下贝氏体球墨铸铁

铁素体-珠光体球墨铸铁强度和韧性配合较好，多用于生产汽车、农机、冶金设备的零部件。通过热处理可调整珠光体和铁素体的相对数量及形态，从而调整其强度和韧性的配合，以满足各种使用要求。

珠光体球墨铸铁强度和硬度较高，耐磨性较好，具有一定的韧性，其屈强比高于 45 号锻钢，表 1.4.3 是两者性能的比较。珠光体球墨铸铁可代替碳钢制造承受交变载荷及耐磨损的零件，典型件是内燃机曲轴、连杆、齿轮，并广泛用于制造车床主轴、镗床拉杆等机床耐磨件。

表 1.4.3 珠光体球墨铸铁和 45 钢的力学性能比较

性　　能	45 钢(正火)	珠光体球墨铸铁(正火)
抗拉强度 σ_b/MPa	690	815
屈服强度 $\sigma_{0.2}$/MPa	410	640
屈强比 $\sigma_{0.2}/\sigma_b$	0.59	0.785
延伸率 δ/%	26	3
疲劳强度(带缺口试样)σ_{-1}/MPa	150	155
硬度/HBS	<229	229～321

贝氏体球墨铸铁具有强度、塑性、韧性都很高的综合力学性能，它的抗拉强度高达 900 MPa，明显优于珠光体球铁，并具有一定的延伸率。如适当降低抗拉强度，延伸率可高达 10%以上，尤其是具有高的弯曲疲劳性能和良好的耐磨性，可制造承受重载荷的齿轮，以及大功率内燃机的曲轴、连杆、凸轮轴等。

3) 牌号及用途

球墨铸铁的牌号、力学性能和用途见表 1.4.4，其中，“QT”表示“球铁”二字的汉语拼音字头，后面的两组数字分别表示最低抗拉强度和最小延伸率。

表 1.4.4 球墨铸铁的牌号、力学性能和用途

牌号	基体组织	力学性能				用途举例
		σ_b/MPa	$\sigma_{0.2}$/MPa	δ/%	硬度/HBS	
		不小于				
QT400-18	铁素体	400	250	18	130～180	承受冲击、振动的零件，如汽车和拖拉机的轮毂、驱动桥壳、差速器壳、拨叉，中低压阀门、管道、齿轮箱等
QT400-15	铁素体	400	250	15	130～180	
QT450-10	铁素体	450	310	10	160～210	
QT500-7	铁素体＋珠光体	500	320	7	170～230	机座、传动轴、飞轮、电动机架、油泵齿轮、机车轴瓦等
QT600-3	珠光体＋铁素体	600	370	3	190～270	载荷大、受力复杂的零件，如汽车、拖拉机的曲轴、连杆、凸轮轴、汽缸套，部分机床的主轴，机床蜗杆、蜗轮，轧钢机轧辊、大齿轮，小型水轮机主轴，汽缸体，起重机大小滚轮等
QT700-2	珠光体	700	420	2	225～305	
QT800-2	珠光体或回火组织	800	430	2	245～335	
QT900-2	贝氏体或回火马氏体	900	600	2	280～360	高强度齿轮，如汽车后桥螺旋锥齿轮、大减速器齿轮，内燃机曲轴、凸轮轴等

4）球墨铸铁的生产

熔炼优质铁水，进行有效的球化——孕育处理是球墨铸铁生产的关键。

(1) 严格控制铁水化学成分　球墨铸铁的铁水中，碳、硅含量比灰铸铁高。因为球墨铸铁中的石黑呈球状，其数量的多少对铸铁机械性能的影响已不明显，确定高碳、硅含量主要是从改善铸造性能和球化效果出发的。碳当量控制在共晶点附近。为提高塑性和韧性，球墨铸铁对锰、磷和硫的含量限制更低。其中，锰不超过 0.4%～0.6%；磷应小于 0.1%；硫限制在 0.06%以下。

(2) 铁水出炉温度应较高　球墨铸铁要进行球化处理和孕育处理，铁水温度因此会下降 50～100℃，所以铁水出炉温度应高于 1400℃。

(3) 进行球化和孕育处理　球化剂是指能使石墨呈现球状析出的添加剂。我国常用稀土镁合金作球化剂。球化后应进行孕育处理，其目的是消除球化元素所造成的白口倾向，促进石墨化，增加共晶团数目并使石墨球圆整和细小，最终使球铁的机械性能提高。球墨铸铁常用的孕育剂也是 75%的硅铁。最常用的球化方法是冲入法，如图 1.4.5 所示，即先将球化剂放入铁水包的堤坝内，并在上面覆盖硅铁粉和稻草灰，以防球化剂在冲入铁水时上浮。此外，还有型内球化法，如图 1.4.6 所示，即把球化剂置于铸型的反应室，浇注时铁水流经反应室时先与球化剂作用，再进入型腔。这种方法的优点是可防止球化衰退、球化剂用量少且获得的石墨球细小。只是反应室的设计和浇注系统的挡渣措施较复杂。

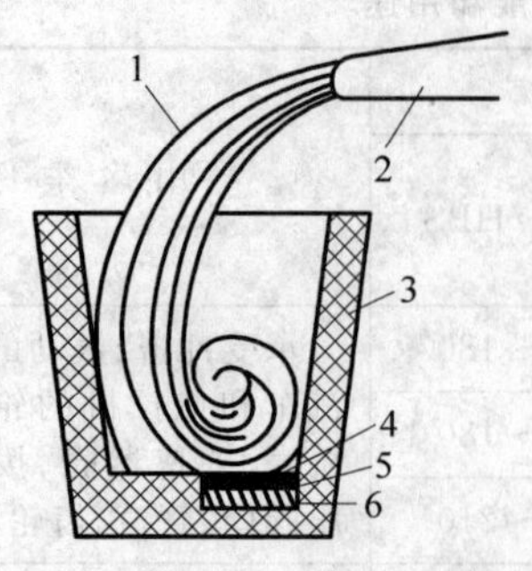

图 1.4.5 冲入法球化处理

1—铁水；2—出铁槽；3—铁水包；4—草灰；5—硅铁粉；6—合金球化剂

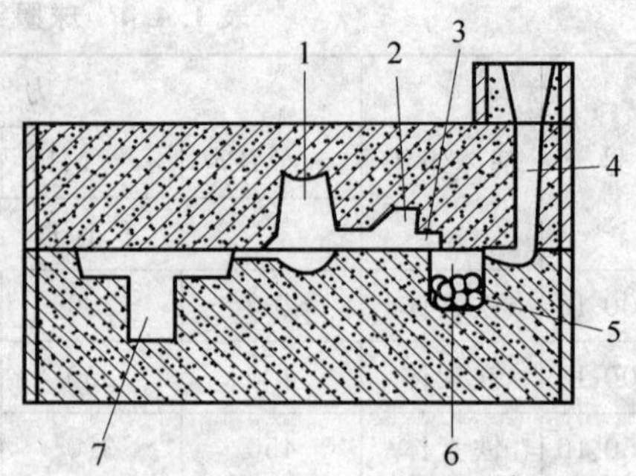

图 1.4.6 型内球化法

1—冒口；2—集渣口；3—出口；4—直浇口；5—球化剂；6—反应室；7—型腔

5）铸造性能

球墨铸铁较灰铸铁容易产生缩孔、缩松、皮下气孔、夹渣等缺陷，因而在工艺上要求比较严格。

球墨铸铁含碳量较高，近共晶成分，凝固收缩率低，但缩孔、缩松倾向较大，这是其凝固特性所决定的。球墨铸铁在浇注后的一个时期内，凝固的外壳强度较低，如图 1.4.7(a)所示。而球状石墨析出时的膨胀力却很大，若铸型的刚度不够，铸件的外壳将向外胀大，造成铸件内部金属液的不足，于是在铸件最后凝固的部位产生缩孔和缩松，如图 1.4.7(b)所示。为防止上述缺陷，可采取如下措施：

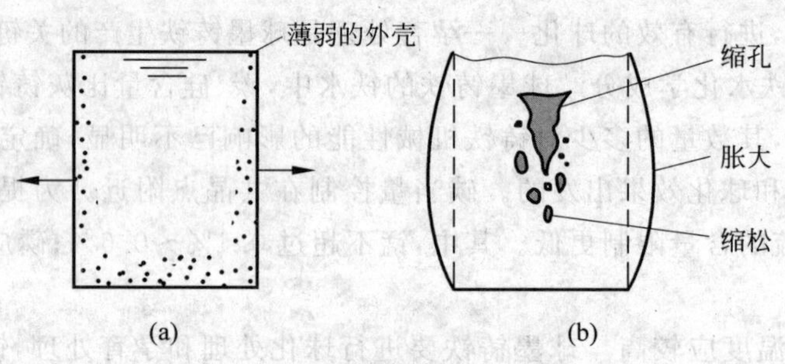

图 1.4.7 球墨铸铁件缩孔、缩松的形成

(1) 在热节处设置冒口和冷铁，对铸件收缩进行补偿。

(2) 增加铸型刚度，防止铸件外型扩大。例如，增加型砂紧实度，采用干砂型或水玻璃快干砂型，保证砂型有足够的刚度，并使上下型牢固夹紧。

球墨铸铁件较易出现皮下气孔，一般位于皮下 0.5～2 mm 处，直径 1～2 mm。它的产生是由于铁液中过量的 Mg 或 MgS 与砂型表面的水分发生了如下的化学反应从而生成了气体：

$$Mg + H_2O = MgO + H_2\uparrow$$

$$MgS + H_2O = MgO + H_2S\uparrow$$

为防止皮下气孔的产生，除应降低铁液中的含硫量和残余镁量外，还应降低型砂含水量或采用干砂型。

6）热处理

多数球墨铸铁件铸后要进行热处理，以保证应有的力学性能。不同牌号的球墨铸铁需要进行不同的热处理。退火能使珠光体中的渗碳体分解成为铁素体，主要用于牌号为QT400-18和QT450-10球墨铸铁的生产。正火可增加珠光体量，提高球墨铸铁的强度、硬度及耐磨性，用于生产QT600-3、QT700-2和QT800-2球墨铸铁，正火后应马上进行回火以减小应力。调质可以提高球铁的综合机械性能，用于制造性能要求较高或截面较大的铸件。例如，大型曲轴和连杆等温淬火可以获得高强度、有一定塑性及韧性的贝氏体球墨铸铁，用于生产牌号为QT900-2的球墨铸铁。

4. 可锻铸铁

可锻铸铁(malleable cast iron)是由白口铸铁经石墨化退火而形成的一种强韧铸铁。可锻铸铁比灰铸铁强度高，兼有良好的塑性和韧性，但却不可锻造。

1）组织特征

目前，我国以生产黑心可锻铸铁为主，其组织由铁素体和团絮状石墨构成(图1.4.8(a))，断口心部呈暗黑色。珠光体可锻铸铁生产较少，其组织由珠光体和团絮状石墨构成(图1.4.8(b))。而白心可锻铸铁国内基本不生产。团絮状石墨的特征是：表面不规则，表面积与体积比值大。

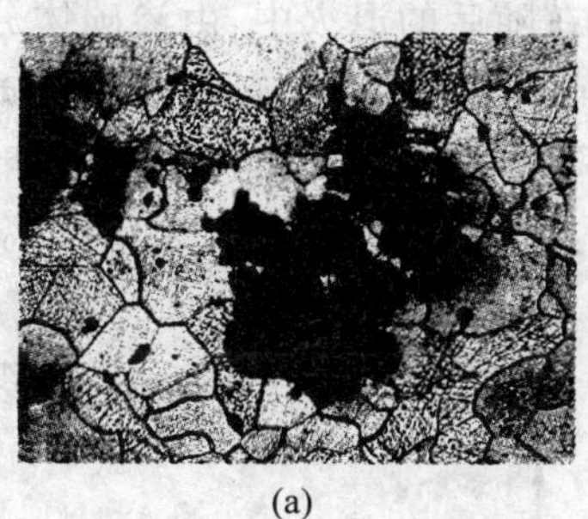

(a)

(b)

图1.4.8 可锻铸铁的显微组织

(a) 黑心可锻铸铁；(b) 珠光体可锻铸铁

2）性能特点

由于团絮状石墨对基体的破坏作用大为减弱，因而可锻铸铁强度、塑性、韧性比灰铸铁明显提高。铁素体可锻铸铁具有一定的强度和较高的塑性、韧性，常用于制造承受振动、冲击及扭转负荷的零件。珠光体可锻铸铁强度、硬度高，常用于制造一些耐磨件，但部分已被球墨铸铁所代替。

3）牌号及应用

可锻铸铁的牌号、性能及用途见表1.4.5，其中，“KTH”代表黑心可锻铸铁，KTZ代表珠光体可锻铸铁，符号后面两组数字分别表示最低抗拉强度和延伸率。

可锻铸铁主要用来制造一些形状复杂而又受振动的薄壁小型铸件。近年来，由于球墨铸铁的发展，许多可锻铸铁铸件已被球墨铸铁铸件所取代。但可锻铸铁生产历史悠久，工艺成熟，质量比较稳定，对原材料要求不高，退火时间正在缩短，所以仍有不少工厂生产可锻铸铁，尤其是铁素体可锻铸铁。

表 1.4.5 黑心可锻铸铁和珠光体可锻铸铁的牌号、性能及用途

种类	牌号	试样直径/mm	力学性能				用途举例
			σ_b/MPa	$\sigma_{0.2}$/MPa	δ/%	硬度/HBS	
			不小于				
黑心可锻铸铁	KTH300-06	12 或 15	300		6	≤150	弯头、三通管件、中低压阀门等
	KTH330-08		330		8		扳手、犁刀、车轮壳等
	KTH350-10		350	200	10		汽车和拖拉机的前后轮壳、减速器壳、转向节壳、制动器及铁道零件等
	KTH370-12		370		12		
珠光体可锻铸铁	KTZ450-06	12 或 15	450	270	6	150～200	载荷较高的耐磨损零件，如曲轴、凸轮轴、连杆、齿轮、活塞环、轴套、耙片、万向接头、棘轮、扳手、传动链条等
	KTZ550-04		550	340	4	180～250	
	KTZ650-02		650	430	2	210～260	
	KTZ700-02		700	530	2	240～290	

4）可锻铸铁的生产

可锻铸铁的生产分两个步骤：首先制取白口铸件，然后经石墨化退火获得可锻铸铁。

(1) 制取白口铸件　不允许有石墨出现，否则在随后的退火中，由渗碳体分解的石墨将在已有的石墨上沉淀而得不到团絮状石墨。为得到纯白口铸件，必须采用低碳、低硅铁水，锰、磷、硫会使退火时间延长，磷还会使塑性、韧性降低，所以为了缩短退火周期，锰含量不宜高，磷、硫含量应尽量低。可锻铸铁的化学成分为：(2.2%～2.9%)C，(0.8%～1.4%)Si，(0.4%～0.6%)Mn，<0.15%S，<0.1%P。

(2) 石墨化退火　如图 1.4.9 所示，将白口铸件加热到 900～980℃后组织为奥氏体和渗碳体，保温 15 h 左右，使渗碳体分解成团絮状石墨，保温后缓冷，奥氏体沿团絮状石墨析出二次石墨。到共析转变温度范围(700～720℃)以极其缓慢的速度冷却(曲线①中实线)奥氏体转变为铁素体和石墨，或略低于到共析转变温度后长时间保温(图中虚线)，珠光体分解为铁素体和石墨，均可得到铁素体可锻铸铁。如果在共析转变温度快速冷却(曲线②)共析石墨化完全被抑制，则得到珠光体可锻铸铁。

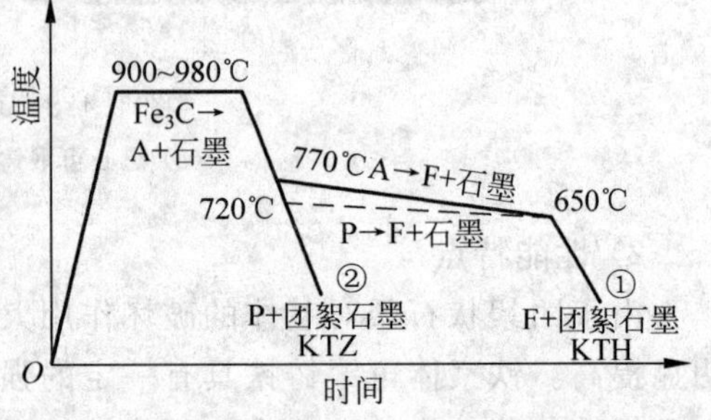

图 1.4.9　可锻铸铁的石墨化退火工艺

5）缩短石墨化退火时间的新工艺

退火时间长(60～80 h)已成为制约可锻铸铁发展的主要问题。近年来，在生产中创造了不少缩短退火周期的新工艺，其中，在制取白口铸铁时对铁水进行复合孕育处理效果显著，应用最广。复合孕育剂中一种元素的作用是在铸件凝固时阻碍石墨化，保证得到全白口组织，而另一种元素对退火时的石墨化没有强烈阻碍作用，从而缩短退火时间。

目前，广泛采用的工艺有低温时效和加铝孕育、硼-铋孕育、铋-铝孕育、硅-铋孕育以及稀土-铋复合孕育处理等方法。例如，用硼-铋孕育处理工艺生产汽车后桥外壳的退火时间已

缩短到 20 h 左右，效果十分显著。

5. 蠕墨铸铁

1）组织特征

蠕墨铸铁（vermicular graphite cast iron）的组织由金属基体和蠕虫状石墨所组成（图 1.4.10）。石墨形状介于片状和球状之间，在光学显微镜下观察，石墨短而厚，头部较圆，形似蠕虫。在电子显微镜下观察，石墨端部具有螺旋生长的球状特征，但在石墨的枝干部分又有层叠状结构，类似于片状石墨。

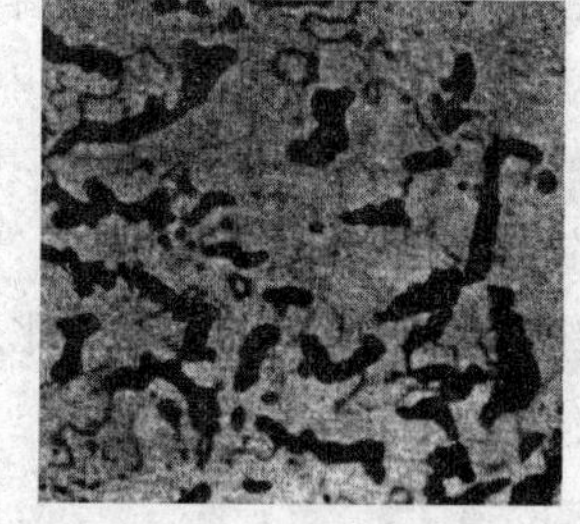

图 1.4.10 蠕墨铸铁的石墨形状示意图

蠕墨铸铁的基体组织在铸态下具有较高的铁素体含量（40%～50%或更高），通过正火处理可使珠光体含量提高到 80%～85%。

2）性能特点

蠕墨铸铁的性能介于灰铸铁和球墨铸铁之间，强度、塑性、韧性优于灰铸铁，接近于铁素体球墨铸铁，壁厚敏感性比灰铸铁小得多，故厚大截面上的力学性能均匀。突出的优点是屈强比在铸造合金中最高（0.72～0.82），导热性、铸造性能、切削加工性能优于球墨铸铁且接近于灰铸铁，耐磨性优于孕育铸铁及高磷耐磨铸铁，与磷铜钛耐磨铸铁相近。

3）牌号及应用

蠕墨铸铁的牌号和力学性能见表 1.4.6，其中“RuT”为“蠕铁”汉语拼音字头，后面数字为最小抗拉强度值。

表 1.4.6 蠕墨铸铁的牌号、力学性能和用途

牌号	力学性能				用途举例
	σ_b/MPa	$\sigma_{0.2}$/MPa	δ/%	硬度/HBS	
	不小于				
RuT260	260	195	3	121～197	增压器进气壳体、汽车底盘零件等
RuT300	300	240	1.5	140～217	排气管、变速箱体、汽缸盖、液压件、纺织机零件、钢锭模等
RuT340	340	270	1.0	170～249	重型机床件，大型齿轮箱体、盖、座，飞轮，起重机卷筒等
RuT380	380	300	0.75	193～274	活塞环、汽缸套、制动盘、钢珠研磨盘、吸淤泵体等
RuT420	420	335	0.75	200～280	

由于蠕墨铸铁具有上述优异性能，故特别适合制造工作温度较高而又强度要求高、耐磨性好、形状复杂的大型铸件，如大型柴油机缸体、缸盖、排气管、制动盘、钢锭模、金属型等。

4）蠕墨铸铁的生产

蠕墨铸铁的成分和球墨铸铁基本相似，即高碳、低硫磷。一般为：（3%～4%）C，（2%～3%）Si，（0.4%～0.8%）Mn，<0.04%S，<0.08%P。

蠕化处理与球化处理相似，采用冲入法。所有球化元素均可使石墨蠕化，早期采用减少球化剂加入量的方法生产蠕墨铸铁，但生产上的控制较困难。后来利用球化元素和反球化元素制成复合蠕化剂，使石墨变成非球非片的蠕虫状，从而研制了稀土镁钛、稀土镁锌等蠕化剂，并在生产中得到广泛应用。蠕化处理也存在衰退现象，近年来研制了抗衰退能力较强的含钒蠕化剂及型内蠕化处理方法。

由于蠕化剂的作用，蠕墨铸铁也会出现白口倾向，仍需用75%硅铁进行孕育处理。

5）铸造性能

蠕墨铸铁碳当量接近共晶点，蠕化剂又使铁水得以净化，因此具有良好的流动性。蠕墨铸铁的收缩与蠕化率有关，蠕化率越低，越接近球墨铸铁，反之接近于灰铸铁。因此，要获得无缩孔、缩松的致密铸件比球墨铸铁容易，但比灰铸铁稍困难些。

6. 铸铁的熔炼

铸铁的熔炼是为获得成分和温度合格的铁水。熔炼设备有很多，如冲天炉、反射炉、电弧炉和感应炉等，但以冲天炉应用最多。冲天炉熔炼时以焦炭作燃料，石灰石等作熔剂，以生铁、废钢、铁合金等为金属炉料。金属炉料从加料口进入冲天炉，在迎着上升的高温炉气下落的过程中，逐渐被加热。当被加热到1100～1200℃时，金属炉料开始熔化变成铁水。铁水经炉内过热区进一步加热，最后降落到炉温较低的炉缸中流至前炉。

1）冲天炉的构造

冲天炉(cupola)的构造如图1.4.11所示。炉身由炉壳14和炉衬15组成，炉壳用钢板焊接而成，炉衬用耐火砖砌成。炉身上部有加料口12、烟囱11，下部装有风带16。风带通过风口5与炉内相通。鼓风机鼓出的风经过风管、风带、风口进入炉内，供焦炭燃烧使用。

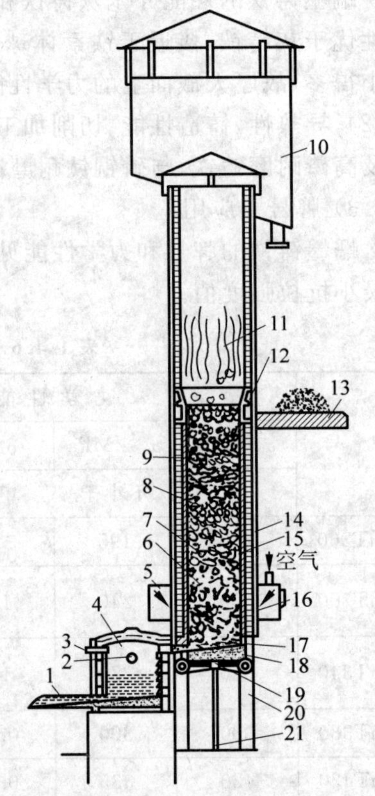

图1.4.11 冲天炉结构示意图

1—出铁口；2—出渣口；3—窥视孔；4—前炉；5—风口；6—底焦；7—层焦；8—石灰石；9—层铁；10—火花罩；11—烟囱；12—加料口；13—加料台；14—炉壳；15—炉衬；16—风带；17—炉缸；18—炉底；19—炉底门；20—炉脚；21—炉底支撑

风口以下的部分称为炉缸(cupola well)。熔化的铁水经炉缸17流入前炉(forehearth)。前炉4的基本作用是储存铁水，前炉下部有一出铁口1，浇注时由前炉将铁水流入浇包。前炉侧上方有一出渣口2，铁水流入前炉静置过程中，浮渣上浮在铁水表面，由出渣口排渣。

炉体装在炉底板上，炉底板用4根支柱21支撑。底板装有炉底门19，炉底门关闭后，用支撑撑住。

冲天炉的大小以每小时能够熔化铁水的量来表示。常见的冲天炉为1.0～10 t/h。

2）炉料

冲天炉炉料(charge)包括金属炉料、燃料和熔剂。

(1) 金属炉料(metallic charge) 金属炉料有新生铁、回炉料(foundry return)、废钢和铁合金。新生铁是炼铁时的铸造生铁,它是金属炉料的主要部分。回炉料包括浇冒口和废铸件。废钢件及钢件切屑加入炉内可以调节铁水的含碳量和改善铸件的力学性能。硅铁、锰铁等铁合金加入炉内可以改变铁水的化学成分和熔制合金铸铁。金属炉料的加入量要经过配料计算,不同牌号的铸铁件应按照一定的成分要求并考虑熔炼时的烧损量配料。

(2) 燃料(fuel) 多数冲天炉都以焦炭为燃料。焦炭(foundry coke)要求固定碳含量高,挥发物、灰分、硫的含量要少。焦炭块度为 100～150 mm。熔化的金属炉料质量与消耗的焦炭质量之比称为铁焦比(iron coke ratio),一般为(8～12)∶1。

(3) 熔剂(flux) 熔化过程中,由于焦炭中的灰分、金属炉料上的锈迹、泥沙、元素的烧损和炉衬侵蚀而形成高熔点的炉渣,必须加入熔剂,降低炉渣的熔点,增加熔渣的流动性,使熔渣与铁水分离,使浮渣从出渣口排出炉外。冲天炉常用的熔剂是石灰石($CaCO_3$)与萤石(CaF_2)。熔剂的加入量为焦炭的 25%～30%,熔剂的块度以 20～70 mm 为合适。

3) 冲天炉的熔炼过程

冲天炉是间歇工作的,每次开炉前要进行修炉工作,将炉内侵蚀处用耐火材料修补并筑好炉底,然后烘干。烘干后,在底部加入刨花和木柴,待引燃烧旺,加入部分底焦,焖火一段时间再加入全部底焦并鼓风燃烧。底焦的高度一般为主风口以上 800～1500 mm 处。

底焦烧红之后,开始加入炉料。每批料按熔剂、金属料和层焦的顺序加入,直到加料口为止。

炉料加满并经预热(10～20 min)之后,打开风口放出 CO 气体,即开始鼓风熔化,随后关闭风口。在熔炼过程中要不断加料,使炉料与加料口平齐。

大约半小时后即开始出铁水,准备进行浇注工作。熔炼结束时,停止加料,停风,熄炉,打开炉底板,放出未熔的金属炉料、熔剂以及未燃完的焦炭。

在冲天炉的熔炼过程中,燃料的燃烧和金属炉料的熔化同时进行,并且发生高温炉气上升和炉料下降两种逆向运动。

冲天炉开风后,经风口进入炉内的空气与底焦(coke bed)发生完全燃烧反应,放出大量的热,即

$$C+O_2=CO_2+Q$$

由此而生成的高温炉气与剩余的氧气一起上升。在上升过程中,氧气与焦炭继续发生燃烧反应,并不断将热量传给由加料口加入的炉料,使炉气温度下降而炉料温度上升。

炉料由加料口加入之后,迎着上升的高温炉气下降,金属炉料在下降过程中逐渐被加热到熔化温度,当温度达到 1100～1200℃时开始熔化成熔滴。熔化后的熔滴在底焦层内下降过程中,进一步被炽热焦炭加热(约 1600℃)。这种过热高温铁水经炉缸、过桥流入前炉,此时铁水温度有所下降(约 1350～1420℃)。

在高温炉气作用下,石灰石从 700℃左右开始分解成 CaO 与 CO_2,碱性 CaO 与焦炭中的灰分以及被侵蚀的酸性炉衬等物结合形成熔点较低、易于流动的浮渣,与铁水分离而由出渣口排出。

在熔炼过程中,由于铁水与焦炭接触而含碳量有所增加,硅、锰等合金元素的含量有所烧损,杂质元素磷基本不变,硫有较大的增加(增加约 50%),这是由于焦炭中的硫熔于铁水

中所致。

1.4.2 铸钢件生产

对于强度、塑性和韧性等性能要求高的零件应采用铸钢制造。但由于铸钢铸造性能差，生产成本高，其应用不如铸铁广泛。铸钢件的产量仅次于铸铁，约占铸件总产量的15%。

1. 铸钢的分类及牌号

根据化学成分铸钢可分为碳钢和合金钢两大类。

1）铸造碳钢

在铸钢中铸造碳钢应用最广，约占铸钢总产量的70%以上。表1.4.7为铸造碳钢的牌号、化学成分、力学性能及用途。牌号中"ZG"表示铸钢，后两组数字分别表示屈服强度和抗拉强度值。其中，中碳钢（ZG230-450至ZG310-570）的铸造性能和抗拉强度比低碳钢好，塑性和韧性比高碳钢高，应用最多。

表1.4.7 铸造碳钢的牌号、成分、性能及用途

铸钢牌号	添加元素化学成分/%					力学性能(≥)					应用举例
	不大于					σ_s/MPa	σ_b/MPa	δ/%	ψ/%	A_{kv}/J	
	C	Mn	Si	S	P						
ZG200-400	0.20	0.80	0.50	0.04		200	400	25	40	30	机座、变速箱壳等
ZG230-450	0.30	0.90	0.50			230	450	22	32	25	砧铁、机座、锤座、箱体，工作温度在450℃以下的管路附件等
ZG270-500	0.40	0.90	0.50			270	500	18	25	22	飞轮、机身、蒸汽锤、水压机工作缸、横梁等
ZG310-570	0.50	0.90	0.60			310	570	15	21	15	联轴器、汽缸、齿轮及重负荷机架等
ZG340-640	0.60	0.90	0.60			340	640	10	18	10	起重运输机中的齿轮、联轴器及重要的机件等

2）铸造低合金钢

铸造低合金钢的合金元素总量不大于5%。加入少量合金元素后，铸钢的强度、耐磨性明显提高。目前，我国的铸造低合金钢主要是锰系（如ZG40Mn、ZG30MnSi）和铬系（如ZG40Cr、ZG35CrMo）两大系列，用于制造高强度齿轮、轴、水压机工作缸、水轮机转子等重要零件。

近年来，高强度低合金（HSLA）铸钢已应用于生产，出现了屈服点达到420 MPa以上的高强度铸钢和750 MPa以上的超高强度铸钢。它们同时具有高的强度和韧性。

3）铸造高合金钢

铸造高合金钢的合金元素总量大于10%，导致钢的组织发生了根本变化，因而具有耐磨、耐热、耐蚀等特殊性能，属特种铸钢。其中，高锰钢ZGMn13是典型的抗磨钢，铸件在经受强烈冲击或挤压时，表面组织发生冷变形强化，硬度大为提高，可用来制造坦克和推土机的履带板、挖土机的掘斗等。高速钢（ZGW18Cr4V）可直接铸出成形铣刀。不锈钢（ZGCr17、ZG1Cr18Ni9 等）主要用来制造耐酸泵等石油、化工用机器设备。耐热钢则用于制造高温加热炉的底板和托盘等零件。

2. 铸钢的铸造性能及铸造工艺特点

铸钢的熔点较高，钢液易氧化，钢水的流动性差、收缩大。体积收缩率为 10%～14%，线收缩率为 1.8%～2.5%。所以铸钢的铸造性能比铸铁差，必须采取如下一些工艺措施：

（1）铸钢件的壁厚不能小于 8 mm，以防止产生冷隔和浇不足等缺陷；浇注系统的结构应力求简单，且截面尺寸比铸铁的大；应采用干铸型或热铸型，并适当提高浇注温度（1520～1600℃），以改善流动性。

（2）由于铸钢的收缩大大超过铸铁，在铸造工艺上应采用冒口、冷铁和补贴等工艺措施，以实现定向凝固。图 1.4.12 所示为大型铸钢齿轮铸型工艺图。

（3）对薄壁或易产生裂纹的铸钢件，一般采用同时凝固原则。开设足够多的内浇口可使钢液迅速、均匀地充满铸型。此外，在设计铸钢件的结构时，还应使其壁厚均匀，避免尖角和直角结构，以防产生缩孔、缩松和裂纹等缺陷。也可在型砂中加锯末、在芯砂中加焦炭、采用空心型芯和油砂芯来改善砂型或型芯的退让性和透气性，减少裂纹。

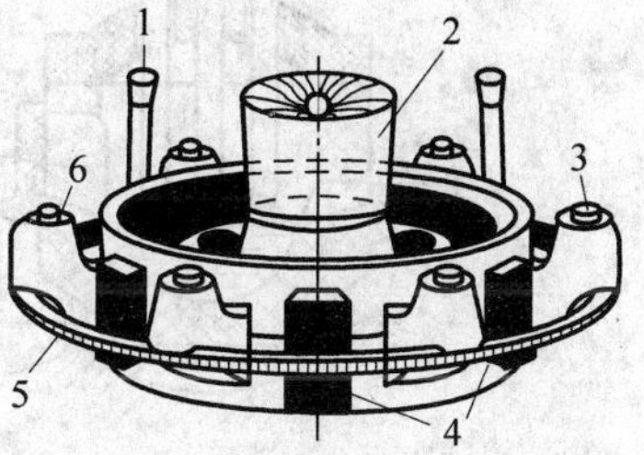

图 1.4.12　铸钢齿轮铸型工艺图

1—直浇道；2—顶冒口；3—冒口型芯；4—冷铁；5—横浇道；6—空气压力冒口

（4）由于铸钢的熔点高，铸钢件极易产生粘砂缺陷。因此应采用耐火度高的人造石英砂制作铸型，并在铸型表面涂刷石英粉或锆砂制得的涂料。

（5）为减少气体来源或提高钢水流动性和铸型强度，铸钢件砂型多用干型或快干型，如用 CO_2 硬化的水玻璃砂型。

3. 铸钢件的热处理

铸钢件均需经过热处理后才能使用。因为在铸态下的铸钢件内部容易存在气孔、裂纹、缩孔和缩松、晶粒粗大、组织不均及残余内应力等缺陷，这些缺陷大大降低了其力学性能，尤其是塑性和韧性。因此铸钢件必须进行正火或退火。正火处理适用于碳含量小于 0.35% 的铸钢件，因这类铸件塑性好、冷却时不易开裂。正火后的铸钢件还应进行高温回火以降低内应力。对于碳含量大于或等于 0.35% 的结构较复杂或易产生裂纹的铸钢件，只能进行退火处理。铸钢件不宜淬火，因淬火时铸件极易开裂。

4. 铸钢的熔炼

铸钢常用平炉、电弧炉和感应炉等熔炼。平炉的特点是容量大，可用废钢作原料、可准确控制钢的成分，多用于熔炼质量要求高的大型铸钢件的钢液。在铸钢车间里，广泛采用三相电弧炉来炼钢，三相电弧炉的构造如图 1.4.13 所示。电弧炉通过电极与炉料间的电弧来产生大量的热，从而达到加热、熔化炉料的目的。三相电弧炉的优点是开炉和停炉操作方便，能保证钢液成分和质量，对炉料的要求不太严格且容易升温，故可用来熔炼优质钢、高级合金钢和特殊钢等。

近年来电磁感应炉的应用在铸钢(铁)车间得到了广泛应用，用来熔化各种钢液和高合金铸铁。工频或中频感应炉，通过电磁感应来加热和熔化炉料。电磁感应炉的构造如图 1.4.14 所示。电磁感应炉的熔化操作比较简单，熔炼速度快。被熔化的金属不和加热源接触，因此，合金元素的氧化、烧损较少，钢液质量高。它适宜熔炼各种高级合金钢和碳含量极低的钢，适用于小型铸钢车间使用。

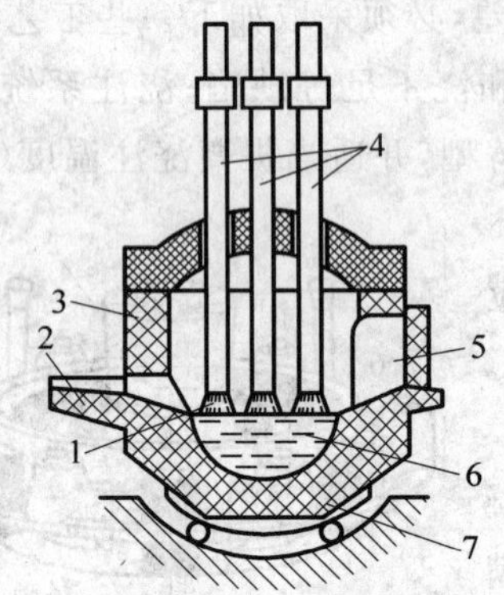

图 1.4.13 三相电弧炉结构示意图

1—电弧；2—出钢口；3—炉墙；4—电极；5—加料口；6—钢液；7—倾斜机构护板

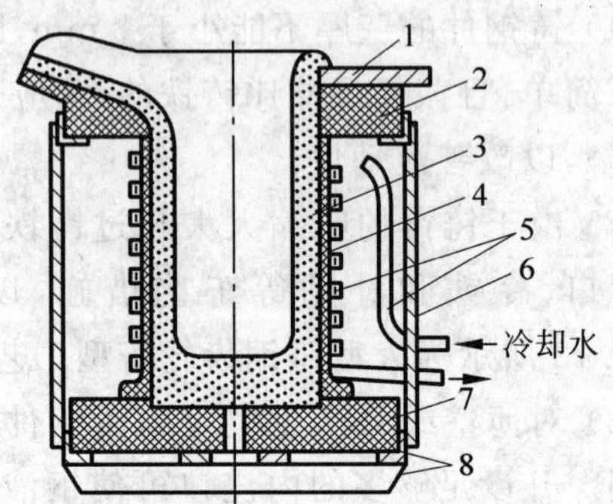

图 1.4.14 电磁感应炉结构示意图

1—水泥石棉盖板；2—耐火砖上框；3—捣制坩埚；4—玻璃丝绝缘布；5—感应器；6—水泥石棉墙；7—耐火砖底座；8—不锈钢制(不感磁)边框

1.4.3 非铁合金铸件生产

非铁合金具有许多优良的特性，因此也常用来制造铸件。例如，铝、镁、钛等合金相对密度小，比强度高，广泛应用于飞机、汽车、船舶和宇航工业。银、铜、铝导电、导热性好，是电器、仪表工业不可缺少的材料。镍、钨、铬、钼则是制造高温零件的理想材料。其中，以铜及其合金、铝及其合金的铸件应用最多。

1. 铸造铝合金

铸造铝合金按成分可分为铝硅合金、铝铜合金、铝镁合金和铝锌合金。

(1) 铝硅合金(硅铝明)　铸造性能好，但强度、塑性较低，经变质处理可提高其力学性能。铝硅合金品种多，ZL102 是典型合金，广泛用于制造内燃机缸体、缸盖、活塞、仪表外壳、风扇叶片等。

(2) 铝铜合金　耐热性和切削加工性能好，但铸造性能和耐蚀性差，多用于制造内燃机活塞和汽缸盖等。

(3) 铝镁合金　质量轻，强度高，耐蚀性好，但铸造性能差，多用于承受冲击载荷及在腐蚀条件下工作的零件，如飞机起落架、船用舷窗、氨用泵体等零件。

(4) 铝锌合金　强度较高，但耐蚀性差，热裂倾向大，一般用于制造汽车发动机配件、仪表元件等。

表 1.4.8 为常用铸造铝合金的代号、牌号、成分、性能和用途。

表 1.4.8　常用铸造铝合金的代号、牌号、成分、性能和用途

类别	合金代号（牌号）	添加元素化学成分/%						力学性能(≥)			用　途
		Si	Cu	Mg	Mn	Zn	Ti	σ_b/MPa	δ/%	硬度/HBS	
铝硅合金	ZL101 (ZAlSi7Mg)	6.5 ～ 7.5	—	0.25 ～ 0.45	—	—	0.08 ～ 0.20	202 192	2 2	60 60	形状复杂的砂型、金属型和压铸件，如飞机、仪器零件等
	ZL102 (ZAlSi12)	10.0 ～ 13.0	—	—	—	—	—	153 143 133	2 4 4	50 50 50	形状复杂的砂型、金属型和压铸件，要求承受低载荷的气密性零件
	ZL105 (ZAlSi5Cu1Mg)	4.5 ～ 5.5	1.0 ～ 1.5	0.4 ～ 0.6	—	—	—	231 212 222	0.5 1.0 0.5	70 70 70	承受中等载荷、250℃以下工作的零件，如发动机缸盖
铝铜合金	ZL201 (ZAlCu5Mn)	—	4.5 ～ 5.3	—	0.6 ～ 1.0	—	0.15 ～ 0.35	290 330	8 4	70 90	砂型铸造在300℃以下工作的零件，如发动机缸盖、活塞等
铝镁合金	ZL301 (ZAlMg10)	—	—	9.5 ～ 11.5	—	—	—	280	9	60	在大气或海水中工作，要求耐蚀并承受冲击的零件
铝锌合金	ZL401 (ZAlZn11Si7)	6.0 ～ 8.0	—	0.1 ～ 0.3	—	9.0 ～ 13.0		241 192	1.5 2	90 80	压铸件，工作温度不超过200℃、形状复杂的汽车、飞机零件等

2. 铸造铜合金

铸造铜合金分为铸造黄铜和铸造青铜两大类。

1）铸造黄铜

黄铜是铜锌合金。普通黄铜是铜与锌的二元合金，普通黄铜中再加入铝、锰、硅、铅等元素便组成特殊黄铜。黄铜强度高，成本低，铸造性能好，品种多，产量大。合金元素的加入提高了其耐蚀性、耐磨性、耐热性及力学性能，特殊黄铜应用更广。铸造黄铜用 Z＋铜元素符号＋主加元素符号及含量（%）表示，如 ZCuZn16Si4 表示含 80%Cu，16%Zn，4%Si 的铸造硅黄铜。常用铸造黄铜的牌号、力学性能和用途见表 1.4.9。

表 1.4.9 常用铸造黄铜的牌号、力学性能及用途

类别	合金牌号	铸造方法	力学性能(≥)			用途
			σ_b/MPa	δ/%	硬度/HBS	
普通黄铜	ZCuZn38	砂型 金属型	300 300	30 30	60 70	机械、热压轧制零件
硅黄铜	ZCuZn16Si4	砂型 金属型	300 350	15 20	90 100	受海水作用的管件、阀体、齿轮、船舶零件
铅黄铜	ZCuZn40Pb2	砂型 金属型	200 250	10 20	80 90	制造衬套以及要求高耐蚀性、高耐磨性的零件
铝黄铜	ZCuZn31Al2	砂型 金属型	300 400	12 15	80 90	船舶及机器制造中的耐蚀零件
铁黄铜	ZCuZn40Fe2Mn1	砂型 金属型	300 350	25 25	85 90	衬套及其他耐磨零件
锰黄铜	ZCuZn36Mn2Pb2	砂型 金属型	250 350	10 18	70 80	轴套、衬套及其他耐磨零件
	ZCuZn40Mn2	砂型 金属型	350 400	20 25	80 90	海水中的耐蚀零件，广泛应用于造船工业

2）铸造青铜

青铜指铜锡合金。习惯上把含锡的称为锡青铜，不含锡的称为无锡青铜。常用青铜有锡青铜、铝青铜、铅青铜等。铸造青铜用 Z＋铜元素符号＋主加元素符号及含量(%)表示，如 ZCuSn10Zn2 表示含 88%Cu，10%Sn，2%Zn 的铸造锡青铜。常用铸造青铜的牌号、成分、力学性能和用途见表 1.4.10。

表 1.4.10 常用铸造青铜的牌号、成分、力学性能和用途

类别	合金牌号	主要化学成分/%		铸造方法	力学性能			用途
		Sn	其他		σ_b/MPa	δ/%	硬度/HBS	
锡青铜	ZCuSn10Pb1	9.0～11.0	Pb0.6～1.2 Cu 余量	砂型	220	3	80	重要用途的轴承、齿轮、套圈和轴套等
				金属型	250	5	90	
	ZCuSn6Zn6Pb3	5.0～7.0	Zn5.0～7.0 Pb2.0～4.0 Cu 余量	砂型	180	8	60	耐磨零件，如轴套、轴承填料，也可以用作蜗轮材料
				金属型	200	10	65	
无锡青铜	ZCuAl9Fe4	—	Al8.0～10.0 Fe2.0～4.0 Cu 余量	砂型	400	10	100	重要用途的耐磨耐蚀零件，如齿轮、轴套等
				金属型	500	12	110	
	ZCuPb30	—	Pb27～33 Cu 余量	金属型	—	—	—	高速轴承、轴瓦等(P=25 MPa，v=10 m/s)的静载荷工作零件

锡青铜的铸造收缩率很小，但致密度低，耐磨性和耐蚀性(在大气、海水和无机盐溶液中)优于黄铜，故适于制造形状复杂、致密性要求不高的耐磨、耐蚀零件，如轴承、轴套、水泵

壳体等。

铝青铜的强度、塑性尤其是在酸、碱中的耐蚀性均高于锡青铜，流动性好，容易获得致密铸件，是应用很广的一种新型无锡青铜。缺点是耐磨性和耐热性较差，还不能完全取代锡青铜。

3. 铜、铝合金铸件的生产特点

铜、铝合金的熔化特点是金属料与燃料不直接接触，以减少金属的损耗和保证金属的纯净。在一般铸造车间，铜、铝合金多采用以焦炭为燃料的坩埚炉或感应电炉(电阻坩埚炉)来熔炼，如图 1.4.15 和图 1.4.16 所示。

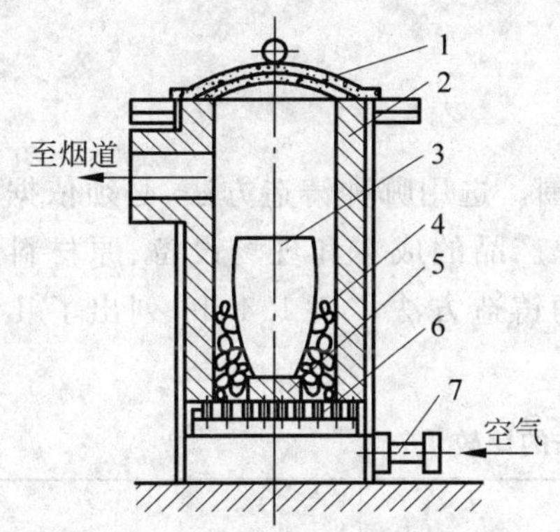

图 1.4.15 焦炭坩埚炉

1—炉盖；2—炉体；3—坩埚；4—焦炭；5—垫板；6—炉箅；7—进气管

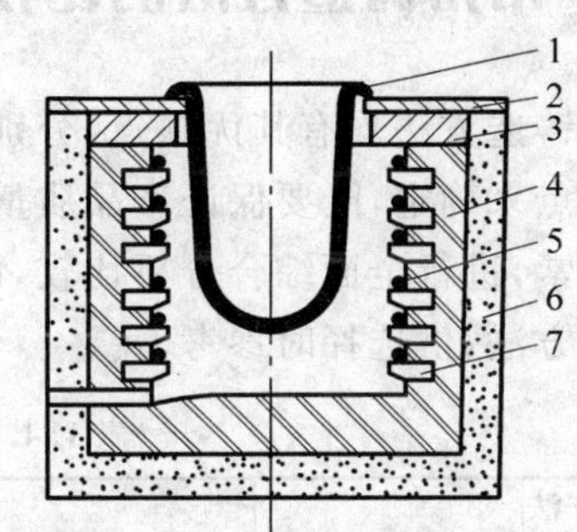

图 1.4.16 电阻坩埚炉

1—坩埚；2—托板；3—耐热板；4—耐火砖；5—电阻丝；6—石棉板；7—托砖

1) 铜合金的熔化及铸造特点

铜合金在液态下极易氧化，形成的氧化物 Cu_2O 溶解在铜内而使合金的性能下降。为防止铜的氧化，熔化青铜时应加熔剂以覆盖铜液。为去除已形成的 Cu_2O，最好在出炉前向铜液中加入 0.3%～0.6%的磷铜来脱氧。由于黄铜中的锌本身就是良好的脱氧剂，所以熔化黄铜时不需另加熔剂和脱氧剂。

铸造黄铜熔点低，流动性好，可浇注薄壁复杂件。

锡青铜的结晶温度范围宽，呈糊状凝固，易产生缩松，对于防渗漏铸件，常采用冷铁，以提高致密性。

铝青铜的结晶温度范围窄，易获得致密铸件，但收缩大，易产生集中缩孔，要用较大的冒口进行补缩。浇注时，常采用带过滤网的底注式浇注系统，以防止金属飞溅、氧化，并要去除浮渣。

2) 铝合金的熔化及铸造特点

铝合金在液态下也极易氧化，形成的氧化产物 Al_2O_3 的熔点高达 2050℃，密度稍大于铝，所以熔化搅拌时容易进入铝液，成非金属夹渣。铝液还极易吸收氢气，使铸件产生针孔缺陷。

为了减缓铝液的氧化和吸气，可向坩埚内加入 KCl、NaCl 等作为熔剂，以便将铝液与炉气隔离。为了驱除铝液中已吸入的氢气，防止针孔的产生，在铝液出炉之前应进行驱氢精炼。简便的方法是用钟罩向铝液中压入氯化锌($ZnCl_2$)、六氯乙烷(C_2Cl_6)等氯盐或氯化物,反应后生成 $AlCl_3$ 气泡,这些气泡在上浮过程中可将氢气及部分 Al_2O_3 夹杂从铝液中带出。

铝硅合金处于共晶成分,铸造性能最好,可浇注薄壁复杂铸件。铝铜、铝镁、铝锌合金远离共晶点,铸造性能差,适当提高浇注温度,合理安置冒口,可防止浇不到、缩孔、裂纹等缺陷。浇注时,通常采用开放式浇注系统和蛇形浇道,并保证金属流连续不断,以防止飞溅和氧化。

3) 铸造工艺

为使铜、铝铸件表面光洁,砂型铸造时应选用细砂来造型。铜、铝合金的凝固收缩率比灰铸铁高,除锡青铜外,一般多需安置冒口使其定向凝固,以便补缩。

1.4.4 常用铸造方法的比较

各种铸造方法均有其优缺点,分别适用于一定范围。选用哪种铸造方法,必须依据生产的具体特点来确定,既要保证产品质量,又要综合考虑产品的成本和现场设备、原材料供应情况等因素,进行全面综合分析比较,以选定最适当的铸造方法。表 1.4.11 列出了几种常用的铸造方法,供选择时参考。

表 1.4.11 几种铸造方法的比较

铸造方法 比较项目	砂型铸造	熔模铸造	金属型铸造	压力铸造	低压铸造	离心铸造
适用金属	任意	不限制,以铸钢为主	不限制,以有色合金为主	铝、锌等低熔点合金	以有色合金为主	以铸铁、铜合金为主
适用铸件大小	任意	一般小于25 kg	以中小铸件为主,也可用于数吨大件	一般为10 kg以下的小件,也可用于中等铸件	以中、小铸件为主	不限制
生产批量	不限制	成批、大量,也可单件生产	大批、大量	大批、大量	成批、大量	成批、大量
铸件尺寸精度	IT14~IT15	IT11~IT14	IT12~IT14	IT11~IT13	IT12~IT14	IT12~IT14(孔径精度低)
表面粗糙度 $Ra/\mu m$	50~12.5	12.5~1.6	12.5~6.3	3.2~0.8	12.5~3.2	12.5~6.3(内孔粗糙)
金属收得率/%	30~50	60	40~50	60	85~90	85~95
毛坯利用率/%	70	90	70	95	80	70~90
铸件内部质量	结晶粗	结晶粗	结晶粗	结晶细,内部多有气孔	结晶细	缺陷很少

续表

铸造方法 比较项目	砂型铸造	熔模铸造	金属型铸造	压力铸造	低压铸造	离心铸造
铸件加工余量	大	小或不加工	小	不加工	小	内孔加工量大
生产率(一般机械化程度)	低、中	低、中	中、高	最高	中	中、高
设备费用	较高(机械造型)	较高	较低	较高	中等	中等
应用举例	机床床身、轧钢机机架、变速器箱体、带轮等一般铸件	刀具、叶片、自行车零件、机床零件、刀杆、风动工具等	铝活塞、水暖器材、水轮机叶片、一般有色合金铸件	汽车化油器、喇叭、电器、仪表、照相机零件	发动机缸体、缸盖、壳体、箱体、船用螺旋桨,纺织机零件	各种铁管、套筒、环、辊、叶轮、滑动轴承等

思考练习题

1. 从石墨的存在分析灰铸铁的力学性能及其性能特征。

2. 影响铸铁石墨化的主要因素是什么？为什么铸铁牌号不用化学成分来表示？

3. 灰铸铁最适于制造哪类铸件？试举车床上的几种铸铁件名称,并说明选用灰铸铁而不采用铸钢的原因。

4. 填写下表比较各种铸铁,阐述灰铸铁应用最广的原因。

类别	石墨形状	制造过程简述(铁液成分、炉前处理、热处理)	适用范围

5. 为什么球墨铸铁的强度和塑性比灰铸铁高,而铸造性能比灰铸铁差？

6. 为什么可锻铸铁只适宜生产薄壁小铸件？壁厚过大易出现什么问题？

7. 某产品上的铸铁件壁厚计有 5、20、52 mm 3 种,力学性能全部要求 $\sigma_b = 150$ MPa,若全部采用 HT150 是否正确？为什么？

8. 铸钢与球墨铸铁相比力学性能和铸造性能有哪些不同？为什么？

9. 为什么球墨铸铁是“以铁代钢”的好材料？球墨铸铁是否可以全部取代可锻铸铁？

10. 下列铸件宜选用哪类铸造合金？请阐述理由。

火车轮　压气机曲轴　缝纫机头　摩托车汽缸体

汽缸套　减速器蜗轮　车床床身　自来水管道弯头

11. 冲天炉化铁时加入废钢、硅铁、锰铁的作用是什么?
12. 铸造铝合金和铜合金的熔炼工艺特点是什么? 各采取什么方法除气、去渣?
13. 感应电炉熔炼与坩埚熔炼各有何特点?

1.5 铸件结构设计

进行铸件设计时,不仅要保证其力学性能和工作性能要求,还必须考虑铸造工艺和合金铸造性能对铸件结构的要求。铸件的结构是否合理,即其结构工艺性是否良好,对保证铸件质量、降低成本、提高生产率有很大的影响。当产品是大批量生产时,应使所设计的铸件结构便于采用机器造型;当产品是单件、小批生产时,则应使所设计的铸件尽可能在现有条件下生产出来。当某些铸件需要采用熔模铸造、金属型铸造或压力铸造等特种铸造方法时,还必须考虑这些方法对铸件结构的特殊要求。本节重点介绍砂型铸件对结构设计的主要要求。

1.5.1 铸造工艺对铸件结构设计的要求

铸造工艺对铸件结构的要求主要是从便于造型、制芯、合箱、清理及减少铸造缺陷的考虑出发的,包括对铸件外形的要求、对铸件内腔的要求和对铸件结构斜度的要求等方面。铸造工艺对铸件结构设计的要求如表 1.5.1、表 1.5.2 所示。

表 1.5.1 铸造工艺对铸件结构设计的要求

对铸件结构的要求		图例	
		(a) 不合理	(b) 合理
尽量使分型面为平面	图(a)的分型面需采用挖砂造型;图(b)去掉了不必要的外圆角,使造型简化	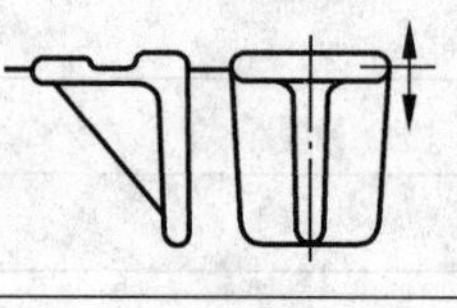	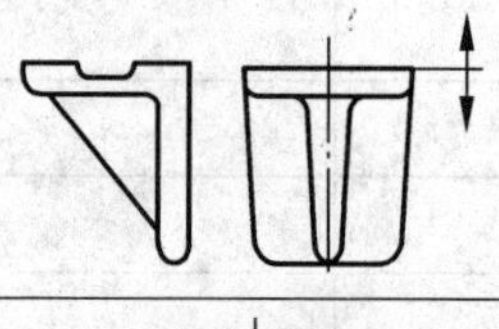
应具有最少的分型面	图(a)存在上下边圈,通常要用三箱造型;图(b)去掉了下部边圈,简化了造型	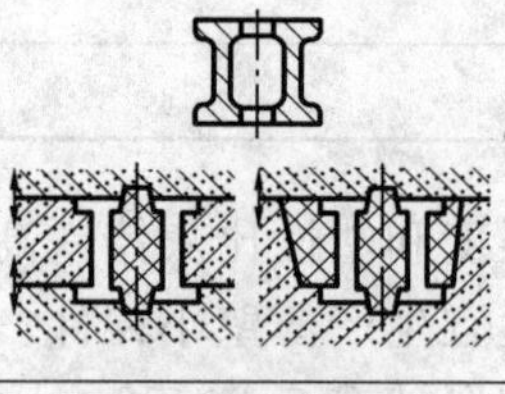	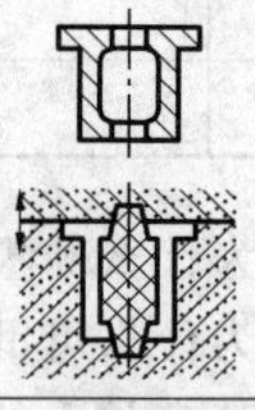
尽量避免起模方向存在外部侧凹,以便于起模	图(a)需增加外部圈芯,才能起模;图(b)去掉了外部圈芯,简化了制模和造型工艺	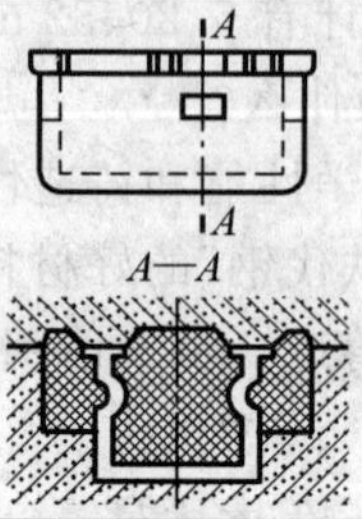 A A—A	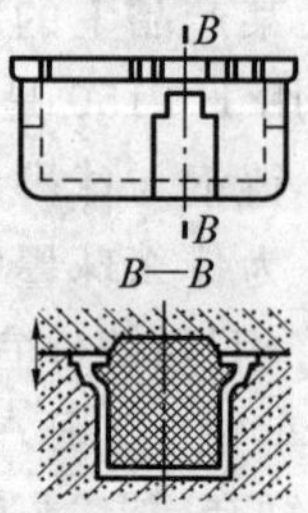 B B—B

续表

对铸件结构的要求		图例 (a) 不合理	图例 (b) 合理
凸台和筋条结构应便于起模	图(a)需用活块或增加外部型芯才能起模；图(b)将凸台延长到分型面，省去了活块或型芯		
	图(a)筋条和凸台阴影处阻碍起模；图(b)将筋条和凸台顺着起模方向布置，容易起模	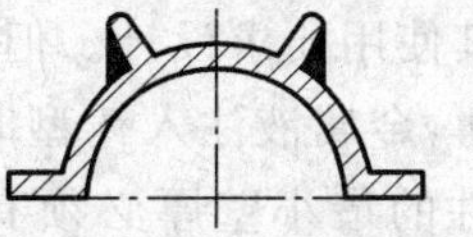	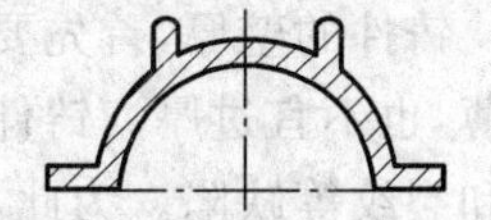
垂直分型面上的不加工表面最好有结构斜度	图(b)具有结构斜度，便于起模		
	图(b)内壁具有结构斜度，便于用砂垛取代型芯	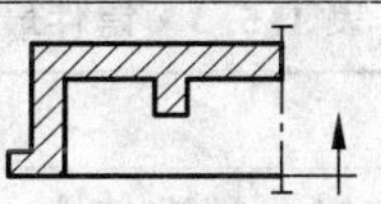	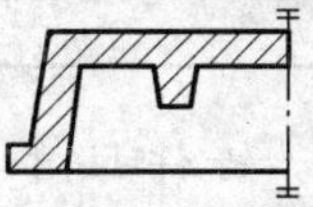
尽量少用或不用型芯	图(a)因出口处尺寸小，要用型芯形成内腔；图(b)采用开式结构，省出了型芯	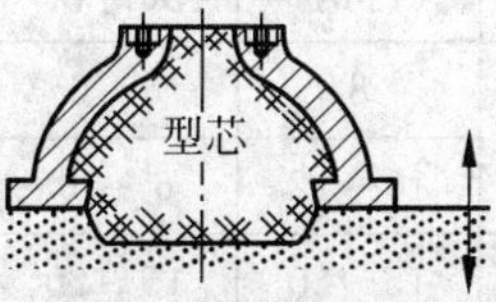 型芯	自带型芯 H D
型芯在铸型中应支撑牢固	图(a)采用型芯撑加固，下芯合箱，清理费工；图(b)支撑牢固	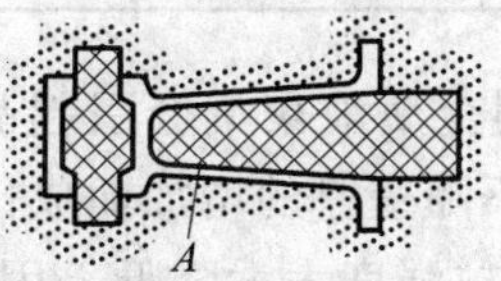 A	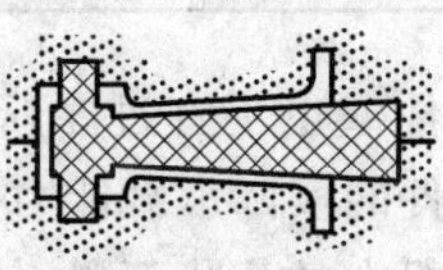
可增加型芯头或工艺孔，用以固定型芯	图(a)不太牢固；图(b)增加了型芯头和工艺孔，定位稳固	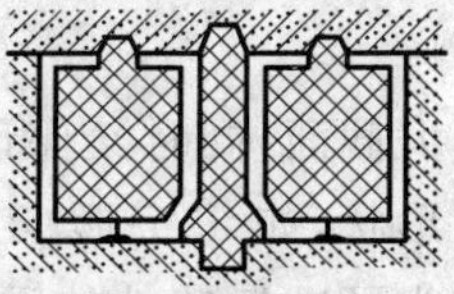	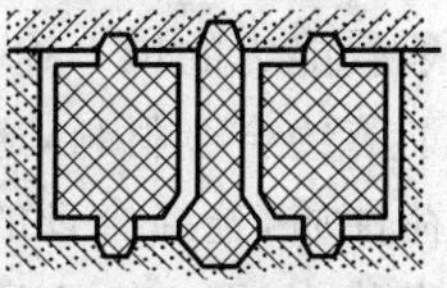

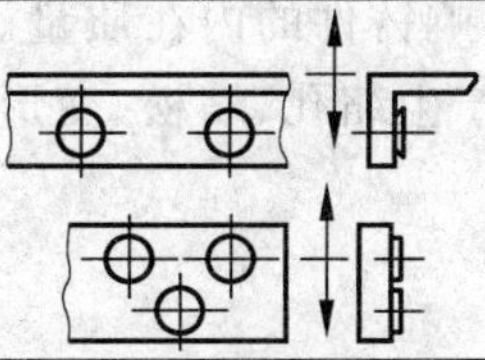

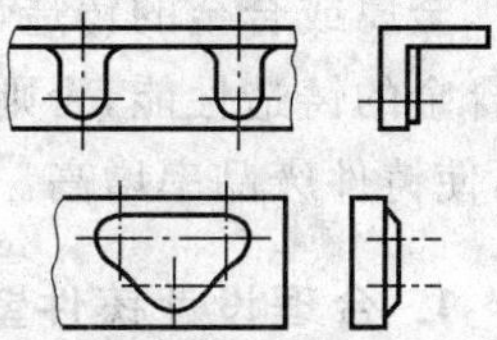

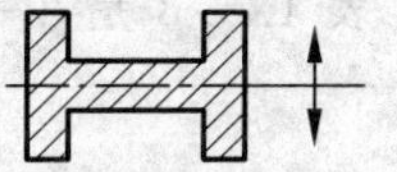

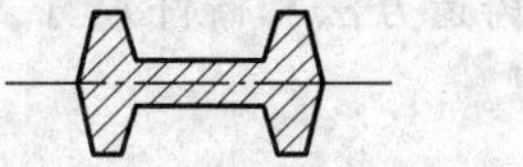

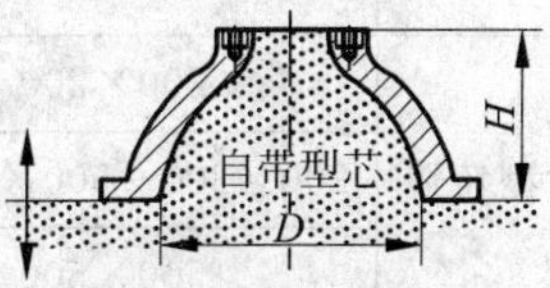

表 1.5.2 铸件的结构斜度

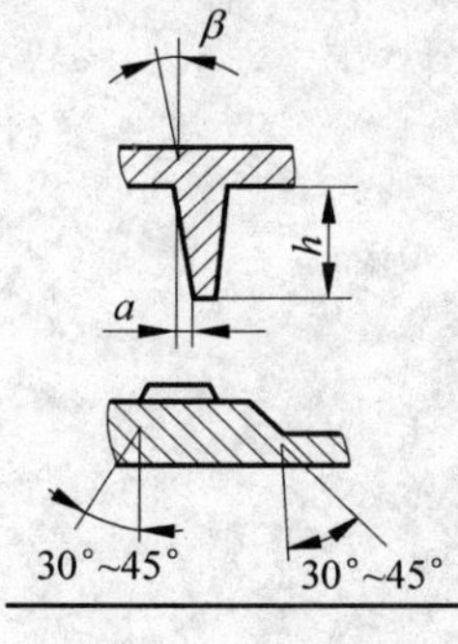

图示	斜度 $a:h$	角度 β	使用范围
β h a 30°~45° 30°~45°	1∶5	11°30′	$h<25$ mm 的铸钢和铸铁件
	1∶10	5°30′	$h=25\sim500$ mm 的铸钢和铸铁件
	1∶20	3°	$h=25\sim500$ mm 的铸钢和铸铁件
	1∶50	1°	$h>500$ mm 的铸钢和铸铁件
	1∶100	0°30′	非铁合金铸件

1.5.2 铸造性能对铸件结构设计的要求

金属或合金的铸造性能影响铸件的内在质量。进行铸件结构设计时，必须充分考虑适应合金的铸造性能，否则容易产生缩孔、缩松、变形、裂纹、冷隔、浇不足、气孔等多种铸造缺陷，使铸件废品率增高。

1. 合理设计铸件壁厚

铸件的壁厚，首先要根据其使用要求设计。但从合金的铸造性能来考虑，铸件壁既不能太薄，也不宜过厚。铸件壁太薄，金属液注入铸型时冷却过快，很容易产生冷隔、浇不足、变形和裂纹等缺陷。为此，对铸件的最小壁厚必须有一个限制，其大小主要取决于合金的种类、铸造方法和铸件尺寸等因素。表 1.5.3 是在一般砂型铸造条件下所允许的铸件最小壁厚。

表 1.5.3 铸件最小壁厚 mm

铸造方法	铸件尺寸	合金种类					
		铸钢	灰铸铁	球墨铸铁	可锻铸铁	铝合金	铜合金
砂型铸造	<200×200	8	5～6	6	5	3	3～5
	200×200～500×500	10～12	6～10	12	8	4	6～8
	>500×500	15～20	15～20	15～20	10～12	6	10～12

铸件壁也不宜过厚，否则金属液聚集会引起晶粒粗大，且容易产生缩孔、缩松等缺陷。所以铸件的实际承载能力并不随壁厚的增加而成比例地提高，尤其是灰铸铁件，在大截面上会形成粗大的片状石墨，使抗拉强度大大降低。因此，设计铸件壁厚时，不应以增加壁厚作为提高承载能力的惟一途径。

为了节约合金材料，避免厚大截面，同时又保证铸件的刚度和强度，应根据零件受力大小和载荷性质，选择合理的截面形状，如 T 字形、工字形、槽形或箱形等结构，并在薄弱环节安置加强肋，如图 1.5.1 所示。为了减轻铸件的质量，便于型芯的固定、排气和铸件的清理，还常在铸件的壁上开设窗口。

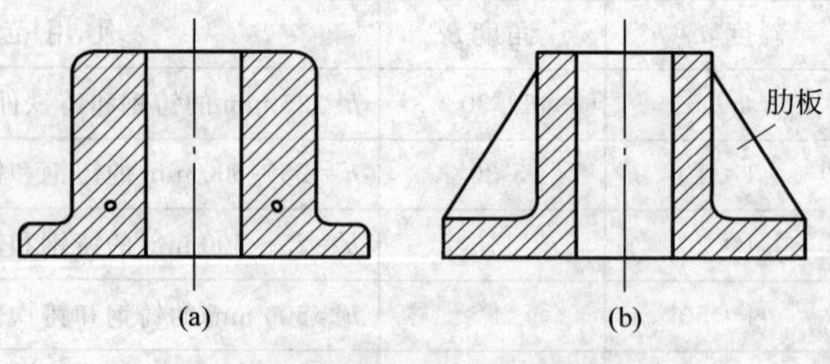

图 1.5.1 用加强肋来减小壁厚

(a) 不用肋；(b) 加肋

2. 铸件壁厚应尽量均匀

铸件各部分壁厚差异过大，不仅会因金属聚集在厚壁处产生缩孔、缩松等缺陷，还会因冷却速度不一致而产生较大的热应力，致使薄壁和厚壁的连接处产生裂纹(图 1.5.2(a))。设计中应尽可能使壁厚均匀，避免过大的热节存在(图 1.5.2(b))。铸件上的肋条分布应尽量减少交叉，以防形成较大的热节。如图 1.5.3 所示，将图(a)所示的交叉接头改为图(b)所示的交错接头结构，或采用图(c)所示的环形接头，可减少金属的积聚，避免缩孔、缩松缺陷的产生。

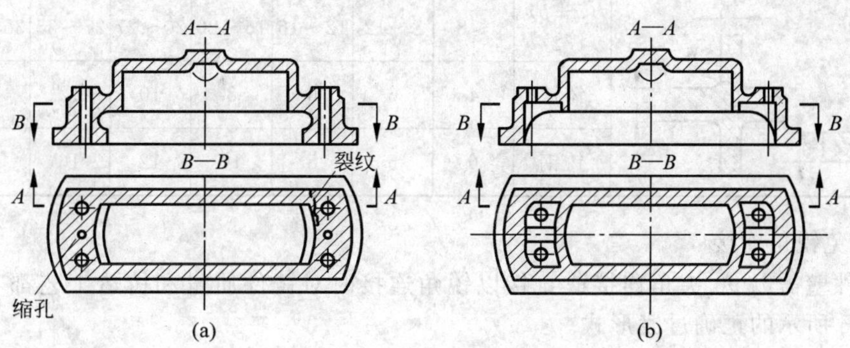

图 1.5.2 顶盖结构设计

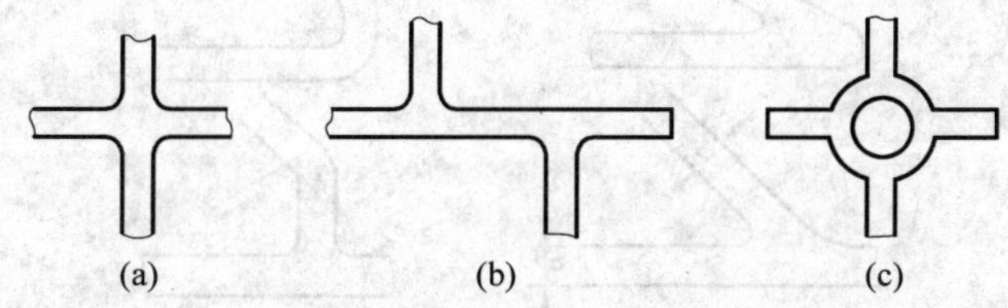

图 1.5.3 肋条的几种布置形式

(a) 交叉接头；(b) 交错接头；(c) 环形接头

3. 铸件壁的连接方式应合理

铸件壁的连接处和转角处，是铸件的薄弱环节，在设计时，应注意设法防止金属的积聚和内应力的产生。

1) 采用圆角结构

在铸件壁的连接处和转角处，应设计圆角，避免直角连接。这是由于直角处易产生应力集中现象，使直角处内侧的应力大大增加(见图 1.5.4(a))，而圆角连接处则没有这种现象(见图 1.5.4(b))。同时，由于晶体结晶的方向性，使直角处形成了晶间的脆弱面(见图 1.5.5(a))。当采用圆角结构时(见图 1.5.5(b))，可避免上述不良影响，防止裂纹产生，从而提高转角处的力学性能。此外，圆角结构还有利于造型，并使铸件外形美观。

铸件内圆角的大小必须与壁厚相适应，其内接圆直径一般不应超过相邻壁厚的 1.5 倍，过大则会增大转角处的缩孔倾向。铸造内圆角的具体数值可参阅表 1.5.4。

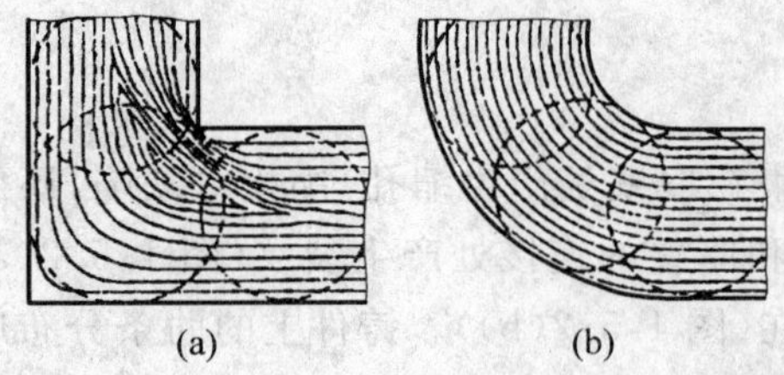

图 1.5.4 不同转角的热节和应力分布

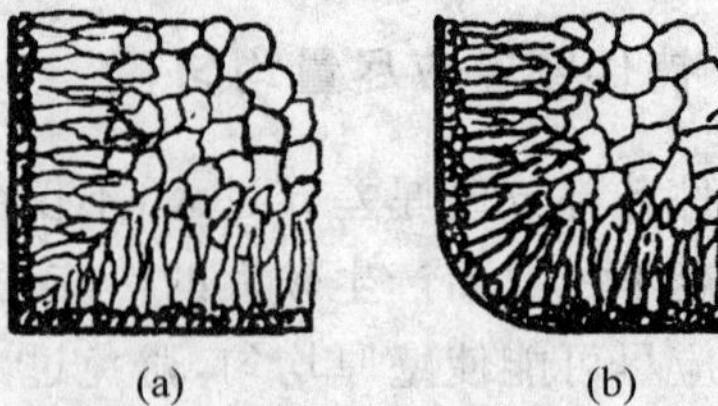

图 1.5.5 金属结晶的方向性

表 1.5.4 铸造内圆角半径 *R* 值

$(a+b)/2$	≤8	8～12	12～16	16～20	20～27	27～35	35～45	45～60
铸铁	4	6	6	8	10	12	16	20
铸钢	6	6	8	10	12	16	20	25

2）避免锐角连接

当铸件壁需以 90°夹角连接或直接以锐角连接时对铸件质量和铸造工艺都不利，应采用图 1.5.6 所示的正确过渡形式。

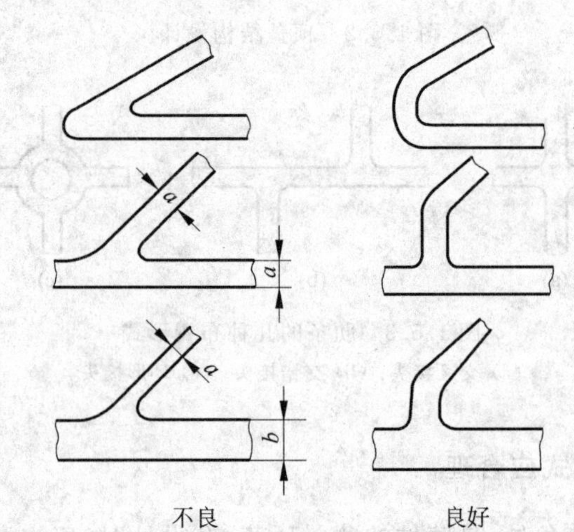

图 1.5.6 接头正确过渡形式

3）厚、薄壁间的连接要逐步过渡

铸件各部分的壁厚难以做到均匀一致，当不同厚度的铸件壁相连接时，应避免壁厚的突变，采取逐步过渡的办法，以减少应力集中和防止产生裂纹。壁厚差别较小时可采用圆角过渡，壁厚差别较大时可采用楔形连接，其过渡形式和尺寸见表 1.5.5。

4. 避免收缩受阻

当铸件的线收缩率较大而收缩又受阻时，会产生较大的内应力甚至开裂。因此，在进行铸件结构设计时，可考虑设有“容让”的环节，该环节允许微量变形，以减少收缩阻力，从而自行缓解其内应力。

表 1.5.5 几种不同铸件壁厚的过渡形式及尺寸

图例	尺寸		
	$b\leqslant 2a$	铸铁	$R\geqslant\left(\frac{1}{6}\sim\frac{1}{3}\right)\frac{a+b}{2}$
		铸钢	$R\approx\frac{a+b}{4}$
	$b>2a$	铸铁	$L\geqslant 4(b-a)$
		铸钢	$L\geqslant 5(b-a)$
	$b\leqslant 2a$	$R\geqslant\left(\frac{1}{6}\sim\frac{1}{3}\right)\frac{a+b}{2}$；$R_1\geqslant R+\frac{a+b}{2}$	
	$b>2a$	$R\geqslant\left(\frac{1}{6}\sim\frac{1}{3}\right)\frac{a+b}{2}$；$R_1\geqslant R+\frac{a+b}{2}$ $c\approx 3\sqrt{b-a}$；对于铸铁，$h\geqslant 4c$；对于铸钢，$h\geqslant 5c$	

图 1.5.7 所示为轮辐的几种设计，图(a)为直条形偶数轮辐，结构简单，制造方便，但如果合金收缩大时，轮辐的收缩力互相抗衡，容易开裂；图(b)、(c)、(d)3 种轮辐结构则可分别以轮缘的变形、轮毂的转动和移动来缓解应力。图 1.5.8 所示的砂箱箱带的两种结构设计也是同样道理。

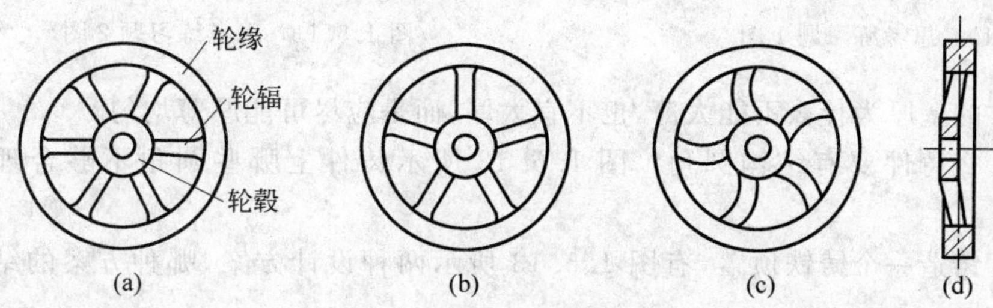

图 1.5.7 轮辐的几种设计

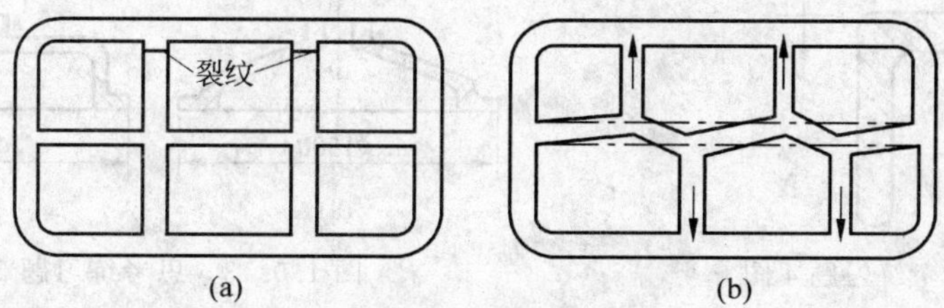

图 1.5.8 砂箱箱带的两种形式

(a) 交叉箱带；(b) 交错箱带

5. 避免大的水平面

图 1.5.9 所示为薄壁罩壳铸件。图(a)结构的大平面在浇注时处于水平位置，气体和非金属夹杂物上浮后容易滞留，影响铸件表面质量。若改成图(b)所示的结构，浇注时，金属液沿斜壁上升，能顺利地将气体和杂质带出。同时，金属液的上升流动也使铸件不易产生浇不足等缺陷。

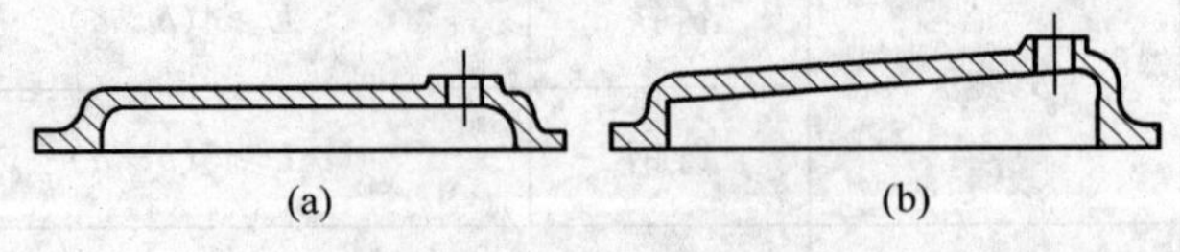

图 1.5.9 薄壁罩壳铸件

(a) 原结构；(b) 改进后的结构

思考练习题

1. 什么是铸件的结构斜度？它与起模斜度有何不同？图 1.5.10 所示铸件的结构是否合理？应如何改正？

2. 图 1.5.11 所示铸件在大批量生产时，其结构有何缺点？应该如何改进？

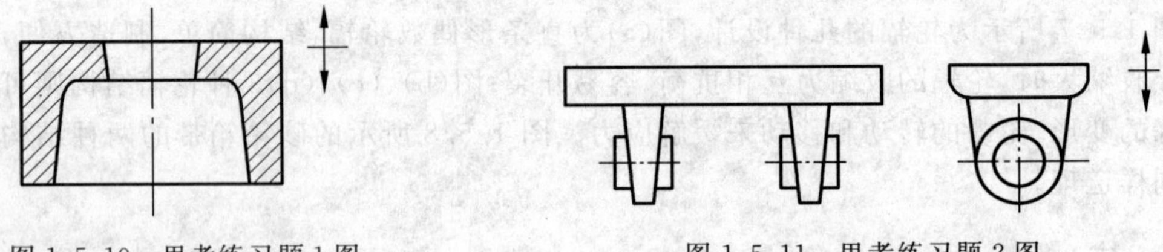

图 1.5.10 思考练习题 1 图　　　图 1.5.11 思考练习题 2 图

3. 铸件的壁厚为什么不能太薄，也不宜太厚，而是应尽可能厚薄均匀？

4. 为什么铸件要有结构圆角？图 1.5.12 所示铸件上哪些圆角不够合理？应如何修改？

5. 某厂铸造一个铸铁顶盖，有图 1.5.13 所示两种设计方案，哪种方案的结构工艺性好？叙述理由。

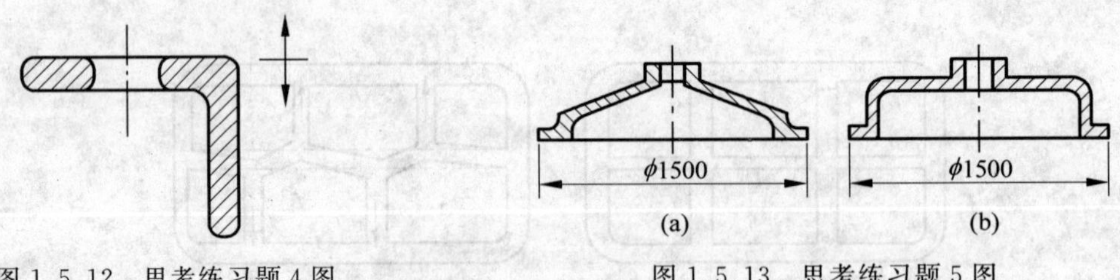

图 1.5.12 思考练习题 4 图　　　图 1.5.13 思考练习题 5 图

6. 图 1.5.14 中 4 种铸件的两种结构应选择哪种？为什么？

7. 分析图 1.5.15 所示砂箱箱带的两种结构各有何优缺点？并说明理由。

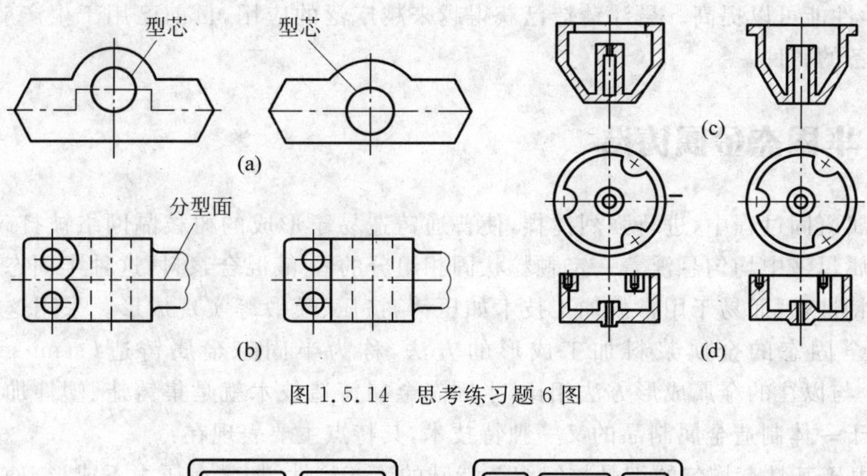

图 1.5.14 思考练习题 6 图

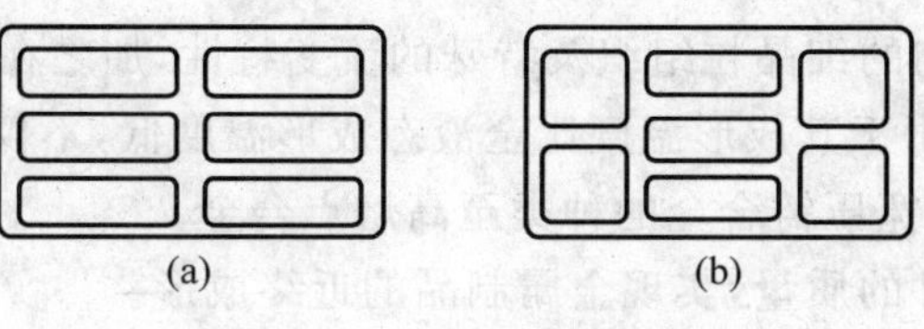

图 1.5.15 思考练习题 7 图

1.6 液态金属成形新工艺、新技术

1.6.1 悬浮铸造

悬浮铸造(suspension casting)是在浇注过程中，将一定量的金属粉末或颗粒加到金属液流中混合，一起充填铸型。经悬浮浇注到型腔中的已不是通常的过热金属液，而是含有固态悬浮颗粒的悬浮金属液。悬浮浇注时所加入的金属颗粒，如铁粉、铁丸、钢丸、碎切屑等统称悬浮剂(suspending agent)。由于悬浮剂具有通常的内冷铁的作用，所以也称微型冷铁。

图 1.6.1 所示为悬浮浇注示意图。浇注的液体金属沿引导浇道 7 呈切线方向进入悬浮杯 8 后，绕其轴线旋转，形成一个漏斗形旋涡，造成负压将由漏斗 1 落下的悬浮剂吸入，形成悬浮的金属液，然后通过直浇道 6 注入铸型 4 的型腔 5 中。

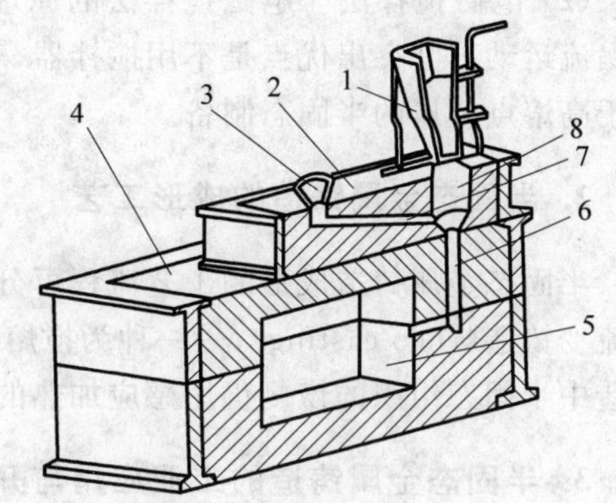

图 1.6.1 悬浮浇注示意图

1—悬浮剂漏斗；2—悬浮浇注系统装置；3—浇口杯；4—铸型；5—型腔；6—直浇道；7—引导浇道；8—悬浮杯

悬浮剂有很大的活性表面，并均匀分布于金属液中，因此与金属液之间产生一系列的热物理化学作用，进而控制合金的凝固过程，起到冷却作用、孕育作用、合金化作用等。经过悬浮处理的金属，缩孔可减少 10%～20%，晶粒可以细化，力学性能可以提高。悬浮铸造已获得越来越广泛的应用，目前已用于生产船舶、冶金和矿山设备的铸件。

1.6.2 半固态金属铸造

在金属凝固过程中，进行强烈搅拌，使普通铸造易于形成的树枝晶网络被打碎，得到一种液态金属母液中均匀悬浮着一定颗粒状固相组分的固-液混合浆料，这种半固态金属具有某种流变特性，因而易于用常规加工技术如压铸、挤压、模锻等实现成形。采用这种既非液态又非完全固态的金属浆料加工成形的方法，称为半固态金属铸造(semi-solid metal casting)。与以往的金属成形方法相比，半固态金属铸造技术就是集铸造、塑性加工等多种成形方法于一体制造金属制品的又一独特技术，其特点主要表现在：

(1) 由于其具有均匀的细晶粒组织及特殊的流变特性，加之在压力下成形，使工件具有很高的综合力学性能。由于其成形温度比全液态成形温度低，不仅可以减少液态成形缺陷，提高铸件质量，还可以拓宽压铸合金的种类至高熔点合金。

(2) 能够减轻成形件的质量，实现金属制品的近终成形。

(3) 能够制造用常规液态成形方法不可能制造的合金，例如某些金属基复合材料的制备。

因此，半固态金属铸造技术以其诸多的优越性而被视为突破性的金属加工新工艺。

1. 半固态金属制备方法

半固态金属坯料制备方法有熔体搅拌法、应变诱发熔化激活法、热处理法、粉末冶金法等。其中，熔体搅拌法是应用最普遍的方法。根据搅拌原理的不同可将其分成如下两种：

(1) 机械搅拌法　机械搅拌法的突出特点是设备技术比较成熟，易于实现投产。搅拌状态和强弱容易控制，剪切效率高，但对搅拌器材料的强度、可加工性及化学稳定性要求很高。在半固态成形的早期研究中多采用机械搅拌法。

(2) 电磁搅拌法　电磁搅拌法的原理是在旋转磁场的作用下，使熔融金属液在容器内作涡流运动。其突出优点是不用搅拌器，对合金液成分影响小，搅拌强度易于控制，尤其适合于高熔点金属的半固态制备。

2. 半固态金属铸造的成形工艺

半固态金属铸造成形的工艺流程可分为两种：由原始浆料连铸或直接成形的方法被称为流变铸造(rheo-casting)；另一种为搅熔铸造(thixo-casting)，如图 1.6.2 所示。一般搅熔铸造中半固态组织的恢复仍用感应加热的方法，然后进行压铸、锻造加工成形。

3. 半固态金属铸造的工业应用与开发前景

目前，半固态成形的铝和镁合金件已经大量地用于汽车工业的特殊零件上。生产的汽车零件主要有汽车轮毂、主制动缸体、反锁制动阀、盘式制动钳、动力换向壳体、离合器总泵体、发动机活塞、液压管接头、空压机本体、空压机盖等。

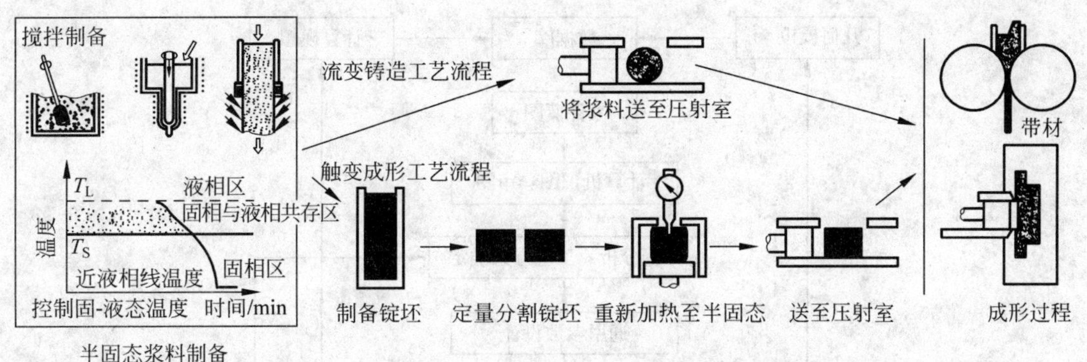

图 1.6.2 半固态金属铸造成形的两种工艺流程

1.6.3 近终形状铸造

近终形状铸造(near net shape casting)技术主要包括薄板坯连铸(厚度 40～100 mm)、带钢连铸(厚度小于 40 mm)以及喷雾沉积等技术。其中,喷雾沉积技术为金属成形工艺开发了一条特殊的工艺路线,适用于复杂钢种的凝固成形。其工艺原理如图 1.6.3 所示。

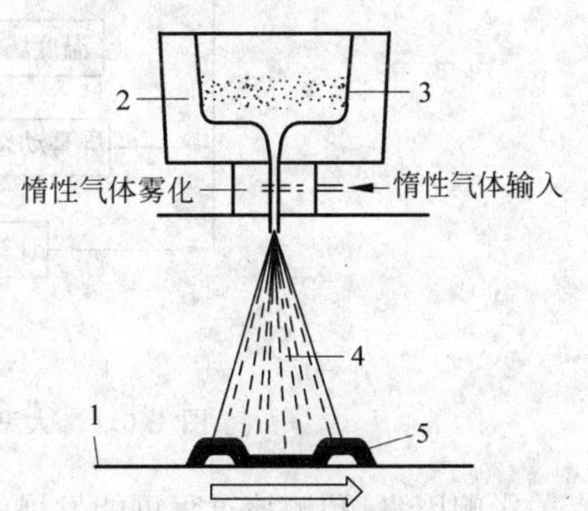

图 1.6.3 喷雾沉积工作原理

1—基体；2—中间包；3—液态金属；4—喷雾锥；5—喷雾沉积材料

液态金属 3 的喷射流束从安装在中间包 2 底部的耐火材料喷嘴中喷出,金属液被强劲的气体流束雾化,形成高速运动的液滴。在雾化液滴与基体 1 接触前,其温度介于固-液相温度之间。随后液滴冲击在基体上,完全冷却和凝固后,形成致密的产品。根据基体的几何形状和运动方式,可以生产各种形状的产品,如小型材、圆盘、管子和复合材料等。当喷雾锥 4 的方向沿平滑的循环钢带移动时,便可得到扁平状的产品。多层材料可由几个雾化装置连续喷雾成形。空心的产品也可采用类似的方法制成,将液态金属直接喷雾到旋转的基体上,可制成管坯、圆坯和管子。以上讨论的各种方式均可在喷雾射流中加入非金属颗粒,制成颗粒固化材料。该工艺是可代替带钢连铸或粉末冶金的一种生产工艺。

1.6.4 计算机数值模拟技术

在铸造领域应用计算机技术标志着生产经验与现代科学的进一步结合,是当前铸造科研开发和生产发展的重要内容之一。随着计算模拟、几何模拟和数据库的建立及其相互联系的扩展,数值模拟已迅速发展为铸造工艺 CAD、CAE,并将实现铸造生产的 CAM。图 1.6.4 所示为大型铸钢件铸造工艺 CAD 系统示意图。

铸件成形过程数值模拟是在虚拟的计算机环境下,模拟仿真研究对象的特定过程,分析

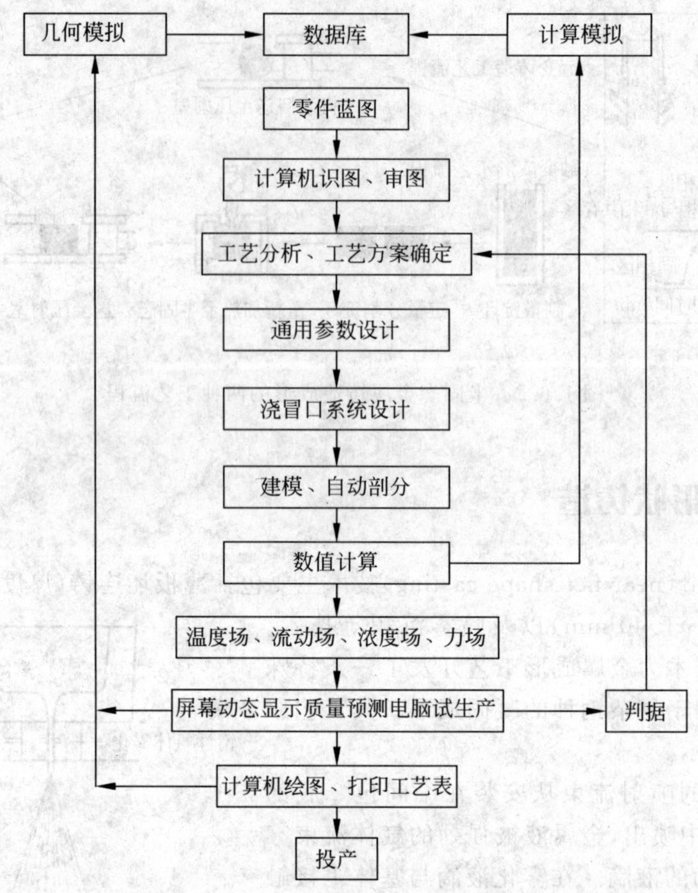

图 1.6.4 大型铸钢件铸造工艺 CAD 系统流程图

有关影响因素，预测该过程可能发展的趋势和结果。数值模拟就是在虚拟的环境下，通过交互方式，不需要现场试生产，就能制定出合理的铸造工艺，因而可以大量节省生产试验资金，而且可以进行工艺优化，大大缩短新产品的开发周期，因此其经济效益十分显著。

铸件成形过程数值模拟涉及铸造理论与实践、计算机图形学、多媒体技术、可视化技术、三维造形、传热学、流体力学、弹塑性力学等多种学科，是典型的多学科交叉的前沿领域。其主要研究内容有：

(1) 温度场模拟 利用传热学原理，分析铸件的传热过程，模拟铸件的冷却凝固进程，预测缩孔、缩松等缺陷。

(2) 流动场模拟 利用流体力学原理，分析铸件的充型过程，可以优化浇注系统，预测卷气、夹渣、冲砂等缺陷。

(3) 流动与传热耦合计算 利用流体力学与传热学原理，在模拟充型的同时计算传热，可以预测浇不足、冷隔等缺陷。并同时可以得到充型结束时的温度分布，为后续的凝固模拟提供准确的初始条件。

(4) 应力场模拟 利用力学原理，分析铸件的应力分布，预测热裂、冷裂、变形等缺陷。

(5) 组织模拟 组织模拟分宏观、中观及微观组织模拟，利用一些数字模型来计算形核数、枝晶生长速度、组织转变，从而预测铸件性能。

(6) 其他过程模拟　例如冲天炉冶炼过程模拟、型砂紧实过程模拟等。

上述铸造成形模拟技术已从最初的普通重力砂型扩展到压力铸造、低压铸造、熔模铸造、磁型铸造、连续铸造、电渣熔铸等诸多铸造方法。

目前，铸造数值模拟技术尤其是三维温度场模拟、流动场模拟、流动与传热耦合计算以及弹塑性状态应力场模拟已逐步进入实用阶段，国内外一些先进软件先后投入市场，对实际铸件生产起着越来越重要的作用。

思考练习题

1. 悬浮铸造中加入金属颗粒的主要作用是什么？
2. 半固态金属坯料制备有哪两种常用的熔体搅拌法？各有何特点？
3. 试比较传统的铸造过程与实现了 CAD、CAM 的铸造过程有何不同？

2 固态金属塑性成形

金属塑性成形是利用金属材料所具有的塑性变形能力，在外力作用下通过塑性变形，获得具有一定形状、尺寸和力学性能的零件或毛坯的加工方法。由于外力多数情况下是以压力的形式出现的，因此也称为金属压力加工(mechanical working of metal)。

塑性成形的产品主要有原材料、毛坯和零件 3 大类。

金属塑性成形的基本生产方式有自由锻、模锻、板料冲压、挤压、拉拔、轧制等，塑性加工与其他成形方法比较具有以下特点：

(1) 能改善金属的组织，提高金属的力学性能。金属材料经压力加工后，其组织、性能都得到改善和提高，塑性加工能消除金属铸锭内部的气孔、缩孔和树枝状晶体等缺陷，并由于金属的塑性变形和再结晶，可使粗大晶粒细化，得到致密的金属组织，从而提高金属的力学性能。在零件设计时，若正确选用零件的受力方向与纤维组织方向，可以提高零件的抗冲击性能。

(2) 可提高材料的利用率。金属塑性成形主要是靠金属在塑性变形时改变形状，使其体积重新分配，而不需要切除金属，因而材料利用率高。

(3) 具有较高的生产率。塑性成形加工一般是利用压力机和模具进行成形加工的，生产效率高。例如，利用多工位冷镦工艺加工内六角螺钉，比用棒料切削加工工效提高约 400 倍以上。

(4) 可获得精度较高的毛坯或零件。材料在发生塑性变形时，其体积基本上保持不变。压力加工时，坯料经过塑性变形可获得较高的精度。应用先进的技术和设备，可实现少切削或无切削加工。例如，精密锻造的伞齿轮齿形部分可不经切削加工直接使用，复杂曲面形状的叶片精密锻造后只需磨削便可达到所需精度。

由于各类钢和非铁金属都具有一定的塑性，故它们可以在冷态或热态下压力加工。加工后的零件或毛坯组织细密，比同材质的铸件力学性能好，对于承受冲击或交变应力的重要零件，如机床主轴、齿轮、曲轴、连杆等，都应采用锻件毛坯加工。所以塑性成形加工在机械制造、军工、航空、轻工、家用电器等行业得到广泛应用。例如，飞机上的塑性成形零件约占 85%，汽车、拖拉机上的锻件占 60%～80%。

压力加工的不足之处是不能加工脆性材料和形状特别复杂或体积特别大的零件或毛坯。

锻压是主要的金属塑性成形加工方法。锻压是对坯料施加外力，利用金属的塑性变形，改变坯料的尺寸和形状，并改善其内部组织和力学性能，获得所需毛坯或零件的成形加工方法，它是锻造和冲压成形的总称。锻压是主要的金属塑性成形加工方法。锻压成形技术是国民经济可持续发展的主体技术之一。

本章着重讲述锻压成形技术。

2.1 金属塑性成形理论基础

2.1.1 金属塑性变形的实质

金属在外力作用下，其内部将产生应力。该应力迫使原子离开原来的平衡位置，从而改变原子间的距离，使金属发生变形，并引起原子位能的增高。但处于高位能的原子具有返回到原来低位能平衡位置的倾向。因而当外力停止作用后，应力消失，变形也随之消失。金属的这种变形称为弹性变形(elastic deformation)。

当外力增大到使金属的内应力超过该金属的屈服点之后，即使外力停止作用，金属的变形也并不消失，这种变形称为塑性变形(plastic deformation)。金属塑性变形的实质是晶体之间产生了滑移。

金属之所以能在外力作用下，稳定改变其几何形状与尺寸，从而获得所需要的几何形状与尺寸及内部晶粒结构，主要是由于金属具有塑性这一特点。因此这种加工过程也称为金属塑性加工。所谓塑性，是指金属在外力作用下，能稳定地发生永久变形而不被破坏其完整性的能力。塑性反映金属或合金承受塑性变形的能力，它是金属的一种重要的加工性能。金属的塑性不是固定不变的，它受诸多因素的影响，大致包括以下两个方面：一是金属的内在因素，如晶体结构、化学成分、组织状态等；二是变形的外部条件，即工艺条件，如变形温度、变形速率、变形的受力状态等。同一种金属或合金，由于变形条件不同，也可能表现出不同的塑性。例如，受单向拉伸的大理石是脆性物体，但在较强的三向压力作用下压缩时，却能产生明显的塑性变形而不被破坏。

1. 单晶体的塑性变形

单晶体的塑性变形主要通过滑移和孪生两种方式进行。

1）滑移

金属塑性变形最常见的方式就是滑移。如图 2.1.1 所示，晶体在切应力的作用下，一部分沿一定的晶面(亦称滑移面)和晶向(也称滑移方向)相对于另一部分产生滑移。

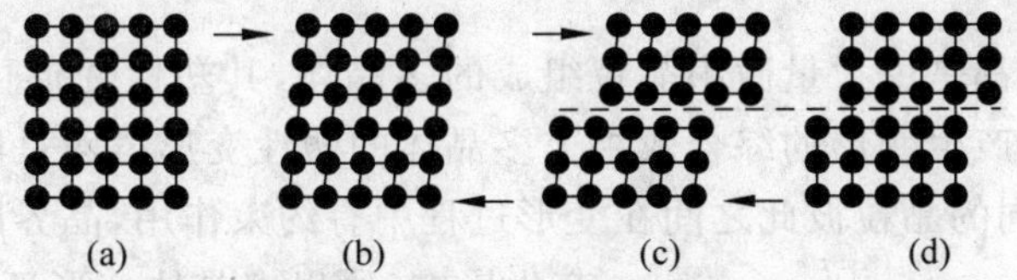

图 2.1.1 晶体滑移变形示意图

(a) 未变形；(b) 弹性变形；(c) 弹塑性变形；(d) 塑性变形

实际上，单晶体的滑移变形除了晶体内两部分彼此以刚性的整体相对滑动外，晶体内部各种缺陷(特别是位错)的运动更容易产生滑移，而且位错运动所需切应力远远小于刚性的整体滑移所需的切应力。如图 2.1.2 所示，当位错运动到晶体表面时，晶体就产生了塑性变形。

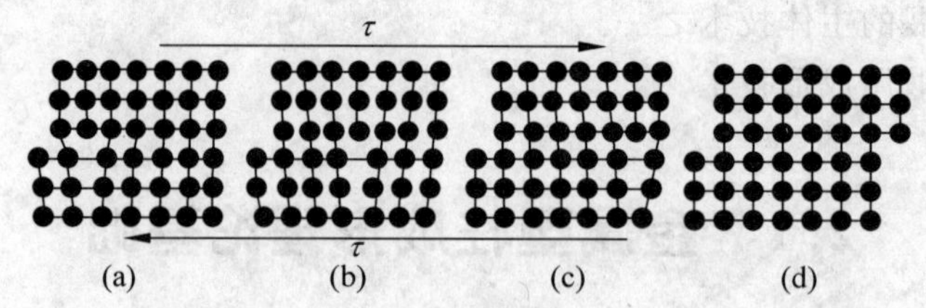

图 2.1.2　位错运动引起滑移变形示意图

(a) 未变形；(b) 弹性变形；(c) 弹塑性变形；(d) 塑性变形

金属晶体的滑移遵循一定的规律。首先，从图 2.1.3 可以看出，当金属晶体发生滑移时，原子移动的距离是晶格常数的整数倍，所以滑移后仍然可以保持晶体结构的完整性。深入的观察和 X 射线结构分析表明，滑移后晶体结构的取向也没有发生变化。其次，由于金属晶体中各类晶面和晶向的原子密度并不相等，相应地，各类晶面的间距不同，晶向的原子间距也不相等，所以当外应力或分切应力一定时，金属晶体必定会以晶面间距较大即晶面之间结合力较小的最密排面作为滑移面进行滑移，如图 2.1.3 中晶面Ⅰ。反之，原子密度小的晶面(图 2.1.3 中Ⅱ组及Ⅲ组晶面)，由于面间距离小，即晶面之间的结合力甚强而难以进行滑移。同样道理，滑移方向一般也是金属晶体中的最密排方向。

2) 孪生

晶体变形的另一种方式是孪生。孪生变形是在切应力作用下，晶体的一部分对应于一定的晶面(孪晶面)沿一定方向进行的相对移动。如图 2.1.4 所示，原子移动的距离与原子离开孪晶面的距离成正比，每个相邻原子间的位移只有一个原子间距的几分之一，但许多层晶面累积起来的位移便可形成比原子间距大许多的变形。

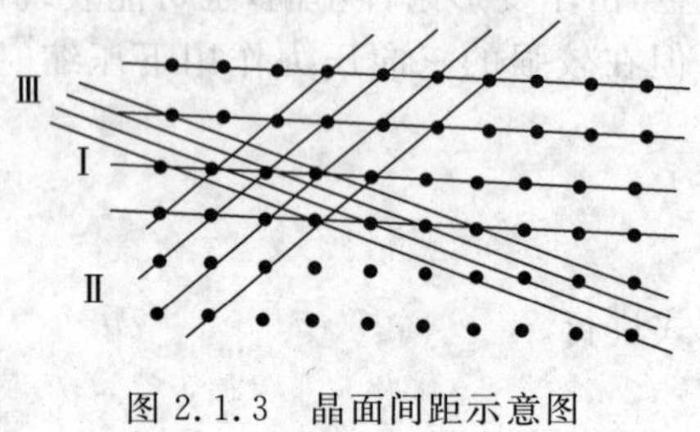

图 2.1.3　晶面间距示意图

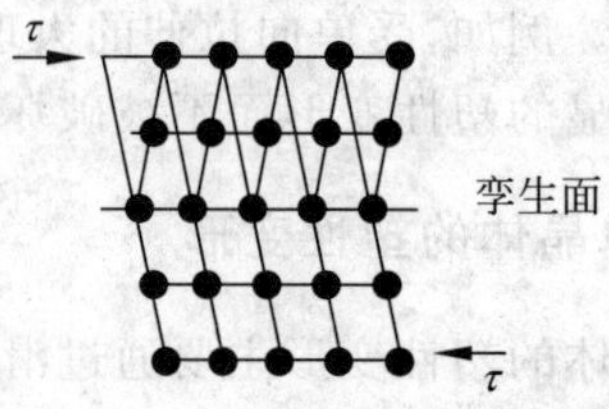

图 2.1.4　孪生变形示意图

2. 多晶体的金属塑性变形

通常使用的金属都是由大量微小晶粒组成的多晶体，其塑性变形可以看成是由组成多晶体的许多单个晶粒产生变形的综合效果。多晶体的塑性变形虽然是以单晶体的塑性变形为基础的，但取向不同的晶粒彼此之间在变形过程中有约束作用，晶界的存在对塑性变形会产生影响，所以多晶体变形还有自己的特点。

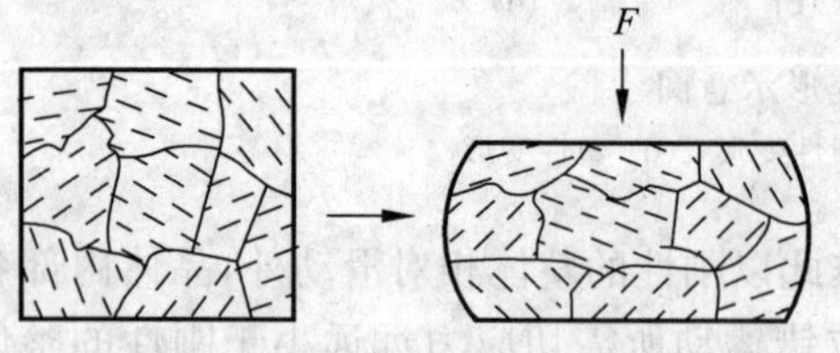

图 2.1.5　多晶体塑性变形示意图

1) 晶粒取向对塑性变形的影响

多晶体中各个晶粒的取向不同，如图 2.1.5 所示。在大小和方向一定的外力作用下，各个晶粒中沿一定滑移面和一定滑移方向上的分切应力并不相等，因此在某些取向合适的晶粒中，分切应力有可能先满足滑移的临界应力条件而产生位错运动，这些晶粒的取向称为软位向。与此同时，另一些晶粒由于取向的原因可能还不符合发生滑移的临界应力条件而不会发生位错运动，这些晶粒的取向称为硬位向。在外力作用下，金属中处于软位向的晶粒中的位错首先发生滑移运动，但是这些晶粒变形到一定程度后就会受到处于硬位向、尚未发生变形的晶粒的障碍，只有当外力进一步增加，才能使处于硬位向的晶粒也满足滑移的临界应力条件，产生位错运动，从而出现均匀的塑性变形。

所以在多晶体金属中，由于各个晶粒取向不同，一方面使塑性变形表现出很大的不均匀性，另一方向也会产生强化作用。同时，在多晶体金属中，当各个取向不同的晶粒都满足临界应力条件后，每个晶粒既要沿各自的滑移面和滑移方向滑移，又要保持多晶体金属的结构连续性，所以实际的滑移形变过程比单晶体金属复杂、困难得多。在相同的外力作用下，多晶体金属的塑性变形量一般比相同成分单晶体金属的塑性变形量小。

2）晶界对塑性变形的影响

在多晶体金属中，晶界原子的排列是不规则的，局部晶格畸变十分严重，还容易产生杂质原子和空位等缺陷的偏聚。当位错运动到晶界附近时容易受到晶界的阻碍。在常温下多晶体金属受到一定的外力作用时，首先在各个晶粒内部产生滑移或位错运动，只有当外力进一步增大后，位错的局部运动才能通过晶界运动，从而出现更大的塑性变形。这表明与单晶体金属相比，多晶体金属的晶界可以起到强化作用。金属晶粒越细小，晶界在多晶体中占有的体积百分比越大，它对位错运动产生的阻碍也越大。因此，细化晶粒可以对多晶体金属起到明显强化作用，如图 2.1.6 所示。同时，在常温和一定的外力作用下，当总的塑性变形量一定时，细化晶粒后可以使位错在更多的晶粒中产生运动，这就会使塑性变形更均匀，因而不容易产生应力集中，所以细化晶粒在提高金属强度的同时也改善了金属材料的韧性。

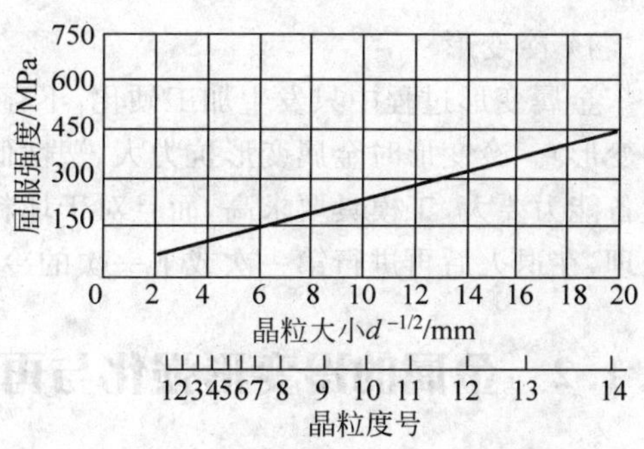

图 2.1.6 纯铁的强度与其晶粒直径的关系

3. 金属塑性变形的分类

金属在塑性成形时会产生加工硬化和硬化解除过程。硬化解除过程是以一定的速度在随后的时间里进行的，这个速度取决于变形条件（变形温度、变形速度和变形程度）和被变形金属的性质。

按照硬化和硬化解除过程中谁占优势，可以将变形分为 4 类。

1）热变形

塑性成形时再结晶得到充分进行的变形过程，称为热变形或热锻（具有完全硬化解除的变形）。热变形的结果是金属获得了再结晶等轴显微组织，没有任何硬化痕迹。由于消除了硬化过程，热变形金属塑性好、变形抗力低、可锻性好，并能改善金属组织和力学性能。因此，热变形主要用于加工尺寸大、形状复杂、承受复杂载荷的工件，如自由锻造、热模锻、热挤压、热轧制等锻造方式。一般来说，$T_{再} \geqslant 0.7T_{熔}$ 为热变形。式中，$T_{再}$ 为最低的再结晶绝对温度，$T_{熔}$ 为金属熔点的绝对温度。

2）不完全热变形

塑性成形时再结晶进行得不充分的变形称为不完全热变形(具有不完全硬化解除的变形)。不完全热变形时，在变形结束后，在金属中同时具有两种不同类型的显微组织：一种是再结晶后的没有缺陷的组织(等轴晶)；另一种是非再结晶(具有拉长了的晶粒)组织。再结晶了的晶粒与未再结晶的晶粒并存，造成了变形不均匀性的增大，这将引起金属塑性的降低和成形件质量的下降。不完全热变形的工件，具有较高数值的残余应力，并由于塑性不足，可导致工件自身的破坏。

当变形温度略高于再结晶温度时，由于变形速度高，增加了产生不完全热变形的可能性，特别对于具有再结晶速度低的合金(如某些镁合金和铝合金)，应当应用低变形速度进行变形，以获得均匀一致的组织。一般来说，$T_{再}=(0.5\sim0.7)T_{熔}$ 为不完全热变形。

3）不完全冷变形(温变形)

塑性成形时没有再结晶产生，但回复过程得以能进行的变形称为不完全冷变形(不完全硬化的变形)。不完全冷变形得到的是带状显微组织，当变形程度较大时，得到变形结构。不完全冷变形吸取了冷、热变形中的部分优点，同时又克服了冷、热变形的一部分缺点。

温变形时必须避开金属的“热脆区”与“蓝脆区”。如 15CrMn 钢在 500℃时产生蓝脆。温变形时尽量采用快速加温，以减少氧化。一般来说，$T_{再}=(0.3\sim0.5)T_{熔}$ 为不完全冷变形。

4）冷变形

金属变形过程中只发生加工硬化，不存在回复、再结晶的现象称为冷变形(具有完全硬化的变形)。冷变形时金属变形抗力大、塑性低，并伴随有残余应力的存在。因此，冷变形所需的设备能力要大，工模具要求高，而且对于坯料在变形前或二次变形之间往往需要进行中间退火处理，在退火后再进行第一次或下一次的冷变形。一般来说，$T_{再}<0.3T_{熔}$ 为冷变形。

2.1.2 金属的冷变形强化与再结晶

1. 金属的冷变形强化

金属在冷变形塑性变形后，其强度和硬度提高，塑性(伸长率和断面收缩率)降低，这种现象称为冷变形强化(cold deformation strengthening)。图 2.1.7 表示低碳钢和黄铜的冷变形强化现象。在冷变形强化的同时，金属内部存在残余应力(内应力)。

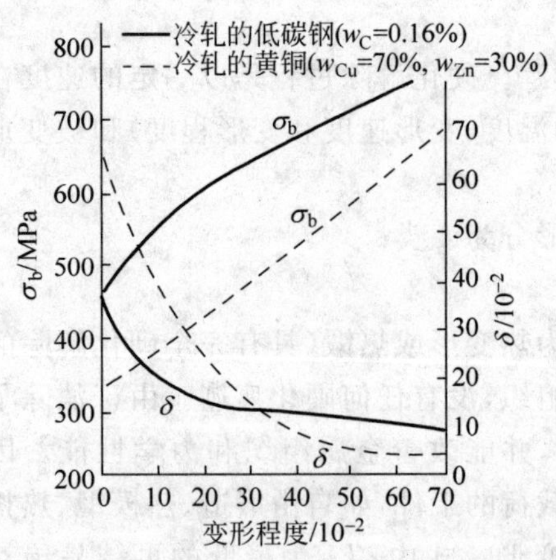

图 2.1.7 金属塑性变形导致冷变形强化

引起冷变形强化的原因是各滑移方向的位错互相干涉，使变形困难。位错到达晶界，继续位错受阻，塑性变形中产生的大量新位错造成晶格畸变，滑移过程中滑移面方位改变、偏离有利滑移方向(与外力成 45°角方向)，继续变形需增大外力等。

冷变形强化对金属冷变形加工产生很大影响。冷变形强化后金属强度提高，要求压力加工设备的功率增大。冷变形强化后金属塑性下降，使金属继续塑性变形困难，因而必须增加中间退火工序。这样就降低了生产率，提高了生产成本。

另一方面，也可利用冷变形强化作为一种强化金属的工艺用于生产。一些不能用热处理方法强化的金属材料，可应用冷变形强化来提高金属构件的承载能力。例如，用滚压方法提高青铜轴瓦的承载能力和耐磨性，用喷丸方法提高铸件的疲劳强度等。

2. 再结晶

要消除冷变形强化，降低因塑性变形而产生的残余应力，必须对冷态下的塑性变形金属加热。因为金属塑料变形后，晶体的晶格因畸变而处于不稳定状态，它虽有自发地恢复到原来稳定状态的趋势，但在室温下，原子活动能量小，不可能自行恢复到未变形前的稳定状态。当加热后，原子活动能力增加，就能恢复到原来的稳定状态，消除晶格畸变和降低残余应力。随着加热温度的升高，再结晶过程可分为回复、再结晶和晶粒长大 3 个阶段。

再结晶温度 $T_{再}$ 可用经验关系式表示如下：

$$T_{再} = 0.4T_{熔}$$

式中，$T_{再}$ 为最低的再结晶绝对温度；$T_{熔}$ 为金属熔点的绝对温度。

1）回复

当加热温度低于 $T_{再}$ 时，晶格中的原子只能作短距离扩散，使空位与间隙原子合并，空位与位错发生交互作用而消失，使晶格畸变减轻，残余应力显著下降。但变形金属的显微组织无明显变化，仍保持纤维组织，其力学性能变化也不大，如图 2.1.8 所示。

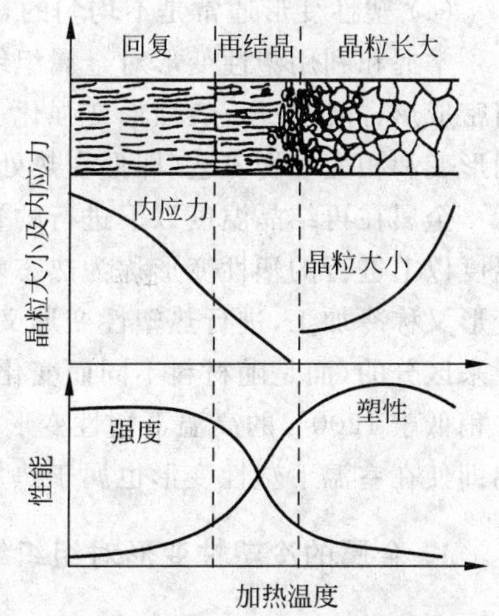

图 2.1.8 加热温度对冷塑性变形金属组织与性能的影响

2）再结晶

当加热温度超过 $T_{再}$ 时，在变形晶粒的晶界、滑移带、孪晶带等晶格严重畸变的区域，形成新的晶核（再结晶核心），晶核向周围长大形成新的等轴晶粒，已经变形的晶粒逐渐消失，直到金属内部的变形晶粒全部被新的等轴晶粒所取代，这个过程称为再结晶。

再结晶后形成的是无晶格畸变的、位错密度很低的、新的等轴晶粒。再结晶消除了变形的晶粒，消除了冷变形强化的残余应力，使金属又恢复到塑性变形以前的力学性能。需要指出的是，再结晶只是改变了晶粒的形状，消除了因变形而产生的某些晶体缺陷，并没有改变晶格的类型。再结晶不是相变过程。

再结晶过程需要一定的时间。加热温度愈高，所需时间愈少，再结晶速度愈快。为了消除冷变形强化所进行的热处理称为再结晶退火。再结晶退火的温度应比最低再结晶温度高 150～250℃，见表 2.1.1。

3）晶粒长大

对冷塑性变形金属进行再结晶退火后，一般都得到细小均匀的等轴晶粒。若温度继续升高，或延长保温时间，则再结晶后的晶粒又会长大而形成粗大晶粒，从而使金属的强度、硬度和塑性降低。所以要正确选择再结晶温度和加热时间的长短。

表 2.1.1 最低再结晶温度和再结晶退火温度 ℃

金 属	最低再结晶温度	再结晶退火温度
钢和铁	400～450	600～700
铜	200～270	400～500
铝	100～150	250～350

2.1.3 金属的冷、热塑性变形对组织结构和性能的影响

塑性成形的目的不仅是为了获得一定形状和尺寸的零件，同时也要改善其内部组织和性能以满足技术条件的要求。塑性变形对金属组织和性能的影响可以概括为如下4点：

(1) 塑性变形可使金属强化(加工硬化)，具有加工硬化的组织在一定温度下将发生恢复和再结晶，使材料软化。

(2) 热塑性变形可以改善铸态组织——破碎树枝状组织，焊合内部孔隙，在主伸长变形方向形成金属纤维组织。

(3) 塑性变形对固态相变有影响，从而影响金属的组织和性能。

(4) 塑性变形通常是不均匀的，它对金属组织和性能的影响具有双重性。

掌握和利用塑性变形对金属组织和性能影响的规律，通过采用合适的变形工艺(例如，精密成形、静液挤压、表面形变强化等)和最佳参数，可以有效地改善锻件的组织和性能。采用形变和相变复合工艺(即形变热处理)，可以更大限度地发挥材料的潜力。

金属在再结晶温度以下进行的塑性变形称为冷态塑性变形，简称冷塑性变形；在再结晶温度以上进行的塑性变形称为热态塑性变形，简称热塑性变形。在锻压生产中，进行冷塑性变形又称冷加工，进行热塑性变形又称热加工。显然，冷、热加工不是以一个固定的温度界限来区分的，而是随材料不同而变化。例如，钨的最低再结晶温度约为1200℃，所以钨即使在稍低于1200℃的高温下塑性变形仍属于冷加工；而锡的最低再结晶温度约为−7℃，所以锡即使在室温下塑性变形也属于热加工。

1. 金属的冷塑性变形对组织结构和性能的影响

冷塑性变形使金属晶粒的晶格畸变，位错增加，位错密度升高，形成纤维组织；使金属硬度、强度增加，塑性、韧性(伸长率、断面收缩率和冲击韧度)降低，参看图2.1.7。

冷加工的优点是工件的尺寸、形状精度高，表面质量好；材料强度、硬度提高；劳动条件好。冷加工的缺点是变形抗力大，变形程度小，成形件内部残余应力大。要想继续进行冷加工变形，必须在工序间进行再结晶退火。

锻压生产中常用的冷加工有冷轧、冷拔、冷镦、冷冲压和冷挤压等。

2. 金属的热塑性变形对组织结构和性能的影响

金属的热塑性变形是在再结晶温度以上进行的。塑性变形时产生的冷变形强化现象和再结晶过程同时进行，冷变形强化随时被再结晶所消除。热塑性变形能以较小的能量获得较大的变形，即可提高金属的塑性，降低变形抗力，同时还可得到细小的等轴晶粒、均匀致密

的组织和力学性能优良的制品。

所以，绝大部分钢和有色金属及其合金的铸锭都通过热塑性变形(热锻、热轧等)成形或制成所需的坯件，以消除铸锭中的缺陷，改善组织和提高材料的力学性能。

金属热塑性变形对组织结构和性能的影响如下。

1) 消除铸态金属的某些缺陷，提高材料的力学性能

通过热轧和锻造可使金属铸锭中的疏松、气泡压合，部分消除某些偏析，将粗大的柱状晶粒和枝晶压碎，再结晶成细小均匀的等轴晶粒，改善夹杂物、碳化物的形态与分布，从而提高金属材料的致密度和力学性能。例如，钢铸锭的密度为 6.9 g/cm^3，经热轧后提高到 7.85 g/cm^3。表 2.1.2 说明碳钢铸锭经锻造后其力学性能提高的情况。

表 2.1.2 碳的质量分数为 0.3%的碳钢铸造与锻造状态力学性能的比较

毛坯状态	σ_b/MPa	σ_s/MPa	$\delta/10^{-2}$	$\psi/10^{-2}$	$\alpha_k/(J/cm^2)$
铸造	500	280	15	27	35
锻造	530	310	20	45	70

从表 2.1.2 中可以看出，钢材经热塑性变形后其强度、塑性和冲击韧性均有提高。所以，受力大，承受冲击和交变载荷的机械零件(如齿轮、连杆和轴类等)以及要求偏析小、组织致密的工具(如刀具、量规和模具等)常需经过热塑性成形加工。

2) 形成纤维组织(热加工流线)

热加工时因铸锭中的非金属夹杂物沿金属流动方向被拉长而形成纤维组织。这些夹杂物在再结晶时不会改变其纤维状。存在的纤维组织会导致金属材料的力学性能呈现各向异性。沿纤维方向(纵向)较垂直于纤维方向(横向)的强度、塑性和冲击韧度都较高，见表 2.1.3。

表 2.1.3 45 钢的力学性能与纤维方向的关系

性能 / 取样	σ_b/MPa	σ_s/MPa	$\delta/10^{-2}$	$\psi/10^{-2}$	$\alpha_k/(J/cm^2)$
横向	675	440	10	31	30
纵向	715	470	17.5	62.8	62

因此，用热塑性成形加工方法制造零件时，必须考虑流线在零件上的合理分布，应使零件上所受最大拉力方向与流线方向一致，所受剪力和冲击力方向与流线方向相垂直。生产中用模锻方法制造曲轴，用局部镦粗法制造螺钉，用轧制齿形法制造齿轮(图 2.1.9)，形成的流线就能较好地适应零件的受力情况。

热加工形成的纤维组织，不能用热处理方法消除。对不希望出现各向异性的零件和工具，可在锻造时采用交替镦粗与拔长来打乱其流线。

3. 锻造比

锻造可以改善铸态金属组织的结构和性能，改善的程度取决于塑性变形度。塑性变形度常用锻造前、后金属坯料的横截面积比值或长度(或高度)比值来表示，这种比例关系称为锻造比(setting ratio)。锻造比分为拔长锻造比和镦粗锻造比。

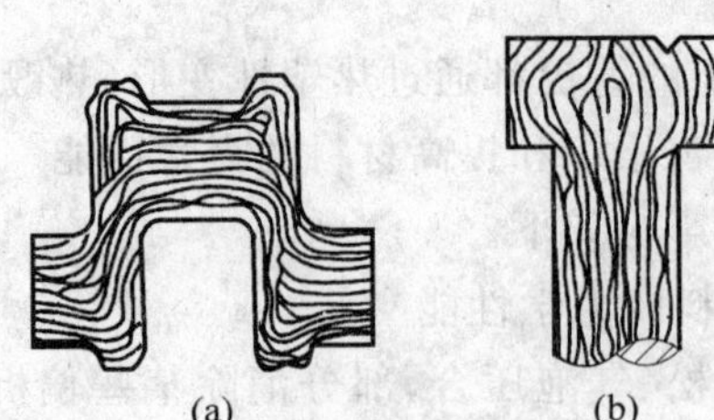

图 2.1.9 合理的热加工流线

(a) 模锻制造曲轴；(b) 局部镦粗制造螺钉；(c) 轧制齿形制造齿轮

拔长锻造比($Y_{拔}$)用金属坯料拔长前的横截面积(F_0)与拔长后的横截面积(F)之比，或拔长后的长度(L)与拔长前的长度(L_0)之比，即

$$Y_{拔} = F_0/F$$

$$Y_{拔} = L/L_0$$

镦粗锻造比($Y_{镦}$)用金属坯料镦粗后的横截面积(F)与镦粗前的横截面积(F_0)之比，或镦粗前高度(H_0)与镦粗后高度(H)之比来表示，即

$$Y_{镦} = F/F_0$$

$$Y_{镦} = H_0/H$$

锻造比的正确选择具有重要意义，关系到锻件的质量。所以应根据金属材料的种类和锻件尺寸及所需性能、锻造工序等多方面因素进行锻造比的选择。

用轧材或锻坯作为锻造坯料时，由于坯料已经过热变形，内部组织和力学性能已得到改善，并具有纤维流线组织，所以应选择较小的锻造比(大于等于 1.5)。

用钢锭作为锻造坯料时，因钢锭内部组织不均，存在柱状晶和粗大晶粒及较多的缺陷，为消除铸造缺陷，改善性能，并使纤维分布符合要求，应选择适当的锻造比进行锻造。对碳素结构钢，拔长锻造比大于等于 3，镦粗锻造比大于等于 2.5；对合金结构钢，锻造比为 3～4。

对铸造缺陷严重、碳化物粗大的高合金钢钢锭，应选择较大的锻造比。如不锈钢的锻造比选为 4～6，高速钢的锻造比选为 5～12。

2.1.4 金属的锻造性能及影响锻造性能的因素

金属的锻造性能(malleability)是衡量材料在经受压力加工时获得合格制品难易程度的工艺性能。金属的锻造性能好，表明该金属适合于采用压力加工成形；锻造性能差，表明该金属不宜选用压力加工方法成形。

锻造性能常用金属的塑性和变形抗力来综合衡量。塑性越好，变形抗力越小，则金属的锻造性能越好，反之则越差。

金属的塑性用金属的断面收缩率 ψ、伸长率 δ 等来表示。变形抗力指在压力加工过程中变形金属作用于施压工具表面单位面积上的压力。变形抗力越小，变形中所消耗的能量也越少。

金属的锻造性能取决于金属的本质和加工条件。

1. 金属的本质

1）化学成分的影响

不同化学成分的金属其锻造性能不同。一般情况下，纯金属的锻造性能比合金好；碳钢的含碳量越低，锻造性能越好；钢中含有形成碳化物的元素（如铬、钼、钨、钒等）时，其锻造性能显著下降；钢中含磷会使钢出现冷脆性，含硫会出现热脆性，它们都会降低钢的锻造成形性能。

2）组织结构的影响

金属内部的组织结构不同，其锻造性能有很大差别。纯金属及固溶体（如奥氏体）的锻造性能好，而碳化物（如渗碳体）的锻造性能差。铸态柱状组织和粗晶粒结构不如晶粒细小而又均匀的组织的锻造性能好。

2. 加工条件

1）变形温度的影响

提高金属变形时的温度，是改善金属锻造性能的有效措施，并对生产率、产品质量及金属的有效利用等均有极大的影响。

金属在加热中，随着温度的升高和金属原子的运动能力的增强（热能增加，处于极为活泼的状态中），很容易进行滑移，因而塑性提高，变形抗力降低，锻造性能明显改善。但温度过高，对钢而言，必将产生过热、过烧、脱碳和严重氧化等缺陷，甚至使锻件报废，所以应该严格控制锻造温度。

锻造温度范围（forging temperature interval）指始锻温度（开始锻造的温度）和终锻温度（停止锻造的温度）间的温度区间。终锻温度过低，金属的可锻性急剧变差，使加工很难进行，若强行锻造，将导致锻件破裂报废。常用金属材料的锻造温度范围见表 2.1.4。

表 2.1.4 常用金属材料的锻造温度范围 ℃

金属种类	牌号举例	始锻温度	终锻温度
普通碳素钢	Q215，Q235，Q255	1280	700
优质碳素钢	40，45，60	1200	800
碳素工具钢	T7，T8，T9，T10	1100	770
合金结构钢	30CrMnSiA，20CrMnTi，18Cr2Ni4WA 12CrNi3	1180 1150	800 800
合金工具钢	Cr12MoV 4Cr5W2VSi 3Cr2W8V 5CrNiMo，5CrMnMo	1050 1150 1160 1180	800 950 850 850
高速工具钢	W18Cr4V、W9Cr4V2	1150	900
不锈钢	1Cr13，2Cr13，1Cr18Ni9Ti，1Cr18Ni9 Cr17Ni2	1150 1180	850 825

续表

金属种类	牌号举例	始锻温度	终锻温度
高温合金	GH33 GH37	1140 1200	950 1000
铝合金	LF21,LF2 LY2 LD5,LD6 LC4,LC9	480 470 480 450	380 380 380 380
镁合金	MB5 MB15	400 400	280 300
钛合金	TC4 TC9	950 970	800 850
铜及其合金	T1,T2,T3,T4 HPb59-1 H62 Qal10-3-1.5,Qal10-4-4	900 760 820 850	650 650 650 700

2）变形速度的影响

变形速度即单位时间内的变形程度。它对锻造性能的影响是矛盾的：一方面随着变形速度的增大，回复和再结晶不能及时克服冷变形强化现象，金属则表现出塑性下降、变形抗力增大(图 2.1.10 中 a 点以左)，锻造性能变差。另一方面，金属在变形过程中，消耗于塑性变形的能量有一部分转化为热能(称为热效应现象)，改善着变形条件。变形速度越大，热效应现象越明显，使金属的塑性提高、变形抗力下降(图 2.1.10 中 a 点以右)，可锻性变得更好。但这种热效应现象除在高速锤等设备的锻造中较明显外，一般压力加工的变形过程中，因变形速度低，不易出现。

3）变形方式的影响

金属在经受不同方法变形时，所产生的应力性质(压应力或拉应力)和大小是不同的。例如，挤压变形时(图 2.1.11)为三向受压状态。镦粗时坯料中心部分的应力状态是三向压应力(图 2.1.12)，而周边部分上下和径向是压应力，切向是拉应力，塑性较差，所以周边部分容易被镦裂。而拉拔时(图 2.1.13)则为两向受压、一向受拉的状态。

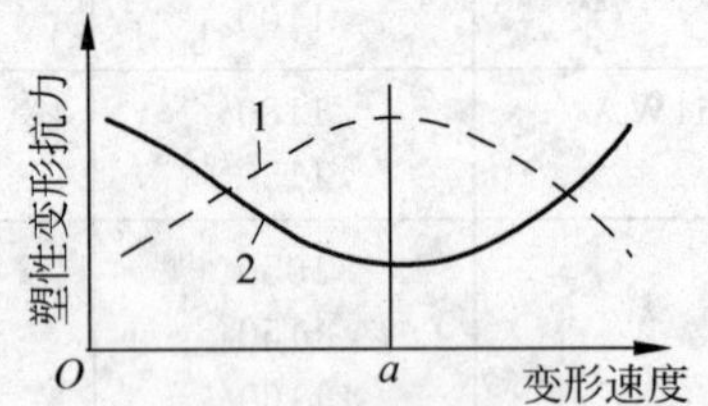

图 2.1.10　变形速度对塑性及变形抗力的影响

1—变形抗力曲线；2—塑性变化曲线

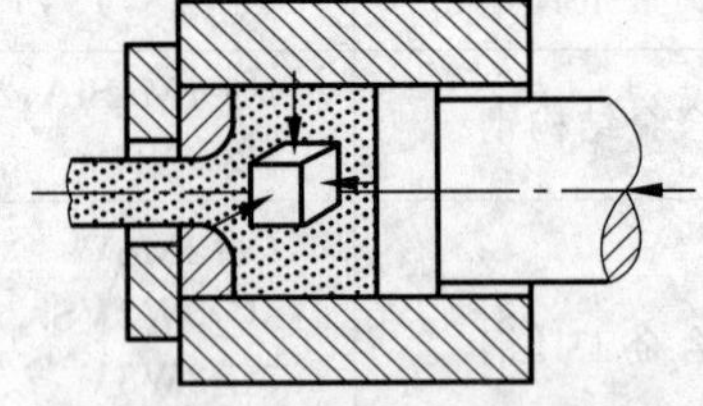

图 2.1.11　挤压时金属应力状态

实践证明，3 个方向的应力中，压应力的数目越多，金属的塑性越好；拉应力的数目越多，金属的塑性越差。同号应力状态下引起的变形抗力大于异号应力状态下的变形抗力。拉应力使金属原子间距增大，尤其当金属的内部存在气孔、微裂纹等缺陷时，在拉应力作用

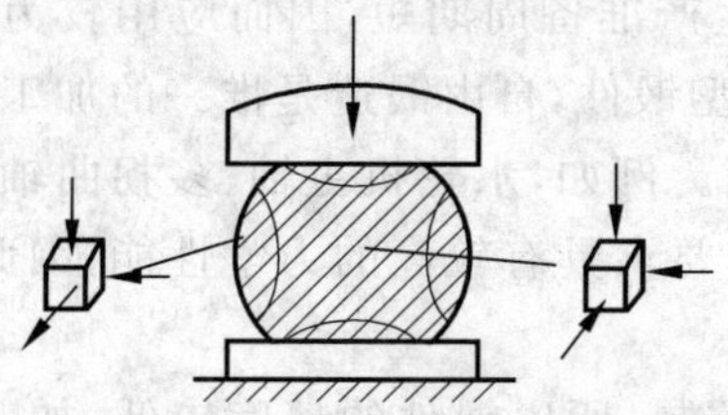
图 2.1.12 镦粗时金属应力状态

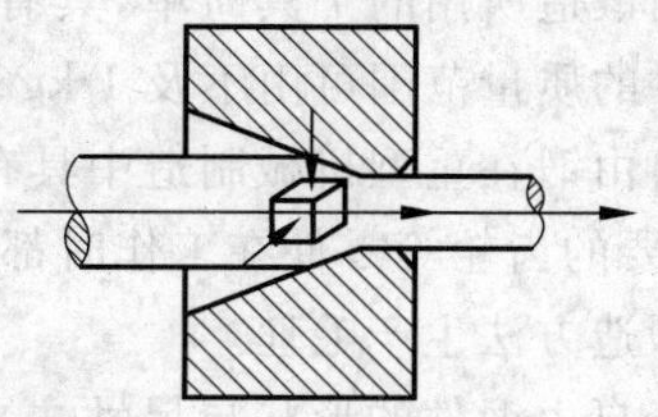
图 2.1.13 拉拔时金属应力状态

下,缺陷处易产生应力集中,使裂纹扩展,甚至达到破坏报废的程度。压应力使金属内部原子间距离减小,不易使缺陷扩展,故金属的塑性会增高。但压应力会使金属内部摩擦阻力增大,变形抗力亦随之增大。

综上所述,金属的锻造性能既取决于金属的本质,又取决于变形条件。在压力加工过程中,应该力求创造最有利的变形条件,充分发挥金属的塑性,降低变形抗力,使功耗最少,变形进行得充分,达到优质低耗的加工目的。

思考练习题

1. 何谓塑性变形?塑性变形的实质是什么?
2. 什么叫金属的冷变形强化?碳钢在锻造温度范围内变形时,是否会有冷变形强化现象?
3. 金属经冷和热塑性变形后的组织和性能有什么变化?能否根据它们的显微组织区别这两种变形?
4. 多晶体的塑性变形与单晶体相比有何特点?
5. 什么叫锻造比?锻造比对锻件质量有何影响?
6. 纤维组织是怎样形成的?它的存在有何利弊?
7. 如何提高金属的塑性?提高塑性最常用的措施是什么?
8. "趁热打铁"的含意是什么?

2.2 自由锻造

将金属坯料放在上、下砧铁或锻模之间,使之受到冲击力或压力而变形的加工方法叫锻造(forging)。锻造是金属零件的重要成形方法之一,可以分为自由锻造和模型锻造两种类型。

自由锻造(open die forging)是利用冲击力或压力,使金属在上、下砧铁之间产生塑性变形,从而获得所需形状、尺寸以及内部质量的锻件的一种加工方法。自由锻造时,除与上、下砧铁接触的金属部分受到约束外,金属坯料朝其他各个方向均能自由变形流动,不受外部的限制,故无法精确控制变形的发展。

自由锻造分为手工锻造和机器锻造两种。手工锻造只能生产小型锻件,生产率较低。机器锻造是自由锻造的主要方法。

自由锻造所用的工具简单，具有很强的通用性，生产准备周期短，因而应用较为广泛。自由锻件的质量范围可由不及 1 kg 到 300 t。对于大型锻件，自由锻造是惟一的加工方法，这使得自由锻在重型机械制造中具有特别重要的作用。例如，水轮机主轴、多拐曲轴、大型连杆、重要的齿轮等零件在工作时都承受很大的载荷，要求具有较高的力学性能，因此常采用自由锻造方法生产毛坯。

由于自由锻件的形状与尺寸主要靠人工操作来控制，所以锻件的精度较低，加工余量大，劳动强度大，生产率低。自由锻主要应用于单件、小批量生产，修配以及大型锻件的生产和新产品的试制等。

2.2.1 自由锻造的基本工序

根据各工序变形性质和变形程度的不同，自由锻造工序可分为基本工序、辅助工序和精整工序 3 大类。

1. 基本工序

基本工序是使金属坯料实现主要的变形要求，达到或基本达到锻件所需形状和尺寸的工序。主要有以下几个：

(1) 镦粗(upsetting) 是使坯料高度减小、横截面积增大的工序，是自由锻生产中最常用的工序，适用于块状、盘套类锻件的生产。

(2) 拔长(drawing out) 是使坯料横截面积减小、长度增加的工序，适用于轴类、杆类锻件的生产。为达到规定的锻造比和改变金属内部组织结构，锻制以钢锭为坯料的锻件时，拔长经常与镦粗交替反复使用。

(3) 冲孔(punching) 是在坯料上冲出通孔或盲孔的工序。对圆环类锻件，冲孔后还应进行扩孔工作。

(4) 弯曲(bending) 是使坯料轴线产生一定曲率的工序。

(5) 扭转(twisting) 是使坯料的一部分相对于另一部分绕其轴线旋转一定角度的工序。

(6) 错移(offset) 是使坯料的一部分相对于另一部分平移错开，但仍保持轴心平行的工序，是生产曲拐或曲轴类锻件所必需的工序。

(7) 切割(cutting) 是分割坯料或去除锻件余量的工序。

(8) 锻接(forging welding) 是将两分离工件加热到高温，在锻压设备产生的冲击力或压力作用下，使两者在固相状态下接合成一牢固整体的工序。

2. 辅助工序

辅助工序指进行基本工序之前的预变形工序，如压钳口、倒棱、压肩等。

3. 精整工序

精整工序是在完成基本工序之后，用以提高锻件尺寸及位置精度的工序，如校正、滚圆、平整等。

实际生产中最常用的是镦粗、拔长、冲孔3个基本工序。相关工序如表2.2.1所示。

表2.2.1 自由锻造基本工序简图

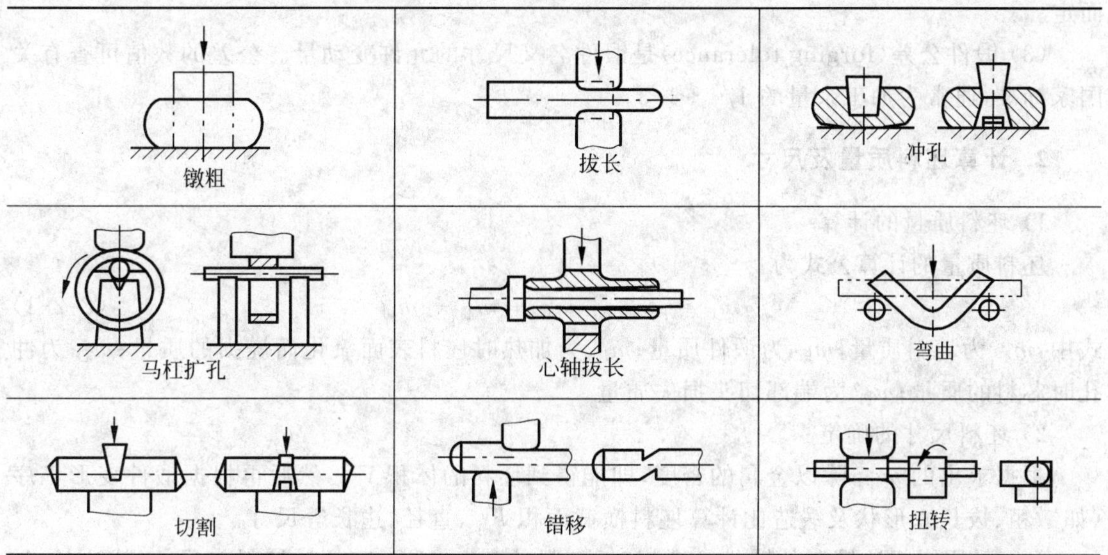

2.2.2 自由锻造工艺规程的制定

制定工艺规程、编写工艺卡片是进行自由锻造生产必不可少的技术准备工作，是组织生产过程、规定操作规范、控制和检查产品质量的依据。自由锻造工艺规程的主要内容包括根据零件图绘制锻件图、计算坯料的质量和尺寸、确定锻造工序、选择锻造设备等。

1. 绘制锻件图

锻件图是制定锻造工艺和检验的依据，绘制时主要考虑工艺余块、余量及锻件公差。绘制出的自由锻造锻件图如图2.2.1所示。通常在锻件图上用粗实线画出锻件的最终轮廓，在锻件尺寸线上方标注出锻件的主要尺寸和公差；用双点画线画出零件的主要轮廓形状，并在锻件尺寸线的下面或右面用圆括号标注出零件尺寸。

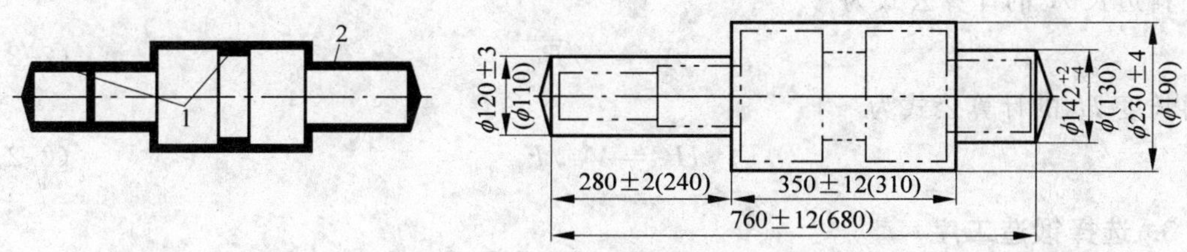

图2.2.1 典型锻件图
1—工艺余块；2—机械加工余量

(1) 某些零件上的精细结构，如键槽、齿槽、退刀槽以及小孔、不通孔、台阶等，难以用自由锻造锻出，必须暂时添加一部分金属以简化锻件形状。这部分添加的金属称为工艺余块(excess metal)，它将在切削加工时去除。

(2) 由于自由锻造的精度较低，表面质量较差，一般需要进一步切削加工，所以零件表面要留加工余量。余量大小与零件形状、尺寸等因素有关。其数值应结合生产的具体情况而定。

(3) 锻件公差(forging tolerance)是锻件名义尺寸的允许变动量。公差的数值可查有关国家标准，通常为加工余量的1/4～1/3。

2. 计算坯料质量及尺寸

1) 坯料质量的计算

坯料质量的计算公式为

$$m_{坯} = m_{锻} + m_{烧} + m_{芯} + m_{切} \tag{2-2-1}$$

式中，$m_{坯}$ 为坯料质量；$m_{锻}$ 为锻件质量；$m_{烧}$ 为加热时坯料表面氧化而烧损的质量；$m_{芯}$ 为冲孔时芯料的质量；$m_{切}$ 为端部切头损失质量。

2) 坯料尺寸的确定

根据求出的 $m_{坯}$，除以金属的密度，即能得到坯料的体积 $V_{坯}$，然后再根据锻件变形工序(如镦粗、拔长)、形状及锻造比计算坯料横截面积 $F_{坯}$、直径、边长等尺寸。

(1) 采用镦粗法锻制的锻件　镦粗时，坯料的高度 H_0 不应超过坯料直径 D_0 或边长 A_0 的2.5倍，高度不应小于直径或边长的1.25倍，故圆坯料直径 D_0 的计算公式为

$$D_0 = (0.8 \sim 1.0)\sqrt[3]{V_{坯}} \tag{2-2-2}$$

方坯料边长 A_0 的计算公式为

$$A_0 = (0.74 \sim 0.93)\sqrt[3]{V_{坯}} \tag{2-2-3}$$

坯料长度 H_0 的计算公式为

$$H_0 = V_{坯}/F_{坯} \tag{2-2-4}$$

(2) 采用拔长法锻制的锻件　根据坯料拔长后的最大截面部分需满足锻造比 $Y_{锻}$ 的要求，坯料截面积 $F_{坯}$ 应为锻件最大截面积 $F_{锻}$ 的1.1～1.5倍，即

$$F_{坯} \geqslant Y_{锻}F_{锻} = (1.1 \sim 1.5)F_{锻} \tag{2-2-5}$$

故圆坯料直径 D_0 的计算公式为

$$D_0 = 1.13\sqrt{F_{坯}} \tag{2-2-6}$$

方坯料边长 A_0 的计算公式为

$$A_0 = \sqrt{F_{坯}} \tag{2-2-7}$$

坯料长度 H_0 的计算公式为

$$H_0 = V_{坯}/F_{坯} \tag{2-2-8}$$

3. 选择锻造工序

自由锻造的工序应根据锻件的形状、尺寸和技术要求，并综合考虑生产批量、生产条件以及各基本工序的变形特点，加以确定。表2.2.2为常见的几种自由锻造锻件的基本工序。

4. 确定锻造温度范围

确定合理的锻造温度范围，对改善金属的可锻性，以及对锻件的产量、质量以及坯料和

金属的消耗都有直接影响。图 2.2.2 为碳素钢的锻造温度范围。

常用金属的始锻温度与终锻温度见表 2.2.3。

表 2.2.2 自由锻造锻件分类及锻造工序

锻 件 类	图 例	锻造工序	实 例
盘类、圆环类锻件	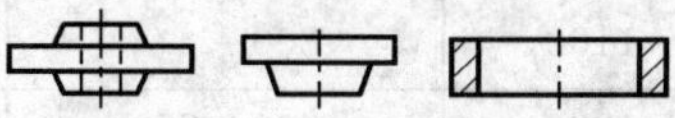	镦粗、冲孔、马杠扩孔、定径	齿圈、法兰、套筒、圆环等
筒类零件		镦粗、冲孔、芯棒拔长、滚圈	圆筒、套筒等
轴类零件	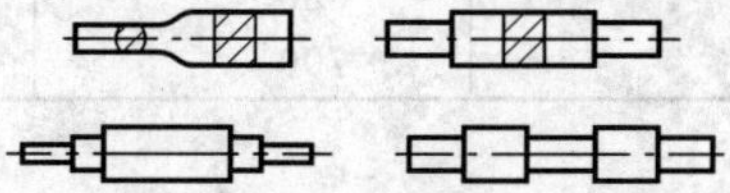	拔长、压肩、滚圆	主轴、传动轴等
杆类零件	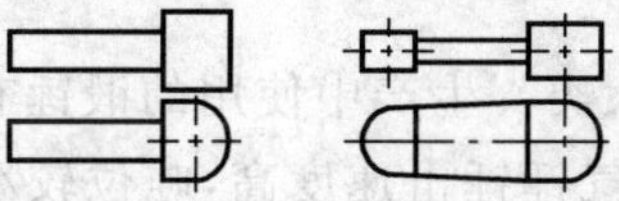	拔长、压肩、修整、冲孔	连杆等
曲轴类零件	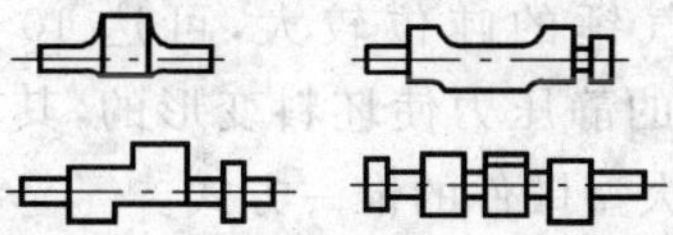	拔长、错移、压肩、扭转、滚圆	曲轴、偏心轴等
弯曲类零件		拔长、弯曲	吊钩、轴瓦盖、弯杆

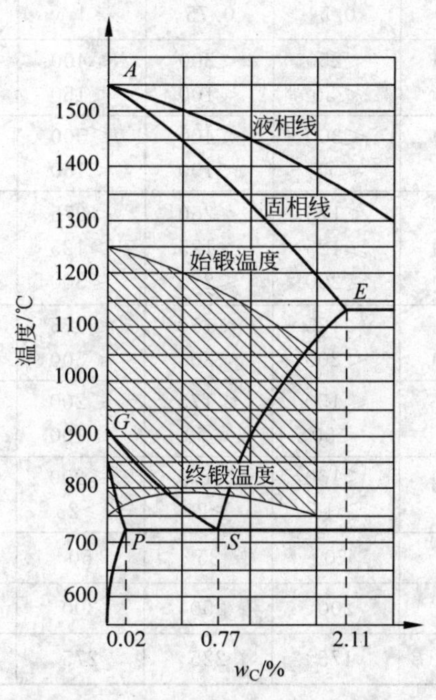

图 2.2.2 碳素钢的锻造温度范围

表 2.2.3 锻造温度范围 ℃

合金种类	始锻温度	终锻温度	锻造温度范围
含碳量小于0.3%的碳素钢	1200～1250	750～800	450
含碳量0.3%～0.5%的碳素钢	1150～1200	750～800	400
含碳量0.5%～0.9%的碳素钢	1100～1150	800	300～350
含碳量大于0.9%的碳素钢	1050～1100	800	250～300
合金结构钢	1150～1200	800～850	350
低合金工具钢	1100～1150	850	250～300
高速钢	1100～1150	900	200～250
硬铝	470	380	90
铝铁青铜	850	700	150

5. 选择锻造设备

自由锻造的设备分为锻锤和液压机两大类。生产中使用的锻锤有空气锤和蒸汽-空气锤，其吨位以锻锤落下部分的质量表示。空气锤锤击速度高，吨位较小，只有0.5～10 kN，用于锻造100 kg以下的锻件。蒸汽-空气锤的吨位较大，可达10～50 kN，用于锻造1500 kg以下的锻件。液压机是以液体产生的静压力使坯料变形的，其压力可达5～15 000 kN，可锻造重达300 t的大型锻件，是生产大型锻件的惟一方式。

自由锻造设备的选择主要取决于坯料的质量、类型及尺寸。低碳钢、中碳钢和低合金钢的锤上自由锻可参考表2.2.4选择锻锤的吨位。

表 2.2.4 自由锻锤的锻造能力范围

锻件类型	锻锤吨位/t	0.25	0.5	0.75	1	2	3	5
圆饼	D/mm	<200	<250	<300	≤400	≤500	≤600	≤750
	H/mm	<35	<50	<100	<150	<250	≤300	≤300
圆环	D/mm	<150	<300	<400	≤500	≤600	≤1000	≤1200
	H/mm	≤60	≤75	<100	<150	<250	≤250	≤300
圆筒	D/mm	<150	<175	<250	<275	<300	<350	≤700
	d/mm	≥100	≥125	>125	>125	>125	>150	>500
	L/mm	≤150	≤200	≤275	≤300	≤350	≤400	≤550
圆轴	D/mm	<80	<125	<150	≤175	≤225	≤275	≤350
	m/kg	<100	<200	<300	<500	≤750	≤1000	≤1500
方块	$H(=B)$/mm	≤80	≤150	≤175	≤200	≤250	≤300	≤450
	m/kg	<25	<50	<70	≤100	≤350	≤800	≤1000
扁方	B/mm	≤100	≤160	<175	≤200	<400	≤600	≤700
	H/mm	≥7	≥15	≥20	≥25	≥40	≥50	≥70
成形锻件质量/kg		5	20	35	50	70	100	300
钢锭直径/mm		125	200	250	300	400	450	600
钢坯边长/mm		100	175	225	275	350	400	550

注：D—锻件外径；d—锻件内径；H—锻件高度；B—锻件宽度；L—锻件长度；m—锻件质量。

工艺规程的内容，还包括确定所用工夹具、加热设备、加热火次、冷却规范、锻后热处理规范和填写工艺卡片等。

6. 自由锻造工艺实例

表 2.2.5 为一个典型的自由锻件(半轴)的锻造工艺卡示例。

表 2.2.5 半轴自由锻造工艺卡

锻件名称	半　　轴	锻件图
坯料质量	25 kg	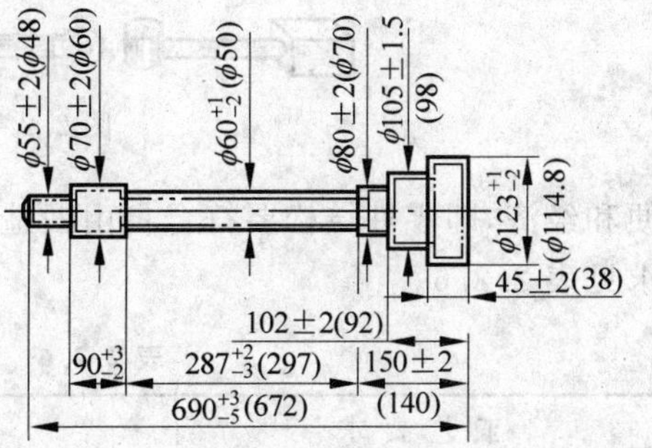
坯料尺寸	ϕ130 mm×240 mm	
材料	18CrMnTi	
火次	工序	图例
1	锻出头部	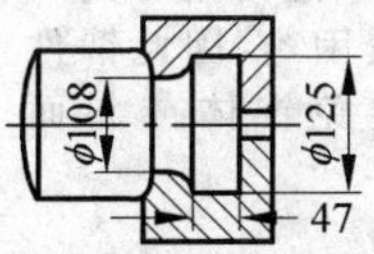
	拔长	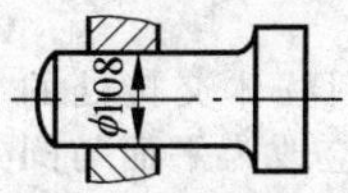
	拔长及修整台阶	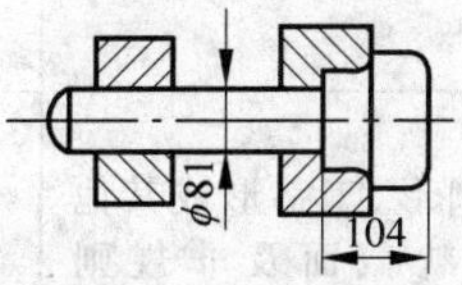
	拔长并留出台阶	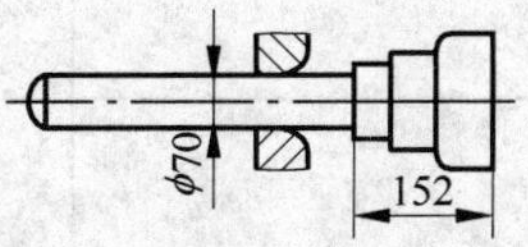
	锻出凹挡及拔出端部并修整	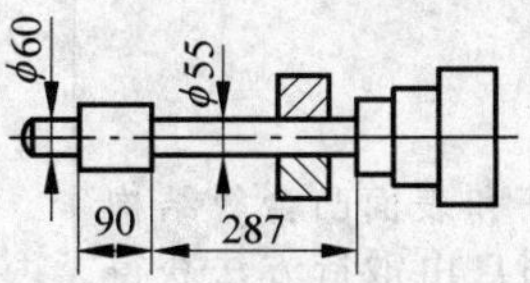

2.2.3 自由锻造锻件的结构工艺性

由于自由锻造只限于使用简单的通用工具成形，因而自由锻造锻件外形结构的复杂程度受到很大限制。典型的自由锻造锻件如图 2.2.3 所示。

在设计自由锻造锻件时，除满足使用性能的要求外，还应考虑锻造时是否可能，是否方

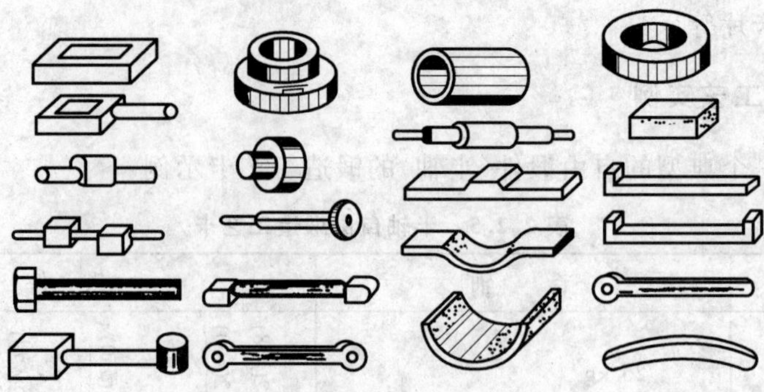

图 2.2.3 典型的自由锻造锻件

便和经济，即零件结构要符合自由锻造的工艺性要求。自由锻造零件的结构工艺性具体要求见表 2.2.6。

表 2.2.6 自由锻造零件的结构工艺性

工艺要求	合理结构	不合理结构
圆锥体的锻造需用专门工具，锻造比较困难，因此锻件上应尽量避免锥体或斜面结构		
圆柱体与圆柱体交接处的锻造很困难，应改为平面与圆柱体交接		
避免椭圆形、工字形或其他非规则形状截面及非规则外形		
加强筋和表面凸台等结构是难以用自由锻造方法获得的，应避免加强筋和凸台等结构		

续表

工艺要求	合理结构	不合理结构
横截面有急剧变化或形状复杂的锻件，应设计成为由简单件构成的组合体	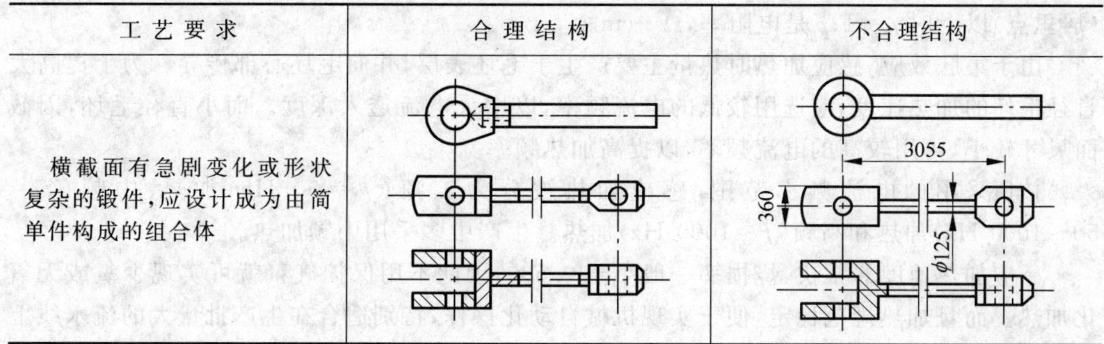	

2.2.4 毛坯加热方法

1. 锻前加热的方法

在锻造生产中，对金属毛坯锻前进行加热的目的是提高金属的塑性，降低变形抗力，使金属易于流动成形。锻前加热是锻造生产过程中的一个非常重要的环节。

1）燃料加热

燃料加热是利用煤、焦炭等固体，重油、柴油等液体，或煤气、天然气等气体，在加热炉内燃烧产生高温炉气，通过炉气对流、炉围辐射和炉底热传导等方式对毛坯进行加热。在炉温低于650℃时，金属主要依靠对流传热；在炉温为650～1000℃或更高时，金属加热则以辐射方式为主。在普通高温锻造炉中辐射传热量可占到总传热量的90％以上。燃料加热炉的通用性强，建造比较容易，燃料费用比较低，因此广为采用。中小型锻件生产中多采用油、煤气、天然气或煤作为燃料，以室式炉、连续炉或转底炉等来加热钢料。对大型毛坯或钢锭，则常采用以油、煤气或天然气作为燃料的车底式炉。燃料加热的缺点是劳动条件差，炉内气氛、炉温及加热质量较难控制，且容易造成环境污染。

2）电加热

电加热是将电能转换为热能而对金属毛坯进行加热。电加热具有加热速度快、炉温控制准确、加热质量好、工件氧化少、劳动条件好、易于实现自动化操作等优点。但设备投资较大，加热成本较高。随着我国发电量持续快速增长，加上环保的需要，在锻造生产中采用电能加热也在快速增长。按电能转换为热能的方式可分为电阻加热和感应加热。

感应加热是主要的电加热方式，即在感应器通入交变电流产生的交变磁场作用下，置于交变磁场中的金属毛坯内部产生交变涡流，由于金属电阻引起的涡流发热和磁滞损失发热，使毛坯得到加热(图2.2.4)。由于感应加热时的集肤效应，金属毛坯表层的电流密度大，中心电流密度小。电流密度大的表层厚度，即电流透入深度δ为

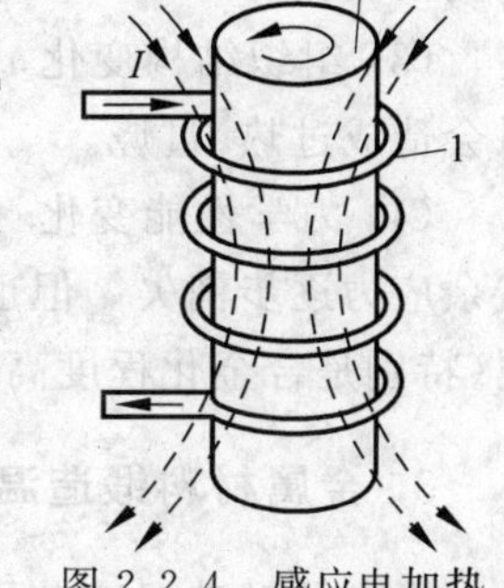

图 2.2.4 感应电加热的基本原理
1—感应器；2—毛坯

$$\delta = 5030\sqrt{\rho/\mu f} \tag{2-2-9}$$

式中，δ 是电流透入毛坯的深度，cm；f 是电流频率，Hz；μ 是相对磁导率，各类钢在 760℃（居里点）以上时 $\mu=1$；ρ 是电阻率，$\Omega \cdot cm$。

由于集肤效应，感应加热时热量主要产生于毛坯表层，并向毛坯心部传导。为了提高大直径毛坯的加热速度，应选用较低的电流频率，以增大电流透入深度。而小直径毛坯，因截面尺寸较小，可用较高的电流频率，以提高加热频率。

按所采用的电流频率范围，感应加热被分为工频（$f=50$ Hz）加热、中频（$f=50\sim1000$ Hz）加热和高频（$f>1000$ Hz）加热。生产中多采用中频加热。

感应加热速度非常快，烧损率一般小于 0.5%，因此不用保护气氛就可实现少氧或无氧化加热。而且加热规范稳定，便于实现机械自动化操作，特别适合在生产批量大的流水线上使用。缺点是设备一次性投资较大，耗电量也较大，一种规格的感应加热器能加热的毛坯尺寸范围有限。

3）少氧或无氧化加热

精密模锻的毛坯必须采用少氧或无氧化加热，这样才可以减少钢材的氧化和脱碳，有利于提高模具寿命。实现少氧或无氧化加热的方法有多种，简单而效果较好的是带保护气氛的感应加热。

如前所述，在感应加热中钢材的氧化和脱碳较少，脱碳层约为 0.1～0.4 mm。但当温度从 1050℃增加到 1200℃时，烧损几乎增加 0.5 倍，氧化层厚度已超过精锻允许的范围。随着温度在高温下停留时间的增加，脱碳层也明显增厚。因此，为了实现少氧或无氧化加热，常采用带有工业惰性气体和还原性气体等保护性气体的感应加热。其具体做法是在感应器炉膛内充满惰性气体或还原性气体，为了将气体保持在炉膛内，感应器进口及出口均应装上活门。

2. 金属加热时的变化和常见的缺陷

金属在加热过程中，由于能量升高，原子振动加快、振幅增大，以及电子运动的自由行程改变，还有周围介质的影响等原因，金属将发生如下变化：

（1）化学变化　金属表层与炉气或周围其他介质发生氧化、脱碳、吸氢等化学变化，结果生成氧化皮与脱碳层等缺陷。

（2）物理变化　金属的物理性能，如热导率、热扩散系数、膨胀系数、密度等均随温度的升高而变化。

（3）组织结构变化　大多数金属在加热过程中不仅有组织转变，其晶粒也会长大，严重时会造成过热、过烧。

（4）力学性能变化　总的趋势是随着加热温度的升高，金属塑性提高，变形抗力降低，残余应力逐步消失。但也可能产生温度应力与组织应力。过大的内应力还会引起加热的金属（特别是合金化程度高的合金）开裂。

3. 金属材料锻造温度范围的确定

金属的锻造温度范围是指开始锻造（始锻）与结束锻造（终锻）之间的温度区间，参见图 2.2.2。

锻造温度确定的原则是能保证金属在锻造温度范围内具有较高的塑性和较小的变形抗

力，并能使锻件获得所希望的组织与性能。在此前提下，锻造温度范围应尽可能取得宽一些，以减少锻造火次，降低消耗，提高生产率。

确定锻造温度范围的基本方法是依据合金相图、塑性图、抗力图和金属再结晶图等，从塑性、变形抗力和终锻后锻件所能获得的组织与性能3个方面进行综合分析，确定出合理的锻造温度范围，并在生产实际中进行验证和修改。

一般来讲，碳钢的锻造温度范围根据铁-碳相图就可以确定。大部分合金结构钢和合金工具钢，因合金元素含量少，对铁-碳相图无明显影响，可参照铁-碳相图初步确定锻造温度范围。对于铝合金、钛合金、铜合金、不锈钢及高温合金等，往往需要综合运用各种方法，才能确定出合理的锻造温度范围。各种金属材料的始锻温度和终锻温度均可由有关手册中查取，参见表2.2.3。

4. 金属的加热规范

金属在锻前加热时，应尽快达到规定的始锻温度，以减少氧化，节省燃料，提高生产率。但是，温度升得太快，温度应力就大，往往会造成毛坯开裂。因此，在实际生产中，金属毛坯应按一定的加热规范进行加热。

加热规范是指从金属毛坯装炉开始到出炉的整个过程中，炉温和料温随时间变化的规定。为应用方便起见，加热规范通常以炉温-时间的变化曲线来表示。根据金属材料的种类、特征及断面尺寸的不同，锻造生产中常见的有一段、二段、三段或多段加热规范（见图2.2.5）。

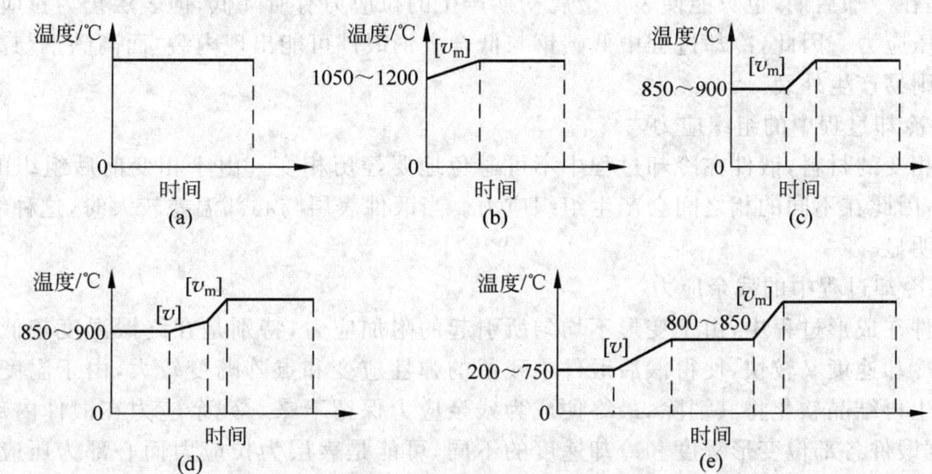

图2.2.5 钢的锻造加热曲线类型

(a) 一段加热曲线；(b) 二段加热曲线；(c) 三段加热曲线；(d) 四段加热曲线；(e) 五段加热曲线

[v]—金属允许的加热速度；[v_m]—最大允许的加热速度

从图2.2.5可见，多段加热过程中含有预热、加热、均热等几个阶段。制定加热规范就是要确定加热过程不同阶段的炉温、升温速度和加热与均热时间。预热阶段，主要是合理规定装料的炉温；加热阶段，关键是正确选择加热速度；均热阶段，则应保证钢料温度均匀，确定保温时间。好的加热规范，应能保证金属在加热过程中不产生裂纹，不过热，不过烧，氧化脱碳少，断面温度均匀，加热时间短和节约能源。对于大型自由锻件，尤其是合金钢和有色金属锻件，一般选用多段加热，而对于中小型模锻件，应采用电感应连续加热。

2.2.5 锻件冷却

锻件的冷却是指锻件锻造后根据锻件材料性质，按照不同的速度冷却到室温的工序。如果冷却速度选择不当，锻件可能因产生裂纹或白点而报废。因此，了解锻件在冷却过程中产生的变化及缺陷形成的原因，对于选择冷却方法、制定冷却规范是非常重要的。

1. 锻件在冷却过程中的内应力

毛坯在加热过程中会产生内应力，同理，锻件在冷却过程中也会产生内应力。因为锻件冷却后期温度较低，材料已进入弹性状态，所以冷却内应力的危险性比加热内应力更大。内应力有温度应力、组织应力和锻造变形不均匀引起的残余应力。

1）冷却时的温度应力

锻件在冷却初期，表层冷却快，体积收缩大；心部冷却慢，体积收缩小。由于表层金属收缩受到心部金属的阻碍，结果在金属的表层产生了拉应力，心部产生了压应力。此时心部温度仍较高，变形抗力小，且塑性较好，还允许微量塑性变形，使温度应力得以松弛。到了冷却后期，锻件表面已接近室温，基本上不再收缩，这时表层金属反而阻碍心部金属继续收缩，导致心部由受压应力转变成受拉应力，从而易产生冷却裂纹。

若锻件材料为抗力大、塑性低的合金，在冷却初期表层金属产生的拉应力不能得到松弛，就是在冷却后期，也只能使表层金属初期产生的拉应力有所降低，但表层仍为拉应力，心部仍为压应力。因此，冷却过程中低碳钢与低合金钢锻件可能出现内裂，而高碳钢与高合金钢锻件则易产生外裂。

2）冷却过程中的组织应力

有相变的材料，锻件在冷却过程中不可避免地要经历相变。由于相变前后组织的比体积不同，因此在不同的相之间会产生组织应力。当锻件表层与心部温差较大时，这种组织应力更为明显。

3）冷却过程中的残余应力

锻件在成形过程中，由于变形不均匀所引起的附加应力，特别是在终锻温度较低时，停锻之后冷却速度又较快，使得锻后锻件中残留的弹性应变和点阵畸变较大，由于温度低，又不能发生再结晶软化将其消除，最终便成为残余应力保留下来。残余应力在锻件内部的分布，根据锻件各部位变形程度和冷却速度的不同，可能是表层为拉应力而心部为压应力，或者与此相反。

综上所述，锻件在冷却过程中存在上述 3 种内应力，总的内应力为这些应力的叠加。当叠加后总的内应力值超过材料的强度极限时，便会在锻件上相应部位产生裂纹。

2. 锻件的冷却方法

按照冷却速度的不同，锻件的冷却方法有 3 种，即在空气中冷却、在灰砂中冷却和在炉内冷却。

1）在空气中冷却

在空气中冷却的速度较快，适合合金化程度低、导热性及塑性好的中小锻件材料的锻后冷却。锻后一般是以单件直接散放或成堆摆放在地面上，但不能放在潮湿地面上或金属板上，也不要摆放在有穿堂风的地方，以免冷却不均匀或局部急冷引起翘曲变形或开裂。

2）在干燥的灰、沙坑（箱）内冷却

在干燥的灰、沙坑（箱）内冷却的速度较慢，适合合金化程度较高、导热性及塑性较差的合金材料锻后冷却。一般来说，锻件入砂温度不应低于500℃，周围灰、砂厚度不少于80 mm。

3）在炉内冷却

在炉内冷却的速度最慢，适合合金化程度高、导热性及塑性差的高合金钢、特殊合金钢或大型锻件的锻后冷却。对白点敏感的钢（如铬镍钢34CrNiMo、34CrNi4Mo等）也需要在炉内慢冷，以便让氢有时间充分析出。锻件入炉温度不应低于600℃，炉温与入炉锻件温度相当。由于炉冷可通过炉温调节来控制锻件的冷却速度，因此可获得质量优良的锻件。

思考练习题

1. 什么叫自由锻造？它有何优、缺点？适用于何种场合使用？
2. 自由锻造使用哪些设备？各适用于何种场合？
3. 自由锻造有哪几种基本工序？它们各有何特点？各适用于锻造哪类锻件？
4. 试说明图2.2.6所示的阶梯轴是如何进行自由锻造的。
5. 对自由锻造的锻件有哪些结构工艺性要求？
6. 在图2.2.7所示的两种砧铁上进行拔长时，哪一种效果好一些？为什么？
7. 简述计算毛坯的依据、做法及作用。长轴类锻件的制坯工步有哪些？它们各自的作用是什么？
8. 为什么要进行金属毛坯加热？主要加热方法有哪些？
9. 金属加热时将产生哪些变化？确定锻造温度范围的原则是什么？
10. 锻件在冷却过程中产生应力的原因是什么？

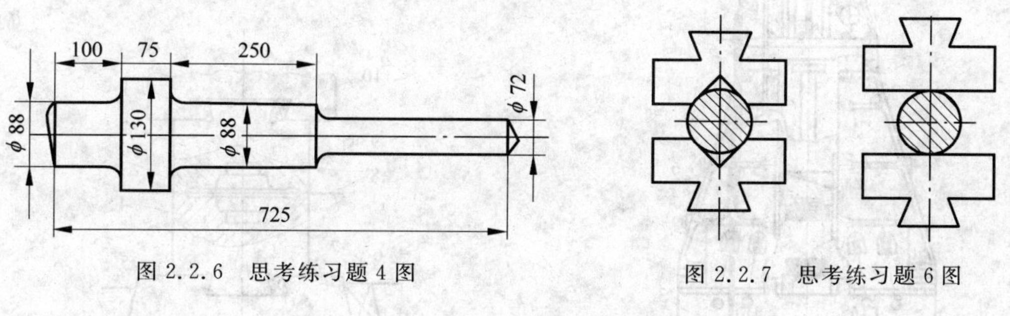

图2.2.6 思考练习题4图

图2.2.7 思考练习题6图

2.3 模型锻造

模型锻造简称模锻（die forging），是使金属坯料在冲击力或压力作用下，在锻模模膛内变形，从而获得锻件的工艺方法。

模锻与自由锻造比较有如下优点：

(1) 生产率较高。自由锻造时，金属的变形是在上、下两个砧块间进行的，难以控制；模锻时，金属的变形是在模膛内进行的，故能较快获得所需形状。

(2) 锻件尺寸精确，加工余量小。

(3) 可以锻造出形状比较复杂的锻件。而如果用自由锻造来生产，则必须加大量工艺余块以简化形状。

(4) 比自由锻造生产节省金属材料，减少切削加工量，降低零件成本。

但是，模锻生产由于受模锻设备吨位的限制，模锻件质量不能太大，一般在 150 kg 以下，又由于制造锻模成本很高，所以它不适合于小批和单件生产，而适合于中、小型锻件的大批量生产。

由于现代化大生产的要求，模锻生产越来越广泛地应用于国防工业及其制造业中。

模锻按使用的设备不同分为锤上模锻、压力机上模锻、胎模锻等。

2.3.1 锤上模锻

锤上模锻所用设备为模锻锤，由它产生的冲击力使金属变形。图 2.3.1 所示为一般工厂中常用的蒸汽-空气模锻锤。该种设备上运动副之间的间隙小，运动精度高，可保证锻模的合模准确性。模锻锤的吨位(落下部分的重量)为 1～16 t。

锤上模锻生产所用的锻模如图 2.3.2 所示。上模 2 和下模 4 分别用楔铁 10、7 固定在锤头 1 和模垫 5 上，模垫用楔铁 6 固定在砧座上。上模随锤头作上下往复运动。9 为模膛，8 为分模面，3 为飞边槽。

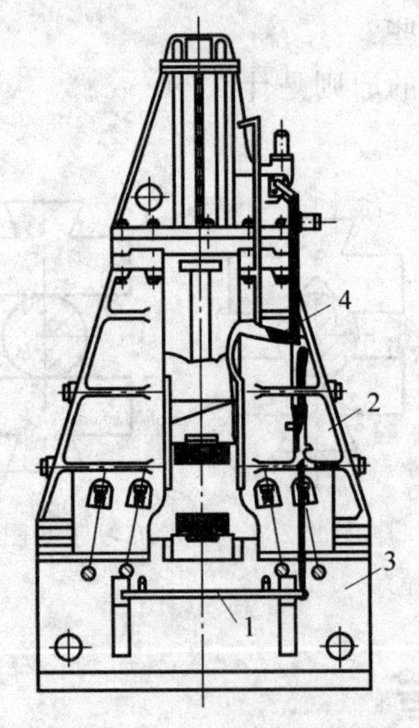

图 2.3.1 蒸汽-空气模锻锤

1—踏板；2—基架；3—砧座；4—操纵杆

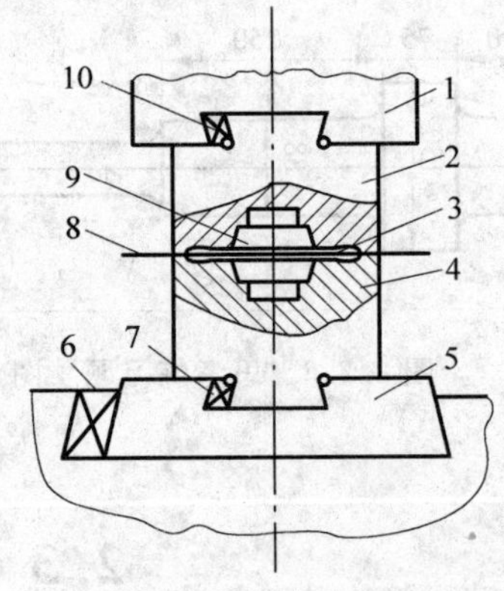

图 2.3.2 锤上模锻使用的锻模

1—锤头；2—上模；3—飞边槽；4—下模；5—模垫；6,7,10—楔铁；8—分模面；9—模膛

模膛根据其功用的不同，分为模锻模膛和制坯模膛。

1. 模锻模膛

由于金属在此种模膛中发生整体变形，故作用在锻模上的抗力较大。模锻模膛又分为终锻模膛和预锻模膛两种。

(1) 终锻模膛　终锻模膛的作用是使坯料最后变形到锻件所要求的形状和尺寸，因此它的形状应和锻件的形状相同。但因锻件冷却时要收缩，所以终锻模膛的尺寸应比锻件尺寸放大一个收缩量。钢件收缩率取1.5%。另外，沿模膛四周有飞边槽，用以增加金属从模膛中流出的阻力，促使金属更好地充满模膛，同时容纳多余的金属。对于具有通孔的锻件，由于不可能靠上、下模的凸起部分把金属完全挤压到旁边去，故终锻后在孔内有一薄层金属，称为冲孔连皮(图 2.3.3)。因此，把冲孔连皮和飞边冲掉后，才能得以具有通孔的模锻件。

(2) 预锻模膛　预锻模膛的作用是使坯料变形到接近于锻件的形状和尺寸，这样再进行终锻时，金属容易充满终锻模膛，同时减少了终锻模膛的磨损，延长了锻模的使用寿命。

预锻模膛与终锻模膛的主要区别是，前者的圆角和斜度较大，没有飞边槽。对于形状或批量不够大的模锻件也可以不设预锻模膛。

2. 制坯模膛

对于形状复杂的模锻件，为了使坯料形状基本接近模锻件形状，使金属能合理分布和很好地充满模锻模膛，就必须预先在制坯模膛内制坯。制坯模膛有以下几种：

(1) 拔长模膛　用来减小坯料某部分的横截面积，以增加该部分的长度(图 2.3.4)。当模锻件沿轴向横截面积相差较大时，常采用这种模膛进行拔长。拔长模膛分为开式(图 2.3.4(a))和闭式(图 2.3.4(b))两种。一般情况下，把它设置在锻模的边缘处。生产中进行拔长操作时，坯料除向前送进外还需不断翻转。

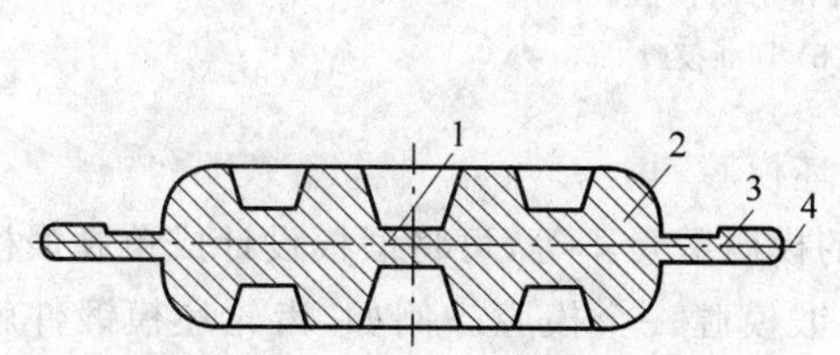

图 2.3.3　带有冲孔连皮及飞边的模锻件

1—冲孔连皮；2—锻件；3—飞边；4—分模面

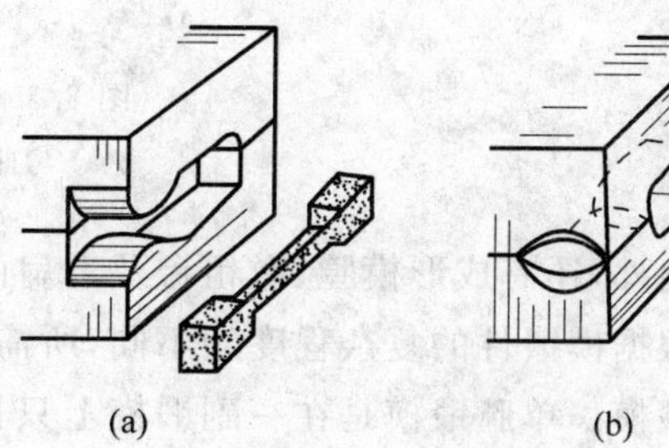

图 2.3.4　拔长模膛

(a) 开式；(b) 闭式

(2) 滚压模膛　在坯料长度基本不变的前提下用它来减小坯料某部分的横截面积，以增大另一部分的横截面积(图 2.3.5)。滚压模膛分为开式(图 2.3.5(a))和闭式(图 2.3.5(b))两种。当模锻件沿轴线的横截面积相差不很大或对拔长后的毛坯作修整时，采用开式滚压模膛。当模锻件的截面相差较大时，则应采用闭式滚压模膛。滚压操作时需不断翻转坯料，但不作送进运动。

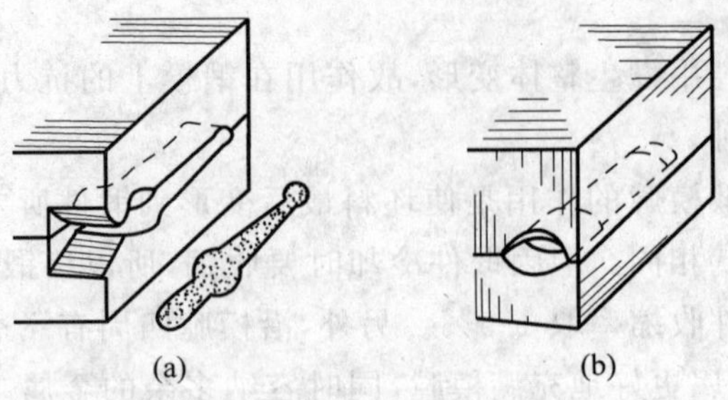

图 2.3.5 滚压模膛

(a) 开式；(b) 闭式

(3) 弯曲模膛 对于弯曲的杆类模锻件，需采用弯曲模膛来弯曲坯料(图 2.3.6(a))。坯料可直接或先经其他制坯工步后再放入弯曲模膛进行弯曲变形。弯曲后的坯料需翻转90°再放入模锻模膛中成形。

(4) 切断模膛 它是在上模与下模的角部组成的一对刃口，用来切断金属(图 2.3.6(b))。单件锻造时，用它从坯料上切下锻件或从锻件上切下钳口；多件锻造时，用它来分离成单个锻件。

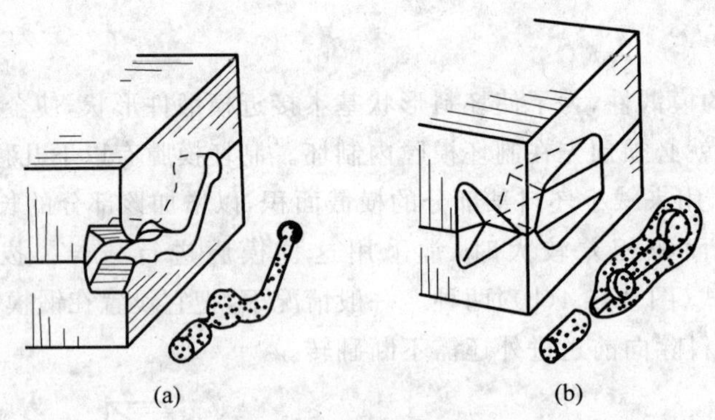

图 2.3.6 弯曲和切断模膛

(a) 弯曲模膛；(b) 切断模膛

此外，还有成形模膛、镦粗台及击扁面等制坯模膛。

根据模锻件的复杂程度的不同，所需变形的模膛数量不等，可将锻模设计成单膛锻模或多膛锻模。单膛锻模是在一副锻模上只具有终锻模膛一个模膛。例如，齿轮坯模锻件就可将截下的圆柱形坯料，直接放入单膛锻模中一次终锻成形。多膛锻模是在一副锻模上具有两个以上模膛的锻模。例如，弯曲连杆模锻件的锻模即为多膛锻模(图 2.3.7)。

锤上模锻虽具有设备投资较少，锻件质量较好，适应性强，可以实现多种变形工步，锻制不同形状的锻件等优点，但由于锤上模锻振动大、噪声大，完成一个变形工步往往需要经过多次锤击，故难以实现机械化和自动化，生产率在模锻中相对较低。

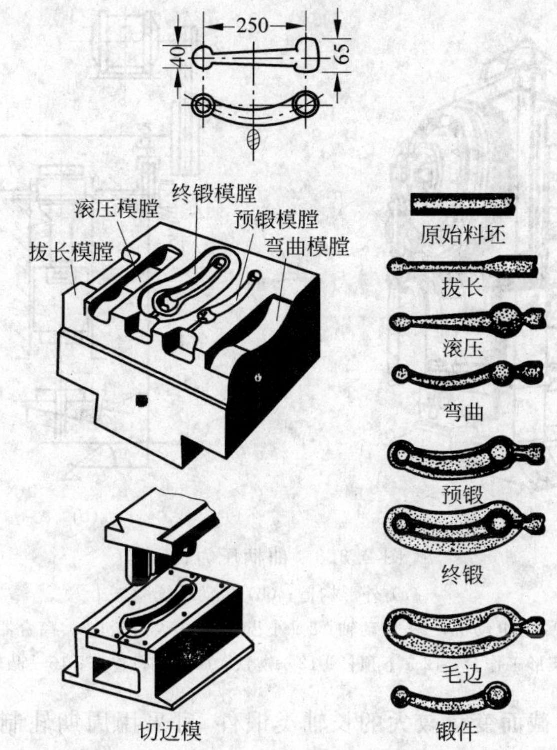

图 2.3.7 弯曲连杆锻造模膛

2.3.2 压力机上模锻

1. 曲柄压力机上模锻

曲柄压力机是一种机械式压力机，其外形构造如图 2.3.8(a)所示，传动系统如图 2.3.8(b)所示。当离合器 7 在结合状态时，电动机 3 的转动通过带轮 2 和 1、传动轴 4、齿轮 5 和 6 传给曲柄 8，再经曲柄连杆机构使滑块 10 做上下往复直线运动。离合器处在脱开状态时，带轮 1(飞轮)空转，制动器 16 使滑块停在确定的位置上。锻模分别安装在滑块 10 和工作台 11 上。顶杆 12 用来从模膛中推出锻件，实现自动取件。

曲柄压力机的吨位一般为 2000～120 000 kN。

曲柄压力机上模锻的特点如下：

(1) 作用于金属上的变形力是静压力，且变形抗力由机架本身承受，不传给地基，因此工作时振动小，噪声小。

(2) 滑块行程固定，每个变形工步在滑块的一次行程中即可完成。

(3) 具有良好的导向装置和自动顶件机构，因此锻件的余量、公差和模锻斜度都比锤上模锻小。

(4) 所用锻模都设计成镶块式模具。这种组合模制造简单，更换容易，节省贵重的模具材料。

(5) 坯料表面上的氧化皮不易被清除，影响锻件质量。曲柄压力机上也不宜进行拔长

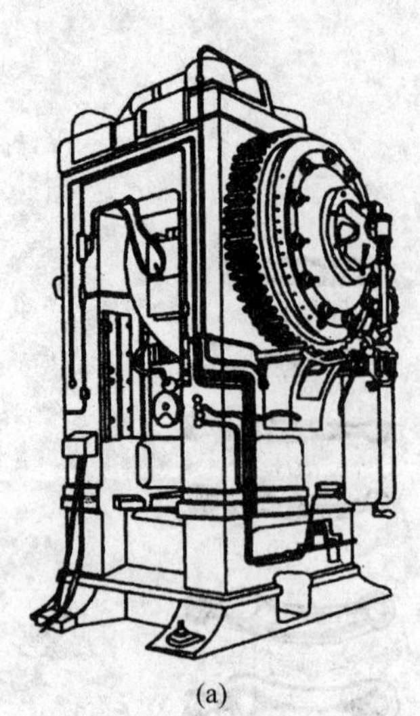

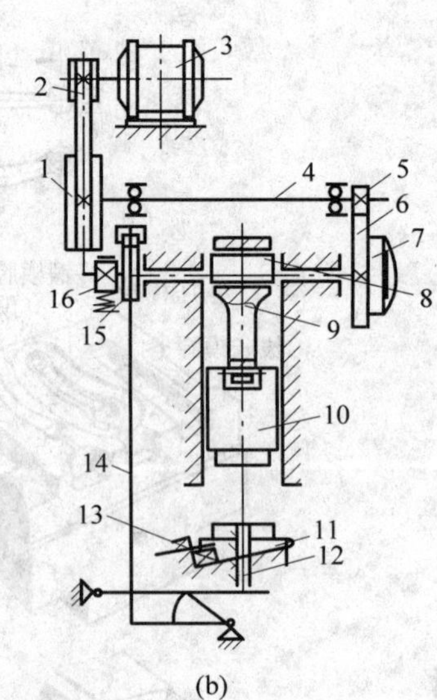

(a) (b)

图 2.3.8 曲柄压力机

(a) 外形构造；(b) 传动系统

1—大带轮；2—小带轮；3—电动机；4—传动轴；5—小齿轮；6—大齿轮；7—离合器；8—曲柄；9—连杆；10—滑块；11—楔形工作台；12—下顶杆；13—楔铁；14—顶料连杆；15—凸轮；16—制动器

和滚压工步。如果是横截面变化较大的长轴类锻件，可采用周期轧制坯料或用辊锻机制坯来代替这两个工步。

由于所用设备和模具具有上述特点，因而曲柄压力机上模锻方法具有锻件精度高、生产率高、劳动条件好和节省金属等优越性，故适合于大批量生产条件下锻制中、小型锻件。

2. 摩擦压力机上模锻

摩擦压力机的工作原理如图 2.3.9 所示。锻模分别安装在滑块 7 和机座 9 上。滑块与螺杆 6 相连，沿导轨 8 上下滑动。螺杆穿过固定在机架上的螺母 5，其上端装有飞轮 4。两个摩擦盘 3 同装在一根轴上，由电动机 1 经皮带 2 使摩擦盘轴旋转。改变操纵杆位置可使摩擦盘轴沿轴向窜动，这样就会把某一个摩擦盘靠紧飞轮边缘，借摩擦力带动飞轮转动。飞轮分别与两个摩擦盘接触，产生不同方向的转动，螺杆也就随飞轮作不同方式的转动，在螺母的约束下，螺杆的转动变为滑块的上下滑动，实现模锻生产。

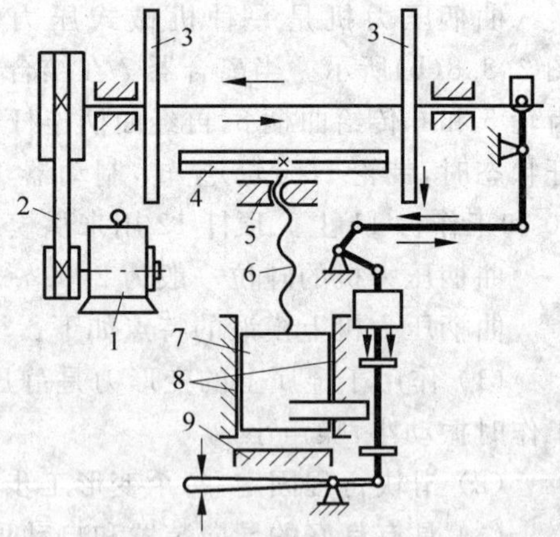

图 2.3.9 摩擦压力机传动简图

1—电动机；2—皮带；3—摩擦盘；4—飞轮；5—螺母；6—螺杆；7—滑块；8—导轨；9—机座

在摩擦压力机上进行模锻，主要靠飞轮、螺杆及滑块向下运动时所积蓄的能量来实现。吨位为 3500 kN的摩擦压力机使用较多，最大吨位可达 25 000 kN。

摩擦压力机工作过程中，滑块的运动速度

为 0.5～1.0 m/s,具有一定的冲击作用,且滑块行程可控,这与锻锤相似。坯料变形中的抗力由机架承受,形成封闭力系,这是压力机的又一特点。所以摩擦压力机具有锻锤和压力机的双重工作特性。

摩擦压力机上模锻的特点如下：

(1) 适应性好,行程和锻压力可自由调节,因而可实现轻打、重打,可在一个模膛内对锻件进行多次锻打,不仅能满足模锻各种主要成形工序的要求,还可以进行弯曲、热压、切飞边、冲连皮及精压、校正等工序。

(2) 滑块运行速度低,锻击频率低,金属变形过程中的再结晶可以充分进行,适合于再结晶速度慢的低塑性合金钢和有色金属的模锻。

(3) 设备本身带有顶料装置,故可以采用整体式锻模,也可以采用特殊结构的组合式模具,使模具设计和制造简化,节约材料,降低成本。同时,可以锻制出形状更为复杂、工艺余块和模锻斜度都较小的锻件。此外,还可将轴类锻件直立起来进行局部镦粗。

(4) 摩擦压力机承受偏心载荷的能力差,一般只能进行单膛锻模进行模锻。对于形状复杂的锻件,需要在自由锻设备或其他设备上制坯。

摩擦压力机上模锻适合于中小型锻件的小批或中批生产,如铆钉、螺钉、螺母、配汽阀、齿轮、三通阀等。

综上所述,摩擦压力机具有结构简单、造价低、投资少、使用及维修方便、基建要求不高、工艺用途广泛等优点,所以我国中小型锻造车间大多拥有这类设备。

3. 平锻机上模锻

平锻机的主要结构与曲柄压力机相同,如图 2.3.10 所示。只不过其滑块水平运动,故被称为平锻机。电动机 1 的转动经带轮 5、齿轮 7 传至曲轴 8 后,通过主滑块 9 带动凸模 10 作纵向往复运动,同时又通过凸轮 6、杠杆 14 带动副滑块和活动凹模 13 作横向往复运动。挡料板 11 通过棍子与主滑块 9 上的轨道相连,当主滑块向前运动时(工作行程),轨道斜面迫使棍子上升,并使挡料板绕其轴线转动,挡料板末端便移至一边,以便凸模 10 向前运动。

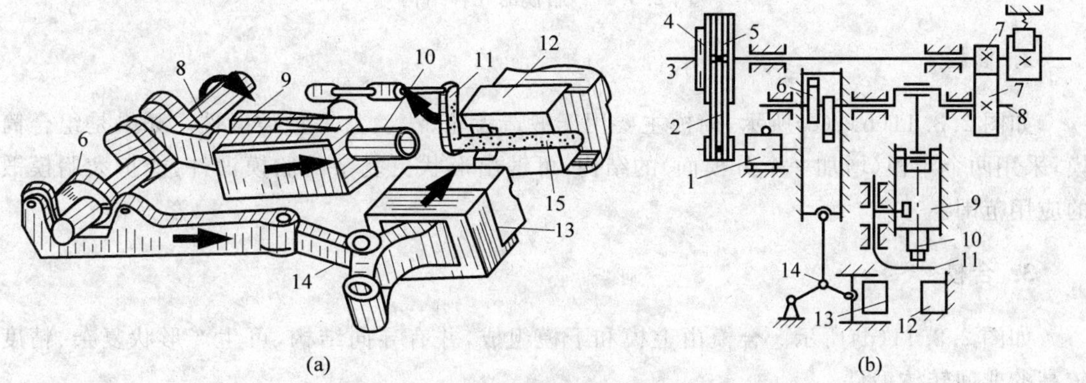

图 2.3.10 平锻机传动图

1—电动机；2—V 带；3—传动轴；4—离合器；5—带轮；6—凸轮；7—齿轮；8—曲轴；9—主滑块；10—凸模；11—挡料板；12—固定凹模；13—副滑块和活动凹模；14—杠杆；15—坯料

平锻机上模锻有如下特点：

(1) 扩大了模锻的范围，可以锻出锤上模锻和曲柄压力上模锻无法锻出的锻件。模锻工步主要以局部镦粗为主，也可以进行切飞边、切断和弯曲等工步。

(2) 锻件尺寸精确，表面粗糙度值小，生产率高。

(3) 节省金属，材料利用率高。

(4) 对非回转体及中心不对称的锻件较难锻造。平锻机的造价也较高，适用于大批量生产。

2.3.3 胎模锻

胎模锻(loose tooling forging)是在自由锻造设备上使用胎模生产模锻件的工艺方法。胎模锻一般采用自由锻造方法制坯，然后在胎模中成形。

胎模的种类较多，主要有扣模、筒模及合模 3 种。

1. 扣模

如图 2.3.11(a)所示，扣模用来对坯料进行全部或局部扣形，生产长杆非回转体锻件，也可以为合模锻造进行制坯。用扣模锻造时，坯料不转动。

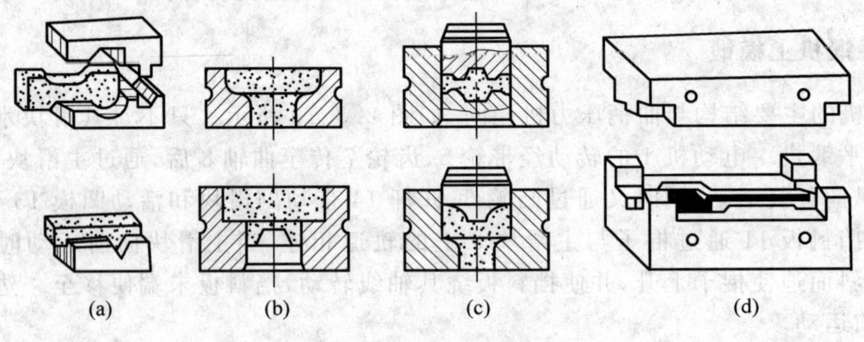

图 2.3.11 胎模的几种结构

2. 筒模

如图 2.3.11(b)、(c)所示，筒模主要用于锻造齿轮、法兰盘等盘类锻件。如果是组合筒模，采用两个半模(增加一个分模面)的结构，可锻出形状更复杂的胎模锻件，能扩大胎模锻的应用范围。

3. 合模

如图 2.3.11(d)所示。合模由上模和下模组成，并有导向结构，可生产形状复杂、精度较高的非回转体锻件。

由于胎模结构较简单，可提高锻件的精度，不需昂贵的模锻设备，故扩大了自由锻造生产的范围。但胎模易损坏，较其他模锻方法生产的锻件精度低，劳动强度大，故胎模锻只适用于没有模锻设备的中小型工厂中生产中小批量锻件。

2.3.4 模锻件的结构工艺性

设计模锻零件时，应根据模锻的特点和工艺要求，使其结构与模锻工艺相适应，以便于模锻生产和降低成本。为此，锻件的结构应符合下列原则。

(1) 模锻零件应具有合理的分模面，以使金属易于充满模膛，模锻件易于从锻模中取出，且工艺余块最少，锻模容易制造。分模面是指上、下锻模在模锻件上的分界面。它在锻件上的位置是否合适，关系到锻件成形、锻件出模、材料利用率及锻模加工等一系列问题。选定分模面的原则是：①应保证模锻件能从模膛中取出来。如图 2.3.12 所示轮形件，把分模面选定在 $a—a$ 面时，已成形的模锻件就无法取出。一般情况下，分模面应选在模锻件的最大截面处。②按选定的分模面制成锻模后，应使上、下两模分模面的模膛轮廓一致，以便在安装锻模和生产中容易发现错模现象，及时而方便地调整锻模位置。图 2.3.12 中的 $c—c$ 面被选定为分模面，就不符合此原则。③分模面应选在能使模膛深度最浅的位置上。这样有利于金属充满模膛，便于取件，并有利于锻模的制造。图 2.3.12 中的 $b—b$ 面就不适合做分模面。④选定的分模面应使零件上所加的工艺余块最少。图 2.3.12 中的$b—b$ 面被选作分模面时，零件中间的孔不能锻出来，孔部金属都是工艺余块，既浪费金属，又增加了切削加工的工作量。所以该面不宜作分模面。⑤分模面最好是一个平面，以便于锻模的制造，并防止锻造过程中上、下锻模错动。按上述原则综合分析，图 2.3.12 中的 $d—d$ 面是最合理的分模面。

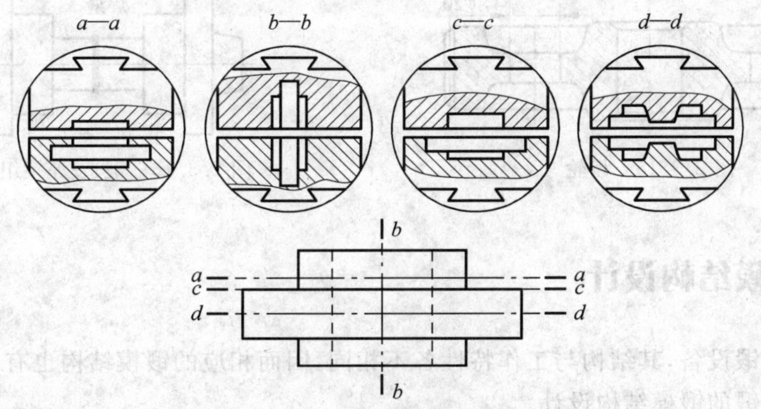

图 2.3.12 分模面的选择比较

(2) 模锻零件上，除与其他零件配合的表面外，均应设计为非加工表面。这是因为模锻件的尺寸精度较高，表面粗糙度值较小。模锻件的非加工表面之间形成的角应设计成模锻圆角，与分模面垂直的非加工表面应设计出模锻斜度。

(3) 零件的外形应力求简单、平直、对称，避免零件截面间差别过大，或具有薄壁、高肋等不良结构。一般说来，零件的最小截面与最大截面之比不要小于 0.5，否则不利于模锻成形。图 2.3.13(a)所示零件的凸缘太薄、太高，中间下凹太深，金属不易充型。图 2.3.13(b)所示零件过于扁薄，薄壁部分金属模锻时容易冷却，不易锻出，对保护设备和锻模也不利。

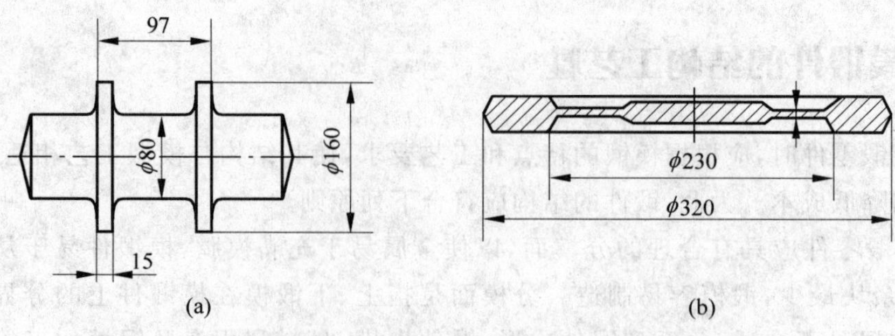

图 2.3.13 模锻件结构工艺性 1

图 2.3.14(a)所示零件有一个高而薄的凸缘，使锻模的制造和锻件的取出都很困难。若改成图 2.3.14(b)所示形状则较易锻造成形。

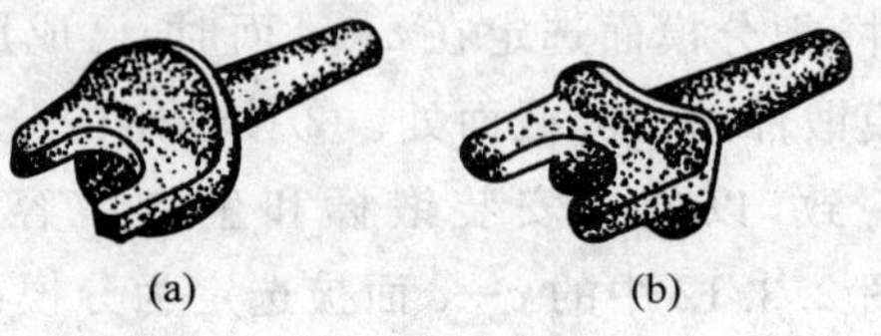

图 2.3.14 模锻件结构工艺性 2

(4) 在零件结构允许的条件下，应尽量避免有深孔或多孔结构。孔径小于 30 mm 或孔深大于直径的 2 倍时，锻造困难。如图 2.3.15 所示齿轮零件，为保证纤维组织的连贯性以及更好的力学性能，常采用模锻方法生产，但齿轮上的 4 个 ϕ20 mm 的孔不方便锻造，只能采用机加工成形。

(5) 对复杂锻件，为减少工艺余块，简化模锻工艺，在可能的条件下，应采用锻造——焊接或锻造——机械连接组合工艺，如图 2.3.16 所示。

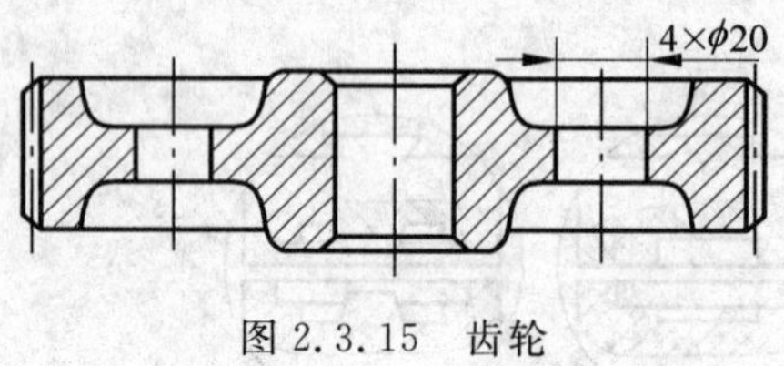

图 2.3.15 齿轮

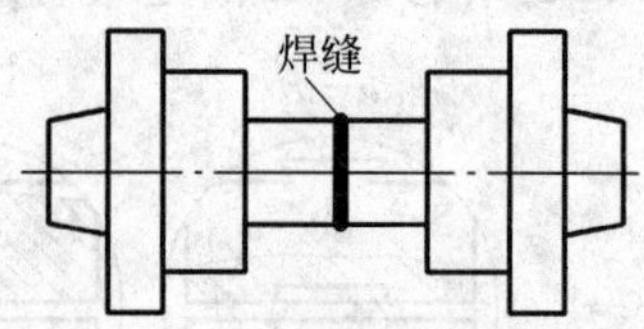

图 2.3.16 锻造-焊接组合件

2.3.5 锻模结构设计

不同的模锻设备，其结构与工作特性各不相同，因而相应的锻模结构也有差别。下面着重介绍锤上模锻的锻模结构设计。

锻模结构设计的任务主要是解决生产中某一种锻件所采用的各工步模膛在模块上的合理布排，模膛之间和模膛至模块边缘的壁厚，模块的尺寸、质量、纤维方向要求，以及平衡错移力的锁扣形式。

锤锻模主要是整体结构。图 2.3.17 所示汽车连杆锻模为常用的锤锻模结构，其上、下模块分别通过楔铁和键块与模锻锤的锤头和下模座燕尾处配合紧固。下面以汽车连杆锤锻模为例，介绍锻模的结构设计方法。

1. 模膛布置

锻模分模面上的模膛布置要根据模膛数、各模膛的作用以及操作是否方便来确定。原

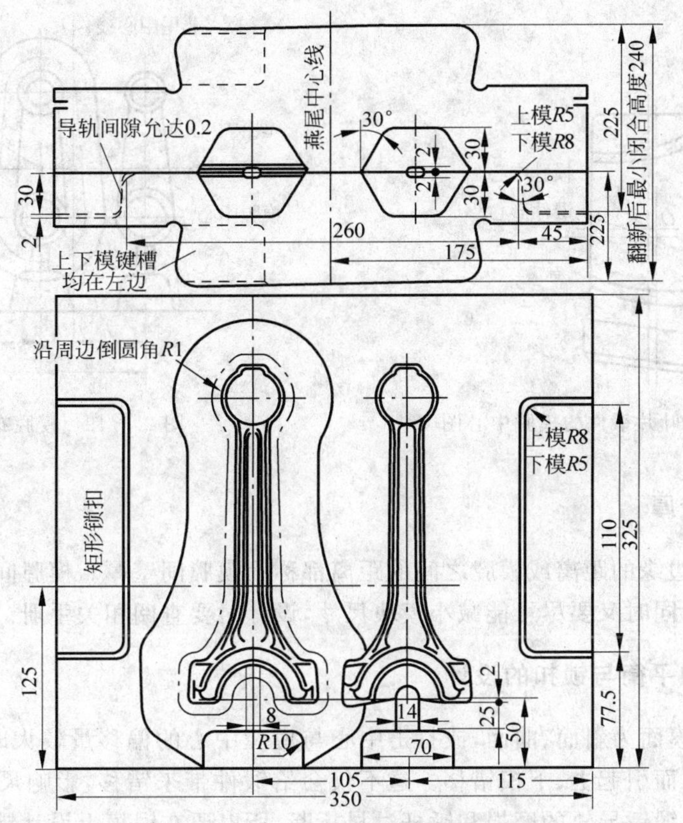

图 2.3.17　汽车连杆锤锻模

则上应使模膛中心(模膛承受反作用力的合力点)与理论上的打击中心(燕尾中心线与键槽中心线的交点)重合,以使锤击力与锻件的反作用力处于同一垂直线上,从而减小锤杆承受的偏心力矩,以延长锤杆的使用寿命,减小导轨的磨损和模块燕尾的偏心载荷。在保证应有的打击能量和锻模有足够强度的前提下,应尽量减少模块尺寸,这样,模块寿命长,锻件精度高。其布置原则及方法如下:

(1) 锻模上无预锻模膛时,终锻模膛中心应与锻模中心重合。对变形抗力分布不均匀的锻件,例如,厚薄不等的叶片类锻件(图 2.3.18),较薄的一侧温度下降快,变形抗力急剧上升,而且三向压应力状态较强,这时模膛中心应由锻件的形心向变形抗力较大的薄边移动。

(2) 当设有预锻模膛时,偏心打击将不可避免,这时应把预锻模膛和终锻模膛分设在锻模中心的两旁,并同时在键槽中心线上,使 $a/b \leqslant 1/2$ 或 $a \leqslant L/3$,如图 2.3.19 所示。

(3) 布置制坯模膛。第一道制坯工步应当安排在吹风管的对面,以避免氧化皮落在终锻模膛里。生产上一般把加热炉、模锻锤、切边压力机由左到右顺序排列,压缩空气喷嘴往往固定在机架右侧,因此,第一道工步应放在锻模左侧进行。其他制坯模膛则应按模锻操作顺序安排,以便减少毛坯往返移动的次数。弯曲模膛的位置要便于弯曲后可直接把毛坯送到终锻模膛中。

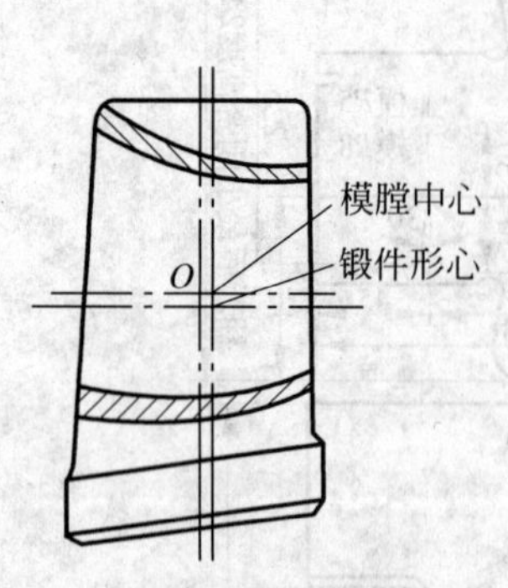

图 2.3.18 叶片锻件的模膛中心图

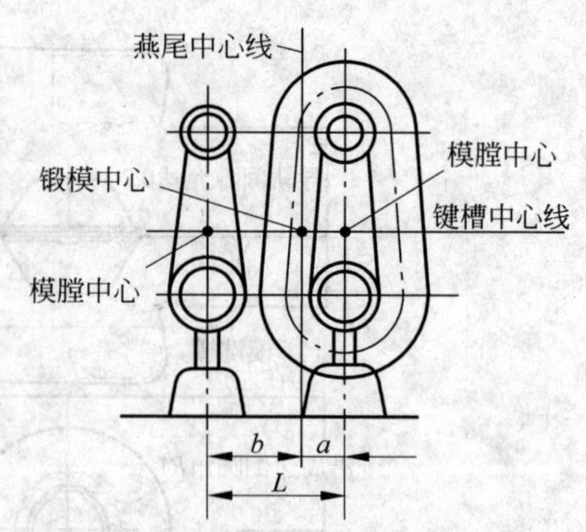

图 2.3.19 模膛布置

2. 模膛间壁厚

模膛至模块边缘的距离或模膛之间的距离都称为模膛间壁厚。模膛间壁厚应保证有足够的强度和刚度,同时又要尽可能减小模块尺寸,设计时要查阅相关手册。

3. 错移力的平衡与锁扣的设计

当锻件的分模面为斜面、曲面,或打击中心与模膛中心的偏移量较大时,模锻过程中将产生水平分力,从而引起上、下模错移。这不仅会给锻件带来错移,影响尺寸精度和加工余量,而且还会加速锻锤导轨的磨损和锤杆过早折断,所以要在锻模上设计锁扣来平衡这种水平错移力。锁扣就是在上模某个位置做出凸台,在下模的对应位置凹进,凸出面和凹进面有一定斜度和间隙的附加部分(见图 2.3.17 两边的矩形锁扣)。

4. 模块尺寸及要求

模块尺寸除与模膛数、模膛尺寸、排列方式和模膛间最小壁厚有关外,还需考虑下列问题:

(1) 承击面　承击面是指锻锤空击时上、下模块的实际接触面积,但不包括模膛、飞边槽、锁扣和钳口所占面积。承击面太小,容易压塌分模面,它与锻锤吨位大小有关。最小承击面积与锻锤吨位的关系可查相关手册。

(2) 锻模高度　锻模高度根据模膛最大深度和锻锤的最小闭合高度确定。考虑到锻模翻修的需要,通常锻模总高度 $H_{模}$ 是锻锤最小闭合高度的 1.35～1.45 倍。若 $H_{模}$ 太小,则上、下模合不拢,锻件打不到,甚至可能撞掉锻锤汽缸底;若 $H_{模}$ 太大,则将缩短锤头行程,降低打击能量。

(3) 模块的锻造要求　用来加工制造锻模的模块,要求锻造比达到 3 以上,应打碎铸造组织、碳化物及杂质、锻合空洞,增加致密度。锻模纤维方向的正确安排应该是对于长轴类锻件,模块的纤维方向与燕尾方向一致;对于圆盘类锻件,应与键槽方向一致。

2.3.6 切边与冲连皮模的设计

开式模锻件沿分模面周围有一圈飞边，内孔有连皮，锻后通常在切边压力机上切除飞边和冲掉连皮。

切边模和冲连皮模主要是由凸模(冲头)和凹模组成的。切边时，锻件放在凹模刃口上，在凸模的推压下，锻件的飞边被凹模刃口剪切而与锻件分离(图 2.3.20)。由于凸、凹模之间存在间隙，因此在剪切过程中伴有弯曲和拉伸的现象。通常切边凸模只起传递压力的作用，推压锻件；而凹模的刃口起剪切作用。冲连皮时，凹模起支承锻件的作用，而凸模起剪切作用。

切飞边凹模周边形状应按锻件分模面周围的形状制造。热切边时按锻件尺寸加约1.2%的收缩率。凹模周围有刃口，其结构如图 2.3.21 所示。

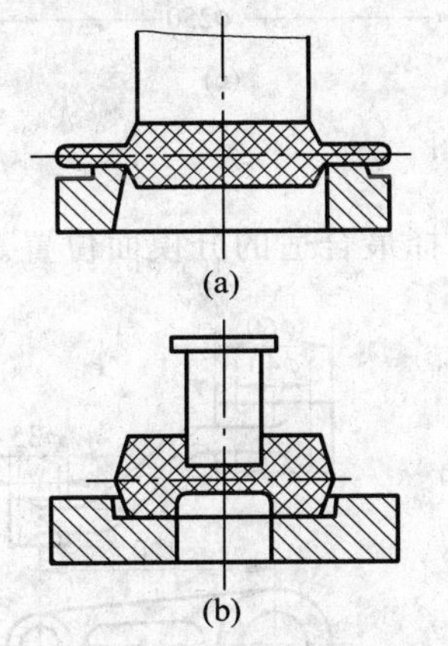

图 2.3.20 切边模和冲连皮模示意图

(a) 切边模；(b) 冲连皮模

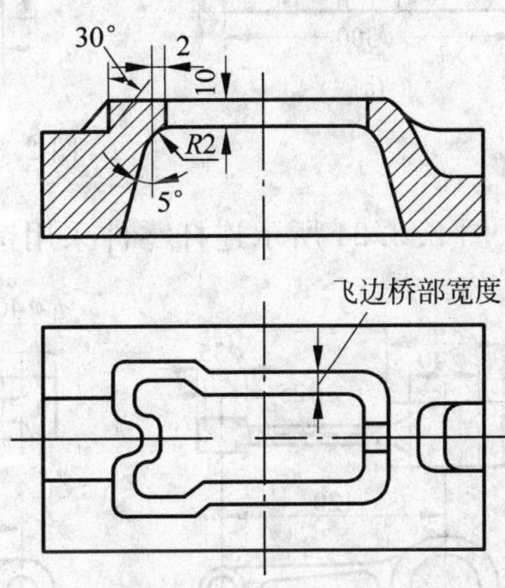

图 2.3.21 切边凹模

切边模的凸模形状要使冲切力能均匀地加在锻件各部分，并作用在凹模全部刃口上。常用的 4 种凸模形式如图 2.3.22 所示。

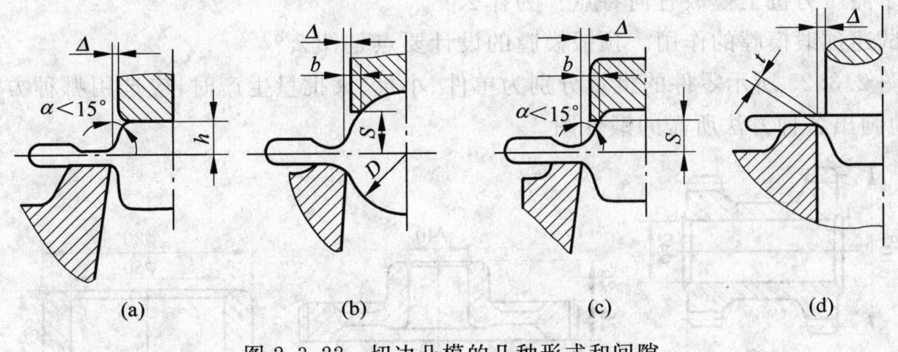

图 2.3.22 切边凸模的几种形式和间隙

凸、凹模之间要有间隙，间隙 Δ 的大小要根据锻件的形状和大小确定，具体尺寸查相关手册。

冲切连皮的凸模刃口设在凸模端部,凸模直径按锻件孔径的基本尺寸设计。当一个锻件同时要切边和冲孔时,可以采用切边、冲孔复合模。

思考练习题

1. 如何确定分模面的位置?为什么模锻生产中不能直接锻出通孔?

2. 图 2.3.23 所示零件的结构是否适合于模锻生产?为什么?如何改进?

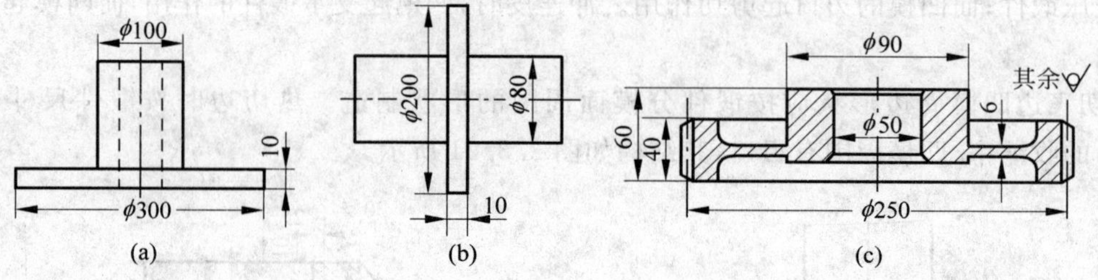

图 2.3.23 思考练习题 2 图

3. 图 2.3.24 所示连杆零件采用锤上模锻制造,请选择最合适的分模面位置。

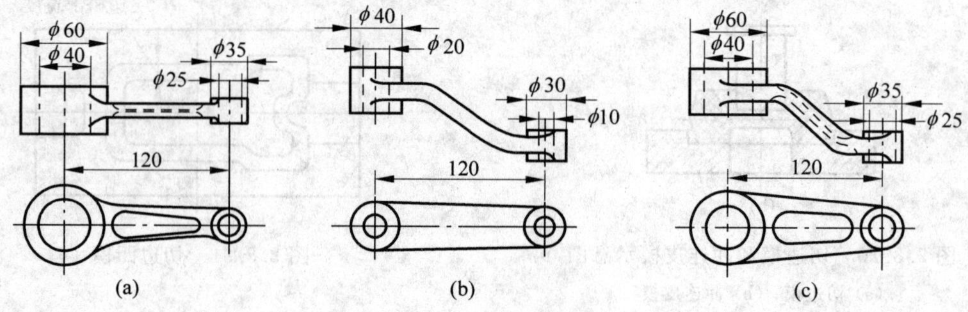

图 2.3.24 思考练习题 3 图

4. 为什么胎模锻可以锻造出形状较为复杂的模锻件?

5. 摩擦压力机上模锻有何特点?为什么?

6. 试述预锻模膛的作用。预锻模膛的设计要点是什么?

7. 图 2.3.25 所示零件的批量分别为单件、小批、大批量生产时,应选用哪种方法制造?请定性地画出各种方法所需的锻件图。

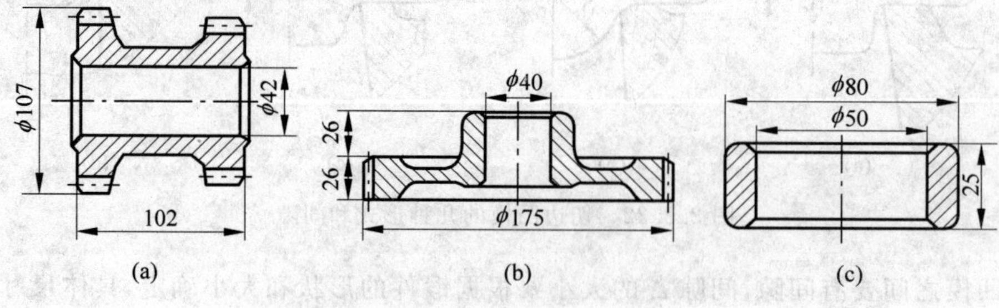

图 2.3.25 思考练习题 7 图

8. 下列制品选用哪种锻造方法制作？

活扳手(大批量)　家用炉钩(单件)　自行车大梁(大批量)　铣床主轴(成批)

大六角螺钉(成批)　起重机吊钩(小批)　万吨轮主传动轴(单件)

2.4 板料冲压

冲压(stamping)加工是金属塑性成形加工的基本方法之一。它是通过装在压力机上的模具对板料施加压力，使之产生分离或变形，从而获得一定形状、尺寸和性能的零件或毛坯的加工方法。因为通常是在常温条件下进行，且主要采用板料来加工，故又称为冷冲压或板料冲压。只有当板料厚度超过 8 mm 或材料塑性较差时才采用热冲压。

板料冲压与其他加工方法相比具有以下特点：

(1) 可制造其他加工方法难以加工或无法加工的形状复杂的薄壁零件。

(2) 可获得尺寸精度高、表面光洁、质量稳定、互换性好的零件或制品，一般不再进行机械加工即可装配使用。

(3) 生产率高，操作简便，成本低，工艺过程易实现机械化和自动化。

(4) 可利用塑性变形的冷变形强化提高零件的力学性能，在材料消耗少的情况下获得强度高、刚度大、质量小的零件。

(5) 冲压模具结构较复杂，加工精度高，制造成本高，因此板料冲压加工一般适用于大批量生产。

由于冲压加工具有上述特点，因而其应用范围极广，几乎在一切制造金属成品的工业部门中都被广泛采用。尤其在现代汽车、拖拉机、家用电器、仪器仪表、飞机、导弹、兵器以及日用品生产中占有重要地位。

板料冲压所用原材料，特别是制造中空的杯状产品时，必须具有足够的塑性。常用的金属板料有低碳钢、高塑性的合金钢、不锈钢、铜合金、铝合金、镁合金等。非金属材料中的石棉板、硬橡胶、皮革、绝缘纸、纤维板等也广泛采用冲压成形。

2.4.1 冲压基本工序

板料冲压的基本工序很多，但概括起来可分为两大类：分离工序和变形工序。

1. 分离工序

分离工序是使坯料的一部分与另一部分相互分离的工序，如落料及冲孔、修整、切断等。

1) 落料及冲孔

落料(blanking)及冲孔(punching)统称为冲裁。冲裁是使坯料按封闭轮廓分离的工序。落料时，冲落部分为成品，余料为废料；冲孔时，冲落部分是废料，余料部分为成品，如图 2.4.1 所示。

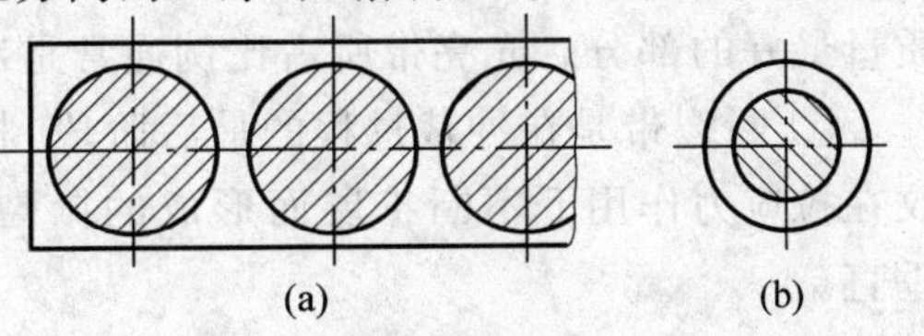

图 2.4.1　垫圈的落料与冲孔

(a) 落料；(b) 冲孔

(1) 冲裁变形过程

冲裁时板料的变形和分离过程对冲裁件质量有很大影响。其过程可分为如下 3 个阶段(图 2.4.2)。

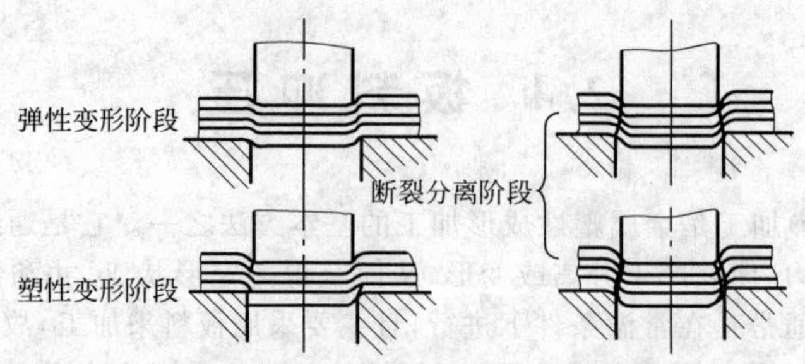

图 2.4.2 冲裁变形和分离过程

① 弹性变形阶段 冲头(凸模)接触板料继续向下运动的初始阶段,将使板料产生弹性压缩、拉伸与弯曲等变形,板料中的应力值迅速增大。此时,凸模下的板料略有弯曲,凸模周围的板料则向上翘。凸、凹模之间的间隙越大,弯曲和上翘越明显。

② 塑性变形阶段 冲头继续向下运动,板料中的应力值达到屈服极限,板料金属产生塑性变形。变形达到一定程度时,位于凸、凹模刃口处的金属硬化加剧,出现微裂纹。

③ 断裂分离阶段 冲头继续向下运动,已形成的上、下裂纹逐渐扩展。上、下裂纹相遇重合后,板料被剪断分离。

(2) 冲裁件质量

冲裁件质量主要是指切断面质量、表面质量、形状误差和尺寸精度。对于冲裁工序而言,冲裁件切断面质量往往是关系到工序成功与否的重要因素。从图 2.4.3 中能够看到,冲裁件切断面可以明显地分为 4 个部分:光亮带;断裂带;圆角;毛刺。

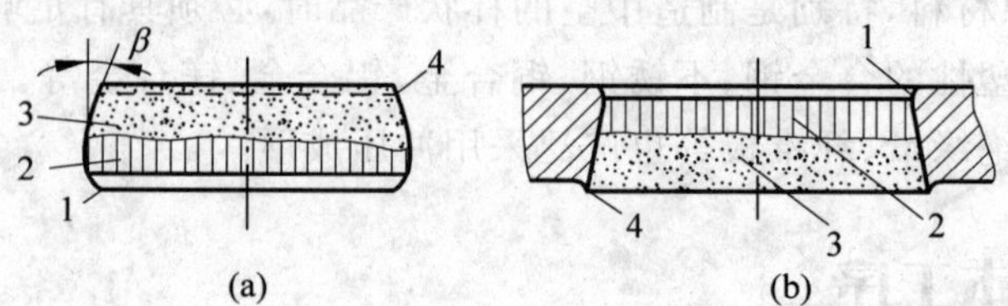

图 2.4.3 冲裁件切断面特征

(a) 落料件; (b) 冲孔件

1—圆角; 2—光亮带; 3—断裂带; 4—毛刺

① 光亮带是在冲裁过程中模具刃口切入材料后,材料与模具刃口侧面挤压而产生塑性变形的结果。光亮带部分由于具有挤压特征,表面光洁垂直,是冲裁件切断面上精度最高、质量最好的部分。光亮带所占比例通常是冲裁件断面厚度的 1/3~1/2。

② 断裂带是在冲裁过程的最后阶段,材料剪断分离时形成的区域,是模具刃口附近裂纹在拉应力作用下不断扩展而形成的撕裂面。断裂带表面粗糙并略带斜角,不与板平面垂直。

③ 圆角形成的原因,是当模具压入材料时刃口附近的材料被牵连变形的结果,材料塑性越好,圆角带越大。

④ 毛刺是在冲裁过程中出现微裂纹时形成的,随后已形成的毛刺被拉长,并残留在冲裁件上。

影响冲裁件切断面质量的因素很多,切断面上的光亮带、断裂带、圆角、毛刺等 4 个部分,各自所占断面厚度的比例也随着制件材料、模具和设备等各种冲裁条件不同而变化。

冲裁件切断面的质量主要与凸凹模间隙、刃口锋利程度有关,同时也受模具结构、材料性能及板料厚度等因素影响。

(3) 凸凹模间隙

凸凹模间隙不仅严重影响冲裁件的断面质量,也影响着模具寿命、卸料力、推件力、冲裁力和冲裁件的尺寸精度。

如图 2.4.4 所示,当冲裁间隙合理时,凸、凹模刃口冲裁所产生的上、下剪裂纹会基本重合,获得的工件断面较光洁,毛刺最小;若间隙过小,则上、下剪裂纹向外错开,在冲裁件断面上会形成毛刺和迭层;若间隙过大,则上、下裂纹向里错开,材料中拉应力增大,塑性变形阶段过早结束,不仅光亮带小,毛刺和断裂带均较大。

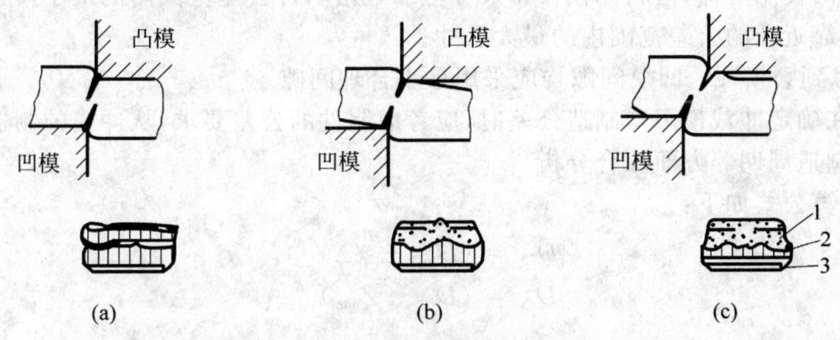

图 2.4.4 冲裁间隙对断面质量的影响

(a) 间隙过小;(b) 间隙合适;(c) 间隙过大

1—断裂带;2—光亮带;3—塌角

间隙的大小也影响模具的寿命。间隙越小,摩擦越严重,模具的寿命将降低。间隙对卸料力、推件力也有较明显的影响。间隙越大,卸料力和推件力越小。

因此,正确选择合理的间隙值对冲裁生产是至关重要的。当冲裁件断面质量要求较高时,应选取较小的间隙值。对冲裁件断面质量无严格要求时,应尽可能加大间隙,以利于提高冲模寿命。

单边间隙($Z/2$)的合理数值可按下述经验公式计算:

$$Z = 2mt \tag{2-4-1}$$

式中,t 为板料厚度,mm;m 为与板料性能及厚度有关的系数。

实用中,板料较薄时,m 可以选用如下数据:

低碳钢、纯铁　$m=0.06\sim0.09$

铜、铝合金　$m=0.06\sim0.1$

高碳钢　$m=0.08\sim0.12$

当板料厚度 $t>3$ mm 时,由于冲裁力较大,应适当把系数 m 放大。对冲裁件断面质量没有特殊要求时,系数 m 可放大 1.5 倍。

(4) 凸凹模刃口部分尺寸的确定

冲裁模的合理间隙是由凸模和凹模的刃口工作尺寸及其公差来保证的。在计算凸、凹模刃口尺寸时,需要考虑材料冲压变形规律、模具制造要求、模具工作磨损及冲裁件尺寸精度等因素。在实际冲裁中,应注意如下一些现象:落料件和冲孔件的切断面都带有斜度,即在同一切断面有大端尺寸和小端尺寸;落料件的大端尺寸与凹模尺寸接近,冲孔件小端尺寸与凸模尺寸接近,在测量和使用冲裁件时,落料件是以大端为基准,冲孔件是以小端为基准的;在冲裁生产过程中,凸、凹模磨损的结果是使间隙增大。

决定模具刃口尺寸及制造公差时需要遵循以下几项原则:

① 设计落料模时,以凹模为基准,按落料件先确定凹模刃口尺寸,然后根据选取的间隙值再确定凸模刃口尺寸。

② 设计冲孔模时,以凸模为基准,按冲孔件先确定凸模刃口尺寸,然后根据选取的间隙值再确定凹模刃口尺寸。

③ 由于冲模在使用过程中有磨损,磨损的结果使落料件尺寸增大,冲孔尺寸减小。为了保证模具的使用寿命,落料凹模刃口尺寸应靠近落料件公差范围内的最小尺寸,冲孔凸模刃口尺寸应靠近孔的公差范围内的最大尺寸。

④ 考虑到磨损,凸、凹模间隙均应采用最小合理间隙。

同时,在确定冲裁模刃口制造公差时,应考虑制件的公差要求,从冲模的制造成本、制造难易程度、制造周期等方面综合分析。

具体计算公式如下:

落料

$$D_{凹} = (D_{max} - \chi\Delta)^{+\delta_{凹}}_{0} \tag{2-4-2}$$

$$D_{凸} = (D_{凹} - Z_{min})^{0}_{-\delta_{凸}} \tag{2-4-3}$$

冲孔

$$d_{凸} = (d_{min} + \chi\Delta)^{0}_{-\delta_{凸}} \tag{2-4-4}$$

$$d_{凹} = (d_{凸} + Z_{min})^{+\delta_{凹}}_{0} \tag{2-4-5}$$

式中,$D_{凹}$、$D_{凸}$分别为落料凹模和凸模的基本尺寸,mm;$d_{凸}$、$d_{凹}$分别为冲孔凸模和凹模的基本尺寸,mm;D_{max}为落料件的最大极限尺寸,mm;d_{min}为冲孔件的最小极限尺寸,mm;Δ为冲裁件的公差,mm;χ为磨损系数,其值在0.5～1之间,与冲裁精度有关,当工件公差为IT10以上时,$\chi=1$,当工件公差为IT11～ IT13时,$\chi=0.75$,当工件公差为IT14以下时,$\chi=0.5$;$\delta_{凹}$、$\delta_{凸}$分别为凹模和凸模的制造公差。

冲模的加工方式有凸、凹模分别加工和配合加工两种,其刃口尺寸计算和模具制造公差的标注也不相同。凸模与凹模分别加工的方式主要适用于冲裁圆形或简单形状的零件。

(5) 冲裁件的排样

排样是指落料件在条料、带料或板料上合理布置的方法。排样合理可使废料最少,材料利用率高。图2.4.5所示为同一个冲裁件采用4种不同排样方式时材料消耗的对比情况。

落料件的排样有两种类型:无搭边排样和有搭边排样。

无搭边排样是利用落料件开头的一个边作为另一个落料件的边缘,见图2.4.5(d)。这种排样,材料利用率很高,但毛刺不在同一个平面上,而且尺寸不容易准确,因此只用于对冲裁件质量要求不高的场合。

有搭边排样是在各个落料件之间均留有一定尺寸的搭边。其优点是毛刺小,而且在同

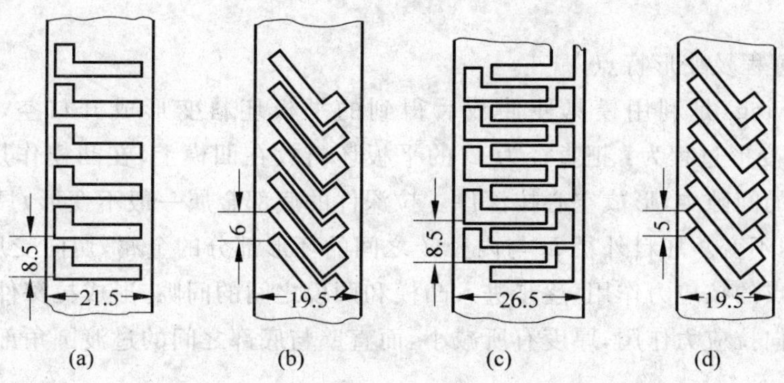

图 2.4.5 不同排样方式材料消耗对比

(a) 182.7 mm^2；(b) 117 mm^2；(c) 112.63 mm^2；(d) 97.5 mm^2

一个平面上，冲裁件尺寸准确，质量较高，但材料消耗多。

(6) 冲裁力的计算

计算冲裁力的目的是为选择冲压设备和设计模具提供依据。平刃冲裁力按下式计算：

$$F = KLt\tau \approx Lt\sigma_b \tag{2-4-6}$$

式中，F 为冲裁力，N；L 为冲裁力周边长度，mm；t 为板料厚度，mm；τ 为材料抗剪强度，MPa；σ_b 为材料抗拉强度，MPa；K 为安全系数，它考虑到模具刃口磨损变钝，凸、凹模间隙不均，材料性能和厚度偏差等因素的影响，一般取 $K=1.3$。

2) 修整

修整(shaving)是利用修整模沿冲裁件外缘或内孔刮削一薄层金属，以切掉冲裁件上的剪裂带和毛刺，获得平直而光洁的断面，从而提高冲裁件的尺寸精度(IT6～IT7)，降低表面粗糙度值(Ra0.8～0.4 μm)。修整冲裁件的外形称外缘修整，修整冲裁件的内孔称内孔修整，如图 2.4.6 所示。

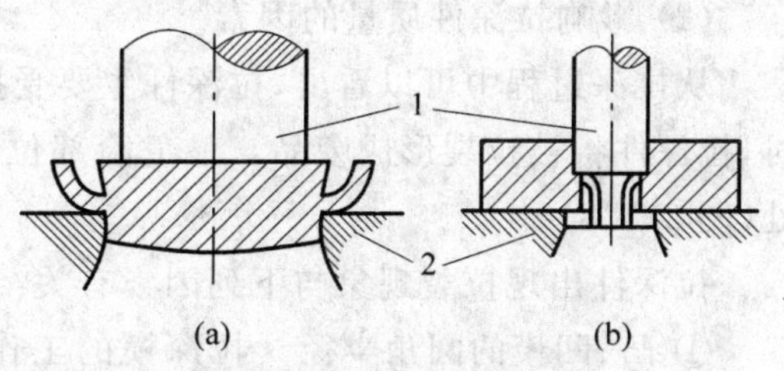

图 2.4.6 修整工序简图

(a) 外缘修整；(b) 内孔修整

1—凸模；2—凹模

修整的机理与冲裁完全不同，而与切削加工相似。对于大间隙冲裁件，单边修整量一般为板料厚度的 10%；对于小间隙冲裁件，单边修整量在板料厚度的 8%以下。当冲裁件的修整总量大于一次修整量时，或板料厚度大于 3 mm 时，均需多次修整。

外缘修整模的凸、凹模间隙，单边取 0.001～0.01 mm。也可以采用负间隙修整，即凸模刃口尺寸大于凹模刃口尺寸的修整工艺。

3) 切断

切断(shearing)是指用剪刃或冲模将板料沿不封闭轮廓进行分离的工序。

剪刃安装在剪床上，把大板料剪切成一定宽度的条料，供下一步冲压工序用。也可把冲刃安装在冲床上，用以制取形状简单、精度要求不高的平板件。

2. 变形工序

变形工序是使坯料的一部分相对于另一部分产生位移而不破裂的工序，如拉深、弯曲、翻边、胀形等。

1）拉深

（1）拉深过程及变形特点

拉深(drawing)是利用模具使冲裁后得到的平板坯料变形成开口空心零件的工序（图 2.4.7）。其变形过程为：把直径为 D 的平板坯料放在凹模上，在凸模作用下，坯料被拉入凸模和凹模的间隙中，形成空心拉深件。拉深件的底部金属一般不变形，只起传递拉力的作用，厚度基本不变。坯料外径 D 与内径 d 之间的环形部分的金属，切向受压应力作用，径向受超过屈服点的拉应力作用，逐步进入凸模和凹模之间的间隙，形成拉深件的直壁。直壁本身主要受轴向拉应力作用，厚度有所减小，而直壁与底部之间的过渡圆角部分被拉薄得最为严重。

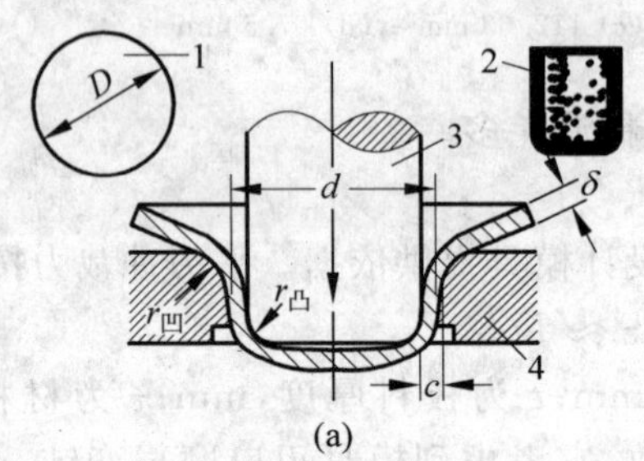

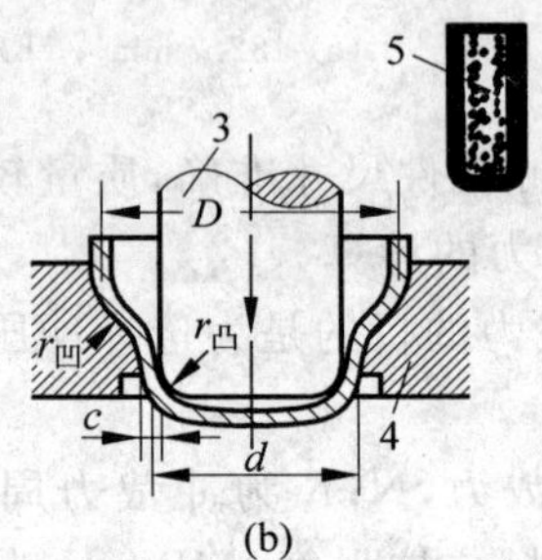

图 2.4.7 拉深工序

(a) 第一次拉深；(b) 第二次拉深

1—坯料；2—第一次拉深成品(即第二次拉深的坯料)；3—凸模；4—凹模；5—成品

（2）影响拉深件质量的因素

从拉深过程中可以看出，拉深件主要受拉应力作用。当拉应力值超过材料的强度极限时，拉深件将被拉裂形成废品。最危险部位是直壁与底部的过渡圆角处（图 2.4.8）。

图 2.4.8 拉穿废品

拉深件出现拉裂现象与下列因素有关：

① 凸、凹模的圆角半径　拉深模的工作部分不能是锋利的刃口，必须做成一定的圆角。对于钢的拉深件，取 $r_{凹}=10\delta$，而 $r_{凸}=(0.6\sim1)r_{凹}$。这两个圆角半径过小时，则容易将板料拉穿。

② 凸、凹模间隙　拉深模的凸、凹模间隙远比冲裁模的大，一般取单边间隙 $c=(1.1\sim1.2)\delta$。间隙过小，模具与拉深件间的摩擦力增大，易拉穿工件和擦伤工件表面，且降低模具寿命。间隙过大，又容易使拉深件起皱，影响拉深件的尺寸精度。

③ 拉深系数　拉深直径 d 与坯料直径 D 的比值称为拉深系数，用 m 表示。它是衡量拉深变形程度的指标。m 越小，表明拉深件直径越小，变形程度越大，坯料被拉入凹模越困难，易产生拉穿废品。一般情况下，拉深系数 $m\geqslant0.5\sim0.8$。坯料塑性差取上限，坯料塑性好取下限。如果拉深系数过小，不能一次拉深成形，则可采用多次拉深工艺（图 2.4.9）。但多次拉深过程中，冷变形强化现象严重。为保证坯料具有足够的塑性，在一两次拉深后，应安排工序间的退火处理。其次，在多次拉深中，拉深系数应一次比一次略大一些，以确保拉深件的质量，使生产顺利进行。总拉深系数值等于各次拉深系数的乘积。

④ 润滑 为了减少摩擦、降低拉深件壁部的拉应力和减小模具的磨损，拉深时通常要加润滑剂或对坯料进行表面处理。

拉深过程中另一种常见缺陷是起皱(图 2.4.10)。这是法兰部分在切向压应力作用下容易发生的现象。拉深件严重起皱后，法兰部分的金属更难通过凸、凹模间隙，致使坯料被拉断而报废。轻微起皱，法兰部分的金属勉强通过间隙，也会在产品侧壁留下起皱痕迹，影响产品质量。为防止起皱，可采用设置压边圈来解决(图 2.4.11)。起皱现象与毛坯的相对厚度(δ/D)和拉深系数有关。相对厚度越小或拉深系数越小，越容易起皱。

2) 弯曲

弯曲(bending)是将坯料弯成具有一定角度和曲率的变形工序(图 2.4.12)。弯曲过程

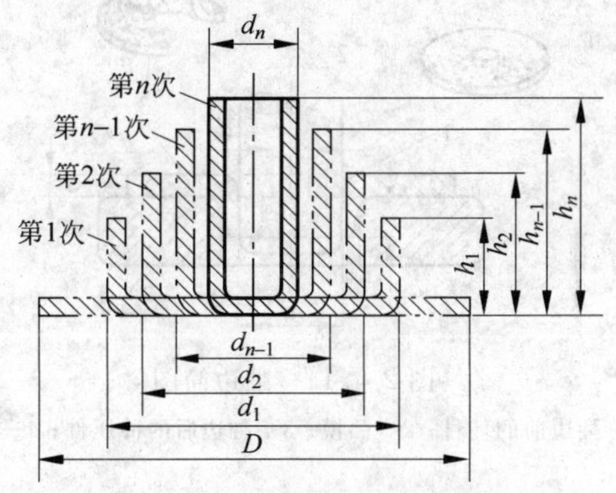

图 2.4.9 多次拉深时圆筒直径的变化

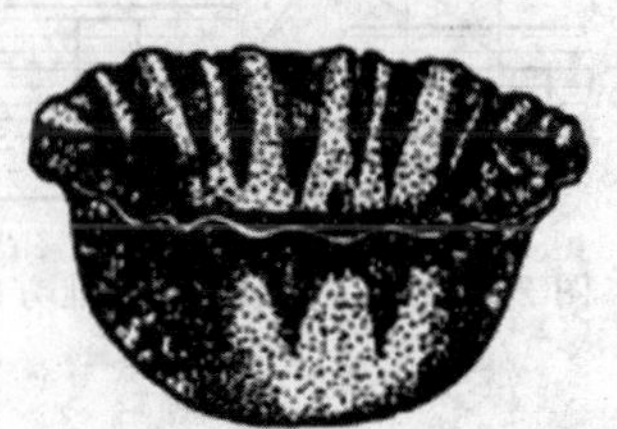

图 2.4.10 起皱拉深件

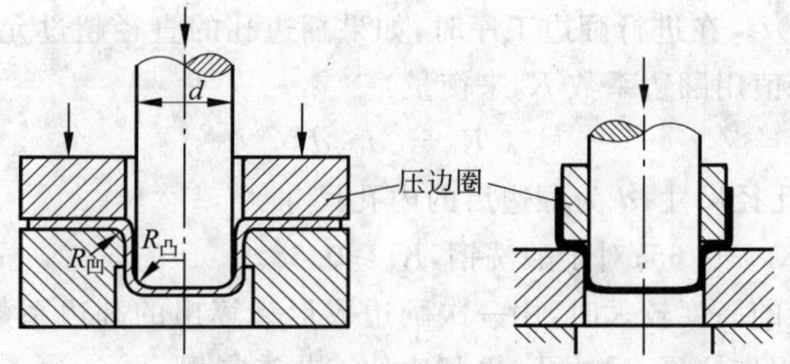

图 2.4.11 有压边圈的拉深

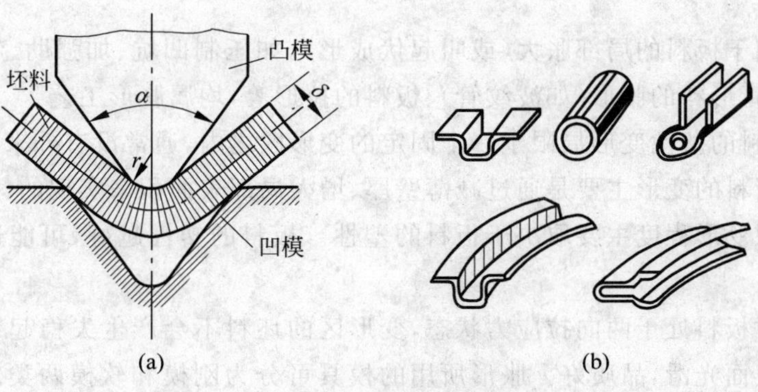

图 2.4.12 弯曲过程中金属变形简图

(a) 弯曲过程；(b) 弯曲产品

中，板料弯曲部分的内侧受压缩，外层受拉伸。当外侧的拉应力超过板料的抗拉强度时，即会造成金属破裂。板料越厚，内弯曲半径 r 越小，拉应力就越大，越容易弯裂。为防止弯裂，最小弯曲半径应为 $r_{\min}=(0.25\sim1)\delta$。若材料塑性好，弯曲半径则可小一些。

弯曲时还应尽可能使弯曲线与板料纤维方向垂直(图 2.4.13)。若弯曲线与纤维方向一致，则容易产生破裂。此时应增大弯曲半径。

在弯曲结束后，由于弹性变形的恢复，板料略微弹回一点，使被弯曲的角度增大，此现象称为回弹。一般回弹角为 0°～10°。因此，在设计弯曲模时，必须使模具的角度比成品件角度小一个回弹角，以保证成品件的弯曲角度准确。

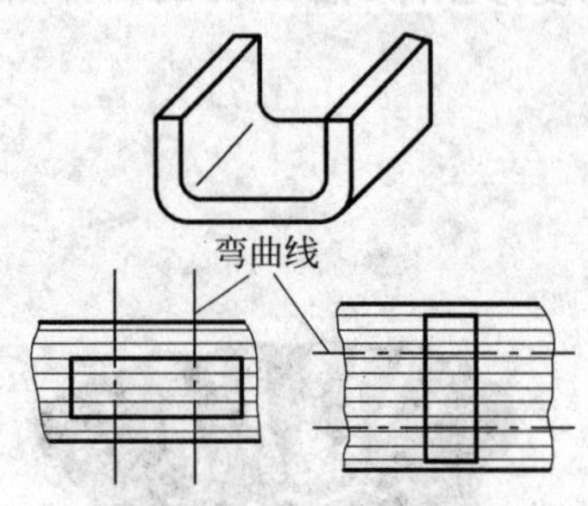

图 2.4.13 弯曲时的纤维方向

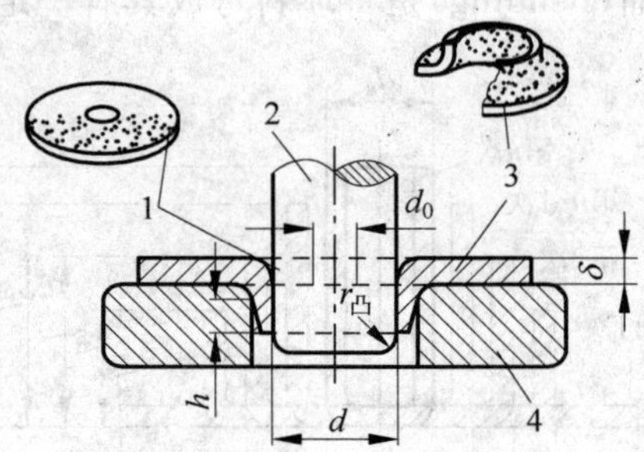

图 2.4.14 翻边简图

1—翻边前的坯件；2—凸模；3—翻边后的冲压件；4—凹模

3）翻边

翻边(flanging)是在带孔的平坯料上用扩孔的方法获得凸缘的工序(图 2.4.14)。凸模圆角半径 $r_凸=(4\sim9)t$。在进行翻边工序时，如果翻边孔的直径超过允许值，则会使孔的边缘造成破裂。其允许值用翻边系数 K_0 来衡量：

$$K_0 = d_0/d \tag{2-4-7}$$

式中，d_0 为翻边前的孔径尺寸；d 为翻边后的内孔尺寸。

对于镀锡铁皮，$K_0\geqslant0.65$；对于酸洗钢，$K_0\geqslant0.68$。

当零件所需凸缘的高度较大时，用一次翻边成形计算出的翻边系数 K_0 值很小，直接成形无法实现，则可采用先拉深、后冲孔、再翻边的工艺来实现。

4）胀形

胀形主要用于板料的局部胀大(或叫起伏成形)，如压制凹坑、加强肋、起伏形的花纹及标记等。另外，管形料的胀形(如波纹管)、板料的拉形等，均属胀形工艺。

胀形时，板料的塑性变形局限于一个固定的变形区之内，通常没有外来材料进入变形区内。变形区内板料的变形主要是通过减薄壁厚、增大局部表面积来实现的。

胀形的极限变形程度主要取决于板料的塑性。板料的塑性越好，可能达到的极限变形程度就越大。

由于胀形时板料处于两向拉应力状态，变形区的坯料不会产生失稳起皱现象，因此，胀压成形的零件表面光滑，品质好。胀形所用的模具可分为刚模和软模两类。软模胀形时板料的变形比较均匀，容易保证零件的精度，便于成形复杂的空心零件，所以在生产过程中广泛应用。用软凸模胀形的两种形式如图 2.4.15 所示。

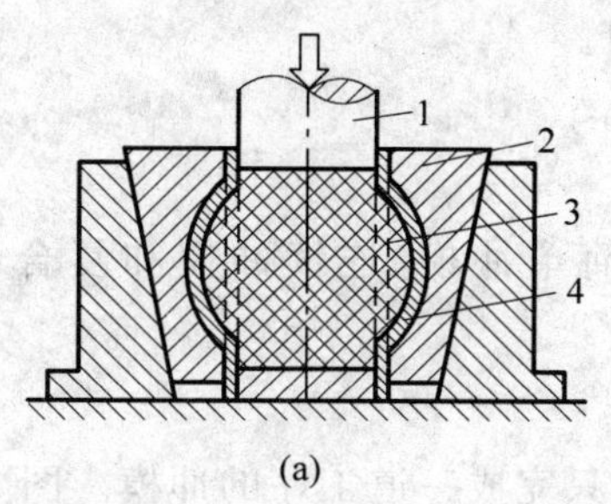

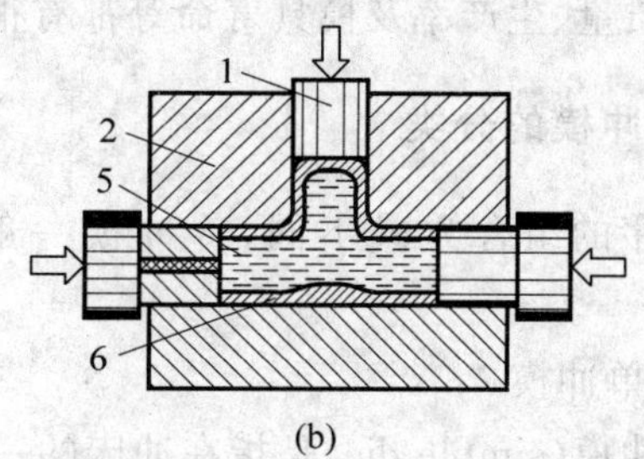

图 2.4.15 用软凸模的胀形

(a) 用软胶模胀形；(b) 用液体胀形

1—凸模；2—凹模；3—软胶膜；4,6—胀形件；5—液体

5) 旋压

图 2.4.16 所示是用圆头擀棒的旋压过程(虚线表示板料的连续位置)。顶块把板料压紧在模具上,机床主轴带动模具和板料一同旋转,手工操作擀棒加压于板料,反复压碾,使板料逐渐贴于模具上而成形。旋压的基本要点是:

(1) 合理的转速 主轴如果转速太低,板料将不稳定;如果转速太高,则板料容易过度辗薄。一般来说,低碳钢的合理转速为 400～600 r/min,铝的合理转速为 800～1200 r/min。当板料直径较大、厚度较薄时取下限,反之取上限。

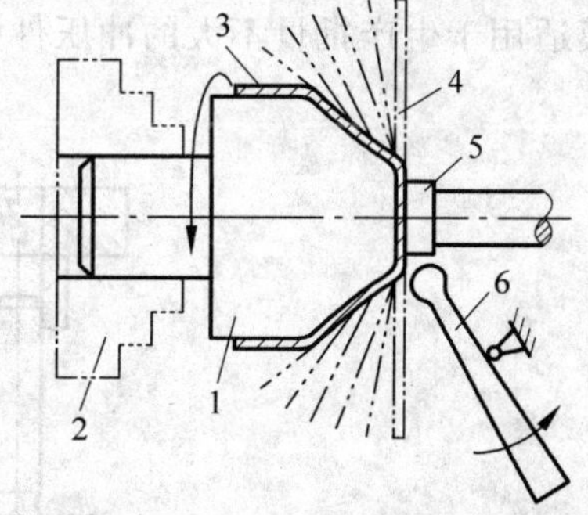

图 2.4.16 用圆头擀棒的旋压过程

1—芯模；2—卡盘；3—旋压件；4—板料；5—顶块；6—擀棒

(2) 合理的过渡形状 先从板料的内缘(即靠近芯模底部圆角半径)开始,由内向外起辗,逐渐使板料转为浅锥形,然后再由浅锥形向圆筒形过渡。

(3) 合理加工 擀棒的加力一般凭经验控制,不能太大,否则容易起皱。同时,擀棒的着力点必须不断转移,使板料均匀延伸。

旋压成形虽然是局部成形,但是,如果板料的变形量过大,也易产生起皱甚至破裂缺陷,所以,变形量大的旋压件需要多次旋压成形。对于圆筒旋压件,旋压成形的变形程度可用旋压系数 m 表示,即

$$m = d/D \tag{2-4-8}$$

式中,d 为旋压直径,mm;D 为板料直径,mm;m 为旋压系数,$m=0.6\sim0.8$,相对厚度较小时 m 取上限,反之 m 取下限。

毛坯直径可按等面积法求出,因旋压材料变薄,所以应将计算值减小 5%～7%。

由于旋压件加工硬化严重,所以多次旋压时必须经过中间退火。

旋压成形主要用于各类回转体,如灯罩、压力锅体、气瓶、导弹壳体及封头等。

2.4.2 冷冲压模具

冷冲压模具(简称冷冲模)是通过加压将金属或非金属板料或型材分离、成形或接合而得到制件的工艺设备。冷冲模是冲压生产中使用的主要工艺设备。冷冲模的结构合理与否

对冲压件质量、生产率及模具寿命等都有很大的影响。

1. 冷冲模的分类

按工序的组合方式不同，冷冲模一般可分为简单冲模、连续冲模和复合冲模3种类型。

1）简单冲模

简单冲模（simple die）是指在冲床的一次冲程中只完成一道工序的冲模。图2.4.17所示为落料用的简单冲模。凹模7通过压板6固定在下模板5上，下模板用螺栓固定在冲床的工作台上。凸模11通过压板12固定在上模板2上，上模板则通过模柄1与冲床的滑块连接。为使凸模11能对准凹模孔，并保持间隙均匀，通常设置有导柱4和导套3。条料在凹模上沿两个导板8之间送进，碰到定位销9为止。凸模冲下的零件（或废料）进入凹模孔落下，而条料则夹附住凸模并随凸模一起回程向上运动。条料碰到卸料板10时（固定在凹模7上）则被推下。然后，板料继续在导板间送进，重复上述动作，冲下第二个零件。简单冲模适用于生产批量不大的冲压件生产。

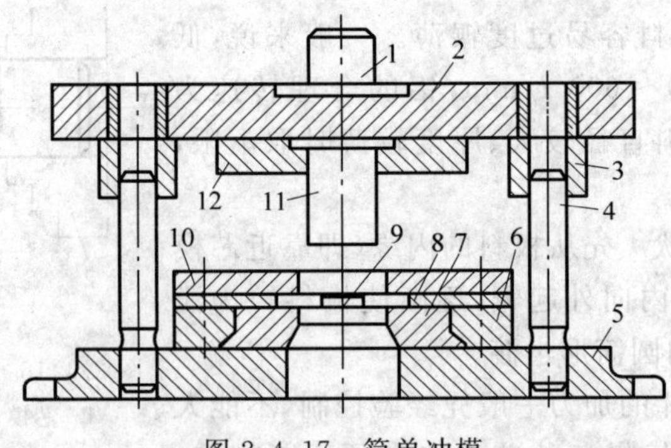

图2.4.17 简单冲模

1—模柄；2—上模板；3—导套；4—导柱；5—下模板；6—压板；7—凹模；8—导板；9—定位销；10—卸料板；11—凸模；12—压板

2）连续冲模

连续冲模（progressive die）是指在冲床的一次冲程中，坯料在冲模中只经过一次定位就可以完成数道工序的模具（图2.4.18）。工作时，上模向下运动，定位销3进入预先冲出的孔中使坯料7定位，凸模4进行落料，凸模5同时进行冲孔。上模在回程中卸料板推下废料，然后再将坯料送进（距离由挡料销控制）进行第二次冲裁。连续冲模适用于成批生产冲压件。

用连续模冲制零件，必须解决条料的准确定位问题，这样才能保证冲压件的质量。典型连续模的结构形式按定位方式区分，主要有固定挡料销及导正销的连续模、有侧刃的连续模以及有自动挡料的连续模。在冲压生产中，连续模的结构设计内容是相当广泛的，并且连续模的结构设计和制造技术的发展也相当迅速。例如，将装配工序引入连续模中，使冲压工序与装配工序合于一模，通过连续模直接完成冲压与装配。这种类型的模具被应用于生产之中，扩充了冲压的概念，扩大了冲模的功能，也扩展了冲压技术的应用领域。

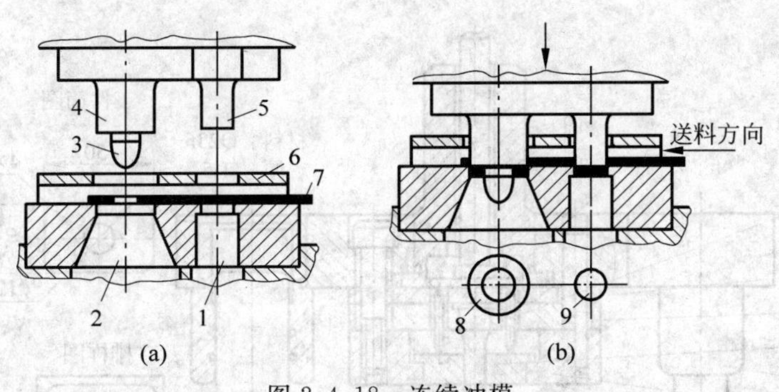

图 2.4.18　连续冲模

1—冲孔凹模；2—落料凹模；3—定位销；4—落料凸模；5—冲孔凸模；6—卸料板；7—坯料；8—成品；9—废料

3）复合冲模

复合冲模(compound die)是指在冲床的一次冲程中，在模具同一部位同时完成数道工序的冲模。图 2.4.19 所示为冲孔落料复合模的基本结构，其突出特点是模具中有一个凸凹模。它的外圆是落料凸模刃口，内孔则是冲孔凹模刃口。当滑块带着凸凹模向下运动时，条料在凸凹模外圆和落料凹模之间落料，在冲孔凸模和凸凹模内孔之间冲孔，同时完成落料与冲孔。图 2.4.20 所示为典型的冲孔落料倒装复合冲裁模装配图。

复合模适用于产量大、精度要求较高的冲压件生产。

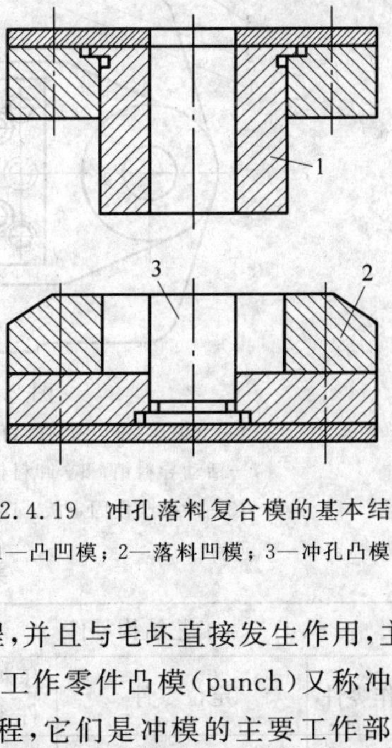

图 2.4.19　冲孔落料复合模的基本结构

1—凸凹模；2—落料凹模；3—冲孔凸模

2. 冲模的主要零件

组成冲模的主要零件，根据其功能可以分为两大类：

(1) 工艺结构零件　这类零件直接参与完成工艺过程，并且与毛坯直接发生作用，主要包括工作零件、定位零件和压料、卸料及出件零件。例如，工作零件凸模(punch)又称冲头，它与凹模(die)共同作用，使板料分离或变形完成冲压过程，它们是冲模的主要工作部分。定位零件导料板控制坯料的进给方向，定位销控制送进量。卸料板冲压后用来卸除套在凸模上的工件或废料。

(2) 辅助结构零件　这类零件不直接参与完成工艺过程，也不与毛坯直接作用，只是对完成工艺过程起辅助作用，使模具的功能更加完善，主要包括导向零件、固定零件和紧固及其他零件。例如，导向零件导套和导柱用来保证上、下模对准；固定零件上模板用以固定凸模、模柄等零件，下模板则用以固定凹模、送料和卸料构件等。

冲模的主要零件分类见表 2.4.1。

下面分别介绍冲裁、弯曲、拉深模具工作零件及尺寸的确定方法。

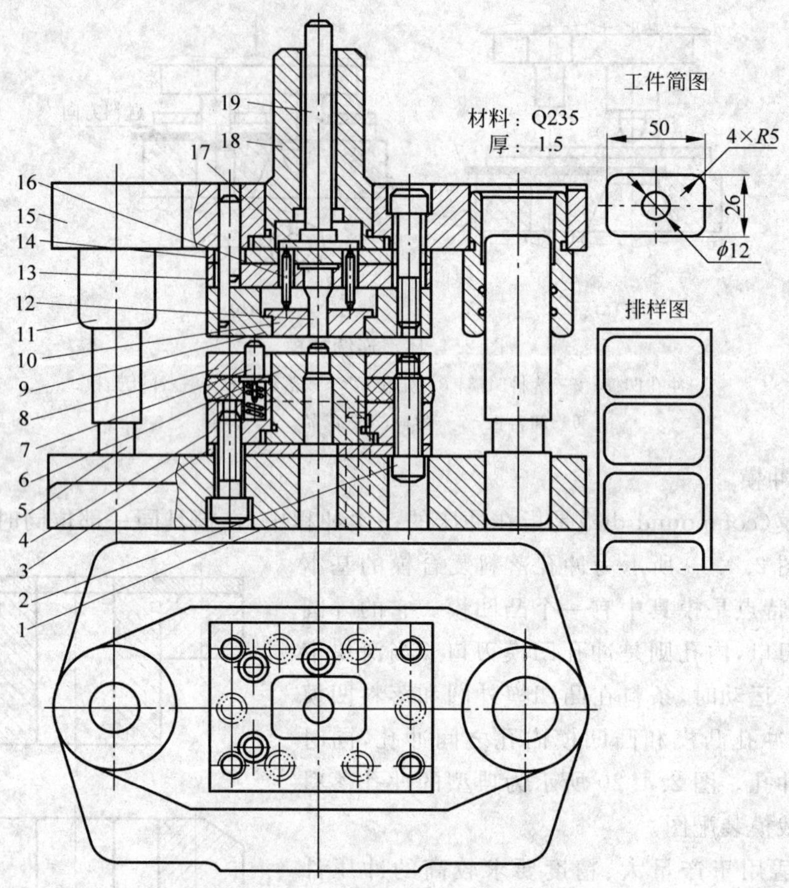

图 2.4.20 冲孔落料倒装复合冲裁模

1—下模座；2—卸料螺钉；3,14—垫板；4—凸凹模固定板；5—导柱；6—凸凹模；7—活动导料销；8—卸料板；9—落料凹模；10—推件板；11—导套；12—冲孔凸模；13—冲孔凸模固定板；15—上模座；16—推杆；17—推板；18—模柄；19—顶件杆

表 2.4.1 冲模主要零件分类

工艺结构零件			辅助结构零件		
工作零件	定位零件	压料、卸料及出件零件	导向零件	固定零件	紧固及其他零件
凸模 凹模 凸凹模	挡料销和导正销 导料板 定位销、定位板 侧压板 侧刃	卸料板 压边圈 顶件器 推件器	导柱 导套 导板 导筒	上、下模座 模柄 凸、凹模固定板 垫板 限位支承装置	螺钉 销钉 键 其他

1）冲裁模

冲裁模凸模和凹模的作用是直接将冲压力传递并作用于板料之中。在设计时，除了要考虑其结构形状、尺寸精度之外，还需要保证模具有足够的强度、刚度、韧性以及耐磨性能等。

常见的冲裁凸模结构形式如图 2.4.21 所示。图(a)型凸模是圆形断面标准形式，采用圆角过渡的阶梯形状以保证有足够的强度和刚度。图(b)型适用于长径比较小的凸模。细长形凸模可以按图(c)型凸模再增加过渡台阶，或者按图(d)型凸模采用护套结构，以提高凸模的承载能力。冲裁大件时常用图(e)型结构凸模。

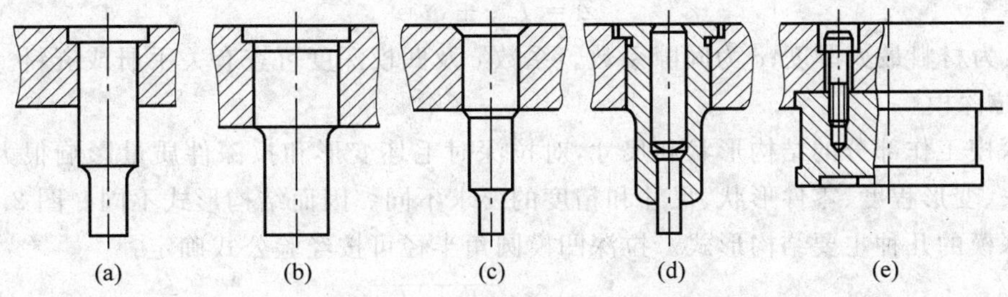

图 2.4.21 冲裁凸模的主要结构形式

图 2.4.22 是几种常见的冲裁凹模形式。图(a)、(b)为圆柱形孔口凹模，刃口强度高，修磨后孔口尺寸不变，适用于形状复杂、精度要求高的工件；缺点是孔内积存工件，增加冲裁力，磨损严重，模具总寿命低。图(c)、(d)为锥形孔口凹模，孔内不积料，胀力小，每次修模量小，但刃口强度低，修模后孔口尺寸增加，用于精度不高、形状简单的薄料制品。图(e)为低硬度凹模，一般淬火硬度为 35～40HRC，用于薄、软的金属和非金属材料，斜面可以敲击，便于调整模具。

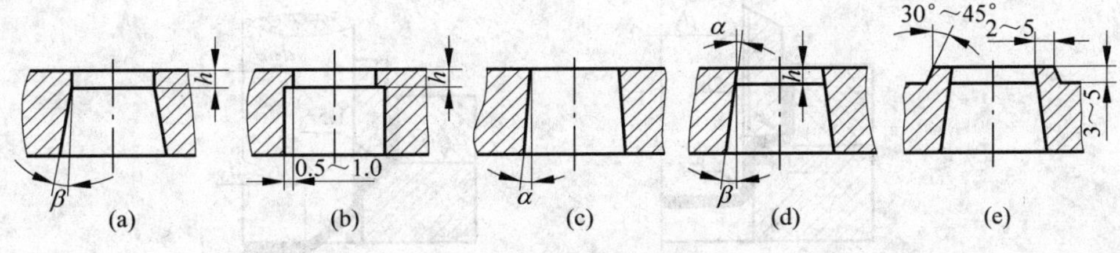

图 2.4.22 常见凹模形式

模具材料采用 T10A、9Mn2V、Cr6WV、Cr12、CrWMn 等，热处理硬度为 58～62HRC。凹模壁厚和高度可按有关经验公式计算，冲裁件形状简单时，凹模壁厚取偏小值。凹模高度随着冲件批量加大需要增加总修磨量。

2) 弯曲模

弯曲模工作部分的尺寸主要指凸、凹模的圆角半径和凹模深度，U 形件弯曲模还需要确定凸、凹模之间的间隙，如图 2.4.23 所示。V 形件弯曲模凸模圆角半径和角度，可根据工

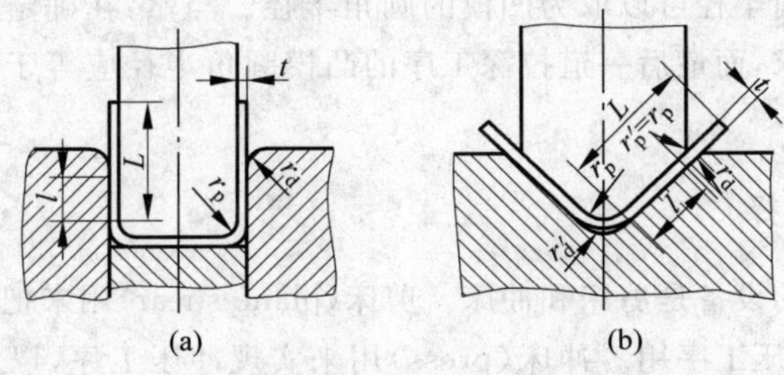

图 2.4.23 弯曲模工作部分

(a) U 形弯曲；(b) V 形弯曲

件的内圆角半径和角度及回弹情况确定。凹模圆角半径 r'_d 应取小于工件相应部分的外圆角半径 (r_p+t)，r_p 为凸模圆角半径。U 形件弯曲模的凸模与凹模之间的间隙可按下式计算：

$$Z = t_{max} + ct \tag{2-4-9}$$

式中，t_{max} 为材料最大厚度；c 为间隙系数。系数 c 及凹模深度可查有关手册或资料。

3）拉深模

拉深模工作部分的结构形状和尺寸，对拉深时毛坯变形和拉深件质量影响很大。由于拉深方法、变形程度、零件形状、尺寸和精度的要求不同。因而结构形式不同。图 2.4.24 所示为拉深模的几种主要结构形式。拉深凹模圆角半径可按经验公式确定：

$$r_d = 0.8\sqrt{(D-d)t} \tag{2-4-10}$$

式中，r_d 为凹模圆角半径；D 为毛坯直径；d 为凹模内径；t 为板料厚度。

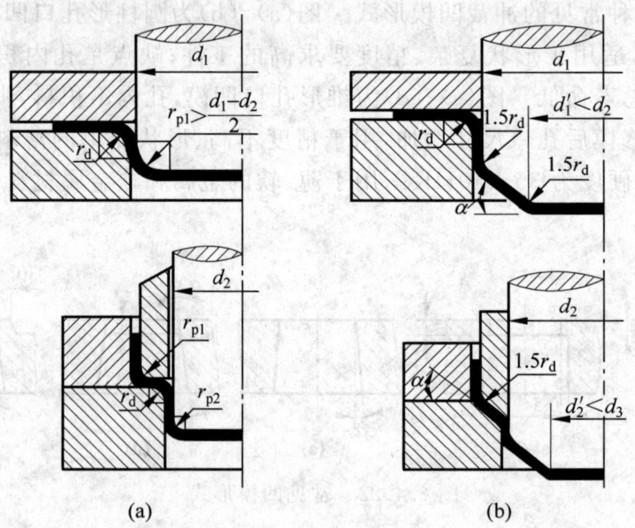

图 2.4.24 拉深模工作部分的结构形状

(a) 圆角的结构形状；(b) 斜角的结构形状

首次拉深凹模圆角半径也可按手册或者有关资料选取。以后各次拉深的凹模圆角半径逐渐减小，可按下式确定：

$$r_{di} = (0.6 \sim 0.9)r_d, \quad i = 2,3,\cdots,n \tag{2-4-11}$$

通常拉深凸模圆角半径可以取为凹模的圆角半径。当然，在确定凸模圆角半径时还需要考虑后续工序的要求，而最后一道拉深工序的凸模圆角半径应等于成品零件相应部位的尺寸。

3. 冲压设备的选择

冲压生产中常用的设备是剪床和冲床。剪床(plane shear)用来把板料剪切成一定宽度的条料，以供下一步冲压工序用。冲床(press)用来实现冲压工序，以制成所需形状和尺寸的成品零件。冲床的最大吨位已达 40 000 kN。常用的冲压设备有开式冲床和闭式冲床，闭式冲床又分单动冲床和双动冲床。此外，液压机也普遍用于冲压加工。选择冲压设备一般应根据冲压工序的性质选定设备类型，再根据冲压工序所需的冲压力和模具尺寸选定冲压设备的技术参数规格。

2.4.3 冲压件的结构工艺性

冲压件的结构工艺性指冲压件结构、形状、尺寸对冲压工艺的适应性。良好的结构工艺性应保证材料消耗少、工序数目少、模具结构简单且寿命长、产品质量稳定、操作简单等。

1. 对冲裁件的要求

(1) 冲裁件的外形应能使排样合理，废料最少，以提高材料的利用率。图 2.4.25 中(a)图比(b)图更为合理，材料利用率可达 75%。

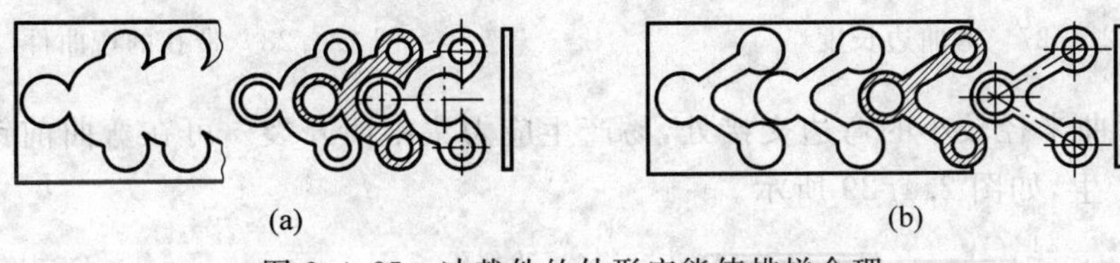

图 2.4.25 冲裁件的外形应能使排样合理

(a) 合理；(b) 不合理

(2) 冲裁件的形状尽量简单对称，凸、凹部分不能太窄太深，孔间距离或孔与零件边缘之间的距离不可太小，这些值的大小与板料厚度有关，如图 2.4.26 所示。其中，t 为板料厚度。

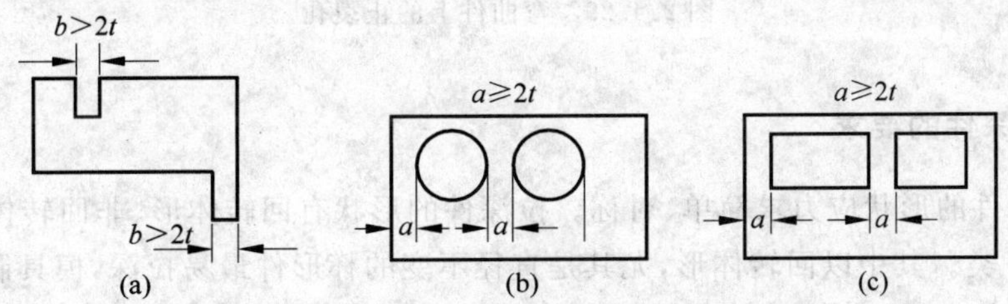

图 2.4.26 冲裁件凸、凹部分和孔的位置

(3) 冲裁件上孔的尺寸受到凸模强度和刚度的限制，不能太小。冲孔的最小尺寸见表 2.4.2。

表 2.4.2 冲孔的最小尺寸

材料	自由凸模冲孔		精密导向凸模冲孔	
	圆形	矩形	圆形	矩形
硬钢	$1.3t$	$1.0t$	$0.5t$	$0.4t$
软钢及黄铜	$1.0t$	$0.7t$	$0.35t$	$0.3t$
铝	$0.8t$	$0.5t$	$0.3t$	$0.28t$
酚醛层压布(纸)板	$0.4t$	$0.35t$	$0.3t$	$0.25t$

注：t 为材料厚度，单位为 mm。

2. 对弯曲件的要求

(1) 弯曲件的形状应尽量对称，弯曲半径不能小于材料允许的最小弯曲半径。

(2) 弯曲边过短不易成形，故应使弯曲边的平直部分 $H>2t$(图 2.4.27)。如果要求 H 很短，则需先留出适当的余量以增大 H，弯好后再切去所增加的金属。

(3) 弯曲带孔的零件时，为避免孔的变形，孔的位置应如图 2.4.28 所示，其中，L 应大于$(1.5\sim2)t$。

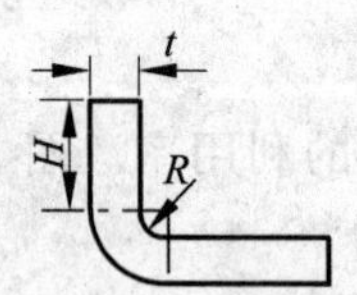

图 2.4.27 弯曲边长度

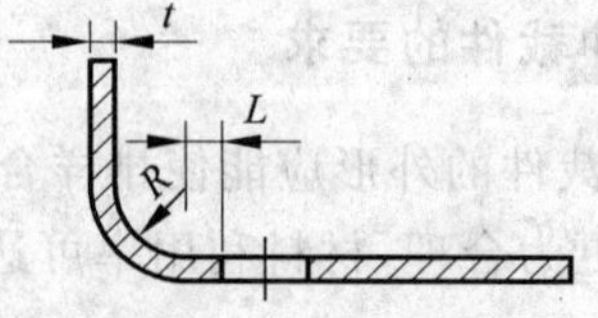

图 2.4.28 带孔的弯曲件

(4) 在弯曲半径较小的弯边交接处，易产生应力集中而开裂。可在弯曲前钻出止裂孔，以防裂纹的产生，如图 2.4.29 所示。

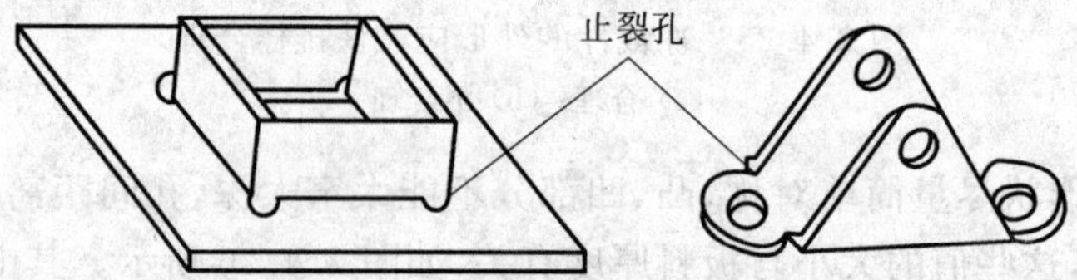

图 2.4.29 弯曲件上的止裂孔

3. 对拉深件的要求

(1) 拉深件的形状应力求简单、对称。拉深件的形状有回转体形、非回转体对称形和非对称空间形 3 类。其中以回转体形，尤其是直径不变的杯形件最易拉深，模具制造也方便。

(2) 拉深件应尽量避免直径小而深度过深，否则不仅需要多副模具进行多次拉深，而且容易出现废品。

(3) 拉深件的底部与侧壁、凸缘与侧壁应有足够的圆角，一般应满足 $R>r_d$，$r_d\geqslant2t$，$R\geqslant(2\sim4)t$，方形件 $r\geqslant3t$。拉深件底部或凸缘上的孔边到侧壁的距离，应满足 $B\geqslant r_d+0.5t$ 或 $B\geqslant R+0.5t$，如图 2.4.30 所示。另外，带凸缘拉深件的凸缘尺寸要合理，不宜过大或过小，否则会造成拉深困难或导致压边圈失去作用。

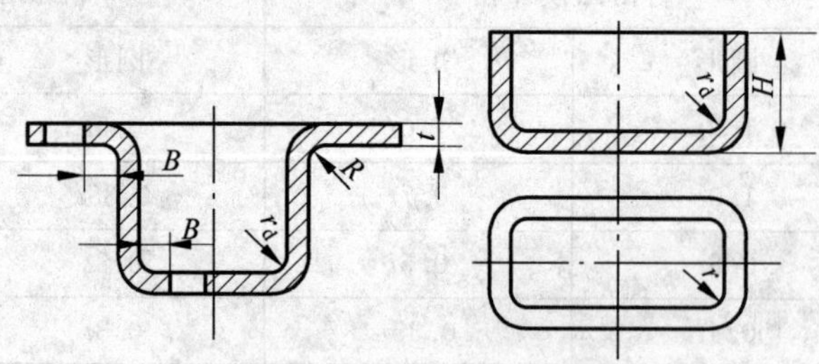

图 2.4.30 拉深件的尺寸要求

(4) 不要对拉深件提出过高的精度和表面质量要求。拉深件直径方向的经济精度一般为 IT9～IT10，经整形后精度可达到 IT6～IT7。不变薄拉深件的壁厚在拉深后有少量增厚与变薄，因此，拉深件厚度处不注公差。拉深件的表面质量一般不超过原材料的表面质量。

思考练习题

1. 板料冲压有哪些特点？主要的冲压工序有哪些？

2. 间隙对冲裁件断面质量有何影响？间隙过小会对冲裁产生什么影响？

3. 板料冲压工序中的剪切和冲截、冲孔和落料有什么异同？

4. 用 ϕ50 mm 冲孔模具来生产 ϕ50 mm 落料件能否保证落料件的精度？为什么？

5. 用 ϕ250 mm×1.5 mm 的坯料能否一次拉深成直径为 ϕ50 mm 的拉深件？应采取哪些措施才能保证正常生产？

6. 翻边件的凸缘高度尺寸较大，一次翻边尺寸达不到要求时应采取什么措施？

7. 在成批大量生产条件下，冲制外径为 ϕ40 mm、内径为 ϕ20 mm、厚度为 2 mm 的垫圈时，应选用何种冲模进行冲制才能保证孔与外圆的同轴度？

8. 图 2.4.31 所示坯料的材质、直径、厚度均相同，如果生产图示两种零件，哪一种拉深困难？为什么？

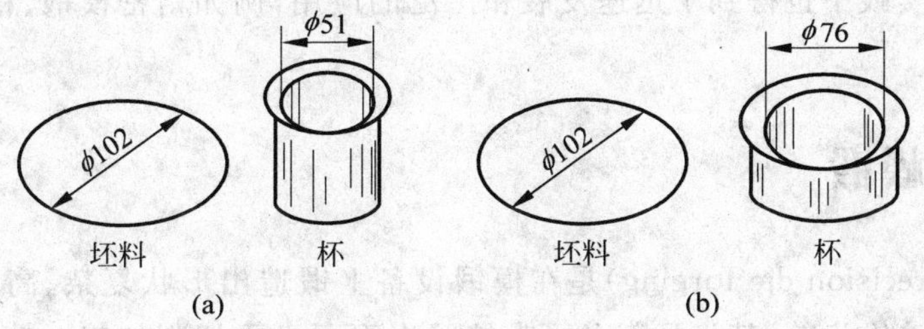

图 2.4.31 思考练习题 8 图

9. 图 2.4.32 所示两个形状相似的冲压件，材料为 08 钢，板厚为 0.8 mm。试分别制定其冲压工艺方案，并绘制工艺简图。

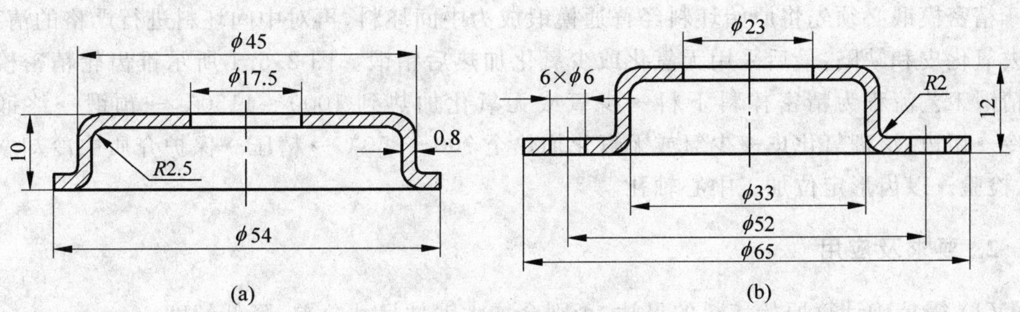

图 2.4.32 思考练习题 9 图

(a) 无孔法兰；(b) 有孔法兰

10. 叙述图 2.4.33 所示零件的冲压生产过程。

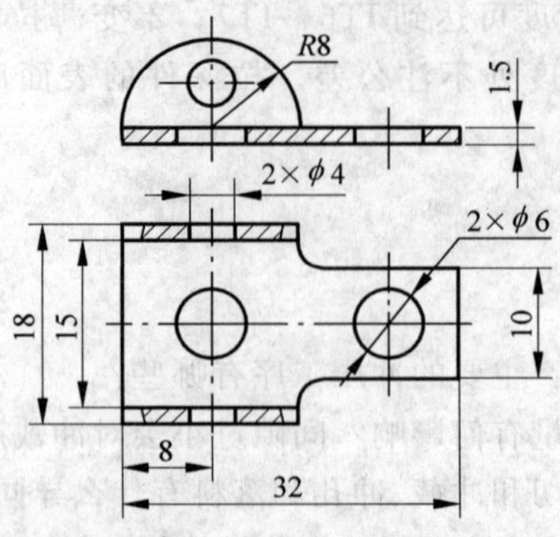

图 2.4.33 思考练习题 10 图

2.5 其他塑性成形方法

随着工业的不断发展，人们对金属塑性成形加工生产提出了越来越高的要求，不仅要求能生产各种毛坯，而且要求能直接生产出具有较高精度与质量的成品零件。因此，其他塑性成形方法在生产实践中也得到了迅速发展和广泛的应用，例如精密模锻、精密冲裁、挤压成形、轧制成形等。

2.5.1 精密模锻

精密模锻(precision die forging)是在模锻设备上锻造出形状复杂、高精度锻件的锻造工艺。如精密锻造锥齿轮，其齿形部分可直接锻出而不必再切削加工。精密模锻件的尺寸精度可达 IT15～IT12、表面粗糙度值可达 $Ra3.2$～$0.8\ \mu$m。

1. 工艺流程

精密模锻必须先将原始坯料经普通模锻成为中间坯料，再对中间坯料进行严格的清理，除去氧化皮和缺陷，最后采用无氧化或少氧化加热后精锻。图 2.5.1 所示锥齿轮精密模锻的精锻工艺流程为精密棒料下料→少氧或无氧化加热到 1000～1150℃→预锻→终锻→空冷→切边、清理氧化皮→少氧或无氧化加热至 700～850℃→精压→保护介质中冷却→切边、检验→以齿形定位加工中心轴孔。

2. 要求及应用

(1) 需精确计算原始坯料的尺寸，否则会增大锻件尺寸公差，降低精度。

(2) 需精细清理坯料表面，除净坯料表面的氧化皮、脱碳层及其他缺陷等。

(3) 需采用无氧或少氧化加热法，尽量减少坯料表面形成的氧化皮。

(4) 制造高精度的锻模，精锻模膛的精度必须比锻件精度高两级。精锻模应有导柱导

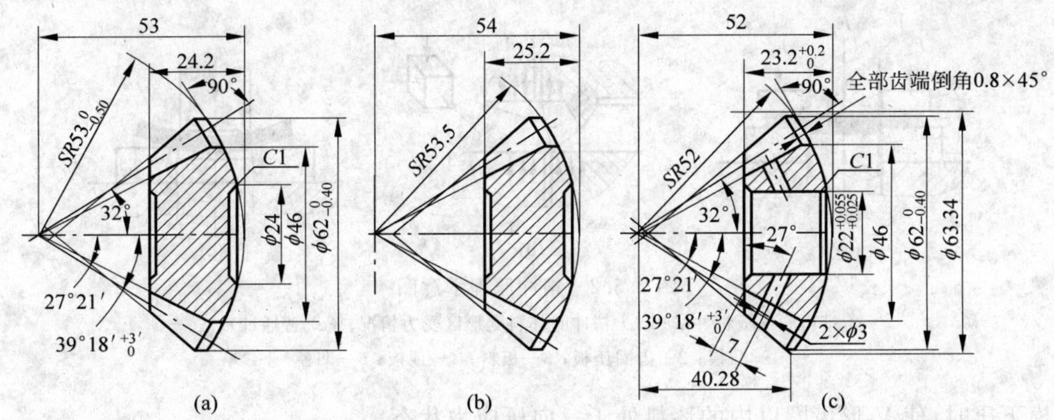

图 2.5.1 锥齿轮锻件图及零件图

(a) 预锻坯图；(b) 精锻件图；(c) 零件图

套结构，以保证合模准确。精锻模上应开有排气小孔，以减小金属的变形阻力，更好地充满模膛。

(5) 模锻进行中要很好地冷却锻模和进行润滑。

精密模锻一般都在刚度大、运动精度高的设备(如曲柄压力机、摩擦压力机、高速锤等)上进行，具有精度高、生产率高、成本低等优点。

精密模锻近年来发展较快，汽车拖拉机中的直齿锥齿轮、飞机操纵杆、涡轮机叶片、发动机连杆及医疗器械等复杂零件的生产均采用了精密模锻技术。精密模锻在中、小型复杂零件的大批量生产中得到了较好的应用。

2.5.2 精密冲裁

精密冲裁(presision blanking)是利用特殊结构的模具直接在板料上冲出断面质量好、尺寸精度高的零件。精密冲裁件的尺寸精度可达到 IT8～IT7，表面粗糙度值可达 *Ra* 0.4～0.8 μm。因此不需进行任何其他加工即可直接使用。

1. 工作原理

精冲的工作原理如图 2.5.2 所示。精冲时，齿圈压板 2 将板料 3 压紧在凹模 5 的表面，V 形齿压入材料，使坯料径向受到压缩。当凸模下压时，板料处于凸模 1 的下压力、齿圈压板 2 的压边力及顶板 4 的反压力的共同作用下。此外，由于凸、凹模的间隙很小，坯料处于强烈的三向压应力状态，提高了材料的塑性，克服了普通冲裁过程中出现的弯曲-拉伸-撕裂现象的发生，抑制了剪切过程中裂纹的产生，使冲裁过程以接近于纯剪切的变形方式进行，从而获得高质量、高精度的冲裁件。

2. 工艺特点

(1) 精密冲裁较普通冲裁增加了 V 形齿圈压板和顶出器。冲裁过程中，压边圈的 V 形齿首先压入板料，在 V 形齿内侧产生向中心的侧压力，顶杆又从另一面施加反向顶力。当

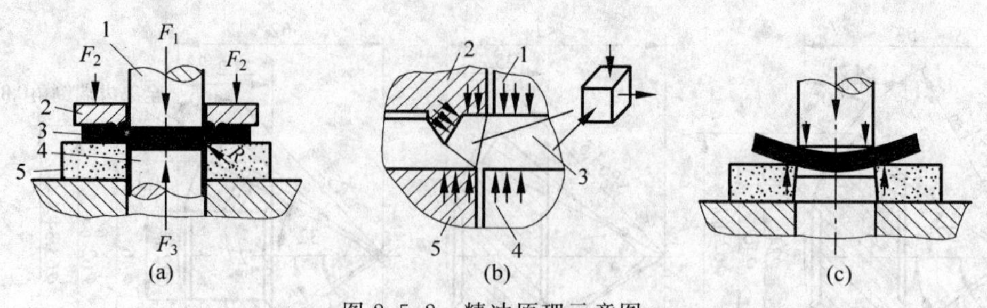

图 2.5.2 精冲原理示意图

(a) 带齿圈压板精冲法；(b) 精冲时坯料变形区受力情况；(c) 普通冲裁法

1—凸模；2—齿圈压板；3—板料；4—顶板；5—凹模

凸模下压时，使V形齿圈以内的坯料处于三向压应力状态。

(2) 采用极小的冲裁间隙。单面间隙可取材料厚度的0.5%，以减小变形金属在冲裁过程中的拉应力。

(3) 凹模刃口做成0.01～0.03 mm的小圆角，消除了刃口处的应力集中，故不会产生由拉应力引起的宏观裂纹。

(4) 精密冲裁的坯料应具有良好的塑性。为提高板料的塑性，精冲前一般要进行退火软化处理。

精密冲裁是一项技术经济效果较好的先进工艺，尤其在大批量生产中。照相机、精密仪表、家用电器等行业，已广泛应用精密冲裁工艺。

2.5.3 挤压成形

挤压成形(extrusion molding)成形是指对挤压模具中的金属锭坯施加强大的压力作用，使其发生塑性变形，从挤压模具的模口中流出，或充满凸、凹模型腔，从而获得所需形状与尺寸制品的塑性成形方法。

1. 挤压成形的特点

(1) 挤压时，金属处于强烈的三向压应力状态，能充分提高金属坯料的塑性，可加工采用锻造等方法加工较为困难的一些金属材料。挤压材料不仅有铜、铝等塑性好的非铁金属，而且碳钢、合金结构钢、不锈钢及工业纯铁等也可以采用挤压工艺成形。在一定变形量下，某些高碳钢、轴承钢甚至高速钢等，也可以进行挤压成形。对于要进行轧制或锻造的塑性较差的材料，如钨和钼等，为了改善其组织和性能，也可采用挤压法对锭坯进行开坯。

(2) 挤压法不仅可以生产出断面形状简单的管、棒等型材，而且还可以生产出断面极其复杂的或具有深孔、薄壁以及变断面的零件。

(3) 挤压制品精度较高，表面粗糙度值小，一般尺寸精度为IT8～IT9，表面粗糙度值可达 $Ra3.2\sim0.4\ \mu m$，从而可以实现少、无切屑加工。

(4) 挤压变形后零件内部的纤维组织连续，基本沿零件外形分布而不被切断，从而提高了金属的力学性能。

(5) 材料利用率、生产率高；生产方便灵活，易于实现生产过程的自动化。

2. 挤压成形的分类

1）根据金属流动方向和凸模运动方向进行分类

（1）正挤压　金属流动方向与凸模运动方向相同，如图 2.5.3(a)所示。

（2）反挤压　金属流动方向与凸模运动方向相反，如图 2.5.3(b)所示。

（3）复合挤压　挤压过程中坯料的一部分金属流动方向与凸模运动方向相同，而另一部分金属流动方向与凸模运动方向相反，如图 2.5.3(c)所示。

（4）径向挤压　金属流动方向与凸模运动方向成 90°，如图 2.5.3(d)所示。

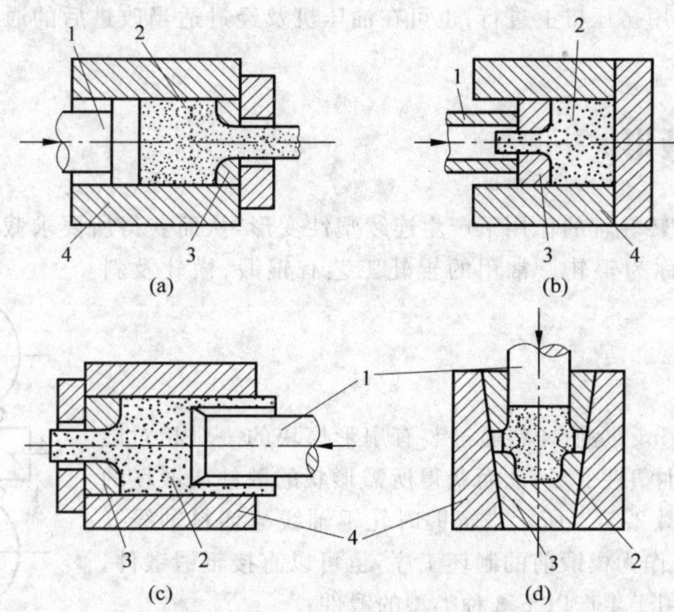

图 2.5.3　挤压类型

(a) 正挤压；(b) 反挤压；(c) 复合挤压；(d) 径向挤压

1—凸模；2—坯料；3—挤压模；4—挤压筒

2）根据挤压时金属坯料所处的温度进行分类

（1）热挤压　指挤压时坯料的变形温度高于金属材料的再结晶温度。热挤压时，金属变形抗力较小，塑性较好，允许每次变形程度较大，但产品的尺寸精度较低，表面较粗糙。热挤压广泛应用于生产铜、铝、镁及其合金的型材和管材等，也可用于生产挤压强度较高、尺寸较大的中(高)碳钢、合金结构钢、不锈钢等零件。目前，热挤压越来越多地用于机器零件和毛坯的生产。

（2）冷挤压　指坯料变形温度低于材料再结晶温度(通常是室温)的挤压工艺。冷挤压时金属的变形抗力比热挤压时大得多，但产品尺寸精度较高，可达 IT9～IT8，表面粗糙度为 $Ra3.2 \sim 0.4\ \mu m$，而且产品内部组织为冷变形强化组织，提高了产品的强度。目前可以对非铁金属及中、低碳钢的小型零件进行冷挤压成形。为了降低变形抗力，在冷挤压前要对坯料进行退火处理。冷挤压时，为了降低挤压力，防止模具损坏，提高零件表面质量，必须采取润滑措施。由于冷挤压时单位压力大，润滑剂容易被挤掉从而失去润滑效果，所以对钢质零件必须进行磷化处理，使坯料表面呈多孔结构，以存储润滑剂，在高压下起到润滑作用。常用的润滑剂有矿物油、豆油、皂液等。冷挤压生产率高，材料消耗少，在汽车、拖拉机、仪表、轻工、军工等部门广为应用。

(3) 温挤压　指将坯料加热到再结晶温度以下高于室温的某个合适温度下进行挤压的方法。温挤压介于热挤压和冷挤压之间。与热挤压相比，坯料氧化脱碳少，表面粗糙度较小，产品尺寸精度较高；与冷挤压相比，降低了变形抗力，增加了每道工序的变形程度，延长了模具的使用寿命。温挤压材料一般不需要进行预先软化退火、表面处理和工序间退火。温挤压零件的精度和力学性能略低于冷挤压零件。表面粗糙度为 $Ra6.3\sim3.2\ \mu m$。温挤压不仅适用于挤压中碳钢，而且也适用于挤压合金钢零件。

挤压一般在专用挤压机上进行，也可在油压机及经过适当改进后的通用曲柄压力机或摩擦压力机上进行。

2.5.4 轧制成形

金属坯料在旋转轧辊的作用下产生连续塑性变形，从而获得所要求截面形状并改变其性能的加工方法，称为辊轧。常用的辊轧工艺有辊锻、横轧及斜轧等。

1. 辊锻

辊锻(roll forging)是使坯料通过装有扇形模块的一对相对旋转的轧辊，受压产生塑性变形，从而获得所需形状的锻件或锻坯的锻造工艺方法，如图 2.5.4 所示。辊锻时轧辊轴线与坯料轴线互相垂直。它既可以作为模锻前的制坯工序，也可以直接辊锻锻件。目前，成形辊锻适用于生产以下 3 种类型的锻件：

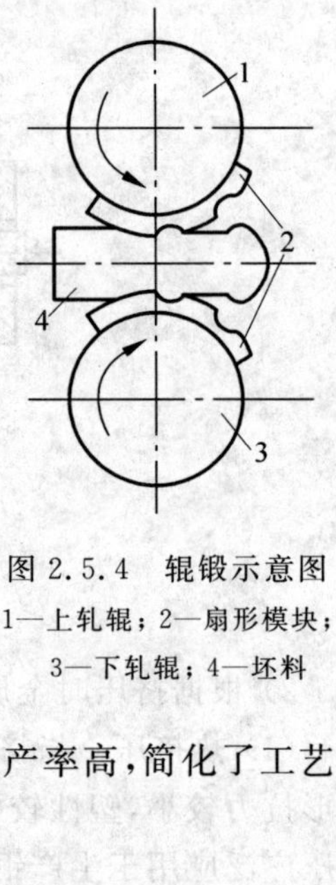

图 2.5.4　辊锻示意图
1—上轧辊；2—扇形模块；3—下轧辊；4—坯料

(1) 扁断面的长杆件，如扳手、链环等。

(2) 带有头部，且沿长度方向横截面面积递减的锻件，如叶片等。叶片辊锻工艺和铣削工艺相比，材料利用率可提高 4 倍，生产率提高 2.5 倍，而且叶片质量大为提高。

(3) 连杆件。国内已有不少工厂采用辊锻方法锻制连杆，它的生产率高，简化了工艺过程。但锻件还需用其他锻压设备进行精整。

2. 横轧

横轧(cross rolling)是轧辊轴线与坯料轴线互相平行的轧制方法，如辗环轧制、齿轮轧制等。

1) 辗环轧制

辗环轧制是用来扩大环形坯料的内、外直径，获得各种环状零件的轧制方法。如图 2.5.5 所示，驱动辊 1 由电机带动旋转，利用摩擦力使坯料 3 在驱动辊和芯辊 2 之间受压变形。驱动辊还可由油缸推动作上下移动。改变 1、2 两辊间的距离，使坯料厚度逐渐变小，而直径得到扩大。导向辊 4 用以保持正确运送坯料。信号辊 5 用来控制环件直径。坯料变形到与信号辊 5 接触，便立即发出信号，使驱动辊 1 停止工作。

这种方法生产的环类件呈各种形状，如火车轮箍、轴承内外圈、齿轮及法兰等。

2）齿轮轧制

采用热横轧可制造出直齿轮和斜齿轮，这是一种无屑或少屑加工齿轮的新工艺。如图2.5.6所示，轧制前将坯料2加热，然后将带有齿形的轧轮1作径向进给，迫使轧轮与坯料对辗，这样坯料上的一部分金属受压形成齿谷，相邻部分的金属被轧轮齿部"反挤"而上升，形成齿顶。

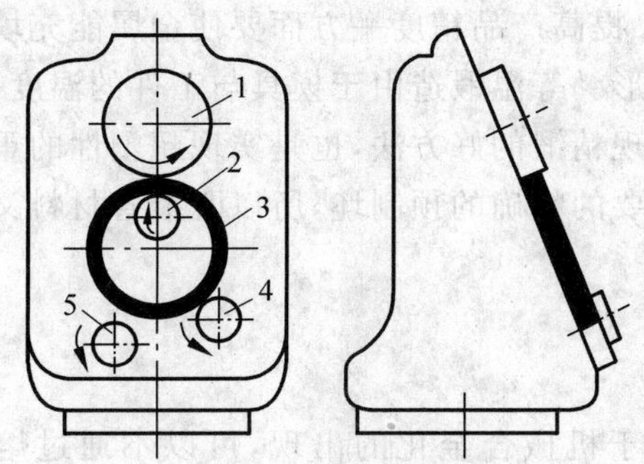

图2.5.5 辗环轧制示意图

1—驱动辊；2—芯辊；3—坯料；4—导向辊；5—信号辊

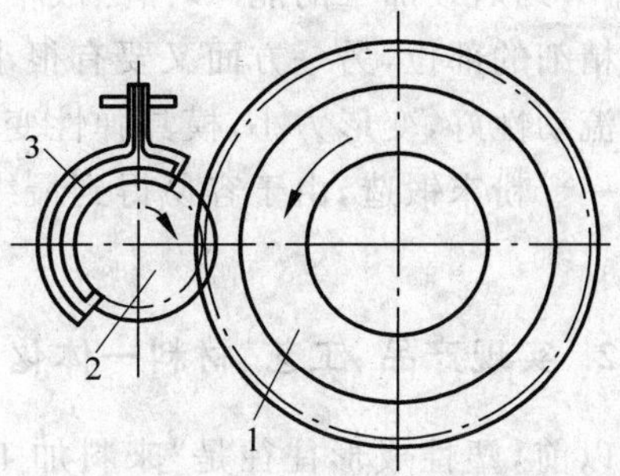

图2.5.6 热轧齿轮示意图

1—轧轮；2—坯料；3—感应加热器

3. 斜轧

斜轧(cross helical rolling)又称螺旋斜轧。斜轧时，两个带有螺旋槽的轧辊相互倾斜配置，轧辊轴线与坯料轴线相交成一定角度，以相同方向旋转。坯料在轧辊的作用下绕自身轴线反向旋转，同时还作轴向向前运动，即螺旋运动，坯料受压后产生塑性变形，最终得到所需制品。钢球轧制、周期轧制均采用了斜轧方法，如图2.5.7所示。斜轧还可直接热轧出带有螺旋线的高速钢滚刀、麻花钻、自行车后闸壳以及冷轧丝杠等。

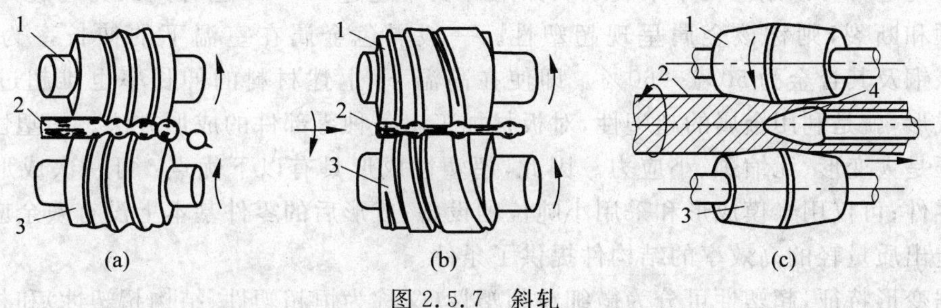

图2.5.7 斜轧

(a) 螺旋斜轧钢球；(b) 螺旋斜轧周期性轧材；(c) 穿孔斜轧无缝钢管

1—上轧辊；2—棒料；3—下轧辊；4—芯头

例如，图2.5.7(a)所示钢球斜轧，棒料2在轧辊1、3间的螺旋形槽里受到轧制，并被分离成单个球。轧辊每转一圈，即可轧制出一个钢球，轧制过程是连续的。

2.5.5 塑性成形新工艺、新技术

塑性成形是通过金属塑性变形方法来实现成形的一种工艺方法。先进的塑性成形技术

则是建立在材料学、力学、数值模拟和计算机、自动化和机器人技术、模具和润滑技术、金属塑性和成形技术等多学科基础上的一门技术。塑性成形新工艺、新技术主要体现在以下几个方面。

1. 提高成形的精度

近年来，近无余量成形(near net shape forming)发展很快。其主要优点是能减少材料消耗，节约后续加工的能源，当然成本也会降低。提高产品精度一方面要使金属能充填模腔中很精细的部位，另一方面又要有很小的模具变形。等温锻造由于模具与工件的温度一致，工件流动性好，变形力小，模具弹性变形小，是实现精锻的好方法，也是实现超塑性的重要条件之一。粉末锻造，由于容易得到最终成形所需要的精确的预制坯，所以既节省材料又节省能源。

2. 实现产品、工艺、材料一体化

以前，塑性成形往往是"来料加工"，近来由于机械合金化的出现，可以不通过熔炼就得到各种性能的粉末，塑性加工时可以自配材料经热等静压(HIP)再经等温锻造得到产品。

复合材料，包括颗粒增强及纤维增强的复合材料的成形，已经自然地落到了塑性加工的范畴。材料工艺一体化给塑性加工业带来了更多的机会和更大的活动范围。

3. 运用超塑性成形工艺

金属的超塑性，是指金属材料在特定的条件下呈现异常低的变形抗力和异常高的塑性。所谓特定条件，一是指金属的内在条件，如金属的成分、组织及转变能力(相变、再结晶及固溶变化等)；二是指外界条件，如变形温度与变形速度等。

超塑性通常可以用伸长率来表示。如果伸长率超过100%(也有人认为超过300%)不产生缩颈和断裂，则称该金属呈现超塑性。一般黑色金属在室温下的伸长率为30%～40%，铝、铜及其合金为50%～60%。即使在高温下，上述材料的伸长率也难超过100%。超塑性成形，就是利用金属的超塑性，对板材加工出各种零部件的成形方法。超塑性成形的宏观特征是大变形、无缩颈、小应力。因此，超塑性成形具有以下优点：可一次成形出形状复杂的零件；可仅用半模成形和采用小吨位的设备；成形后的零件基本上没有残余应力。这些为制造出质量轻的高效率的结构件提供了条件。

根据变形特征，超塑性可分为微细粒超塑性(又称为恒超塑性、结构超塑性)和相变超塑性。前者研究得较多，一般所说的超塑性即指此类。某些超塑性合金及其特性见表2.5.1。

1) 影响超塑性成形的主要因素

(1) 温度　变形一般在(0.5～0.7)T_m温度下进行(T_m为以热力学温度表示的熔化温度)。

(2) 稳定而细小的晶粒　一般要求晶粒直径为0.5～5 μm，不大于10 μm。而且在高温下，细小晶粒具有一定的稳定性。

(3) 应变速度　比普通成形时低得多，成形时间为数分钟至数十分钟不等。

(4) 变形压力　一般为十分之几兆帕至几兆帕。

表 2.5.1 几种超塑性金属和合金

名称		伸长率/%	超塑性温度/℃
铝合金	Al-33Cu	500	445～530
	Al-5.9Mg	460	430～530
镁合金	Mg-33.5Al	2000	350～400
	Mg-30.7Cu	250	450
	Mg-6Zn-0.5Zr	1000	270～320
钛合金	Ti-6Al-4V	1000	900～980
	Ti-5Al-2.5Sn	500	1000
	Ti-11Sn-2.25Al-1Mo-50Zr-0.25Si	600	800
	Ti-6Al-5Zr-4Mo-1Cu-0.25Si	600	800
钢	低碳钢	350	725～900
	不锈钢	500～1000	980

另外,应变硬化指数、晶粒形状、材料内应力等也对超塑性成形有一定的影响。

2) 成形方法

超塑性成形的基本方法有气压成形法、真空成形法和模压成形法。

(1) 气压成形法　又称吹塑成形法,犹如玻璃瓶的制作。此法较之传统的胀形工艺,有低能、低压即可成形出大变形量复杂零件的优点。图 2.5.8(a)、(b)所示分别为凸模气压成形和凹模气压成形示意图。

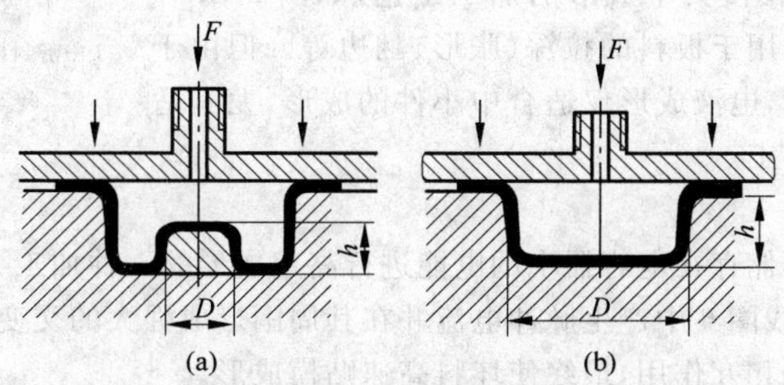

图 2.5.8　气压成形法

(a) 凸模气压成形; (b) 凹模气压成形

(2) 真空成形法　它是通过将模具的成形腔内抽成真空,使处于超塑性状态下的毛坯成形的方法。该法又分为凸模真空成形法和凹模真空成形法。凸模真空成形是将模具(凸模)成形内腔抽真空,被加热到超塑性成形温度的毛坯即被吸附在具有零件内形的凸模上,主要用来成形要求内侧尺寸准确、形状简单的零件;凹模真空成形主要用来成形要求外形尺寸准确、形状简单的零件。真空成形法由于压力小于 0.1 MPa,所以不宜成形厚板和形状复杂的零件。

(3) 模压成形法　又称耦合模成形法、对模成形法。用此法成形出的零件尺寸精度较高，但模具结构特殊，加工困难，目前实际应用较少。

超塑性成形时，工件的壁厚不均是首要问题。由于超塑性加工伸长率可达1000%，以致在破坏前的过度变薄，即成为其加工的成形极限。故在成形中应当尽量不使毛坯局部过度变薄。控制壁厚变薄不均的主要途径有控制变形速度分布、控制温度分布与控制摩擦力等。

超塑性成形技术可以使锻造温度窄的难变形材料实现超塑性变形，是一种重要的先进制造技术。

4. 运用高能率高成形技术

高能率高成形（又称高速成形）是利用炸药或电装置在极短的时间里释放出的电能或化学能，通过介质以高压冲击波作用于坯料，使其产生变形和贴模的加工方法。常见的方法有爆炸成形、电液成形、电磁成形及高速锤成形等。采用高速成形可对坯料进行拉深、翻边、胀形、起伏、弯曲、冲孔等冲压工序加工，而且工件精度高并能加工一些难以加工的金属材料。

1）爆炸成形

爆炸成形是利用炸药爆炸产生的化学能使金属材料产生塑性变形的加工方法，如图2.5.9所示。爆炸成形装置简单，操作容易，无需冲压设备，工件的尺寸不受设备能力限制，尤其适合于试制或小批量生产大型工件。

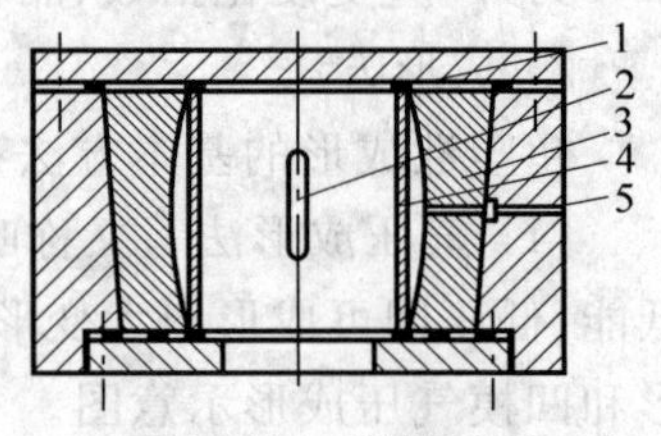

图2.5.9 爆炸成形

1—密封圈；2—炸药；3—凹模；4—板料；5—真空管道

2）电液成形

电液成形是利用液体中的电荷经电极放电，产生强大的冲击波，从而使坯料在模具中成形的加工工艺，如图2.5.10所示。电液成形主要用于板料的拉深、胀形、翻边等。但由于受到设备容量的限制，电液成形仅适合中小件的成形，尤其适合管类零件的胀形加工。

3）电磁成形

电磁成形是利用储存在电容器中的电能进行高速成形的一种加工方法，如图2.5.11所示。当开关闭合时，线圈6中产生脉冲电流并在其周围形成强大的交变磁场，工件中因此产生感应电流并与磁场相互作用，最终使坯料高速贴模成形。

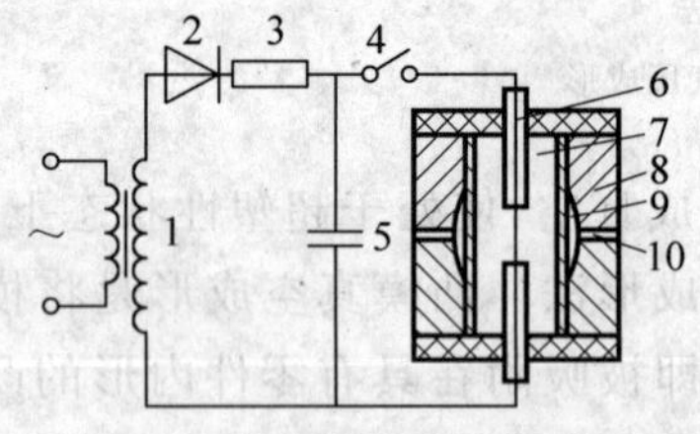

图2.5.10 电液成形

1—升压变压器；2—整流器；3—充电电阻；4—开关；5—电容器；6—电极；7—水；8—凹模；9—坯料；10—抽真空孔

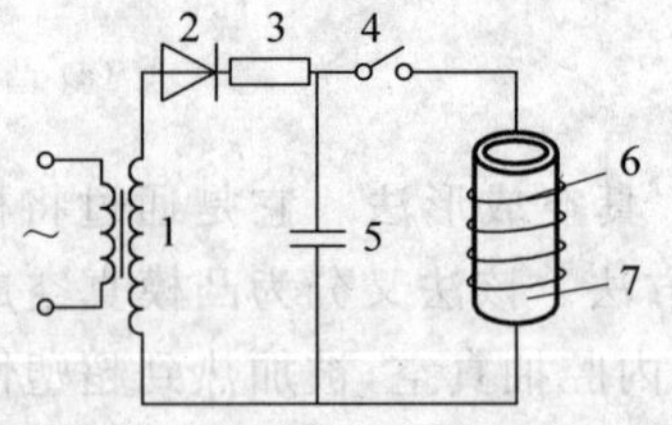

图2.5.11 电磁成形

1—升压变压器；2—整流器；3—限流电阻；4—开关；5—电容器；6—工件线圈；7—工件

5. 运用计算机技术

1）模拟塑性成形过程

塑性成形是一个十分复杂的过程，从事塑性加工的理论工作者总是希望获得工件在成形过程中不同阶段、不同部位的应力分布、应变分布、温度分布、硬化状况以及残余应力等数据，以便寻求最为有利的工艺参数和模具结构参数，对产品质量实现有效控制。在应用计算机进行这一工作之前，人们只能对变形问题做出诸多假设和简化，分析一些简单的变形问题，获得近似解。随着计算机的应用，使模拟塑性变形过程成为可能。近年来，通过计算机，采用有限元法或其他数值分析方法模拟各种塑性加工工序的变形过程得到了广泛的应用和发展。

2）控制塑性成形生产过程

板料冲压生产中使用的数控冲床、自动换模系统和自动送料系统，锻造生产中使用的机械手等都是计算机控制锻压生产的例子。这样可以大大地提高生产率，降低工人的劳动强度和增大生产的安全性。

在小批量多品种生产方面，正在发展柔性制造系统(FMS)。为了适应多品种生产时不断更换模具的需要，已成功地发展了一种快速换模系统。现在换一副大型冲压模具，仅需6～8 min即可完成。此外，近年来，集成制造系统(CIMS)也正被引入冲压加工系统，出现了冲压加工中心，并且使设计、冲压生产、零件运输、仓储、品质检验以及生产管理等全面实现了自动化。

3）采用模具CAD/CAM技术

锻压加工一般都需要模具。传统的模具设计与制造，由于周期长、质量难以保证，很难适应现代技术条件下产品的及时更新换代和提高质量的要求，在此背景下，模具CAD/CAM(computer aided design and computer aided manufacturing)应运而生，并成为模具设计与制造的重要发展方向之一。

模具CAD/CAM技术发展很快，应用范围日益扩大，在冷冲模、锻模、挤压模以及注塑成形模等方面都有比较成功的CAD/CAM系统。我国模具CAD/CAM的研究开发始于20世纪70年代末，发展非常迅速。到目前为止，先后通过国家有关部门鉴定的有精冲模、普通冲裁模、辊锻模、锤锻模和注塑模等CAD/CAM系统。为不断提高我国模具生产的水平，今后还应加强模具CAD/CAM的研究开发和推广应用。

模具CAD/CAM的一般过程是：用计算机语言描述产品的几何形状，并将其输入计算机，从而获得产品的几何信息；再建立数据库，用以储存产品的数据信息，如材料的特性、模具设计准则以及产品的结构工艺性准则等。在此基础上，计算机能自动进行工艺分析、工艺计算，自动设计最优工艺方案，自动设计模具结构图和模具型腔图等，并输出生产所需的模具零件图和模具总装图。计算机还能将设计所得到的信息自动转化为模具制造的数控加工信息，再输入到数控中心，实现计算机辅助制造。当然，整个模具CAD/CAM过程要实现完全自动化是不可能也是没有必要的，目前一般都是采用人机对话的方式运行。

思考练习题

1. 精密模锻需要哪些工艺措施才能保证产品的精度?
2. 挤压零件的生产特点是什么?
3. 轧制零件的方法有哪几种?各有何特点?
4. 塑性成形先进技术有何特点?
5. 根据塑性成形技术的发展趋势,你认为今后在哪些技术方面会有新的突破?

金属材料焊接成形

在制造业生产过程中，采用连接工艺把两个或多个金属构件制成所需的结构或成品往往是非常经济的成形方法，有时甚至是惟一可行的方法。金属连接成形工艺有螺栓连接、铆钉连接、焊接和胶接等，其基本方式如图 3.0.1 所示。

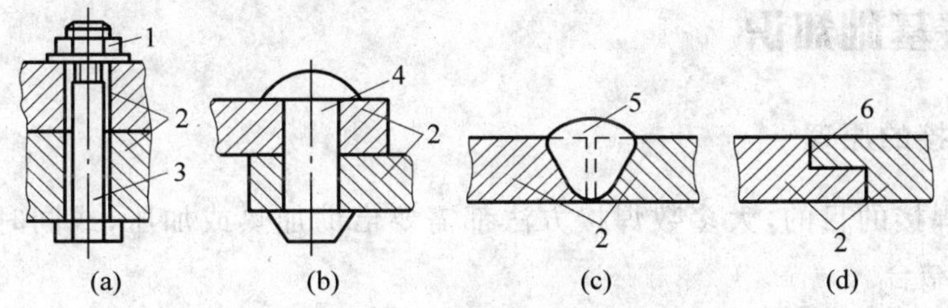

图 3.0.1 构件连接的方式

(a) 螺栓连接；(b) 铆钉连接；(c) 电弧焊连接；(d) 胶接
1—螺母；2—连接件；3—螺栓；4—铆钉；5—焊缝；6—胶接缝

螺栓连接和铆钉连接都是机械连接方法。焊接是一种永久性连接金属材料的工艺方法。焊接过程的实质是利用加热或加压等手段，使用或不使用填充材料，借助金属原子的结合与扩散作用，使分离的金属材料牢固地连接起来。胶接则是借助胶粘剂在构件表面产生黏合力使其连接的工艺方法。在现代制造业中，焊接是应用最为广泛的连接成形工艺。

焊接主要用于制造金属结构件，如锅炉、压力容器、船舶、桥梁、建筑、管道、车辆、起重机、海洋结构、冶金设备等，生产机器零件或毛坯，如重型机械和冶金设备中的机架、底座、箱体、轴、齿轮等。对于一些单件生产的特大型零件或毛坯，可通过焊接以小拼大，简化工艺。还能修补锻件的缺陷和局部损坏的零件。这在生产中具有较大的经济意义。世界上主要工业国家每年生产的焊接结构产品约占钢产量的 45%。

焊接在连接成形特别是金属构件的连接成形中占有极其重要的地位。与螺栓连接、铆接等方法相比，焊接有如下特点：

(1) 省工省料，质量轻，成本低。可减轻结构质量，节约金属材料。用焊接代替铆接，可节省金属材料 15%～20%。

(2) 便于化整为零，集零为整。在制造大型金属结构件或复杂的机器部件时，可用化大为小、化复杂为简单的办法来制备坯件，然后逐次装配焊接拼小成大，因而可用锻焊、铸焊等复合工艺制造大型金属结构。

(3) 连接性能良好。焊缝有良好的力学性能、密封性、导电性、耐蚀性、耐磨性等，尤其是焊缝密封性好。

(4) 适用范围广泛。焊件可以是同类或不同类的金属（钢、铁及非铁金属），也可以是非金属(石墨、陶瓷、塑料、玻璃等)或金属与非金属,还可以制造双金属结构,以满足各行各业的不同需求。

(5) 焊接结构不可拆卸,不利于零部件的更换和修理。

(6) 焊接质量受力学因素和冶金条件影响较大,焊接结构易产生应力和变形;焊接接头会产生裂纹、气孔、未焊透、夹渣等缺陷,可能影响结构的精度和承载能力,缩短构件的使用寿命,甚至造成脆断破坏。

根据焊接过程的特点,焊接方法可分为熔焊、压焊、钎焊 3 大类。电弧焊是应用较普遍的焊接方法。

3.1 金属材料焊接成形理论基础

3.1.1 焊接基础知识

1. 实现焊接的原理

为了达到焊接的目的,大多数焊接方法都需要借助加热或加压,或同时实施加热和加压,以实现原子结合。

从冶金的角度来看,可将焊接分为 3 大类:液相焊接、固相焊接、固-液相焊接。

利用热源加热待焊部位,使之发生熔化,利用液相的相溶而实现原子间结合,即属液相焊接。熔化焊属于最典型的液相焊接。除了被连接的母材(同质或异质),还可添加同质或非同质的填充材料,共同构成统一的液相物质。常用的填充材料是焊条或焊丝。

固相焊接属于典型的压力焊方法。因为固相焊接时,必须利用压力使待焊部位的表面在固态下直接紧密接触,并使待焊表面的温度升高(但一般低于母材金属熔点),通过调节温度、压力和时间以充分进行扩散而实现原子间结合。在预定的温度(利用电阻加热、摩擦加热、超声振荡等)紧密接触时,金属内的原子获得能量,增大活动能力,可跨越待焊界面进行扩散,从而形成固相接合。

固-液相焊接就是待焊表面并不直接接触,而是通过两者毛细间隙中的中间液相相联系。于是,在待焊的同质或异质固态母材与中间液相之间存在两个固-液界面,通过固液相间充分进行扩散,可实现很好的原子结合。钎焊即属此类方法。形成中间液相的填充材料称为钎料。

2. 焊接热源的种类及特征

实现焊接必须由外界提供相应的能量,也就是说,能源是实现焊接的基本条件。焊接热源应当是:热量高度集中以快速实现焊接过程,并保证得到致密而强韧的焊缝和最小的焊接热影响区。能够满足焊接条件的热源有以下几种:

(1) 电弧热　利用气体介质中放电过程所产生的热能作为焊接热源,是目前焊接热源中应用最广泛的一种,如手工电弧焊、埋弧自动焊等。

(2) 化学热　利用可燃气体(氧、乙炔等)或铝、镁热剂燃烧时所产生的热量作为焊接热源，如气焊。这种热源在一些电力供应困难和边远地区仍起重要的作用。

(3) 电阻热　利用电流通过导体时产生的电阻热作为焊接热源，如电阻焊和电渣焊。采用这种热源所实现的焊接方法，都具有高度的机械化和自动化，有很高的生产率，但耗电量大。

(4) 高频热　对于有磁性的被焊金属，利用高频感应所产生的二次电流作为热源，在局部集中加热，实质上也属电阻热。由于这种加热方式热量高度集中，故可以实现很高的焊接速度，如高频焊管等。

(5) 摩擦热　由机械摩擦产生的热能作为焊接热源，如摩擦焊。

(6) 电子束　在真空中，利用高压下高速运动的电子猛烈轰击金属局部表面，使这种动能转化为热能作为焊接热源，如电子束焊。

(7) 激光束　通过受激辐射而使放射增强的单色光子流，即激光，它经过聚焦产生能量高度集中的激光束作为焊接热源。

每种热源都有其本身的特点，目前在生产上均有不同程度的应用。与此同时，还在大力开发新的焊接热源。

3. 焊接方法的分类

综上所述，根据焊接过程中的物理和工艺特点，可将焊接方法作如下分类，如图 3.1.1 所示。

其中，熔化焊是将焊件连接部位局部加热至熔化状态，随后冷却凝固成一体，使被焊材料达到原子间距离，不加压力而获得原子间结合，完成焊接的方法。

压力焊是焊接过程中必须对焊件施加压力，同时加热或不加热，即通过加热、加压、扩散等方法，使被焊材料原子达到原子间距离，获得原子间结合力，以完成焊接的方法。

钎焊是采用低熔点的填充金属（钎料）熔化后，与固态焊件金属相互扩散形成原子间的结合而实现连接的方法。

- 焊接方法
  - 熔化焊
    - 气焊
    - 电弧焊
      - 手工电弧焊
      - 埋弧焊
      - 气体保护焊
        - 氩弧焊
        - CO_2焊
    - 电渣焊
    - 等离子弧焊
    - 电子束焊
    - 激光焊
  - 压力焊
    - 电阻焊
    - 摩擦焊
    - 超声波焊
    - 爆炸焊
  - 钎焊
    - 软钎焊
    - 硬钎焊

图 3.1.1 焊接方法分类

4. 焊接温度场

焊接时的加热和冷却过程称为焊接热过程，它包括焊件的加热、热能在焊件中的传播及冷却 3 个阶段。其特征是：焊接热源不断移动，有极高的加热和冷却速度，对局部进行加热。

焊接过程中，热传导、对流传热、辐射传热 3 种传热方式都起着重要的作用，影响最大的是热能在焊件内部的传导过程。传热对于焊接应力、变形、焊接化学冶金过程，焊缝及热影响区组织变化以及焊接缺陷的产生均有重要影响。

图 3.1.2 所示为典型的焊接温度场。根据其传热方向，可分为三维传热、二维传热、一维传热 3 种类型。影响温度场的主要因素有：材料的热物理参数、焊接规范参数、焊件的厚度、接头形式等。

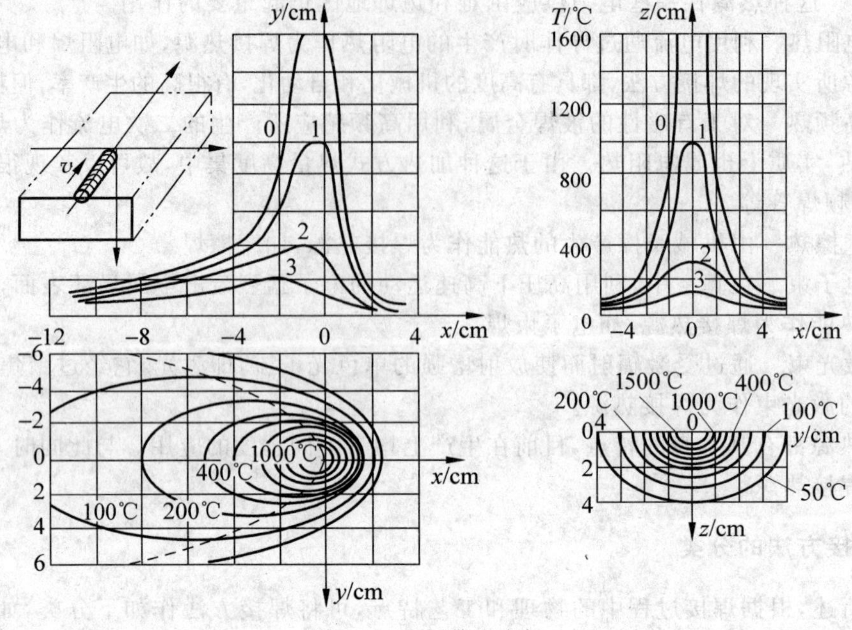

图 3.1.2 焊接温度场

5. 焊接热循环

在连续移动热源焊接温度场中，当热源移近时，焊缝附近母材上各点将急剧加热，而当热源离去后，将迅速冷却降温，焊缝及近缝区母材上某一点所经受的这种升温和降温过程叫作焊接热循环。焊接热循环具有加热速度快、温度高、高温停留时间短和冷却速度快等特点。

距焊缝距离不同，材料所经受的焊接热循环过程也不同，因此，会引起金属内部组织的不同变化，从而影响接头性能和产生复杂的焊接应力与变形。

焊接热循环的主要参数有加热速度、最高温度、高温停留时间、瞬时冷却速度等。

3.1.2 焊接电弧

焊接电弧(arc)是指在电极(electrode collar)与工件之间的气体介质中长时间的放电现象，即在局部气体介质中有大量电子流通过的导电现象。

产生电弧的电极可以是金属丝、钨丝、碳棒或焊条。

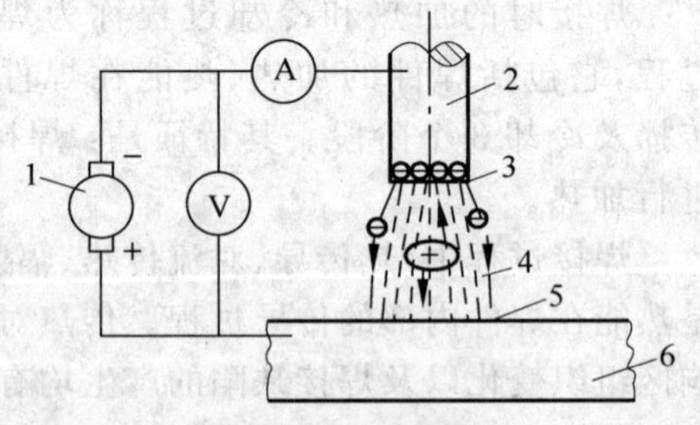

图 3.1.3 焊接电弧

1—电焊机；2—焊条；3—阴极区；4—弧柱；5—阳极区；6—工件

焊接电弧如图 3.1.3 所示。引燃电弧后，弧柱中就充满了高温电离气体，并放出大量的热能和强烈的光。电弧的热量与焊接电流和电弧电压的乘积成正比。电流越大，电弧产生的总热量就越多。一般情况下，电弧热量在阳极区产生的较多，约占总热量的 43%；阴极区因放出大量的电子，消耗了一部分能量，所以产生的热量相对较少，约占 36%；其余 21%左右的热量是在弧柱中产生的。焊条电弧焊只有 65%～85%的热量用于加热和熔化金属，其余的热量则散失在电弧周围和飞溅的金属滴中。

电弧中阳极区和阴极区的温度因电极材料不同而有所不同。用钢焊条焊接钢材时，阳极区温度约为 2600 K，阴极区约为 2400 K，电弧中心区温度最高，可达 6000～8000 K。

由于电弧产生的热量在阳极和阴极上有一定的差异及其他一些原因，因此使用直流电源焊接时有正接和反接两种接线方法。

正接是将工件接到电源的正极，焊条(或电极)接到负极；反接是将工件接到电源的负极，焊条(或电极)接到正极，如图 3.1.4 所示。正接时工件的温度相对高一些。

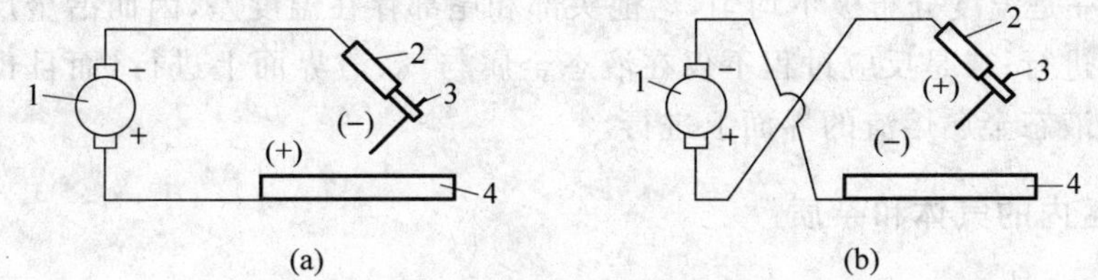

图 3.1.4　直流电源时的正接与反接

(a) 正接；(b) 反接

1—直流电焊机；2—焊钳；3—焊条；4—工件

如果焊接时使用的是交流弧焊机(弧焊变压器)，因为电极每秒钟正负变化达 100 次之多，所以两极加热温度一样，都在 2500 K 左右，因而不存在正接和反接问题。

弧焊机的空载电压就是焊接时的引弧电压，一般为 50～90 V。电弧稳定燃烧时的电压称为电弧电压，它与电弧长度(即焊条与工件间的距离)有关。电弧长度越大，电弧电压也越高。一般情况下，电弧电压在 16～35 V 范围之内。

3.1.3 熔化焊化学冶金过程

焊接过程中，焊接区内各种物质之间在高温下相互作用的过程，称为焊接化学冶金过程。

无保护的情况下在空气中焊接时，焊缝金属中的含氧、氮量显著增加，同时锰、碳等有益合金元素大量减少，这时，焊缝金属的塑性和韧性急剧下降。所以，为了得到优质的焊缝金属，必须研究焊接化学冶金的特点，找出其本身固有的规律。

1. 熔化焊化学冶金的特点

焊接化学冶金反应过程从焊接材料被加热、熔化开始，经熔滴过渡，最后到达熔池中，该过程是分区域(药皮反应区、熔滴反应区、熔池反应区)连续进行的(图 3.1.5)，不同的焊接方法有不同的反应区。

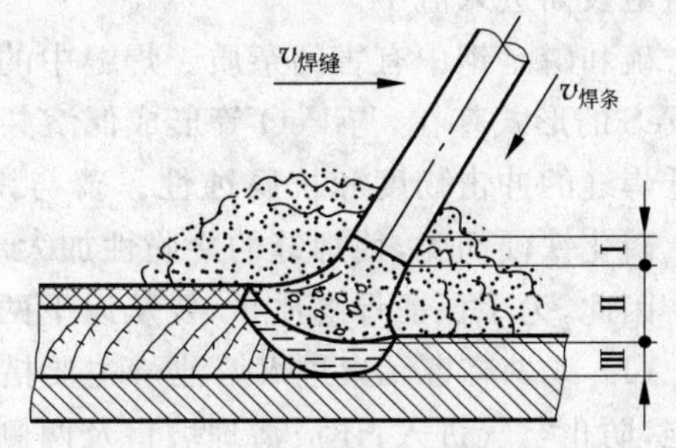

图 3.1.5　焊接冶金反应区

Ⅰ—药皮反应区；Ⅱ—熔滴反应区；Ⅲ—熔池反应区

在药皮反应区中，主要发生水分的蒸发、

某些物质的分解、铁合金的氧化等。反应析出的大量气体，一方面隔绝了空气，另一方面，也对被焊金属和药皮中的铁合金产生了很强的氧化作用，结果，将显著改变焊接区气相的氧化性。

熔滴反应区包括熔滴形成、长大到过渡至熔池前的整个阶段。在这里，会发生气体的分解和溶解、金属的蒸发、金属及其合金成分的氧化和还原、焊缝金属的合金化等。反应时间虽短(0.01～0.1 s)，但平均温度高(2000～2800 K)，液态金属与气体及熔渣的接触面积大，所以是冶金反应最激烈的部位，对焊缝成分的影响也最大。

熔滴金属和熔渣以很高的速度落入熔池后，随即同熔化了的母材混合或接触，各反应继续进行。该区温度较熔滴反应区低，约为 1800～2200 K，反应时间较长，为数秒钟，并有两个显著特点：一是温度分布极不均匀，熔池头部和尾部存在温度差，因而冶金反应可以同时向相反的方向进行；二是反应过程不仅在液态金属与气、渣界面上进行，而且也在液态金属与固态金属和液态金属熔渣的界面上进行。

2. 焊接区内的气体和杂质

焊接区内的气体来源主要有焊接材料、热源周围的气体介质、焊丝和母材表面的杂质、材料的蒸发。产生的气体中，对焊接质量影响最大的是 N_2、H_2、O_2、CO_2、H_2O。

空气是氮的主要来源。由于氮的作用会使焊缝中产生气孔，在液态金属中会形成脆性氮化物，其中一部分以片状夹杂物的形式残留于焊缝中，另一部分则使钢在固溶体中的含氮量大大增加，从而使焊缝严重脆化。

氢主要来自焊接材料中的水分和其他含氢物质、电弧周围气体中的水蒸气、焊丝和母材坡口表面上的铁锈和油污等杂质。氢在熔池中作用对焊缝质量也有重要影响。氢易于在焊缝中造成气孔，即使溶入量不足以形成气孔，固态焊缝中多余的氢也会在焊缝中的微缺陷处集中形成氢分子，这种氢的聚集往往在微小空间内形成局部的极大压力，使焊缝变脆。

氧来源于周围的空气以及焊接材料和焊件中的高价氧化物、水分、铁锈等的分解产物。在电弧高温作用下，氧气分解为氧原子，氧原子要和多种金属发生氧化反应，如：

$$Fe + O \longrightarrow FeO \quad Mn + O \longrightarrow MnO$$

$$Si + 2O \longrightarrow SiO_2 \quad 2Cr + 3O \longrightarrow Cr_2O_3 \quad 2Al + 3O \longrightarrow Al_2O_3$$

有的氧化物能溶解在液态金属中，冷凝时因溶解度下降而析出，成为焊缝中的杂质，影响焊缝质量，是一种有害的冶金反应物；大部分金属氧化物则不溶于液态金属，生成后会浮在熔池表面进入渣中。

硫和磷是钢中有害的杂质。焊缝中的硫和磷主要来源于母材、焊芯和药皮。硫在钢中以 FeS 的形式存在，与 FeO 等形成低溶共晶聚集在晶界上，增加焊缝产生裂纹的倾向，同时降低焊缝的冲击韧度和抗腐蚀性。磷与铁、镍等也可以形成低熔点共晶，促进热裂纹的产生。磷化铁硬而脆，使焊缝的冷脆性加大。

因此，为了保证焊缝质量，要从以下两方面采取措施：

(1) 减少有害元素进入熔池。主要措施是机械保护，使电弧空间的熔滴和熔池与空间隔绝，防止空气进入；还应清理坡口及两侧的锈、水、油污；烘干焊条，去除水分等。

(2) 清除已进入熔池中的有害元素，增添合金元素。主要通过焊接材料中的合金元素进行脱氧、脱硫、脱磷、去氢和渗合金等，从而保证和调整焊缝的化学成分。

3.1.4 焊接接头

1. 焊接工件上的温度变化与分布

焊接时，电弧沿着工件逐渐移动并对工件进行局部加热。因此在焊接过程中，焊缝（welding seam）及其附近金属都是由常温状态开始被加热到较高的温度，然后再逐渐冷却到常温。但随着各点金属所在位置的不同，其最高加热温度是不同的。图 3.1.6 给出了焊接时焊件横截面上不同点的温度变化情况。由于各点离焊缝中心的距离不同，所以达到该点的最高温度不同。但总的看来，在焊接过程中，焊缝形成是一次冶金过程，焊缝附近区域的金属相当于受到了一次不同规范的热处理，必然会产生相应的组织与性能的变化。

2. 焊接接头的组织与性能

现以低碳钢为例说明焊缝和焊缝附近区域由于受到电弧不同程度的加热而产生的组织性能的变化。图 3.1.7 左侧下部是焊件的横截面，上部是相应各点在焊接过程中被加热的最高温度曲线（并非某一瞬时该截面的实际温度分布曲线）。图中，1、2、3、4 等各段金属组织的获得，可用右侧所示的部分铁-碳合金状态图来对照分析。

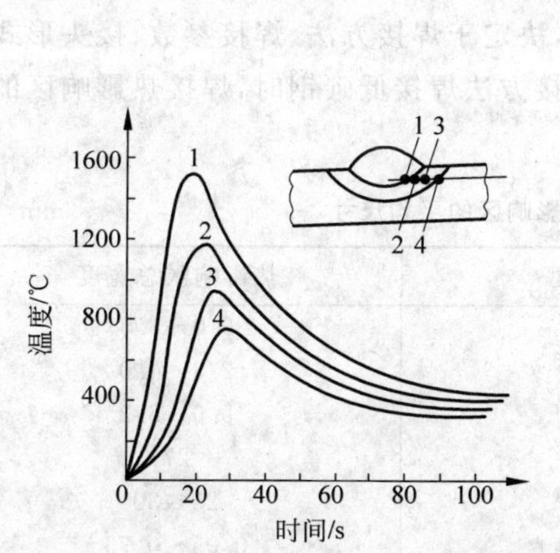

图 3.1.6　焊缝附近区域各点温度变化曲线

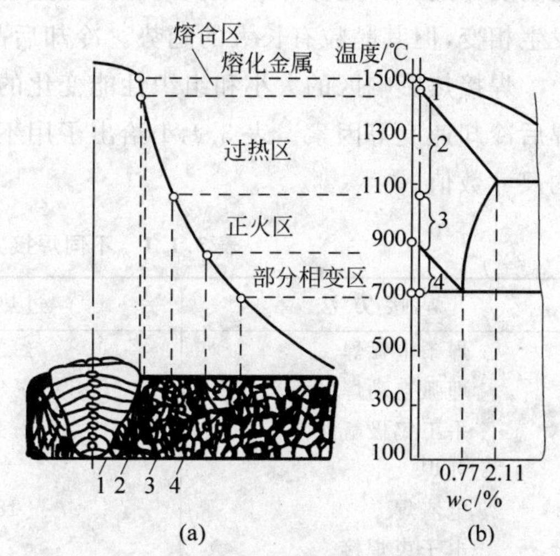

图 3.1.7　低碳钢焊件的横截面组织

1）焊缝

焊缝的结晶是从熔池底壁开始向中心成长的。因结晶时各个方向冷却速度不同，从而形成柱状的铸态组织，由铁素体和少量珠光体组成。因结晶是从熔池底部的半熔化区开始逐次进行的，低熔点的硫、磷杂质和氧化铁等易偏析物集中在焊缝中心区，将影响焊缝中心区的力学性能。因此，应慎重选用焊条或其他焊接材料。

焊接时，熔池金属受电弧吹力和保护气体吹力，熔池底壁柱状晶体的成长受到干扰，柱状晶体呈倾斜状，晶体有所细化。同时，由于焊接材料的渗合作用，焊缝金属中锰、硅等合金元素含量可能比母材（即焊件）金属高，焊缝金属的性能一般不低于母材的性能。

2）焊接热影响区

焊接热影响区(heat-affected zone)是指焊缝两侧金属因焊接作用而发生组织和性能变化的区域。由于焊缝附近各点受热情况不同，热影响区可分为熔合区、过热区、正火区和部分相变区等。

(1) 熔合区(weld bond)　熔合区是焊缝和基体金属的交界区。此区温度处于固相线和液相线之间。由于焊接过程中母材部分熔化，所以也称为半熔化区。此时，熔化的金属凝固成铸态组织，未熔化的金属因加热温度过高而成为过热粗晶。在低碳钢焊接接头中，熔合区虽然很窄(0.1～1 mm)，但因其强度、塑性和韧性都下降了，而且此处接头断面变化大，易引起应力集中，所以熔合区在很大程度上决定着焊接接头的性能。

(2) 过热区(overheated zone)　过热区指被加热到 A_{c_3} 以上 100～200℃至固相线之间的温度区间。由于奥氏体晶粒急剧长大，形成过热组织，故塑性及韧性降低。对于易淬火硬化钢材，此区脆性更大。

(3) 正火区(normalized zone)　正火区指被加热到 A_{c_3} 至 A_{c_3} 以上 100～200℃之间的区间。加热时金属发生重结晶，转变为细小的奥氏体晶粒。冷却后得到均匀而细小的铁素体和珠光体组织，其力学性能优于母材。

(4) 部分相变区(part phase-changed zone)　部分相变区相当于加热到 A_{c_1} 至 A_{c_3} 之间的温度区间。珠光体和部分铁素体发生重结晶，转变成细小的奥氏体晶粒。部分铁素体不发生相变，但其晶粒有长大的趋势。冷却后晶粒大小不均，因而力学性能比正火区稍差。

焊接热影响区的大小和组织性能变化的程序，决定于焊接方法、焊接参数、接头形式和焊后冷却速度等因素。表 3.1.1 给出了用不同焊接方法焊接低碳钢时，焊接热影响区的平均尺寸数值。

表 3.1.1　不同焊接方法热影响区的平均尺寸　　mm

焊接方法	过热区宽度	热影响区总宽度
焊条电弧焊	2.2～3.5	6.0～8.5
埋弧自动焊	0.8～1.2	2.3～4.0
手工钨极氩弧焊	2.1～3.2	5.0～6.2
气焊	21	27
电渣焊	18～20	25～30
电子束焊接	—	0.05～0.75

同一焊接方法使用不同的焊接参数时，热影响区的大小也不相同。在保证焊接质量的条件下，增加焊接速度或减少焊接电流都能减少焊接热影响区的尺寸。

3. 改善焊接影响区组织和性能的方法

焊接热影响区在电弧焊接接头中是不能避免的。为消除热影响区带来的不利影响，一般采用焊后正火处理，使焊缝和焊接热影响区的组织转变为均匀的细晶结构，以改善焊接接头的性能。

对焊后不能进行热处理的金属材料或构件，则只能通过正确选择焊接方法与焊接工艺来减少焊接热影响区的范围。

1）合理选择电弧焊接方法与焊接规范

用焊条电弧焊或埋弧焊焊接一般低碳钢时，因热影响区较窄，危害性较小，但对合金钢件接头则应选择小能量多道焊接来减少热影响区的危害。对特别重要的接头则可选择电子束或激光焊接。

2）进行焊后热处理

为了改善热影响区尤其是过热区的危害，焊后应进行退火处理，如中碳钢或合金结构钢构件、电渣焊接头等。

3.1.5 焊接应力与变形

焊接过程是一个极不平衡的热循环过程，即焊缝及其相邻区金属都要由室温被加热到很高温度（焊缝金属处于液态），然后再快速冷下来。由于在这个热循环过程中，焊件各部分的温度不同，随后的冷却速度也各不相同，因而焊件各部分在热胀冷缩及塑性变形的影响下，必将产生内应力，形成裂纹。

1. 焊接应力与变形产生的原因

焊缝是靠一个移动的点热源加热，然后逐次冷却来形成的。因而应力的形成、大小分布状况较为复杂。为简化问题，假定整条焊缝同时形成。焊缝及其相邻区金属处于加热阶段时都会膨胀，但受到焊件冷金属的阻碍，不能自由伸长而受压，形成压应力。该压应力使处于塑性状态的金属产生压缩变形。随后再冷却到室温时，其收缩又受到周边冷金属的阻碍，不能缩短到自由收缩所应达到的位置，因而产生残余拉应力（焊接应力）。图 3.1.8 所示为平板对接焊缝和圆筒环形焊缝的焊接应力（welding stress）分布状况。“＋”表示拉应力，“－”表示压应力。

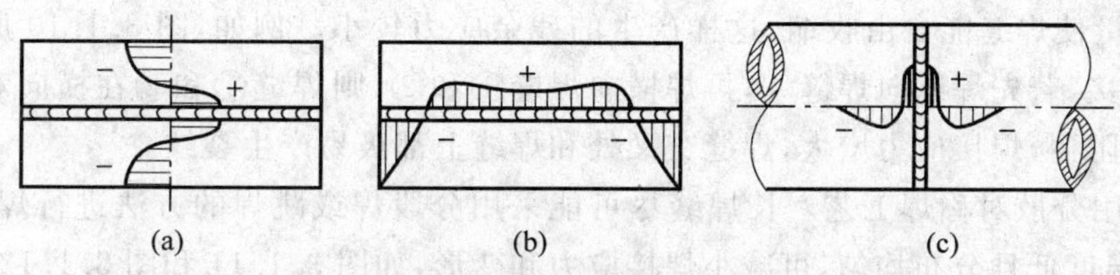

图 3.1.8 平板对接焊缝和圆筒环形焊缝的焊接应力

(a) 纵向应力；(b) 横向应力；(c) 径向应力

焊接应力的存在将影响焊接构件的使用性能，使其承载能力大为降低，甚至在外载荷改变时出现脆断的危险后果。对于接触腐蚀性介质的焊件（如化工容器），由于应力腐蚀现象加剧，将减少焊件使用期限，甚至产生应力腐蚀裂纹而报废。对于承受重载的重要结构件、压力容器等，焊接应力必须加以防止和消除，措施如下：

(1) 在结构设计时应选用塑性好的材料，要避免使焊缝密集交叉，避免使焊缝截面过大和焊缝过长。

(2) 在施焊中应确定正确的焊接次序。焊前对焊件预热是较为有效的工艺措施，这样可减弱焊件各部位间的温差，从而显著减小焊接应力。焊接中采用小能量焊接方法或锤击焊缝亦可减小焊接应力。

(3) 当需较彻底地消除焊接应力时，可采用焊后去应力退火方法来达到。此时需将焊件加热至 500～650℃保温后缓慢冷却至室温。

(4) 采用水压试验或振动法消除焊接应力。

焊接应力的存在会引起焊件的变形。焊接变形(welding distortion)的基本类型如图 3.1.9 所示。具体焊件会出现哪种变形，与焊件结构、焊缝布置、焊接工艺及应力分布等因素有关。一般情况下，结构简单的小型焊件，焊后仅出现收缩变形，焊件尺寸减小。当焊件坡口横截面的上、下尺寸相差较大，或焊缝分布不对称以及焊接次序不合理时，焊件则易发生角变形、弯曲变形或扭曲变形。对于薄板焊件，最容易产生不规律的波浪变形。

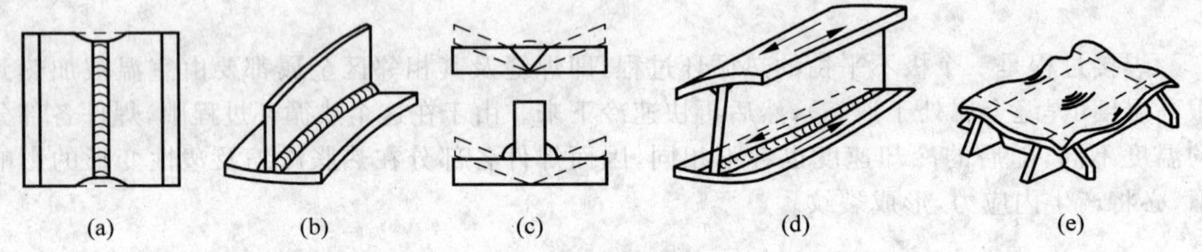

图 3.1.9 焊接变形的基本类型

(a) 纵、横向收缩；(b) 弯曲变形；(c) 角变形；(d) 扭曲变形；(e) 波浪变形

2. 预防和减小焊接应力和变形的工艺措施

1) 进行焊前预热

预热的目的是减小焊件上各部分的温差，降低焊缝区的冷却速度，从而减小焊接应力和变形，预热温度一般为 400℃以下。

2) 选择合理的焊接顺序

(1) 尽量使焊缝能自由收缩，这样产生的残余应力较小。例如，图 3.1.10 所示的大型容器底板焊接，若先焊纵向焊缝③，再焊横向焊缝①和②，则焊缝①和②在横向和纵向的收缩都会受到阻碍，焊接应力增大，焊缝交叉处和焊缝上都极易产生裂纹。

(2) 采用分散对称焊工艺。长焊缝尽可能采用分段焊或跳焊的方法进行焊接，这样加热时间短、温度低且分布均匀，可减小焊接应力和变形，如图 3.1.11 和图 3.1.12 所示。

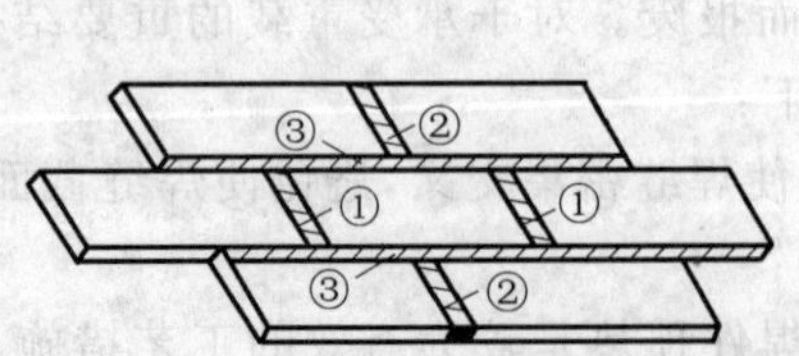

图 3.1.10 大型容器底板的拼焊顺序

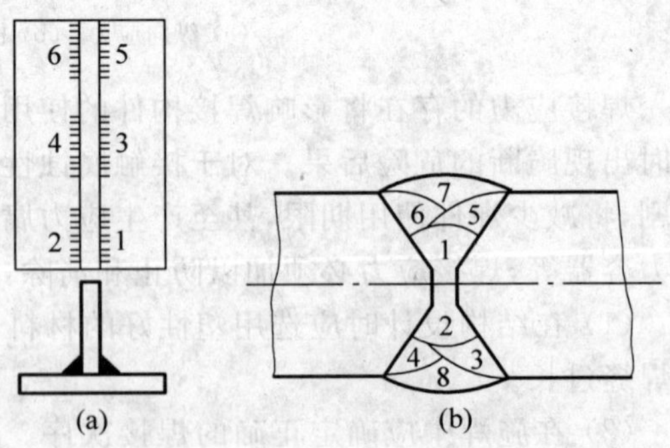

图 3.1.11 分散对称的焊接顺序

(a) T形梁；(b) 对接接头多层焊

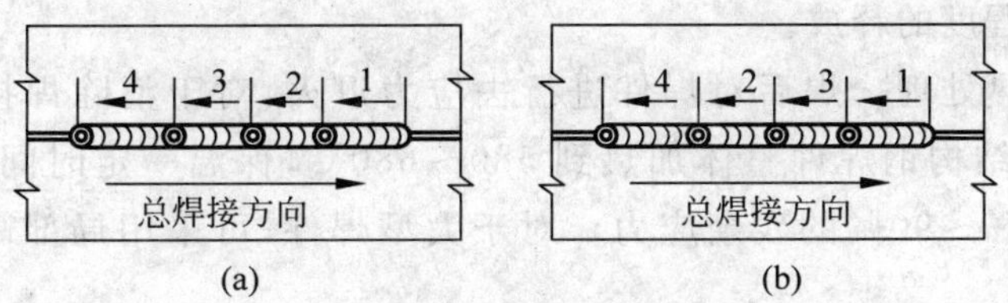

(a)　　(b)

图 3.1.12　长焊缝的分段焊

(a) 退焊；(b) 跳焊

3) 加热减应区

铸铁补焊时，在补焊前可对铸件上的适当部位进行加热，以减少焊接时对焊接部位伸长的约束。焊后冷却时，加热部位与焊接处一起收缩，从而减小焊接应力。被加热的部位称为减应区，这种方法叫作加热减应区法，如图 3.1.13 所示。利用这个原理也可以焊接一些刚度比较大的焊缝。

4) 采用反变形法

焊接前预测焊接变形量和变形方向，在焊前组装时将被焊工件向焊接变形相反的方向进行人为的变形，以达到抵消焊接变形的目的，如图 3.1.14 和图 3.1.15 所示。

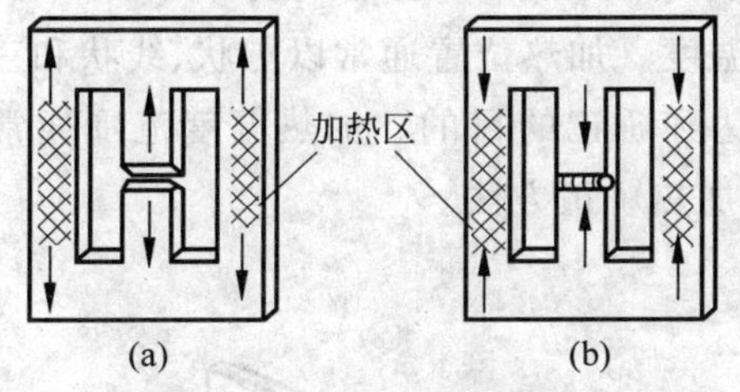

(a)　　(b)

图 3.1.13　加热减应区法

(a) 焊接时；(b) 冷却时

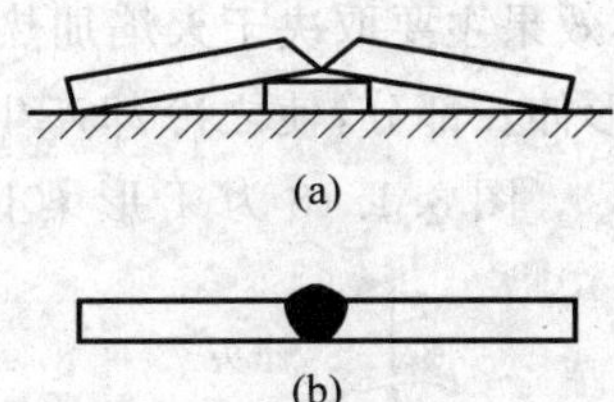
(a)
(b)

图 3.1.14　平板焊反变形

(a) 焊前反变形；(b) 焊后平整

5) 进行刚性固定

利用夹具、胎具等强制手段，以外力固定被焊工件来减小焊接变形，如图 3.1.16 所示。该法能有效地减小焊接变形，但会产生较大的焊接应力，所以一般只用于塑性较好的低碳钢结构。

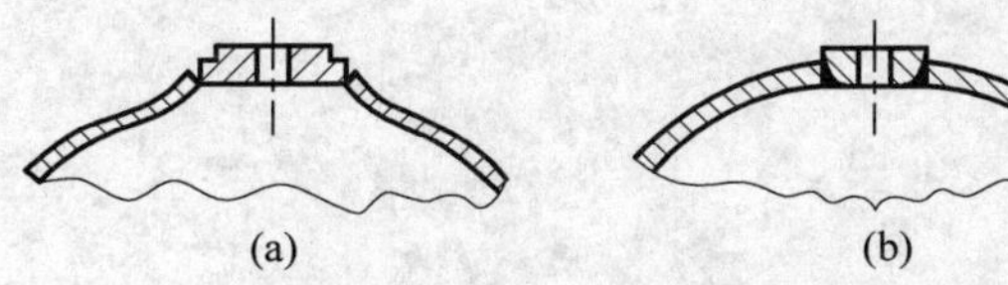
(a)　　(b)

图 3.1.15　防塌陷反变形焊接

(a) 焊前预弯反变形；(b) 焊后圆弧合格

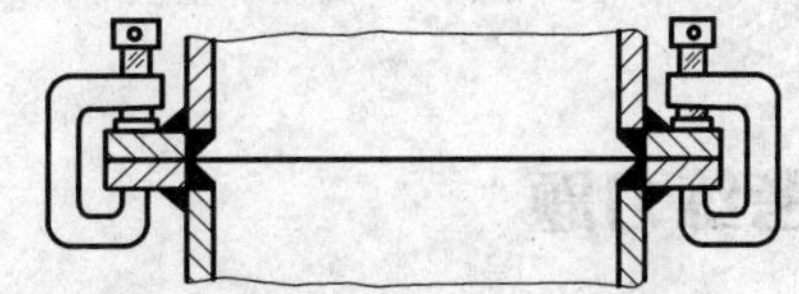

图 3.1.16　刚性固定法

对于一些大型的或结构较为复杂的焊件，也可以先组装后焊接，即先将焊件用点焊或分段焊定位后，再进行焊接。这样可以利用焊件整体结构之间的相互约束来减小焊接变形。但这样做也会产生较大的焊接应力。

3. 消除焊接应力和矫正焊接变形的方法

1) 消除焊接应力的方法

(1) 锤击焊缝　焊后用圆头小锤对红热状态下的焊缝进行锤击，可以延展焊缝，从而使焊接应力得到一定程度的释放。

(2) 进行焊后热处理　焊后对焊件进行去应力退火，对于消除焊接应力具有良好效果。碳钢或低合金结构钢焊件整体加热到 580～680℃，保温一定时间后，空冷或随炉冷却，一般可消除 80%～90%的残余应力。对于大型焊件，可采用局部高温退火来降低应力峰值。

(3) 采用机械拉伸法　对焊件进行加载，使焊缝区产生微量塑性拉伸，可以使残余应力降低。例如，压力容器在进行水压试验时，将试验压力加到工作压力的 1.2～1.5 倍，这时焊缝区会发生微量塑性变形，使部分应力被释放。

2) 矫正焊接变形的措施

当焊接变形超过了设计允许量时，必须对焊件进行矫正。矫正变形的基本原理是产生新的变形抵消原来的焊接变形。常用的矫正方法有以下几种：

(1) 机械矫正变形　利用机械力（如压力机加压或锤击）产生塑性变形来矫正焊接变形。如图 3.1.17 所示，这种方法适用于塑性较好、厚度不大的焊件。

(2) 火焰加热矫正变形　利用金属局部受热后的冷却收缩来抵消已发生的焊接变形。这种方法主要用于低碳钢和低淬硬倾向的低合金钢。火焰矫正一般采用气焊焊炬，不需专门设备，其效果主要取决于火焰加热的位置和加热温度。加热位置通常以点状、线状和三角形加热变形伸长部分，使之冷却产生收缩变形，以达到矫正的目的。加热温度范围通常在 600～800℃。图 3.1.18 为 T 形梁上拱变形的火焰加热矫正方法。

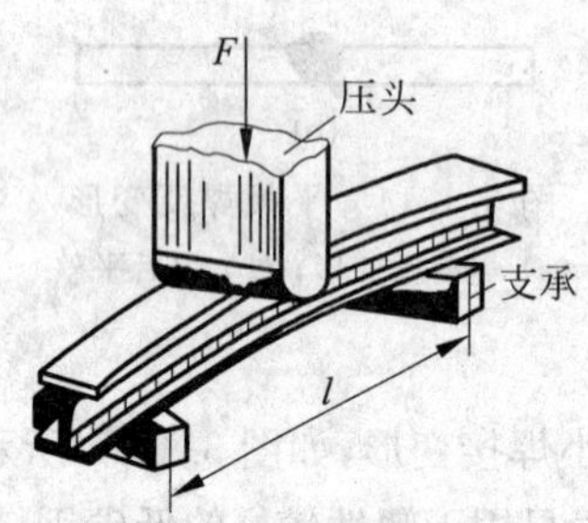

图 3.1.17　机械矫正法

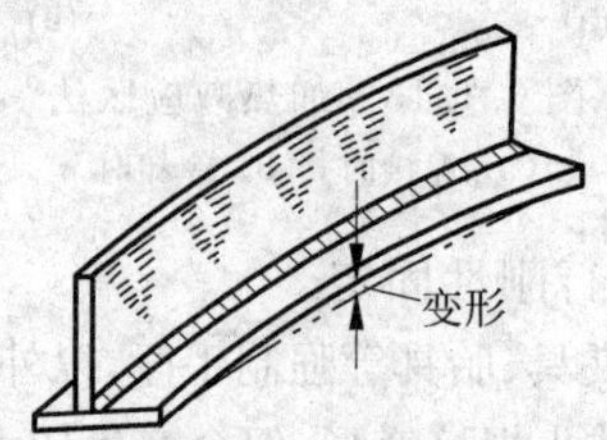

图 3.1.18　火焰加热矫正法

思考练习题

1. 焊接电弧是怎样一种现象？用直流电和交流电焊接时电弧有何差异？

2. 何谓焊接热影响区？低碳钢焊接热影响区内各主要区域的组织和性能如何？从焊接方法和工艺上考虑，能否减小或消灭热影响区？

3. 减少焊接热影响区有什么方法？有什么实际效果？

4. 焊接应力是什么原因引起的？它对焊接结构有什么危害？如何消除焊接应力？

5. 分层焊时，焊工有时会用圆头小锤对红热状态的焊缝进行敲击，请解释原因。

6. 焊接变形有哪些形式？在焊前有哪些措施可防止和减小焊接变形？

3.2 常用电弧焊方法

3.2.1 焊条电弧焊

利用电弧作为焊接热源的熔焊方法，称为电弧焊。焊条电弧焊(electrode arc welding)是利用焊条与工件间产生的电弧热，将工件和焊条熔化而进行焊接的方法。焊条电弧焊常用手工操作，也称手工电弧焊。操作过程包括引燃电弧、送进焊条和沿焊缝移动焊条。

焊条电弧焊可以在室内、室外、高空和各种焊接位置进行，设备简单，维护容易，焊钳小，使用灵便，适于焊接高强度钢、铸钢、铸铁和非铁金属，其焊接接头可与工件(母材)的强度相近，是焊接生产中应用最广泛的焊接方法。

1. 电弧焊的焊接过程

焊条电弧焊的焊接过程如图 3.2.1 所示。电弧在焊条和被焊工件间燃烧，电弧热使工件和焊条同时熔化形成熔池，也使焊条的药皮熔化和分解，药皮熔化后与液态金属发生物理化学反应，所形成的熔渣不断从熔池中浮起；药皮受热分解产生大量的 CO_2 和 H_2 等保护气体，围绕在电弧周围，熔渣和气体能防止空气中氧和氮的侵入，起保护熔化金属的作用。

当电弧向前移动时，工件和焊条不断熔化汇成新的熔池。原来的熔池则不断冷却凝固，构成连续的焊缝。覆盖在焊缝表面的熔渣也逐渐凝固成为固态渣壳。这层熔渣和渣壳对焊缝成形的好坏和减缓金属的冷却速度有着重要的作用。焊缝质量是由很多因素决定的，如母材金属和焊条的质量、焊前母材的清理程度、焊接时电弧的稳定情况、焊接操作技术、焊后冷却速度以及焊后热处理等。

2. 焊接电弧的静特性

在电极材料、气体介质和弧长一定的情况下，电弧稳定燃烧时，焊接电流与电弧电压变化的关系称为焊接电弧的静特性。表示这两者关系的曲线叫电弧静特性曲线，如图 3.2.2 所示。

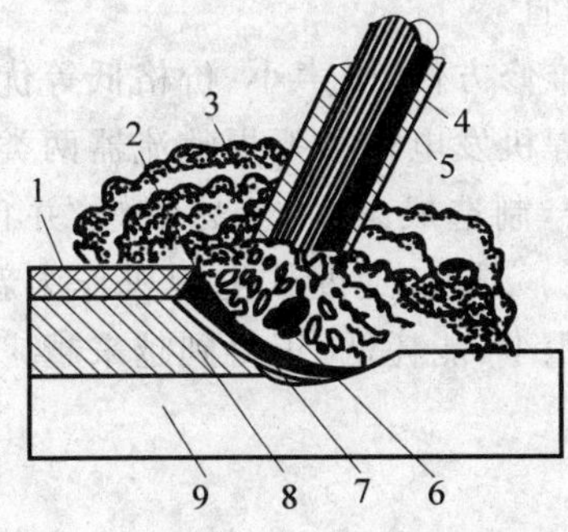

图 3.2.1 焊条电弧焊的焊接过程

1—固态渣壳；2—液态熔渣；3—气体；4—焊条芯；5—焊条药皮；6—金属熔滴；7—熔池；8—焊缝；9—工件

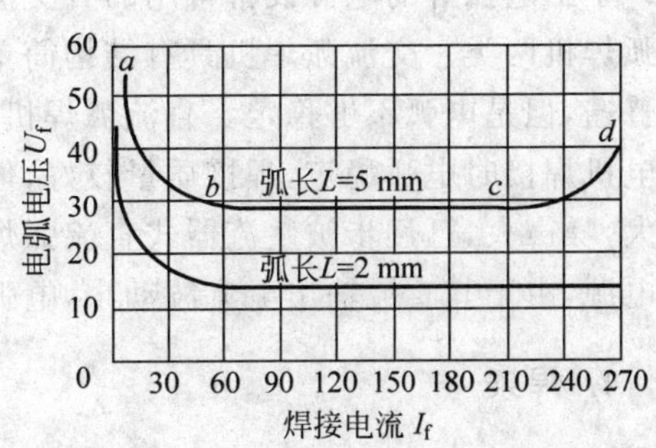

图 3.2.2 不同弧长的电弧静特性曲线

该曲线呈U形，可分为3个区段：ab段，电流密度较小，随电流增加电弧电压急剧下降，故称下降特性。bc段，电流密度中等，随电流增加电弧电压几乎保持不变，故称平直特性。焊条电弧焊、埋弧焊和TIG焊在正常工艺参数焊接时，其电弧在此段稳定燃烧。cd段，电流密度大，随电流增加电弧电压上升，故称上升特性。熔化极气体保护焊时，因常用小直径焊丝，其电流密度较大，所以电弧多在此区段稳定燃烧。

不同的电极材料、气体介质或电弧长度，对电弧静特性均有影响。当其他条件不变时弧长增加，电弧电压也升高，电弧静特性曲线的位置相应升高。当电流一定时，电弧电压与弧长成正比。

3. 焊条电弧焊的设备

手弧焊机是焊条电弧焊的主要设备，也叫焊接电源。

弧焊电源是对焊接电弧提供电能的一种专门设备，是电弧焊机中的核心部分。和一般电力电源不同，弧焊电源的负载是电弧，它必须具有弧焊工艺所要求的电气性能，如合适的空载电压、一定形状的外特性、良好的动特性和灵活的调节特性等。弧焊电源不仅要为焊接电弧提供电能，同时也要保证在焊接过程中，引弧容易、电弧燃烧稳定、焊缝工艺参数可调而且恒定等。为此，弧焊电源必须满足下述各项要求。

1）对弧焊电源外特性的要求

在稳定状态下弧焊电源的输出电压U_y和输出电流I_y之间的关系曲线——$U_y=f(I_y)$称为弧焊电源的外特性，又称弧焊电源的静特性，如图3.2.3所示。对于直流电源，U_y和I_y为平均值，对于交流电源为有效值。

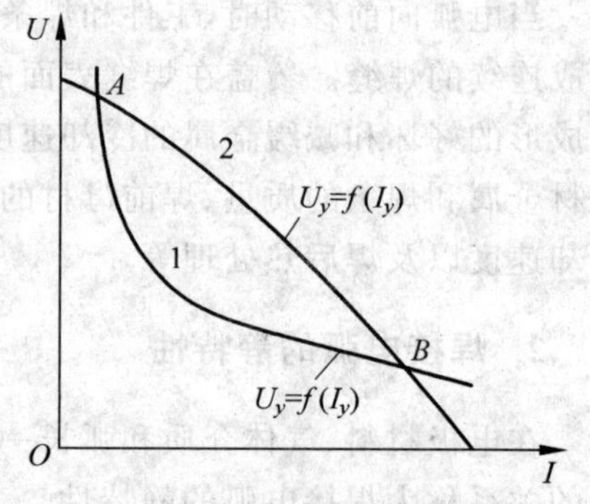

图3.2.3　焊接电源的外特性曲线

1—弧焊电源外特性；2—焊接电弧静特性

弧焊电源外特性曲线的形状与焊接过程中电弧的稳定燃烧和焊接参数的稳定有密切关系，它必须与电弧静特性曲线相适应。

2）电流具有调节特性

因为电弧的热量与焊接电流成正比，焊件的厚度不同，所需的焊接电流大小也不同，所以焊机应在一定范围内能调节焊接电流的大小。

手工电弧焊的电源设备常用的有交流弧焊机和直流弧焊机两类。交流弧焊机具有结构简单、制造和维修方便、噪声小、价格低等优点，应用相当普遍，但是电弧不够稳定。直流弧焊机可分为弧焊机发电机和弧焊整流器两类，直流弧焊发电机焊接时电弧稳定，焊接质量较好，但结构复杂，制造成本高，不易维修，并且使用时耗电大，噪声大，已逐步被整流器式直流弧焊机所取代。目前，逆变式电焊机作为新一代的弧焊电源，由于其直流输出电流波动小，电弧稳定，体积小，能耗低，正得到越来越广泛的应用。

4. 焊条

1）组成及其作用

（1）焊芯　焊芯(core wire)的作用，一是导电、生弧、形成热源；二是作为焊缝的填充金属直接影响焊缝质量，所以焊芯钢丝都是专门冶炼的，并且特别规定了它们的牌号和成分。

按照 GB 1300—1977《焊接用钢丝》规定，焊接用钢丝分为碳素钢、合金钢和不锈钢 3 类，牌号冠以“焊”字，代号为“H”，其后的数字和符号意义与结构钢牌号相同。焊接碳钢和低合金结构钢时，一般用低碳钢焊丝 H08、H08A、H08MnA 作为焊芯。为保证焊缝的塑性和韧性，上述焊丝中硫、磷、硅的含量，比通常的碳素结构钢和合金结构钢都要低。

（2）药皮　焊条药皮在焊接过程中对保证焊缝质量和改善工艺性能起着极其重要的作用。据测定，当用裸焊条焊接时，焊缝中的含氧量为 0.15%～0.30%，含氮量为 1.10%～0.15%；而用厚药皮焊条焊接时，焊缝中的含氧量仅为 0.04%～0.10%，含氮量只有 0.01%～0.03%。具体说来，焊条药皮的作用有如下几点：

① 稳弧。药皮中含有的钾、钠、钙等易电离元素的化合物，使焊接电弧引燃容易，稳定性好。

② 造气。药皮中的碳酸盐和有机物，可在焊接时形成中性或还原性气氛，保护液态金属免受大气污染。

③ 造渣。药皮熔化后形成的熔渣，覆盖于液态金属表面，能保护熔化金属，改善焊缝成形，减缓凝固和冷却速度。

④ 脱氧。药皮中的锰铁、硅铁、铝粉等，可对液态金属进行脱氧精炼。同时，锰还可以与硫结合成 MnS，MnS 可熔入渣中而使硫部分脱除。

⑤ 合金化。药皮中的各种铁合金可向焊缝金属添加适当的合金元素，以保证焊缝金属的化学成分，提高焊缝金属的机械性能。

⑥ 改善熔滴过渡。因为药皮比焊芯熔化迟，形成了喇叭小段药皮套管，它可改善熔滴向熔池过渡的方向性，使焊条便于进行仰焊和立焊。

焊条药皮的成分相当复杂，每种焊条的药皮一般都由 7～15 种原料配制而成。

2）种类、型号和牌号

焊接的应用范围越来越广泛，为适用各个行业、各种材料和达到不同性能要求的焊条品种非常多，我国将焊条按化学成分分为 7 大类，即碳钢焊条、低合金焊条、不锈钢焊条、堆焊焊条、铸铁焊条、铜及铜合金焊条、铝及铝合金焊条等。其中，应用最多的是碳钢焊条和低合金钢焊条。

焊条型号是国家标准中的焊条代号。碳钢焊条型号见 GB 5117—1995，如 E4303、E5015、E5016 等。“E”表示焊条；前两位数字表示焊缝金属的抗拉强度等级（单位为 kgf/mm^2）；第三位数字表示焊条的焊接位置，“0”及“1”表示焊条适用于向下立焊；第三位和第四位组合时表示焊接电流种类及药皮类型，如“03”为钛钙型药皮，交流或直接反接。低合金钢焊条型号中的 4 位数字之一，还标出了附加合金元素的化学成分。如 E5515-B2-V，属低氢钠型，适用于直流反接进行各种位置焊接的焊条，并含 0.6%B 和 0.1%～0.35% V。

焊条牌号是焊条行业统一的焊条代号。焊条牌号一般用 1 个大写拼音字母和 3 个数字表示，如 J422、J507 等。拼音字母表示焊条的大类，如“J”表示结构钢焊条（碳钢焊条和普通低合金钢焊条），“A”表示奥氏体不锈钢焊条，“Z”表示铸铁焊条等；前两位数字表示各大类中若干小类，如结构钢焊条前两位数字表示焊缝金属抗拉强度等级，其等级有 42、50、55、60、70、75、85 等，分别表示其焊缝金属的抗拉强度大于或等于 420、500、550、600、700、750 和 850 MPa；最后一位数字表示药皮类型和电流种类，见表 3.2.1，其中，1～5 为酸性焊条(acid electrode)，6 和 7 为碱性焊条(basic electrode)。其他焊条牌号表示法，见国家机械工业委员会编的《焊接材料产品样本》(1987 年)。J422 符合国标 E4303，J507 符合国标

E5015,J506 符合国标 E5016。

表 3.2.1 焊条药皮类型和电源种类编号

编号	1	2	3	4	5	6	7	8
药皮类型	钛型	钛钙型	钛铁矿型	氧化铁型	纤维素型	低氢钾型	低氢钠型	石墨型
电源种类	交、直流	交、直流	交、直流	交、直流	交、直流	交、直流	直流	交、直流

焊条还可按熔渣性质分为酸性焊条和碱性焊条两大类。药皮熔渣中酸性氧化物(如 SiO_2、TiO_2、Fe_2O_3)比碱性氧化物(如 CaO、FeO、MnO、Na_2O)多的焊条为酸性焊条。此类焊条适合各种电源,操作性较好,电弧稳定,成本低,但焊缝塑、韧性稍差,渗合金作用弱,故不宜焊接承受动载荷和要求高强度的重要结构件。熔渣中碱性氧化物比酸性氧化物多的焊条为碱性焊条。此类焊条一般要求采用直流电源,焊缝塑、韧性好,抗冲击能力强,但操作性差,电弧不稳定,价格较高,故只适合焊接重要结构件。

3) 选用原则

焊条种类很多,选用是否得当,直接影响焊接质量、生产效率和产品成本。选用焊条时通常要考虑以下几个方面:

(1) 等强度原则　对结构钢的焊接,一般应使得焊缝金属与母材等强度,即焊条的强度等级等于或稍高于母材的强度。对于不要求等强度的接头,可选用强度等级比母材低的焊条。

(2) 同成分原则　对特殊用钢(耐热钢、低温钢、不锈钢等)的焊接,为保证接头的特殊性能,应使得焊缝金属的主要合金成分与母材相同或相近。

(3) 抗裂性要求　对于焊接或使用中容易产生裂纹的结构,如焊件形状复杂,厚度大,刚度大,高强钢,母材含碳或硫、磷杂质较多,受动载荷或冲击,以及在低温环境中施焊或使用的结构等,应选用抗裂性能优良的低氢型焊条。

(4) 抗气孔要求　对于难以焊前清理、容易产生气孔的焊件,应选用酸性焊条。

(5) 低成本要求　在酸、碱性焊条都能满足要求时,一般应选用酸性焊条。

以上几条原则中,前两条一般必须遵循,后 3 条应视具体情况而定。总之要综合考虑,全面衡量,以选出符合实际需要的焊条。

3.2.2 埋弧自动焊

焊条电弧焊时,引燃电弧、维持弧长、移动电弧以及焊接结束时填满弧坑等动作完全是靠手工进行的。所以焊条电弧焊生产效率低,而且工人的技术水平和思想情绪对焊接质量影响很大,故产品质量不稳定。如果手弧焊的上述几个焊接动作完全由机械自动完成,则上述缺点就能得到较好的克服。埋弧自动焊就是为了满足这种要求而出现的。

1. 焊接过程

埋弧自动焊简称埋弧焊(submerged arc welding),是以可熔化颗粒状焊剂作为保护介质，电弧掩埋在焊剂层下的一种熔化极电弧焊接方法。其焊接过程如图 3.2.4 所示。焊接电源两极分别接在导电嘴 4 和焊件 11 上。颗粒状焊剂由焊剂漏斗 9 流出后，均匀地堆敷在装配好的焊件上，约 40～60 mm 厚。由送丝电机 8 驱动的送丝滚轮 5，靠摩擦力把焊丝盘 7 上的焊丝经导电嘴 4 往下送进。

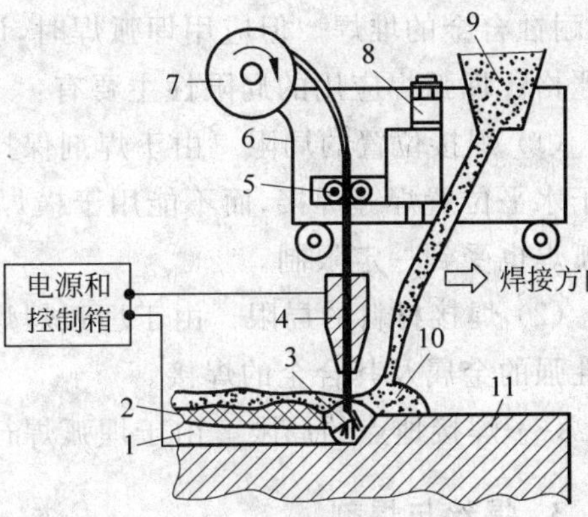

当焊丝末端与焊件之间引燃电弧后，电弧热使周围的焊剂熔化以至部分蒸发，金属和熔剂的蒸发气体形成一个气泡，电弧就在这个气泡内燃烧，气泡上部被一层渣膜所包围，这层渣膜把空气与电弧和熔池有效地隔开，并使电弧更加集中，同时，还能使有碍操作的弧光不致散发出来。

图 3.2.4 埋弧焊焊接过程

1—焊缝；2—渣壳；3—电弧；4—导电嘴；5—送丝滚轮；6—焊接小车；7—焊丝盘；8—送丝电机；9—焊剂漏斗；10—堆敷焊剂；11—焊件

为了实现电弧的自动移动，送丝机构、焊丝盘、焊剂漏斗和控制盘等全都装在一台小车上。焊接时，只要按下启动按钮，整个焊接过程(包括引弧、稳弧、送进焊丝、移动电弧及焊接结束时填满弧坑等)都将自动进行。由于采用光焊丝，且导电嘴长度仅为 50 mm，同时，渣膜可防止金属滴的外溅，所以埋弧焊可采用大电流(300～2000 A)进行焊接，使焊接速度和熔深大大增加。

埋弧焊与手弧焊一样，焊前应将焊缝两侧 50～60 mm 内的一切污垢及铁锈清除干净，以保证焊缝质量。

2. 特点及应用

1) 埋弧焊的特点

埋弧焊的主要特点是埋弧、自动和大电流。

(1) 生产率高　埋弧焊的电流常用到 1000 A 以上，比焊条电弧焊高 6～8 倍，同时节省了更换焊条的时间，所以埋弧焊比焊条电弧焊的生产率提高 5～10 倍。

(2) 焊接质量高而且稳定　埋弧焊焊剂供给充足，电弧区保护严密，熔池保持液态时间较长，冶金过程进行得较为完善，气体与杂质易于浮出。同时，焊接参数能自动控制调整，焊接质量高而且稳定，焊缝成形美观。

(3) 节省金属材料　埋弧焊热量集中，熔深大，20～25 mm 以下的工件可不开坡口进行焊接，而且没有焊条头的浪费，飞溅很小，所以能节省大量金属材料。

(4) 改善劳动条件　埋弧焊看不到弧光，焊接烟雾少，劳动环境好。

埋弧焊可以焊接长的直线焊缝和较大直径的环形焊缝。当工件厚度增加和批量生产时，其优点更为显著。

2) 埋弧焊的应用

埋弧焊是目前企业在钢结构焊接中广泛应用的一种弧焊方法。它可以焊接碳素结构钢、低合金结构钢、不锈钢、耐热钢及它们的复合钢板，是造船、锅炉、化工容器、桥梁、起重及冶金机械制造中焊接生产的主要手段。此外，还可以用于镍基合金、铜合金的焊接，以及耐磨、耐蚀合金的堆焊。但应用埋弧焊时，设备费用较贵，工艺装备复杂，对接头加工与装配要求严格。埋弧焊应用的局限性主要有：

(1) 焊接位置的局限　由于焊剂保持的原因，如果不采取特殊措施，埋弧焊主要只能应用于水平位置焊缝焊接，而不能用于横焊、立焊、仰焊。对狭窄位置的焊缝以及薄板的焊接，埋弧焊也受到一定限制。

(2) 焊接材料的局限　由于埋弧焊焊剂及电弧气氛的氧化性，此法不能用于铝、钛等氧化性强的金属及其合金的焊接。

(3) 焊接地点的局限　由于埋弧焊行走机构较为复杂，其机动灵活性比焊条电弧焊差。

3. 焊丝与焊剂

埋弧焊时，焊丝的作用相当于焊芯，焊剂的作用相当于焊条药皮。在焊接过程中，焊剂能隔离空气，使焊缝金属免受空气侵害，同时对熔池金属起类似焊条药皮的一系列冶金作用。因此，焊丝和焊剂是决定焊缝金属成分和性能的主要因素，应合理选用。

埋弧焊焊剂按制造方法可分为熔炼焊剂和陶质焊剂两大类。熔炼焊剂是将原材料配好后在炉中熔炼而成，呈玻璃颗粒状，颗粒强度大，化学成分均匀，不易吸收水分，适于大量生产。按化学成分又可分为锰、中锰、低锰、无锰几种，适用于不同的金属。

陶质焊剂是非熔炼焊剂。它是由矿石、铁合金、黏结剂按一定比例配制成颗粒状，经300～400℃干燥固结而成的。这类焊剂易于向焊缝金属补充或添加合金元素。但颗粒强度较低，容易吸潮。

常用焊剂的使用范围及配用焊丝见表3.2.2。

表3.2.2　国产焊剂使用范围及配用焊丝

牌　号	焊剂类型	配用焊丝	使用范围
HJ130	无锰高硅低氟	H10Mn2	低碳钢及低合金结构钢，如Q345(即16Mn)等
HJ230	低锰高硅低氟	H08MnA，H10Mn2	低碳钢及低合金结构钢
HJ250	低锰中硅中氟	H08MnMoA，H08Mn2SiA	焊接15MnV、14MnMoV、18MnMoNb等
HJ260	低锰高硅中氟	Cr19Ni9	焊接不锈钢
HJ330	中锰高硅中氟	H08MnA，H08Mn2	重要低碳钢及低合金钢，如15G、20G、16MnG等
HJ350	中锰中硅中氟	H08MnMoA，H08MnSi	焊接含MnMo、MnSi的低合金高强度钢
HJ431	高锰高硅低氟	H08A，H08MnA	低碳钢及低合金结构钢

4. 埋弧焊工艺

1) 焊接技术参数

埋弧焊焊缝形状一般以熔深 H、熔宽 B 和余高 a 描述，如图3.2.5所示。通常采用焊缝成形系数 $\phi(=B/H)$、余高系数 $(=B/a)$ 和熔合比 $\gamma=A_m/(A_m+A_H)$ 来表示焊缝的成形特点。通过改变上述参数,可以调整焊缝的化学成分,改善气孔、裂纹倾向及焊接接头的应力状态,提高焊缝的力学性能。

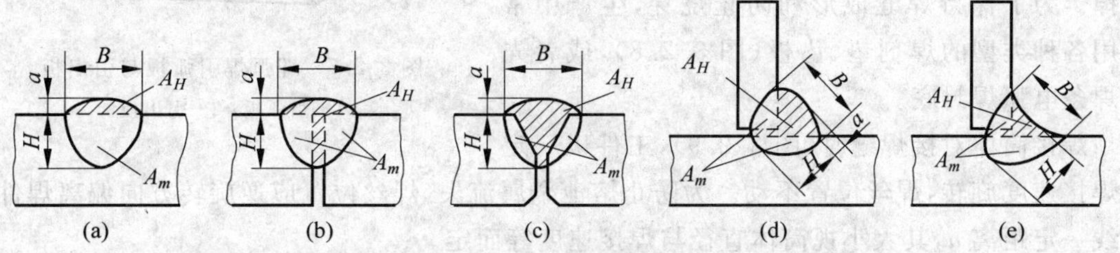

图 3.2.5 焊缝形状及参数

要获得优良的焊缝成形,就必须根据工件的材质、厚度、接头形式和焊缝位置以及工作条件对焊缝尺寸的要求等,选择合适的焊接参数和其他焊接条件。焊接电流、电弧电压和焊接速度是决定焊缝尺寸的主要工艺参数,它们对于焊缝形状参数的影响规律如下(见图 3.2.6)。

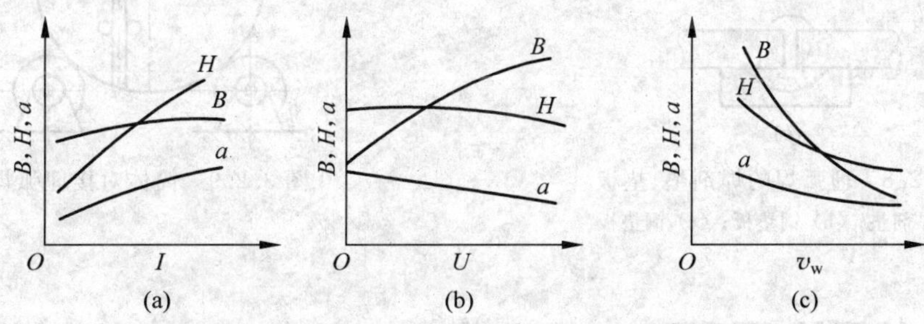

图 3.2.6 焊缝工艺参数对焊缝尺寸的影响

(a) 焊接电流 I 的影响;(b) 电弧电压 U 的影响;(c) 焊接速度 v_w 的影响

(1) 焊接电流是影响焊缝熔深的主要因素。随着焊接电流增大,熔深近于成比例增加,熔宽略有增加,同时余高增加而使成形系数及余高系数减小。

(2) 电弧电压是影响焊缝熔宽的主要因素。在其他条件不变时,随着电弧电压增大,焊缝熔宽显著增加,熔深和余高略有减小。

(3) 焊接速度对焊缝形状和尺寸都有明显的影响。焊速提高,熔深和熔宽都显著减小。为了保证合理的焊缝尺寸同时又有高的焊接生产率,在提高焊速的同时应相应提高焊接电流和电弧电压,并使其保持在稳定的匹配工作范围内。

其他焊接条件诸如电流种类和极性、间隙和坡口、焊丝倾角、工件厚度和倾斜度、焊剂成分等都可以用来控制焊缝的形状参数。

2) 焊接工艺

埋弧焊的下料要求更仔细,要准备好坡口和装配。焊接前,应将焊缝两侧 50～60 mm 内的一切污垢与铁锈清除掉,以免产生气孔。

埋弧焊一般在平焊位置焊接,用以焊接对接和丁字形接头的长直线焊缝和对接接头的环形焊缝。对焊接厚 20 mm 以下的工件时,可以采用单面焊接。如果设计上有要求(如锅炉或容器)也可双面焊接。当厚度超过 20 mm 时,可进行双面焊接,或采用开坡口单面焊接。

由于引弧处和断弧处的质量不易保证，焊前应在接缝两端焊上引弧板与引出板(图 3.2.7)，焊后再去掉。为了保持焊缝成形和防止烧穿，生产中常采用各种类型的焊剂垫、垫板(图 3.2.8)，或者先用焊条电弧焊封底。

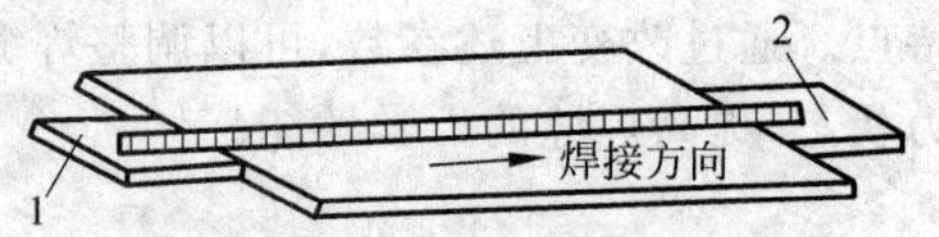

图 3.2.7 埋弧焊引弧板与引出板
1—引弧板；2—引出板

焊接筒体对接焊缝时(图 3.2.9)，工件以一定的焊接速度旋转，焊丝位置不动。为防止熔池金属流失，焊丝位置应逆旋转方向偏离焊件中心线一定距离 a，其大小视筒体直径与焊接速度等而定。

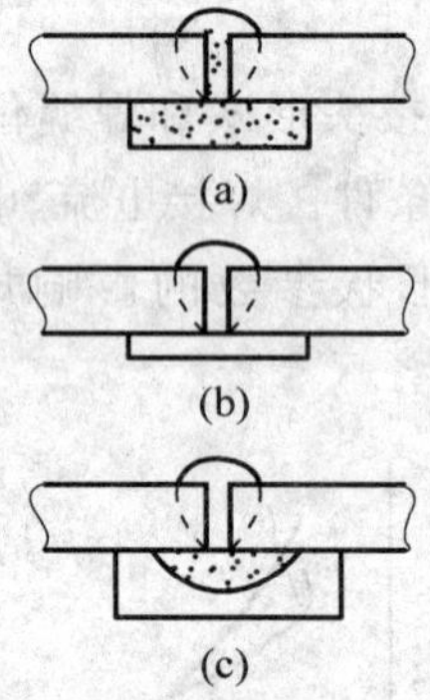

图 3.2.8 埋弧焊的焊剂垫、垫板
(a) 焊剂垫；(b) 钢垫板；(c) 铜垫板

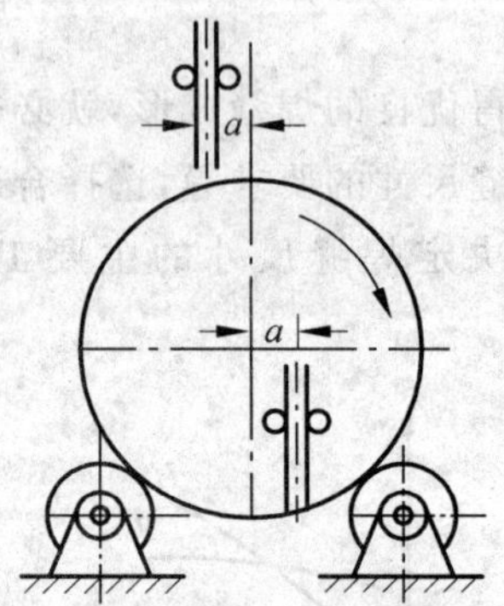

图 3.2.9 筒体对接埋弧焊

3.2.3 气体保护电弧焊

利用特定的某种气体保护电弧和熔池的焊接方法称为气体保护焊(gas shielded arc welding)。常用的保护气体有氩气和二氧化碳两种。

1. 惰性气体保护焊

惰性气体保护焊(inert gas shielded arc welding)是利用氩、氦、氙等惰性气体保护电极和熔池金属不受空气的有害作用的电弧焊方法。由于氩气相对容易获得，故常利用氩气来起保护作用，这种气体保护焊又称为氩弧焊，如图 3.2.10 所示。

在高温下，氩气不与金属起化学反应，也不溶于金属，因此氩弧焊的质量很高。氩弧焊按所用电极的不同，可分为非熔化极氩弧焊和熔化极氩弧焊(metal inert gas welding, MIG)。因非熔化极氩弧焊常用钨极，故又称钨极氩弧焊(tungsten inert gas arc welding, TIG)。

1) 非熔化极氩弧焊(TIG)

非熔化极氩弧焊以高熔点的铈钨棒作为电极。焊接时，铈钨棒不熔化，只起导电与产生电弧的作用，易于实现机械化和自动化焊接。但因电极所能通过的电流有限，所以只适合焊接厚度 6 mm 以下的工件。

手工铈钨极氩弧焊操作与气焊相似。焊接 3 mm 以下的薄板时，常采用卷边(弯边)接

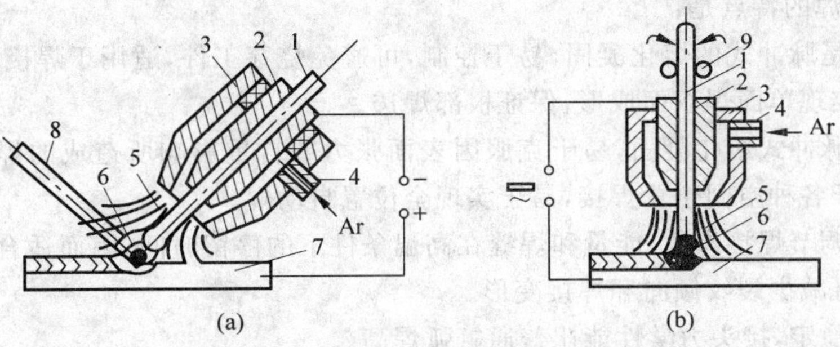

图 3.2.10 氩弧焊

(a) TIG 焊；(b) MIG 焊

1—焊丝或电极；2—导电嘴；3—喷嘴；4—进气管；

5—氩气流；6—电弧；7—工件；8—填充焊丝；9—送丝滚轮

头直接熔合。焊接较厚工件时，需用手工添加填充金属(图 3.2.10(a))。焊接钢材时，多用直流电源正接，以减少钨极的烧损。焊接铝、镁及其合金时，则希望用直流反接或交流电源。因极间正离子撞击工件熔池表面，可使氧化膜破碎，因此有利于焊件金属熔合和保证焊接质量。

2) 熔化极氩弧焊(MIG)

熔化极氩弧焊以连续送进焊丝作为电极进行焊接，见图 3.2.10(b)。此时可用较大电流焊接厚度为 25 mm 以下的工件。

焊接用的氩气一般用钢瓶装运。当氩气中含有氧、氮、二氧化碳或水分时，会降低氩气的保护作用，并造成夹渣、气孔等缺陷，因此要求氩气纯度应大于 99.7%。由于氩气只起保护作用，焊接冶金过程比较单纯，所以焊接前必须把接头表面清理干净，否则杂质与氧化物会留在焊缝中，使焊缝质量显著下降。

氩弧焊主要有以下特点：

(1) 适用于焊接各类合金钢、易氧化的非金属，以及锆、钽、钼等稀有金属材料。

(2) 氩弧焊电弧稳定，飞溅小，焊缝致密，表面没有熔渣，成形美观。

(3) 电弧和熔池区受气流保护，明弧可见，便于操作，容易实现全位置自动焊接。

(4) 电弧在气流压缩下燃烧，热量集中，熔池较小，焊接速度较快，焊接热影响区较窄，因而工件焊后变形小。

由于氩气价格较高，氩弧焊目前主要用于焊接铝、镁、钛及其合金，也用于焊接不锈钢、耐热钢和一部分重要的低合金结构钢焊件。

钨极脉冲氩弧焊焊接时，电流的幅值按一定的频率周期性变换，其电流波形如图 3.2.11 所示。用脉冲电流焊成的连续焊缝实际上是许多单个脉冲形成的熔池连续叠加，高值脉冲电流(I_m)时形成熔池，基值电流(I_j)时加热少，熔池凝固。通过对脉冲电流、基值电流、两电流持续时间的调节与控制，可以准确改变和控制焊接能量，从而控制焊缝的尺寸与焊接质量。

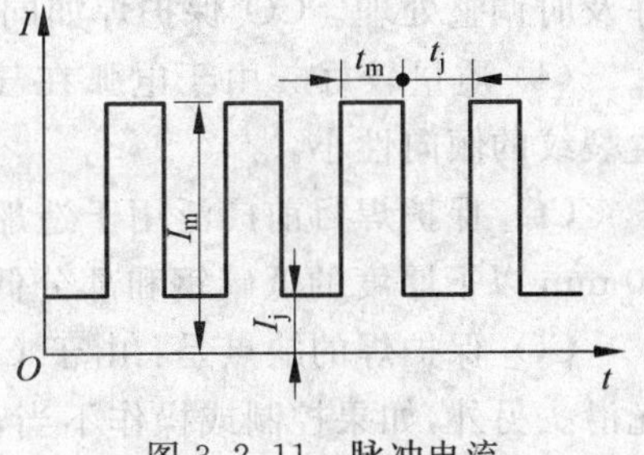

图 3.2.11 脉冲电流

脉冲氩弧焊的特点是：

(1) 焊缝是脉冲式的熔化凝固，易于控制，可避免烧穿工件，适用于焊接1～5 mm的钢材或管材，能实现单面焊双面成形，保证根部焊透。

(2) 熔池脉冲式熔化凝固，易于克服因表面张力或自重影响所造成的焊缝偏浆与塌腰等缺陷，适用于各种空间位置焊接，易于实现全位置自动焊。

(3) 容易调节焊接参数、能量和焊缝在高温条件下的停留时间，因而适合焊接易淬火钢材和高强钢，可减少裂纹倾向和焊接变形。

(4) 质量稳定，接头力学性能比普通氩弧焊高。

2. 二氧化碳气体保护焊

二氧化碳气体保护焊(carbon-dioxide arc welding)是以CO_2为保护气体的电弧焊。它用焊丝作电极，靠焊丝和焊件之间产生的电弧熔化工件与焊丝，熔池凝固后成为焊缝。焊丝的送进靠送丝机构实现。

CO_2气体保护焊的焊接装置如图3.2.12所示。焊丝3由送丝机构送入送丝软管，再经导电嘴1送出。CO_2气体从焊炬喷嘴中以一定流量喷出。电弧引燃后，焊丝端部及熔池被CO_2气体所包围，故可防止空气对高温金属的侵害。但CO_2是氧化性气体，在电弧热作用下能分解为CO和O_2，与熔池中的铁、碳及其他金属元素作用，易造成气体的强烈飞溅，使焊缝含氧量增加并烧损。为保证焊接质量和焊缝的合金成分，需采用含锰、硅高的焊接钢丝或含有相应合金元素的钢焊丝。例如，焊接低碳钢常选用H08MnSiA焊丝，焊接低合金结构钢则常选用H08Mn2SiA焊丝。

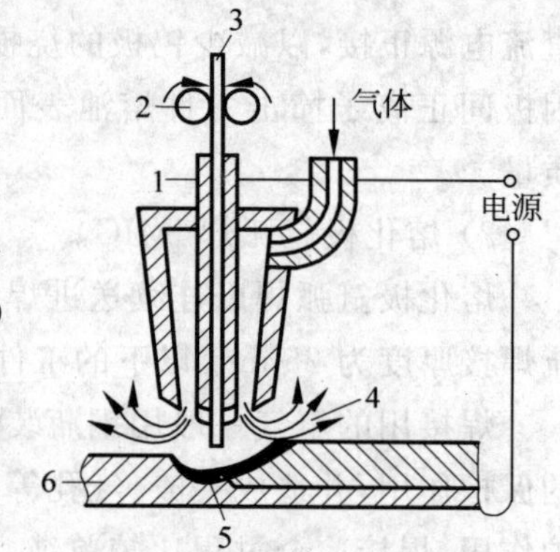

图3.2.12 二氧化碳气体保护焊

1—导电嘴；2—送丝轮；3—焊丝；4—焊缝；5—熔池；6—工件

CO_2气体保护焊的特点是：

(1) 成本低　因采用廉价易得的CO_2代替焊剂，焊接成本仅是埋弧焊和焊条电弧焊的40%左右。

(2) 生产率高　由于焊丝送进是机械化或自动化进行的，电流密度较大，电弧热量集中，故焊接速度较快。此外，焊后没有渣壳，节省了清渣时间，故其效率可比焊条电弧焊提高1～3倍。

(3) 操作性能好　CO_2保护焊是明弧焊，焊接中可清楚地看到焊接过程，容易发现问题并及时调整处理。CO_2保护焊如同焊条电弧焊一样灵活，适用于各种位置的焊接。

(4) 质量较好　由于电弧在气流下燃烧，热量集中，因而焊接热影响区较小，变形和产生裂纹的倾向性小。

CO_2保护焊目前广泛用于造船、机车车辆、汽车、农业机械等工业部门，主要用于焊接30 mm以下厚度的低碳钢和部分低合金结构钢焊件，尤其适用于薄板焊接。

CO_2保护焊的缺点是：由于CO_2的氧化作用，熔滴飞溅较为严重，因此焊缝成形不够光滑。另外，如果控制或操作不当，容易产生气孔。

3. 气体保护焊用药芯焊丝简介

药芯焊丝是一种新型的焊接材料。与普通实芯焊丝不同，药芯焊丝是由薄钢带卷成圆形钢管或异形钢管的同时，填进一定成分的药粉料，经拉拔成形的一种焊丝，焊丝断面有O形、E形和T形等各种类型。

药芯焊丝采用气体、焊剂或自保护方式进行保护，可用于结构钢焊接、堆焊等，近年来在自保护全位置焊接以及埋弧焊方面也得到了进一步应用。

药芯焊丝用途广泛，熔敷效率高，焊缝质量好，对钢材的适应性强。当实芯焊丝无法或很难控制时，药芯焊丝更有其优越性。

药芯焊丝可根据药芯类型、是否采用外部保护气体、焊接电流种类以及单道焊和多道焊的适用性等进行分类(见表 3.2.3)。药芯焊丝型号由焊丝类型代号和焊缝金属的力学性能标准两部分组成，第一部分以英文字母 EF 表示药芯焊丝代号，代号后面的第一位数字表示焊接位置，0 表示用于平焊和横焊，1 表示用于全位置焊。代号后面的第二位数字或英文字母为分类代号。第二部分是在短画线后面用四位数字表示焊缝金属的力学性能，如EF01-5023，EF 表示药芯焊丝，0 表示平焊和横焊，1 表示冲击功不低于 27 J 的试验温度为−20℃，2 表示平均夏比(U 形缺口)冲击功不低于 47 J 的试验温度为 0℃。

表 3.2.3 碳钢药芯焊丝分类(GB 10045—1988)

焊丝类型	药芯类型	保护气体	电流种类	适用性
EF*1	氧化钛型	二氧化碳	直流，焊丝接正	单道焊和多道焊
EF*2	氧化钛型	二氧化碳	直流，焊丝接正	单道焊
EF*3	氧化钙-氟化物型	二氧化碳	直流，焊丝接正	单道焊和多道焊
EF*4	—	自保护	直流，焊丝接正	单道焊和多道焊
EF*5	—	自保护	直流，焊丝接负	单道焊和多道焊
EF*G	—	—	—	单道焊和多道焊
EF*GS	—	—	—	单道焊

3.2.4 等离子弧焊接与切割

利用等离子弧的热能实现金属材料熔化而进行焊接与切割的方法叫等离子弧焊接与切割法。

1. 等离子弧

由物理学可知，处于极高温度下的气体可高度离解，成为几乎全部由阳离子和电子组成的电离气体，称之为等离子体。它是物质三态(固态、液态、气态)之外的第四态。一般的焊接电弧，未受到外部拘束，气体电离程度不高，弧柱截面随功率的增加而增加，能量不集中，称为自由电弧。如果把前述钨极氩弧焊的钨极缩入焊炬内，再加一个带有上直径孔道的铜质水冷喷嘴，即压缩嘴(图 3.2.13)，这样电弧在冲出喷嘴时就会受到3种压缩作用：一是喷嘴细孔道的机械压缩，称为机械压缩效应；二是水冷喷嘴使弧柱外层冷却，迫使带电粒子流向弧柱中心收缩，称为热收缩效应；三是无数根平行通电导体的弧柱所产生的自身磁场，使弧柱进一步受到收缩，称为磁压缩效应。在以上3种压缩效应作用下，电弧便成为弧柱直径很细、气体高度电离、能量非常密集的等离子。

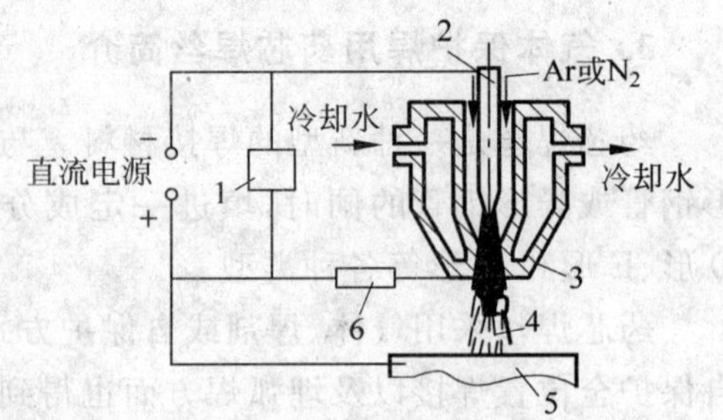

图 3.2.13　等离子弧的产生

1—高频振荡器；2—钨极；3—喷嘴；4—等离子弧；5—工件；6—电阻

用来产生等离子弧的气体称为等离子气。等离子弧焊接时，常用氩气作等离子气，同时还需要另外通入氩保护气体。等离子弧切割时，常用富氮的氮氢混合气体作等离子气，不另通入保护气体。

与自由电弧相比，等离子弧有如下主要特点：

(1) 能量密集温度高　等离子弧的能量密度是钨极氩弧焊时的几十甚至上百倍，温度最高达 24 000～50 000 K。等离子弧可迅速熔化任何金属和非金属。

(2) 电弧稳定挺度好　由于等离子弧电离程度极高，放电过程稳定，所以等离子弧焊接电流大至 600～1000 A，小至 0.1 A，电弧都能稳定燃烧，并保持良好的挺度与方向性。

(3) 可控性好　通过改变电源电压、焊接电流、喷嘴结构、等离子气的种类和流量等，可以得到冲击力大小不同的刚性弧和柔性弧。刚性弧冲力大，适于切割；柔性弧冲力小，适于焊接。此外，等离子弧的热量、温度等也都是可控的。

2. 等离子弧焊接

根据焊透方式不同，等离子弧焊接(plasma arc welding)可以分为穿透法与熔透法。穿透法靠强劲的等离子弧穿透焊件实现焊接，多用于板厚 3～12 mm 的金属。熔透法电弧压缩程度较轻，不穿透钢板，多用于板厚 3 mm 以下的金属。焊接电流在 30 A 以下的熔透法焊接，称为微束等离子弧焊接，此种电弧似针状，温度较低，且柔和，适于焊接 0.01～1.5 mm 厚的箔材及薄板。

与钨极氩弧焊相比，等离子弧焊接有如下优点：

(1) 质量好　焊接热影响区小，焊件变形小。由于钨极缩入喷嘴内，故可避免钨污染焊缝。

(2) 效率高　焊接速度较高，板厚 12 mm 以下可不开坡口，一次焊透，双面成形，背面不需衬垫，这些都使等离子弧焊接生产率较高。

(3) 可焊微型器件　微束等离子弧焊接可焊直径 0.01 mm 细丝和箔材，是目前焊接微型器件最有效的方法之一。

(4) 易于操作　电弧呈圆柱形，发散极少，焊炬与焊件间的距离要求不十分严格。因此，等离子弧焊接操作比较容易。

(5) 可焊材料广泛　可焊接各类钢、铸铁及有色合金，采用一定措施后，还可焊接钨、钼、钽、铌、锆等合金。目前，等离子焊主要用于高合金钢及钨、钼、钴等难熔及特种金属材料的焊接。

3. 等离子弧切割

目前工业生产中切割金属最常用的方法是气割。它是利用氧气将金属剧烈氧化成液态渣，然后吹除而实现切割的。气割主要适用于低、中碳钢和低合金结构图。对于不锈钢、铜、铝等难以气割或不能气割的金属材料，可采用等离子弧切割(plasma cutting)。这种切割方法利用等离子弧能量密集和高速等离子流冲力大的特点，把金属局部迅速熔化，并立即吹离而形成切口。等离子弧切割的切口狭窄、整洁、平直、变形小、热影响区小，切割厚度可达150～200 mm，切割速度一般高达每小时几十至上百米。目前，它已成功切割各种耐高温、易氧化、导热性好的金属材料(如不锈钢、耐火砖等)。随着空气等离子弧切割技术(即利用压缩空气作为等离子弧切割气体)的发展及切割成本的降低，它有逐步扩大用于切割碳钢和低合金钢的趋势。

思考练习题

1. 焊条药皮有哪些作用？在药皮形成中是否可以用硅铁、钛铁来代替锰铁？
2. 如何选择焊条直径和焊接电流？
3. 埋弧焊和焊条电弧焊有何不同？应用范围怎样？
4. 为什么用等离子弧可以切割不锈钢，以及铜、铝合金，而乙炔则难以切割这些金属或合金？
5. 电弧焊分为哪几类？它们各有何优缺点？
6. 解释下列名词：

电弧静特性　酸性焊条　碱性焊条　埋弧焊

3.3　其他焊接方法

3.3.1　熔焊

1. 气焊

利用可燃性气体火焰作热源来熔化母材与填充金属并形成焊缝的焊接方法称为气焊(oxyfuel gas welding)(图 3.3.1)。气焊中常用的是氧-乙炔焊中氧气与乙炔混合燃烧形成的火焰，称为氧-乙炔焰，其温度可达 3150℃ 左右。

气焊时火焰加热容易控制熔池温度，易于实现均匀焊透和单面焊双面成形；而且，气焊不需要电源，适合于室外作业。气焊一般应用于焊接 3 mm 以下的低碳钢板、铸铁管等焊件，也可以用于焊接铝、铜及其合金。

但是，由于气焊火焰温度比电弧温度低，热量分散，故加热较为缓慢，生产率低，焊接变形严重；气焊火焰有使熔融金属氧化或增碳的缺点，其熔池保护效果较差，焊缝质量不高。

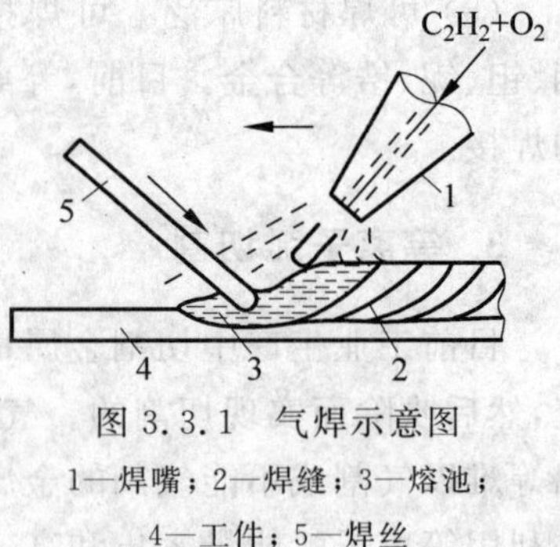

图 3.3.1　气焊示意图

1—焊嘴；2—焊缝；3—熔池；4—工件；5—焊丝

1）气焊所用气体

气焊所用的气体分为两类，即助燃气体（氧气）和可燃气体（如乙炔、液化石油气、氢气、天然气等）。乙炔气的发热较大，火焰温度最高，是目前气焊、气割中应用最广泛的一种可燃气体。但由于生产乙炔所要消耗的电石（CaC_2）冶炼成本较高，因此，乙炔有被液化石油气等代替或部分代替的趋势，尤其是在气割中，代用气体正逐步推广。

可燃气体与氧气混合燃烧时，放出大量的热，形成热量集中的高温火焰（火焰中的最高温度可达 2000～3000 K），可将金属加热和熔化，从而达到焊接和切割的目的。

2）焊炬（焊枪）的构造和工作原理

气焊所用的设备与工具主要有乙炔瓶、氧气瓶与焊炬等。焊炬（oxyfuel gas welding torch）的作用是使氧气与乙炔均匀混合，并能调节其混合比例，以形成适合焊接要求的火焰。下面主要对焊炬进行分析。

焊炬按可燃气体和氧气混合方式的不同分为射吸式和等压式两种。图 3.3.2 是射吸式焊炬的结构。这种焊炬在使用时，先把乙炔阀门 1 拧开，乙炔即进入环形乙炔室了。随后进入射吸管 8 和混合气管 9，从焊嘴 10 喷出。当再拧开氧气阀门 4 时，氧气随着射流针 5 的周围顺时针尖射向射吸管 8，经混合气管 9 和乙炔混合后从焊嘴 10 喷出。射吸式焊炬形成射吸能力的过程是：氧气流顺着射流针 5 的针尖射入吸管的同时，在氧气流的喷射作用下，使乙炔室的周围空间形成真空，而将乙炔室中的乙炔大量吸入射吸管 8 和混合气管 9 内，充分混合后，由焊嘴 10 喷出。而切割用的割炬（割枪），其构造和工作原理与焊炬稍有差别。

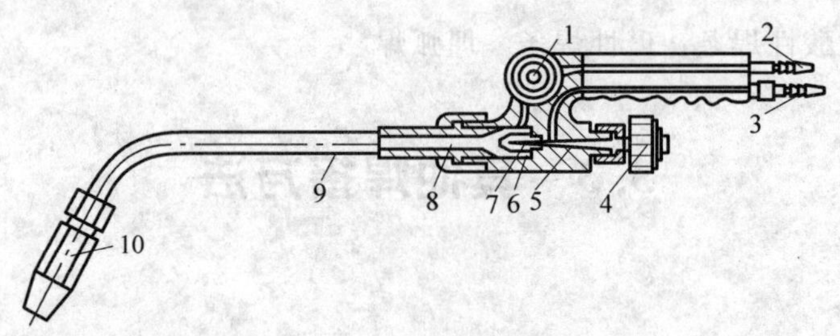

图 3.3.2　射吸式焊炬

1—乙炔阀门；2—乙炔管；3—氧气管；4—氧气阀门；5—氧气射流针；6—环形乙炔室；7—射流孔座；8—射吸管；9—混合气管；10—焊嘴

3）焊丝与焊剂

（1）焊丝（welding wire）　焊丝是气焊的填充金属，焊接低碳钢时，常用 H08A 焊丝，重要焊接件可用 H08MnA 焊丝。焊接有色金属时，选用与该合金成分相同或含有少量脱氧元素的合金焊丝。焊丝的直径一般为 2～6 mm，气焊时根据焊件厚度来选择，焊丝的直径与焊件厚度相差不宜太大。

(2) 焊剂(flux) 焊剂的作用是保护气焊熔池金属,去除焊接过程中形成的氧化物,增加熔融金属的流动性。我国焊剂的牌号有 CJ101、CJ201、CJ301 和 CJ401 4 种,其中,CJ101 为不锈钢和耐热钢焊剂,CJ201 用于焊接铸铁,CJ301 为铜及铜合金焊剂,而 CJ401 则用于焊接铝及铝合金。低碳钢在气焊时,因火焰本身对熔池有较好的保护作用,一般不需要使用焊剂。

4) 氧-乙炔焰

改变氧气和乙炔的混合比例,可获得 3 种不同性质的火焰,如图 3.3.3 所示。

(1) 中性焰(neutral flame) 氧气和乙炔的混合体积比为 1.0～1.2 时,燃烧区内形成的既无过量氧又无游离碳的火焰称为中性焰,又称为正常焰。它由焰心、内焰和外焰 3 部分构成。焰心成尖锥状,色白明亮,轮廓清楚;内焰颜色发暗,轮廓不清楚,与外焰无明显界限;外焰由里向外逐渐为淡紫色变为橙黄色。中性焰在距离焰心前面 2～4 mm 处温度最高,可达 3150℃左右,其温度分布如图 3.3.4 所示。中性焰适用于焊接低碳钢、中碳钢、低合金钢、不锈钢、紫铜、铝及铝合金等金属材料。

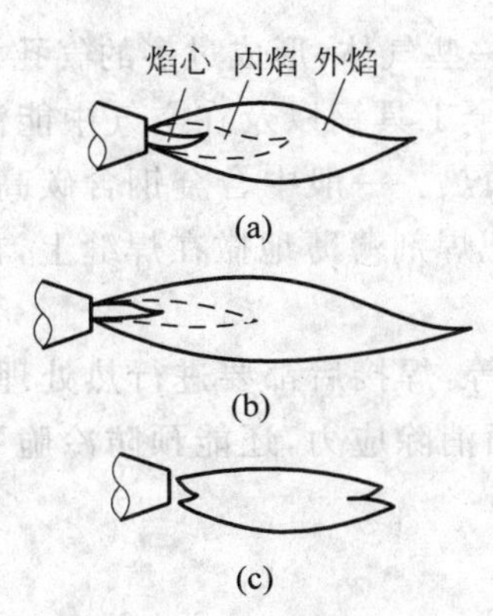

图 3.3.3 氧-乙炔焰

(a) 中性焰; (b) 碳化焰; (c) 氧化焰

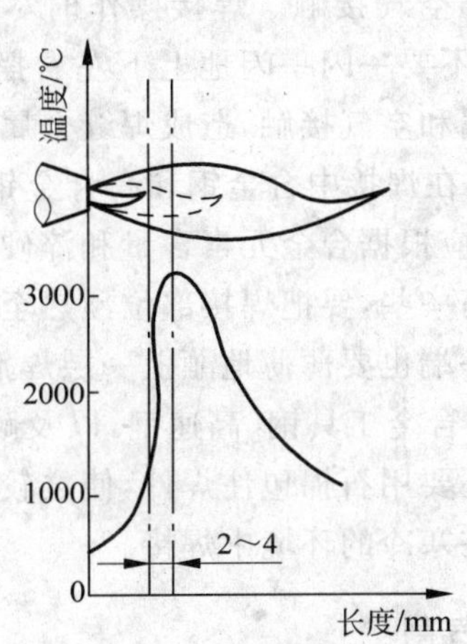

图 3.3.4 中性焰的温度分布

(2) 碳化焰(carburizing flame) 碳化焰是指氧与乙炔的混合体积比小于 1.1 时燃烧所形成的火焰。由于氧气不足,燃烧不完全,过量的乙炔分解为碳和氢,火焰中含有游离碳,故碳会渗到熔池中造成焊缝增碳。碳化焰比中性焰长,其结构也分为焰心、内焰和外焰 3 部分。焰心呈白色,内焰呈淡白色,外焰呈橙黄色。乙炔量多时还会带黑烟。碳化焰的最高温度约为 2700～3000℃。碳化焰适用于焊接高碳钢、铸铁、硬质合金和高速钢等材料。

(3) 氧化焰(oxidizing flame) 氧和乙炔的混合体积比大于 1.2 时燃烧所形成的火焰称为氧化焰。整个火焰比中性焰短,分为焰心和外焰两部分。由于火焰中有过量的氧,故对熔池金属有强烈的氧化作用,一般气焊时不宜采用。只有在气焊黄铜时才采用轻微氧化焰,以利用其氧化性,在熔池表面形成一层氧化物薄膜,减少低沸点的锌的蒸发。氧化焰的最高温度约为 3100～3300℃。

5) 气焊基本操作技术

(1) 点火、调节火焰与灭火。点火时,先微开氧气阀门,再打开乙炔阀门,随后点燃火焰。这时的火焰是碳化焰。然后,逐渐开大氧气阀门,将碳化焰调整成中性焰。灭火时,应先关乙炔阀门,后关氧气阀门。

(2) 焊接时要采用中性焰或轻微的碳化陷,不要使用氧化焰,火焰的内焰芯尖端要高于熔池表面 4～6 mm,不要插入熔池中去,以免渗碳和氧化。

(3) 堆平焊波。气焊时,一般用左手拿焊丝,右手拿焊炬,两手的动作要协调,沿焊缝向左或向右焊接。焊嘴轴线的投影应与焊缝重合,同时要注意控制好焊炬与工件的夹角 α(图 3.3.5)。工件愈厚,α 愈大。在焊接开始时,为了较快地加热工件和迅速形成熔池,α 应大一些。正常焊接时,一般保持 α 在 30°～50°范围内。当焊接结束时,α 应适当减小,以便更好地填满熔池和避免焊穿。

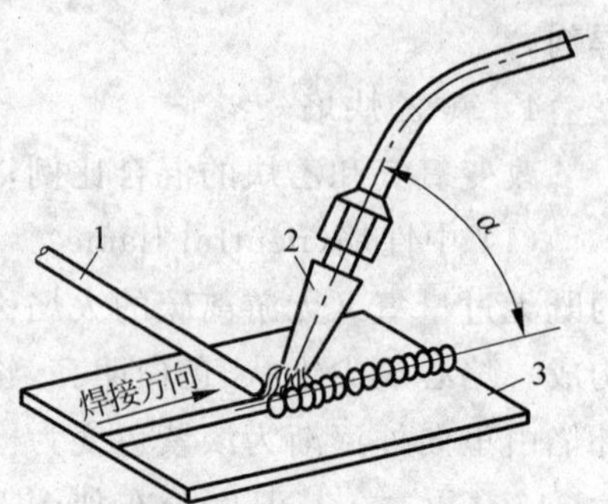

图 3.3.5 焊炬角度示意图

1—焊丝; 2—焊嘴; 3—工件

(4) 焊接过程中,焊接火焰始终要笼罩住熔池,不要使熔池和空气接触。焊接操作时尽可能平稳匀速地向前移动,不要一闪一闪地上下左右摆动而使熔池、焊丝、熔滴金属和空气接触,造成焊缝金属氧化和熔池中进入一些气体,形成过多的气孔。

(5) 在焊接中合金钢和高合金钢时,特别是焊接合金工具钢以及在空气中能淬硬的合金钢时,应根据合金元素含量和淬硬程度,适宜地进行预热。一般中合金钢含碳高一些,淬硬度亦高一些,要把焊接部位预热至 300～400℃,随后把焊剂薄薄地撒在焊缝上,在焊接时焊丝的一端也要薄薄地蘸上一层焊剂,以免氧化。

(6) 合金工具钢、高速钢,以及耐高温、高压的钢管等,焊接后都要进行热处理(正火)。必要时还要用石棉包住焊件,使之较慢冷却,这样一方面消除应力,还能预防冷脆裂纹。尽量不要在寒冷的环境中焊接。

2. 气割

氧气切割(简称气割)是利用某些金属在纯氧中燃烧的原理来实现金属切割的方法。

气割时用割炬代替焊炬,其余设备与气焊相同。割炬的外形如图 3.3.6 所示。常用的割炬有 G01-30、G01-100 等几种型号。型号中“G”表示割炬,“0”表示手工,“1”表示射吸式,“30”、“100”表示最大的切割低碳钢厚度为 30 mm 和 100 mm。

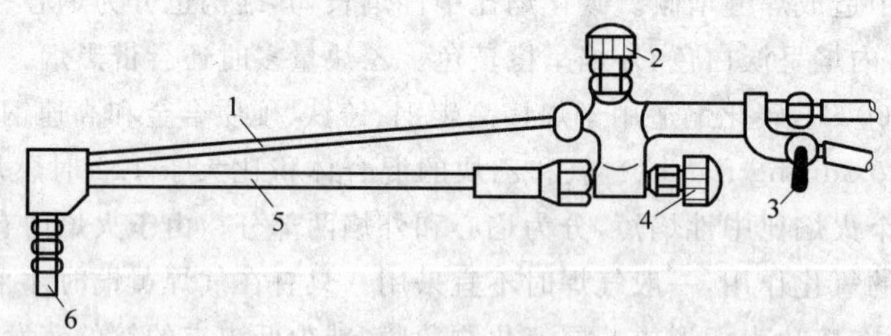

图 3.3.6 割炬

1—切割氧管; 2—切割氧阀门; 3—乙炔阀门; 4—预热氧气阀门; 5—预热焰混合气体管; 6—割嘴

1）氧气切割过程

氧气切割(oxygen cutting)的过程如图 3.3.7 所示。开始时,用氧-乙炔火焰将切口始端附近的金属预热到燃点(约 1300℃,呈黄白色)。然后打开切割氧阀门,氧气射流使高温金属立即燃烧,生成的氧化物(氧化铁,呈熔融状态)同时被氧气流吹走。金属燃烧时产生的热量和氧-乙炔火焰一起又将邻近的金属预热到燃点,沿切割线以一定的速度移动割炬,即可形成切口。

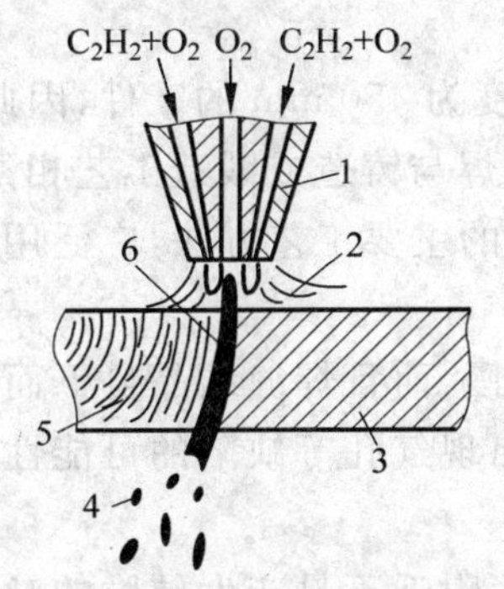

图 3.3.7　气割过程

1—割嘴；2—预热火焰；3—待切割金属；4—氧化物；5—切口；6—氧气流

2）金属采用氧气切割的条件

金属材料只有满足下列条件才能采用氧气切割：

(1) 金属材料的燃点必须低于其熔点。这是保证切割在燃烧过程中进行的基本条件。否则,切割时金属先熔化变为熔割过程,则会使切口过宽,而且不整齐。

(2) 燃烧生成的金属氧化物的熔点,应低于金属本身的熔点,同时流动性要好。否则,就会在切口表面形成固态氧化物,阻碍氧气流与下层金属的接触,使切割过程不能正常进行。

(3) 金属燃烧时能放出大量的热,而且金属本身的导热性要低。这是为了保证下层金属有足够的预热温度,使切割过程能连续进行。

3）气割的应用范围

气割的效率高,成本低,设备简单,并能在各种位置进行切割和在钢板上切割各种外形复杂的零件,被广泛地用于钢板下料及铸件浇冒口的切割。

目前,气割主要用于切割各种碳钢和普通低合金钢。淬火倾向大的高碳钢和强度等级高的合金钢气割时,为了避免切口淬硬或产生裂纹,应采用适当加大预热火焰功率和放慢切割速度,甚至切割前对钢材进行预热等措施。较大厚度的不锈钢和铸铁浇冒口可以用振动法进行氧-乙炔切割。

随着各种自动、半自动气割设备和新型割嘴的推广,气割的精度和效率大为提高,应用范围也日益扩大。

3. 电渣焊

1）焊接过程

电渣焊(electroslag welding)是利用电流通过液态熔渣所产生的电阻热作为热源的一种熔焊方法,其焊接方法如图 3.3.8 所示。两焊件 1 垂直放置(呈立焊缝),相距 20～40 mm,两侧装有水冷铜滑块 2(强迫焊缝成形),底部加装引弧板 11,顶部加装引出板 7。开始焊接时,焊丝 5 与引弧板 11 短路起弧,电弧将不断加入的焊剂熔化成熔渣。熔渣达一定深度时,快速送丝,并降低焊接电压,使电弧熄灭,于是转入电渣焊过程。此时,焊接电流从电丝端部经过渣池 4 流向焊件 1,所产

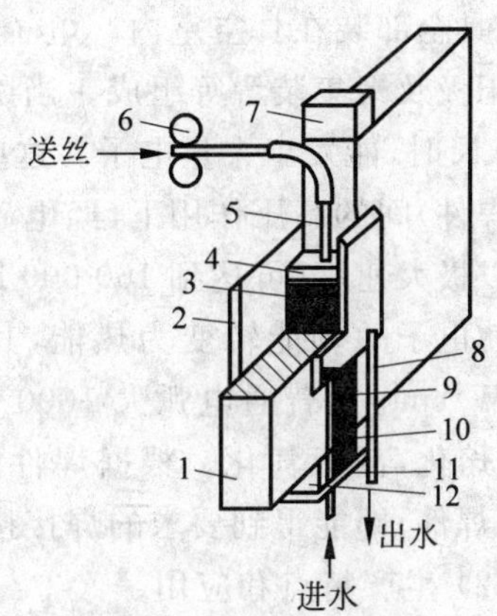

图 3.3.8　电渣焊

1—焊件；2—铜滑块；3—熔池；4—渣池；5—焊丝；6—送丝轮；7—引出板；8—冷却出水板；9—焊缝；10—冷却进水板；11—引弧板；12—引入板

生的电阻热可使渣池温度达到1600～2000 K，因此，焊丝和焊件边缘迅速熔化，熔渣则始终浮在熔池3上部，既产生热量，又保护熔池。根据焊件厚度不同，焊丝可采用一根或多根。

2）生产特点和应用

(1) 任何厚度的焊件都能一次焊成。三丝摆动可焊接厚度为450 mm的工件，因此，焊接厚大件(厚度≥30 mm)时，成本低，生产率高，质量优。电渣焊与铸造或锻造工艺相配合，可以生产大型铸-焊或锻-焊联合结构。因此，它是焊接厚大件的主要工艺方法，广泛用于重型机械、电站、锅炉、造船、石油化工等工业部门。

(2) 由于渣池覆盖在熔池上，保护作用良好，熔池冷却缓慢，而且焊缝结晶自下而上地进行，这些都有利于熔池中气体与杂质的逸出。所以电渣焊出现气孔等缺陷的可能性远较电弧焊小。

(3) 由于焊接热影响区的加热和冷却速度很小，所以焊缝附近不易产生硬脆的马氏体以及由此引起的裂纹，这对焊接某些易淬硬钢(如中碳钢、合金钢等)十分有利。但电渣焊热影响区宽度很大，高温停留时间又很长，以致焊缝和热影响区晶粒长大现象非常严重。因此，电渣焊焊后常常需要对接头进行细化晶粒的正火处理。

(4) 渣池温度很低，熔渣的更新率又很小，使焊渣与金属间的冶金反应较弱，所以焊缝的化学成分是通过采用一定合金成分的焊丝实现的。电渣焊焊接一般碳钢时，常用焊剂431和焊丝H08MnA来保证焊缝的机械性能。

4. 电子束焊

1）焊接过程

电子束焊(electron-beam welding)是以集中的高速电子束轰击工件表面时所产生的热能形成金属结合的一种方法。电子束焊焊接方法有3种类型：真空、低真空和非真空。这些类型的根本区别就在于焊接环境(工件放置环境)的真空度。

真空电子束焊如图3.3.9所示。电子枪、工件及夹具全部装在真空室内。电子枪由加热灯丝、阴极、阳极及聚集装置等组成。当阴极被灯丝加热到2600 K时，能发出大量电子。这些电子在阴极与阳极(焊件)间的高压作用下，经电磁透镜聚成电子流束，以极大速度(可达到160 000 km/s)射向焊件表面，使电子的动能转变为热能，其能量密度(10^6～10^8 W/cm^2)比普通电弧大1000倍，故使焊件金属迅速熔化，甚至气化。根据焊件的熔化程度，适当移动焊件，即能得到要求的焊接接头。

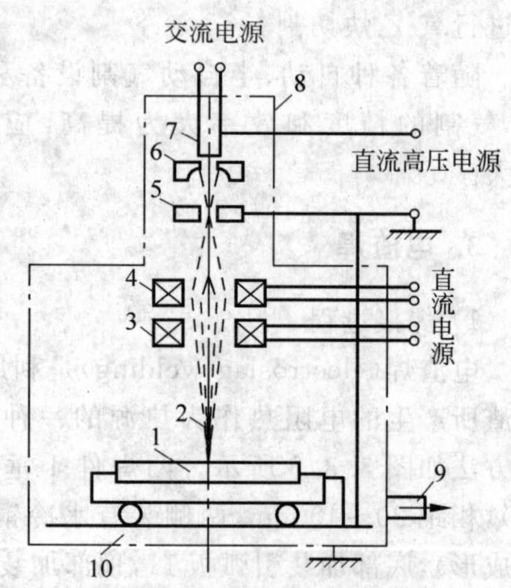

图3.3.9 真空电子束焊

1—工件；2—电子束；3—偏转线圈；4—聚焦透镜；5—阳极；6—阴极；7—灯丝；8—电子枪；9—排气装置；10—真空室

2）生产特点和应用

真空电子束焊焊接有以下特点：

(1) 由于在真空中焊接，焊件金属无氧化，无氮化，无金属电极玷污，从而保证了焊缝金属的高纯度。焊缝表面平滑纯净，没有弧坑或其他表面缺陷。内部结合好，无气孔及夹渣。

(2) 热源能量密度大,熔深大,速度快,焊缝深而窄(焊缝宽深比可达 1:20),能单道焊厚件。焊接热影响区很小,基本上不产生焊接变形,从而防止难熔金属焊接时产生的裂纹及泄漏。此外,可对精加工后的零件进行焊接。

(3) 厚件也不必开坡口,焊接时一般不必另填金属。但接头要加工得平整洁净。装配紧,不留间隙。

(4) 电子束参数可在较宽范围内调节,而且焊接过程控制灵活,适应性强。

目前,真空电子束焊接的应用范围正日益扩大,从微型电子线路组件、真空膜盒、钼箔蜂窝结构、原子能燃料原件到大型导弹壳体都已采用电子束焊接。此外,熔点、导热性、溶解度相差很大的异种金属构件,真空中使用的器件和内部要求真空的密封器件等,用真空电子束焊接也能得到良好的焊接接头。真空电子束焊接的缺点是设备复杂,造价高。使用与维护技术要求高,焊件尺寸受真空室限制,对焊件的清整与装配要求严格。因此,其应用也受到一定限制。

低真空焊时,电子束在真空下产生,然后射入较高压强(低真空)的焊接室内;而在非真空电子束焊机中,电子束在真空下产生,然后穿过一系列光阑和差压抽真空的小室,最终射到处于大气压力下的工作环境中。低真空和非真空焊机较容易维护,焊接成本较低,但焊缝质量差于真空电子束焊接。

5. 激光焊

利用原子受激辐射原理,使物质受激而产生波长单一、方向一致和强度很高的光束称为激光。产生激光的器件称为激光器。激光与普通光(太阳光、电灯光、烛光、荧光)不同,激光具有单色性好、方向性好以及能量密度高(可达 $10^5 \sim 10^{13}$ W/cm^2)的特点,适用于金属或非金属材料的焊接、穿孔和切割。

在焊接中应用的激光器,目前有固体及气体介质两种。固体激光器常用的激光材料是红宝石、钕玻璃或掺钕钇铝石榴石。气体激光器则用二氧化碳。

1) 焊接过程

激光焊接(laser welding)如图(3.3.10)所示。其基本原理是:利用激光器 2 受激产生的激光束 3,通过聚焦系统 4 聚焦到十分微小的焦点(光斑)上,其能量密度大于 10^5 W/cm^2。当调焦到焊件接缝时,光能转换为热能,使金属熔化形成焊接接头。

按激光器的工作方式,激光焊接可分为脉冲激光点焊和连续激光焊接两种。目前脉冲激光点焊已得到了广泛应用。

通用脉冲激光点焊设备的单个脉冲输出能量为 10 J 左右,脉冲持续时间一般不超过 10 ms,主要用于厚度小于 0.5 mm 的金属箔材或直径小于 0.6 mm 的金属线材的焊接。连续激光焊接主要使用大功率 CO_2 气体激光器。在实验室内,其连续功率已达到几十千瓦,能够成功地焊接不锈钢。

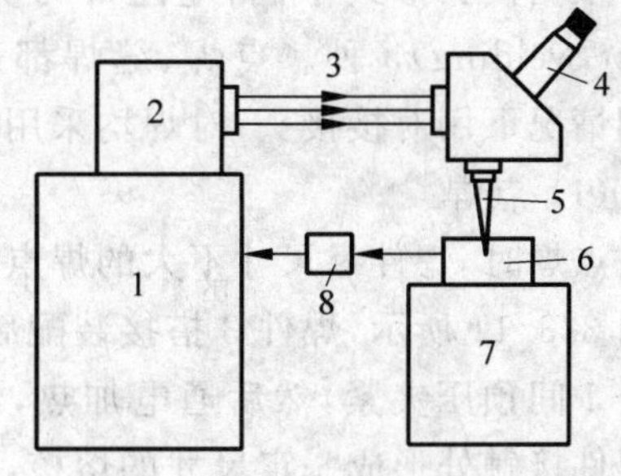

图 3.3.10 激光焊接
1—电源与控制设备;2—激光器;3—激光束;4—观察瞄准器及聚焦系统;5—聚焦光束;6—工件;7—工作台;8—信号器

2) 生产特点和应用

(1) 向工件输入的线能量很小。这意味着热影响区的范围以及对焊缝附近材料的任何热破坏都可降低至最小，而且焊接熔池的快速冷却对一些应用可能有冶金方面的好处。

(2) 高功率密度的激光束可以用来焊接难焊的金属。这些金属可能包括金属物理性能差别很大但冶金上能兼容的异种金属、高电阻率金属，或尺寸和质量差别很大的零件之间的焊接等。

(3) 由于热源是一束光，因而不需与工件作电接触。位于狭窄位置的焊缝只要视线能达到焊接点就能焊接。而且由于不需要接触，所以激光可成为高速自动焊系统的理想热源。可以在 25～50 mm/s 速度下完成薄板的缝焊。此外，可使工件固定而激光束沿焊缝移动，或采用工件运动和激光束运动的组合。这种灵活性常常会简化工件的装卡工作。

(4) 用良好聚焦的光点可以进行精密焊接，可以在准确定位下焊出直径为百分之几毫米的焊点。

(5) 焊接钢材时，在一定条件下熔化区能发生净化作用。这是因为金属中非金属夹杂物会优先吸收激光能，导致它们蒸发并从焊缝区排走。

(6) 激光焊非常适于自动化焊接。

3.3.2 压焊

1. 电阻焊

电阻焊(resistance welding)是利用电流通过焊件接触面及其邻近区域所产生的电阻热作为热源的一种焊接方法。

根据焦耳-楞次定律，电阻焊过程中产生的热量为 $Q=I^2Rt$。

由于焊件本身及其接触处的总电阻 R 很小，为提高生产率，减少热量损失，通电加热时间 t 也很短(一般为 0.01 秒至几秒)，所以欲获得足够的热量，使焊接接头迅速达到焊接所需要的高温，电阻焊必须使用几千至几万安培的强大电流(电压仅几伏)，这种强大电流由电阻焊机上专用的大功率变压器来供给。电阻焊机装有加压结构，可对接头施加几十兆帕的压力。

1) 类别及其工艺

根据接头形式不同，电阻焊可分为点焊(spot welding)、缝焊(seam welding)和对焊(butt welding)3 种。点焊、缝焊都采用搭接接头，个别情况下用对接接头；对焊均采用对接接头。

(1) 点焊

点焊时，焊件靠尺寸不大的焊点形成牢固接头。如图 3.3.11 所示，焊件 3 搭接装配后在两个铜合金电极 1 间预压夹紧，然后通电加热，经过一定时间，两焊件接触处形成一定尺寸的熔核，这时切断电流，待熔核凝固后，去除压力，于是在两焊件接触处形成焊点 2。熔核周围的环状塑性变形区称为塑性环，它将熔核与大气隔离，保护液态金属，并可防止飞

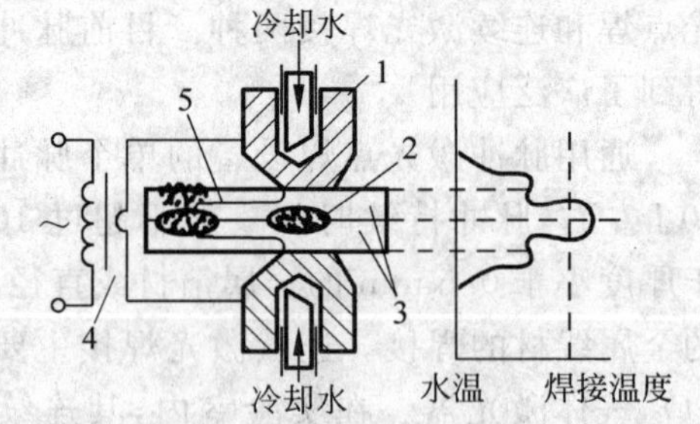

图 3.3.11 点焊

1—电极；2—焊点；3—焊件；4—电阻焊变压器；5—分流

溅。显然,点焊属于熔态压焊。

点焊的主要工艺参数是电极压力、焊接电流和通电时间。若电极压力过大,则接触电阻下降,热量减少,可造成焊点强度不足;若电极压力过小,则板间接触不良,热源虽强但不稳定,甚至出现飞溅、烧穿等缺陷。焊接电流对焊接质量的影响如图 3.3.12 所示。图中示出了焊接电流逐渐增大时点焊接头的情况。图(a)中,电流不足,熔深过小,若电流再小,可造成未熔化;图(b)中,电流大小合适;图(c)中,电流过大,熔深过大,并有金属飞溅现象,若电流再大,可烧穿。通电时间对点焊质量的影响,与焊接电流相似。

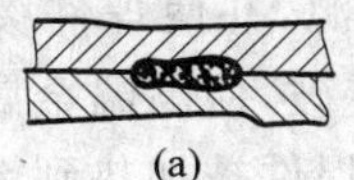
(a)
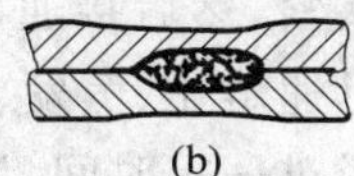
(b)

(c)

图 3.3.12　焊接电流对焊接质量的影响

点焊时,焊件表面必须进行焊前清理,以除去油污和氧化膜。这是由于油污和氧化膜均属不良导体,均可造成焊接缺陷,并使电极寿命缩短,生产效率降低。此外,点焊时部分电流可能流经已焊好的焊点,使焊接处电流减少,这种现象称为分流。要减少分流的影响,焊点间距不应太小。

(2) 缝焊

缝焊是用旋转的滚轮电极代替点焊的固定电极对焊件进行通电和加压的(图 3.3.13)。焊接时,滚轮电极压紧焊件并旋转,依靠焊件与电极间的摩擦力带动焊件向前移动,当电流断续或连续通过焊件时,便可形成连续焊缝,把工件焊合。

缝焊的焊接过程与点焊相似,但由于有很大的分流通过已焊合的部分,所以焊接相同的工件时,所需要的焊接电流约为点焊时的 1.5～2 倍,故一般仅用于厚度不超过 3 mm 的薄板。为了节约电能,并使焊件和焊接设备有冷却时间,缝焊一般采用连续送进、断续通电的操作,此时,因焊点间有 50%以上是重叠的,故焊缝仍然是连续的。

(3) 对焊

对焊可分为电阻对焊(upset butt welding)和闪光对焊(flash butt welding)两种,如图 3.3.14 所示。

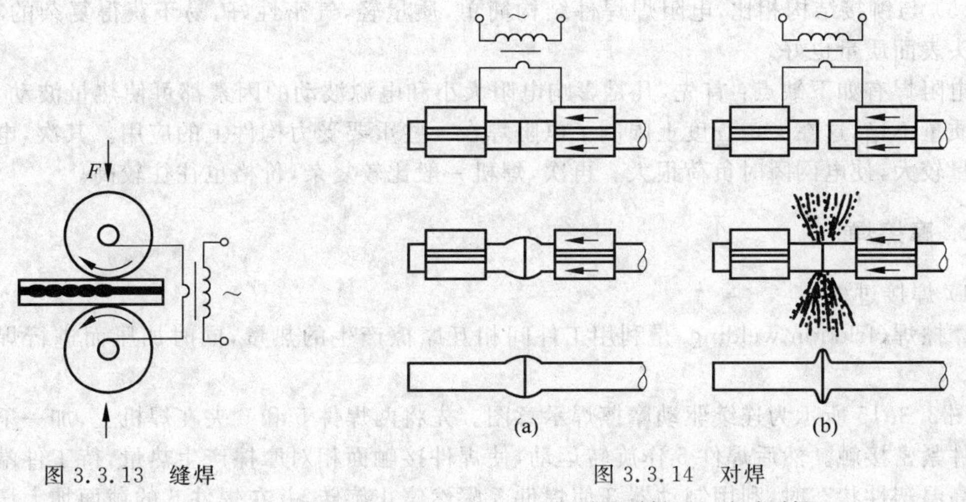

图 3.3.13　缝焊

图 3.3.14　对焊

(a) 电阻对焊;(b) 闪光对焊

电阻对焊时，将焊件置于电极中夹紧，在加压状态下通电，利用焊件的内部电阻热和对接端面的接触电阻热，对接头进行顶锻(也可在焊接全过程中压力一直保持不变)，使焊件在固态下产生大量塑性变形并在接合面形成共同晶粒，从而形成牢固接头。显然，电阻对焊属于固态压焊。

电阻对焊时焊前清理工作要求较严，否则接头内易产生氧化物夹杂，使焊接质量下降。同时，电阻对焊耗电量也大。所以，它常限于焊接截面不大的零件，如 ϕ20 mm 以下的钢棒和钢管，以及 ϕ8 mm 以下的有色金属线材等。

闪光对焊时，先把焊件置于电极中夹紧，然后接通电源，并使焊件缓慢靠拢接触。因端面局部接触，触点在高电流密度作用下迅速熔化、蒸发、爆破，使高温金属飞溅出来。由于焊件不断呈火花溅出，从而形成“闪光”。经过一定时间，当焊件被加热到端面全部熔化且具有一定塑性区后，突然加速送进焊件，进行顶锻(顶锻中途或顶锻后适时断电)，使熔化金属全部被挤到结合面之外，并产生大量塑性变形使焊件焊合。

闪光对焊时，焊件端面的氧化物等杂质，一部分被闪光火花带走，一部分在顶锻时被挤出，因而接头中夹杂物较少。高温金属微粒的强烈氧化，使间隙中含氧量降低，液态金属爆破造成的高压，又使空气难以进入，在焊接钢件时，碳的氧化还在接头周围生成 CO、CO_2 保护气体，所以，闪光对焊的接头质量较电阻对焊高。此外，闪光对焊所需要的电流强度仅为电阻对焊的 1/5～1/2，故耗电少，可用功率较小的焊机焊接大截面焊件，并且焊前不用清理焊件表面。闪光对焊的缺点是金属损耗较多，焊件需留较大余量，接头处毛刺需要清理。

闪光对焊是对焊的主要形式，常用于各种材料重要工件的焊接，还可焊接异种金属，焊件直径可小到 0.01 mm，也可焊接几万平方毫米的截面。

2) 生产特点和应用

与其他焊接方法相比，电阻焊有如下优点：

(1) 由于加热迅速且温度较低，使焊件的变形和热影响区比较小，故易于获得优质接头。

(2) 不必外加填充金属和焊剂。

(3) 容易实现机械化、自动化，生产率高。

(4) 焊接过程中无弧光，噪声小，烟尘和有害气体很少，劳动条件好。

(5) 与铆接结构相比，电阻焊焊件结构简单，质量轻，气密性好，易于获得复杂的零件，且接头表面质量也好。

电阻焊有如下缺点：首先，凡是影响电阻大小和电源波动的因素都可使热量波动，造成接头质量不稳，这在一定程度上限制了电阻焊在一些重要受力构件上的应用。其次，电阻焊耗电量较大，使电网瞬时负荷很大。再次，焊机一般比较复杂，价格也往往较高。

2. 摩擦焊

1) 焊接过程

摩擦焊(friction welding)是利用工件间相互摩擦产生的热量，同时加压而进行焊接的方法。

图 3.3.15 所示为连续驱动摩擦焊示意图。先将两焊件 5 和 6 夹在焊机上，加一下压力使焊件紧密接触。然后焊件 5 作旋转运动，使焊件接触面相对摩擦产生热量，待工件端面加热到高温塑性状态时，利用制动器 3 使焊件 5 骤然停止旋转，并在焊件 6 的截面加大压力使

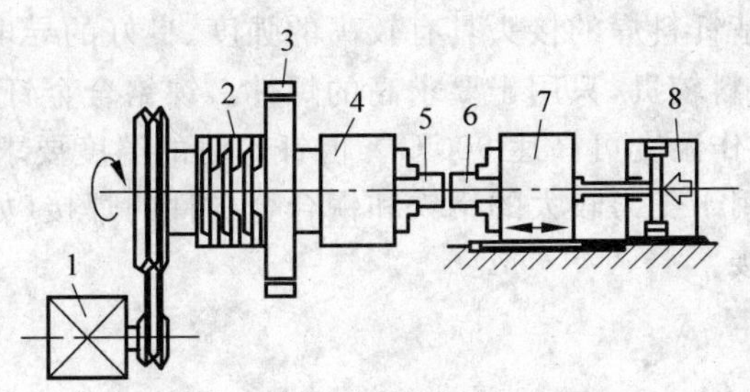

图 3.3.15 连续驱动摩擦焊

1—电动机；2—离合器；3—制动器；4—轴承座；5,6—焊件；7—夹头；8—液压缸

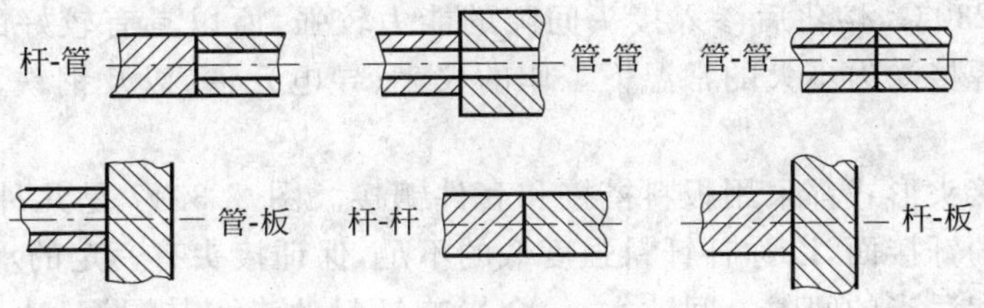

图 3.3.16 摩擦焊的接头形式

两焊件产生塑性变形而焊接起来。

2）生产特点和应用

摩擦焊的特点是：

(1) 在摩擦焊过程中，焊件接触表面的氧化膜与杂质被清除，因此接头组织致密，不易产生气孔、夹渣等缺陷，接头质量好而且稳定。

(2) 可焊接的金属范围较广，不仅可焊同种金属，也可以焊接异种金属。

(3) 焊接操作简单，不需焊接材料，容易实现自动控制，生产率高。

(4) 电能消耗少(只有闪光对焊的 1/15～1/10)。

(5) 设备复杂，一次性投资大。

摩擦焊接头一般是等断面的，特殊情况下也可以是不等断面的，但需要至少有一个焊件为圆形或管状。图 3.3.16 示出了摩擦焊可用的接头形式。

摩擦焊已广泛用于圆形工件、棒料及管类件的焊接。可焊实心焊件的直径为 2～100 mm，管类件外径最大可达 150 mm。

3.3.3 钎焊

钎焊(brazing)是利用熔点比焊件低的钎料作为填充金属。加热时，钎料熔化而母材不熔化，钎料熔化后润湿并填满母材连接处的间隙，从而形成钎缝。在钎缝中，钎料与母材相互扩散、熔解而形成牢固的结合。

根据钎料熔点的不同，钎焊可分为硬钎焊与软钎焊两类。

1. 硬钎焊

硬钎焊的钎料熔点在 450℃以上，接头强度在 200 MPa 以上。属于这类的钎料有铜基、银基和镍基钎料等。银基钎料焊的接头具有较高的强度、良好的导电性和耐蚀性，而且熔点较低，工艺性好。但银钎料较贵，只用于要求高的焊件。镍铬合金钎料可用于钎焊耐热的高强度合金钢与不锈钢，工作温度可高达900℃。但钎焊时的温度要求高于1000℃以上，工艺要求很严。硬钎焊主要用于受力较大的钢铁和铜合金构件的焊接（如自行车车架、带锯锯条等）以及工具、刀具的焊接。

2. 软钎焊

软钎焊的钎料熔点在450℃以下，接头强度较低，一般不超过70 MPa。这种钎焊只用于焊接受力不大、工作温度较低的工件。常用的钎料是锡铜合金，所以通称锡焊。这类钎料的熔点一般低于230℃，熔化后渗入接头间隙的能力较强，所以具有较好的焊接工艺性能。软钎焊广泛用于焊接受力不大的常温下工作的仪表、导电元件，以及钢铁、铜及铜合金等制造的构件。

钎焊构件的接头形式都采用板料搭接和套件镶接。图3.3.17是几种常见的形式。这些接头都有较大的钎接面，以弥补钎料强度低的不足，保证接头有一定的承载能力。接头之间有良好的配合和适当的间隙。间隙太小，会影响钎料的渗入与湿润，达不到配合；间隙太大，不仅浪费钎料，而且会降低焊接接头强度。因此，一般钎焊接头间隙值取0.05～0.2 mm。在钎焊过程中，一般都需要使用溶剂，即钎剂。其作用是：清除被焊金属表面的氧化膜及其他杂质，改善钎料流入间隙的性能（即湿润性），保护钎料及焊件不被氧化，因此，对钎焊质量影响很大。

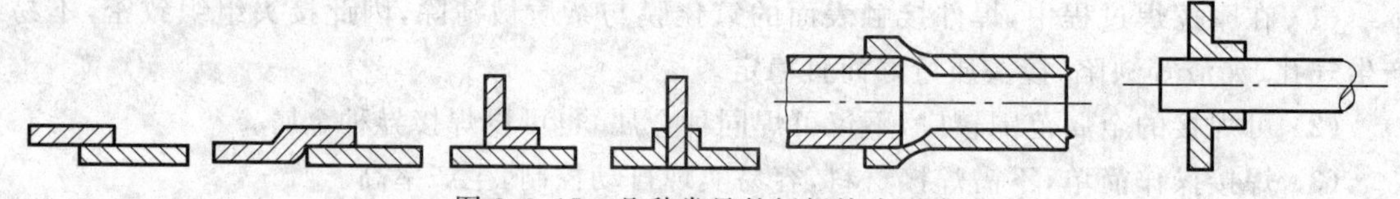

图3.3.17 几种常见的钎焊接头形式

软钎焊时，常用的钎剂为松香或氯化锌溶液。硬钎焊钎剂的种类较多，主要有硼砂、硼酸、氟化物、氯化物等，应根据钎料种类选用。钎焊的加热方法有烙铁加热、火焰加热、电阻加热、感应加热、炉内加热、盐浴加热等。可根据钎料种类、工件形状及尺寸、接头数量、质量要求与生产批量等综合考虑选择。其中，烙铁加热温度低，一般只适用于软钎焊。

与一般熔化焊相比，钎焊的特点是：

(1) 工件加热温度较低，组织和力学性能变化很小，变形也小。接头光滑平整，工件尺寸精确。

(2) 可焊接性能差异很大的异种金属，对工件厚度的差别也没有严格限制。

(3) 工件整体加热钎焊时，可同时钎焊多条（甚至上千条）接缝组成的复杂形状构件，生产率很高。

(4) 设备简单，投资费用少。

钎焊的接头强度较低，尤其是动载强度低，允许的工作温度不高，焊前清整要求严格，而且钎料价格较贵。因此，钎焊不适合于一般钢结构和重载、动载零件的焊接。钎焊主要用于制造精密仪表、电气部件、异种金属构件以及某些复杂薄板结构，如夹层结构、蜂窝结构等，也常用于钎焊各类导线与硬质合金刀具。

3.3.4 焊接新技术、新工艺

现代焊接在传统技术的基础上融合了电子、计算机、激光和新材料等多学科内容。焊接技术正随着科学技术的进步而不断地向高质量、高生产率、低能耗的方向发展。目前，出现了许多新技术、新工艺，拓宽了焊接技术的应用范围，主要体现在以下几个方面。

1. 采用新型焊接电源

好的焊接电源是获得优质焊接件和节省能耗、降低成本的重要前提。最新焊接电源是逆变式弧焊电源，其特点是可控性好，节省电能和铜、铁材料，体积小，运行可靠。

2. 采用新的焊接方法

1）真空电弧焊焊接技术

真空电弧焊焊接技术是可以对不锈钢、钛合金和高温合金等金属进行熔化焊及对小试件进行快速高效的局部加热钎焊的最新技术。该技术由俄罗斯发明，并迅速应用在航空发动机的焊接中。使用真空电弧焊进行涡轮叶片的修复、钛合金气瓶的焊接，可以有效地解决材料氧化、软化、热裂、抗氧化性能降低等问题。

2）窄间隙熔化极气体保护电弧焊技术

窄间隙熔化极气体保护电弧焊技术具有比其他窄间隙焊接工艺更多的优势，在任意位置都能得到高质量的焊缝，且具有节能、焊接成本低、生产效率高、适用范围广等特点。利用表面张力过渡技术进行熔化极气体保护电弧焊表明，该技术必将进一步促进熔化极气体保护电弧焊在窄间隙焊接中的应用。

3）激光填料焊接

激光填料焊接是指在焊缝中预先填入特定焊接材料后用激光照射熔化或在激光照射的同时填入焊接材料以形成焊接接头的方法。广义的激光填料焊接应该包括两类：激光对焊与激光熔覆。其中，激光熔覆是利用激光在工件表面熔覆一层金属、陶瓷或其他材料，以改善材料表面性能的一种工艺。激光填料焊接技术主要应用于异种材料焊接、有色及特种材料焊接和大型结构钢件焊接等激光直接对焊不能胜任的领域。

4）高速焊接技术

高速焊接技术使 MIG/MAG 的焊接生产率成倍增长，包括快速电弧技术和快速熔化技术。由于采用的焊接电流大，所以熔深大，一般不会产生未焊透和熔合不良等缺陷；焊缝形成良好，焊缝金属与母材过渡平滑，有利于提高疲劳强度。

5）搅拌摩擦焊（FSW）

1991 年 FSW 技术由英国焊接研究所发明。作为一种固相连接手段，它克服了熔焊的诸如气孔、裂纹、变形等缺陷，更使以往通过传统熔焊手段无法实现焊接的材料可以采用 FSW 实现焊接，被誉为“继激光焊后又一革命性的焊接技术”。

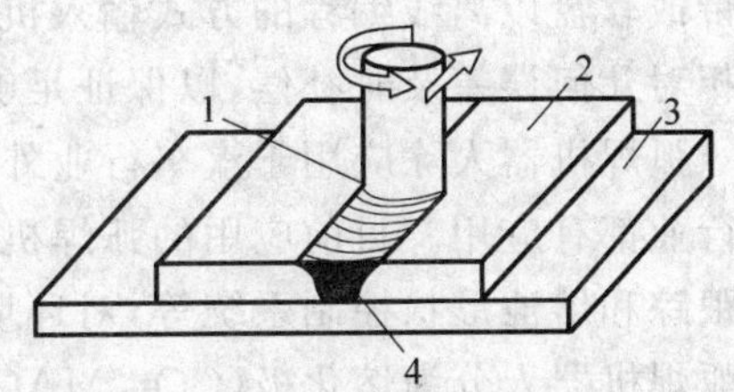

图 3.3.18 搅拌摩擦焊工作示意图

1—搅拌头；2—被焊工件；3—垫板；4—焊缝

FSW 主要由搅拌头的摩擦热和机械挤压的联合作用形成接头。其主要原理如图 3.3.18 所示。

焊接时，旋转的搅拌头1缓缓进入焊缝4，在与工件2的表面接触时通过摩擦生热使周围的一层金属塑性化。同时，搅拌头1沿焊接方向移动形成焊缝。作为一种固相连接手段，FSW除了可以焊接用普通熔焊方法难以焊接的材料外(例如可以实现用熔焊难以保证质量的裂纹敏感性强的7000、2000系列铝合金的高质量连接)，还具有温度低、变形小、接头力学性能好(包括疲劳、拉伸、弯曲)、不产生类似熔焊接头的铸造组织缺陷，并且其组织由于塑性流动而细化、焊接变形小、焊前及焊后处理简单、能够进行全位置的焊接、适应性好、效率高、操作简单、环境保护好等优点。

尤其值得指出的是，搅拌摩擦焊具有适合于自动化和机器人操作的优点。例如，不需要填丝和保护气体(对于铝合金)；可以允许有薄的氧化膜；对于批量生产，不需要进行打磨、刮擦之类的表面处理非损耗的工具头，一个典型的工具头就可以用来焊接6000系列的铝合金达1000 m等。

3. 采用焊接专家系统与机器人焊接

1) 焊接过程数值模拟与专家系统

该技术利用计算机技术和焊接基础理论及试验，通过计算机对焊接过程的温度场、应力与变形、冶金过程、焊接质量等问题进行数值模拟，将大量信息进行收集、存储、处理和分析，使焊接技术从“技艺”走向“科学”，对减少试验次数、优化工艺、降低成本、缩短试制周期具有重要的意义。目前，CAD/CAM的应用正处于不断开发阶段，焊接的柔性制造系统也已出现。

2) 机器人焊接

机器人焊接是一种机器人与现代焊接技术相结合的自动化、智能化焊接方法。用于焊接的机器人称为焊接机器人，它是用以完成焊接作业任务的机电一体化产品。

(1) 焊接机器人

点焊机器人主要应用于汽车、农机、摩托车等行业。通常装配一台汽车车身大约需完成4000～5000个焊点。例如，某汽车厂采用以198台Unimate通用机器人为核心的柔性生产线来焊接某型轿车，机器人完成98%的焊点，通过设置在生产线上的传感器将车型信息通知机器人控制器，以选择适应于该车型各种款式的预存任务程序并规定机器人的初始状态。

目前正在开发的一种新的点焊机器人系统，可以把焊接技术与CAD/CAM技术结合起来，提高生产准备工作的效率，缩短产品设计和投产的周期，使整个系统取得更高的效益。这种点焊机器人系统拥有关于汽车车身结构的信息、焊接条件计算信息和机器人机构信息等数据库，CAD系统则利用该数据库选择工艺及机器人配置方案。至于示教数据，则通过磁带或软盘以离线编程的方式输入机器人控制器，针对机器人本身不同的精度和工件之间的相对几何误差及时补偿，以保证足够的工作精度。

弧焊机器人除应用于汽车行业外，在通用机械、金属结构、航空、航天、机车车辆及造船等行业都有应用。目前应用的弧焊机器人处于第一代向第二代过渡转型阶段，配有焊缝自动跟踪和熔池形状控制系统等，对环境的变化有一定范围的适应性调整。按弧焊工艺通常将弧焊机器人分为熔化极(CO_2、MAG/MIG、药芯焊丝电弧焊)和非熔化极(TIG)弧焊机器人、激光焊接(切割)机器人等。

弧焊机器人的发展是以“满足工件空间曲线高质量的柔性焊接”为根本目标，配合多自由度变位机及相关的焊接传感控制设备、先进的弧焊电源，在计算机的综合控制下实现对空间焊缝的精确跟踪及焊接参数的在线调整，实现对熔池动态过程的智能控制。

(2) 焊接工艺对机器人的基本要求

点焊工艺对机器人的基本要求如下：

① 点焊工艺作业一般采用点位控制(PTP)，定位精度要求不大于±1 mm；

② 必须有足够的工作空间，一般应大于5 m^3；

③ 焊钳应有足够的抓重能力，一般为50～120 kg；

④ 示教记忆容量应大于1000点；

⑤ 应有较高的点焊速度(如60点/min以上，移动定位时间在0.4 s以内等)；

⑥ 应有较高的抗干扰能力和可靠性；

⑦ 点焊控制系统应能实现点焊过程时序控制，即顺序控制预压、加压、焊接、维持、停止，每一程序周波数设定为0～99，误差为0；

⑧ 可实现焊接电源波形的调制，且其恒流控制误差不大于1%～2%；

⑨ 可自动进行电极磨损后的阶梯电流补偿，记录焊点数并预报电极寿命；

⑩ 具有自检报警功能等。

总之，对点焊机器人的控制要求可总结为两点：一是机器人运动的点位精度，它由机器人操作机和控制器来保证；二是点焊质量的控制精度，主要由阻焊变压器、焊钳、点焊控制器及水、电、气路等组成的机器人焊接系统来保证，如图3.3.19所示。

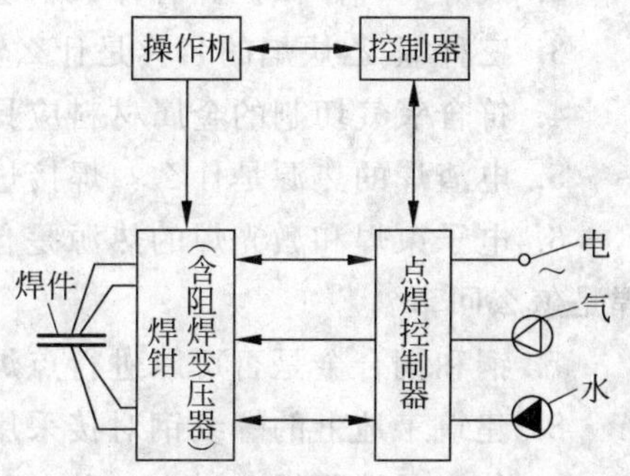

图3.3.19 点焊机器人组成框图

弧焊工艺对机器人的基本要求如下：

① 弧焊作业采用连续路径控制(CP)，要求定位精度不大于±0.5 mm；

② 应有足够大的工作空间，焊机应能悬挂或安装在运载小车上使用；

③ 抓重一般要求5～50 kg；

④ 示教记忆容量应大于5000点；

⑤ 应有足够的焊速和较高的稳定性，一般焊速为5～50 mm/s，薄板高速MAG焊可高达4 m/min；

⑥ 具有较高的抗干扰能力和可靠性、较强的故障自诊断能力；

⑦ 具有防碰撞及焊枪矫正、焊缝自动跟踪、焊透控制、焊缝始端检出、定点摆弧及摆动焊接、多层焊、清枪剪丝等多种功能；

⑧ 能预置焊接参数并对电源的外特性、动特性进行控制；

⑨ 可对焊接电流波形进行控制，能获得脉冲频率、峰值电流、基值电流、脉冲宽度、占空比及脉冲前后沿斜率任意可控的脉冲电流波形，实现对电弧功率的精确控制；

⑩ 具有与中央计算机双向通信的能力等。

总之，弧焊机器人的焊接质量主要取决于焊接运动轨迹的精确度和优良性能的焊接系统(包括弧焊电源及传感器等)。图3.3.20所示为采用逆变式弧焊电源的弧焊机器人系统组成框图。实践证明，逆变式弧焊电源可以很好地满足机器人电弧焊接的各项要求。

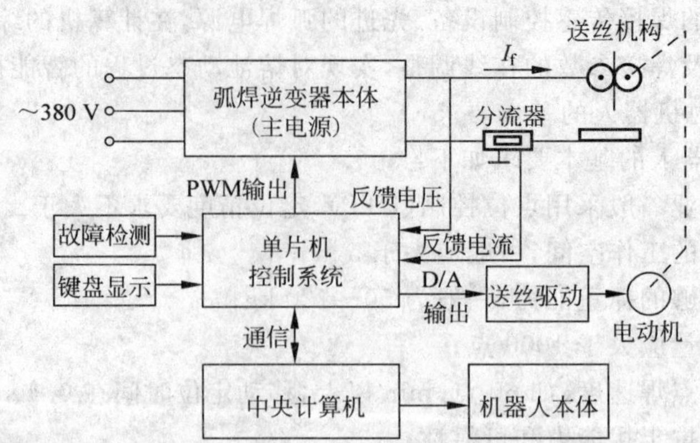

图 3.3.20 采用逆变式弧焊电源的弧焊机器人系统组成框图

思考练习题

1. 乙炔燃烧的产物是什么？使用时应注意什么事项？

2. 气焊与气体保护焊有什么本质区别？

3. 三种氧-乙炔焰的名称是什么？各用于焊接哪些金属？

4. 符合氧气切割的金属材料应具备哪几个条件？哪些金属宜于气割？哪些不宜气割？

5. 电渣焊的热源是什么？焊接过程有何特点？

6. 电子束焊和激光焊的热源是什么？各自的适用范围如何？低真空或非真空电子束焊是怎么回事？

7. 铜和铜合金是否可以进行点焊、缝焊？为什么？

8. 建筑工地上的螺纹钢对接采用什么方法焊接？为什么？

9. 什么是电阻焊？说出 3 种电阻焊的名称并各举一应用实例。

10. 钎焊和熔焊的实质差别是什么？钎焊的主要适用范围有哪些？

11. 下列制品应该采用什么方法焊接？

自动车架　钢窗　自行车圈　高速钢刀片与刀架　锅炉壳体　汽车油箱

12. 什么是焊接机器人？它由哪些基本单元构成？焊接工艺对点焊机器人和弧焊机器人各有什么要求？

3.4 常用金属材料的焊接

3.4.1 金属材料的焊接性

从原则上讲，各种金属都能进行焊接，但金属本身固有的基本性能，还不能直接表明它在焊接时会出现什么问题以及焊接后接头性能是否能满足使用要求，所以，金属材料对焊接加工的适应性采用焊接性来衡量。

1. 焊接性的概念

金属的焊接性(weldability)是指被焊金属在采用一定的焊接方式、焊接材料、工艺参数及结构形式条件下,获得优质焊接接头的难易程度。其内容包括两个方面:一是在焊接加工时金属材料形成完整焊接接头的能力,即工艺焊接性;二是焊成的焊接接头在使用条件下可靠运行的能力,即使用焊接性。

(1) 工艺焊接性　工艺焊接性是一个相对的概念。如果一种金属可以在很简单的工艺条件下焊接而获得完好的结构,能够满足使用要求,就可以说是焊接性良好。反之,如果必须保证很复杂的工艺条件,如高温预热、焊后复杂热处理等,或所焊的接头在性能上不能很好地满足要求,就可以认为焊接性差。工艺焊接性就是指金属在一定的工艺条件下,能得到优质焊接接头的能力。它不是金属本身固有的性能,而是随焊接条件的变化而变化的。

(2) 使用焊接性　使用焊接性是指整个焊接接头或整体结构满足技术条件规定的使用性能的程度,包括力学性能、缺口敏感性、耐腐蚀性等。

2. 焊接性试验方法

评价焊接性的方法是多种多样的,每一种试验方法都是从某一特定的角度来考核或说明焊接性的某一方面。因此,往往需要进行一系列的试验才可能较全面地说明焊接性能,从而有助于确定焊接方法、焊接材料、工艺规范及必要的工艺措施等。

焊接性试验的内容主要有:热裂纹试验、冷裂纹试验、脆性试验、使用性能试验等。其实施的方法分模拟、实焊、理论计算3大类。最常用的是斜Y坡口裂纹试验、插销试验、刚性固定对接裂纹试验、可变拘束裂纹试验、碳当量法等。

碳当量法是根据化学成分对钢材焊接热影响区淬硬性的影响程度,粗略地评价焊接时产生冷裂及脆化倾向的估算方法。

实际焊接结构所用的金属材料绝大多数是钢材。影响钢材焊接性的主要因素是化学成分。各种化学元素对焊缝组织、性能、夹杂物的分布以及对焊接热影响区的淬硬程度等的影响不同,对产生裂纹倾向的影响也不同。在各种元素中,碳的影响最为明显,其他元素的影响可折合成碳的影响,因此可用碳当量(carbon equivalent)法来估算焊接性。硫、磷对钢材的焊接性能影响也很大,在各种合格钢材中,硫、磷含量都受到严格限制。

碳钢及低合金结构钢的碳当量经验公式为

$$w_{\text{C当量}} = w_{\text{C}} + \frac{1}{6}w_{\text{Mn}} + \frac{1}{5}(w_{\text{Cr}} + w_{\text{Mo}} + w_{\text{V}}) + \frac{1}{15}(w_{\text{Ni}} + w_{\text{Cu}})$$

式中,w_{C}、w_{Mn}、w_{Cr}、w_{Mo}、w_{V}、w_{Ni}、w_{Cu}为钢中相应元素的质量百分数。

根据经验:$w_{\text{C当量}} \leqslant 0.4\%$时,钢材塑性良好,淬硬倾向不明显,焊接性良好。在一定的焊接工艺条件下,焊件不会产生裂纹。但厚大工件或在低温下焊接时,应考虑预热。

$w_{\text{C当量}} = 0.4\% \sim 0.6\%$时,钢材塑性下降,淬硬倾向明显,焊接性能相对较差。焊前工件需要适当预热,焊后应注意缓冷。要采取一定的焊接工艺措施才能防止裂纹。

$w_{\text{C当量}} \geqslant 0.6\%$时,钢材塑性较低,淬硬倾向很强,焊接性不好。焊前工件必须预热到较高温度,焊接时要采取减少焊接应力和防止开裂的工艺措施,焊后要进行适当的热处理,才能保证焊接接头质量。

利用碳当量法估算钢材焊接性是粗略的，因为钢材的焊接性还受结构刚度、焊后应力条件、环境温度等因素的影响。例如，当钢板厚度增加时，结构刚度增大，焊后残余应力也较大，焊缝中心部位处于三向拉应力状态，因此表现焊接性下降。在实际工作中确定材料焊接性时，除初步估算外，还应根据实际情况进行抗裂试验及焊接接头使用性试验，为制定合理的工艺规程提供依据。

3.4.2 碳素钢和低合金结构钢的焊接

1. 低碳钢的焊接

低碳钢的含碳量不超过0.25%，其塑性好，一般没有淬硬倾向，对焊接过程不敏感，焊接性好。焊这类钢时，不需要采取特殊的工艺措施，通常在焊后也不需要进行热处理（电渣焊除外）。

厚度大于50 mm的低碳钢结构，常用大电流多层焊，焊后进行消除内应力退火。低温环境下焊接刚度较大的结构时，由于焊件各部分温差较大，变形后受到限制，焊接过程容易产生较大的内应力，有可能导致结构开裂，因此应进行焊前预热。

低碳钢可以用各种焊接方法进行焊接，应用最广泛的是焊条电弧焊、埋弧焊、电渣焊、气体保护焊和电阻焊等。

采用熔焊法焊接结构钢时，焊接材料及工艺的选择主要应保证焊接接头与工件材料等强度。焊条电弧焊焊接一般低碳钢结构，可选用E4313(J421)、E4303(J422)、E4320(J424)焊条。焊接动载荷结构、复杂结构或厚板结构时，应选用E4316(J426)、E4315(J427)或E5015(J507)焊条。埋弧焊时，一般采用H08A或H08MnA焊丝配焊剂J431进行焊接。

2. 中、高碳钢的焊接

中碳钢的含碳量在0.25%～0.6%之间。随着含碳量的增加，淬硬倾向越加明显，焊接性逐渐变差。实际生产中，主要是焊接各种中碳钢的铸件与锻件。

中碳钢的焊接特点如下：

(1) 热影响区易产生淬硬组织和冷裂纹。中碳钢属易淬硬钢，热影响区金属被加热超过淬火温度区段时，受工件低温部分的迅速冷却作用，势必出现马氏体等淬硬组织。当焊件刚性较大或工艺不当时，就会在淬火区产生冷裂纹，即焊接接头冷却到相变温度以下至室温后产生裂纹。

(2) 焊缝金属产生热裂纹倾向较大。焊接中碳钢时，因工件基体材料含碳量与硫、磷杂质含量远高于焊芯，基体材料熔化进入熔池，使焊缝金属含碳量增加，塑性下降，加上硫、磷等杂质的存在，焊缝及熔合区在相变前就可能因内应力而产生裂纹。

因此，中碳钢构件在焊接前必须进行预热，使焊接时工件各部分的温差小，以减小焊接应力，同时减慢热影响区的冷却速度，避免产生淬硬组织。一般情况下，35钢和45钢的预热温度可选为150～250℃。结构刚度较大或钢材含碳量更高时，预热温度也应更高。

由于中碳钢主要用于制造各类机器零件，焊缝一般有一定的厚度，但长度不大，因此，焊接中碳钢多采用焊条电弧焊。厚件可考虑采用电渣焊，但焊后要进行相应的热处理。

焊接中碳钢焊件，应选用抗裂能力较强的低氢型焊条。要求焊缝与工件材料等强度时，可根据钢材强度选用 E5015(J506)、E5015(J507)、E6016(J606)、E6015(J607)焊条；当不要求等强度时，可选用 E4315(J427)型强度低些的焊条，以提高焊缝的塑性。不论用哪种焊条焊接中碳钢件，均应选用细焊条、小电流，开坡口进行多层焊，以防止工件材料过多地熔入焊缝，同时减小焊接热影响区的宽度。

高碳钢的焊接特点与中碳钢基本相似。由于含碳量更高，焊接性变得更差。进行焊接时，应采用更高的预热温度和更严格的工艺措施。实际上，高碳钢的焊接一般只限采用焊条电弧焊进行修补工作。

3. 合金结构钢的焊接

合金结构钢分为机械制造用合金结构钢和低合金结构钢两大类。

用于机械制造的合金结构钢零件（包括调质钢、渗碳钢），一般都采用轧制或锻造的坯料，焊接结构较少，如需焊接，因其焊接性与中碳钢相似，所以其焊接工艺措施与中碳钢基本相同。

（1）热影响区的淬硬倾向　低合金结构钢焊接时，热影响区可能产生淬硬组织，淬硬程度与钢材的化学成分和强度级别有关。钢中含碳及合金元素越多，钢材强度级别越高，焊后热影响区的淬硬倾向就越大。例如，300 MPa 级的 09Mn2Si 等钢材的淬硬倾向不大，但当实际含碳量接近允许上限或焊接参数不当时，过热区也会出现马氏体等淬硬组织。强度级别较大的低合金钢，淬硬倾向增加，热影响区容易产生马氏体组织，硬度明显增大，塑性和韧度则下降。

（2）焊接接头的裂纹倾向　随着钢材强度级别的提高，产生冷裂纹的倾向也加剧。影响冷裂纹的因素主要有 3 个方面：一是焊缝及热影响区的含氢量，其次是热影响区的淬硬程度，三是焊接接头的应力大小。对于热裂纹，由于我国低合金结构钢系统的含碳量低，且大部分含有一定的锰，对脱硫有利，因此产生热裂纹的倾向不大。

根据低合金结构钢的焊接特点，生产中可分别采取以下措施进行焊接：①对于强度级别较低的钢材，在常温下焊接时与对待低碳钢基本一样。②在低温或在大刚度、大厚度构件上进行小焊接、短焊缝焊接时，应防止出现淬硬组织，要适当增大焊接电流，减慢焊接速度，选用抗裂性强的低氢型焊条，必要时需采用预热措施。③对锅炉、受压容器等重要构件，当厚度大于 20 mm 时，焊后必须进行退火处理，以消除应力。④对于强度级别高的低合金结构钢件，焊前一般均需预热。焊接时，应调整焊接参数，以控制热影响区的冷却速度（不宜过快）。焊后还应进行热处理以消除内应力。不能立即热处理的，可先进行消氢处理，即焊后立即将工件加热到 200～350℃，保温 2～6 h，以加速氢扩散逸出，防止因氢引起的冷裂纹。

3.4.3 不锈钢、耐热钢的焊接

1. 不锈钢的焊接

这里所说的不锈钢包括不锈钢和耐酸钢两种。能抵抗大气腐蚀的钢，叫不锈钢。在某些侵蚀性强烈的介质中能抵抗腐蚀作用的钢，叫耐酸钢。不锈钢一般含有不小于 12%的铬

以保证钢的耐腐蚀性。为改善钢的组织和性能还加入镍、锰。

按成分和组织可将常用的不锈钢分为下面几类：

(1) 奥氏体不锈钢　这类钢的 $w_C=0.03\%\sim0.12\%$，$w_{Cr}=17\%\sim19\%$，$w_{Ni}=8\%\sim11\%$，属铬镍不锈钢。

(2) 铁素体-奥氏体不锈钢　此类钢的 $w_C=0.03\%\sim0.18\%$，$w_{Cr}=18\%\sim26\%$，$w_{Ni}=4\%\sim7\%$，再按不同成分加入 Mn、Mo、Si 等合金元素。

(3) 铁素体不锈钢　它的成分是 $w_C\leqslant0.15\%$，$w_{Cr}=12\%\sim30\%$，属铬不锈钢，室温为单相铁素体组织。

(4) 马氏体不锈钢　这类钢中的 $w_C=0.07\%\sim0.12\%$，$w_{Cr}=18\%\sim26\%$，依需要加入 Ni、Mo 和 Ni、Al、V 等合金元素，该钢淬火后得到马氏体。

1) 奥氏体不锈钢的焊接

奥氏体不锈钢焊接性良好，焊接时一般不需要采取特殊的工艺措施，但如果焊材选用不当或焊接选用工艺不正确时，会出现如下缺陷：

(1) 晶间腐蚀　不锈钢在 450～850℃温度范围内停留一定时间后，奥氏体晶粒内多余的碳以碳化物形式沿奥氏体晶界析出，而碳化铬的含铬量远高于奥氏体的平均含铬量，结果在靠近晶界的晶粒表层造成贫铬。在腐蚀介质的作用下，晶界贫铬层遭受迅速的腐蚀，由此产生晶间腐蚀。焊接过程中，如果靠近焊缝的母材上或相邻焊道上的某一区域被加热到上述危险温度，并停留一段时间，在母材成分不当或焊材选择不当等条件与焊接工艺条件的共同作用下，焊接接头就有产生晶间腐蚀的倾向。

(2) 热裂纹　由于焊缝中存在的有害杂质可能在焊接应力的作用下造成热裂纹，因此应采取必要的工艺措施促使焊缝金属晶粒细化，正确选取焊接材料及较快的焊速，以减少裂纹倾向。采用铁素体-奥氏体双相不锈钢时，一般可避免热裂纹的产生。

奥氏体钢焊接时应注意以下几点：

(1) 焊前不预热　因奥氏体钢具有较好的塑性，因此冷裂纹倾向很小。多层焊时要避免层间温度过高，一般应冷到 100℃以下再焊次层。

(2) 防止接头过热　采用较小焊接电流(比焊低碳钢时小 10%～20%)，以及用短弧快速焊，直线运条，避免重复加热，强制冷却焊缝(加铜垫板、喷水冷却)等，均是防止接头过热的有效措施。

(3) 注意保护工件表面　焊件表面损伤是产生腐蚀的根源，因此应避免碰撞损伤，避免在焊件表面进行引弧而造成的局部烧伤，防止焊件表面溅落飞溅物等。

(4) 焊后热处理　奥氏体钢焊接后，原则上不进行热处理。只有焊接接头产生了脆化或要进一步提高其耐腐蚀能力时，才根据需要选择固熔处理、稳定化处理或消除应力处理。

2) 铁素体不锈钢的焊接

铁素体不锈钢是 w_{Cr} 12%～30%的高合金钢。其化学成分特点是低碳、高 Cr，如 0Cr13Al、1Cr15、1Cr25Ti 等。铁素体钢耐蚀性好，主要用作不锈钢(耐硝酸、氨水腐蚀)，也可用于抗高温氧化钢。

铁素体钢焊接时的主要问题是：因铁素体钢在加热冷却过程中不发生相变，焊缝及热影响区晶粒长大严重，易形成粗大铁素体组织，且不能通过热处理来改善，导致接头韧性比母材更低；多层焊时，焊道间重复加热，可能导致 σ 相析出和 475℃脆性，进一步增加接头脆化。对于在耐蚀条件下使用的铁素体钢，还要注意近缝区的晶间腐蚀倾向。因此，铁素体钢焊接时宜采用低热输入量的焊接方法，如焊条电弧焊、钨极氩弧焊等。为防止裂纹，改善接头塑性和耐腐蚀性，焊接时要选择与母材相近的铁素体铬钢和铬镍奥氏体钢作为填充材料。用于高温条件下的铁素体钢，必须采用成分基本与母材匹配的填充材料。

解决上述问题的主要工艺措施为：低温预热至150℃左右，使材料在富有韧性的状态下焊接。含铬量越高，预热温度应越高。最好采用低热输入的钨极氩弧焊，小电流快速施焊，减少横向摆动，待前一道焊缝冷却到预热温度后再焊下一道焊缝。焊后进行750～800℃退火处理，使铬均匀化，恢复耐蚀性，并可改善接头塑性。退火后应快冷，防止出现 σ 相及475℃脆化。

3）马氏体不锈钢的焊接

在铁素体钢基础上，适当增加含碳量、减少含铬量，高温时可以获得较多奥氏体组织，快速冷却后，室温下得到具有马氏体组织的钢，即马氏体钢，主要钢号有 1Cr12、2Cr13、1Cr17Ni2、Cr12MoWV 等。它有高的强度、硬度及耐磨性、耐蚀性，在工业中被广泛用作不锈钢或热强钢。

马氏体钢焊接性很差，焊缝及热影响区在焊态下的组织多为硬而脆的马氏体，所以焊接时有强烈的冷裂纹倾向；其导热性差，焊接时易过热，故热影响区易形成粗大的马氏体组织。此外，接头热影响区也存在明显的软化问题。

马氏体钢焊接最好采用无氢源的钨极或熔化极氩弧焊，采用与母材成分基本相同的同类焊材或采用奥氏体填充金属。由于奥氏体焊缝金属具有良好的塑性，可以缓解接头的残余应力，还可溶解大量的氢，因此可大大降低接头产生冷裂纹的可能性，简化焊接工艺。焊接时，预热是不可缺少的工序，是防止冷裂纹、降低接头各区硬度和应力峰值的有效措施。预热温度范围一般在150～400℃之间，焊后冷至100～150℃，并保温0.5～1 h 后再加热回火。马氏体钢一般在调质状态下焊接，故焊后只需作高温(650～750℃)回火处理。

2. 珠光体耐热钢的焊接

珠光体耐热钢是一种以 Cr、Mo 为主要合金元素的低、中合金钢。一般含 Cr 的质量分数 w_{Cr} 为0.5%～5%，含 Mo 的质量分数 w_{Mo} 为0.5%或1%。随着使用温度的提高，钢中往往还加入 V、W、Nb、B 等微量强化元素，合金元素总含量的质量分数一般小于5%，常用牌号有 15CrMo、12Cr1MoV 等。珠光体耐热钢广泛应用于600℃以下工作的石油、化工及动力工业设备中，它不仅具有良好的抗氧化性和热强性，还具有一定的抗硫和氢腐蚀能力，同时具有很好的冷热加工性能。

1）珠光体耐热钢的焊接性

珠光体耐热钢的焊接情况与低碳调质钢相似。珠光体耐热钢的主要合金元素是 Cr 和 Mo，它们能显著提高钢的淬硬性，增加接头冷裂纹敏感性。若结构拘束度较大，那么在消除应力处理或高温长期使用时，粗晶部位容易出现消除应力(再热)裂纹。母材合金化越高，焊前原始硬度越大，焊后软化程度越严重，焊后高温回火不但不能使“软化区”硬度恢复，甚至还会稍有降低，只有经正火＋回火后才能消除软化问题。焊缝金属回火脆化的敏感性比母材大，这是因为焊接材料中的杂质更难以控制。研究结果表明，要获得低回火脆性的焊缝，必须严格控制 P 和 Si 的含量(Si 促进 P 偏析)，P 的质量分数 $w_P \leqslant 0.015\%$。

2）珠光体耐热钢的焊接工艺

与普通低碳钢和低合金结构钢相比，制定珠光体耐热钢焊接工艺时，除防止焊接裂纹外，最重要的是保证接头性能，特别是要满足高温性能的要求。焊接珠光体耐热钢的常用方法有焊条电弧焊、钨极和熔化极氩弧焊、埋弧焊和电渣焊。

珠光体耐热钢焊接材料的选择应根据母材金属的合金成分，而不是强度性能。为了确保接头的耐热性，焊接材料的合金含量应相当或略高于母材。为了防止焊缝出现热裂纹，其含碳的质量分数 w_C 应小于 0.12%，但不得低于 0.07%，否则，焊缝金属的可热处理性、冲击韧性、热强性会变坏。

预热是珠光体耐热钢焊接时防止焊接冷裂纹的有效工艺措施。预热温度一般在 150～330℃。用钨极氩弧焊打底时，可以降低预热温度或不预热。珠光体耐热钢焊后应立即作高温回火处理，以防止延迟裂纹、消除应力和改善组织，提高接头高温力学性能。回火温度应避免在回火脆性及消除应力裂纹敏感温度范围内（150～330℃）进行，并要在危险区间内采取较快的加热速度。

3.4.4 铸铁的焊补

铸铁含碳量高，组织不均匀，塑性很低，属于焊接性很差的材料，因此不应采用铸铁材料设计和制造焊接构件。但铸铁件常出现铸造缺陷，铸铁件在使用过程中有时会发生局部损坏或断裂，用焊接手段将其修复，经济效益是很大的。所以，铸铁的焊接主要是焊补。

1. 铸铁的焊接特点

（1）熔合区易产生白口组织。由于焊接时为局部加热，焊后铸铁件上焊补区的冷却速度远比铸造成形时快得多，因此很容易形成白口组织，其硬度很高，焊后很难进行机械加工。

（2）易产生裂纹。铸铁强度低，塑性差。当焊接应力较大时，就会在焊缝及热影响区内产生裂纹，甚至使焊缝整体断裂。此外，当采用非铸铁组织的焊条或焊丝冷焊铸铁件时，铸铁因碳及硫、磷杂质含量高，基体材料过多熔入焊缝中，易产生裂纹。

（3）易产生气孔。铸铁含碳量高，焊接时易生成 CO 和 CO_2 气体。由于铸铁凝固中由液态转变为固态所经过的时间很短，因此熔池中的气体来不及逸出而形成气孔。

此外，铸铁的流动性好，立焊时熔池金属容易流失，所以一般只应进行平焊。根据铸铁的焊接特点，采用气焊、焊条电弧焊（个别大件可采用电渣焊）进行焊补较为适宜。

2. 铸铁的焊补方法

按焊前是否预热，铸铁的焊补可分为热焊法和冷焊法两种。

1）热焊法

热焊法是指焊前将工件整体或局部预热到 600～700℃，焊补后缓慢冷却。热焊法能防止工件产生白口组织和裂纹，焊件质量较好，焊后可进行机械加工，但成本较高，生产率低，焊工劳动条件差，一般用于焊补形状复杂、焊后需进行加工的重要焊件，如床头箱、汽缸等。

用气焊进行铸铁热焊比较方便。气焊火焰还可以用于预热工件和焊后缓冷。填充金属应使用专制的铸铁铁棒，并配以 CJ201 气焊剂，以保证焊接质量。也可用铸铁焊条进行焊条电弧焊焊补，药皮成分主要是石墨、硅铁、碳酸钙等，以补充焊补处碳和硅的烧损，并清除杂质。

2）冷焊法

冷焊法是指焊补前工件不预热或只进行400℃以下的低温预热。焊补时主要依靠焊条来调整焊缝的化学成分，以防止或减少白口组织和避免裂纹。冷焊法方便，灵活，生产率高，成本低，劳动条件好，但焊接处切削加工性能较差。生产中多采用小电流、短弧、窄焊道（每段不大于50 mm），并在焊后及时锤击焊缝以松弛应力，防止焊后开裂。

冷焊法一般采用焊条电弧焊进行焊补。根据铸铁性能、焊后对切削加工的要求及铸件的重要性等来选定焊条。常用的有：钢芯或铸铁芯的铸铁焊条，适用于一般非加工面的焊补；镍基铸铁焊条，适用于重要铸件加工面的焊补；铜基铸铁焊条，用于焊后需要加工的灰铸铁件的焊补。

3.4.5 非铁金属及其合金的焊接

1. 铜及铜合金的焊接

铜及铜合金的焊接比低碳钢困难得多，其焊接特点如下：

（1）铜的导热性能很高（紫铜为低碳钢的8倍），焊接时热量极易散失。因此，焊前工件要预热，焊接中要选用较大的电流或火焰，否则容易造成焊不透的缺陷。

（2）液态铜易氧化，生成的Cu_2O与铜可组成低熔点共晶体，分布在晶界上形成薄弱环节。又因为铜的膨胀系数大，冷却时收缩也大，容易产生较大的焊接应力。因此，焊接过程中极易引起开裂。

（3）铜在液态时吸气性强，特别容易吸收氢气。凝固时，气体将从熔池中析出，来不及析出去就会在工件中形成气孔。

（4）铜的电阻极小，不适于电阻焊。

（5）某些铜合金比纯铜更容易氧化，使焊接的困难增大。例如，黄铜（铜锌合金）中的锌沸点很低，极易烧蚀蒸发并生成氧化锌（ZnO）。锌的烧损不但改变了接头的化学成分，降低接头力学性能，而且所形成的氧化锌烟雾易引起焊工中毒。

铜及铜合金可用氩弧焊、气焊、钎焊等方法进行焊接。其中，氩弧焊主要用于焊接紫铜和青铜件，气焊主要用于焊接黄铜件。

2. 铝及铝合金的焊接

工业中主要对钝铝、铝锰合金、铝镁合金和铸铝件进行焊接。铝及铝合金的焊接也比较困难，其特点如下：

（1）铝与氧的亲和力很大，极易氧化生成氧化铝（Al_2O_3）。氧化铝组织致密，熔点高达2050℃，覆盖在金属表面，能阻碍金属熔合。此外，氧化铝的密度较大，易使焊缝形成夹渣缺陷。

（2）铝的导热系数较大，焊接中要使用大功率或能量集中的热源。焊件厚度较大时应预热。铝的膨胀系数也较大，易产生焊接应力与变形，并可能导致裂纹的产生。

(3) 液态铝能吸收大量氢气，而固态铝却几乎不能溶解氢，因此在熔池凝固中易产生气孔。

(4) 铝在高温时强度和塑性很低，焊接中常由于不能支持熔池金属而形成焊缝塌陷，因此常需采用垫板进行焊接。

目前焊接铝及铝合金的常用方法有氩弧焊、气焊、点焊、缝焊和钎焊。其中，氩弧焊是焊接铝及铝合金较好的方法，焊接时可不用溶剂，但要求氩气纯度大于99.9%。气焊常用于要求不高的铝及铝合金工件的焊接。

3. 钛及钛合金的焊接

钛是一种非磁性材料，具有密度小($4.5\ g/cm^3$)、强度高(比铁约高1倍)、较好的高温强度和低温韧性以及良好的耐蚀性等特点，在航空工业、宇航工业、化学工业、造船工业等方面得到广泛的应用。

1) 焊接性能

(1) 化学活性大。钛从250℃开始吸收氢，400℃开始吸收氧，600℃开始吸收氮，处于高温熔化状态的熔池与熔滴金属极易被气体、水分、油脂等杂质污染，使接头变脆，塑性及韧性严重下降。

(2) 热物理性能特殊。和其他金属比较，钛和钛合金具有熔点高、热容量较小、热导率小等特点，因此接头过热区高温停留时间长，冷却缓慢，易出现显著的粗大晶粒，从而导致过热区的塑性下降。

(3) 接头冷裂纹倾向大。溶解在焊缝热影响区的氢气含量较高，320℃时氢和钛会发生共析转变析出 TiH_2，从而增大该区的脆性。另外，析出氢化物时会使体积膨胀而引起较大的组织应力，加之氢原子向该区的高应力部位扩散及聚集，以至容易形成冷裂纹。

(4) 易产生氢气孔。焊缝气孔往往分布在熔合线附近，这是钛及钛合金气孔的一个特点。氢在钛中的溶解度随温度升高而降低，在凝固温度范围有跃变。熔池中部的氢易向熔池边缘扩散，易使熔池边缘的氢过饱和而生成气孔。

2) 焊接工艺要点

钛及钛合金的焊接方法，主要为钨极氩弧焊。近年来，等离子弧焊、真空电子束焊、电阻点焊、缝焊、钎焊和扩散焊等焊接方式也有一定的应用。为了保证焊接质量，焊前工件接头附近表面必须认真进行机械清理，再将工件及焊丝进行酸洗，随后用清水洗净。临焊前，工件表面及焊丝先用丙酮或乙醇擦净，然后根据不同母材及性能要求，正确选用焊丝、焊接参数及必要的焊接热处理方法。

思考练习题

1. 低合金高强度钢焊接时易产生哪些缺陷？应采取什么措施防止？

2. 15号钢有很好的焊接性，而在相同条件下焊接15MnVN钢时，焊接接头韧性表现较差，分析其原因。

3. 焊接铁素体和马氏体不锈钢时，易出现哪些问题？应采取什么工艺措施？

4. 为什么铜及铜合金的焊接比低碳钢的焊接困难得多？

5. 用下列材料制作焊接构件，试分析焊接性如何。请选择适当的焊接方法并采取必要的工艺措施。

(1) Q235 钢板，厚 20 mm，大批生产容器；

(2) 20 钢板，厚 6 mm，生产螺旋焊管；

(3) 40Cr 钢板，厚 10 mm，单件生产容器；

(4) 1Cr18Ni9Ti 钢板，厚 5 mm，单件生产容器；

(5) 铝合金板，厚 20 mm，单件生产容器。

6. 下列金属材料焊接时的主要问题是什么？常用什么焊接方法和焊接材料？

低合金钢　中碳钢　珠光体耐热钢　奥氏体不锈钢

铝及铝合金　铜及铜合金　钛及钛合金

7. 有直径为 500 mm 的齿轮和铸铁带轮各一件，铸造后出现图 3.4.1 所示的断裂现象，曾先后用 E4301 焊条和钢芯铸铁焊条进行电弧焊焊补，但焊后再次断裂，试分析再次断裂的原因。用什么方法能保证焊补后不再开裂，并可进行机械加工？

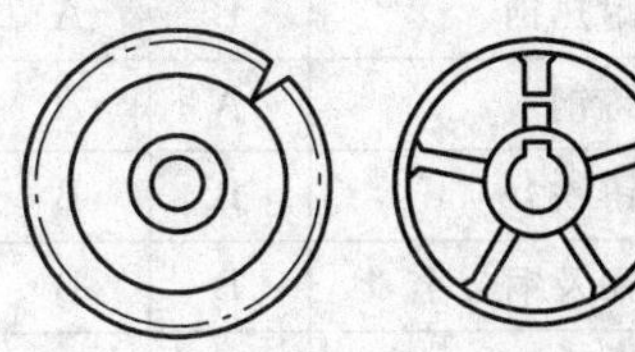

图 3.4.1 思考练习题 7 图

3.5 焊接件的结构工艺性

3.5.1 焊接结构件材料的选择

焊接选材一般应遵循以下原则：

(1) 在满足使用性能的前提下，选用焊接性好的材料，这是焊接选材的总原则。低碳钢和碳当量小于 0.4％的合金钢都具有良好的焊接性，设计中应尽量选用，含碳量大于 0.4％的碳钢，碳当量大于 0.4％的合金钢，焊接性不好，设计时一般不宜选用，若必须选用，应在设计和生产工艺中采取必要措施。强度等级低的低合金结构钢，焊接性与低碳钢基本相同，而强度却能显著提高，条件允许时应优先使用。强度等级较高的低合金结构钢，焊接性能虽然差些，但只要采取合适的焊接材料与工艺，也能获得满意的焊接接头，设计强度要求高的重要结构可以选用。镇静钢脱氧完全，组织致密，质量较高，可选作重要的焊接结构。沸腾钢含氧量较高，组织成分不均匀，焊接时易产生裂纹，厚板焊接时还可能出现层状撕裂，因此不宜用作承受动载荷或严寒下工作的重要焊接结构以及盛装易燃、有毒介质的压力容器。

(2) 对于不同部位选用不同强度和性能的钢材拼焊而成的复合构件，应按低强度金属选择焊接材料，按高强度金属制定焊接工艺（如预热、缓冷、焊后热处理等）。一般要求接头强度不低于被焊钢材中强度较低者。对不能用熔焊方法获得满意接头的异种金属，应尽量不选用。

(3) 焊接结构中需采用焊接性不确定的新材料时，则必须预先进行焊接性试验，以便保证设计方案及工艺措施的正确性。

(4) 焊接结构应尽量采用工字钢、槽钢、角钢和钢管等型材，这样，可以减少焊缝数量，简化焊接工艺，增加结构件的强度和刚性。对于形状比较复杂或大型的结构，可采用铸钢件、锻件或冲压件焊接而成。

表 3.5.1 为常用金属材料的焊接性能表，可供选用焊接材料时参考。

表 3.5.1 常用金属材料焊接性能表

焊接方法 / 金属材料	气焊	焊条电弧焊	埋弧自动焊	CO_2 保护焊	氩弧焊	电子束焊	电渣焊	点焊、缝焊	对焊	摩擦焊	钎焊
低碳钢	A	A	A	A	A	A	A	A	A	A	A
中碳钢	A	A	B	B	A	A	A	B	A	A	A
低合金钢	B	A	A	A	A	A	A	A	A	A	A
不锈钢	A	A	B	B	A	A	B	A	A	A	A
耐热钢	B	A	B	C	A	A	D	B	C	D	A
铸钢	A	A	A	A	A	A	A	(—)	B	B	B
铸铁	B	B	C	C	B	(—)	B	(—)	D	D	B
铜及铜合金	B	B	C	C	A	B	D	D	D	A	A
铝及铝合金	B	C	C	D	A	A	D	A	A	B	C
钛及钛合金	D	D	D	D	A	A	D	B/C	C	D	B

注：A 表示焊接性良好；B 表示焊接性较好；C 表示焊接性较差；D 表示焊接性不好；(—)表示很少采用。

3.5.2 焊接方法的选择

1. 选择原则

质量和效率是焊接方法选择的基本原则。焊接方法应保证产品质量优良可靠，生产率高，成本低，有良好的综合效益，通常由产品性质、结构特点、焊接件厚度、接头形式、接缝空间位置、被焊接材料性能、技术水平、设备条件等因素确定。其中最重要的是产品特点和母材性能。

1）产品特点

结构类产品采用电弧焊方法，如长接缝、环接缝用埋弧焊；短接缝、打底焊用焊条电弧焊；机械类产品，其接缝较短，可选用气体保护焊（一般厚度）、电渣焊（重型立焊构件）、电阻焊（薄板件）、摩擦焊（圆形截面）或电子束焊（高精度要求）；微电子器件类的接头要求密封又不应影响器件的电器性能，宜选用电子束焊、激光焊、超声波焊、扩散焊、电容储能焊或钎焊、胶接等。

2）母材性能

母材的物理性能、力学性能和冶金性能都是焊接方法选择考虑的重要因素。

(1) 母材的物理性能　影响焊接性的主要物理性能有导热性、导电性和熔点等。通常热导率高的金属（如铜、铝及其合金），选择热输入大、焊透力强的焊接方法；电阻率高的金属宜用电阻焊；对于热敏材料，选用热输入小的方法，如激光焊、超声波焊；高熔点金属（如钼等）用电子束焊最好。

(2) 母材的力学性能　影响焊接性的主要力学性能有焊件强度、伸长率、冲击韧度等。焊接方法的选择应便于通过控制热输入来控制接头的熔深、熔合比和热影响区，以获得与母材力学性能相近的焊缝。例如，电渣焊、埋弧焊热输入大，会降低接头冲击韧度值；电子束焊、激光焊接热影响区窄，力学性能好，宜焊接不锈钢或已经过热处理的精密零件。

(3) 母材的冶金性能　影响焊接性的主要冶金性能有母材金属的化学成分、化学活性和母材金属的淬硬性等。普通碳钢和低合金结构钢用一般的电弧焊都可焊接。钢材的合金含量，特别是碳含量越高，焊接性越差，可选焊接方法越少。化学活泼的有色金属(如铝、镁及合金)应选用惰性气体保护焊，如钨极氩弧焊、熔化极氩弧焊等；钛锆类金属最好用高真空电子束焊；淬硬性金属不宜用电阻焊，宜选冷却速度缓慢的方法；对于不易熔焊的异种金属，应采用非液相焊接方法，如钎焊、扩散焊、爆炸焊或胶接等。

2. 常用焊接方法比较

表 3.5.2 为常用焊接方法的比较，可在选择焊接方法时参考。

表 3.5.2　常用焊接方法比较

焊接方法	接头形式	焊接位置	适焊材料	钢板厚度/mm	生产率	变形度	应用范围
焊条电弧焊	对接、搭接、角接、T形接等	全位置	碳钢、合金钢、铜及铜合金等	3～20	中等	较小	结构件、零件焊接、修补等
气焊	对接、卷边接头等	全位置	碳钢、合金钢、铜及铜合金、耐热钢、铝及铝合金等	0.5～3	低	大	受力不大的薄板构件焊接、修补等
埋弧焊	对接、搭接、角接、T形接等	平焊	碳钢、合金钢、铜及铜合金等	6～60	高	小	结构件中厚板长直焊缝、环缝批量生产
钨极氩弧焊	对接、搭接、角接、T形接等	全位置	铝、铜、镁、钛及其合金、耐热钢、不锈钢	0.5～6	中等	小	薄板构件全位置焊、打底焊等
熔化极惰性气体保护电弧焊	对接、搭接、角接、T形接等	全位置	铝、铜、镁、钛及其合金、耐热钢、不锈钢	0.5～25	高	小	各种板厚、各种熔滴过渡形式
CO_2焊及MAG焊	对接、搭接、角接、T形接等	全位置	碳钢、低合金结构钢、不锈钢等	0.8～25	高	小	各种板厚、各种熔滴过渡形式
等离子弧焊	对接	全位置	耐热钢、不锈钢、铜、镍、钛及钛合金	0.025～12	较高	小	薄件熔入型焊、厚件小孔穿透焊
电渣焊	对接	立焊	碳钢、低合金钢、铸钢、不锈钢等	40～450	很高	大	大厚度件拼接
电子束焊、激光焊	对接、搭接、角接、T形接等	全位置	碳钢、低合金结构钢、不锈钢、热敏金属等	0.5～60	高	极小	高速薄板、超厚板焊

续表

焊接方法	接头形式	焊接位置	适焊材料	钢板厚度/mm	生产率	变形度	应用范围
电阻对焊 电阻点焊 电阻缝焊	对接 搭接 搭接	平焊 全位置 平焊	碳钢、低合金钢、不锈钢、铝合金	直径不大于20 直径0.5～3 直径<3	很高	小	杆状零件薄板件容器管件
钎焊	搭接、套接	平焊	碳钢、合金钢、铜及铜合金等	—	高	极小	特殊形状及结构、异种材料、微电子器件等
胶接	搭接	全位置	各种金属、非金属	—	较高	极小	飞行器、汽车构件，微电子器件等

3.5.3 焊接接头设计

焊接接头设计包括焊接接头形式设计和坡口设计。

焊接接头根据被焊件的相互位置有4种基本形式：对接接头、T形接头、搭接接头和角接头。接头形式应根据结构形状、强度要求、工件厚度、变形大小和焊条消耗量选择。当板料较厚时，为保证焊透，同时为提高生产率，降低成本，待焊部位要加工成一定形状的坡口。常用的焊条电弧焊焊接接头及坡口形式如图3.5.1所示。

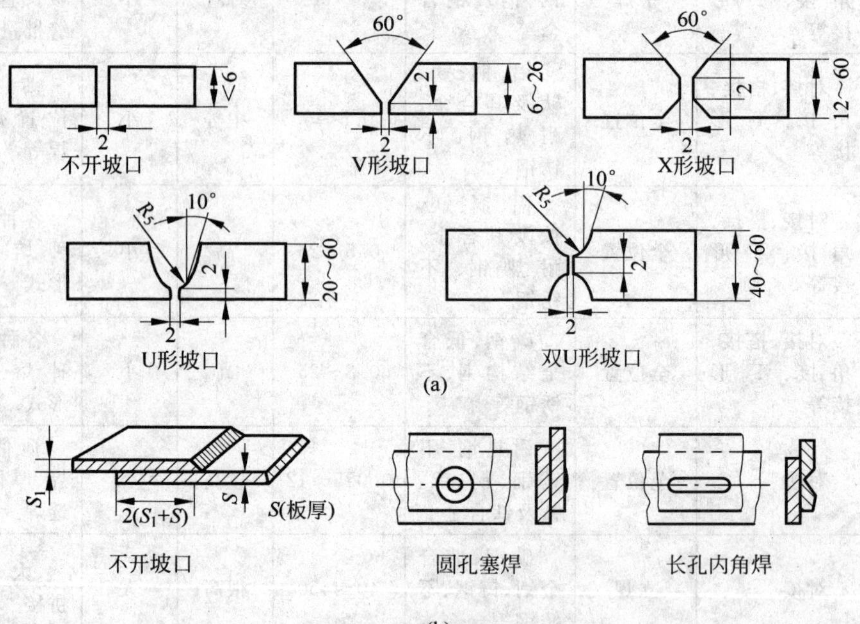

图3.5.1 常用焊接接头及坡口形式示意图

(a) 对接接头；(b) 搭接接头；(c) 角接接头；(d) T形接头

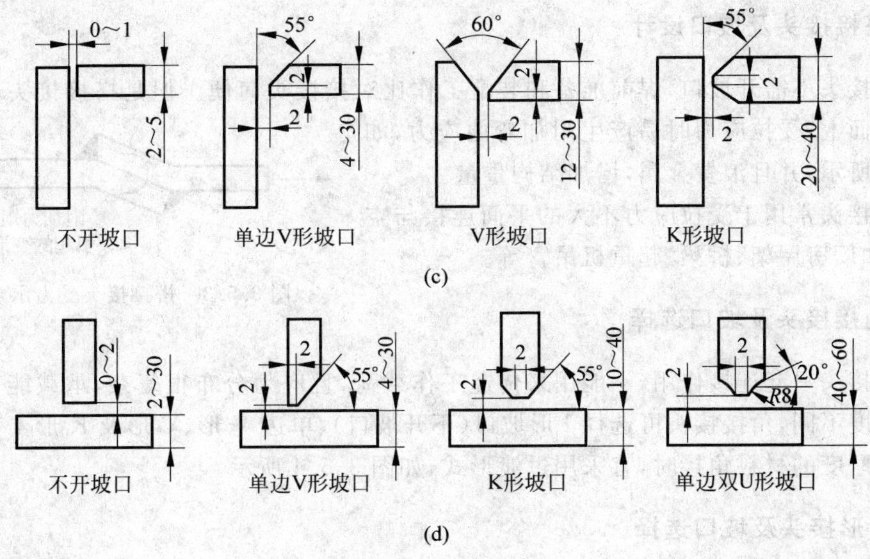

图 3.5.1（续）

1. 对接接头及坡口设计

对接接头承受外力时，应力分布均匀，接头质量易于保证，接头具有较高的强度，且外形平整美观，是焊接结构中应用最多的接头形式。但对接接头在焊前装配要求较高。

对焊件比较厚时，为了保证焊透，应根据板厚加工出各种坡口，坡口的尺寸应按标准选用。对接接头常采用的坡口形式有 I 形坡口（不开坡口）、V 形坡口、X 形坡口、U 形坡口、双 U 形坡口。V 形坡口、U 形坡口只需单面焊，但焊后角变形大，焊条消耗量较大；X 形坡口、双 U 形坡口需双面焊，焊件受热均匀，焊件变形小，焊条消耗量少，但坡口加工费时，成本较高，一般只在重要的承受动载荷的厚板结构中采用。

对于不同厚度的板材焊接，如果两板的厚度差超过表 3.5.3 所示厚度范围，则应在厚板上加工出单面或双面斜边的过渡形式，如图 3.5.2 所示，以防止出现应力集中和焊不透等缺陷。

表 3.5.3　不同厚度金属材料对接时允许的厚度差　mm

较薄板的厚度	2～5	6～8	9～11	≥12
允许厚度差($\delta_1-\delta$)	1	2	3	4

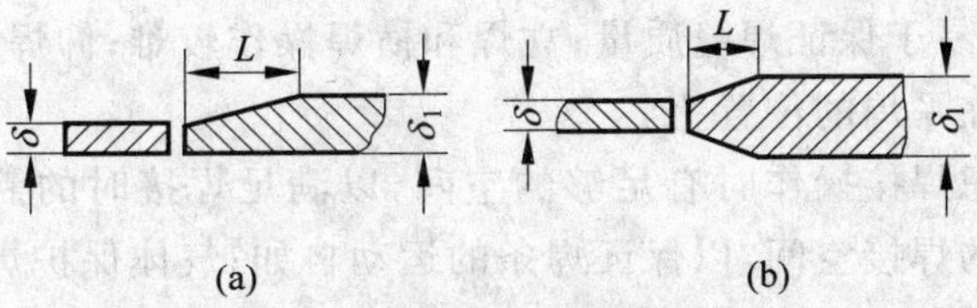

图 3.5.2　不同厚度金属材料对接时的过渡形式

(a) $L>5(\delta_1-\delta)$；(b) $L>2.5(\delta_1-\delta)$

2. 搭接接头及坡口设计

搭接接头不需开坡口,焊前准备和装配工作比对接接头简便。但是搭接接头两焊件不在同一平面上,受拉应力时易产生附加弯曲应力,如图 3.5.3 所示,并且浪费金属,增加结构重量。

搭接接头常用于受拉应力不大的平面连接与空间结构,如厂房屋架、桥梁、起重机吊臂等。

图 3.5.3 搭接接头受力示意图

3. 角接接头及坡口选择

角接接头只起连接作用,不能用来传递工作载荷,且应力分布很复杂,承载能力低。根据焊件厚度不同,角接接头可选择 I 形坡口(不开坡口)、单边 V 形、V 形及 K 形 4 种坡口形式。不同厚度的材料角接时,宜采用过渡形式,如图 3.5.4 所示。

4. T 形接头及坡口选择

T 形接头广泛应用在空间类焊接结构上。例如,船体结构中约 70% 的焊缝采用 T 形接头。完全焊透的单面坡口和双面坡口的 T 形接头在任何一种载荷下都具有很高的强度。根据焊件的厚度不同,T 形接头可选 I 形坡口(不开坡口)、单边 V 形、K 形、单边双 U 形 4 种坡口形式。不同厚度的 T 形接头过渡形式如图 3.5.5 所示。

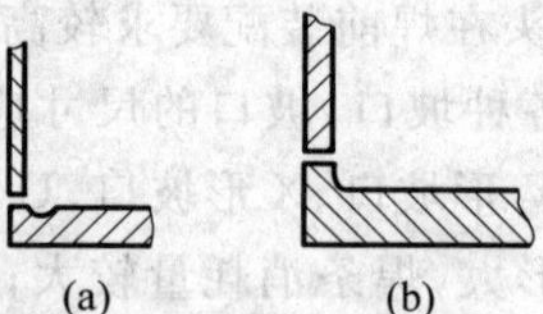

图 3.5.4 不同厚度角接接头的过渡形式

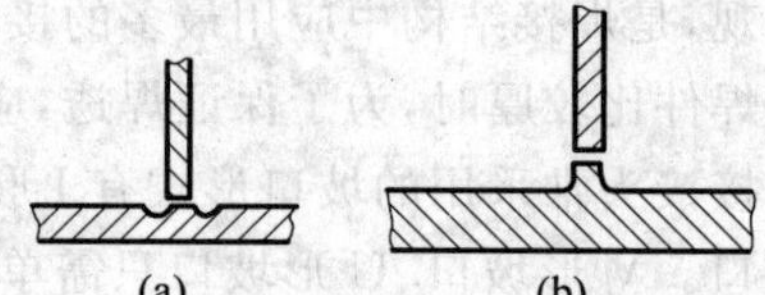

图 3.5.5 不同厚度 T 形接头的过渡形式

3.5.4 焊接结构工艺设计

焊接接头设计中焊缝布置得是否合理,将影响焊接接头的质量和生产率,设计时要考虑以下因素。

1. 焊缝位置应便于操作

焊接操作时,根据焊缝在空间位置的不同,可分为平焊、立焊、横焊和仰焊,如图 3.5.6 所示。平焊操作方便,易于保证焊缝质量;立焊和横焊操作较难;仰焊最难操作。因此,应尽量使焊件的焊缝分布在平焊的位置上。

焊缝位置还应考虑焊接操作时有足够的空间,以满足焊接时的需要。例如,焊条电弧焊时需考虑留有一定的焊接空间,以保证焊条的运动自如;气体保护焊时应考虑气体的保护效果;埋弧焊时应考虑接头处容易存放焊剂,保持熔融合金和熔渣;点焊与缝焊时应考虑电极安放。图 3.5.7～图 3.5.10 为几种焊接方法设计焊缝位置时的设计方案示意图。

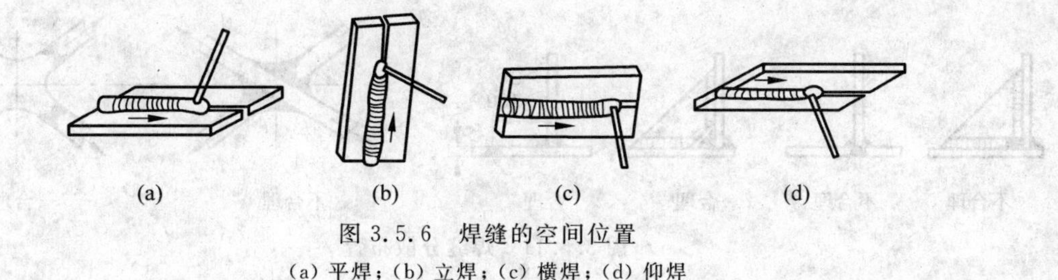

图 3.5.6 焊缝的空间位置

(a) 平焊；(b) 立焊；(c) 横焊；(d) 仰焊

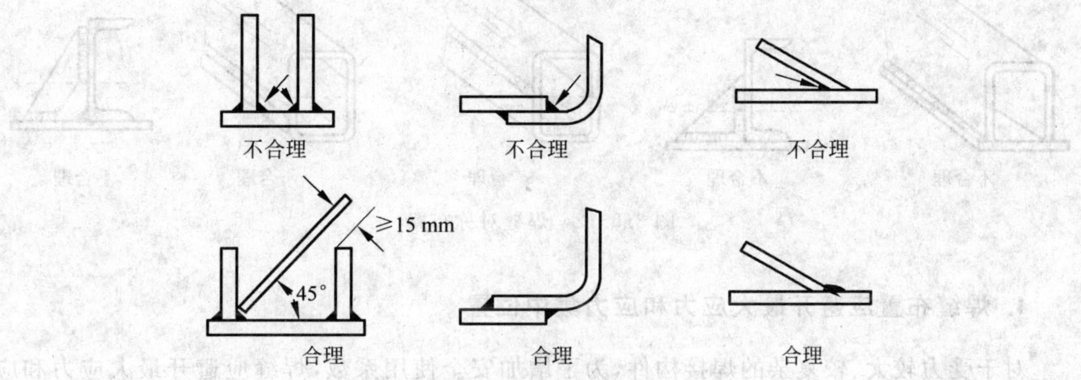

图 3.5.7 焊条电弧焊对操作空间的要求

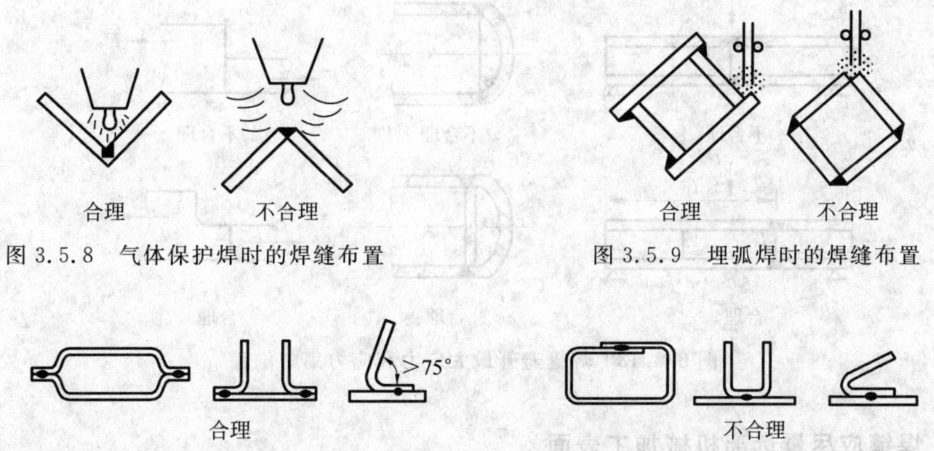

图 3.5.8 气体保护焊时的焊缝布置

图 3.5.9 埋弧焊时的焊缝布置

图 3.5.10 点焊和缝焊时的焊缝布置

2. 焊缝尽量分散，避免密集交叉

密集交叉的焊缝会使接头热影响区增大，组织粗大，力学性能下降，甚至出现裂纹。一般焊缝间距要大于焊件厚度的 3 倍且不小于 100 mm，如图 3.5.11 所示。

3. 焊缝尽量对称分布

焊缝对称布置可使焊缝冷却收缩时造成的变形相互抵消，如图 3.5.12 所示。

>3δ
≥100
δ
不合理
不合理
合理
合理
不合理
合理

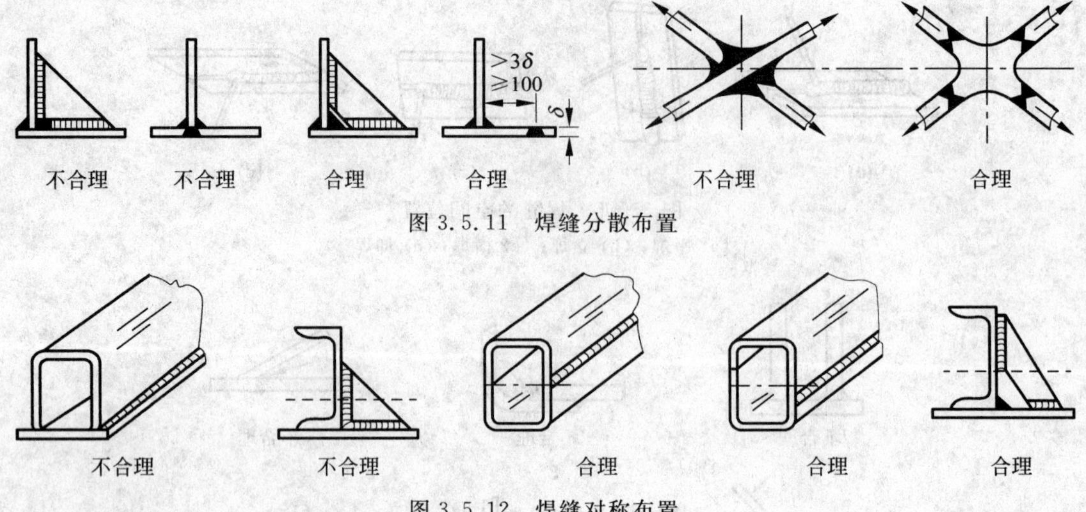

图 3.5.11 焊缝分散布置

不合理
不合理
合理
合理
合理

图 3.5.12 焊缝对称布置

4. 焊缝布置应避开最大应力和应力集中位置

对于受力较大、较复杂的焊接构件，为了增加安全使用系数，焊缝应避开最大应力和应力集中位置，如图 3.5.13 所示。

F
F
不合理
不合理
不合理
l1
l2
F
F
合理
合理
合理

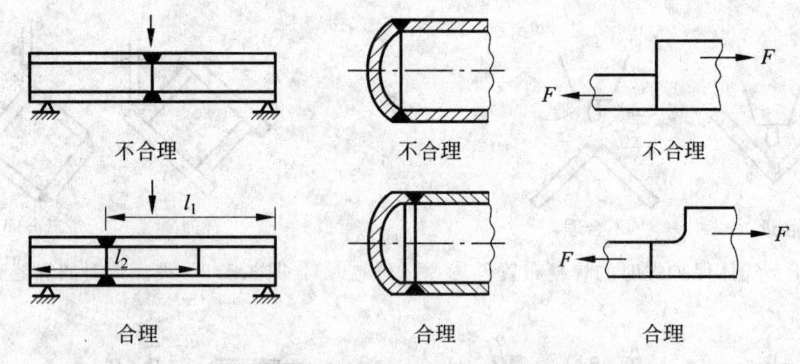

图 3.5.13 焊缝避开最大应力和应力集中位置

5. 焊缝应尽量远离机械加工表面

焊缝附近往往有变形，并且焊缝硬度较高，机械加工困难，所以焊缝应避开机械加工和待加工的表面，如图 3.5.14 所示。

1.6
12.5
1.6
12.5
不合理
不合理
合理
合理

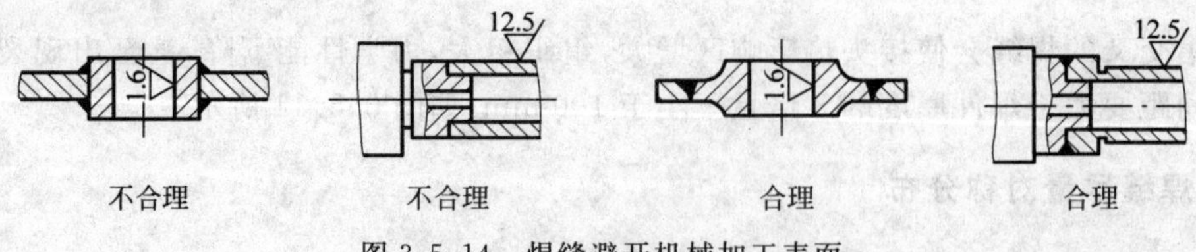

图 3.5.14 焊缝避开机械加工表面

6. 焊缝转角处应平缓过渡

焊缝转角易产生应力集中，尖角处的应力集中更为严重，所以应平缓过渡，如图 3.5.15 所示。

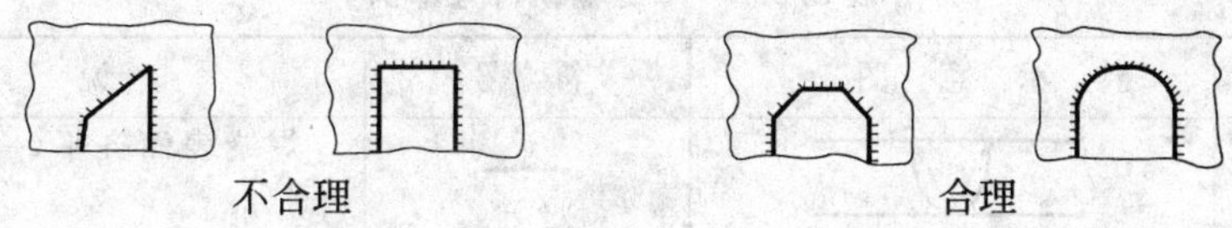

图 3.5.15 焊缝转角处应平缓过渡

3.5.5 焊接结构图的绘制

焊接结构图是用焊缝符号表示出焊接结构上焊缝的图纸。有了焊接结构图可避免图纸出现过多的注解，使图纸简洁、明确。

焊缝符号一般由基本符号和指引线组成，必要时还可以加上辅助符号、补充符号和焊缝尺寸符号。

1. 基本符号

基本符号是表示焊缝剖面形状的符号，一般采用近似于焊缝剖面形状的图形表示。国标规定的焊缝基本符号见表 3.5.4。

表 3.5.4 焊缝基本符号举例

焊缝名称	示意图	符号
I 形焊缝		‖
V 形焊缝		V
Y 形焊缝		Y
封底焊缝		⌓
角焊缝		◺

2. 辅助符号

辅助符号是表示焊缝表面形状特征的符号,见表 3.5.5。

表 3.5.5 焊缝辅助符号举例

符号名称	示意图	符号	说明
平面符号		—	焊缝表面齐平(一般需要机械加工)
凹面符号		◡	焊缝表面凹陷
凸面符号		◠	焊缝表面凸起

3. 补充符号

补充符号是为了说明焊缝其他特征而采用的符号,见表 3.5.6。

表 3.5.6 焊缝补充符号举例

符号名称	示意图	符号	说明
带垫板符号		▭	表示焊缝底部有垫板
三面焊缝符号		⊏	表示三面带有焊缝
周围焊缝符号		○	表示环绕工件周围有焊缝
尾部符号		<	标注焊接工艺方法等内容(焊条电弧焊代号为“111”)

4. 指引线

指引线一般由箭头线和两条基准线(一条为实线,另一条为虚线)组成,如图 3.5.16 所示。箭头指向焊缝位置,基准线一般与图样的底边平行。如果焊缝在接头的箭头所指一侧,应将焊缝基本符号标在实线侧;如果焊缝在接头的非箭头所指一侧,基本符号标在基准线的虚线侧。对称焊缝可不画虚基准线。焊缝符号应用见表 3.5.7。

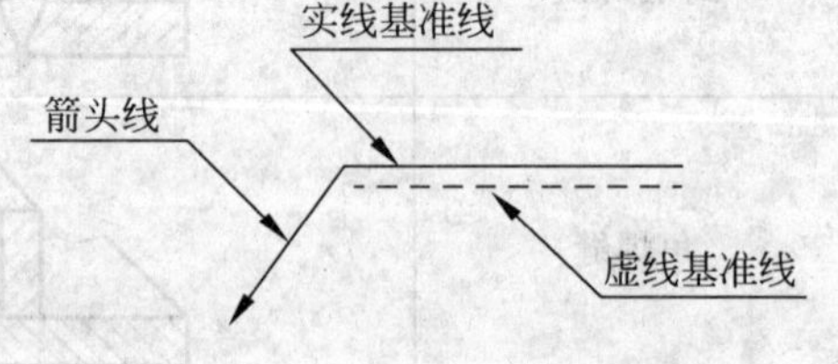

图 3.5.16 焊缝指引线图

表 3.5.7 焊缝符号应用举例

示意图	标注举例	说明
		表示V形焊缝,底面带有垫板
	111	表示工件三面带有焊缝,焊接方法为焊条电弧焊
		双Y形坡口并要求表面凸起
		表示角焊缝并要求焊缝表面凹陷

5. 焊缝尺寸符号

尺寸符号是结合焊缝符号表示出焊缝主要尺寸的符号,见表 3.5.8。尺寸符号标注原则如图 3.5.17 所示。焊缝横截面上的尺寸标注在基本符号的左侧,焊接长度方向的尺寸标注在基本符号的右侧,相同焊缝的数量 N 和焊接方法标注在尾部符号右侧。

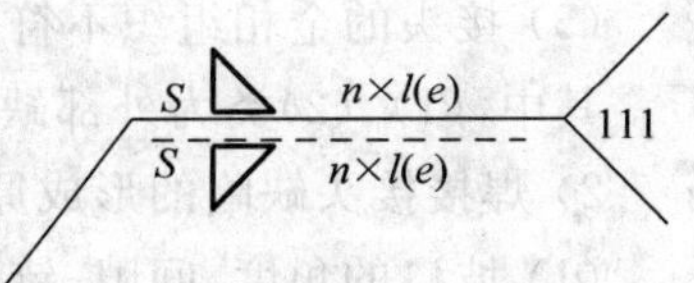

图 3.5.17 焊缝尺寸标注原则

表 3.5.8 焊缝尺寸符号举例

焊缝名称	示意图	焊缝尺寸符号	说明
对接V形焊缝	S	S	S 表示焊缝有效厚度
对接I形焊缝	S	S	S 表示焊缝有效厚度
连续角焊缝	K	K	K 表示焊脚尺寸
断续角焊缝	l (O) l	K n×l(e)	L 表示焊缝长度 n 表示焊缝段数 e 表示焊缝间距

3.5.6 焊接检验

1. 焊接缺陷

一个焊接产品的完成，要经过原材料划线、切割、坡口加工、装配、焊接等多种工序，并要使用多种设备、工艺装备和焊接材料，受操作者的技术水平等许多因素影响，因此，极易出现各种各样的焊接缺陷。只有采用合适的焊接技术和工艺措施，才能得到高质量的焊接接头。

1）焊接接头缺陷的分类和特点

（1）坡口和装配的缺陷　坡口的角度、间隙、错边不符合要求及沿长度方向不恒定。坡口表面有深的切痕、龟裂或有熔渣、锈、污物等。

（2）焊缝形状、尺寸和接头外部的缺陷　如焊缝截面不丰满或加强处高度过高，焊缝宽度沿长度方向不恒定，存在咬边、表面气孔、表面裂纹，接头变形和翘曲超过产品允许的范围。

（3）焊缝和接头内部的工艺性缺陷　如气孔、裂纹、未焊透、夹渣、未熔合、接头金属组织的缺陷（过热、偏析等）。

（4）接头的力学性能低劣，耐腐蚀性能、物理化学性能不符合要求。

（5）接头的金相组织不符合要求。

其中，(1)、(2)类为外部缺陷，其他为内部缺陷。

2）焊接接头缺陷的形成原因

（1）坡口的角度、间隙、错边不符合要求及沿长度方向不恒定。

（2）焊接工艺、规范、坡口尺寸选择不当，运条不当，焊条角度和摆动不正确，焊接顺序不对，收缩余量设置不当等。

（3）焊条选择不当，焊缝表面不净，熔池中溶入过多的 H_2、N_2 及产生的 CO 气体，熔池中含有较多的 S、P 等有害元素，含有较多的 H。

（4）结构刚度大，接头冷却速度太快等。

3）焊接接头缺陷的防止方法

（1）严格坡口的制造及装配工艺。

（2）严格焊接规范。

（3）严格焊接表面的清洗。

（4）严格焊接工艺。

2. 焊接检验的内容

焊接检验包括从图纸设计到产品制出整个生产过程中所使用的材料、工具、设备、工艺过程和成品质量的检验，分为 3 个阶段：焊前检验、焊接过程中的检验、焊后成品的检验。检验方法根据对产品是否造成损伤可分为破坏性检验和无损探伤两类。

1）焊前检验

焊前检验包括原材料（如母材、焊条、焊剂等）的检验、焊接结构设计的检查等。

2）焊接过程中的检验

焊接过程中的检验包括焊接工艺规范的检验、焊缝尺寸的检查、夹具情况和结构装配质量的检查等。

3）焊后成品的检验

焊后成品检验的方法很多，常用的有以下几种。

(1) 外观检查

焊接接头的外观检查(visual examination)是一种方便而又应用广泛的检验方法，是成品检验的一个重要内容，主要是发现焊缝表面的缺陷和尺寸上的偏差。一般通过肉眼观察，借助标准样板、量规和放大镜等工具进行检验。若焊缝表面出现缺陷，焊缝内部便有存在缺陷的可能。

(2) 致密性检查

储存液体或气体的焊接容器，其焊缝的不致密缺陷，如贯穿性的裂纹、气孔、夹渣、未焊透和疏松组织等，可用致密性试验来发现。致密性检验方法有煤油试验、载水试验、水冲试验等。

(3) 受压容器的强度检验

受压容器，除进行密封性试验外，还要进行强度试验。常见的有水压试验和气压试验两种。它们都能检验在压力下工作的容器和管道的焊缝致密性。气压试验比水压试验更为灵敏和迅速，同时试验后的产品不用作排水处理，对于排水困难的产品尤为适用。但试验的危险性比水压试验大。进行试验时，必须遵守相应的安全技术措施，以防试验过程中发生事故。

(4) 物理方法的检验

物理检验是利用一些物理现象进行测定或检验的方法。材料或工件内部缺陷情况的检查，一般都是采用无损探伤的方法。目前的无损探伤有射线探伤、超声波探伤、磁力探伤、渗透探伤等。

① 射线探伤(radiographic inspection)　射线探伤是利用射线可穿透物质和在物质中有衰减的特性来发现缺陷的一种探伤方法。按探伤所使用的射线不同，可分为X射线探伤、γ射线探伤、高能射线探伤3种。由于其显示缺陷的方法不同，每种射线探伤又可分为电离法、荧光屏观察法、照相法和工业电视法。射线探伤主要用于检验焊缝内部的裂纹、未焊透、气孔、夹渣等缺陷。

② 超声波探伤(ultrasonic inspection)　超声波在金属及其他均匀介质传播中，由于在不同介质的界面上会产生反射，因此可用于内部缺陷的检验。超声波可以检验任何焊件材料、任何部位的缺陷，并且能较灵敏地发现缺陷位置，但对缺陷的性质、形状和大小较难确定。所以超声波探伤常与射线探伤配合使用。

③ 磁力探伤(magnetic particle inspection)　磁力探伤是利用磁场磁化铁磁金属零件所产生的漏磁来发现缺陷的。按测量漏磁方法的不同，可分为磁粉法、磁感应法和磁性记录法，其中以磁粉法应用最广。但磁力探伤只能发现磁性金属表面和近表面的缺陷，而且对缺陷仅能做定量分析，对于缺陷的性质和深度也只能根据经验来估计。

④ 渗透探伤(penetrant inspection)　渗透探伤是利用某些液体的渗透性等物理特性来发现和显示缺陷的,包括着色检验和荧光探伤两种,可用来检查铁磁性和非铁磁性材料表面的缺陷。

思考练习题

1. 图 3.5.18 所示 3 种焊件的焊缝布置是否合理?请加以改正。

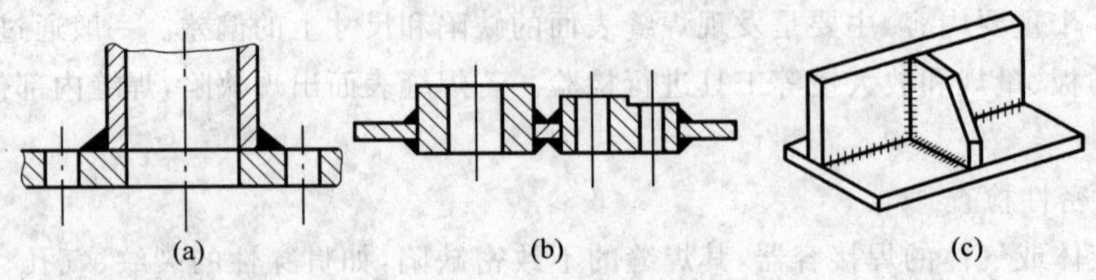

图 3.5.18　思考练习题 1 图

2. 图 3.5.19 所示的低碳钢煤气炉钢圈,采用焊接生产,试选择焊接方法及焊接次序。

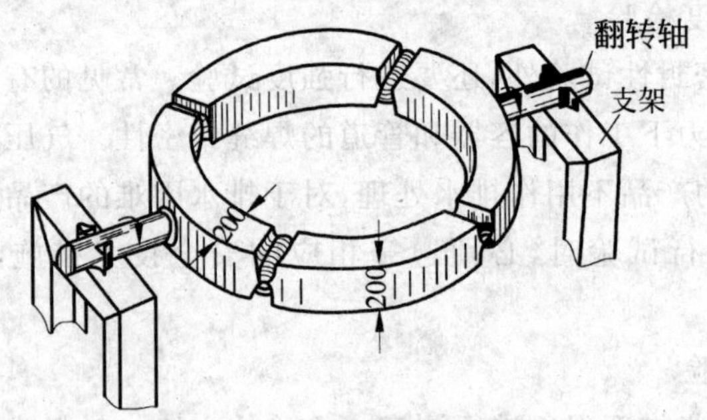

图 3.5.19　思考练习题 2 图

3. 图 3.5.20 所示为两种铸造支架。原设计材料为 HT150,单件生产,现拟改为焊接结构,请设计结构图,选择原材料及焊接方法。

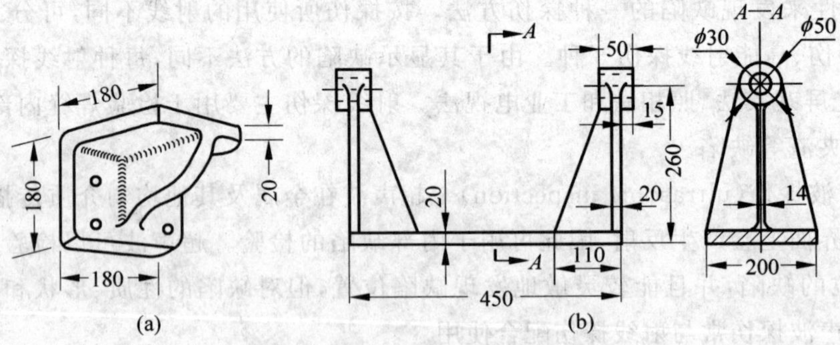

图 3.5.20　思考练习题 3 图

4. 焊接梁(尺寸如图 3.5.21 所示)材料为 20 钢。现在钢板最大长度为 2500 mm。请确定腹板与上下翼板的焊缝位置,选择焊接方法,画出各条焊缝接头形式,并制定装配和焊接次序。

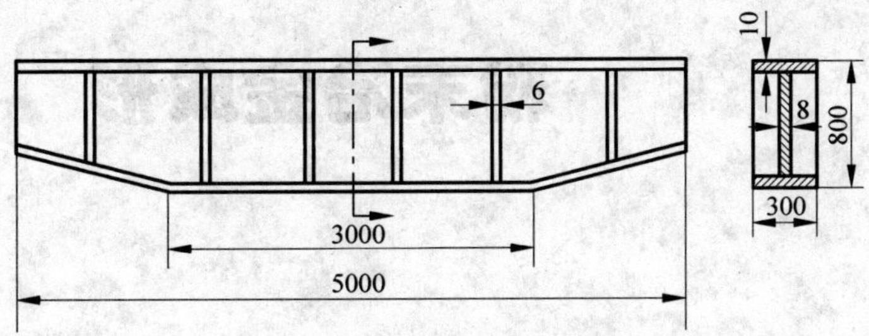

图 3.5.21 思考练习题 4 图

5. 汽车刹车用压缩空气储存罐如图 3.5.22 所示。材料为低碳钢，罐体壁厚 2 mm，端盖厚 3 mm，4 个管接头为标准件 M10，工作压力 0.6 MPa。根据焊接结构确定焊缝的布置、焊接方法和焊接材料、接头类型。

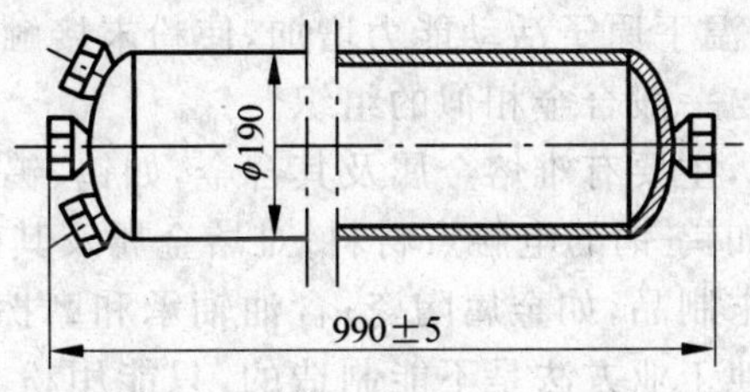

图 3.5.22 思考练习题 5 图

6. 常用的无损检测方法有哪几种？各自适用什么范围？

粉末冶金成形

粉末冶金成形是用金属粉末或金属粉末与非金属粉末的混合物作原料，经压制、烧结以及后处理等工序，制造某些金属制品或金属材料的工艺技术。

粉末冶金和金属的熔炼及铸造方法有根本的不同。它是先将均匀混合的粉料压制成形，借助于粉末原子间的吸引力与机械咬合作用，使制品结合成为具有一定强度的整体，然后再在高温下烧结。由于高温下原子活动能力增加，使粉末接触面积增多，进一步提高了粉末冶金制品的强度，并获得与一般合金相似的组织。

粉末冶金制品种类繁多，主要有难熔金属及其合金，如钨、钨-钼合金；组元彼此不熔合、熔点十分悬殊的烧结合金，如钨-铜的电触点材料；难熔金属及其碳化物的粉末制品，如硬质合金；金属与陶瓷材料的粉末制品，如金属陶瓷；含油轴承和摩擦零件以及其他多孔性制品等。以上种类的制品，用其他工业方法是不能制造的，只能用粉末冶金法制造，所以其技术经济效益是十分显著的。还有一些机械结构零件，如齿轮、凸轮等，虽然可用铸、锻、冲压或机加工等工艺方法制造，但用粉末冶金法制造可能更加经济，因为粉末冶金法可直接制造出尺寸准确、表面光洁的零件，是一种少无切削的生产工艺，既节约材料又可省去或大大减少切削加工工时，显著降低制造成本。因此，粉末冶金在工业上得到了广泛应用。

粉末冶金成形也存在一定的局限性。由于制品内部总有孔隙，因此普通粉末冶金制品的强度比相应的锻件或铸件要低约 20%～30%。此外，由于成形过程中粉末的流动性远不如液态金属，因此对产品的结构形状有一定限制。压制成形所需的压强高，因而制品一般小于 10 kg。压模成本高，一般只适用于成批或大量生产。

4.1 粉末冶金成形工艺

粉末冶金材料与零件（工具）的种类很多，不同粉末材料的生产工艺方法各不相同。图 4.1.1 为粉末冶金机械零件的生产工艺流程。

在粉末冶金生产中，制粉、压制成形、烧结是最主要的工序。

4.1.1 粉末的制取

粉末冶金（powder metallurgy）成形的第一步就是制取粉末（powder）。粉末可以是纯金属、非金属或化合物。所用粉末一般由专门厂家按规格要求供应。制取粉末的方法多达数十种，其选择主要取决于该材料的性能及制取成本。粉末的一个重要特点是它的表面积

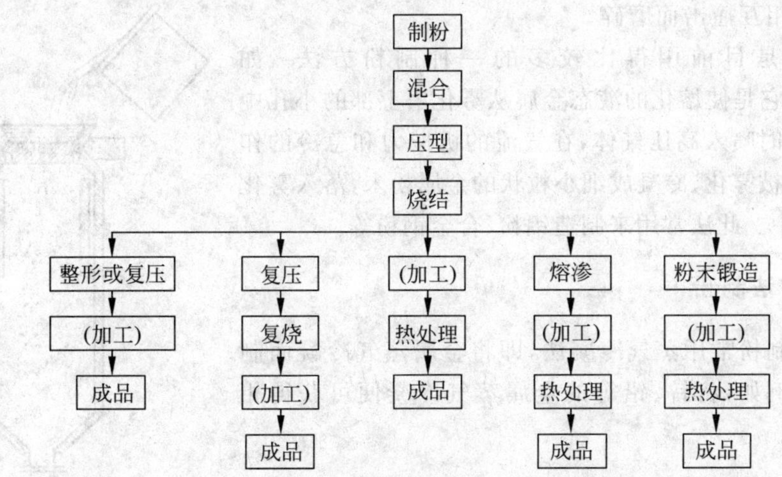

图 4.1.1 粉末冶金机械零件生产工艺流程

与体积之比很大。例如，1 m^3 的金属可制成约 2×10^8 个直径 1 μm 的球形颗粒，其表面积约 6×10^6 m^2，可见所需能量是很大的。常用的制粉方法有机械方法、物理方法和化学方法等。

1. 机械方法制粉

机械法制取粉末主要有破碎法和液态雾化法。

破碎法制粉中最常用的是球磨法。该法适合于制备一些脆性金属粉末(如铁粉)，或者经过脆化处理的金属粉末(如经氢化处理变脆的钛粉)。

图 4.1.2 所示为振动球磨机结构示意图。振动台架 6 的下方通过轴承 4 安装有主振轴 2，主振轴上又安装有偏心轮 3，在电机 12 高速旋转时通过软轴 11 使主振轴旋转，并依靠离心力使振动台高速振动。振动台架的周围用很多弹簧 5 支承，球磨筒体 9 固定在振动台架上方。当台架振动时，筒体一起振动。筒体内装有钢球及需破碎的粉料 8，在筒体作高速振动时，各钢球之间产生高速冲击动作，迫使钢球间的粉料破碎，达到细化的目的。

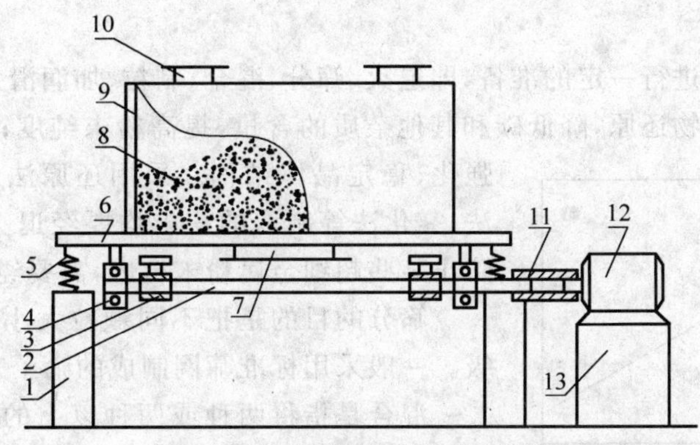

图 4.1.2 振动球磨机结构示意图

1—机架；2—主振轴；3—偏心轮；4—轴承；5—弹簧；6—振动台架；7—下料口；
8—钢球及粉；9—筒体；10—加料口；11—软轴；12—电机；13—水泥支架

对于软态金属粉，可采用一种旋涡研磨法，即通过螺旋桨的作用产生旋涡高速气流，使金属颗粒自行相互撞击而磨碎。

雾化法也是目前用得比较多的一种制粉方法。如图 4.1.3 所示，它是使熔化的液态金属从雾化塔上部的小孔中缓慢地流出，同时喷入高压气体，在气流的机械力和急冷的作用下，液态金属被雾化、冷凝成细小粒状的金属粉末，落入雾化塔下的盛粉桶中。此法常用来制造铝粉、合金钢粉等。

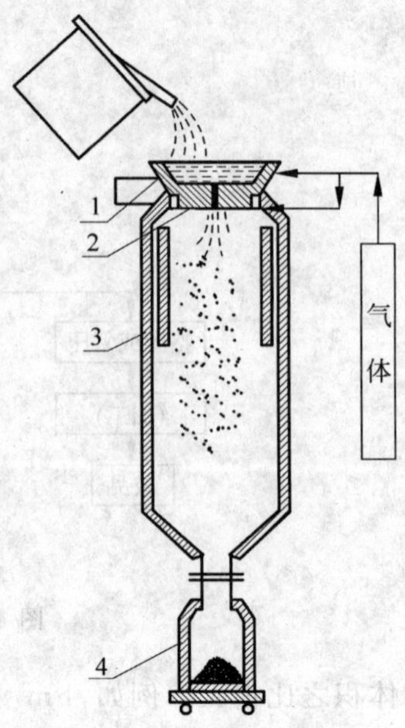

图 4.1.3 气体雾化法示意图
1—金属熔液容器；2—喷气嘴；3—雾化塔；4—盛粉桶

2. 物理方法制粉

物理方法制粉常用蒸气冷凝法，即将金属蒸气冷凝而制取金属粉末。例如，将锌、铅等的金属蒸气冷凝便可获得相应的金属粉末。

3. 化学方法制粉

常用的化学制粉方法有还原法、电解法等。

还原法是从固态金属氧化物或金属化合物中还原制取金属或合金粉末。它是最常用的金属粉末生产方法之一，方法简单，生产费用较低。如铁粉和钨粉，便是由氧化铁粉和氧化钨粉通过还原法生产的。铁粉生产常用固体碳将其氧化物还原，钨粉生产常用高温氢气将其氧化物还原。

电解法是从金属盐水溶液中电解沉积金属粉末。它的成本要比还原法和雾化法高得多，因此仅在特殊性能（高纯度、高密度、高压缩性）要求时才使用。

值得指出的是，金属粉末的各种性能均与制粉方法有密切关系。

4.1.2 粉末制品的成形

1. 粉末预处理

粉末成形前需要进行一定的准备，即退火、筛分、混合、制粒、加润滑剂等。

退火可以使氧化物还原，降低碳和其他杂质的含量，提高粉末纯度；消除粉末的冷变形强化；稳定晶体结构。采用还原法、机械研磨法、电解法、雾化法等制取的粉末均要经退火处理。此外，为了防止某些超细金属粉末自燃，需要经退火钝化其表面。

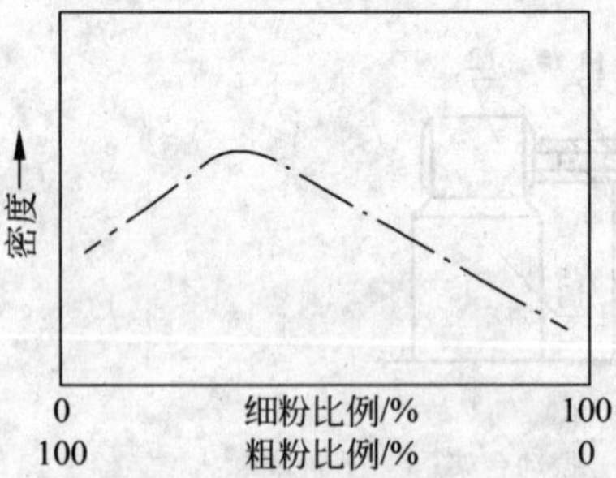

密度

0 细粉比例/% 100

100 粗粉比例/% 0

图 4.1.4 粗粉和细粉混合对生坯密度的影响

筛分的目的是把不同颗粒大小的原始粉末进行分级。一般采用标准筛网制成的筛子来筛分。

混合是指将两种或两种以上的不同成分的粉末混合均匀的过程。而将成分相同而粒度不同的粉末混合称为合批。充填时，粉末颗粒间的空隙越小，制成的压坯质量越好，烧结也容易。从图 4.1.4 看出，非单一粒度的粉末具有较好的压制性，所以要使各种粒度的粉末适当合批。

制粒是将小颗粒的粉末制成大颗粒或团粒的工序，以此来改善粉末的流动性。粉末流动阻力是由粉末颗粒间直接或间接接触而阻碍其他颗粒自由运动引起的。一般细粉流动性差，而将数十细小颗粒聚集在一起制成小球，即制粒后，粉末的流动性则明显改善。

2. 压制成形

1）压制成形方法

粉末冶金的压制成形方法很多，主要有封闭钢模压制、流体等静压制、粉末锻造、三轴向压制成形、高能率成形、挤压、振动压制、连续成形等。这里主要介绍封闭钢模冷压成形。

封闭钢模冷压成形是指在常温下，于封闭钢模中用规定的比压将粉末成形为压坯的方法。它的成形过程由称粉、装粉、压制、保压及脱模组成。

在封闭钢模中冷压成形时，最基本的压制方式有 4 种，如图 4.1.5 所示。其他压制方式是这 4 种基本方式的组合，或是用不同结构来实现的。

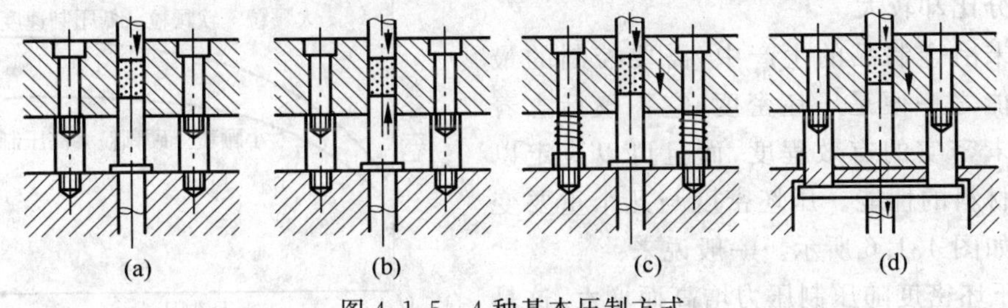

图 4.1.5　4 种基本压制方式

(a) 单向压制；(b) 双向压制；(c) 浮动模压制；(d) 引下法

(1) 单向压制　在压制过程中，阴模与芯棒不动，仅在上模冲上施加压力。这种方式适用于压制无台阶类厚度较薄的零件。

(2) 双向压制　阴模固定不动，上、下模冲从两面同时加压。这种方式适用于压制无台阶类厚度较大的零件。

(3) 浮动模压制　阴模由弹簧支承着，在压制过程中，下模冲固定不动，一开始在上模冲上加压，随着粉末被压缩，阴模壁与粉末间的摩擦逐渐增大，当摩擦力变得大于弹簧的支承力时，阴模即与上模冲一起下降(相当下模冲上升)，实现双向压制。

(4) 引下法　一开始上模冲往下压下既定距离，然后和阴模一起下降，阴模的下降速度可以调整。若阴模的下降速度与上模冲相同，则称之为非同时压制；当阴模的引下速度小于上模冲时，称之为同时压制。压制终了时，上模冲回升，阴模被进一步引下，位于下模冲上的压坯即呈静止状态脱出。零件形状复杂时，宜采用这种压制方式。

2）压制成形中的基本问题

为将金属粉末成形为压坯，必须将一定量的粉末装于压模中，在压力机上通过模冲对粉末施加一定压力。这时，粉末颗粒在某种程度上向各个方向流动，从而对阴模壁产生一定的压力，称之为侧压力。

在压制过程中，由于粉末与阴模壁间产生摩擦，这就使压制力沿压坯高度方向出现了明显的压力降，接近模冲端面处压力最大，随着远离模冲端面，压力逐渐减小。模冲端面与毗邻的粉末层间也产生摩擦。这样导致压力分布不均匀,成形的压坯各个部分的密度不相同,称之为密度不均匀。

在压制过程中,金属粉末颗粒首先发生相对移动,相互啮合,在颗粒相互接触处发生弹性变形和塑性变形以及断裂等,随后,压模内的粉末颗粒从弹性变形转为塑性变形,颗粒间从点接触转为面接触。同时,压坯内聚集了很大的内应力,压力消除后,压坯仍紧紧箍住在压模内,要将压坯从阴模中脱出,必须要有一定的脱模力。压坯从压模中脱出后,尺寸会胀大,一般称之为弹性后效或回弹。

为了减小压制成形过程中的摩擦和减轻脱模困难,都需要有效的润滑系统。对于封闭钢模冷压,传统方法是将粉末润滑剂混合于金属粉末中,其中一些将位于模壁处,有助于润滑,但大量的润滑剂将遗留在粉末体中,混入的润滑剂对松装粉末的性能有不良影响,也会减小压坯的生坯强度和烧结强度。另一种方法是模壁润滑法。在这两种方法中,最常用的润滑剂是低熔点有机物,如金属硬脂酸盐、硬脂酸及石蜡等。应注意的是,这些润滑剂材料的密度都很低,因此添加的质量百分比虽很小,但体积百分比却较大。

在粉末冶金制品的生产中,需要控制的最重要的性能之一便是压坯密度,它不仅标志着压制对粉末密实的有效程度,而且可以决定以后烧结时材料的性能。压坯密度与几个重要变量的关系如图 4.1.6 所示。一般说来:

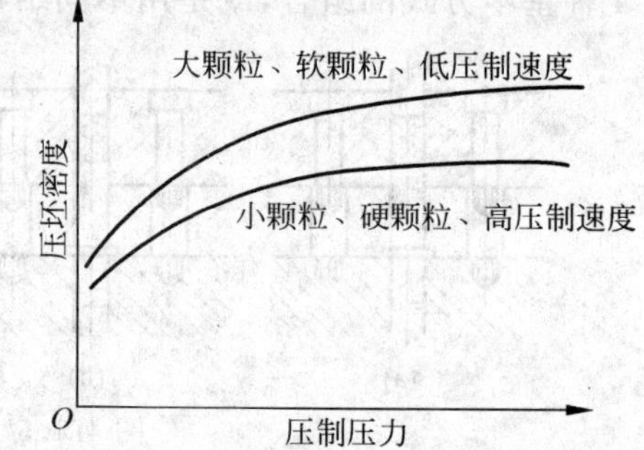

图 4.1.6　压坯密度与压制压力、颗粒大小、颗粒硬度及压制速度的关系

(1) 压坯密度随压制压力增高而增大,这是因为压制压力促使颗粒移动、变形及断裂;

(2) 压坯密度随粉末的粒度或松装密度增大而增大;

(3) 粉末颗粒的硬度和强度减低时,有利于颗粒变形,从而促进压坯密度增大;

(4) 降低压制速度有利于粉末颗粒移动,从而促进压坯密度增大。

4.1.3 烧结

烧结(burning moulding)是将压坯按一定的规范加热到规定温度并保温一段时间,使压坯获得一定的物理及力学性能的工序,是粉末冶金的关键工序之一。

烧结是一个非常复杂的过程,其机理是:粉末的表面能大,结构缺陷多,处于活性状态的原子也多,它们力图把本身的能量降低。将压坯加热到高温,为粉末原子释放所储存的能量创造了条件,由此引起粉末物质的迁移,使粉末体的接触面积增大,导致孔隙减少,密度增高,强度增加,形成了烧结。

如果烧结发生在低于其组成成分熔点的温度,则产生固相烧结;如果烧结发生在两种组成成分熔点之间,则产生液相烧结。固相烧结用于结构件,液相烧结用于特殊的产品。

普通铁基粉末冶金轴承烧结时不出现液相,属于固相烧结;而硬质合金与金属陶瓷制品的烧结过程将出现液相,属于液相烧结。液相烧结时,在液相表面张力的作用下,颗粒相互靠紧,故烧结速度快,制品强度高,此时,液、固两相间的比例以及湿润性对制品的性能有着重要影响。例如，硬质合金中的钴（黏结剂）在烧结温度时要熔化，它对硬质相金属键的碳化钨有最好的湿润性，所以钨钴类硬质合金既有高硬度，又有较好的强度；而钴对非金属键的氧化铝、氮化硼之类的湿润性很差，所以目前金属陶瓷的硬度虽高于硬质合金，而强度却低于硬质合金。

为了使制品达到所要求的性能和尺寸精度，需要烧结炉能调节并控制升温速度、烧结温度与时间、冷却速度以及炉内保护气氛等因素。此外，烧结制品的性能也受粉末材料、颗粒尺寸及形状、表面特性以及压制压力等因素的影响。

烧结时为了防止压坯氧化，通常是在具有保护气氛或真空的连续式烧结炉内烧结。常用粉末冶金制品的烧结温度与烧结气氛见表 4.1.1。烧结过程中，烧结温度和烧结时间必须严格控制。烧结温度过高或时间过长，都会使压坯歪曲和变形，其晶粒亦大，产生所谓“过烧”的废品；如烧结温度过低或时间过短，则产品的结合强度等性能达不到要求，产生所谓“欠烧”的废品。通常，铁基粉末冶金制品的烧结温度为 1000～1200℃，烧结时间为 0.5～2 h。

表 4.1.1 常用粉末冶金制品的烧结温度与烧结气氛

粉末冶金材料	铁基制品	铜基制品	硬质合金	不锈钢	磁性材料（Fe-Ni-Co）	钨，钼，钒
烧结温度/℃	1050～1200	700～900	1350～1550	1250	1200	1700～3300
烧结气氛	发生炉煤气，分解氨	分解氨，发生炉煤气	真空，氢	氢	氢，真空	氢

烧结炉种类较多，按照加热方式，可分为燃料加热炉和电加热炉。根据作业的连续性，可分为间歇式和连续式两类烧结炉。

间歇式炉包括坩埚炉、箱式炉、高频或中频感应炉等。连续式烧结炉一般是由压坯的预热带、烧结带和冷却带 3 部分组成的横长形管状炉，适用于大量生产。图 4.1.7 和图 4.1.8 所示为高频真空烧结炉和网带传送式烧结炉。

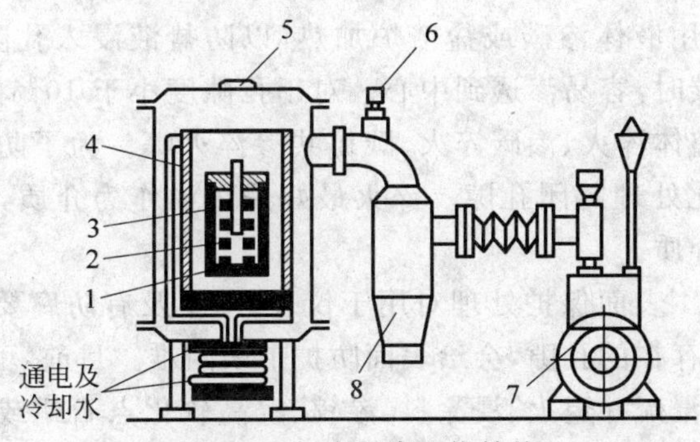

图 4.1.7 高频真空烧结炉

1—石墨板；2—制品；3—石墨坩埚；4—感应圈；5—观测孔；6—空气入口；7—真空泵；8—过滤装置

烧结时，通入炉内的保护气氛是影响烧结件品质的一个重要因素。对气氛的一般要求是：不使烧结件氧化、脱碳或渗碳，能够还原粉末颗粒表面的氧化物，除去吸附气体等。

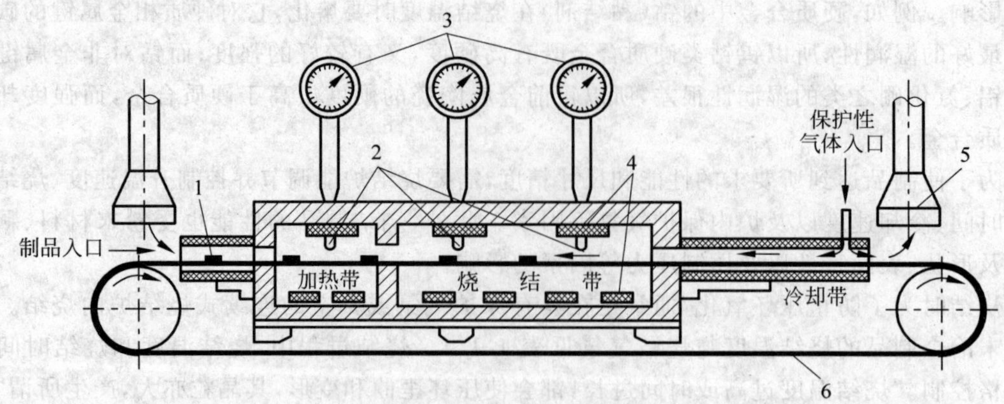

图 4.1.8 网带传送式烧结炉

1—制品；2—热电偶；3—温度调节计；4—发热体；5—排气罩；6 传送带

4.1.4 后处理

金属粉末压坯烧结后的进一步处理，叫作后处理。后处理的种类很多，一般由产品的要求来决定，常用的几种后处理方法如下：

(1) 浸渗　利用烧结件孔隙的毛细现象，在烧结件中浸入各种液体的过程叫作浸渗。例如，为了润滑，可浸入润滑油、聚四氟乙烯溶液、铅溶液等；为了提高强度和防腐能力，可浸入铜溶液；为了保护表面，可浸入树脂或涂料等。浸渗有的可在常压下进行，有的则需在真空下进行。

(2) 表面冷挤压　表面冷挤压是常采用的后处理方法。例如，为了提高零件的尺寸精度和减小表面粗糙度，可采用整形；为了提高零件的密度，可采用复压；为了改变零件的形状，可采用精压。复压后的零件往往需要复烧或退火。

(3) 切削加工　切削加工有时是必需的，如横槽、横孔以及尺寸精度要求高的面等。

(4) 热处理　热处理可提高铁基制品的强度和硬度。由于孔隙的存在，对于孔隙度大于10%的制品，不得采用液体渗碳或盐浴炉加热，以防盐液浸入孔隙中，造成内腐蚀。另外，低密度零件气件渗碳时，容易渗透到中心。对于孔隙度小于10%的制品，可用与一般钢一样的热处理方法，如整体淬火、渗碳淬火、碳氮共渗淬火等。为了防止堵塞孔隙可能引起的不利影响，可采用硫化处理封闭孔隙。淬火最好采用油作为介质，若为了冷却速度的需要，亦可用水作为淬火介质。

(5) 表面保护处理　表面保护处理对用于仪表、军工及有防腐要求的粉末冶金制品很重要。粉末冶金制品中存在的孔隙，会给表面防护带来困难。目前，可采用的表面保护处理有蒸气发蓝处理、浸油、浸硫并退火、浸涂料、渗锌、浸高软化点石蜡或硬脂酸锌后电镀(铜、镍、铬、锌等)、磷化、阳极化处理等。

4.1.5 粉末冶金成形新技术、新工艺

近年来，粉末冶金技术取得了很大的进展，一系列新技术、新工艺相继出现。下面就几

项内容作一简介。

1. 粉末制备新技术

1）机械合金化

机械合金化是一种高能球磨法，可制造细微的复合金属粉末。在高速搅拌球磨条件下，合金各组元的粉末颗粒之间、粉末颗粒和磨球之间发生强烈碰撞，不断重复冷焊和断裂从而实现合金化。也可以在金属粉末中加入非金属粉末来实现机械合金化。与机械混合法不同，用机械合金化制造的粉末材料，其内部的均一性与原材料粉末的粒度无关。因此，可用较粗的原材料粉末（50～100 μm）制成超细弥散体（颗粒间距离小于 1 μm）。机械合金化与滚动球磨的区别在于使球体运动的驱动力不同，转子搅动球体产生相当大的加速度并传给物料，因而对物料有较强烈的研磨作用。同时，球体的旋转运动在转子中心轴的周围产生旋涡作用，对物料产生强烈的环流，使粉末研磨得很均匀。

2）快速冷凝技术

快速冷凝技术是雾化技术的发展，从实验室首次获得非晶态硅合金的片状粉末至今已有 30 多年，并已进入工业化阶段。从液态金属中制取快速冷凝粉末时，当冷却速度为（10^6～10^8）℃/s 时，有熔体喷纺法、熔体沾出法；当冷却速度为（10^4～10^6）℃/s 时，有旋转盘雾化法、旋转杯雾化法、超声气体雾化法等，如图 4.1.9 和图 4.1.10 所示。

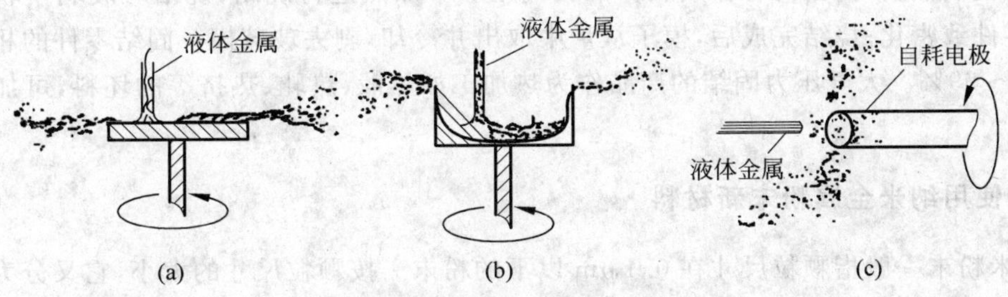

图 4.1.9 离心雾化示意图

(a) 旋转圆盘；(b) 旋转杯；(c) 旋转电极

2. 粉末成形新技术

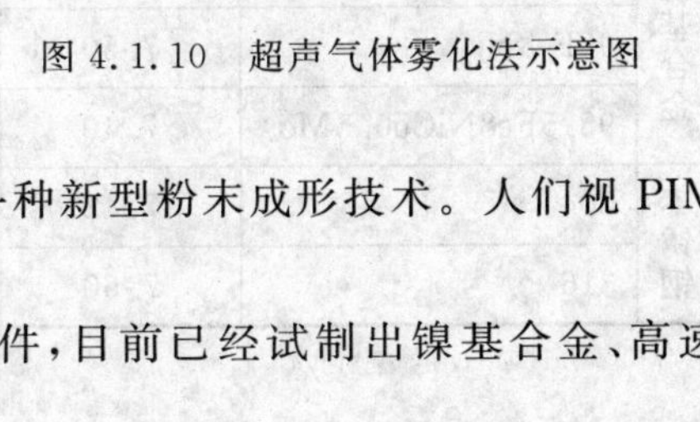

粉末成形基本上以钢模压制成形为多，其他还有特殊成形。各种成形均有新的发展，例如三轴向压制成形、粉末轧制、连续挤压等。具有重大意义和代表性的特殊成形技术有粉末注射成形、喷射沉积、大气压力固结等。

液体金属流
冲击波发生器
2
气体入口

图 4.1.10 超声气体雾化法示意图

1）粉末注射成形

粉末注射成形（PIM）是一种粉末冶金与塑料注射成形相结合的工艺，是 20 世纪 80 年代发展起来的一种新型粉末成形技术。人们视 PIM 为一种未来的粉末冶金技术。

PIM 可以生产高精度、不规则形状制品和薄壁零件，目前已经试制出镍基合金、高速钢、不锈钢、蒙乃尔合金以及硬质合金零件等。美国在1984年已成功生产了波音707和波音727飞机机翼传动机构中带螺纹的镍密封圈。这种零件用传统的粉末冶金方法一直不能制造。

2）喷射沉积

喷射沉积法(spray deposition)是使雾化液滴处于半凝固状态便沉积为预成形的实体。因英国Ospray金属公司首先利用这一概念成功进行了中间试验和工业生产，并取得了专利，故又名Ospray工艺。

喷射沉积的工艺过程包括熔融合金的提供、将其气雾化并转变为喷射液滴、相继使之沉积等步骤，在一次形成预形坯后，再进行热加工(可分别进行锻、轧、挤等)，使其成为完全致密的棒、盘、板、带或管材。预形坯的相对密度可高达98%～99%。

Ospray工艺现已半工业化生产高合金型材，如高速钢、不锈钢、高温合金、高性能铝合金如钕-铁-硼永磁合金等的型材。此工艺还可作高密度表面涂层、硬质点增强复合材料或多层结构材料的生产手段。

3）大气压力固结

大气压力固结(CAP)的过程为：粉末装入真空混合干燥器与含有烧结活化剂的溶液(如硼酸甲醇溶液)混合；干燥时甲醇蒸发掉，粉末颗粒表面包覆硼酸薄膜，浇入硼硅玻璃模子，模子的形状可以是圆柱体、管状以及与固结零件近形的各种复杂形状；用泵将模中粉末去气，将玻璃模密封，密封容器放入标准大气压炉中加热进行烧结；烧结时玻璃模软化并紧缩，使零件致密化；烧结完成后，模子从炉中取出并冷却，剥去玻璃模。固结零件的相对密度为95%～99%。大气压力固结的产品作为热加工如热锻、热轧、热挤等的坯料，可加工到全致密。

3. 使用纳米金属粉末新材料

纳米粉末一般指颗粒尺寸在0.1 μm以下的粉末。按颗粒尺寸的大小，它又分为3个等级：粒径处于10～100 nm范围的称大纳米粉末，处于2～10 nm范围的称中纳米粉末，小于2 nm的称小纳米粉末。小纳米粉末也称为原子簇，极难制备和搜集，目前仅供物性研究之用。所以，所谓的纳米材料一般是指大、中纳米粉末材料。纳米粉末的一个显著特点是比表面积很大，这就使粉末的性质不同于一般固体，表现出明显的表面效应。

几种典型的粉末注射成形材料的基本性能如表4.1.2所示。

表4.1.2 几种典型的粉末注射成形材料的基本性能

材料		密度/(g/cm^3)	硬度	抗拉强度/MPa	抗弯强度/MPa	伸长率/%	矫顽力/N
铁基合金	98Fe2Ni	7.41	87HRB	552	—	5.5	—
	98Fe8Ni	7.50	88HRB	560	—	8	—
	95.5Fe8NiCu0.5Mo	7.40	99HRB	682	—	3.3	—
不锈钢	304	7.42	42HRB	520	—	20	—
	316	7.60	42HRB	520	—	20	—

续表

材　　料		密度/(g/cm³)	硬度	抗拉强度/MPa	抗弯强度/MPa	伸长率/%	矫顽力/N
硬质合金	YG6	14.60	—	—	1460	—	173
	YG8	14.40	—	—	1680	—	124
	YT15	10.45	—	—	1140	—	117
钨合金	$w_W=93\%$	17.90	320HV30	920	—	6	—
	$w_W=96\%$	18.30	310HV30	990	—	10	—
	$w_W=97\%$	18.50	350HV30	8820	—	6	—

纳米金属粉末的特性如下：

(1) 外观呈黑色，可完全吸收电磁波，是物理学上的理想黑体。

(2) 在极低温度下几乎无热阻，是极好的导热体。

(3) 熔点显著低于块状材料，烧结温度可大为降低。

(4) 表面活性很强，容易进行各种活化反应。

(5) 导电性能好，超导转变温度较高。

(6) 铁磁性金属的纳米粉末具有很强的磁性，其矫顽力很高。

纳米金属材料与一般金属材料的各种性质比较见表4.1.3。

表4.1.3　纳米金属材料与一般金属材料的各种性质比较

性　质	金属类别	纳米材料	一般材料
比热容(295 K)/(J/g·K)	Pd	0.37	0.24
热膨胀系数/10^{-6} K^{-1}	Cu	31	16
密度/(g/cm³)	Fe	6.7	7.9
杨氏模量/GPa	Pd	88	123
剪切模量/GPa	Pd	32	43
扩散激活焓/(10^{-12} J/mol)	Cu	0.64	2.04
饱和磁化强度(4 K)/(10^3 A/m)	Fe	130	222
磁化率(4 K)/10^{-6}	Sb	20	−1
超导临界温度/K	Al	3.2	1.2

思考练习题

1. 用粉末冶金工艺生产制品时通常包括哪些工序？
2. 为什么金属粉末的流动特性是重要的？
3. 为什么粉末冶金零件一般比较小？
4. 粉末冶金零件的长宽比是否需要控制？为什么？
5. 为什么粉末冶金零件需要有均匀一致的横截面？
6. 试比较制造粉末冶金零件时使用的烧结温度与各有关材料的熔点。

7. 烧结过程中会出现什么现象?

8. 怎样用粉末冶金来制造含油轴承?

9. 什么是浸渗处理?为什么要使用浸渗处理?

10. 简述粉末冶金技术的新进展。

4.2 粉末冶金制品的结构工艺性

由于粉末的流动性不好,使有些制品形状不易在模具内压制成形,或者压坯各处的密度不均匀,因而影响到成品的质量。所以,粉末冶金制品的结构工艺性有其自己的特点。

(1) 壁厚不能过薄,一般不小于 2 mm,并尽量使壁厚均匀。法兰只宜设计在工件的一端,两端均有法兰的工件难以成形。

(2) 沿压制方向的横截面有变化时,只能是沿压制方向缩小,而不能逐渐增大。

(3) 阶梯圆柱体每级直径之差不宜大于 3 mm,每级的长度与直径之比(L/D)应在 3 以下,否则不易压实。

(4) 应避免与压制方向垂直或斜交的沟槽、孔腔,因此粉末冶金制品上不能压制出垂直于压制方向的退刀槽与内、外螺纹,这些只能留待以后切削加工制出。制品上也无法做出斜孔和旋钮上的网纹花。

(5) 制品应避免内、外尖角,圆角半径 R 应不小于 0.5 mm。球面部分也应留出小块平面,以便于压实。

4.2.1 粉末冶金制品的结构工艺要求

1. 避免模具出现脆弱的尖角

压制模具工作时要承受较高的压力,它的各个零件都具有很高的硬度,若压坯形状不合理,则极易折断。所以,设计压坯时,应避免压模结构上出现脆弱的尖角(见表 4.2.1),以延长模具的使用寿命。

表 4.2.1 避免模具出现脆弱尖角

修改事项	原设计形状	推荐形状	修改原因
倒角 $C\times45°$ 处加一平台,宽度 0.1~0.2 mm	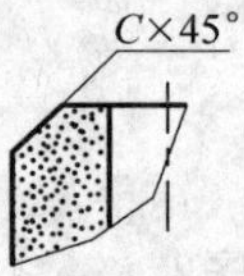 $C\times45°$	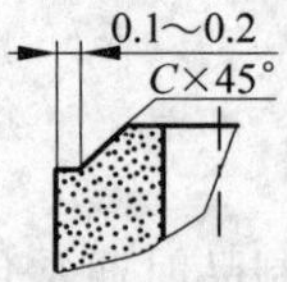 0.1~0.2 $C\times45°$	避免上、下冲模出现脆弱的尖角
圆角 R 处加一平台,宽度 0.1~0.2 mm	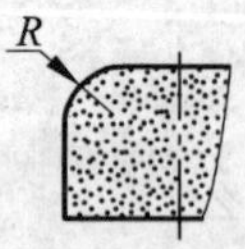 R	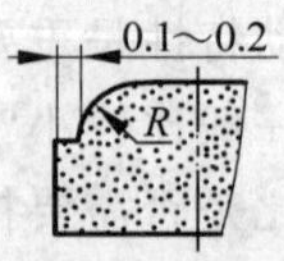 0.1~0.2 R	避免上、下冲模出现脆弱的尖角

续表

修改事项	原设计形状	推荐形状	修改原因
尖角改为圆角，$R \geqslant 0.5$ mm	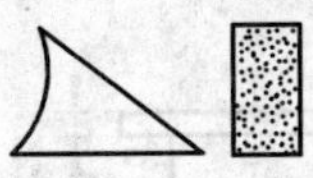	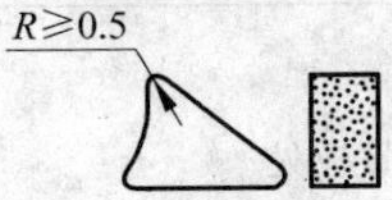 $R \geqslant 0.5$	避免压坯出现薄弱的尖边，并增强凹模和冲模；减轻模具应力集中，并利于粉末移动，减少裂纹
	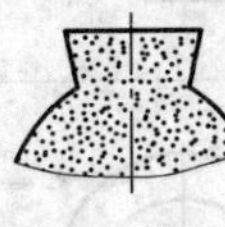	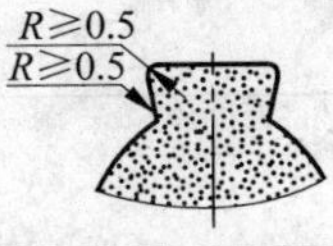 $R \geqslant 0.5$ $R \geqslant 0.5$	
	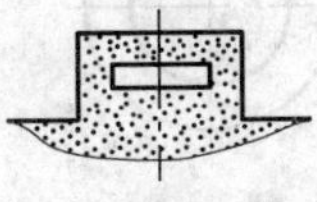	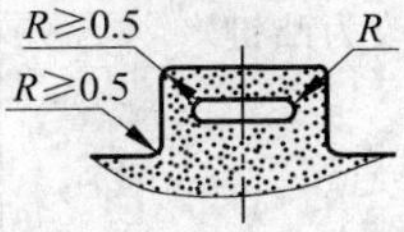 $R \geqslant 0.5$ R $R \geqslant 0.5$	
压制规则球形侧面时，冲模末端为尖角锐边，上、下冲模易碰坏	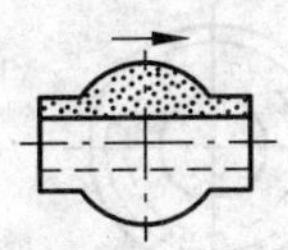	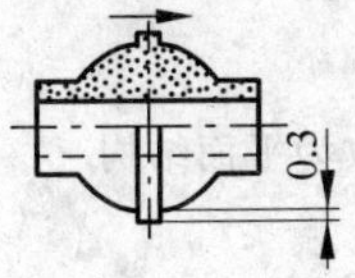 0.3	把球面做成带平台（宽 0.3 mm）的凸带，可消除冲模末端的尖角锐边，并以凸带外圆作为成品规则球形表面的基面
避免相切	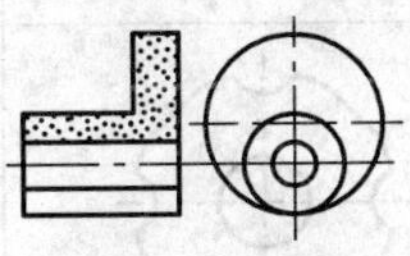	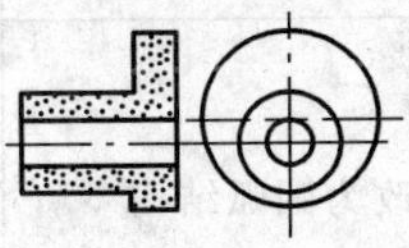	利于冲模加工和强度提高

注：表中箭头为压制方向。

2. 避免模具或压坯局部出现薄壁或窄槽

压制时，粉末在受压的条件下，实际上几乎不发生横向流动。而在薄壁和截面有变化、窄槽的模具及压坯中，粉末难以均匀充填型腔的各个部位，压坯易产生密度不均匀、掉角、变形和开裂等现象。所以，压坯设计时，应避免模具和压坯局部出现薄壁，如表 4.2.2 所示。

表 4.2.2 避免模具和压坯出现局部薄壁或窄槽

原设计形状	修改事项	推荐形状	修改原因
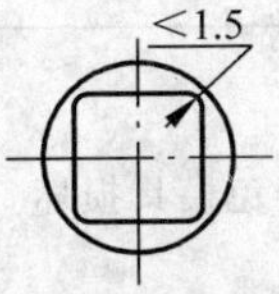 <1.5	增大最小壁厚	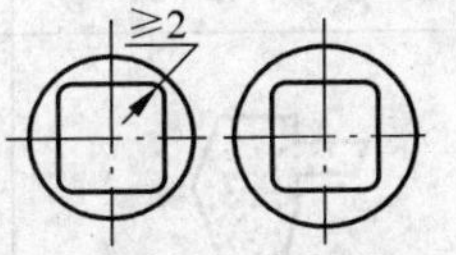 ≥2 外不动改内 内不动改外	利于装粉均匀、压坯密度均匀，增强冲模及压坯强度
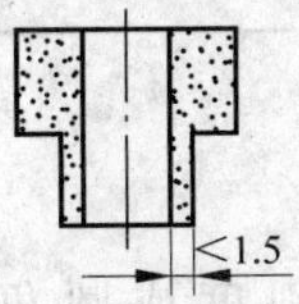 <1.5	避免局部薄壁	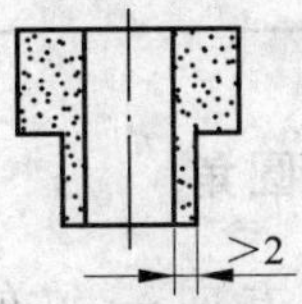 >2	利于装粉均匀，增强压坯力度，使烧结和收缩均匀
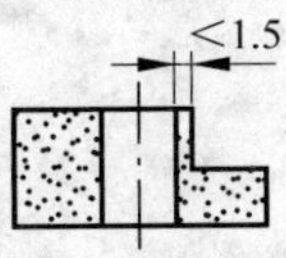 <1.5		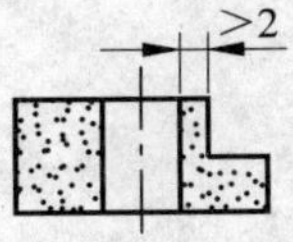 >2	

续表

原设计形状	修 改 事 项	推 荐 形 状	修 改 原 因
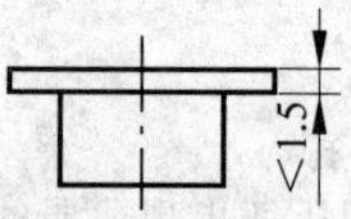 ≤1.5	增厚薄板处	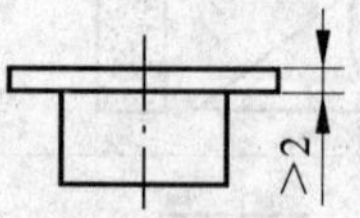 >2	利于压坯密度均匀，减小烧结变形
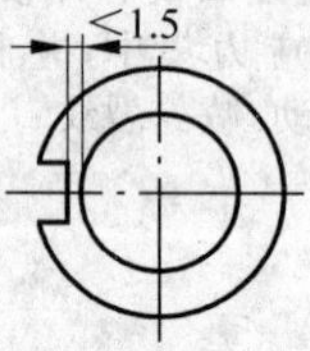 ≤1.5	键槽改为凸键	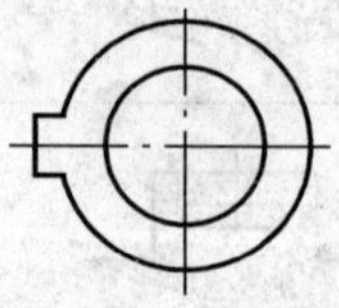	利于装粉均匀，增强冲模及压坯强度
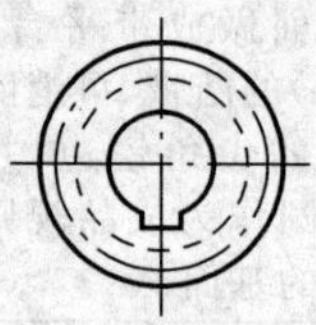	键槽改为平面结构	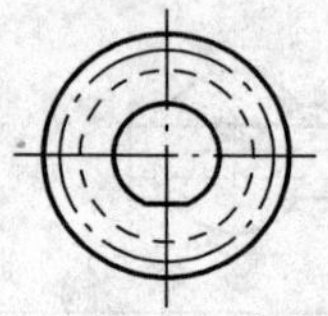	
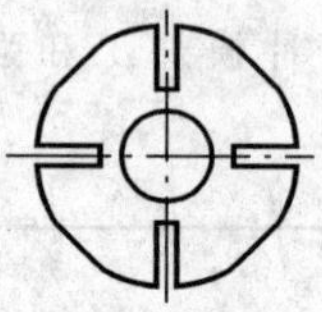	窄槽改为圆弧结构	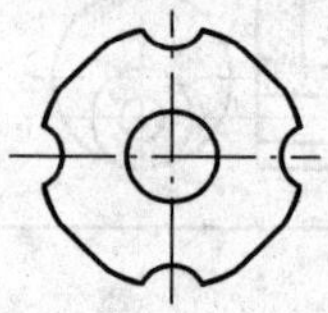	利于装粉均匀，增强冲模及压坯强度

3. 锥面或斜面需有一小段平直带

表 4.2.3 所示压坯的原设计形状不太合理，压制时模具容易损坏。为避免损坏模具，同时为避免在冲模和凹模或芯杆之间陷入粉末，将压坯形状改为在锥面或斜面连接处增加一小段平直带。

表 4.2.3 锥面或斜面连接处有一小段平直带

修 改 事 项	原 设 计 形 状	推 荐 形 状	修 改 原 因
在斜面的一端加 0.5 mm 的平直带		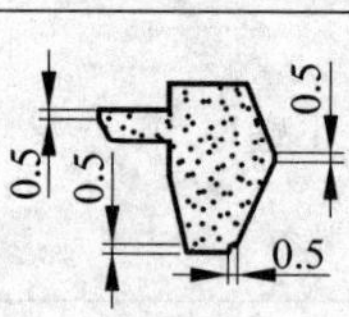 0.5 0.5 0.5 0.5	避免模具损坏

4. 需要具有脱模斜度或圆角

为了利于脱模，与压制方向一致的内孔、外凸台等要有一定斜度或圆角，见表 4.2.4。

表 4.2.4 需要有脱模斜度或圆角

修改事项	原设计形状	推荐形状	修改原因
将外圆柱改为圆台，斜角大于 5°，或改为圆角，$R=H$	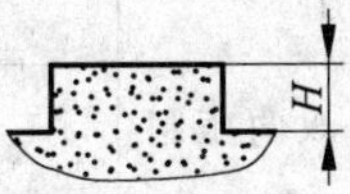 H	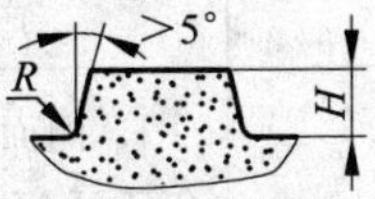 >5° R H	简化冲模结构，利于脱模
把与压制方向平行的内孔做成一定的斜度	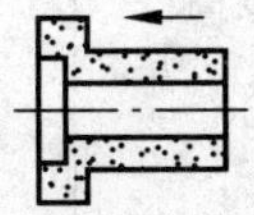	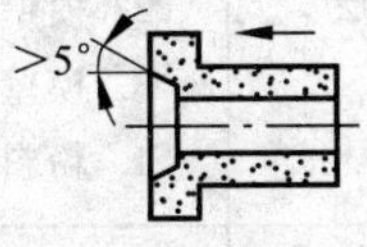 >5°	简化冲模结构，利于脱模

注：表中箭头为压制方向。

5. 压坯形状要适应压制方向的需要

制件中的径向孔、径向槽、螺纹和倒圆锥等，很难压制，一般采用在烧结后切削加工而成。所以，具有上述形状的压坯设计应作相应的修改，以适应压制方向的需要，见表 4.2.5。

表 4.2.5 压坯形状要适应压制方向的需要

原设计形状	修改事项	推荐形状	修改原因
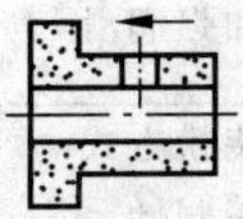	径向孔一般是不可压制成形的，也不便于脱模	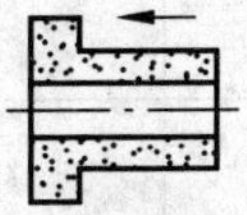	把径向孔填补起来，烧结后用机加工方法形成径向孔
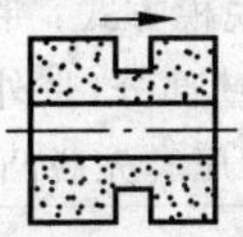	径向槽一般是不可压制成形的，也不便于脱模	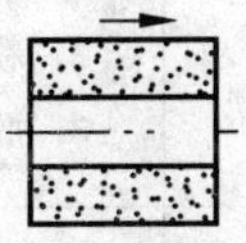	把径向槽填补起来，烧结后用机加工方法形成径向槽
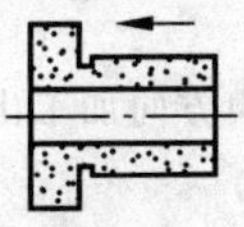	径向退刀槽是不可压制成形的，也不便于脱模	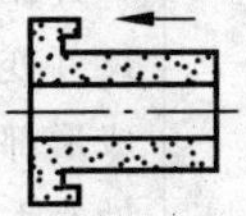	如果需要退刀槽，可形成与压制方向一致的凹槽，或留待切削加工
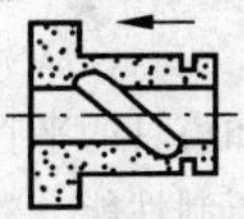	与压制方向不一致的油槽是不可压制成形的，也不便于脱模	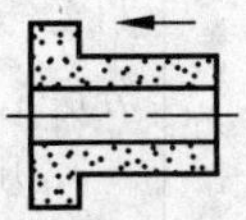	如果需要，烧结后可用机加工方法形成油槽
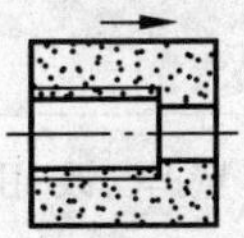	内螺纹是不可压制成形的，也不便于脱模	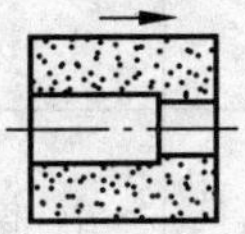	让孔的内径等于螺纹内径，烧结后用机加工方法形成内螺纹

注：表中箭头为压制方向。

4.2.2 粉末冶金制品中的常见缺陷

如果粉末冶金制品结构设计不合理，或者成形工艺不当，成形件将产生各种缺陷。粉末冶金制品中常见缺陷的形成、产生原因及改进措施如表 4.2.6 所示。

表 4.2.6 粉末冶金制品中常见缺陷的形成、产生原因及改进措施

缺陷形式		简图	产生原因	改进措施
局部密度超差	中间密度过低	低密度层	1. 侧面积过大，双向压制仍不适用 2. 模壁表面粗糙度高 3. 模壁润滑性差 4. 粉料压制性差	1. 大孔薄壁件可改用双向摩擦压制 2. 降低模壁表面粗糙度 3. 在模壁或粉料中加润滑剂 4. 粉料还原退火
	一端密度过低	低密度层	1. 长径比或长厚比过大，单向压制不适用 2. 模壁表面粗糙度高 3. 模壁润滑性差 4. 粉料压制性差	1. 改用双向压、双向摩擦压及后压等 2. 降低模壁表面粗糙度 3. 在模壁或粉料中加润滑剂 4. 粉料还原退火
	薄壁处密度过小	密度小	局部长厚比过大，单向压不适用	1. 采用双向压或薄壁处局部双向摩擦压制 2. 降低模壁表面粗糙度 3. 模壁局部加强润滑
裂纹	拐角处裂纹	裂纹	1. 补偿装粉不当，密度差过大 2. 粉料压制性能差 3. 脱模方式不对	1. 调整补偿装粉方式 2. 改善粉料压制性 3. 采用正确脱模方式：带内台产品，应先脱薄壁部分；带外台产品，应带压套，用压套先脱凸缘
	侧面龟裂		1. 凹模内孔沿脱模方向尺寸变小，如加工中的倒锥，成形部位已严重磨损，出口处有毛刺 2. 粉料中石墨粉偏析分层 3. 压力机上、下台面不平，或模具垂直度和平行度超差 4. 粉末压制性差	1. 凹模沿脱模方向加工出脱模斜度 2. 粉料中加些润滑油，避免石墨偏析 3. 改善压机和模具的平直度 4. 改善粉料压制性能
	对角裂纹	裂纹	1. 模具刚性差 2. 压制压力过大 3. 粉料压制性能差	1. 增大凹模壁厚，改用圆形模套 2. 改善粉料压制性，降低压制压力

续表

缺陷形式		简图	产生原因	改进措施
皱纹(即轻度重皮)	内台拐角皱纹	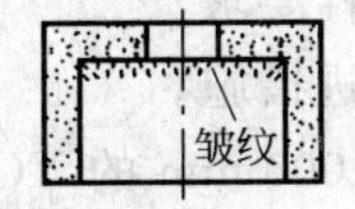	大孔芯棒过早压下,端台先已成形,薄壁套继续压制时,已成形部位被粉末流冲破后又重新成形,多次反复则出现皱纹	1. 加大大孔芯棒最终压下量,适当降低薄壁部位的密度 2. 适当减小拐角处的圆角
	外球面皱纹	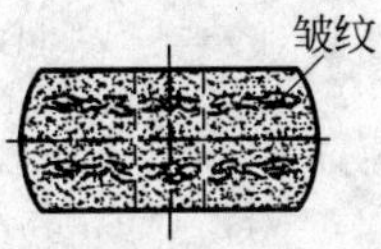	压制过程中,已成形的球面不断被粉末流冲破,又不断重新成形	1. 适当降低压坯密度 2. 采用松装密度较大的粉末 3. 最终滚压消除 4. 改用弹性模压制
	过压皱纹	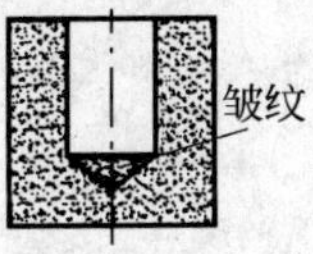	局部压力过大,已成形处表面被压碎,失去塑性,进一步压制时不能重新成形	1. 合理补偿装粉,避免局部过压 2. 改善粉末压制性能
缺角掉边	掉棱角	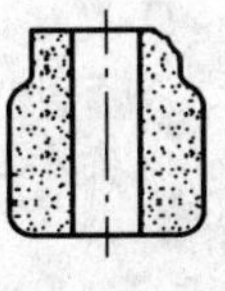	1. 密度不均,局部密度过低 2. 脱模不当,如脱模时不平直,模具结构不合理,或脱模时有弹跳 3. 存放搬运碰伤	1. 改进压制方式,避免局部密度过低 2. 改善脱模条件 3. 操作时细心
	侧面局部剥落	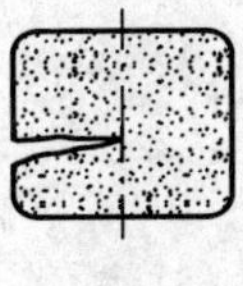	1. 镶拼凹模接缝处离缝 2. 镶拼凹模接缝处有倒台阶,导致压坯脱模时必然局部剥落	1. 拼模时应无缝 2. 拼缝处只许有不影响脱模的台阶
表面划伤		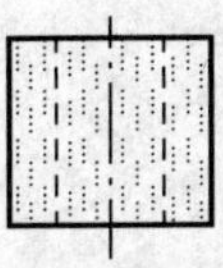	1. 模腔表面粗糙度值高,或硬度在使用中变差 2. 模壁产生模瘤 3. 模腔表面局部被啃或划伤	1. 提高模壁硬度和降低模壁表面粗糙度 2. 加强润滑,消除模瘤
尺寸超差		—	1. 模具磨损过大 2. 工艺参数选择不合适	1. 采用硬质合金模 2. 调整工艺参数
同轴度超差		—	1. 模具安装调中不精确 2. 装粉不均 3. 模具间隙过大 4. 冲模导向段短	1. 调模对中要好 2. 采用振动或吸入式装粉 3. 合理选择间隙 4. 增长冲模导向部分

思考练习题

1. 采用压制方法生产的粉末冶金制品，有哪些结构工艺性要求？

2. 试分析粉末冶金制品常见缺陷的形成、产生原因及改进措施。

3. 假如某企业需要一批 ϕ40 mm×1000 mm、ϕ60 mm×1000 mm 的 YG 类硬质合金轧辊，请提出一种成形工艺。

非金属材料与复合材料的成形

非金属材料是指除金属材料以外的一切材料的总称。金属材料以其高强度、高硬度并具有一定塑性、韧性等力学性能和良好的加工工艺性能，被广泛应用于工业、农业、国防建设和国民经济各个领域。但随着生产和科学技术的不断发展，金属材料难以达到、满足一些特殊性能的要求，如耐高温性能、耐强腐蚀性能等，因而需要研制开发出大批高性能、高功能、精细化和智能化的非金属材料，它们与金属材料相辅相成，共同满足各种需求。

机械制造中常见的非金属材料有高分子材料、陶瓷材料、复合材料等。

非金属材料与金属材料在结构和性能上有较大差异，其成形特点也不同。与金属材料的成形相比，非金属材料成形有以下特点：

(1) 可以是流态成形，也可以是固态成形，成形方法灵活多样，因而可以制成形状复杂的零件。例如，塑料可以用注塑、挤塑、压塑成形，还可以用浇注和黏结等方法成形；陶瓷可以用注浆成形，也可以用注射、压注等方法成形。

(2) 通常是在较低温度下成形，成形工艺较简便。

(3) 一般与材料的生产工艺结合。例如，陶瓷应先成形再烧结，复合材料常常是将固态的增强料与呈流态的基料同时成形。

5.1 工程塑料及其成形

5.1.1 工程塑料的组成及分类

塑料质量轻，比强度高；耐腐蚀，化学稳定性好；有优良的电绝缘性能、光学性能、减摩和耐磨性能、消声减振性能；加工成形方便，成本低。因此，工程塑料成形已成为许多工业部门中重要的生产方法。塑料制品的主要不足之处在于耐热性差、刚性和尺寸稳定性差、易老化等，这些使其应用受到一定限制。

1. 塑料的组成

塑料(plastics)是以合成树脂或天然树脂为主要成分，并加入增塑剂、润滑剂、稳定剂及填充剂等组成的高分子材料。在一定的温度和压力下，可以用模具使其成形为具有一定形状和尺寸的塑料制件，当外力解除后，在常温下其形状保持不变。

2. 塑料的分类

按树脂的热性能不同，塑料可分为如下两大类：

(1) 热塑性塑料　通常为线型结构，能溶于有机溶剂，加热可软化，故易于加工成形，并能反复使用。常用的有聚氯乙烯、聚苯乙烯、ABS等塑料。

(2) 热固性塑料　通常为网型结构，固化后重复加热不再软化和熔融，亦不溶于有机溶剂，不能再成形使用。常用的有酚醛塑料、环氧树脂塑料等。

3. 常用工程塑料的种类、特点及用途

1) ABS塑料

ABS塑料是由丙烯腈、丁二烯、苯乙烯共同聚合而成的共聚物，是热塑性塑料。它具有硬、韧、刚的混合特性，因此综合力学性能较好。同时尺寸稳定，容易电镀和易于加工成形，耐热和耐蚀性较好。在－40℃仍具有一定强度。此外，它的性能可以通过改变单体的含量来进行调整。增加丙烯腈，可提高耐热、耐蚀性和表面硬度；增加丁二烯，可提高弹性和韧性；增加苯乙烯，则可用来改善电性能和成形能力。

ABS塑料用途极其广泛，可制造齿轮、泵的叶轮、管道、电机外壳、仪表壳、汽车上的挡泥板、扶手、小轿车车身、电冰箱外壳以及内衬等。

2) 聚酰胺

聚酰胺(PA)又名尼龙，是热塑性塑料。它由二元胺与二元酸缩聚而成，或由氨基酸脱水成内酰胺再聚合而成。聚酰胺的强度及韧性较高，并且具有耐磨、耐疲劳、耐油、耐水、耐腐蚀等综合性能。但它的耐热性不高，通常工作温度不超过100℃。此外，它的吸水性和成形收缩率较大。聚酰胺可广泛用于制造机械零件，如轴承、齿轮、蜗轮、螺栓、螺母、垫圈等。

3) 聚碳酸酯

聚碳酸酯(PC)是产量仅次于聚酰胺的塑料。它透明，呈微黄色，具有特别高的强度和良好的尺寸稳定性、耐蠕变性、耐热性及电绝缘性。其缺点是内应力大，容易开裂，耐溶剂性差，高温易水解，摩擦系数大，无自润滑性。聚碳酸酯的使用温度范围在－100～300℃。

聚碳酸酯有良好的成形加工性能，主要适合用注射成形，也可通过挤塑成形加工成管、片、棒、型材等。聚碳酸酯在室温下具有延展性，因此可对聚碳酸酯片材进行冲压及拉深。聚碳酸酯含有水分，在加工过程中会引起水解，因此在加工前应严格进行干燥，使水含量控制在0.02%(质量分数)以下。聚碳酸酯塑件经100℃以上温度退火处理后，可有效消除其内应力。

4) 聚四氟乙烯

聚四氟乙烯(PTFE)具有优良的化学稳定性、电绝缘性、自润滑性、耐大气老化性能，还具有较好的阻燃性和强度，是重要的工程塑料。聚四氟乙烯耐化学腐蚀性极强，能耐强酸、强碱和有机溶剂，被称为“塑料王”。它的使用温度范围广，在－200℃下仍能保持韧性，在260℃下能长期连续使用。它的静摩擦系数在塑料中是最小的，自润滑性能特别优良。它的不足之处在于其强度较其他工程塑料低，成形性能较差。聚四氟乙烯的成形主要采用模压后烧结的成形方法，还可对其已烧结成形的塑件进行切削加工，再次成形为所需的塑件。

聚四氟乙烯主要应用在耐化学腐蚀、耐磨、密封和电绝缘方面。在耐化学腐蚀方面，可

用来制造耐腐蚀泵、阀门、软管、隔膜等；在耐磨、密封方面，可用来制造密封圈、垫圈、缓冲环等，加入填料后可用来制造活塞环；作为电绝缘材料，可用在环境温度变化激烈的场合，如喷气式飞机、雷达上和高频绝缘等方面。

5）聚丙烯

聚丙烯（PP）属于通用塑料，价格便宜，使用广泛。由于其价格低廉，又具有较好的性能，在工程中得到大量应用。聚丙烯的密度仅为 0.89～0.91 g/cm³，耐热温度高于 100℃，耐化学腐蚀性和介电性能优异。聚丙烯的缺点是耐低温冲击韧度低，易老化，成形收缩大。

聚丙烯可通过注射成形、挤出成形、中空成形等工艺制成各种零部件，如法兰、接头、蓄电池匣、化工过滤板框、家用电器零件、汽车零件及管材、片材等。

6）聚乙烯

聚乙烯（PE）主要有低密度和高密度两类，也是使用最广泛的塑料之一。低密度聚乙烯柔而韧；比较而言，高密度聚乙烯的耐热性、机械强度较高，而抗冲击性能较差。

聚乙烯几乎可使用所有的塑料成形方法进行加工，有良好的加工性能。低密度聚乙烯主要用于制作各种塑料薄膜、注塑件及中空塑件；高密度聚乙烯则可用挤出成形加工成管、片及丝材和打包带等，还可用注射成形、中空成形加工成日用品和工业用品，如周转箱、托盘、容器等。

7）聚氯乙烯

聚氯乙烯（PVC）是一种多组分塑料，其中加入不同的添加剂可呈现不同的物理性能，从而具有不同的用途。例如，随增塑剂添加比例的提高，可制成由硬质到软质的制品。PVC 在成形过程中热稳定性差，受热易降解，故成形前应将聚氯乙烯树脂与各种添加剂按一定比例混合均匀，将混合料塑化后再进行成形加工。

硬质 PVC 主要采用挤出成形，产品有塑料门窗、型材及管材等。软质 PVC 制品也主要采用挤出成形，产品有地板、电线、电缆、绝缘层等；还可采用注射成形，产品有玩具、运动器材等。

8）酚醛塑料

酚醛塑料又名电木（胶木），是热固性塑料。它是由酚类和醛类缩聚而成的。酚醛塑料具有优良的耐热、绝缘、化学稳定性及尺寸稳定性。缺点是较脆。用酚醛塑料粉模压成形可作电器零件，如开关、插座等。用布片、纸浸渍酚醛塑料，制成层压塑料（胶木），可用作轴承、齿轮、垫圈及电工绝缘体等。

9）氨基塑料

氨基塑料也是热固性塑料。它的绝缘性和耐电弧性好，阻燃，硬度高，耐磨，耐油脂及溶剂，着色性好。可用作机械零件、绝缘件和装饰件。此外，还可作为木材胶黏剂，制作胶合板、纤维板等。用它制作泡沫塑料，更是价格便宜的隔声、保温的优良材料。

10）环氧塑料

环氧塑料是由环氧树脂加入固化剂后形成的热固性塑料。它具有较高的强度和韧性、优良的电绝缘性、高的化学稳定性和尺寸稳定性，成形性好。环氧塑料可用于制作塑料模具、电气或电子元件，以及进行线圈灌封与固定、机械零件的修复等。

环氧塑料是一种很好的胶黏剂，对各种材料（金属及非金属）都有很强的胶黏能力。

5.1.2 工程塑料的成形性能

塑料具有高分子聚合物独特的大分子链结构，这种结构决定了其成形性能。

1. 塑料形变与温度的关系

热塑性塑料在一定的压力下，随着温度的变化，表现出的形变特性（力学性能）不同，如图 5.1.1 所示。低于玻璃化温度 T_g 为玻璃态，高于黏流温度 T_f（或结晶温度 T_m）为黏流态，在玻璃化温度和黏流温度之间为高弹态，当温度高于热分解温度 T_d 时，塑料会降解或气化分解。

在玻璃态，高聚物的强度、刚性等力学性能较好，能承受一定的载荷，所以可作为结构材料使用。

在高弹态，高聚物在外力作用下会产生很大的弹性形变（弹性变形量可达 100%～1000%），此时的高聚物具有橡胶的特性。

在黏流态，高聚物开始黏性流动，此时的变形是不可逆变形，一般塑料都在此温度范围成形。

热固性塑料在成形过程中，由于高聚物发生交联反应，分子将由线型结构变为体型结构。其具体过程是，处于稳定态的热固性塑料原料，加热后由稳定态逐步熔融呈塑化态，这时流动性很好，可以很快充填至型腔各处。同时，线性高聚物的分子主链间形成化学键结合（即交联），分子逐渐呈网状的体型结构，高聚物变为既不熔融也不溶解、形状固定的塑料制件，这一过程称为固化。热固性塑料受热后的状态变化曲线如图 5.1.2 所示。

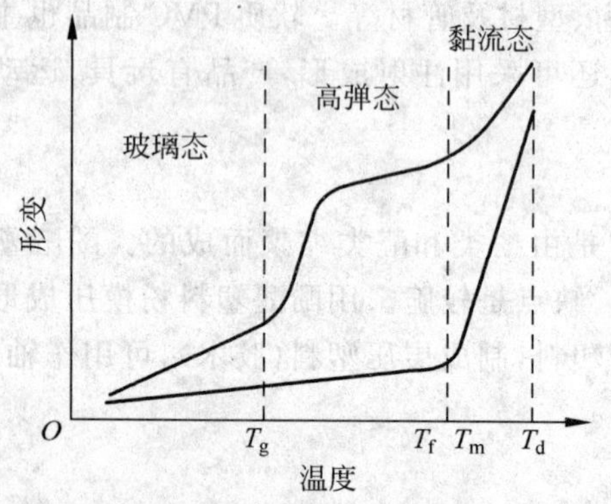

图 5.1.1 塑料形变与温度的关系

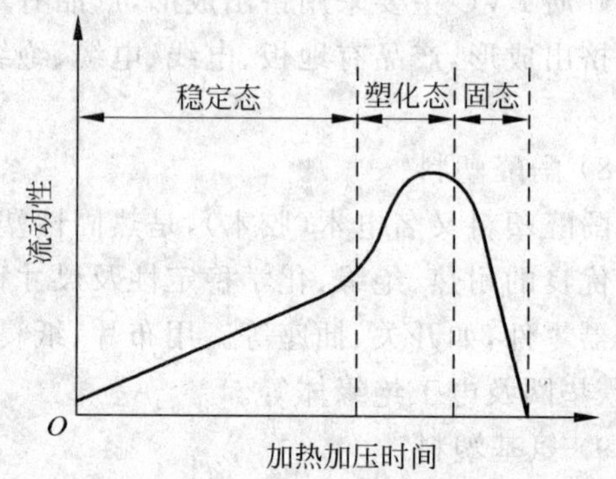

图 5.1.2 热固性塑料受热后的状态变化曲线

2. 塑料的流变性能

由于塑料的大分子结构和运动特点，在正常使用中处于玻璃态，而在成形过程中，除少数工艺外，都要求塑料处于黏流态（或塑化态）成形，因为在这种状态下，塑料聚合物呈熔融的流体，易于流变成形。但塑料流体与金属液体的流动性能不同，主要表现为其黏度变化趋势的差异。金属液体随温度和压力的变化黏度变化不大，而塑料聚合物熔体是非牛顿流体（或称黏流体），其黏度随流动中的剪切速率、温度、压力的变化而有较大的变化。对于一种塑料，通常其黏度随温度的升高而降低，塑料的黏度愈小流动性也愈好，图 5.1.3 是几种常用塑料的黏度与温度的变化曲线，从图中可以看出，不同塑料由于其分子结构的差异，黏度对温度的敏感程度不同。黏度也随流动时剪切速率（或称为速度梯度）的变化而变化，剪切速率增加时黏度会随之降低，如图 5.1.4 所示。当温度一定时，塑料熔体流动的剪切速率愈高，其黏度愈低，也愈有利于塑料成形。生产中可以采用小浇道（如点浇道）来提高流速，进而提高剪切速率，以成形流动性较差或壁厚较薄的塑料制品。

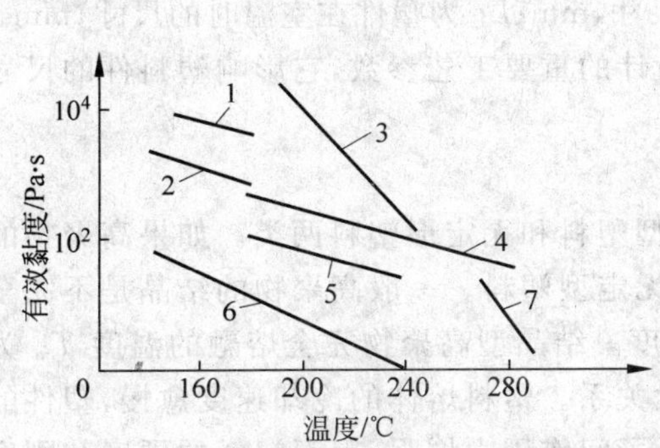

图 5.1.3 几种常用塑料的黏度与温度变化曲线

1—增塑聚乙烯；2—硬聚乙烯；3—聚甲基丙烯酸甲酯；4—聚丙烯；5—聚甲醛；6—低密度聚乙烯；7—尼龙 6

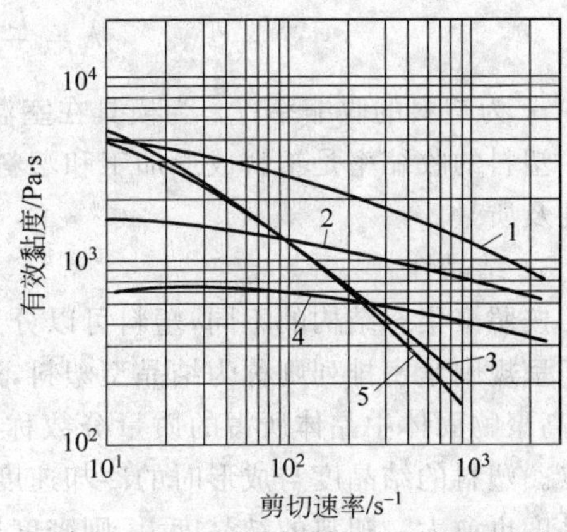

图 5.1.4 黏度随剪切速率（速度梯度）的变化

1—聚砜（350℃挤出）；2—聚砜（350℃注射）；3—低密度聚乙烯（350℃）；4—聚碳酸酯（315℃）；5—聚苯乙烯（200℃）

3. 塑料的成形工艺性

塑料的成形工艺性是塑料在成形加工中表现出来的特有性质，主要表现在以下几个方面。

1）流动性

塑料在一定的温度与压力下填充模具型腔的能力称为塑料的流动性。

热塑性塑料的流动性用熔融指数（也可称熔融流动率）表示。熔融指数越大，流动性越好。熔融指数与塑料的黏度有关，黏度愈小，熔融指数愈大，塑料的流动性也愈好。

常用塑料的流动性大致可分为 3 类：

（1）流动性好的，如尼龙、聚乙烯、聚苯乙烯、聚丙烯、醋酸纤维素等；

（2）流动性中等的，如改性聚苯乙烯、ABS、聚甲基丙烯酸甲酯、聚甲醛、氯化聚醚等；

（3）流动性差的，如聚碳酸酯、硬聚氯乙烯、聚苯醚、聚砜、聚芳砜、氟塑料等。

热固性塑料的流动性指标一般用拉西格流动性表示。不同的塑料流动性不同。对于同一种塑料，由于交联反应的相对分子质量不同，填料的性质与多少不同，增塑剂和润滑剂的多少不同，拉西格流动性也不同。同一品种塑料的流动性可分为 3 个不同的等级：

第一级　拉西格流动值为 100～130 mm，用于压制无嵌件、形状简单的一般厚度塑件。

第二级　拉西格流动值为 131～150 mm，用于压制中等复杂程度的塑件。

第三级　拉西格流动值为 151～180 mm，用于压制结构复杂、型腔很深、嵌件较多的薄壁塑件，或用于传递（压注）成形。

2）收缩性

塑料制品从模具中取出冷却到室温后，发生尺寸收缩的特性称为收缩性。影响塑料收缩性的因素很多，其中主要是热收缩，即塑料在较高的成形温度下成形，冷却到室温后产生的收缩。由于塑料的热膨胀系数较钢大 3～10 倍，塑料件从模具中成形后冷却到室温的收缩相应地也比模具的收缩大，故塑料件的尺寸较型腔小。

塑料制件的成形收缩值可用收缩率表示：

$$k=\frac{L_{m}-L_{1}}{L_{1}}\times 100\%$$

式中，k 为塑料的收缩率；L_m 为模具在室温时的尺寸，mm；L_1 为塑件在室温时的尺寸，mm。

塑料的收缩率是塑料成形加工和塑料模具设计的重要工艺参数，它影响塑料件的尺寸精度及质量。

3）结晶性

按照聚集态结构的不同，塑料可以分为结晶型塑料和无定形塑料两类。如果高聚物的分子呈规则紧密排列则称为结晶型塑料，否则为无定型塑料。一般高聚物的结晶是不完全的，高聚物固体中晶体所占的质量分数称为结晶度。结晶型高聚物完全熔融的温度 T_m 为熔点。塑料的结晶度与成形时的冷却速度有很大关系。塑料熔体的冷却速度愈慢，塑件的结晶度也愈大。塑料的结晶度大，则密度也大，分子间作用力增强，因而塑料的硬度和刚度提高，力学性能和耐磨性增高，耐热性、电性能及化学稳定性亦有所提高。反之，结晶度低，或成为无定形塑料，其与分子链运动有关的性能，如柔韧性、耐折性，伸长率及冲击强度等则较大，透明度也较高。

4）热敏性和水敏性

热敏性是指塑料对热降解的敏感性。有些塑料对温度比较敏感，如果成形时温度过高则容易变色、降解，如聚氯乙烯、聚甲醛等。

水敏性是指塑料对水降解的敏感性，也称吸湿性。水敏性高的塑料，在成形过程中由于高温高压，会使塑料产生水解或使塑件产生水泡、银丝等缺陷。所以塑料在成形前要干燥除湿，并严格控制水分。

5）毒性、刺激性和腐蚀性

有些塑料在加工时会分解出有毒性、刺激性和腐蚀性的气体。例如，聚甲醛会分解产生刺激性气体甲醛，聚氯乙烯及其衍生物或共聚物分解出既有刺激性又有腐蚀性的氯化氢气体。成形加工上述塑料时，必须严格掌握工艺规程，防止有害气体危害人体和腐蚀模具及加工设备。

除上述工艺性能外，还有吸气性、黏模性、可塑性、压缩性、均匀性和交联倾向等。

5.1.3 工程塑料的成形方法及模具

1. 工程塑料的成形

塑件的成形种类很多，可根据塑料的性能和对塑料制品的要求，采用模塑成形、层压及压延成形等，其中以塑料模塑成形种类较多，如注射、压制、挤出、吹塑、浇注等。它们共同的特点是利用了塑料成形模具（简称塑料模）来成形具有一定形状和尺寸的塑件。也可用喷涂、浸渍、粘贴等工艺将塑料覆盖于其他材料表面上。此外，塑料还和金属一样，可使用车、铣、刨、钻、磨及抛光等方法进行机械加工。但必须注意到塑料的强度低、导热性差、弹性高、线膨胀系数大等特点，加工时易产生变形、分层、分裂等缺陷，故除夹紧力不宜过大外，其他工艺参数(如刀具的几何形状、切削速度、进给量等)均与加工金属时有所不同。

完整的塑件生产顺序为：预处理→成形→机械加工→修饰→装配，如图 5.1.5 所示。

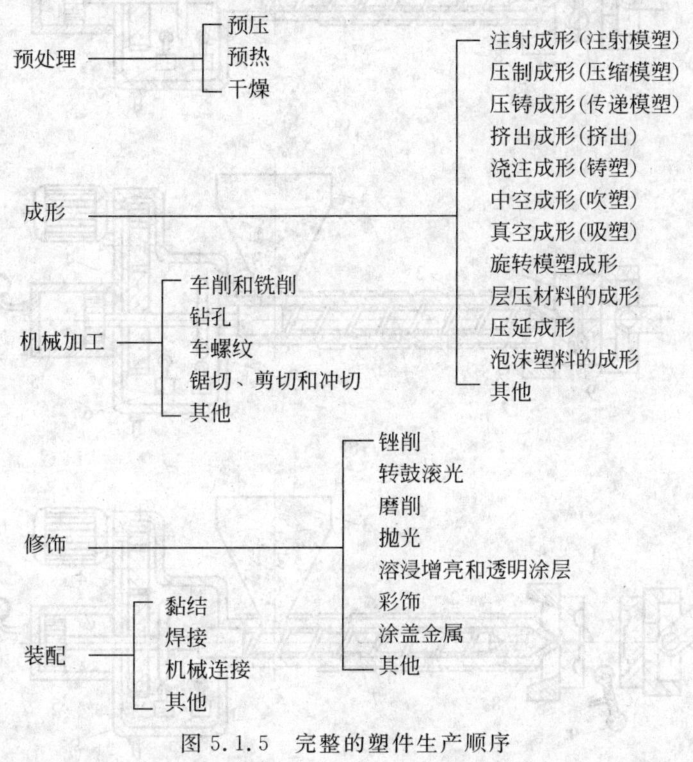

图 5.1.5 完整的塑件生产顺序

1) 注射成形

注射成形(injection molding)是将颗粒状或粉末状塑料放入注射机的加料斗内，使之进入料筒，经加热熔融呈黏流态，依靠柱塞(推杆)或挤压螺杆的压力，使黏流态塑料以较快的速度通过喷嘴注入温度较低的闭合模具内，经过一定时间的冷却即可开启模具，从中取出制品的一种成形方法。此法适用于热塑性塑料或流动性较大的热固性塑料，能生产出形状复杂、尺寸精确的塑料制品。生产率高，易于实现自动化进行大批量生产。

(1) 注射机

注射成形是通过注射机来实现的。注射机的主要作用是：加热熔融塑料，使其达到黏流状态；对黏流的塑料施加高压，使其射入模具型腔。注射机有多种，目前最常用的是螺杆式注射机，其注射成形基本动作程序如图 5.1.6 所示。其工作过程大致如下：

① 合模和锁模 模具首先以低压快速进行闭合，当动模与定模接近时，转换为低压、低速合模，然后切换为高压将模具锁紧。

② 注射 合模动作完成以后，在移动油缸的作用下，注射装置前移，使料斗前端的喷嘴与模具贴合，再由注射油缸推动螺杆向前直线移动(此时螺杆不转动)，以高压、高速将螺杆前端的塑料熔体注入模具型腔，如图 5.1.6(a)所示。

③ 保压 注入模具型腔的塑料熔体在模具的冷却作用下会产生收缩，未冷却的塑料熔

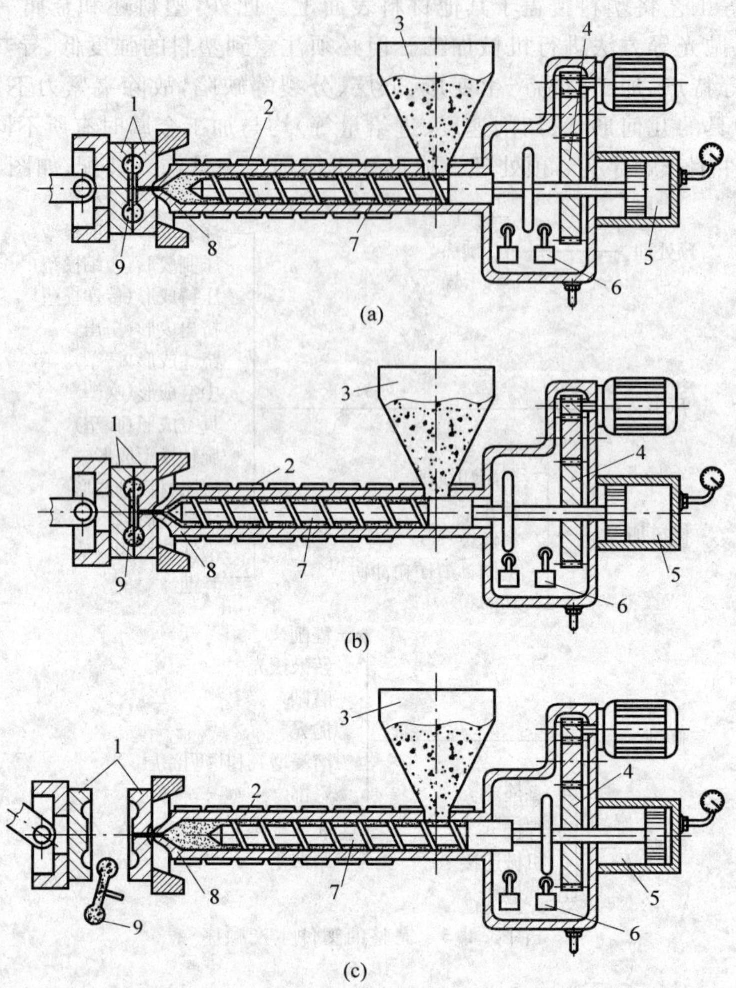

图 5.1.6 螺杆式注射成形基本动作程序

(a) 合模注射；(b) 注射保压及塑件冷却；(c) 螺杆预塑与顶出塑件

1—模具；2—加热器；3—料斗；4—螺杆传动装置；

5—注射油缸；6—计量装置；7—螺杆；8—喷嘴；9—塑件

体也会从浇口处倒流，因此在这一阶段，注射油缸仍需保持一定压力使之进行补缩，才能制造出饱满、致密的塑件，如图 5.1.6(b)所示。

④ 冷却和预塑化 当模具浇口处的塑料熔体冷凝封闭后，保压阶段结束，塑件进入冷却阶段。此时，螺杆在液压马达(或电动机)的驱动下转动，使来自料斗的塑料颗粒向前输送，同时，塑料受加热器加热和螺杆转动产生的剪切摩擦热的作用，温度逐渐升高，直至熔融成黏流状态。当螺杆将塑料颗粒向前输送时，螺杆前端压力升高，迫使螺杆克服注射油缸的背压后退，螺杆的后退量反映了螺杆前端塑料熔体的体积(及注射量)。螺杆退回到设定注射量位置时停止转动，准备下一次注射，如图 5.1.6(c)所示。

⑤ 脱模 冷却和预塑化完成后，为了不使注射机喷嘴长时间顶压模具，喷嘴处不出现冷却，可以使注射装置后退，或卸去注射油缸前移压力。合模装置开启模具，顶出装置动作，顶出模具内的塑件，见图 5.1.6(c)。

注射成形机的工作循环周期如图 5.1.7 所示。

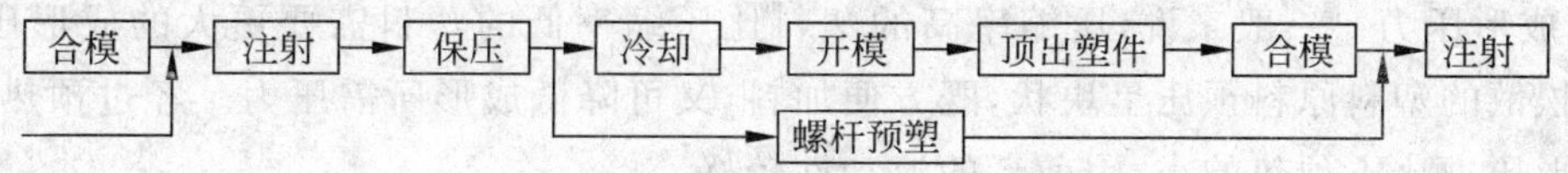

图 5.1.7　螺杆式注射成形工作循环

(2) 注射成形的工艺参数

① 注射温度　注射成形时塑料熔体的温度高低对塑件性能的影响很大。一般来说，随着注射温度的提高，塑料熔体的黏度呈下降趋势，这对充填是有利的，也较容易得到表面光洁的塑件。熔体温度过高会使塑料降解，力学性能急剧下降。

② 模具温度　模具温度比塑料熔体温度对塑件的性能影响要小得多，但模具温度对充填过程、注射成形周期、塑件的内应力有较大的影响。模具温度过低时，塑料熔体遇到冷的模腔壁，黏度提高，很难充满整个型腔；模具温度过高时，塑料熔体在模具内冷却定形的时间就长，延长了成形周期。对结晶性塑料如聚丙烯、聚甲醛等来说，较高的模具温度能使其分子链松弛，塑件的内应力减小。

③ 注射压力　注射压力主要影响塑料熔体的充填能力，注射压力高时较易充满型腔。

④ 保压时间　保压时间要依据浇口尺寸的大小确定。浇口尺寸大时保压时间就长，浇口尺寸小时保压时间就短。如果保压时间短于浇口封冻时间，就可能得不到饱满、致密的塑件，同时还会因塑料熔体从浇口倒流而引起分子链变化，增大塑件的内应力。

注射成形可制造质量大到数千克、小到数克的各种形状复杂、精度较高的塑件，其生产效率高，是塑料的主要成形方法。

2) 压制成形

压制成形也称为压缩成形，主要用于热固性塑料如酚醛树脂、密胺树脂件的成形。压制成形的设备为液压机，并配有专用的压制成形模具。热固性塑料一般由合成树脂、固化剂、固化促进剂、填充剂、润滑剂、着色剂等按一定配比混合制成。

(1) 压制成形原理

压制成形如图 5.1.8 所示。成形时，将按塑件质量称量好的粉状、粒状、碎屑状或纤维状的塑料原料 1 直接加入成形温度下的压塑模具型腔和加料室 2 中，见图 5.1.8(a)，然后将模具闭合加压，见图 5.1.8(b)。塑料原料在热量和压力的作用下熔融流动，充满整个型腔。这时，树脂与固化剂发生化学交联反应，在型腔中固化、定形，最后打开模具，取出塑件，见图 5.1.8(c)。

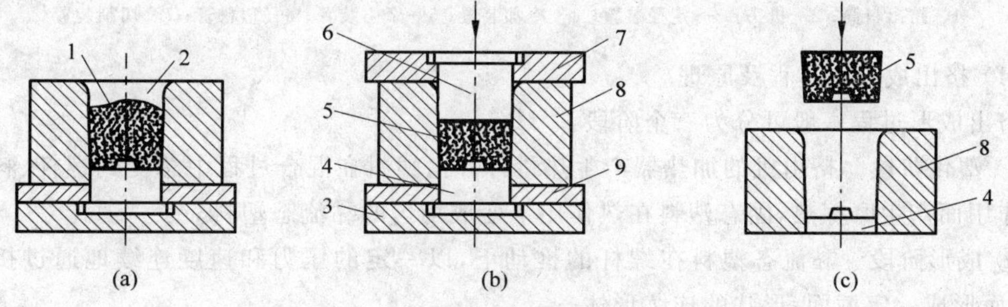

图 5.1.8　压制成形

(a) 加料；(b) 合模加压，成形固化；(c) 顶出塑件

1—塑料原料；2—加料室；3—垫板；4—下凸模；5—塑件；6—上凸模；

7—上凸模固定板；8—凹模；9—下凸模固定板

(2) 压制成形的工艺参数

① 成形压力　一般来说，压缩率高的塑料比压缩率低的塑料需要更大的成形压力，因此可将松散的塑料原料预压呈块状，既方便加料，又可降低成形所需压力。经过预热的塑料所需成形压力比不预热的小，因前者的流动性较好。

② 模压温度　在一定范围内提高模压温度有利于成形压力的降低，但应防止模温过高使靠近模壁的材料提前固化而失去降低成形压力的可能性。模压温度是指成形时的模具温度，提高模压温度可缩短成形周期。但塑料是热的不良导体，太高的模压温度会使内部的塑料得不到应有的固化。不同的塑料所需的成形压力和模压温度不同。表 5.1.1 列出了部分热固性塑料成形时所需的成形压力和模压温度。

表 5.1.1　部分热固性塑料的成形压力及模压温度

塑 料 名 称	模压温度/℃	成形压力/MPa
苯酚甲醛树脂	145～180	7～42
三聚氰胺甲醛树脂	140～180	14～56
环氧树脂	145～200	0.7～14

3) 挤出成形

挤出成形(extrusion molding)是将颗粒状或粉末状塑料放入挤出机的料筒内，经加热熔融呈黏流态，依靠柱塞(推杆)或挤压螺杆的压力，使黏流态塑料以较快的速度连续不断地从模具的型孔内挤出，成为具有恒定截面型材的一种成形方法。此法适用于热塑性塑料的管材、板材、棒材及丝、网、薄膜、电线、电缆包覆等。图 5.1.9 为管材挤出成形示意图。

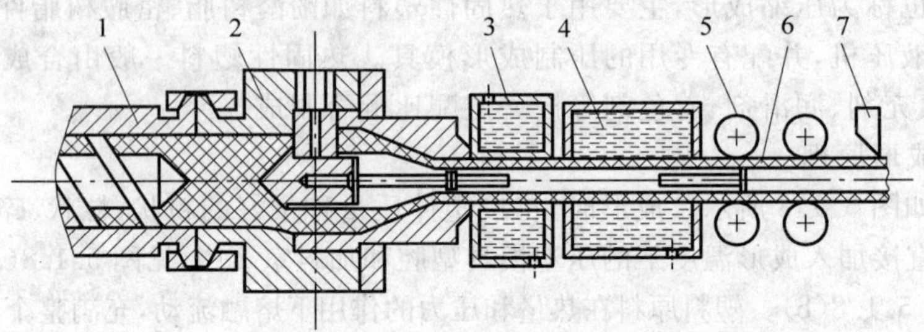

图 5.1.9　管材挤出成形示意图

1—挤出料筒；2—机头；3—定径装置；4—冷却装置；5—牵引装置；6—塑料管；7—切割装置

(1) 挤出成形的过程及原理

挤出成形过程一般可分为三个阶段：

① 塑化阶段　挤出机的加热器产生热量，同时，塑料在混合过程中总受到螺杆、料筒的剪切作用而产生摩擦热，固态塑料在热作用下变成均匀的黏流态塑料。

② 成形阶段　黏流态塑料在螺杆的推动下，以一定的压力和速度连续地通过挤出机头，从而形成一定截面、形状的连续形体。

③ 定径阶段　通过定径、冷却处理等方法使已成形的形状固定下来，成为所需要的塑料制品。

(2) 挤出机

挤出成形所用的设备为螺杆式挤出机,并有单螺杆和多螺杆挤出机之分。螺杆式挤出机的塑料挤出量、熔体温度、熔体均匀性、功率消耗等,主要决定于螺杆的结构、直径 D 和长度 L。螺杆各段长度的比例及螺槽深度等几何参数对螺杆的工作特性及塑料的塑化过程均有很大影响,其中螺杆直径是基本参数,挤出机的规格常以螺杆直径表示。螺杆长径比(L/D)也是重要参数,长径比大,则塑化均匀。在目前常用的挤出机中,螺杆的长径比多为25左右。

螺杆工作部分分为3段:加料段、压缩段、均化段,如图5.1.10所示。塑料经过这3段后,由玻璃态转化为挤出成形所需要的黏流态。

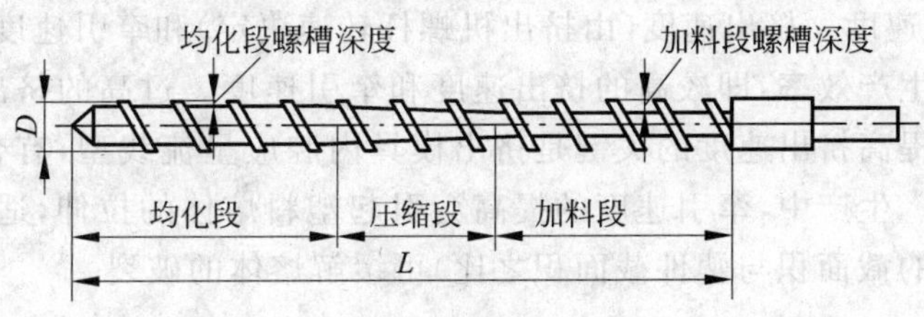

图5.1.10 挤出机螺杆

① 加料段 加料段的作用是将从料斗加进的固体塑料加热并向前送至压缩段。设计时,这段螺槽应是等距离、等深度的,以保持截面不变。在这段距离中,塑料仍然是固体状态。为了使塑料有向前输送的最好条件,保证足够的挤出量,塑料与料筒的摩擦力必须大于塑料与螺杆的摩擦力。为此,可在料筒内表面开沟槽,在螺杆表面镀铬或将螺杆表面抛光。

② 压缩段 压缩段又称为熔化段。在这段距离中,螺杆的螺槽应是逐渐缩小的,缩小的程度取决于塑料的压缩比。在压缩段中,塑料被料筒加热器加热并受到渐变螺槽的搅拌、剪切、压缩所产生的摩擦热作用,温度逐步上升,从固态逐渐熔融为黏流态的熔体,并被螺杆输送到均化段。

③ 均化段 均化段的作用是将压缩段送来的塑料熔体进一步均匀化,并使其定量、定压、定温地由机头挤出,故均化段又称为计量段。均化段螺槽截面和螺槽深度可以是恒定的,但比前两段小。

(3) 挤出机头

图5.1.11为挤出机头示意图。从挤出机料筒中输送到机头的熔体首先要经过过滤板4,以阻止未熔化的塑料或其他杂物进入机头。它的作用是将挤出机输送来的塑料熔体由螺旋运动变为直线运动,产生必要的成形压力,保证塑件致密。随后,塑料熔体沿分流器3向前流动,并被加热器加热,使塑料进一步塑化,最后,通过口模2成形,得到所需要截面形状的塑件。设计时应做到:内腔呈流线型,表面光洁,避免塑料滞留模内而引起塑料分解;模内流道逐步收缩,建立必要的压缩比。塑料熔体具有黏弹

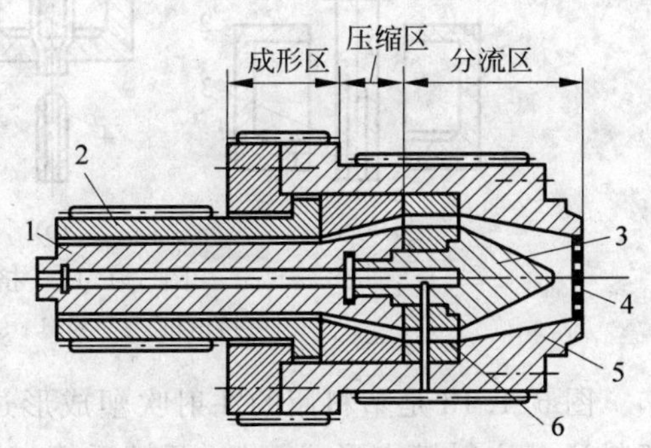

图5.1.11 挤出机头示意图

1—芯棒;2—口模;3—分流器;4—过滤板;5—机头体;6—分流器支架

性，离开口模时会产生离模膨胀，所以应依其变化规律将口模修整成合适的形状。塑料熔体从口模挤出时还处于熔融状态，为了避免变形，获得所需要的形状和尺寸，必须立即由冷却定形装置冷却并成形。成形的产品经牵引装置引出，再由切割装置切割或卷曲装置卷曲得到塑件。

(4) 挤出成形的工艺参数

① 挤出机料筒温度　料筒中的加热温度一般分为3段：均化段温度最高，压缩段次之，加料段最低。若加料段温度过高，则塑料在这段螺杆和料筒之间熔融，塑料就不能有效地输送到螺杆前端。各种塑料都有其适宜的挤出温度，调试前应查阅有关资料。

② 挤出模具温度　挤出模具的温度一般比均化段的温度略高。口模温度较高、塑料离模膨胀较小，则容易得到表面光洁的塑件；而过高的温度会引起塑料降解甚至烧焦。

③ 挤出和牵引速度　挤出速度(由挤出机螺杆转速决定)和牵引速度也是十分重要的，一般希望有较高的生产效率，即较高的挤出速度和牵引速度。过高的挤出速度容易引起塑料熔体表面破碎。提高挤出速度的关键是挤出模具内腔应呈流线型，有合适的压缩比和适当的温度控制范围。生产中，牵引速度的提高会引起塑料熔体的拉伸，适合的拉伸比(口模与芯棒所形成空间的截面积与塑件截面积之比)可缓解熔体的破裂。

4) 吹塑成形

吹塑成形(blow moulding)是制造中空制品或薄膜、薄片等的成形方法。吹塑成形包括挤出吹塑成形和注射吹塑成形两种。它是借助压缩空气，使处于高弹态或黏流态的中空塑料型坯发生吹胀变形，然后经冷却定形获得塑料制品的方法。塑料型坯是用注射成形或用挤出成形生产的。中空型坯或塑料薄膜经吹塑成形后可以作为包装各种物料的容器。吹塑成形的特点是制品壁厚均匀，尺寸精度高，事后加工量小，适合多种热塑性塑料。

图5.1.12所示是挤出吹塑成形工艺过程图。挤出机1挤出图5.1.12(a)所示的管状型坯3；然后，截取一段管坯趁热将其放入模具2中，闭合模具(对开式模具，同时夹紧型坯上下两端)，如图5.1.12(b)所示；接着，用吹管通入压缩空气，使型坯吹胀并贴于型腔内壁成形，如图5.1.12(c)所示；最后保压和冷却定形，排出压缩空气并开模取出塑料制品5，如图5.1.12(d)所示。

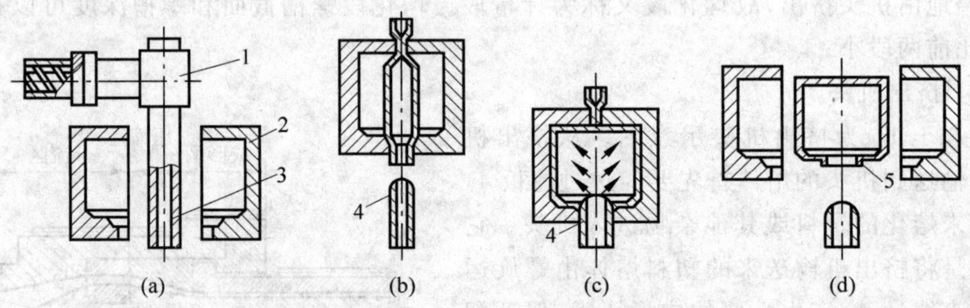

图5.1.12　挤出吹塑成形工艺过程

1—挤出机；2—模具；3—型坯；4—吹管；5—塑料制品

图5.1.13是塑料瓶的注射吹塑成形过程示意图。其生产步骤是：先由注射机将熔融塑料注入注射模内形成管坯，开模后管坯留在芯模上，芯模是一个周壁带有微孔的空心凸模，然后趁热使吹塑模合模，并从芯模中通入压缩空气，使型坯吹胀达到模腔的形状，继而保持压力并冷却，经脱模后获得所需制品。

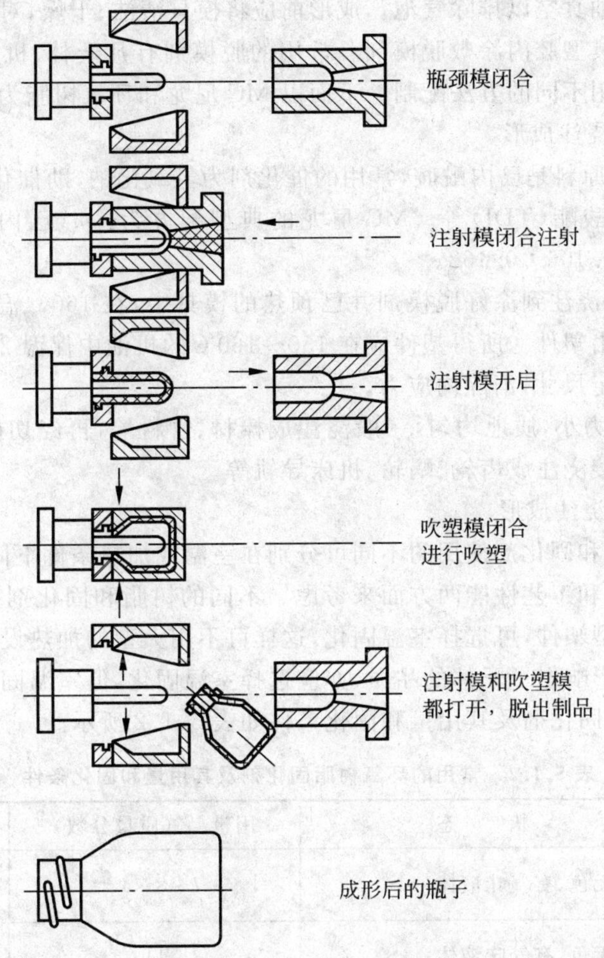

图 5.1.13　注射吹塑示意图

挤出吹塑成形模具结构简单，投资少，操作容易，适合多种塑料的中空吹塑成形；缺点是塑料制品需后加工以去除飞边，壁厚不易均匀。

吹塑成形的设备是注射机、挤出机、模具及模具中的冷却系统。

5）浇注成形

浇注成形又称为铸塑。将尚未聚合的原料单体（一般呈液状或浆状）与固化剂、填充剂等按比例混合均匀，注入模具的型腔中使其完成聚合反应，固化后得到与型腔相似的塑件，这种方法称为静态浇注法。在这种方法的基础上还发展了其他一些铸塑成形方法，如离心浇注、流延铸塑、搪塑、滚塑等方法。

静态浇注法使用的塑料主要有 MC 尼龙、环氧树脂、甲基苯烯酸甲酯（有机玻璃）等，其工艺过程包括模具的准备、原料的配制、浇注、固化和脱模几个步骤。静态浇注法因不施加或很少施加压力，所以对模具和设备的要求比较低，适合于大型塑件的生产，也适合于用机械切削加工的单件塑件的生产。模具可用钢、铝合金、玻璃以及水泥、石膏等材料制造。对外形简单、还需进行后续切削加工的塑件，可用上部敞开的凹模。对直接成形的塑件，可用与金属铸造模具类似的模具，将上、下模具闭合后密封，留出浇口和排气口。对流动性差的塑料，还可在排气口抽真空以排除气泡。成形前应将模具清洁、干燥，对难以脱模的塑料（如环氧树脂等）要在模具型腔内涂敷脱模剂。常用的脱模剂有凡士林、机油、有机硅油等。特性不同的原料，可采用不同的方法配制。下面以MC尼龙和环氧树脂为例分别加以介绍。

（1）MC尼龙的浇注成形

MC尼龙的聚合原料是己内酰胺，常用的催化剂为氢氧化钠，助催化剂可选用乙酰基己内酰胺、甲苯二异氰酸酯（TDI）等。MC尼龙的典型配方为：m（己内酰胺）：m（氢氧化钠）：m（TDI）＝1：0.106：0.462。

将配制好的原料浇注到涂好脱模剂并已预热的模具中，在160℃温度下保温0.5 h，即可逐步冷却，最后取出塑件。所得塑件应在150～160℃的机油中保温2 h后冷至室温，再在水中煮沸24 h，以稳定尺寸，消除内应力。

MC尼龙的内应力小，质地均匀，一般浇注成棒材、管材等，再经切削加工成为阀门、法兰等塑件，也可以直接浇注成齿轮、蜗轮、机床导轨等。

（2）环氧树脂的浇注成形

环氧树脂随树脂和固化剂使用的不同可分别在室温或加热条件下固化。环氧树脂原料的配制应从塑件性能和工艺性能两方面来考虑。不同的树脂和固化剂有不同的物理、力学性能。例如，制作大型塑件，可选择室温固化，这样可不用大型的加热设备；制作印刷电路板的封装件，高温可能影响电子元件的品质，亦应选择室温固化，但室温固化速度慢。

常用的环氧树脂固化剂及其用量和固化条件如表5.1.2所示。

表5.1.2 常用的环氧树脂固化剂及其用量和固化条件

种 类	状 态	用量/%（质量分数）	固化条件
乙二胺	无色、有气味液体	7～8	25℃，2～4 d 80℃，3～5 h
二乙基三胺	无色、有气味液体	8～11	25℃，4～7 d 150℃，2～4 h
593固化剂	淡黄色黏性透明液体	23～25	25℃，1～2 h
三乙醇胺	油状液体	10～15	120～140℃，4～6 h
咪唑	白色固体，熔点88～90℃	3～5	60～80℃，4～6 h

环氧树脂浇注原料中还可以加入铝粉、铁粉、钛白粉、玻璃纤维、碳酸钙、滑石粉等作为填充剂，以改进环氧树脂的性能或降低成本，也可加入邻苯二甲酸二丁酯、环氧丙烷丙烯醚等作为稀释剂，以降低环氧树脂的黏度，同时增加环氧树脂的韧性。

2. 典型塑料成形机与模具

1）成形机

注射机是注射成形的主要设备，近几年发展很快，品种、规格不断增多，而且还有新的类型不断出现。按其外形可分为立式、卧式、角式3种，应用较多的卧式注射机如图5.1.14所示。

各种注射机尽管外形不同，但基本都由下列3部分组成：

（1）注射系统 由加料装置（料斗）、定量供料装置、料筒及加热器、注射缸等组成，其作

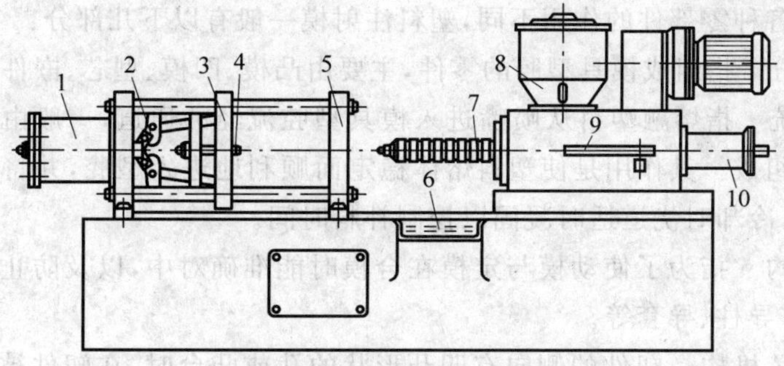

图 5.1.14 卧式注射机

1—锁模液压缸；2—锁模机构；3—移动板；4—顶杆；5—固定板；
6—控制台；7—料筒及加料器；8—料斗；9—定量供料装置；10—注射缸

用是使塑料塑化和均匀化，并提供一定的注射压力，通过柱塞或螺杆将塑料注射到模具型腔内。

(2) 合模、锁模系统　由固定模板、移动模板、顶杆、锁模机构和锁模液压缸等组成，其作用是将模具的定模部分固定在固定模板上，动模部分固定在移动模板上，通过合模锁模机构提供足够的锁模力使模具闭合。完成注射后，打开模具顶出塑件。

(3) 操作控制系统　安装在注射机上的各种动力及传动装置都是通过电气系统和各种仪表控制的，操作者通过控制系统来控制各种工艺量（注射量、注射压力、温度、合模力、时间等）完成注射工作。较先进的注射机可用计算机控制，实现自动化操作。

注射机还设有电加热和水冷却系统用于调节模具温度，并有过载保护及安全门等附属装置。

2) 模具

注射成形模具是注射成形工艺的主要工艺装备，称为注射模。注射模一般由定模部分和动模部分组成，如图 5.1.15 所示。动模安装在注射机的移动模板上，定模安装在注射机的固定模板上。注射时，动模与定模闭合构成型腔。定模部分设计有浇注系统，塑料熔体从喷嘴经浇注系统进入型腔成形。开模时动模与定模分离，模具上的脱模机构推出塑件。

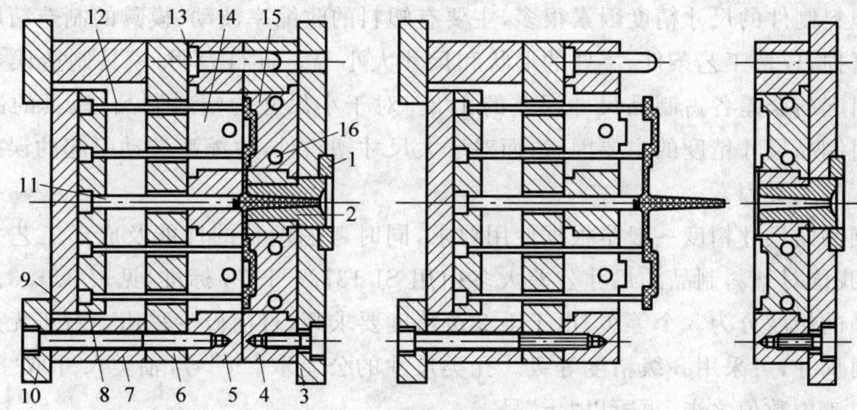

图 5.1.15 单分型面注射模

1—定位圈；2—浇口套；3—定模座板；4—定模板；5—动模板；6—支承板；
7—垫块；8—推杆固定板；9—推板；10—动模座板；11—拉料杆；12—推杆；
13—导柱；14—凸模(型芯)；15—凹模(或凹模镶块)；16—冷却水通道

根据模具上各种零部件的作用不同,塑料注射模一般有以下几部分:

(1) 成形部分　指组成模具型腔的零件,主要由凸模、凹模、型芯、嵌件和镶块等组成。

(2) 浇注系统　指熔融塑料从喷嘴进入模具型腔流经的通道,一般由主流道、分流道、浇口和冷料井等组成。其作用是使塑料熔体稳定而顺利地进入型腔,并将注射压力传递到型腔的各个部位,冷却时浇道适时凝固以控制补料时间。

(3) 导向机构　指为了使动模与定模在合模时能准确对中,以及防止推件板歪斜而设置的机构,主要有导柱、导套等。

(4) 侧向抽芯机构　塑件的侧向有凹凸形状的孔或凸台时,在塑件被推出前必须先拔出侧向凸模或抽出侧向型芯。侧向抽芯机构一般由活动型芯、锁紧楔、斜导柱等组成。

(5) 推出机构　又称脱模机构,是在开模时将塑件推出的零部件,主要由推板、推杆、主流道拉料杆等组成。

在注射模上还有加热、冷却系统和排气系统等。

我国已经制定的注射模模架的国家标准有《塑料注射模中小型模架及技术条件》(GB/T 12556—1990)和《塑料注射模大型模架》(GB/T 12555—1990)。前者适用于尺寸为 $B\times L\leqslant 560\ \text{mm}\times 990\ \text{mm}$ 的模板;后者适用于尺寸为 $B\times L=[(630\times 630)\sim(1250\times 2000)]\ \text{mm}^2$ 的模板。并制定了相应模具零部件的国家标准,为模具设计与生产提供了依据。

5.1.4 塑料制品的结构工艺性

塑料制品的结构设计应当满足使用性能和成形工艺的要求,力求做到结构合理,造形美观,便于制造。塑料制品的结构设计的主要内容包括塑件的尺寸精度、表面粗糙度、起模斜度、壁厚、局部结构(如加强肋、圆角、孔、螺纹、嵌件等)和分型面的确定等。

1. 尺寸精度

影响塑料制件的尺寸精度因素很多,主要有塑料的收缩率波动、模具的制造精度及使用过程中的磨损、成形工艺条件、零件的形状和尺寸大小等。资料表明,模具制造误差和由收缩率波动引起的误差各占制品尺寸误差的1/3。对于小尺寸的塑料制品,模具的制造误差是影响塑料制品尺寸精度的主要因素;而对于大尺寸塑料件,收缩率波动引起的误差则是影响尺寸精度的主要因素。

塑料制品的尺寸精度一般是根据使用要求,同时考虑塑料的性能及成形工艺条件确定的。目前,我国对塑料制品的尺寸公差大多引用 SJ 1372—1978 标准,见表 5.1.3。该标准将塑料制品的精度分为 8 个等级,由于 1、2 级精度要求高,目前极少采用。对于无尺寸公差要求的自由尺寸,可采用 8 级精度等级。孔类尺寸的公差取"+"号,轴类尺寸取"−"号,中心距尺寸取表中数值之半,再冠以"±"号。

对于不同品种的塑料制品,在 SJ 1372—1978 中建议采用 3 种精度等级,见表 5.1.4,设计塑料制品时可参考选用。

表 5.1.3 塑料制品的尺寸公差数值表 mm

公称尺寸	精度等级							
	1	2	3	4	5	6	7	8
	公差数值							
<3	0.04	0.06	0.08	0.12	0.16	0.24	0.32	0.48
3～6	0.05	0.07	0.08	0.14	0.18	0.28	0.36	0.56
6～10	0.06	0.08	0.10	0.16	0.20	0.32	0.40	0.61
10～14	0.07	0.09	0.12	0.18	0.22	0.36	0.44	0.72
14～18	0.08	0.10	0.12	0.20	0.24	0.40	0.48	0.80
18～24	0.09	0.11	0.14	0.22	0.28	0.44	0.56	0.88
24～30	0.10	0.12	0.16	0.24	0.32	0.48	0.64	0.96
30～40	0.11	0.13	0.18	0.26	0.36	0.52	0.72	1.04
40～50	0.12	0.14	0.20	0.28	0.40	0.56	0.80	1.20
50～65	0.13	0.16	0.22	0.32	0.46	0.64	0.92	1.40
65～80	0.14	0.19	0.26	0.38	0.52	0.76	1.04	1.60
80～100	0.16	0.22	0.30	0.44	0.60	0.88	1.20	1.80
100～120	0.18	0.25	0.34	0.50	0.68	1.00	1.36	2.00
120～140		0.28	0.38	0.56	0.76	1.12	1.52	2.20
140～160		0.31	0.42	0.62	0.84	1.24	1.68	2.40
160～180		0.34	0.46	0.68	0.92	1.36	1.84	2.70
180～200		0.37	0.50	0.74	1.00	1.50	2.00	3.00
200～225		0.41	0.56	0.82	1.10	1.64	2.20	3.30
225～250		0.45	0.62	0.90	1.20	1.80	2.40	3.60
250～280		0.50	0.68	1.00	1.30	2.00	2.60	4.00
280～315		0.55	0.74	1.10	1.40	2.20	2.28	4.40
315～355		0.60	0.82	1.20	1.60	2.40	3.20	4.80
355～400		0.65	0.90	1.30	1.80	2.60	3.60	5.20
400～450		0.70	1.00	1.40	2.00	2.80	4.00	5.60
450～500		0.80	1.10	1.60	2.20	3.20	4.40	6.40

表 5.1.4 精度等级的选用

类别	塑料品种	建议采用的精度等级		
		高精度	一般精度	低精度
1	聚苯乙烯，ABS，聚甲基丙烯酸甲酯，聚碳酸酯，酚醛塑料，聚砜，聚苯醚，氨基塑料，30%玻璃纤维增强塑料	3	4	5
2	聚酰胺(6、66、610、9、1010)，氯化聚醚，硬聚氯乙烯	4	5	6
3	聚甲醛，聚丙烯，聚乙烯(高密度)	5	6	7
4	软聚氯乙烯，聚乙烯(低密度)	6	7	8

2. 表面粗糙度

塑料制品的表面粗糙度除由于成形工艺控制不当出现的冷疤、波纹等疵点外，主要由模具的表面粗糙度决定。一般模具成形表面的粗糙度比塑料制品的表面粗糙度减小1～2级，因此塑料制品的表面粗糙度不宜过小，否则会增加模具的制造费用。对于不透明的塑料制品，由于外观对外表面有一定的要求，而对内表面只要求不影响使用，因此内表面可比外表面粗糙度增大1～2级。对于透明的塑料制品，内外表面的粗糙度值应相同，需达到 Ra0.8～0.05 μm(镜面)，因此需要经常抛光型腔表面。

3. 起模斜度

为了使塑料制品易于从模具中脱出，在设计时必须保证制品的内、外壁有足够的起模斜度。起模斜度与塑料品种、制品形状和模具结构等有关，一般情况下取0°30′～2°，常见塑料的起模斜度见表5.1.5。

表 5.1.5 常见塑料的起模斜度

塑料种类	起模斜度
聚乙烯，聚丙烯，软聚氯乙烯	0°30′～1°
尼龙，聚甲醛，氯化聚醚，聚苯醚，ABS	0°40′～1°30′
硬聚氯乙烯，聚碳酸酯，聚砜，聚苯乙烯，有机玻璃	0°5′～2°
热固性塑料	0°30′～1°

选择起模斜度一般应掌握以下原则：对较硬和较脆的塑料，起模斜度可以取大值；如果塑料的收缩率大或制品的壁厚较大，则应选择较大的起模斜度；对于高度较大及精度较高的制品，应选择较小的起模斜度。

4. 制品壁厚

制品壁厚首先取决于使用要求，但是成形工艺对壁厚也有一定要求。塑件壁厚太薄，使充型时的流动阻力加大，会出现缺料和冷隔等缺陷；壁厚太厚，塑件易产生气泡、凹陷等缺陷，同时也会增加生产成本。塑件的壁厚应尽量均匀一致，避免局部太厚或太薄，否则会因收缩不均而产生内应力，或在厚壁处产生缩孔、气泡或凹陷等缺陷。塑料制品的壁厚一般在1～4 mm，大型塑件的壁厚可达6 mm以上。各种塑料的壁厚值参见表5.1.6和表5.1.7。

表 5.1.6 热塑性塑料制品的最小壁厚和建议壁厚 mm

塑料名称	最小壁厚	建议壁厚		
		小型制品	中型制品	大型制品
聚苯乙烯	0.75	1.25	1.6	3.2～5.4
聚甲基丙烯酸甲酯	0.8	1.50	2.2	4.0～6.5
聚乙烯	0.8	1.25	1.6	2.4～3.2

续表

塑料名称	最小壁厚	建议壁厚		
		小型制品	中型制品	大型制品
聚氯乙烯(硬)	1.15	1.60	1.80	3.2～5.8
聚氯乙烯(软)	0.85	1.25	1.5	2.4～3.2
聚丙烯	0.85	1.45	1.8	2.4～3.2
聚甲醛	0.8	1.40	1.6	3.2～5.4
聚碳酸酯	0.95	1.80	2.3	4.0～4.5
聚酰胺	0.45	0.75	1.6	2.4～3.2
聚酰醚	1.2	1.75	2.5	3.5～6.4
氯化聚醚	0.85	1.35	1.8	2.5～3.4

表 5.1.7 热固性塑料制品的壁厚范围 mm

塑料种类	壁厚		
	木粉填料	布屑粉填料	矿物填料
酚醛塑料	1.5～2.5(大件 3～8)	1.5～9.5	3～3.5
氨基塑料	0.5～5	1.5～5	1.0～9.5

5. 加强肋、圆角、孔、螺纹、嵌件

1) 加强肋

加强肋的作用是在不增加壁厚的情况下，增加塑件的强度和刚度，避免塑件产生翘曲变形。其尺寸如图 5.1.16 所示。

加强肋的设计应注意以下几个方面：

(1) 加强肋与塑件壁连接处应采用圆弧过渡。

(2) 加强肋的厚度不应大于塑件的壁厚。

(3) 加强肋的高度应低于塑件高度的 0.5 mm 以上。

(4) 加强肋不应集中设置在大面积塑件中间，而应相互交错分布，以避免收缩不均引起塑件变形或断裂。

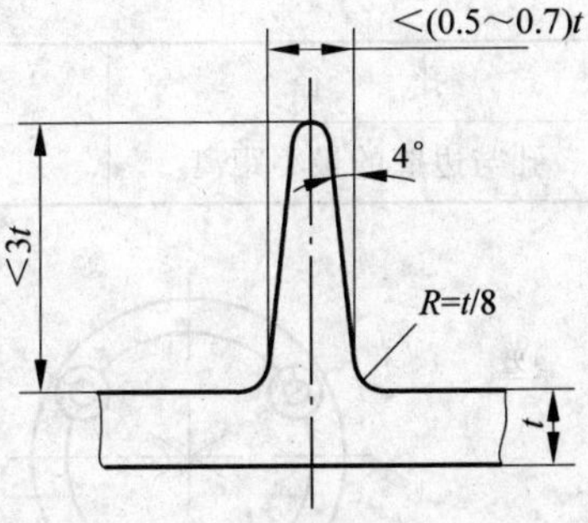

图 5.1.16 加强肋的尺寸

加强肋设计的典型实例见表 5.1.8。

2) 圆角

塑料制品除使用要求的尖角外，所有内、外表面的连接处都应采用圆角过渡。一般外圆弧的半径是壁厚的 1.5 倍，内圆弧的半径是壁厚的 0.5 倍。

表 5.1.8 加强肋设计的典型实例

序号	不合理	合理	说明
1			增设加强肋后，可提高塑件强度，改善料流状况
2			采用加强肋，既不影响塑件强度，又可避免因壁厚不均而产生缩孔
3			平板状塑件的加强肋应与料流方向平行，以免造成充模阻力无穷大和降低塑件韧性
4			非平板状塑件的加强肋应交错排列，以免塑件产生翘曲变形
5		>0.5	加强肋应设计得矮一些，应与支承面有大于 0.5 mm 的间隙

3）孔

塑料制品上的孔应尽量开设在不减弱制品强度的部位，孔与孔之间、孔与边距之间应留有足够距离，以免造成壁太薄而破裂。不同孔径的孔与边壁的最小距离见表 5.1.9。塑料制品上固定用孔的四周应采用凸边或凸台来加强，如图 5.1.17 所示。

表 5.1.9 孔与边壁的最小距离　　mm

孔径	2	3.2	5.6	12.7
孔与边壁的最小距离	1.6	2.4	3.2	4.8

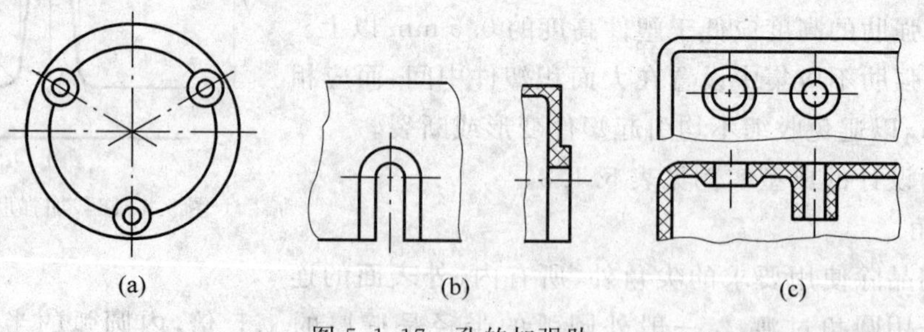

图 5.1.17 孔的加强肋

由于盲孔只能用一端固定的型芯成形，因此其深度应浅于通孔。通常，注射成形时孔深不超过孔径的 4 倍，压塑成形时压制方向的孔深不超过孔径的 2 倍。

当塑件孔为异形孔时(斜孔或复杂形状孔),要考虑成形时的模具结构,可采用拼合型芯的方法成形,以避免侧向抽芯结构。图 5.1.18 是几种复杂孔的成形方法。

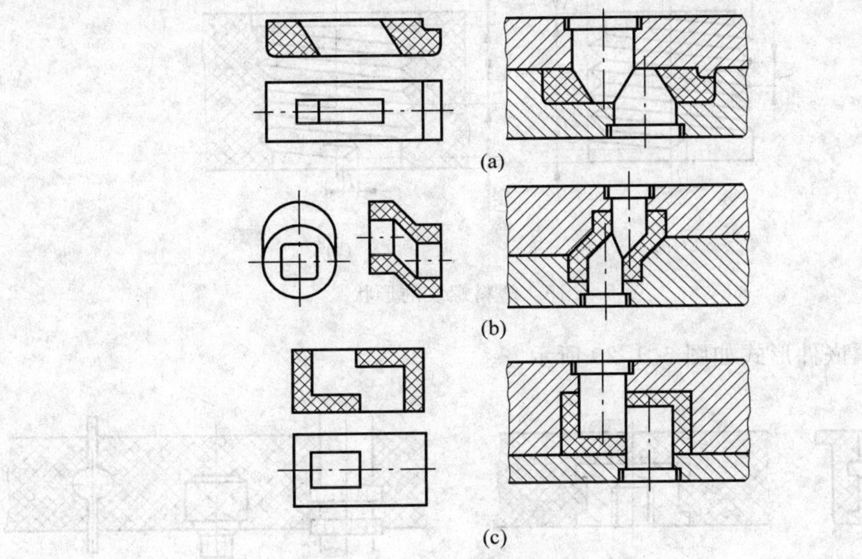

图 5.1.18 几种复杂孔的成形方法

4) 螺纹

塑料制品上的螺纹可以直接成形,通常无需后续机械加工,故应用较普遍。塑料成形螺纹时,外螺纹的大径不宜小于 4 mm,内螺纹的小径不宜小于 2 mm,螺纹精度一般低于 3 级。在经常装卸和受力较大的地方,不宜使用塑料螺纹,而应在塑料中装入带螺纹的金属嵌件。由于塑料成形时的收缩波动,塑料螺纹的配合长度不宜太长,一般不超过 7.8 牙,且尽量选用较大的螺距,如果需要使用细牙时可按表 5.1.10 选用。为防止塑料螺纹最外圈崩裂或变形,螺孔始端应有 0.2～0.8 mm 深的台阶孔,螺孔末端与底面也应留有大于 0.2 mm 的过渡段,如图 5.1.19(b)所示,与之相配的螺纹见图 5.1.19(a)。

表 5.1.10 塑料螺纹的螺牙选用范围

螺纹公称直径/mm	螺纹种类				
	公制标准螺纹	一级细牙螺纹	二级细牙螺纹	三级细牙螺纹	四级细牙螺纹
3	+	—	—	—	—
3～6	+	—	—	—	—
6～10	+	+	—	—	—
10～18	+	+	+	—	—
18～30	+	+	+	+	—
30～50	+	+	+	+	+

注:表中"+"为建议采用范围,"—"为不建议采用范围。

5) 嵌件

嵌件是在塑料制品中嵌入的金属或非金属零件,用以提高塑件的力学性能或导电磁性

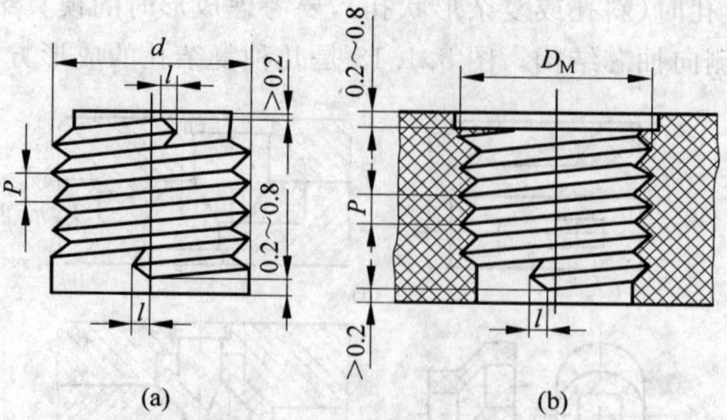

图 5.1.19　塑料螺纹的形状

等。常见的金属嵌件形式如图 5.1.20 所示。

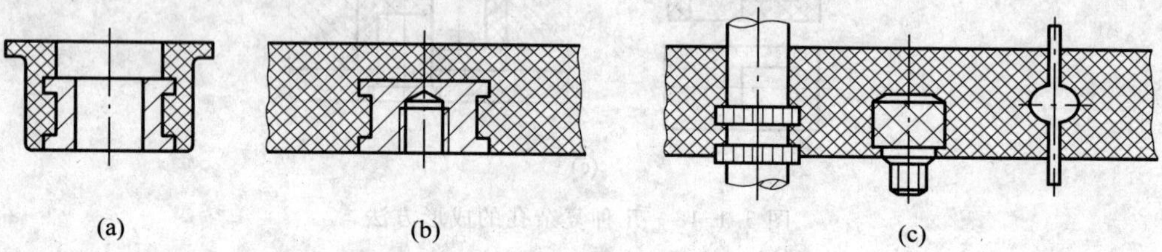

图 5.1.20　常见的金属嵌件形式

设计金属嵌件应注意以下几个方面：

(1) 金属嵌件尽可能采用圆形或对称形状，以保证收缩均匀。

(2) 金属嵌件周围应有足够的壁厚，以防止塑料收缩时产生较大应力而开裂。金属嵌件周围的塑料壁厚见表 5.1.11。

(3) 金属嵌件嵌入部分的周边应有倒角，以减小应力集中。

表 5.1.11　金属嵌件周围的塑料壁厚

mm

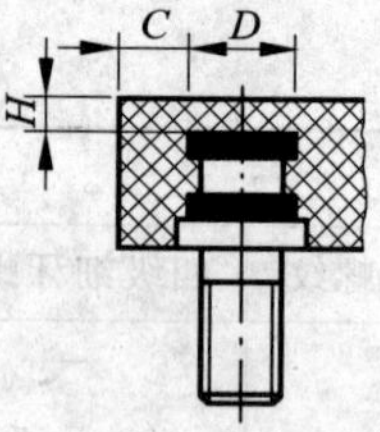

金属嵌件直径 D	塑料层最小厚度 C	顶部塑料层最小厚度 H
0～4	1.5	0.8
4～8	2.0	1.5
8～12	3.0	2.0
12～16	4.0	2.5
16～25	5.0	3.0

6. 支承面

以塑料制品的整个底面作支承面是不稳定的，见图 5.1.21(a)。通常采用有凸起的边缘或用底脚(三点或四点)来做支承面，如图 5.1.21(b)所示。凸台应位于边角部位。当制品的底部有肋时，肋的端面应低于支承面 0.5 mm 左右，见图 5.1.21(c)。

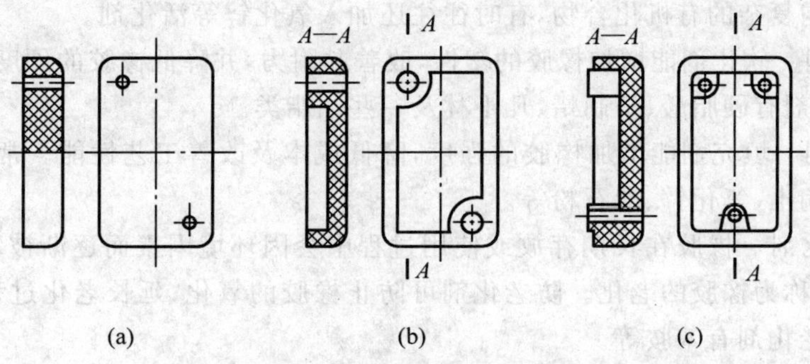

图 5.1.21　塑料制品的支承面

思考练习题

1. 常用的热塑性塑料与热固性塑料有哪些？两者的主要区别是什么？
2. 塑料在黏流态的黏度有何特点？
3. 热塑性塑料成形工艺性能有哪些？如何控制这些工艺参数？
4. 注射成形一般有哪几个工艺步骤？各个工艺步骤分别起什么作用？
5. 冰箱内的塑料内胆应用什么方法成形？
6. 注射成形适用什么塑料？成形设备是什么？
7. 可口可乐塑料瓶、塑料脸盆、变形金刚玩具等制品，分别应采用什么成形方法？
8. 分析注射成形、压制成形、挤出成形、吹塑成形、浇注成形的主要异同点。

5.2　橡胶及其成形

5.2.1　工业橡胶的组成及特点

1. 工业橡胶的组成

工业橡胶(rubber)的主要成分是生胶。生胶基本上是线型非晶态高聚物，其结构特点是由许多能自由旋转的链段构成柔顺性很大的大分子长链，通常呈卷曲线团状。当受外力时，分子便沿外力方向被拉直，产生变形，外力去除后又恢复到卷曲状态，变形消失。所以，生胶具有很高的弹性。但生胶分子链间相互作用力很弱，强度低，易产生永久变形。此外，生胶的稳定性差，如会发黏、变硬、溶于某些溶剂等。因此，工业橡胶中还必须加入各种配合剂。

配合剂是指为改善生胶的性能而添加的多种物质，包括硫化剂、促进剂、软化剂、填充剂、防老化剂和着色剂等。

(1) 硫化剂　硫化剂相当于热固性塑料中的固化剂。硫化剂能使分子链相互交联成网状结构。橡胶的交联过程叫硫化。橡胶品种不同，所用的硫化剂也不同。

(2) 促进剂　促进剂能缩短硫化时间，降低硫化温度，提高制品的经济性。常用的促进剂多为化学结构复杂的有机化合物，有时往往还加入氧化锌等活化剂。

(3) 软化剂　软化剂能增加橡胶的塑性，改善黏附力，并降低橡胶的硬度和提高其耐寒性，常用的软化剂有硬脂酸、精制蜡、凡士林及一些油脂类。

(4) 填充剂　填充剂能增加橡胶的强度，降低成本及改善工艺性能。常用的填料有炭黑、氧化硅、白陶土、氧化锌、滑石粉等。

(5) 防老化剂　橡胶在长期存放或使用过程中会因环境因素而逐渐被氧化发生变黏、变脆，这种现象称为橡胶的老化。防老化剂可防止橡胶的氧化，延长老化过程，增加使用寿命。常用的防老化剂有苯胺等。

(6) 着色剂　着色剂能使橡胶制品具有不同的颜色，有锑红、铬绿、络青等颜料。

2. 工业橡胶的性能

(1) 高弹性　高弹性是橡胶性能的主要特征。橡胶弹性模量低，一般在 1～9.8 MPa (而塑料可高至 2000 MPa)，回弹性能特别好，承受外力后，立即产生很大的变形，伸长率可达 100%～1000%，外力除去后又能很快恢复原状，并能在很宽的温度(−50～50℃)范围内保持弹性。

(2) 黏弹性　橡胶是黏弹性体。产生形变时受时间、温度等条件的影响，表现出明显的应力松弛和蠕变现象。在振动或交变应力等周期作用下，会产生滞后损失。

(3) 可塑性　可塑性是指在一定温度和压力下发生塑性变形，外力去除后能够保持所产生的变形的能力。橡胶在加工过程中如果弹性太大，塑性变形困难，加工成形就困难。为了提高加工性，需适当降低弹性而增加可塑性，因此必须通过塑炼提高其可塑性。

(4) 机械强度　机械强度是决定橡胶制品使用寿命的重要因素。工业生产中常以抗撕裂强度(或拉伸强度)及定伸强度表示。抗撕裂强度与分子结构有关，一般线型结构的强度高，分子质量大的强度高。定伸强度是指在一定伸长率的情况下而产生弹性变形所需应力大小，分子质量愈大，强度也愈高。定伸强度大，说明该橡胶不容易产生弹性变形。

(5) 耐磨性　耐磨性即橡胶抵抗磨损的能力。橡胶强度愈高，磨损量愈少，耐磨性也愈好。

(6) 电绝缘性　橡胶的电绝缘性好。

(7) 缓冲减振作用　橡胶对声音及振动的传播有缓和作用，可利用这一特点来减弱噪声和振动。

3. 常用的橡胶材料

根据原材料的来源可分为天然橡胶和合成橡胶。

1) 天然橡胶

天然橡胶(NR)是橡胶树上流出的胶乳经过加工制成的固态生胶。它的成分是异戊二烯高分子化合物。天然橡胶具有很好的弹性，但强度、硬度并不高。为了提高其强度并使其硬化，要进行硫化处理。经处理后，抗拉强度约为 17～29 MPa，用炭黑增强后可达 35 MPa。

天然橡胶是优良的电绝缘体，并有较好的耐碱性，但耐油、耐溶剂性和耐臭氧老化性差，不耐高温，使用温度为−70～110℃，广泛用于制作轮胎、胶带、胶管等。

2) 合成橡胶

(1) 丁苯橡胶(SBR)　丁苯橡胶是应用最广、产量最大的一种合成橡胶。它是以丁二烯和苯乙烯为单体形成的共聚物,其性能主要受苯乙烯含量的影响。随苯乙烯含量的增加,丁苯橡胶的耐磨性、硬度增大而弹性下降。丁苯橡胶比天然橡胶质地均匀,耐磨、耐热、耐老化性能好,但加工成形困难,硫化速度慢。这种橡胶广泛用于制造轮胎、胶布、胶板等。

(2) 顺丁橡胶(BR)　顺丁橡胶是丁二烯的聚合物。其原料易得,发展很快,产量仅次于丁苯橡胶。顺丁橡胶的特点是具有较高的耐磨性,比丁苯橡胶高 26%,可用于制造轮胎、三角胶带、减振器、橡胶弹簧、电绝缘制品等。

橡胶除了按来源分类外,还可按应用范围分为通用橡胶和特种橡胶。常用橡胶的性能和用途见表 5.2.1。

表 5.2.1　常用橡胶材料简介

类别	名称	抗拉强度/MPa	伸长率/%	使用温度/℃	回弹性	耐磨性	耐碱性	抗老性	用途
通用橡胶	天然橡胶	25～30	650～900	－50～120	好	中	中	中	轮胎、减振零件、水和气体密封体
	丁苯橡胶	15～20	500～600	－50～140	中	好	中	好	用途最广泛,可制作轮胎、胶板、电缆、绝缘件
	丁腈橡胶	15～30	300～800	－35～175	中	中	中	中	耐油、耐热性好,可制作输油管、密封件、油箱
	氯丁橡胶	25～27	800～1000	－35～130	中	中	好	好	综合性能好,可制作电缆、运输带、耐蚀件
特种橡胶	硅橡胶	4～10	50～500	－70～275	差	差	好	好	航空航天密封件、绝缘件,医疗器械
	氟橡胶	20～22	100～500	－50～300	中	中	中	好	耐高温和耐蚀密封件,高真空耐蚀件
	三元乙丙橡胶	10～25	400～800	150	中	中	好	好	蒸汽管、耐蚀密封件、绝缘件
	聚氨酯橡胶	20～35	300～800	80	中	好	差	中	耐磨件、低温密封件

5.2.2 橡胶制品成形技术

橡胶的成形按生产设备的不同可分为两类:一是在平板硫化机中模压成形,二是在注射机中注射成形。若按成形方法分,主要有压制成形、压铸成形、注射成形和挤出成形等。下面分析压制成形和注射成形。

1. 橡胶的压制成形

1) 压制成形工艺过程

橡胶的压制成形是橡胶制品生产中应用最早而又最多的方法。它是将经过塑炼和混炼预先压延好的橡胶坯料,按一定规格和形状下料后,加入到压制模中,合模后在液压机上按规定的工艺条件进行压制，使胶料在受热、受压情况下以塑性流动充满型腔，经过一定时间完成硫化，再进行起模、清理毛边，最后检验得到所需制品的方法。橡胶压制成形的工艺流程如图 5.2.1 所示。

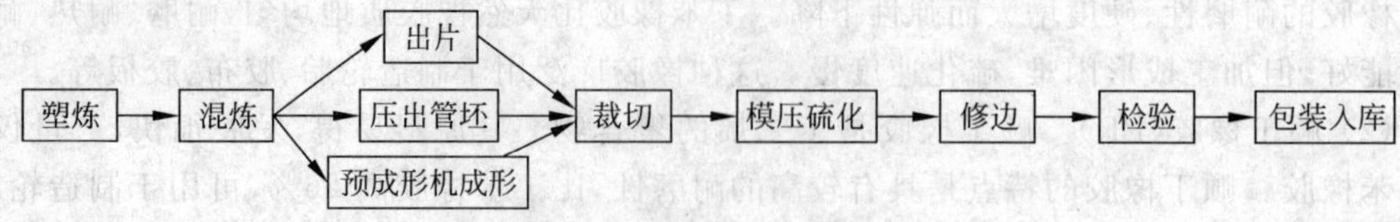

图 5.2.1 橡胶压制成形的工艺流程

(1) 塑炼　橡胶具有的高弹性使之不易与各种配合剂混合，也难以加工成形。为了适合加工工艺的需要，改变其高弹性，使橡胶具有一定的可塑度，通常在一定的温度下利用机械挤压、辊轧等方法，使生胶分子链断链，使其由强韧的弹性状态转变为柔软、具有可塑性的状态，这种使弹性生胶转变为可塑状态的加工工艺过程称为塑炼。

(2) 混炼　为了提高橡胶制品的使用性能，改进橡胶的工艺性能和降低成本，必须在生胶中加入各种配合剂。将各种配合剂混入生胶中，制成质量均匀的混炼胶的工艺过程称为混炼。

(3) 制坯　制坯是将混炼胶通过压延或挤压的方法制成所需的坯料，通常是片材，也可为管材或型材。

(4) 裁切　在裁切坯料时，坯料质量应有超过成品质量 5%～10% 的余量，结构精确的封闭式压制模成形时余量可减小到 1%～2%。一定的过量不仅可以保证胶料充满型腔，还可以在成形时排除型内的气体和保持足够压力。裁切可用圆盘刀或在冲床上进行，裁切尺寸大小可根据模具型腔内尺寸大小确定。

(5) 模压硫化　模压硫化是成形的主要工序，包括加料、闭模、硫化、起模和模具清理等步骤。胶料经闭模加热、加压后成形，经过硫化使胶料分子交联，成为具有高弹性的橡胶制品。起模后的橡胶制品经修边和检验合格后即为成品。

2) 压制工艺

橡胶压制成形工艺的关键是控制模压硫化过程。

硫化是指橡胶在一定的压力和温度下，坯料结构中的线型分子链之间形成交联，随着交联度的增加，橡胶变硬强化的过程。硫化过程控制的主要参数是硫化温度、时间和压力等。

(1) 硫化温度　硫化温度是橡胶发生硫化反应的基本条件，它直接影响硫化速度和产品质量。硫化温度高，硫化速度快，生产效率就高。但是硫化温度过高会使橡胶高分子链裂解，从而使橡胶的强度、韧度下降，因此硫化温度不宜过高。橡胶的硫化温度主要取决于橡胶的热稳定性，橡胶的热稳定性愈高，则允许的硫化温度也愈高。表 5.2.2 是常见胶料的最适宜硫化温度。

(2) 硫化时间　硫化时间是和硫化温度密切相关的。在硫化过程中，硫化胶的各项物理、力学性能达到或接近最佳点时，此种硫化程度称为正硫化或最宜硫化。在一定温度下达到正硫化所需的硫化时间称为正硫化时间。一定的硫化温度对应有一定的正硫化时间。当胶料配方和硫化温度一定时，硫化时间决定硫化程度，不同大小和壁厚的橡胶制品通过控制硫化时间来控制硫化程度。通常制品的尺寸越大或越厚，所需硫化的时间越长。

表 5.2.2 常见胶料最适宜的硫化温度 ℃

胶料类型	最适宜的硫化温度	胶料类型	最适宜的硫化温度
天然橡胶胶料	143	丁基橡胶胶料	170
丁苯橡胶胶料	150	三元乙丙胶料	160～180
异戊橡胶胶料	151	丁腈橡胶胶料	180
顺丁橡胶胶料	151	硅橡胶胶料	160
氯丁橡胶胶料	151	氟橡胶胶料	160

(3) 硫化压力　为使胶料能够流动充满型腔,并使胶料中的气体排出,应有足够的硫化压力。通常在100～140℃范围压模时,必须施用20～50 MPa的压力,才能保证获得清晰复杂的轮廓。增加压力能提高橡胶的力学性能,延长制品的使用寿命。试验表明,用50 MPa压力硫化的轮胎的耐磨性能,较压力在2 MPa硫化的轮胎的耐磨性能高出10%～20%。但是,过高的压力会加速分子的降解作用,反而会使橡胶的性能降低。通常,对硫化压力的选取应根据胶料的配方、可塑性、产品的结构等因素决定。在工艺上应遵循的原则为:制品塑性大,压力小;制品厚,层数多,结构复杂,压力大;薄制品压力低。生产中采用的硫化压力多在3.5～14.7 MPa之间,模压一般天然橡胶制品常用压力在4.9～7.84 MPa之间。

2. 橡胶的注射成形

橡胶注射成形是在专门的橡胶注射机上进行的,是一种将胶料直接从机筒注入模具硫化的生产工艺。橡胶注射机常用的有立式或卧式的螺杆或柱塞式注射机。多模胶鞋注射机的结构如图5.2.2所示。

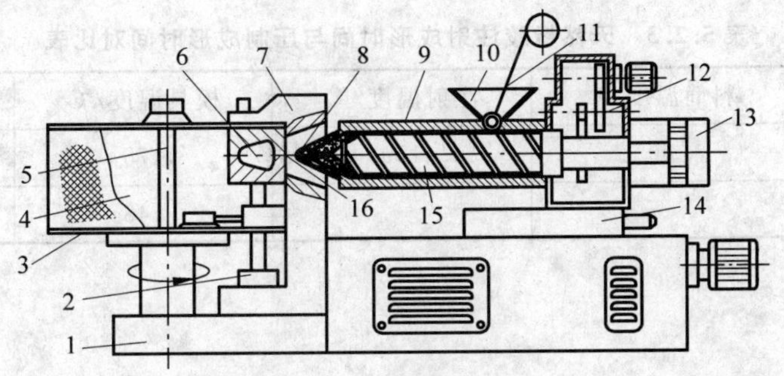

图 5.2.2　多模胶鞋注射机

1—机座;2—锁模液压缸;3—转盘;4—模具;5—转轴;6—型腔;
7—合模机构;8—喷嘴;9—机筒;10—料斗;11—带状胶料;
12—螺杆驱动装置;13—注胶油缸;14—注射座;15—螺杆;16—浇口

1) 橡胶注射成形工艺过程

橡胶注射成形的工艺过程主要包括胶料的预热塑化、注射、保压、硫化、脱模和修边等工序。将混炼好的胶料通过加料装置加入料筒中加热塑化,塑化后的胶料在柱塞或螺杆的推动下,经过喷嘴射入到闭合的模具中,模具在规定的温度下加热,使胶料硫化成形。

在注射成形过程中,由于胶料在充型前一直处于运动状态受热,因此各部分的温度较压制成形时均匀,且橡胶制品在高温模具中短时即能完成硫化,制品的表面和内部的温差小,硫化质量较均匀。所以，注射成形的橡胶制品具有质量较好、精度较高、生产效率也较高的工艺特点。

2）注射成形工艺条件

注射成形工艺条件主要有料筒温度、注射温度（胶料通过喷嘴后的温度）、注射压力、模具温度和成形时间。

（1）料筒温度　胶料在料筒中加热塑化。在一定的温度范围内，提高料筒温度可以使胶料的黏度下降，流动性增加，有利于胶料的成形。一般柱塞式注射机的料筒温度控制在70～80℃；螺杆式注射机因胶温较均匀，料筒温度控制在80～110℃，有的可达115℃。

（2）注射温度　胶料在料筒中除受料筒的加热外，在注射过程中还受到摩擦热，故胶料的注射温度均高于料筒温度。不同橡胶品种或同种生胶，由于胶料的配方不同，通过喷嘴后的升温也不同。注射温度高，硫化时间就短，但是容易出现焦烧，一般应控制在不产生焦烧的温度下，尽可能接近模具温度。

（3）注射压力　注射压力是注射时螺杆或柱塞施于胶料单位面积上的力。注射压力大，有利于胶料充模，还使胶料通过喷嘴时的速度提高，剪切摩擦产生的热量增大，这对充模和加快硫化有利。采用螺杆式注射机时，注射压力一般为80～110 MPa。

（4）模具温度　在注射成形中，由于胶料在充型前已经具有较高的温度，充型之后能迅速硫化，表层与内部的温差小，故模具温度较压制成形的温度高，一般可高出30～50℃。注射天然橡胶时，模具温度为170～190℃。

（5）成形时间　成形时间是指完成一次成形过程所需要的时间，它是动作时间与硫化时间之和。由于硫化时间所占比例最大，故缩短硫化时间是提高注射成形效率的重要环节。硫化时间与注射温度、模具温度、制品壁厚有关。表5.2.3是天然橡胶注射成形时间与压制成形时间对比表。从表5.2.3中可以看出，注射成形时间较压制成形时间少得多。

表5.2.3　天然橡胶注射成形时间与压制成形时间对比表

成形方法	料筒温度/℃	注射温度/℃	模具温度/℃	成形时间
注射成形	80	150	175	80 s
压制成形	—	—	143	20～25 min

思考练习题

1. 橡胶材料的主要特点是什么？常用的橡胶种类有哪些？
2. 为什么橡胶先要塑炼？成形时硫化的目的是什么？
3. 简述橡胶压制成形过程。控制硫化过程的主要条件有哪些？

5.3　胶粘剂及黏结成形

胶接是利用化学黏结剂，将分离的金属或非金属材料，相互连接成牢固整体的一种工艺方法。胶接同焊接、螺纹连接统称为三大连接技术。

5.3.1 胶接的特点及应用

1. 胶接的主要特点

(1) 连接范围广。能连接材质、形状、厚度、大小等相同或不同的材料,特别适用于连接异形、异质、薄壁、复杂、微小、硬脆或热敏制件。

(2) 抗疲劳强度高。接头应力分布均匀,避免了因焊接热影响区相变、焊接残余应力和变形等对接头的不良影响。

(3) 可以获得刚度好、质量轻的结构,且表面光滑,外表美观。

(4) 使用性能良好。具有连接、密封、绝缘、防腐、防潮、减振、隔热、衰减消声等多重功能。连接不同金属时,不产生电化学腐蚀。

(5) 工艺过程简便。没有很高的技术要求,工艺性好,成本低,节约能源。

胶接也有一定的局限性,它并不能完全代替其他连接方式,目前存在的主要问题是胶接接头的强度不够高,大多数胶粘剂耐热性不高,易老化,且对胶接接头的质量尚无可靠的检测方法。

2. 胶接的应用

(1) 在机械工业中的应用 如修复有缺陷的铸件和被磨损的轴、孔、导轨等;胶接各种刀具(如车刀、铣刀、金刚石工具等);代替沿用已久的焊接,避免了热变形和应力,提高刀具的使用寿命,节省刀具材料,高速钢的消耗量可降低60%~85%,硬质合金消耗量可降低30%~40%。

(2) 在电子工业中的应用 电子工业中,从集成电路到大型电机,从电子元件到家用电器,都广泛地应用胶接技术。例如,微型线圈成形固定、电机转子导线特殊成形、电冰箱体的连接、电视机显像管胶接、音响设备中扬声器的胶接等。

(3) 在汽车制造中的应用 汽车是典型的多种材料组合的机器,其构成材料除钢材、铝材外,还有玻璃、塑料、橡胶等非金属,采用胶接技术具有明显的优势。一般每辆汽车有40多处需要20多种不同性能的胶粘剂,其质量(包括密封剂、底涂层)约占汽车质量的1/25。如汽车刹车片,一般为纤维增强的酚醛,刹车片与钢板的传统连接工艺为铆接,采用胶接技术可避免因铆钉磨损而造成的刹车片脱离,并且耐水、耐油、耐热。

(4) 在飞机制造中的应用 飞机上的蜂窝结构很多(如升降舵、水平安定面、挡板等),一架大型客机蜂窝状结构有一二千平方米。用胶接技术连接制造的蜂窝结构具有较高的比强度和比刚度,而且表面平滑、密封、隔热,其耐疲劳强度比铆接提高5~10倍,大大地增强了飞机的可靠性。

除此以外,在船舶制造、建筑装潢、轻纺、新材料、医疗、日常生活中,胶接也在扮演越来越重要的角色。在未来的结构连接中,胶接是最有前途的连接方式之一。

5.3.2 常用胶粘剂

胶粘剂(adhesive)又称黏结剂,属高分子化合物材料,通常由基料与配合剂组成。

1. 基料

基料又称黏料或胶料，是胶粘剂的主体。胶粘剂的组成是根据使用性能要求而采用不同的配方，但其中黏性基料是主要的组成成分。黏性基料对胶黏剂的性能起主要作用，它必须具有优异的黏附力及良好的耐热性、抗老化性等。常用黏性基料有环氧树脂、酚醛树脂、聚氨酯树脂、氯丁橡胶、丁腈橡胶等。

根据胶粘剂的黏性基料的不同化学成分，胶粘剂可分为无机胶和有机胶；按其主要用途，又可分为结构胶、非结构胶和其他胶粘剂。

1）有机胶粘剂

有机胶粘剂有环氧胶粘剂和改性酚醛胶粘剂。

（1）环氧胶粘剂　环氧胶粘剂是以环氧树脂为基料的胶粘剂。目前常用的环氧树脂主要是双酚 A 型的，它对许多工程材料如金属、玻璃、陶瓷等，均有很强的黏附力。由于环氧树脂是线型高聚物，本身不会固化，所以必须加入固化剂，使其形成体型结构，才能发挥其优异的物理、力学性能。常用的固化剂有胺类、酸酐类、咪唑类和聚酰胺树脂等。环氧树脂固化后会变脆，为了提高冲击韧度，常加入增塑剂和增韧剂，如对苯二甲酸二丁酯、丁腈橡胶等。环氧胶粘剂常用作各种结构用胶。

（2）改性酚醛胶粘剂　酚醛树脂固化后有较多的交联键，因此它具有较高的耐热性和很好的黏附力。但脆性较大，为了提高韧性，需要进行改性处理。由酚醛树脂与丁腈混炼胶混合而成的改性胶粘剂称为酚醛-丁腈胶。它的胶接强度高，弹性、韧性好，耐振动，耐冲击，具有较广的使用温度范围，可在−50～180℃之间长期工作。此外，它还耐水、耐油、耐化学介质腐蚀，主要应用于金属及大部分非金属材料的结构中，如汽车刹车片的粘合，飞机中铝、钛合金的粘合等。由酚醛树脂与脲醛树脂混合而成的胶粘剂称为酚醛-脲醛胶。它具有较高的胶接强度，特别是冲击韧性和耐疲劳性好。同时，也具有良好的耐老化性和综合性能，适用于各种金属和非金属材料的胶接。但其耐热性能比酚醛-丁腈胶差。

2）无机胶粘剂

无机胶主要有磷酸型、硼酸型和硅酸型。目前工程上最常用的是磷酸型。

磷酸型胶粘剂的组成如下：

磷酸（相对密度为 1.7）100 mL } 磷酸铝 1 mL } 调制成胶
氢氧化铝（化学纯）5～10 g }
氧化铜（180 目以上）3.5～4.5 g

与有机胶粘剂相比，无机胶有下列特点：

（1）耐热性能优良，长期使用温度为 800～1000℃，并具有一定的强度，这是有机胶无法比拟的。

（2）胶接强度高，抗剪强度可达 100 MPa，抗拉强度可达 22 MPa。

（3）低温性能好，可在−196℃下工作，强度几乎无变化。

（4）耐磨性、耐水性和耐油性良好，但耐酸、碱性较差。

2. 配合剂

配合剂是为改善胶粘剂的性能而加入的添加剂。这些添加剂是根据胶粘剂的性质及使用要求选择的，主要有：

(1) 填料　用以改善强度、硬度、耐磨性、耐热性、耐蚀性、电导性及热导性等。填料一般为金属粉末、玻璃、石棉等不与其他组分起化学反应的非黏性固态物质。另外，加入填料还可以有效地降低成本。

(2) 固化剂　参与化学反应使胶粘剂发生固化，其成分因基料不同而异，如硫化剂可作为橡胶型粘剂的固化剂。

(3) 催化剂　可缩短固化时间，降低固化温度。

(4) 增塑剂　用以改善胶粘剂的脆性，提高固化后的塑性，同时还可以改善流动性、柔软性、耐振性。

(5) 稀释剂　可降低胶粘剂的黏度，增加对被黏结材料的润湿性，还可控制固化过程的反应热，延长胶粘剂的活性期等。

(6) 偶联剂　可提高胶粘强度、耐水性、耐热性和耐老化性，常用有机硅烷作偶联剂。

(7) 增黏剂　用以增加黏附性，常用松香、石油树脂等。

(8) 稳定剂　用以提高胶粘剂配置、储存和使用期间性能的稳定性，常用防老化剂、抗氧化剂等。

5.3.3 胶接工艺

1. 胶接工艺过程

在正式胶接之前，先要对被粘物表面进行表面处理，以保证胶接质量。完成后将准备好的胶粘剂均匀涂敷在被粘表面上，胶粘剂扩散、流变、渗透、合拢后，在一定条件下固化，当胶粘剂的大分子与被粘物表面的距离小于 5×10^{-10} m 时，形成化学键，同时，渗入孔隙中的胶粘剂固化后，生成无数的“胶勾子”，从而完成胶接过程。

胶接的一般工艺过程有确定部位、表面处理、配胶、涂胶、固化、检验等。

1) 确定部位

胶接大致可分为两类：一类用于产品制造，另一类用于各种修理。无论是何种情况，都需要对胶接部位有比较清楚的了解，例如表面状态、清洁程度、破坏情况、胶接位置等，这样才能为实施具体的胶接工艺做好准备。

此外，还要根据零部件的结构、受力特征和使用的环境条件进行接头形式的设计和尺寸的确定。

2) 表面处理

在进行胶接之前，必须进行被胶接材料表面的清洁处理和表面活化处理。表面处理的目的是为了获得最佳的表面状态，有助于形成足够的黏附力，提高胶接强度和使用寿命。主要应解决下列问题：

(1) 去除被粘表面的氧化物、油污等异物污染层、吸附的水膜和气体，清洁表面。

(2) 使表面获得适当的粗糙度。对于胶接接头的强度要求较高、使用寿命要求较长的被胶接物，应对其表面进行胶接前的处理，如机械打毛、清洗等。

(3) 活化被粘表面，使低能表面变为高能表面，惰性表面变为活性表面等。

表面处理的具体方法有表面清理、脱脂去油、除锈粗化、清洁干燥、化学处理、保护处理等，依据被粘表面的状态、胶粘剂的品种、强度要求、使用环境等进行选用。

3）配胶

单组分胶粘剂一般可以直接使用，但如果有沉淀或分层，则在使用之前必须搅拌混合均匀。多组分胶粘剂必须在使用前按规定比例调配混合均匀，根据胶粘剂的适用期、环境温度、实际用量来决定每次配置量的多少，应当随配随用。有时还需将它们在烘箱或红外线灯下预热至 40～50℃。

4）涂胶

涂胶就是以适当的方法和工具将胶粘剂涂布在被粘表面。操作的正确与否，对胶接质量有很大影响。涂胶方法与胶粘剂的状态有关。液态、糊状或膏状的胶粘剂可采用刷涂、喷涂、浸涂、注入、滚涂、刮涂等方法，要求涂胶均匀一致，避免空气混入，达到无漏涂、不缺胶、无气泡、不堆积，胶层厚度控制在 0.08～0.15 mm。

5）固化

固化是胶粘剂通过熔剂挥发、乳液凝聚的物理作用或缩聚、加聚的化学作用，变为固体并具有一定强度的过程，是获得良好胶粘性能的关键过程。胶层固化应控制温度、时间、压力 3 个参数。固化温度是固化条件中最为重要的因素，适当提高固化温度可以加速固化过程，并能提高胶接强度和其他性能。加热固化时要求加热均匀，严格控制温度，缓慢冷却。适当的固化压力可以提高胶粘剂的流动性、润湿性、渗透和扩散能力，防止产生气孔、空洞和分离，使胶层厚度更为均匀。固化时间与温度、压力密切相关，升高温度可以缩短固化时间，降低温度则要适当延长固化时间。

6）检验

对胶接接头的检验方法主要有目测、敲击、溶剂检查、试压、测量、超声波检查、X 射线检查等，目前尚无较理想的非破坏性检验方法。

2. 胶接接头

胶接接头的受力情况比较复杂，其中最主要的是机械力的作用。作用在胶接接头上的机械力主要有 4 种类型：剪切、拉伸、剥离和不均匀扯离，如图 5.3.1 所示，其中以剥离和不均匀扯离的破坏力作用较大。在选择胶接接头的形式时，应考虑以下原则。

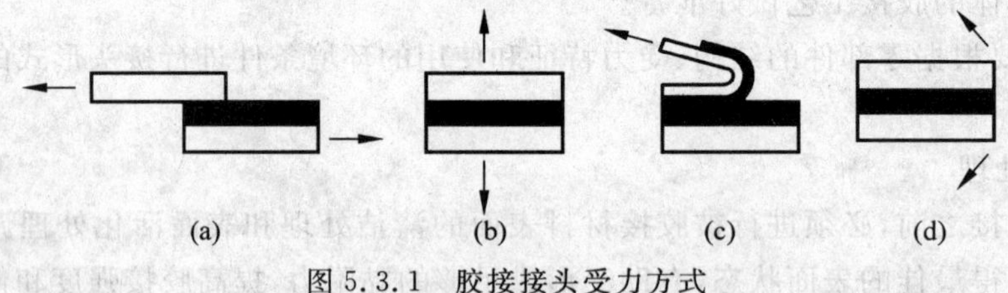

图 5.3.1 胶接接头受力方式

(a) 剪切；(b) 拉伸；(c) 剥离；(d) 不均匀扯离

(1) 尽量使胶层承受剪切力和拉伸力，避免剥离和不均匀扯离。

(2) 在可能和允许的条件下适当增加胶接面积。

(3) 采用混合连接方式，如胶接加点焊、铆接、螺栓连接、穿销等，这样可以取长补短，增加胶接接头的牢固耐久性。

(4) 注意不同材料的合理配置。例如,材料线膨胀系数相差很大的圆管套接时,应将线膨胀系数小的套在外面,而线膨胀系数大的套在里面,以防止加热引起的热应力造成接头开裂。

(5) 接头结构应便于加工、装配、胶接操作和利于以后的维修。

常用的胶接接头形式如图 5.3.2 所示,有搭接接头(图(a))、槽接接头(图(b))、对接接头(图(c))、斜接接头(图(d))、角接接头(图(e))、套接接头(图(f))等类型。原则上应少用对接接头,尽量采用搭接或槽接接头,以增大胶接面积,提高接头的承载能力。

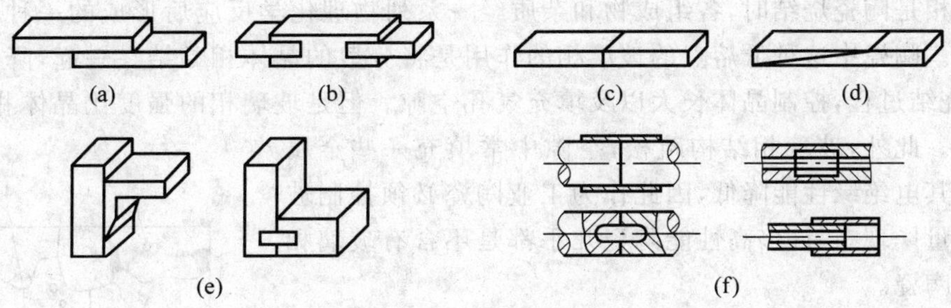

图 5.3.2 胶结接头形式

(a) 搭接接头;(b) 槽接接头;(c) 对接接头;(d) 斜接接头;(e) 角接接头;(f) 套接接头

思考练习题

1. 有机胶与无机胶各有何优点?
2. 胶粘剂的主要成分有哪些?
3. 胶接时为什么要对工件进行表面处理?试比较钎焊和胶接的异同点。
4. 胶接基本工艺过程有哪些?胶接过程中有哪些重要参数需要控制?
5. 胶接技术可以用于哪些行业和领域?

5.4 工业陶瓷及其成形

5.4.1 陶瓷的组织结构及性能

1. 陶瓷的组织结构

普通陶瓷的典型组织是由晶体相、玻璃相和气体组成的。特种陶瓷的原料纯度高,组织比较单一。例如,含 Al_2O_3 在 95%以上的氧化铝陶瓷,其组织主要由 Al_2O_3 晶体和少量气体组成。

1) 晶体相

晶体相是陶瓷的主要组成相,它的结构、数量、形态和分布决定陶瓷的主要特点、性能和应用。陶瓷中的晶体相物质主要有含氧酸盐(硅酸盐、钛酸盐、锆酸盐等)、氧化物(如氧化铝、氧化镁等)和非氧化物(如氮化物、碳化物)等。陶瓷材料的晶体相常常不止一种,因此又将多晶体相进一步分为主晶体相、次晶体相、第三晶体相等。例如，普通电瓷的主晶体相是莫来石晶体，次晶体相为石英晶体。晶体相往往是陶瓷中最重要的组成相，而且主晶体相的性能常常就决定陶瓷的物化性能。

陶瓷的晶体相中也有的存在同素异构转变。当陶瓷是由两种或两种以上的不同组元形成时，它们可以和金属材料一样形成固熔体、化合物或混合物。也可以通过相图来选定瓷料配方、确定烧成工艺等。陶瓷材料也可通过改变加热、冷却条件获得不平衡的组织结构。

2）玻璃相

玻璃相是陶瓷烧结时，各组成物和杂质经一系列物理化学反应后形成的一种非晶态的固体物质。陶瓷中这种低熔点的玻璃相的作用是将分散的晶体相黏结在一起，降低烧成温度，加快烧结过程，控制晶体长大以及填充气孔空隙。但是玻璃相的强度比晶体相低，热稳定性也差。此外，玻璃相结构疏松，空隙中常填充一些金属粒子而使其电绝缘性能降低，因此作为工业陶瓷必须控制玻璃相的含量。现在，许多高性能陶瓷几乎都是不含有玻璃相的结晶态陶瓷。

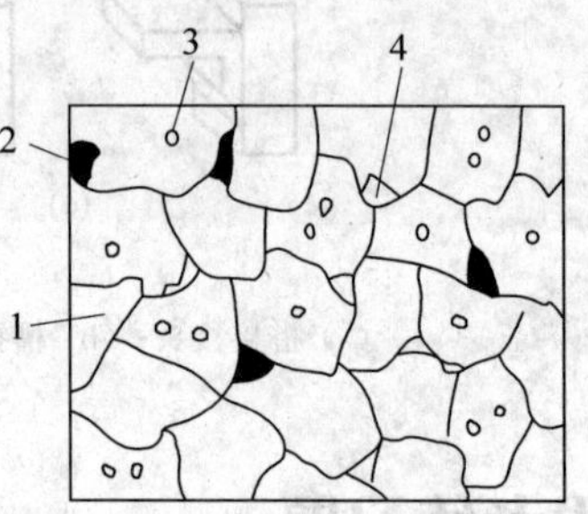

图 5.4.1 陶瓷显微组织

1—晶粒；2—气孔；
3—晶粒内气孔；4—玻璃相

3）气体

气体是指陶瓷组织内部残留下来的气孔。气体以孤立状态分布于玻璃相中，或以细小气孔存在于晶界或晶内（图 5.4.1），约占普通陶瓷体积的 5%～10%或更多一些。气孔使应力集中，导致力学性能降低，并使介电损耗增大，抗电击穿强度下降。因此工业陶瓷力求气孔小、数量少，并分布均匀。

2. 陶瓷的性能

1）陶瓷的力学性能

陶瓷的弹性模量 E 一般都较高，极不容易变形。表 5.4.1 为几种陶瓷材料和中碳钢的 E 值。有的先进陶瓷有很好的弹性，可以制作成陶瓷弹簧。

表 5.4.1 几种材料的 *E* 值 10^6 MPa

材料	SiO_2	烧结 Si_3N_4	热压 Si_3N_4	热压 Si_3N_4（1400℃）	SiC	中碳钢
E	0.7	1.6	3.2	2.6	4.5	2.2

陶瓷的硬度很高，绝大多数陶瓷的硬度远高于金属。

陶瓷的耐磨性好，是制造各种特殊要求的易损零部件的好材料。例如，用碳化硅陶瓷制造的各种泵类的机械密封环，寿命很长，可以用到整台机器报废为止。

陶瓷的抗拉强度低，但抗弯强度较高，抗压强度更高，一般比抗拉强度高 1 个数量级。

陶瓷材料一般具有优于金属的高温强度，在 1000℃以上的高温下陶瓷仍能保持其室温下的强度，而且高温抗蠕变能力强，是工程上常用的耐高温材料。

传统陶瓷在室温下几乎没有塑性。近年来还发现一些陶瓷具有超塑性，断裂前的应变可达到 300%左右。

传统陶瓷的韧性低、脆性大，而许多先进陶瓷材料则既坚又韧，如增韧氧化锆瓷就非常坚韧。

2）陶瓷的物理性能

(1) 热性能　陶瓷的热传导主要靠原子的热振动来完成。不同陶瓷材料的导热性能不同，有的是良好的绝热材料，有的则是良好的导热材料（如氧化硼和碳化硅陶瓷）。热稳定性陶瓷材料在温度急剧变化时具有抵抗破坏的能力。热膨胀系数大、导热性差，韧性低的材料热稳定性不高。多数陶瓷的导热性差、韧性低，故热稳定性差。但也有些陶瓷具有高的热稳定性，如碳化硅等。

(2) 导电性　多数陶瓷具有良好的绝缘性能，但有些陶瓷具有一定的导电性，如压电陶瓷、超导陶瓷等。

(3) 光学特性　陶瓷一般是不透明的，随着科技发展，目前已研制出了诸如铸造固体激光器材料、光导纤维材料、光存储材料等透明陶瓷新品种。

3）陶瓷的化学性能

陶瓷的结构非常稳定，通常情况下不可能同介质中的氧发生反应，不但室温下不会氧化，即使1000℃以上的高温也不会氧化，并且对酸、碱、盐等的腐蚀有较强的抵抗能力，也能抵抗熔融金属（如铜、铝等）的侵蚀。

5.4.2 常用陶瓷材料

陶瓷(ceramics)是一种无机非金属材料，可分为普通陶瓷和特种陶瓷两大类。前者是以黏土、长石和石英等天然原料，经过粉碎、成形和烧结而成，主要用作日用、建筑和卫生用品，以及工业上的低压电器、高压电器、耐酸器皿、过滤器皿等。后者是以人工化合物为原料（如氧化物、氮化物、碳化物、硅化物、硼化物及氟化物等）制成的陶瓷，它具有独特的力学、物理、化学、电、磁、光学等性能，主要用于化工、冶金、机械、电子、能源和一些新技术中。

1. 普通陶瓷

普通陶瓷是由天然原料配制、成形和烧结而成的黏土类陶瓷。它的质地坚硬，绝缘性、耐蚀性、工艺性好，可耐1200℃高温，且成本低廉。除用作日用陶瓷外，工业上主要用作绝缘的电瓷和对酸、碱有一定耐蚀性的化学瓷，有时也可作承载要求较低的结构零件用瓷。

2. 氧化铝陶瓷

氧化铝陶瓷是一种以 Al_2O_3 为主要成分的陶瓷，其所含玻璃相和气体极少，故其强度比普通陶瓷高3～6倍，并具有硬度高、抗化学腐蚀能力和介电性好、耐高温（熔点为2050℃）的特性，但脆性大，抗冲击性差，不宜承受环境温度的剧烈变化。近年来出现的氧化铝微晶刚玉瓷、氧化铝金属瓷等，进一步提高了刚玉瓷的性能，广泛用于制造高温测温热电偶绝缘套管，耐磨、耐蚀水泵，拉丝模及切削淬火钢的刀片等。

3. 氮化硅陶瓷

氮化硅陶瓷是将硅粉经反应烧结而成或将 Si_3N_4 经热压烧结而成的一种陶瓷。它们都是以共价键为主的化合物，原子间结合牢固，因此，化学稳定性好，硬度高，摩擦系数小，并具有自润滑性和优异的电绝缘性，抗热振性更为突出。经反应烧结而成的氮化硅陶瓷，常用于制造耐磨、耐蚀、耐高温、绝缘的零件，如耐蚀水泵密封环、电磁泵管道、阀门、热电偶套以及高温轴承材料。热压烧结而成的氮化硅陶瓷，可用于制作燃气轮机转子叶片、转子发动机刮片和切削加工用刀片等。

4. 氮化硼陶瓷

氮化硼陶瓷通常是由 BN 粉末经冷压或热压烧结而成的一种陶瓷。其晶体结构属六方晶型，与石墨相似。但其强度比石墨高，有良好的耐热性（在氮气或惰性气体中最高使用温度达 2800℃），是典型的电绝缘材料和优良的热导体。此外，还具有良好的化学稳定性和机械加工性，适用于制造冶炼用的坩埚、器皿、管道、半导体容器和各种散热绝缘体、玻璃制品模具等。

如果以六方氮化硼为原料，经碱金属或碱土金属触媒作用，并在高温、高压下转化为立方氮化硼，则可成为一种硬度仅次于金刚石的新型超硬材料，可作为磨料用于磨削既硬又韧的高速钢、模具钢、耐热钢等，并可制成金属切削用的刀片。

5. 碳化物陶瓷

碳化物陶瓷有 SiC、WC、TiC 等。这类材料具有高的硬度、熔点和化学稳定性。

碳化硅陶瓷具有较高的高温强度，其抗弯强度在 1400℃时仍保持在 300～600 MPa，而其他陶瓷在 1200℃时抗弯强度已显著下降。此外，它还具有很高的热传导能力，较好的热稳定性、耐磨性、耐蚀性和抗蠕变性。

碳化硅陶瓷可用来制造工作温度高于 1500℃的零件，如火箭喷嘴、热电偶套管、高温电炉零件、各种泵的密封圈等。

5.4.3 陶瓷制品成形技术

陶瓷制品的生产过程包括原料处理、坯料准备、成形、干燥、施釉、烧结及后续处理等。

1. 粉末的制备

粉末的质量对陶瓷件的质量影响很大。高质量的粉末应具备的特征有：粒度均匀，平均粒度小；颗粒外形圆整；颗粒聚集倾向小；纯度高，成分均匀。粒度的大小基本上决定了陶瓷制品的应用范围，民用、建筑等行业用的粉末粒径大于 1 mm，冶金、军工等行业为 1～40 μm。最近开发出来的纳米材料，粉末粒径在几十纳米之间。用纳米材料制成的陶瓷，其性能、精度大幅度提高，因此，扩大了陶瓷的应用范围。常用的粉末制备方法见表 5.4.2。

2. 成形方法

陶瓷制品的成形，就是将坯料制成一定形状和规格的坯体。常用的成形方法有注浆成形、可塑成形和压制成形 3 大类。

表 5.4.2 常用粉末制备方法简介

类别	制备方法	原理	特点
机械方法	粉碎法	利用球磨机带动球磨罐中的磨球高速撞击原料,使原料粉碎	颗粒形状不规则,易发生聚集成团混入杂质,粒径大于1 μm
物理方法	雾化法	利用超声速气流带动原料高速运动,原料相互撞击、摩擦而粉化	粒径在0.1～0.5 μm之间,粒度分布均匀,速度快,杂质少
化学方法	固相法	热分解法:如[$Al_2(NH_4)_2(SO_4)_4 \cdot 24H_2O$]在空气中加热分解可得到$Al_2O_3$粉末。 还原法:如$SiO_2+C=SiC+CO_2(g)$可得到SiC粉末。 合成法:如$BaCO_3+TiO_2=BaTiO_3+CO_2(g)$	粒度分布均匀,粒度、纯度可控,粒度在1 μm左右
	液相法	沉淀法:使金属盐溶液发生沉淀反应生成盐或氢氧化物,再加热分解得到氧化物粉末 蒸发法:将溶液以雾状喷射到热风中,使溶剂快速蒸发干燥而分解	粒径小于1 μm,成分均匀,生产量大
	气相法	气相反应法:将挥发性物质加热到一定温度后分解或化合,得到单一或复合氧化物、碳化物 蒸发-凝聚法:将原料加热到高温使之气化,然后急冷,原料凝聚成细微粉末	粒度可控,粒径在5～500 nm之间,纯度高

1) 注浆成形

传统的注浆成形是指在石膏模的毛细管力作用下,含一定水分的黏土泥浆脱水硬化、成坯的过程。现在,一般将坯料具有一定液态流动性的成形方法统称为注浆成形法。

传统的注浆成形周期长,劳动强度大,不适合连续自动化生产。近年来,各种强化注浆方法快速发展,如自动化管道注浆、成组浇注等,缩短了生产周期,提高了坯体质量。

基本注浆方法有空心注浆(单面注浆)和实心注浆(双面注浆)两种。

空心注浆的石膏模没有型芯,泥浆注满模腔后放置一段时间,待模腔内壁黏附一定厚度的坯体后,将多余的泥浆倒出,形成空心注件,然后带模干燥。待注件干燥收缩脱离模型后就可取出,如图5.4.2所示。模腔工作面的形状决定坯体的外形,坯体厚度取决于吸浆时间等。这种方法适合于小件、薄壁制品的成形。

实心注浆是将泥浆注入外模和型芯之间,石膏模从内、外两个方向同时吸水。注浆过程中泥浆不断减少,需要不断补充,直至泥浆全部硬化成坯,如图5.4.3所示。实心注浆的坯体外形决定于外模的工作面,内形决定于模芯的工作面。坯体厚度由外模与模芯之间的空腔决定。实心注浆适合于坯体的内、外表面的形状和花纹不同,大型内壁厚的制品。

有时可采用强化注浆方法,即在注浆过程中施加外力,加速注浆过程的进行,使得吸浆速度和坯体强度得到明显改善。

热压铸成形是将含有石蜡的浆料在一定温度和压力下注入金属模具中,待坯体冷却凝固后再脱模的成形方法。其制品的尺寸准确,结构紧密,表面光洁,广泛应用于制造形状复

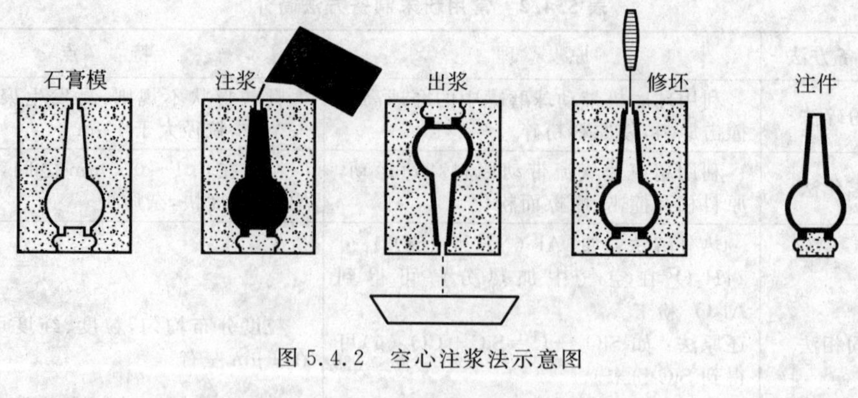

图 5.4.2 空心注浆法示意图

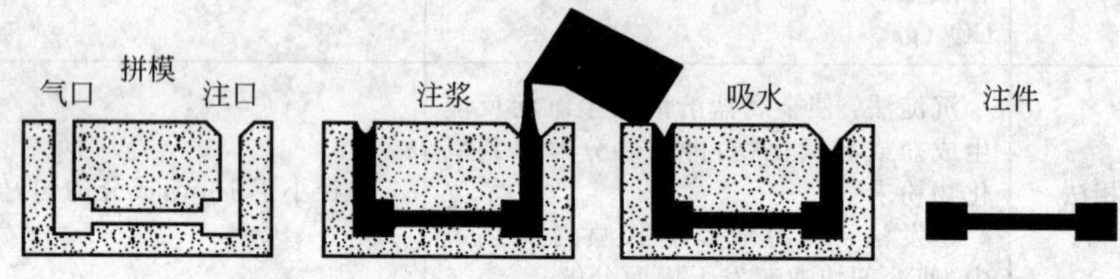

图 5.4.3 实心注浆法示意图

杂、尺寸精度要求高的工业陶瓷制品，如电容器瓷件、氧化物陶瓷、金属陶瓷等。

2) 可塑成形

可塑成形是对具有一定塑性变形能力的泥料进行加工成形的方法。主要有滚压成形、挤压成形、轧膜成形及注射成形等。

(1) 滚压成形

滚压成形是在旋坯成形的基础上发展而来的。成形时，盛放着泥料的石膏模型和滚压头分别绕自己的轴线以一定的速度同方向旋转。滚压头在旋转的同时，逐渐靠近石膏模型，并对泥料进行滚压成形。滚压成形坯体致密均匀，强度较高。滚压机可以和其他设备配合组成流水线，生产率高。

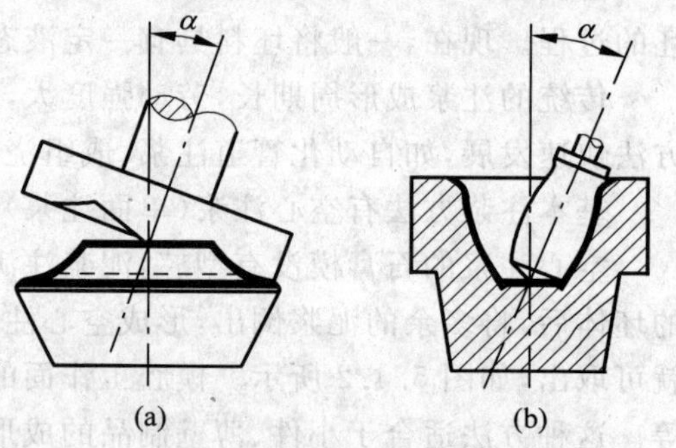

图 5.4.4 滚压成形示意图

(a) 阳模滚压成形；(b) 阴模滚压成形

滚压成形可以分为阳模滚压和阴模滚压，如图 5.4.4 所示。阳模滚压又称为外滚压，由滚压头决定坯体的外形和大小，适合成形扁平、宽口器皿。阴模滚压又称为内滚压，滚压头形成坯体的内表面，适合成形口径较小而深的制品。

(2) 挤压成形

挤压成形是将经真空炼制的可塑泥料置于挤制机(挤坯机，如图 5.4.5 所示)内，用挤压机的螺旋或活塞向前挤压，通过机嘴成为所要求的形状。挤压成形时只需更换挤制机模具的机嘴与型芯，便可由其形成的挤出口挤压出各种形状、尺寸的坯体。

挤压成形适于挤制长尺寸细棒、壁薄管、薄片制品，其管棒直径约 1～30 mm，管壁与薄片厚度可小至0.2 mm，污染少，操作易于自动化，可连续批量生产，生产效率高，坯体表面光滑，规整度好。但模具制作成本高，且由于溶剂和黏结剂较多，导致烧结收缩大，制品性能受影响。

（3）轧膜成形

轧膜成形是将陶瓷粉料与一定量的有机黏结剂和溶剂混合拌匀后，通过图5.4.6所示的两个相向旋转、表面光洁的轧辊间隙，反复混炼粗轧，形成光滑、致密而均匀的膜层（称为轧坯带）。轧好的坯带需在冲片机上冲切形成一定形状的坯件。轧膜成形用于制造批量较大的厚度在1 mm以下的薄片状制品，如薄膜或厚膜电路基片、圆片电容器等。

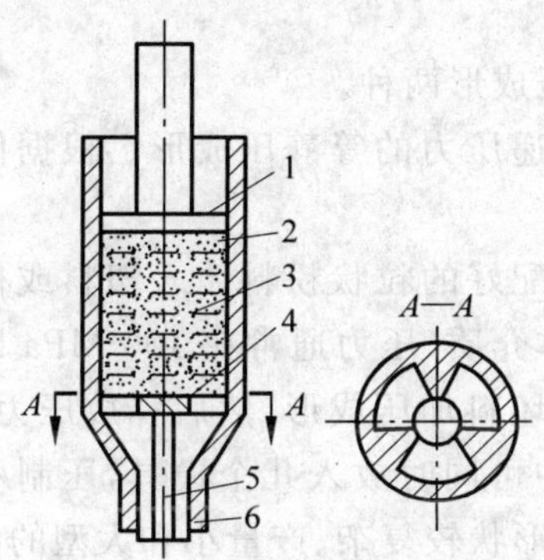

图5.4.5　立式挤制机示意图

1—活塞；2—挤压筒；3—泥料；4—型环；5—型芯；6—机嘴

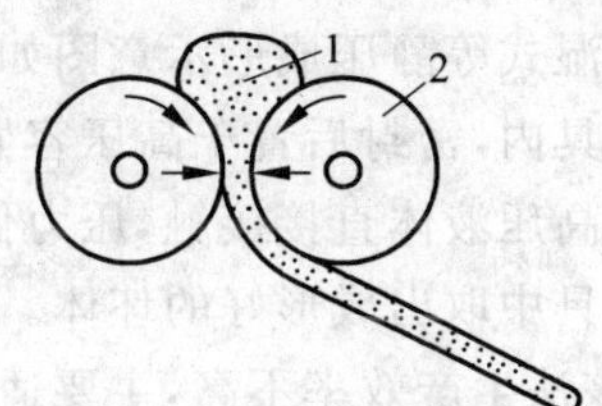

图5.4.6　轧膜成形示意图

1—坯料；2—轧辊

（4）注射成形

注射成形是将陶瓷粉和有机黏结剂混合后，加热混炼并制成粒状粉料，经注射成形机，在130～300℃温度下注射到金属模腔内，冷却后黏结剂固化成形，脱模取出坯体。

注射成形适于形状复杂、壁薄、带侧孔制品（如汽轮机陶瓷叶片等）的大批量生产，坯体密度均匀，烧结体精度高，且工艺简单，成本低。但生产周期长，金属模具设计困难，费用昂贵。

3）压制成形

压制成形是将含有一定水分的粒状粉料填充到模型中加压，粉料颗粒产生移动和变形而逐渐靠拢，所含气体被挤压排出，模腔内松散的粉料形成致密的坯体。压制成形过程简单，坯体收缩小，致密度高，制品尺寸精确，对坯料的可塑性要求不高。其缺点是难以成形形状复杂的制品，故多用来压制扁平状制品。粉料含水3%～7%时为干压成形；8%～15%时为半干压成形；小于3%时为特殊压制成形，如等静压。陶瓷制品的压制成形类似于粉末冶金的模压成形，其加压方式有单面加压、双面同时加压和双面先后加压。成形压力是影响坯件质量的主要因素，一般成形压力为40～100 MPa，采用2～3次先小后大加压的操纵方法。

压制成形是将经过造粒的粒状陶瓷粉料装入模具内直接受压力而成形的方法。压制方法主要有干压成形、等静压成形和热压烧结成形等。

（1）干压成形

干压成形又称模压成形。将造粒制备的团粒（水的质量分数小于7%）松散装入模具内，在压机柱塞施加的外压力作用下，团粒产生移动、变形、粉碎而逐渐靠拢，所含气体同时被挤压排出，形成较致密的具有一定形状、尺寸的压坯，然后卸模脱出坯体。

干压成形的特点是工艺简单，操作方便，生产周期短，效率高，易于实现自动化生产，适宜大批量生产形状简单(圆截面形、薄片状等)、尺寸较小(高度为 0.3～60 mm、直径为 5～50 mm)的制品。由于坯体含水或其他有机物较少，因此坯体致密度较高，尺寸较精确，烧结收缩小，瓷件力学强度高。但干压成形坯体具有明显的各向异性，也不适于尺寸大、形状复杂制品的生产，且所需的设备、模具费用较高。

(2) 等静压成形

等静压成形是利用液体或气体介质均匀传递压力的性能，把陶瓷粒状粉料置于有弹性的软模中，使其受到液体或气体介质传递的均衡压力而被压实成形的一种新型压制成形方法。

等静压成形可分为冷等静压成形与热等静压成形两种。

冷等静压成形是在室温下，采用高压液体传递压力的等静压成形。根据使用模具不同又分为湿式等静压成形和干式等静压成形两种。

湿式等静压成形示意图如图 5.4.7 所示，将配好的粒状粉料装入塑料或橡胶做成的弹性模具内，密封后置于高压容器内，注入高压液体介质(压力通常在 100 MPa 以上)，此时模具与高压液体直接接触，压力传递至弹性模具对坯料加压成形，然后释放压力取出模具，并从模具中取出成形好的坯体。湿式等静压容器中可同时放入几个模具，压制不同形状的坯体，该法生产效率不高，主要适用于成形多品种、形状较复杂、产量小和大型的制品。

干式等静压成形示意图如图 5.4.8 所示。在高压容器内封紧一个加压橡皮袋，加料后的模具送入橡皮袋中加压，压成后又从橡皮袋中退出脱模。也可将模具直接固定在容器橡皮袋中。此法的坯料添加和坯件取出都在干态下进行，模具也不与高压液体直接接触。而且，干式等静压成形模具的两头(垂直方向)并不加压，适于压制长型、薄壁、管状制品。

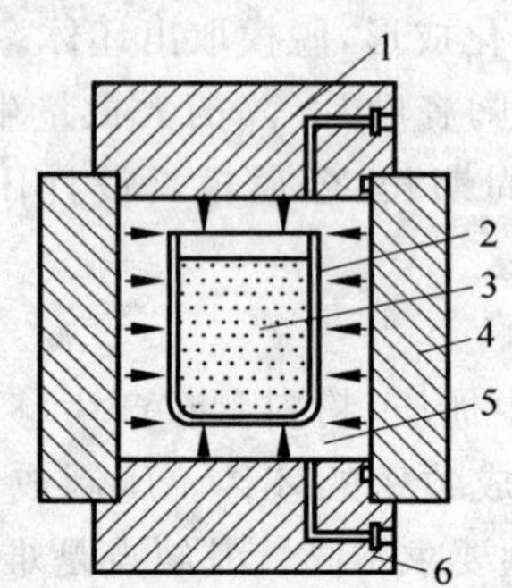

图 5.4.7 湿式等静压成形示意图

1—顶盖；2—橡胶模；3—粉料；4—高压圆筒；
5—压力传递介质；6—底盖

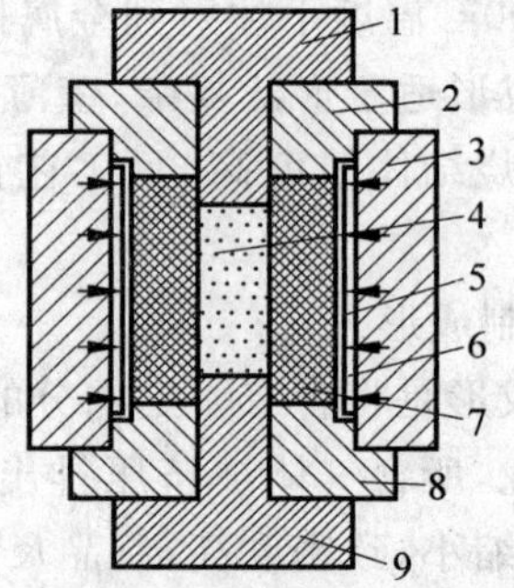

图 5.4.8 干式等静压成形示意图

1—上活塞；2—顶盖；3—高压圆筒；
4—粉料；5—加压橡皮；6—压力传递介质；
7—橡胶模；8—底盖；9—下活塞

热等静压成形是指在高温下，采用惰性气体代替液体作压力传递介质的等静压成形，是在冷等静压成形与热压烧结的工艺基础上发展起来的，又称热电等静压烧结。它用金属箔代替橡胶膜，用惰性气体向密封容器内的粉末同时施加各向均匀的高压高温，使成形与烧结同时完成。与热压烧结相比，该法烧结制品致密均匀，但所用设备复杂，生产效率低，成本高。

等静压成形的坯体密度高且均匀，烧结收缩小，不易变形，制品强度高、质量好，适于形状复杂、较大且细长制品的制造,但等静压成形设备成本高。

3. 烧结

成形后的坯料含有大量的气孔,并且颗粒之间主要是点接触,并没有形成足够的化学键连接,不具备陶瓷应有的力学性能、物理化学性能,必须通过烧结来改变显微组织以获得预期的性能。

烧结就是使成形后的坯料在高温下致密化和强化的过程,其过程如图 5.4.9 所示。在烧结前,颗粒之间接触少,间隙较大。由于细小微粒有大量的表面,因此存在非常高的表面能,粉末体系具有降低其表面自由能的趋势,随着温度的升高,颗粒间直接接触的部分通过原子扩散黏结在一起,形成颈缩。随着烧结过程的进行,物质向颈缩部位大量迁移,烧结颈长大,颗粒间形成交叉的晶界网络,同时气孔不断缩小并且形状变得较为圆滑。当温度继续升高时,随着时间的延长,小的空隙可能消失,大的空隙也变成球形,结果总体积收缩,密度增加,并且颗粒间的晶界减少,结合力增强,机械强度提高,最后成为坚硬的烧结体。从烧结过程来看,烧结后的陶瓷显微结构有晶体相、非晶体相和微小的气孔,所以陶瓷的抗拉强度远低于其抗压强度,并且塑性差,韧性低。

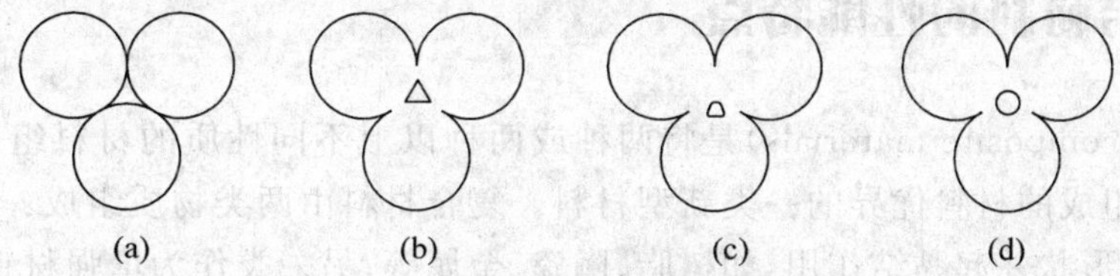

图 5.4.9 烧结过程示意图

(a) 初始点接触;(b) 烧结颈长大;(c) 孔隙形状改变;(d) 孔隙球化

烧结方法对陶瓷的显微结构及其性能有很大影响。常用的烧结方法根据烧结环境和压力的不同分为常压烧结、热压烧结、气氛烧结。

常压烧结是在大气中进行烧结,常用于普通陶瓷的烧结,工艺简单,但制品中气孔较多,机械强度较低。

热压烧结利用耐高温模具,同时加热、加压,可在较低的温度下短时间内达到致密化,晶粒细小,机械强度较高。但该方法成本高,生产率低,适合于生产形状简单的陶瓷制品,如陶瓷车刀,抗弯强度可达 700 MPa。

气氛烧结是为防止非氧化物陶瓷(如碳化硅、碳化钛等)在空气中氧化,在烧结炉内通入一定气体,达到所需气氛的条件时进行烧结。

陶瓷制品烧结后,为进一步提高其使用性能和精度,还需进行机械加工、热处理等后续工序。

4. 成形模具

石膏模具是陶瓷生产中应用最广泛的多孔模具。它的气孔率在 30%~50%,气孔直径在 1~6 μm。成形时坯料中的水分在毛细管力作用下迅速吸出,硬化成坯。

为了满足高压注浆、高温快速干燥及机械化、自动化的生产要求,而采用新型多孔模具。它除了具有类似石膏模具的吸水性能外,其强度和耐热性优于石膏模,如多孔塑料模、多孔金属模等。

滚压头、压制成形模具、热等静压模具等均采用金属模具，冷等静压成形一般采用耐油氯丁橡胶、硅橡胶等橡胶模具。

思考练习题

1. 试述陶瓷制品的生产过程。
2. 陶瓷注浆成形对浆料有何要求？其坯体是如何形成的？该法适于制作何类制品？
3. 含碳化物粉末冶金材料属于哪一类陶瓷？它们有何用途？
4. 如果让你来制作一个陶瓷花瓶，除了采用注浆成形的方法以外，你认为还可以采用什么方法？请设计出它的整个制作工艺过程。

5.5 复合材料及其成形

5.5.1 复合材料的性能特点

复合材料(composite materials)是将两种或两种以上不同性质的材料组合在一起而构成的性能比其组成的材料优异的一类新型材料。复合材料由两类物质组成：一类作为基体材料，形成几何形状并起黏结作用，如树脂、陶瓷、金属等；另一类作为增强材料，起提高强度或韧度的作用，如纤维、颗粒、晶须等。

复合材料具有以下性能特点：

(1) 比强度和比模量高。在复合材料中，由于一般作为增强相的多数是强度很高的纤维，而且组成材料密度较小，所以复合材料的比强度、比模量比其他材料要高得多(表 5.5.1)。这对宇航、交通运输工具等，要求在保证性能的前提下减轻自重具有重大的实际意义。

表 5.5.1 各类材料强度性能的比较

材　料	相对密度	抗拉强度 σ_b/MPa	弹性模量 E/MPa	比强度 σ_b/ρ	比弹性模量 E/ρ
钢	7.8	1010	206×10^3	129	26×10^3
铝	2.8	461	74×10^3	165	26×10^3
钛	4.5	942	112×10^3	209	25×10^3
玻璃钢	2.0	1040	39×10^3	520	20×10^3
碳纤维Ⅱ/环氧树脂	1.45	1472	137×10^3	1015	95×10^3
碳纤维Ⅰ/环氧树脂	1.6	1050	235×10^3	656	147×10^3
有机纤维 PRD/环氧树脂	1.4	1373	78×10^3	981	56×10^3
硼纤维/环氧树脂	2.1	1344	206×10^3	640	98×10^3
硼纤维/铝	2.65	981	196×10^3	370	74×10^3

(2) 疲劳强度较高。碳纤维增强复合材料的疲劳极限相当于其抗拉强度的 70%～

80%，而多数金属材料的疲劳强度只有抗拉强度的 40%～50%。这是因为，在纤维增强复合材料中，纤维与基体间的界面能够阻止疲劳裂纹的扩展。当裂纹从基体的薄弱环节处产生并扩展到结合面时，受到一定程度的阻碍，因而使裂纹向载荷方向的扩展停止，所以复合材料有较高的疲劳强度。

(3) 减振性好。当结构所受外载荷的频率与结构的自振频率相同时，将产生共振，容易造成灾难性事故。而结构的自振频率不仅与结构本身的形状有关，而且还与材料比模量的平方根成正比关系。因为纤维增强复合材料的自振频率高，故可以避免共振。此外，纤维与基体的界面具有吸振能力，所以具有很高的阻尼作用。

除了上述几种特性外，复合材料还有较高的耐热性和断裂安全性、良好的自润滑和耐磨性等。但它也有缺点，如断裂伸长率较小、抗冲击性较差、横向强度较低、成本较高等。

5.5.2 复合材料的分类

复合材料的分类方法很多。按基体材料可分为塑料基复合材料、金属基复合材料和陶瓷基复合材料；依照增强相的性质和形态，可分为纤维增强复合材料、层合复合材料和颗粒复合材料 3 类。

1. 纤维增强复合材料

1) 玻璃纤维增强复合材料

玻璃纤维增强复合材料是以玻璃纤维及制品为增强剂，以树脂为黏结剂而制成的，俗称玻璃钢。

以尼龙、聚烯烃类、聚苯乙烯类等热塑性树脂为黏结剂制成的热塑性玻璃钢，具有较高的力学、介电、耐热和抗老化性能，工艺性能也好。与基体材料相比，其强度和疲劳性能可提高 2～3 倍以上，冲击韧度提高 1～4 倍，蠕变抗力提高 2～5 倍。此类复合材料达到或超过了某些金属的强度，可用来制造轴承、齿轮、仪表盘、壳体、叶片等零件。

以环氧树脂、酚醛树脂、有机硅树脂、聚酯树脂等热固性树脂为黏结剂制成的热固性玻璃钢，具有密度小、强度高(表 5.5.2)、介电性和耐蚀性及成形工艺性好的特点，可制造车身、船体、直升机旋翼等。

表 5.5.2 几种树脂浇铸品的力学性能

项　目	酚醛树脂	环氧树脂	聚酯树脂	有机硅树脂
相对密度	1.30～1.32	1.15	1.10～1.46	1.7～1.9
抗拉强度/MPa	42～63	84～105	42～70	21～49
抗弯强度/MPa	77～119	108.3	59.5～119	68.6
抗压强度/MPa	87.5～150	150	91～169	63～126

2) 碳纤维增强复合材料

碳纤维增强复合材料是以碳纤维或其织物为增强剂，以树脂、金属、陶瓷等为黏结剂而制成的。目前有碳纤维树脂、碳纤维碳、碳纤维金属、碳纤维陶瓷复合材料等，其中以碳纤维树脂复合材料应用最为广泛。

碳纤维树脂复合材料中采用的树脂有环氧树脂、酚醛树脂、聚四氟乙烯树脂等。与玻璃钢相比，其强度和弹性模量高，密度小，因此它的比强度、比模量在现有复合材料中名列前茅。它还具有较高的冲击韧度和疲劳强度，优良的减磨性、耐磨性、导热性、耐蚀性和耐热性。

碳纤维树脂复合材料广泛用于制造要求比强度、比模量高的飞行器结构件，如导弹的鼻锥体、火箭喷嘴、喷气发动机叶片等，还可制造重型机械的轴瓦、齿轮，化工设备的耐蚀件等。

2. 层合复合材料

层合复合材料是由两层或两层以上不同性质的材料结合而成的，达到增强材料性能的目的。

三层复合材料是以钢板为基体，烧结铜为中间层，塑料为表面层制成的。它的物理、力学性能主要取决于基体，而摩擦、磨损性能取决于表面塑料层。中间多孔性青铜使三层之间获得可靠的结合力。表面塑料层常为聚四氟乙烯（如 SF-1 型）和聚甲醛（如 SF-2 型）。这种复合材料比单一塑料提高承载能力 20 倍，导热系数提高 50 倍，热膨胀系数降低 75%，从而改善了尺寸稳定性，常用作无油润滑轴承，此外还可制作机床导轨、衬套、垫片等。

夹层复合材料是由两层薄而强的面板（或称蒙皮）与中间一层轻而柔的材料构成的。面板一般由强度高、弹性模量大的材料，如金属板、玻璃等组成，而芯料结构有泡沫塑料和蜂窝格子两大类。这类材料的特点是密度小，刚性和抗压稳定性高，抗弯强度好，常用于航空、船舶、化工等工业，如飞机、船舶的隔板及冷却塔等。

3. 颗粒复合材料

颗粒复合材料是由一种或多种颗粒均匀分布在基体材料内而制成的。颗粒起增强作用。常见的颗粒复合材料有两类：一类是颗粒与树脂复合，如塑料中加颗粒状填料，橡胶用炭黑增强等；另一类是陶瓷粒与金属复合，典型的有金属基陶瓷颗粒复合材料等。

5.5.3 复合材料的成形方法

复合材料的成形工艺与基体材料和增强材料的工艺性能有密切关系，下面简要介绍一些常用的成形方法。

1. 塑料基纤维增强材料的成形

纤维增强塑料应用广泛、技术比较成熟的是玻璃纤维增强塑料，其主要成形方法有手糊成形、层压成形、模压成形和缠绕成形等。

1）手糊成形

手糊成形如图 5.5.1 所示，是用手工把玻璃纤维和树脂层复合起来再加压成形。

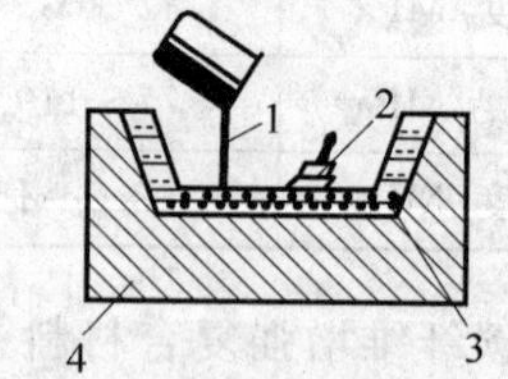

图 5.5.1 手糊成形示意图
1—树脂；2—复合；3—玻璃纤维；4—模具

手糊成形工艺过程如下：配制树脂胶液→剪裁增强材料→准备模具并在模具上涂刷脱模剂→喷涂胶衣→成形操作→脱模→修边→装配。其中的成形操作主要是指糊制及固化。又根据成形方式的不同分接触成形和低压成形两种，前者包括手糊法和喷射法成形，后者有袋压法成形。

手糊成形具有如下优点：操作简单，设备投资少，生产成本低，可生产大型的、复杂结构的制品，适合多品种、小批量生产，且不受尺寸和形状的限制，模具材料适应性广。其缺点是：生产周期长；制品的质量与操作者的技术水平有关，制品的质量不稳定；制品壁厚精度较差，复合效果不理想；操作者的劳动强度大等。

2）层压成形

层压成形是将纸、布、玻璃布等浸胶，制成浸胶布或浸胶纸半成品，然后将一定量的浸胶布（或纸）层叠在一起，送入液压机，使其在一定温度和压力的作用下压制成板材（包括玻璃钢管材）的工艺方法。

层压成形的工艺过程是：叠合→进模→热压→冷却→脱模→加工→热处理。

3）模压成形

模压成形是将热塑性树脂板预热后，将玻璃纤维层夹在塑料板中间，放在冷金属模内快速加压成形。制品的表面性能好、精度高，但制品尺寸受到模具的限制，成本较高，适合于大批量生产中、小型制品。典型模压产品如图 5.5.2 所示。

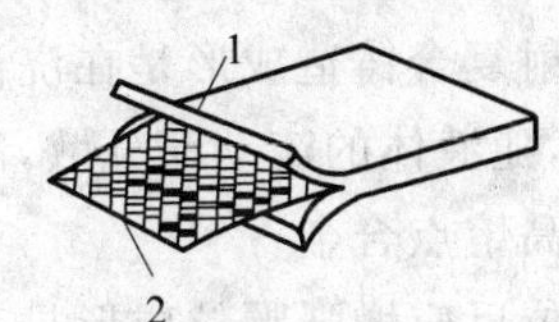

图 5.5.2 模压产品示意图

1—塑料与玻璃短纤维混合物；2—玻璃纤维

4）缠绕成形

缠绕成形是将浸透树脂的连续纤维按一定规律缠绕在心模上，固化后脱膜成形。缠绕成形可制造大型储存罐、化工管道、耐压容器等。

2. 金属基复合材料的成形

1）纤维增强金属基复合材料的成形

常用的方法是熔融金属浸透法，即将基体金属加热熔化后与增强纤维复合。根据复合工艺的不同，可分为毛细管上升法、压铸法和真空铸造法，如图 5.5.3 所示。

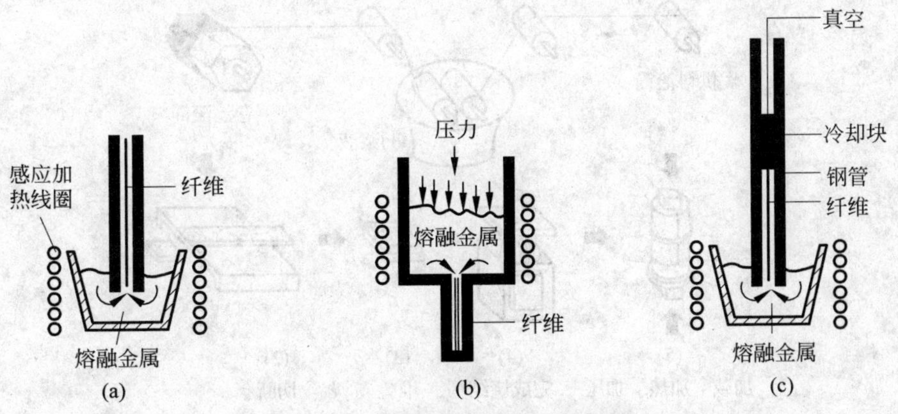

图 5.5.3 熔融金属浸透法示意图

(a) 毛细管上升法；(b) 压铸法；(c) 真空铸造法

毛细管上升方法适合于制造碳纤维增强镁、铝等低熔点金属复合材料。但纤维容易偏聚，纤维含量一般不足 30%。

压铸法可使增强纤维分布均匀，并且含量高，可显著提高金属基体的强度和高温性能。如用陶瓷纤维增强铝合金已成功制造出高质量的发动机活塞。

2）颗粒增强金属基复合材料的成形

利用颗粒增强成形时，最主要的是应使高熔点、高硬度的颗粒均匀分布。常用的方法有液态搅拌铸造成形、半固态复合铸合成形、喷射复合铸造成形和原位反应增强颗粒成形等。

液态搅拌铸造成形是将金属熔化后高速搅拌，然后逐步加入增强颗粒，当分散均匀后浇入金属模具内铸造成形。

半固态复合铸造成形的特点是金属加热的温度控制在液相线和固相线之间，金属处于液、固两相混合状态。增强颗粒不易沉浮，分散均匀，并且由于温度低，含气量少，因此产品质量优于液态搅拌铸造法。

喷射复合铸造成形是在浇注液态金属的同时，以惰性气体为载体，把增强颗粒喷射于金属流上，随液体的流动而分散，冷却后铸造成形。该方法由于颗粒与液态金属接触时间短，可生产高熔点合金。

原位反应增强颗粒成形是利用在高温的液态金属中发生化学反应生成增强颗粒，然后铸造成形，是一种较新的生产复合材料的方法。该方法避免了外加颗粒，纯度高，并且基体相容性好，分布均匀，提高了强化效果。如生产复合铝合金时，向铝液中加入钛，并通入甲烷、氨气，发生反应后生成了 TiC、AlN、TiN 颗粒增强铝合金。

3. 陶瓷基复合材料的成形

1）浆料浸渍工艺

浆料浸渍成形的过程如图 5.5.4 所示。长纤维经过浸渍浆料与陶瓷混合，然后根据需要预成形，最后经过烧结得到复合材料。为防止烧结温度过高导致纤维性能下降，浆料浸渍法主要用于形状简单的低熔点陶瓷基长纤维复合材料。

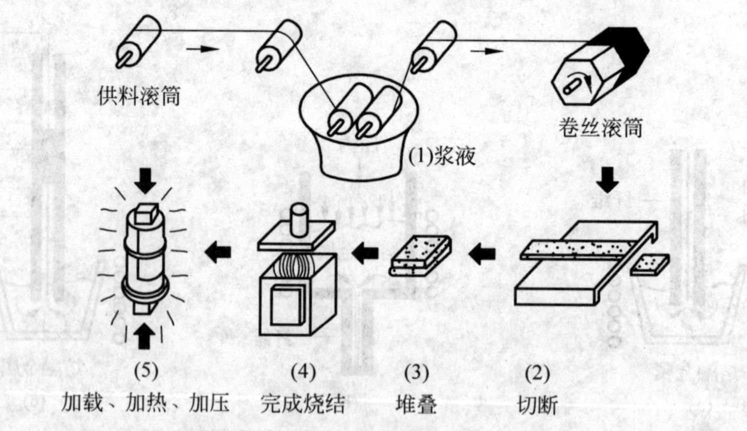

图 5.5.4 浆料浸渍成形示意图

2）熔体浸渗法

熔体浸渗法是将短纤维浸渗入熔融的陶瓷，然后在一定压力下冷却成形，如图 5.5.5 所示。由于成形时温度高，容易使纤维性能下降，并且由于陶瓷熔体黏度大，因此浸渗速度缓慢。该方法一般用于制造碳化硅等晶须或颗粒增强的陶瓷基复合材料。其优点是组织致密，尺寸精度高，可制造形状复杂的制品。

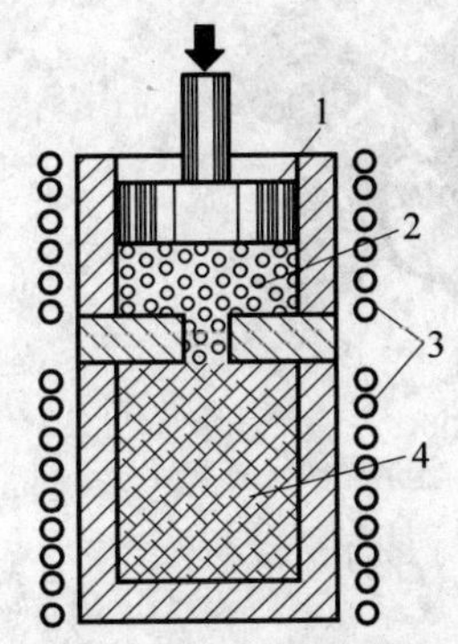

图 5.5.5 熔体浸渗成形示意图

1—活塞；2—陶瓷熔体浸渗物；3—加热线圈；4—纤维预制件

3）短纤维定向排列成形

该方法也属于浆料浸渍成形，只不过是改用短纤维为增强材料，并利用机械装置使短纤维定向排列、均匀分布，从而提高制品的性能。

4）化学反应法

化学反应法是利用混合气体之间发生化学反应生成陶瓷粉末，并在纤维预制件上沉积成形。该方法的优点是成形时温度、压力较低，制品密度高，并且成分均匀，可以用于制造形状复杂的产品。但其沉积速度慢，生产效率低。

思考练习题

1. 什么是复合材料？按基体分类，常用的复合材料有哪几类？
2. 常用的塑料基复合材料和陶瓷基复合材料有哪些成形方法？简述成形原理和特点。
3. 比较玻璃钢与碳纤维增强的树脂复合材料的性能特点，并指出它们的应用范围。
4. 在复合材料成形时，手糊成形为什么被广泛采用？它适合于哪些制品的成形？

快速原型制造技术

由于市场竞争日趋激烈，产品更新换代不断加速，因此，缩短新产品的设计与试制周期，降低开发费用，是每个企业面临的迫切问题。从产品设计完成到批量生产阶段之间，往往还要制造产品的原型样品，以便尽早对产品设计进行验证和改进，这是一项费时费力的工作。按常规方法，一般需采用多种机床加工或手工造形，时间需数周或数月，加工费用昂贵。为解决这一问题，可采用一种全新的造形技术——快速原型制造技术(rapid prototyping manufacturing，RPM)。

快速原型制造技术是CAD、数控技术、精密机械、激光技术以及材料科学与工程的技术集成，它可以自动、快速地将设计思想转化为具有一定结构和功能的原型或直接制造零部件(parts)。

原型(prototype)是产品在一维或多维空间的一种表示。产品开发人员认为有意义的产品在某个方面的表示，都可以看作是原型，包括从概念设计到具有完整功能制品的有形和无形的表示。产品的有形实体表示称为物理原型，产品的无形表示称为分析原型。物理原型可以进行检测和试验，在视觉和触觉上类似于产品。分析原型是以仿真、视觉图像、方程或分析结果表示的。在大多数情况下，原型是指物理原型，即物体在三维空间的实物表示。本书所指的原型均为物理原型。

原型可以由两种方法产生：一种是利用已有的知识和技术，按目的要求进行设计、加工，或由设计者利用CAD/CAM系统，通过构想在计算机上建立原型的三维电子模型并加工成实物。另一种方法是由用户提供一个实物样品，原封不动或经过修改后得到这个样品的复制或仿制品。

快速原型制造技术是一种借助计算机辅助设计(computer-aided design，CAD)，或通过实物样品得到原型或零件的几何形状、结构和材料的组合信息，从而获得目标原型的概念并以此建立数字化描述模型，之后将这些信息输出到计算机控制的机电集成制造系统，通过逐点、逐面进行材料的“三维堆砌”成形，再经过必要的处理，使其在外观和性能等方面达到设计要求，达到快速、准确地制造原型或实际零件的现代新型制造方法。

6.1 快速原型制造技术的基本原理及应用特点

6.1.1 快速原型制造技术的基本原理

快速原型制造技术的具体工艺方法有多种，但其基本原理都是一致的。在成形概念上，以材料添加法为基本思想，目标是将计算机三维CAD模型快速地（相对机加工而言）转变为由具体物质构成的三维实体原型。其过程可分为离散和堆积两个阶段。首先在CAD造形系统中获得一个三维CAD电子模型，或通过测量仪器测取有关实体的形状尺寸，转化成CAD电子模型；再对模型数据进行处理，沿某一方向进行平面“分层”离散化，把原来的三维电子模型变成二维平面信息；将分层后的数据进行处理，加入工艺参数，产生数控代码；最后通过专有的CAM系统（成形机），将成形材料一层层加工，并堆积成原型。其过程如图6.1.1所示。

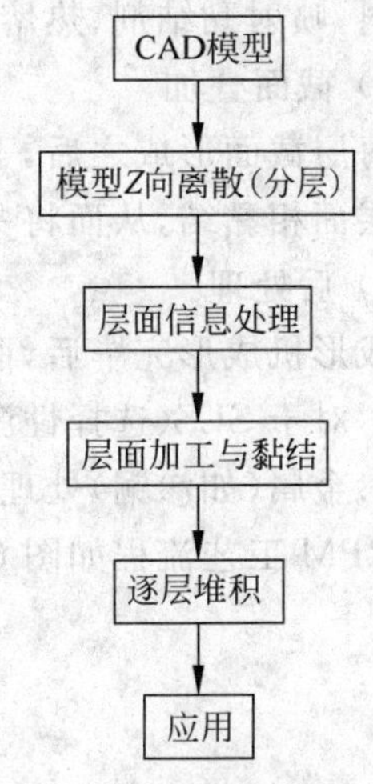

图6.1.1 快速原型制造过程

1. 快速成形方式分类

根据成形学的观点，根据物质的组织方式，可把成形方式分为去除成形（dislodge forming）、堆积成形（stacking forming）和受迫成形（forced forming）3类。RPM属于堆积成形，即是运用合并与连接的方法，把材料（气、液、固相）有序地合并堆积起来的成形方法。堆积成形是在计算机控制下完成的，其最大特点是不受成形零件复杂程度的限制。

2. 快速成形的工艺流程

1）三维模型构造

由于RPM系统只接受计算机构造的产品三维模型（立体图），然后才能进行切片处理，因而首先应在PC机或工作站上用CAD软件（如UG、Pro/E、I-DEAS等），根据产品要求设计三维模型，或将已有产品的二维三视图转换成三维模型，或在逆向工程中，用测量仪对已有的产品实体进行扫描，得到数据点云，进行三维重构。

2）三维模型的近似处理

由于产品上往往有一些不规则的自由曲面，加工前必须对其进行近似处理。经过近似处理获得的三维模型文件称为STL格式文件，它由一系列相连空间三角形组成。典型的CAD软件都有转换和输出STL格式文件的接口，但有时输出的三角形会有少量错误，需要进行局部修改。

3）三维模型的分层处理

由于RPM工艺是按一层层截面轮廓来进行加工的，因此加工前必须将三维模型沿成形高度方向上离散成一系列有序的二维层片，即每隔一定的间距分一层片，以便提取截面的轮廓。间隔的大小按精度和生产率要求选定。间隔越小，精度越高，但成形时间越长。间隔范围为0.05～0.5 mm，常用0.1 mm，能得到相当光滑的成形曲面。层片间隔选定后，成形时每层叠加的材料厚度应与其相适应。各种成形系统都带有Slicing处理软件，能自动提取模型的截面轮廓。

4）截面加工

根据分层处理的截面轮廓，在计算机控制下，RPM系统中的成形头（如激光扫描或喷头）由数控系统控制，在X-Y平面内按截面轮廓进行扫描，固化液态树脂（或切割纸，烧结粉末材料，喷射黏结剂、热熔剂和热熔材料)，得到一层层截面。

5）截面叠加

每层截面形成之后，下一层材料被送至已成形的层面上，然后进行后一层的成形，并与前一层面相黏结，从而将一层层的截面逐步叠合在一起，最终形成三堆产品。

6）后处理

成形机成形完毕后，取出工件，进行打磨、涂挂，或者放进高温炉中烧结，进一步提高其强度。对于SLS(选择性激光烧结)工艺，将工件放入高温炉中烧结，使黏结剂挥发掉，以便进行渗金属(如渗铜)处理。

RPM工艺流程如图6.1.2所示。

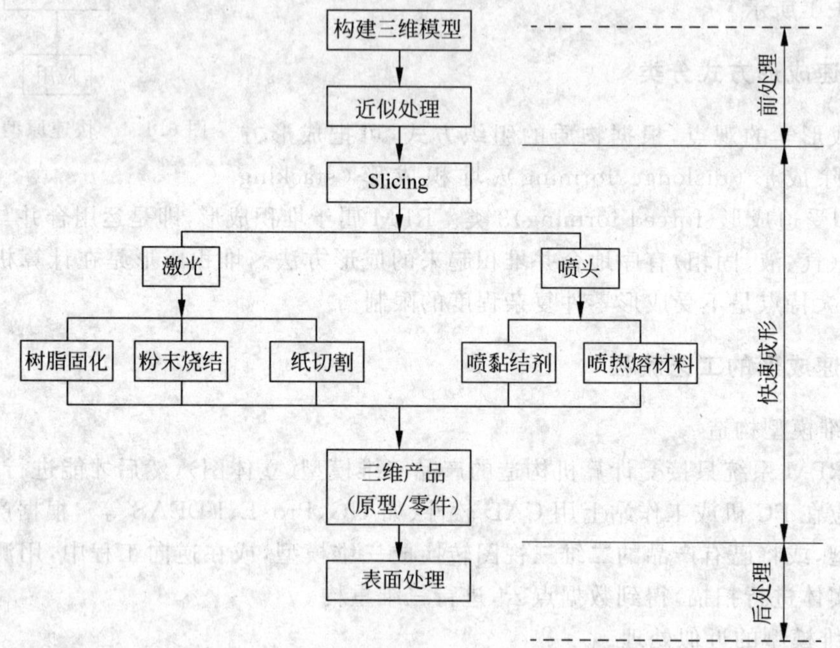

图6.1.2 快速原型制造一般工艺流程

6.1.2 快速原型制造技术的应用特点

快速原型制造技术开辟了不用任何刀具而迅速制作各类零件的途径，并为用常规方法不能或难以制造的零件或模型提供了一种新型的制造手段。由于RPM技术的灵活性和快捷性，它在航天航空、汽车外形设计、玩具、电子仪表与家用电器塑料件制造、人体器官制造、建筑美工设计、工艺装饰设计制造、模具设计制造等技术领域已展现出良好的应用前景。

1. 可成形任意复杂的零件

RPM采用离散/堆积成形的原理，自动完成从数字模型(CAD模型)到物理模型(原型或零件)的转换。零件的制造信息体现在材料结合的顺序以及每一次材料转变量与深度的控制上，即制造信息通过控制每个单元的制造和各个单元的结合而实现对整个成形过程的控制。它将一个十分复杂的三维制造过程简化为二维过程的叠加，成形方法优于铸造、锻造成形,可成形任意复杂形状的零件,甚至是曲面封闭的中空零件。

2. 具有高度的柔性

RPM 在堆积成形过程中,信息过程与物理过程的结合达到比较高级的程度,没有"切削加工"的概念,不受传统机械加工中刀具无法达到某些型面的限制。RPM 提供了一种直接并完全自动地把三维 CAD 模型转换为三维物理模型或零件的制造方法。

3. 使产品的设计与制造过程能够并行进行

RPM 实现了机械工程学科多年来追求的两大先进目标,即设计(CAD)与制造(CAM)一体化,材料提供与材料制造过程一体化。

RPM 改变了传统的设计制造程式,它充分体现了设计-评价-制造的一体化思想。

传统原型制作方法一般采用电脑数控加工或手工造形,采用 RPM 技术能由产品设计图纸、CAD 数据或由测量机测得的现有产品几何数据,直接制成所描绘模型的塑料件或金属件,不需要任何模具、NC 加工和人工雕刻。

4. 产品造价几乎与产品的复杂性无关

由于 RPM 采用将三维形体转化为二维平面分层的制造机理,对工件的几何构成复杂性不敏感,因而能制造任意复杂的零件,充分体现设计细节,尺寸和形状精度大为提高,零件不需要进一步加工。

5. 产品造价几乎与产品的批量无关

RPM 的制作过程不需要工装模具的投入,其成本只与成形机的运行费、材料费及操作者的工资有关,与产品的批量无关,很适宜单件、小批量及特殊、新试制品的制造。

6. 制造快速化

借助一些传统的加工技术,可快速制造出各种类型的模具和其他机件。

7. 在新产品开发中应用广泛

从整体设计来看,设计人员可以很快地评估每一次设计的可行性并充分表达其构思。从外观设计来看,由 RPM 所得的原型比计算机 CAD 造形更具有直观性和可视性,可让用户对新产品比较评价,确定最优外观。从检验设计质量来看,利用 RPM 技术,可直接检查出设计上的各种细微问题和错误。从功能检测来看,利用 RPM 技术,可快速进行不同设计的功能测试,优化产品设计。

思考练习题

1. 什么是原型?原型产生的方法有哪几种?
2. 快速原型制造技术的基本原理是什么?它与传统的加工方法有何根本区别?
3. 快速原型制造技术有哪些应用优点?

6.2 快速原型制造技术的典型工艺方法

发展新型的先进快速原型制造工艺是 RPM 的核心。目前推出的 RPM 方法已有 10 余种，且还在不断发展，效果较好的主要有 SLA、LOM、SLS、FDM、3DP 法等。下面对其相关内容进行叙述。

6.2.1 立体光固化成形法

1. 成形原理

立体光固化成形(stereo lithography apparatus，SLA)机是世界上最早出现的商品化的快速成形机。SLA 采用紫外激光束硬化光敏树脂生成三维物体，如图 6.2.1 所示。在液槽中盛满液态光敏树脂，该树脂可在紫外光照射下进行聚合反应，发生相变，由液态变成固态。成形开始前，先将被成形件的三维图形输入计算机，用切片软件对三维图形进行切片处理，沿高度方向把成形件分成一层层的横截面。成形开始时，工作平台置于液面下一个层高的距离 d，控制一束能产生紫外线的光，按计算机所确定的轨迹，对液态树脂逐点扫描，使被扫描区域固化，从而形成一个固态薄截面，然后升降机构带动工作台再下降一层高度，其上覆盖另一层液态树脂，以便进行第 2 层扫描固化，新固化的一层牢固地粘在前一层上，如此重复，直到整个模型制造完毕。一般薄截面厚度为 0.07～0.4 mm。

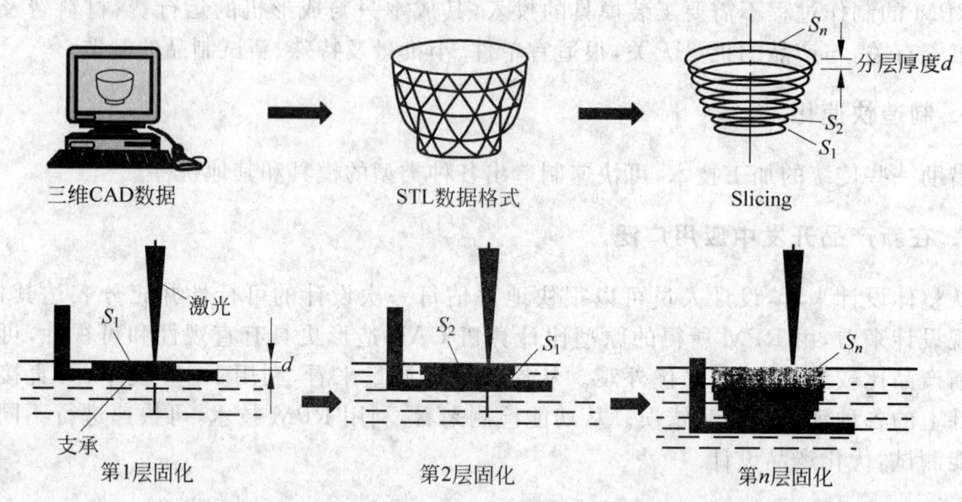

图 6.2.1 SLA 成形工艺过程

模型从树脂中取出后还要进行后固化，工作台上升到容器上部，排掉剩余树脂，从 SLA 机中取走工作台和工件，用溶剂清除多余树脂，然后将工件放入后固化装置，经过一定时间的紫外曝光后，工件完全固化。固化时间依零件的几何形状、尺寸和树脂特性而定，大多数零件的固化时间不少于 30 min。从工作台上取下工件，去掉支承结构，进行打光、电镀、喷漆或着色即成。

紫外光的产生可以由 He-Cd 激光器，或者 UV argon-ion 激光器完成。激光的扫描速度可由计算机自动调整，以达到不同的固化深度并有足够的曝光量。X-Y 扫描仪的反射镜直接控制激光束的最终落点。它可提供矢量扫描方式。

2. 应用

采用 SLA 法能制造薄且精细的零件，表面质量好。还可直接制造塑料件，制件为透明体。不足之处是 SLA 设备昂贵，造形用光敏树脂成本较高。

6.2.2 层合实体制造法

层合实体制造(laminated object manufacturing，LOM)法是分层物体制造成形工艺的简称，属于薄层材料选择性切割的成形工艺。

1. 成形原理

LOM 成形如图 6.2.2 所示。其工作过程是，先将被成形件的三维图形输入计算机，用切片软件对三维图形进行切片处理，沿高度方向把成形件分成一层层的横截面。然后，将单面涂有热熔胶和添加剂的纸卷 13(这是 LOM 机常用的薄片成形材料)套在纸辊 14 上，并将纸 12 向上跨过支承辊 8，逐步送到工作台 9 上方，再缠绕到收纸辊 1 上。步进电动机带动收纸辊转动，使纸卷沿图中箭头方向移动一定的距离。工作台上升至与纸接触，热压辊 7 沿纸面自右向左滚压，边滚边加热纸背面上的热熔胶，使这一层纸与基底上的前一层纸粘合。CO_2 激光器 5 发射的激光束经反射镜和聚焦镜等组成的光路系统 6 到达激光切割头 4，激光束根据被成形件的二维横截面轮廓数据跟踪运行，进行切割，并自动控制切割深度刚好为一层纸厚(约 0.1 mm)，同时将成形件轮廓外区域的废纸余料(作为成形件的支承材料)切割成小网格，以便成形件制造完毕后易于剥离废料。当切割完一层纸面的轮廓后，工作台连同被切出的轮廓层自动下降一定距离，然后步进电动机再次驱动收纸辊将纸移到第二层需要切割的截面轮廓上，重复上一工作循环，直至形成由一层层横截面粘叠的、包含成形件模样的长方体纸块。最后剥离掉废纸小方块，即可得到性能似硬木或塑料的“纸质成形件”模样。

2. 成形特点

(1) 无需用激光束扫描成形件的整个二维截面，只要沿其横截面的内、外轮廓线进行切割即可，故在较短时间(如几小时至几十小时)内就能制出形状复杂的成形件原形，生产效率高。

(2) 成形件的尺寸大。LOM 成形工艺最适合制造较大尺寸的快速成形件，目前已制出的最大成形件的尺寸为 1200 mm×750 mm×550 mm，如发动机缸体等大型精密制件。

(3) 成形件的力学性能较高。LOM 成形工艺的制模材料因涂有热熔胶和特殊添加剂，其成形件硬如胶木，有较好的力学性能，且有良好的机械加工性能，可方便地对成形件进行打磨、抛光、着色、油漆等表面处理，获得表面十分光滑的成形件。

(4) 成形件的原材料(纸)价格比其他方法便宜，无需设计和制作支承结构，无需后固化

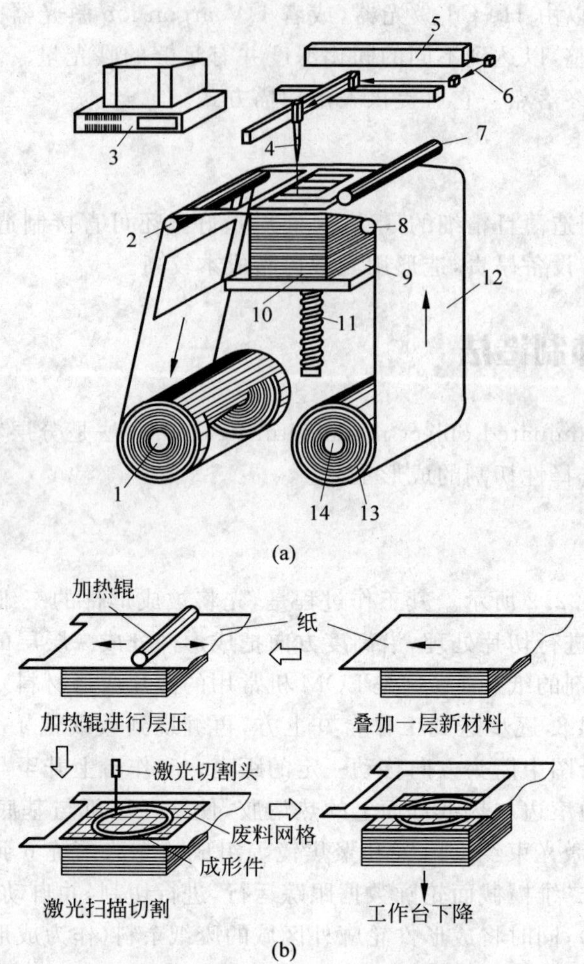

图 6.2.2　LOM 成形工艺过程

(a) LOM 成形机的结构；(b) LOM 成形机的工艺循环

1—收纸辊；2,8—支承辊；3—计算机控制系统；4—激光切割头；5—激光器；6—光路系统；7—热压辊；9—工作台；10—纸模型；11—丝杠；12—纸；13—纸卷；14—纸辊

处理。成形机操作简便、运行可靠、价格较便宜，成形件的制作成本低。

(5) 成形件的精度高而且稳定。由于其原材料只有极薄的一层胶发生状态变化——由固态变为熔融态，而主要基底——纸仍保持固态不变，因此翘曲变形较小。成形件在 X、Y 方向的精度可达±0.1～±0.2 mm，Z 方向的精度可达±0.2～±0.3 mm。

(6) LOM 成形工艺的不足之处是，薄壁成形件的抗拉强度和弹性不够好，成形件易吸湿膨胀，因此制件成形后应尽快进行表面防潮处理。

6.2.3　选择性激光烧结法

选择性激光烧结(selected laser sintering，SLS)法属于用粉末材料进行选择性烧结的成形工艺。

1. 所用激光器及材料

SLS 成形采用 50～200 W 的 CO_2 激光器(或 Nd：YAG 激光器，波长一般为 1.06 μm，处于近红外波段)和粉末材料(如尼龙粉、聚碳酸脂粉、丙烯酸类聚合物粉、聚氯乙烯粉、混有 50%质量分数的玻璃珠的尼龙粉、弹性体聚合物粉、热硬化树脂与砂的混合粉、陶瓷或金属与黏结剂的混合粉以及金属粉等)，颗粒直径为 50～125 μm。SLS 成形机运行时，成形室密闭，并充满保护气体(如氮气等)。

2. 成形原理

SLS 法的基本原理是依靠 CAD 软件，在计算机上建立三维实体模型及其表面，由 CO_2 激光器发出的光束在计算机的控制下，根据几何形体各层横截面的坐标数据对材料粉末层进行扫描，在激光照射的位置上，粉末熔化并凝固在一起。再铺上一层新的粉末，再用激光扫描、烧结，新的一层和前一层自然地烧结在一起，最后就可制造出所需零件。

SLS 法与立体光固化(SLA)法的生产过程相似，只是将液态激光固化树脂换成在激光照射下可烧结成形的粉末烧结材料。其工艺过程如图 6.2.3 所示，用红外线板将粉末烧结材料加热至恰好低于烧结点的温度，然后用计算机控制激光束，按零件的截面形状扫描平台的粉末烧结材料，使其受热熔化烧结，继而平台下降一个厚度层，用滚子将粉末烧结材料均匀地分布在烧结层上，再用激光烧结。如此反复进行，逐层烧结成形。

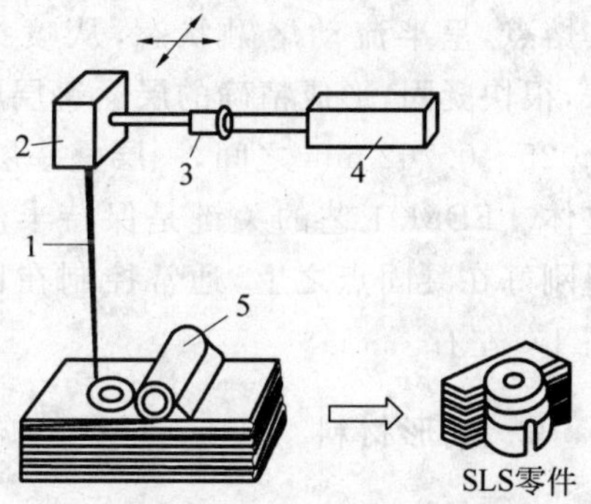

图 6.2.3 SLS 法工艺原理
1—激光束；2—扫描镜；3—透镜；4—激光器；5—水平滚

3. 特点及应用

(1) 与 SLA 制件相比，SLS 制件的原形亦可直接作为商品样件，供市场研究及设计分析，还可作为铸件的母模及各种模具。用 SLS 法可直接烧结陶瓷或金属与黏结剂的混合物，经过后处理得到陶瓷或金属模具。

(2) SLS 制件比 SLA 制件的力学性能高，对环境温度、湿度和化学腐蚀的抵抗能力强，其性质类似热塑性材料，能方便地进行钻、铣等加工，不像 SLA 制件那样加工时容易碎裂。

(3) SLS 成形每一层截面的辅助时间比 SLA 的短，且 SLS 制件在成形过程中不需要辅助支承，故成形效率高。

(4) SLS 成形工艺所用的材料来源广泛、价廉、性能好。

(5) SLS 制件的精度、表面及外观品质比 SLA 制件的低。用 SLS 将熔模铸造的蜡料制得的蜡模，其尺寸精度为±0.13～±0.25 mm，表面粗糙度为 Ra6.3～3.2 μm。

目前，聚碳酸酯已开始用来制造模样。聚碳酸酯不像蜡那样对温度敏感，它的稳定性、耐久性和复型能力好，更适合制造熔模。但聚碳酸酯模有多孔性，在浸涂料前必须用蜡进行密封。尽管如此，从长远来看，用聚碳酸酯作制模材料又快又便宜，特别适合制作具有复杂形状的薄壁零件。用 SLS 工艺制造蜡模的速度为 12.7 mm/h，而制造聚碳酸酯和尼龙模却为 25.4 mm/h。用 SLS 工艺已成功地生产了汽缸头熔模铸件(用砂型铸造要 16 周时间，用 SLS 工艺只需 4 周)。

6.2.4 熔丝沉积制模法

熔丝沉积制模(fused deposition molding，FDM)法是属于用丝状材料进行选择性熔覆的成形工艺。

1. 成形原理

图 6.2.4 所示为 FDM 示意图。FDM 喷头受水平分层数据控制，作 X-Y 方向联动扫描及 Z 方向运动，丝材在喷头中被加热至略高于其熔点，呈半流动熔融状态，从喷头中挤压出来，很快凝固，形成精确的层。每层厚度范围在 0.025～0.762 mm 之间，一层叠一层，最后形成整体。FDM 工艺的关键是保持半流动成形材料刚好在凝固点之上，通常控制在比凝固温度高 1℃左右。

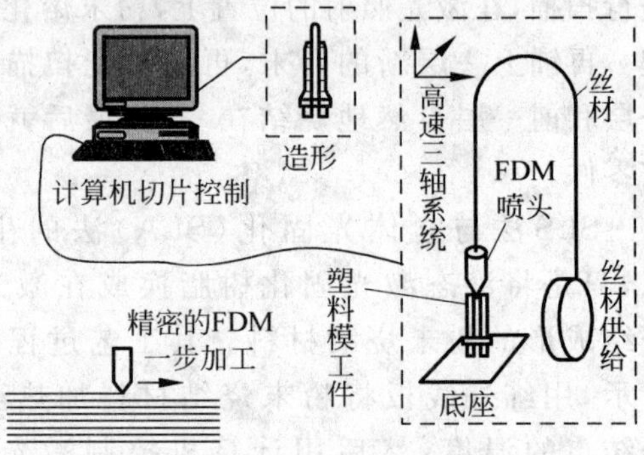

图 6.2.4 FDM 原理图

2. 成形材料

FDM 成形所用材料为聚碳酸酯、铸造蜡材、ABS 等，丝状材料的直径为 1.27～1.78 mm，涂覆层厚随喷头的运动速度而变化，通常，最高速度为 380 mm/s，最大涂覆层厚为0.5 mm，推荐层厚为 0.15～0.25 mm。

3. 特点及应用

FDM 成形工艺适合成形中、小塑件，当成形腔室部分予以密封和保温(约 70℃)时，能够制作 ABS 塑件，塑件的翘曲变形比 SLA 塑件的小，原材料的利用率高，成形件的精度可达±0.127 mm(对于 304.8 mm 见方的成形件)。

但用于 FDM 成形工艺的原材料的价格较高(250～458 美元/kg)。同时其成形件的表面有明显的条纹，当切片层的厚度为 0.254 mm 时，平均表面粗糙度为 Ra15～53 μm，显然，其表面品质不如 SLA 塑件的好。另外，FDM 塑件的性能沿成形轴垂直方向的强度比较弱，故也需设计、制作支承结构，并且仍需对整个截面进行扫描涂覆，因此成形时间较长。

6.2.5 三维喷涂黏结成形法

三维喷涂黏结(three-dimensional printing and gluing，3DP)法也是一种不依赖于激光的成形技术，其工作原理如图 6.2.5 所示。3DP 使用粉末材料和黏结剂，喷头在计算机的控制下，按照截面轮廓的信息，在铺好的一层粉末材料上，有选择性地喷射黏结剂，在有黏结剂的地方粉末材料被黏结在一起，形成截面层。其他地方仍为粉末，这样层层黏结后就得到一个空间实体，去除粉末后进行烧结就得到所要求的零件。3DP法可用的材料范围很广，尤其是可以制作陶瓷模。主要问题是表面较粗糙。

用3DP方法制作零件速度非常快，成本较低。

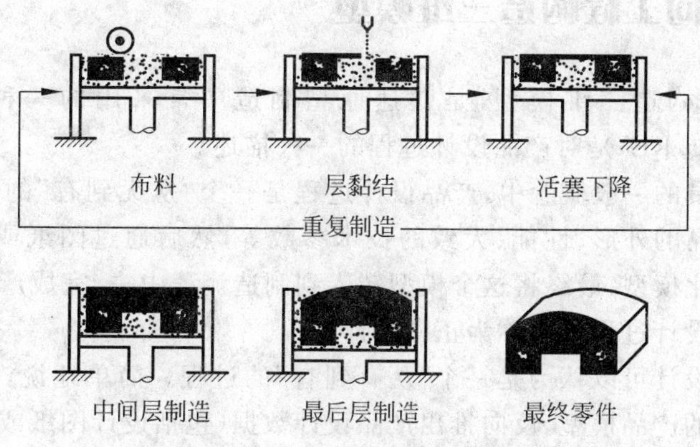

图 6.2.5 3DP成形原理示意图

6.2.6 快速原型系统的主要技术指标

(1) 最大零件尺寸。用长×宽×高度量。目前，LOM方法能得到的零件尺寸最大，LOM的制件范围最大已达1200 mm×750 mm×550 mm。

(2) 零件精度。目前RPM方法能达到的最高精度约为±0.02 mm。

(3) 激光器。主要指激光类型、功率，以及激光器的使用寿命、光束直径、冷却系统等。光斑的定位有振镜偏转式和光束移动式。

(4) 激光切割速度。一般在500～1000 m/s之间。这要根据激光器的功率大小、被加工材料的能量要求、光斑的定位机构的响应速度等因素综合决定。

(5) 造形材料类型。金属粉末、陶瓷粉末、塑料、树脂、蜡材、石膏、纸等。

(6) 计算机及其操作系统。一般为"奔Ⅲ"以上的计算机，Windows 2000以上的操作系统。

(7) 输入文件的格式。CAD模型数据一般采用STL文件格式。

思考练习题

1. 简述LOM法的工作过程。

2. 简述SLS法的基本原理。

3. 现急需生产一个电话机盒及塑料玩具的新产品样件，试列出几种快速成形制造方法。

4. 你认为何种快速成形制造技术最适合制造单件、形状复杂的模具内腔电极？

6.3 快速原型制造技术的应用及展望

6.3.1 采用逆向工程构造三维模型

采用逆向工程构造三维模型，是快速原型制造中常采用的一种方法。逆向工程(reverse engineering，RE)是对产品设计过程的一种描述。

在工程技术人员的一般概念中，产品设计过程是一个“从无到有”的过程。设计人员首先在大脑中构思产品的外形、性能、大致的技术参数等，然后通过图纸或CAD技术帮助建立产品的三维数字化模型，最终将这个模型转入到制造流程中去，完成产品的整个设计制造周期。这样的产品设计过程可以称为正向设计过程。

逆向工程产品设计可以认为是一个“从有到有”的过程。简单地说，逆向工程产品设计就是根据已经存在的产品模型，反向推出产品设计数据(包括设计图纸或数字模型)的过程。从这个意义上说，逆向工程这一概念在工业设计中使用已经很久了。早期的船舶工业中常用的船体放样设计就是逆向工程的实例。

随着计算机技术在制造领域的广泛应用，特别是数字化测量技术的迅猛发展，基于测量数据的产品造形技术成为逆向工程技术关注的主要对象。通过数字化测量设备(如坐标测量机、激光测量设备等)获取的物体表面的空间数据，需要利用逆向工程CAD技术获得产品的CAD数学模型，进而进行快速成形制造或利用CAM系统完成产品的制造。因此，逆向工程技术可以认为是将产品样件转化为CAD模型的相关数字化技术和几何模型重建技术的总称。逆向工程流程图如图6.3.1所示。

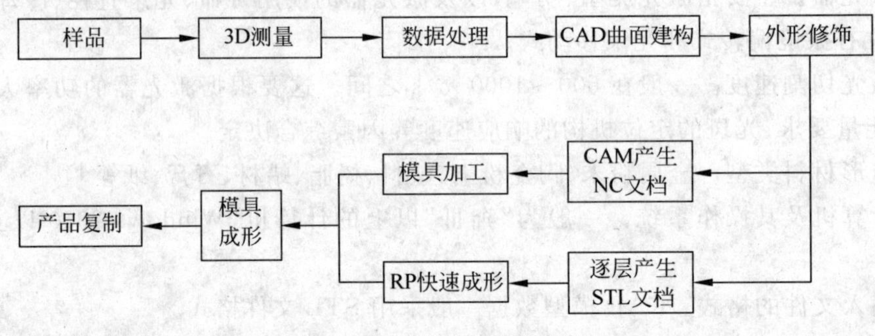

图6.3.1 逆向工程流程图

1. 逆向工程系统

使用精密的测量系统将样品轮廓三维尺寸快速测量出来是逆向工程工作的第一步，然后再以取得的各点数据做曲面处理及加工成形。建立一套完整的逆向工程系统，需要有以下基本设备：

(1) 测量探头 有接触式(触发探头、扫描探头)和非接触式(激光位移探头、激光干涉仪探头、线结构光及CCD扫描探头、面结构光及CCD扫描探头)两种。

(2) 测量机　有三坐标测量机、多轴专用机、多轴关节式机械臂及激光追踪站等。

(3) 点数据处理的软件　用来进行噪声滤除、细线化、曲线建构、曲面建构、曲面修改等。

(4) CAD/CAM 软件。

(5) CAE 软件　用来进行各种分析,增加设计成功率。

(6) CNC 工具机　用来执行原型制作或模具制作。

(7) 快速成形机。

(8) 批量生产设备　包括注塑机、压力机、钣金成形机等。

2. 逆向工程的应用与意义

随着计算机软硬件技术和计算机视觉技术的发展,逆向工程在越来越多的领域中得到应用。概括起来,逆向工程可以在以下诸多方面发挥重要作用:

(1) 在将实物模型转化为三维 CAD 模型方面。目前,许多外形设计师还难以直接用计算机进行某些物体的三维几何设计,而更倾向于用黏土或泡沫塑料进行初始外形设计,这就需要通过逆向工程将实物模型转化为三维 CAD 模型。

(2) 在改型设计方面。由于工艺、美观、使用效果等方面的原因,人们经常要对已有的构件做局部修改。在原始设计没有三维 CAD 模型的情况下,若能对实物构件通过数据测量与处理产生与实际相符的 CAD 模型,对 CAD 的模型进行修改以后再进行加工,将显著提高生产效率。因此,逆向工程在改型设计方面可以发挥不可替代的作用。

(3) 在吸收先进设计制造成果方面。以已有产品为基准点进行设计已经成为当今的一条设计理念。目前,我国在设计制造方面与发达国家还有一定的差距,利用逆向工程技术可以充分吸收国外先进的设计制造成果,使我国的产品设计立于更高的起点,同时加速某些产品的国产化速度。

(4) 在生产替代零部件产品方面。某些大型设备,如航空发动机、汽轮机组等常会因为某一零部件的损伤而停止运行,通过逆向工程手段,可以快速生产这些零部件的替代件,从而提高设备的利用率和使用寿命。

(5) 在无损探伤方面。借助于层析 X 射线摄影法(CT 技术),逆向工程不仅可以产生物体的外形形态,而且可以快速发现、度量、定位物体的内部缺陷,从而成为工业产品无损探伤的重要手段。

(6) 在产生基于模型的计算机视觉方面。利用逆向工程手段,可以方便地产生基于模型的计算机视觉。

(7) 在发挥 CAD 技术的优势方面。通过实物模型产生其 CAD 模型,可以使产品设计充分利用 CAD 技术的优势,并适应智能化、集成化的产品设计制造过程中的信息交换。

3. 逆向工程测量系统

在产品开发过程中,以逆向工程方式处理的产品往往具有不易掌握的特征,这包括外观上曲面的造形与结构上各种结构的位置。也就是说,某种产品数字数据不是以直接绘制的方式就可获得的。因此,逆向工程的第一任务就是如何取得工程人员所需的点数据,以用于后续的模型建构。

逆向工程所需的测量按其特征及应用，一般分为3大类：接触式测量、非接触式测量和逐层扫描测量。

接触式测量包括三坐标测量机法和电磁数字化法；非接触式测量包括激光扫描测量、结构光扫描测量和工业CT等。这两类测量方法都有致命的缺点，即无法测量物体的内部轮廓，因此发展出了能够测量内部结构的逐层扫描测量方法。

（1）工业CT和核磁共振扫描法　要测量物体的内部轮廓，可采用工业CT和核磁共振扫描数据重构三维数据的算法。逐层扫描的特点是可以对零件的表面和内部结构进行精确测量，不受被测物体复杂程度的限制，且测量数据密集、完整，测量结果包括了零件的拓扑结构。但是利用CT扫描法获取数据的精度较低，目前的最小层厚达到了1 mm，而在这种精度下无法做出实用的机械零件。此外，CT和核磁共振的成本高，对运行环境的要求也高，可测零件的尺寸和材料也受到限制。

（2）自动断层扫描技术　自动断层扫描技术采用材料逐层去除与逐层激光扫描相结合的方法，快速、自动、准确地测量零件表面和内部尺寸。它的片层厚度最小可达0.01 mm，测量精度为0.02 mm，与工业CT相比，价格便宜70%～80%，而测量精度却高很多，且实现了全自动操作。但是，它采用破坏性测量，对于贵重零件不宜采用，另外测量速度较慢。

4. 逆向工程后处理

在逆向工程中，曲面模型重建是最重要、最繁杂的一环，因为最后要完成模型的加工，需要的是平滑的曲面模型或是由良好的点云所产生的三角网络，所以点数据的处理、曲面的构建方式以及编辑与分析功能的齐全，是逆向工程曲面模型重建相当重要的一部分。

逆向工程后处理的主要内容包括点云预处理；曲面建构预分析；曲面的阶数与连续性处理；基本几何曲面的建构；利用点数据拟合出自由曲面；利用点数据与边界曲线建构曲面；曲面编辑等。

6.3.2 快速原型制造技术的应用

目前，快速原型制造技术在材料、工程、汽车、航空航天、军事装备、轻工产品、家用电器、模具、玩具、工业造形、建筑造形、医疗器具、人体器官模型、生物材料组织、考古、电影制作等领域都得到了广泛的应用。根据快速原型制造技术的产品功能，其应用一般可以分成原型制造、模具制造、模型制造、零部件制造等方面。

采用快速原型制造技术的目的主要有生产研制、市场调研和产品使用。在生产研制方面，主要是通过快速成形系统制作原型用来验证概念设计、确认设计、性能测试、制造模具的母模和靠模等。在市场调研方面，通过把制造的产品原型展示给有关部门和最终用户，广泛征求意见，在新产品投产之前，尽量完善设计，以生产出适销对路的产品。在产品使用方面，则可以直接利用制造的原型、零件或部件的最终产品。

1. 原型制造

快速原型技术在新产品开发过程中的价值是很难估量的。设计者通过快速成形可以很快地评估一次设计的可行性并充分表达其构想。快速成形可以很方便地制作和更改原型，使设计评估及更改在很短的时间内完成。而传统原型制作方法是制作陶模、木模或塑料模，由于时间和成本的限制，完成这一过程是很困难的。与之相比，快速原型制造技术可以把原型制作时间缩短到几小时或几十小时，大大提高了速度，降低了成本，是实现并行工程强有力的工具。

原型的用途主要包括以下几方面：

(1) 进行模型、零件的直观评价。快速成形制造技术能够迅速地将工程师的设计思想变成三维的实体模型，既可节省大量的时间，又能精确地体现工程师的设计理念，为产品评审决策工作提供直接、准确的模型，减少决策工作中的抽象甚至是不正确的思维。

(2) 进行结构分析与装配校核。由于应用快速原型技术制作出的样品比计算机生成的二维、三维效果图像更加直观、真实，而且具有手工制作模型所无法比拟的精度，因而在样件制作方面具有明显的优势。快速原型技术在进行产品结构合理分析、装配校核、干涉检查等方面，对于新产品的开发，尤其是在对有限空间内的复杂、昂贵系统(如卫星、导弹)的可制造性和可装配性检验方面更为重要。

(3) 进行功能检测。利用快速原型技术可以进行设计验证、配合评价和功能测试；可以直接进行性能和功能参数试验与相应的研究，如流动分析、应力分析、流体和空气动力学分析等。

2. 快速制模

快速原型技术结合逆向工程不仅能配合各种生产类型特别是单件小批量生产的模具的快速制造，而且能适应各种复杂程度的模具的快速制造。快速制模技术的应用可分为直接制造模具和间接制造模具，主要用于制造注塑模、冲压模和铸模等。

1) 直接制造模具

传统的模具设计，只有在模具零件验收合格后才能进行整机的装配和各种验收工作。对于在试验中发现的设计中的不合理之处，需要对原来的设计进行修改，然后再相应地对模具进行修改。这样就会在设计与制造过程中造成大量重复性工作，导致模具的制造周期拉长、成本增高、产生设计缺陷等问题，这些都会造成重大损失。

短工期和小批量单件制造的最好方法就是利用快速成形技术直接制造，该方法能在几天之内完成复杂零部件的模具制造，而且越复杂越能显示其优越性。

快速成形技术可精确制作模具的型芯和型腔，也可直接用于注射过程制作塑料样件。

2) 间接制造模具

原型可用来间接制造模具。采用快速原型技术，同时结合精密铸造、金属喷涂制模、硅橡胶等制造软模、电极研磨、粉末烧结等技术能够间接快速制造出模具。间接制模法指利用快速原型制造技术首先制作模芯，然后用此模芯复制硬模具(如铸造模具，或采用喷涂金属法获得轮廓形状)，或者制作母模复制软模具等。对快速原型制造技术得到的原型表面进行特殊处理后代替木模，直接制造石膏型或陶瓷型，或者由原型经硅橡胶模过渡转换得到石膏型或陶瓷型，再由石膏型或陶瓷型浇注出金属模具。

快速成形制造精度的提高，促使间接制模工艺的基本成熟，其方法则根据零件生产批量的大小而不同，常用的有硅橡胶模(批量 50 件以下)、环氧树脂模(数百件以下)、金属冷喷涂模(3000 件以下)、快速制作 EDM 电极加工钢模(5000 件以上)等。

(1) 硅橡胶模具 这种方法是以原型为模样，采用硫化的有机硅橡胶浇注制作硅橡胶模具，即软模(soft tooling)的间接制模方法。其工艺过程为：制作原型→对原型进行表面处理，使其具有较低的表面粗糙度→固定放置原型、模框→在原型表面施脱模剂→在抽真空装置中抽去硅橡胶混合体→浇注硅橡胶混合体得到硅橡胶模具→硅橡胶固化→取出原型。若发现模具有缺陷，可用新调配的硅橡胶修补。

(2) 树脂型复合模具 这种方法是将液态的环氧树脂与有机或无机材料复合作为基体材料，以原型为基准浇注模具的一种间接制模方法(bridge tooling)，通常可直接进行注塑生产。其工艺过程为：制作原型→表面处理→设计并制作模框→选择与设计分型面→在原型表面及分型面刷脱模剂和胶衣树脂→浇注凹模→浇注凸模。

(3) 金属冷喷涂模 这种方法是以原型为模样，待低熔点的金属充分雾化后以一定的速度喷射到模样表面，形成模具型腔表面，背衬填充铝的环氧树脂或硅橡胶复合材料支承，将壳与原型分离，得到精密的金属模具和用快速成形直接加工的金属模具，也称硬模(hard tooling)。生产中常用这种间接方式，并加入浇注系统、冷却系统和模架制造成注塑模具。其特点是工艺简单、周期短；型腔及其表面精细花纹可一次同时形成；省去了传统模具加工中的制图、数控加工和热处理等步骤，无需机加工；模具尺寸精度高，周期短，成本低。

3) 模型制造

快速原型技术广泛应用于模型制造领域，例如，工程结构模型、医学模型和艺术商业展示模型等。

(1) 工程结构模型 大型工程可以制造比例模型进行分析校核，实验取证，从而确保工程的可造性。在建筑工程领域，可以制作建筑物模型，评价建筑设计美学与工程方面的合理性，如建筑物的分布与结构等，即使更改也很容易。土木、水利和机械等行业的工程构件和设备的研究设计阶段均离不开模型实验。采用快速原型技术可以使数值分析与模型实验一体化。

(2) 艺术品、商业展示模型 以模型作为展示物品可用于顾客信息反馈、展品服务、大型装饰品的彩色制件等。在艺术创作方面，可以利用快速原型技术将瞬时的创造激情永久地记录下来，还可以制造珍贵的黄金类艺术品的廉价原始样本。在文化、艺术领域，快速原型技术可用于文物复制、仿制、雕塑、工艺美术装饰品的设计与制造。

(3) 医学模型 实体模型在医学上有两个方面的应用：①提供视觉和触觉模型，用于教学、诊断；②制定复杂的手术方案，用于器官修复。

4) 零部件及工具制造

用快速原型技术可以直接制造多种材料的零部件、电脉冲机床所用电极和加工工具。

(1) 特殊成分、结构材料的零部件 特殊成分、结构材料的零部件，可以考虑用快速成形技术。例如，梯度功能材料、光敏材料、多孔材料及其他多种规格、型号、成分的材料都可以实现无模具、无机械加工快速成形制造。

(2) 电脉冲机床用电极 采用快速原型技术，结合相应的特种加工工艺，可快速制造电加工的电极，实现复杂零件的快速电火花成形加工，通常有研磨法、精密铸造法、电铸法、粉末冶金法和浇注法等。

(3) 工具制造 尽管已有直接成形的金属工具问世，虽然其尺寸精确，但其力学性能还较低。由CAD模型直接堆积高性能的金属工具(如活扳手等)，目前还存在很大的困难。

这也是快速原型技术的研究热点之一。

3. 快速成形材料

不同的快速成形方法要求使用与其成形工艺相适应的不同性能的材料，成形材料的分类与快速成形方法及材料的物理状态、化学性能密切相关。按材料物理状态分类有液体材料、薄片材料、粉末材料、丝状材料等；按化学性能分类有树脂类材料、石蜡材料、金属材料、陶瓷材料及复合材料等；按材料成形方法分类有 SLA 材料、LOM 材料、SLS 材料、FDM 材料、3DP 材料等。

快速成形工艺对材料的总体要求是：

(1) 有利于快速精确地加工原型零件；

(2) 当原型直接用作制件、模具时，原型的力学性能和物理化学性能(强度、刚度、热稳定性、导热和导电性、加工性等)要满足使用要求；

(3) 当原型间接使用时，其性能要有利于后续处理工艺。

6.3.3 快速原型制造技术展望

RPM 是面向产业界的高新综合技术，它将获得越来越广泛的应用。国外有人预测：快速原型制造技术将很快成为一种一般性的加工方法。这一技术在我国许多行业将有巨大的潜在市场。目前，快速原型技术存在的问题是，所制原型零件的物理性能较差，成形机的价格较高，运行成本较高，零件精度较低，表面粗糙度较高，成形材料仍然有限。因此，国内外都在开展广泛而深入的研究，归纳起来主要有以下几个方面：

(1) 大力推广并扩大其应用领域。RPM 在家电、汽车、玩具、轻工、建筑、医疗、航空航天、兵器等行业以及从事 CAD 的部门，都会有良好的应用前景。其用途是通过快速制作的原模进行设计验证、评价、功能测试；由 RP 方法直接加工出所需的零件，或者通过 RP 原型与传统制造工艺相结合再制作出各种零件。

(2) 大力改善现行快速原型制作机的性能。为了大力改善现行快速原型制作机的制作精度、可靠性和制作能力，缩短制作时间，应分别从制模机的机械设计、RP 软件、材料性能、工艺、工艺参数、CNC 及激光技术等方面进行大量改进。

(3) 开发性能更好的快速成形材料。材料的性能既要利于原型加工，又要具有较好的后续加工性能，还要满足对强度、刚度等的不同要求，目前各国正在大力开发更好的快速成形材料和种类。

(4) 开发高性能软件。高性能软件包括快速高精度的直接切片软件、快速造形制作和后续应用过程中的精度补偿软件、考虑快速成形原型制作和后续应用的 CAD 等。

(5) RPM 与 CAD、CAE、CAPP、CAM 以及高精度自动测量的一体化集成。该项技术可以大大提高新产品第一次投入市场就十分成功的可能性，也可快速地实现反求工程。

(6) 开发经济型的 RPM 系统。国外调研表明，40%的人认为当前的 RPM 机价格太高。工业界在许多方面对原型的精度并不是太苛刻，所以开发制作速度快、价格低的 RPM 机的市场也是较大的，它更易真正成为办公室能广泛用得起的三维激光打印机。

(7) 研制新的快速成形方法。除目前比较成熟的 SLA、LOM、SLS、FDM、3DP 外，各国还围绕提高快速原型件的精度和减少制作时间，探索直接制作最终用途零件的工艺，开发更适宜的快速成形方法。

思考练习题

1. 为什么逆向工程能快速进行产品开发和设计？
2. 快速原型制造技术在机械制造工程上的主要应用有哪些？
3. 试分析快速原型制造技术未来的发展方向是什么。

选择材料成形方法时要考虑的问题

7.1 材料成形方法的选择

由于机械零件毛坯的材料、形状、尺寸、结构、性能以及生产批量各不相同，故其成形的方法也不相同。任何一种成形方法都包含一系列基本过程。材料成形方法选择得恰当与否，不仅关系到零件乃至整套机器的制造成本，同时，还关系到能否满足使用要求。根据生产实际经验，在进行工程材料及成形工艺的选择时，一般要遵循有关基本原则。

7.1.1 零件的失效分析

1. 失效的概念

零件的失效是指零件由于某种原因造成其使用性能不能满足设计要求，具体表现为3种情况：

(1) 完全被破坏不能继续工作，如车轴断裂、发动机曲轴断裂等。

(2) 严重损伤，不能安全工作，如锅炉安全阀失效、车辆刹车装置失灵等。

(3) 虽能安全工作，但使用效果较差，如发动机活塞与活塞缸之间的间隙过大，动力下降，油耗增加。

2. 失效的类型

根据零件工作失效的特点，失效的形式可分为如下3种类型。

1) 过量变形

当零件发生过量弹性或塑性变形时，会影响零件的自身位置和零件之间的配合关系，导致不能进行正常工作而失效。例如，车床的主轴如果发生过量弹性变形就会引起振动，影响工件的加工精度；车辆上的弹簧如果发生过量塑性变形就会失去弹性。防止零件发生过量变形的主要措施是采用具有足够弹性极限的材料。

2) 断裂

断裂分为韧性断裂和脆性断裂。韧性断裂是零件在断裂前明显发生了塑性变形，断口呈暗灰色纤维状。脆性断裂断口平齐，有金属光泽，呈结晶状，如灰铸铁的断裂。为防止断裂，一般要求材料有较高的抗拉强度、疲劳强度和韧性。疲劳断裂是零件在循环交变载荷作用下产生微裂纹引起的断裂，断裂时的应力往往低于材料的屈服强度，无论韧性材料还是脆性材料，断裂前都没有明显的塑性变形。

断裂往往造成严重的事故，必须防止。为防止断裂，要求材料有足够的屈服强度、抗拉强度和疲劳强度。

3）表面损伤

表面损伤包括表面磨损和腐蚀。表面磨损会造成材料的损耗，使零件的尺寸和表面状态发生变化，如火车轮缘与钢轨、滚动轴承的滚珠与内外圈、齿轮表面的磨损。腐蚀是金属表层在周围介质化学作用或电化学作用下遭到破坏的现象。腐蚀会减小零件的有效截面积并产生应力集中，使金属的强度、韧性、塑性等降低，影响设备的使用寿命和可靠性。

为防止表面损伤，一般要求零件表面耐磨性好、抗疲劳、抗腐蚀等。重要的金属零件往往需要进行表面处理。

3. 失效的原因

机械零件失效的原因大体在于设计、材料、加工和安装使用4个方面。图7.1.1为导致零件失效的主要原因示意图。

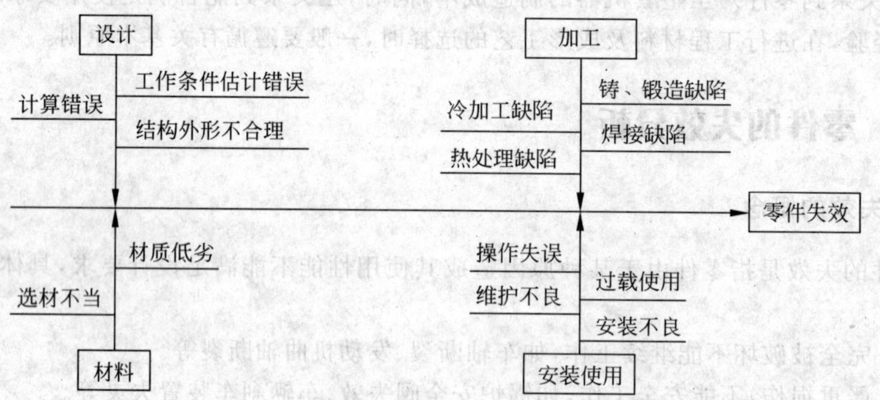

图7.1.1 导致零件失效的主要原因示意图

机械零件在设计寿命内发生失效的原因多种多样，一般认为是由于设计不合理、选材不当和材料缺陷、制造工艺不合理、使用操作和维修不当等方面引起的。

1）设计不合理

由于设计上考虑步骤或认识水平的限制，设计不合理造成机械零件在使用过程中失效的现象时有发生。其中，结构和形状不合理（如零件存在缺口、小圆弧转角、不同形状过渡区等高应力区）引起的失效比较常见。

设计中的过载、应力集中、机构选择不当、安全系数过小以及搭配不合理等都会导致机械零件失效。所以机械零件的设计不仅要有足够的强度、刚度和稳定性，结构设计也要合理。

2）选材不当和材料缺陷

机械零件的材料选择要遵循使用性能原则、加工工艺性能原则及经济性能原则。使用性能原则是首先要考虑的，零件在特定环境中使用时，对可预见的失效形式要为其选择足够的能抵抗该种失效的材料。如对韧性材料，可能产生屈服变形或断裂失效，应该选择足够的屈服强度和抗拉强度。但对可能产生的低应力脆性断裂、疲劳及应力腐蚀开裂的情况，高强度的材料往往适得其反。在保证零件使用性能、加工工艺性能要求的前提下，经济性也是必须考虑的。

机械零件所用的原材料一般经过冶炼、轧制、锻造、铸造等过程，在制造过程中造成的缺陷往往也会导致零件的早期失效。冶炼工艺较差时会使金属材料中拥有较多的氧、氢、氮，并有较多杂质和夹杂物，这不仅会使钢的性能变脆，甚至还会形成疲劳裂纹源，导致早期失效。轧制工艺控制不好，会使钢材表面粗糙、凹凸不平、产生划痕、折叠等，这些缺陷都会导致失效。铸造容易使铸件产生疏松、偏析、内裂纹、夹杂沿晶间析出等，容易引起脆断，因此高强度的机械零件较少用铸件。由于锻造能明显改善材料的力学性能，因此许多受力零件都采用锻件。

3）制造工艺不合理

机械零件往往要经过冷热成形、焊接、机械加工、装配等制造工艺过程。若工艺规范制定不合理，零件在加工成形过程中就会留下各种各样的缺陷，如冷热成形的表面粗糙不平、焊接时焊缝的表面缺陷和焊接裂纹、机械加工中出现的圆角过小和划痕、组装的错位和不同心度等，所有这些缺陷如超过一定限度则会导致零件以及装备早期失效。

4）安装、使用操作不当和维修不当

安装时配合过紧或过松、对中不准、固定不紧，都可能使零件不能正常工作，或工作不安全。使用、操作不当是机械零件失效的重要原因之一，如违章操作、超载、超速等，使零件在不正常的条件下运转；缺乏经验、粗心大意等。装备必须进行定期维修和保养，如对装备的检查、维修和更换不及时或没有采取适当的修理、防护措施等，也会引起装备的早期失效。

7.1.2 材料成形方法选择的基本原则

1. 适用性原则

适用性原则是指要满足零件的使用要求及适应成形加工工艺性要求。

1）满足使用要求

零件的使用要求包括对零件形状、尺寸、加工精度、表面粗糙度等外部质量，和对其化学成分、金属组织、力学性能、物理性能和化学性能等内部质量的要求。这是保证零件完成规定功能所必备的要求，是进行成形方法选择时首先要考虑的问题。不同的零件，功能不同，其使用要求也不同，即使是同一类零件，其选用的材料与成形方法也会有很大差异。例如，机床的主轴和手柄，同属杆类零件，但其使用要求不同：主轴是机床的关键零件，尺寸、形状和加工精度要求很高，受力复杂，在长期使用中不允许发生过量变形，应选用 45 钢或 40Cr 钢等具有良好综合力学性能的材料，经锻造成形及严格切削加工和热处理制成；而机床手柄则可以采用低碳钢圆棒料或普通灰铸铁件为毛坯，经简单的切削加工即可制成。又如燃气轮机叶片与风扇叶片，虽然同样具有空间几何曲面形状，但前者应采用优质合金钢经精密锻造成形，而后者则可采用低碳钢薄板冲压成形。

另外，在根据使用要求选择成形方法时，还必须注意各种成形方法如何能更经济地达到制品的尺寸和形状精度、结构和形状复杂程度、尺寸和质量大小等。

2）适应成形加工工艺性要求

各种成形方法都要求零件的结构与材料具有相应的成形加工工艺性。成形加工工艺性的好坏对零件加工的难易程度、生产效率、生产成本等起着十分重要的作用。因此，选择成形方法时，必须注意零件结构与材料所能适应的成形加工工艺性（如铸造性、锻造性、焊接性等）。例如，不能采用锻压成形的方法和避免采用焊接成形的方法来制造灰铸铁零件；避免采用铸造成形方法制造流动性较差的薄壁毛坯；不能采用普通压力铸造的方法成形致密度要求较高或铸后需热处理的毛坯；不能采用锤上模锻的方法锻造铜合金等再结晶速度较低的材料；不能用埋弧自动焊焊接仰焊位置的焊缝；不能采用电阻焊方法焊接铜合金构件；不能采用电渣焊焊接薄壁构件，等等。选择毛坯成形方法的同时，也要兼顾后续机加工的可加工性。例如，对于切削加工余量较大的毛坯就不能采用普通压力铸造成形，否则将暴露铸件表皮下的孔洞；对于需要切削加工的毛坯应尽量避免采用高牌号珠光体球墨铸铁和薄壁灰铸铁，否则难以切削加工。一些结构复杂、难以采用单种成形方法成形的毛坯，既要考虑各种成形方案结合的可能性，也需要考虑这些结合是否会影响机械加工的可加工性。例如，当零件形状比较复杂、尺寸较大时，用锻造成形往往难以实现，如果采用铸造或焊接，则其材料必须具有良好的铸造性能或焊接性能，在零件结构上也要适应铸造或焊接的要求。

2. 可行性原则

对于工程技术人员来说，其所进行的每一项产品设计，都有一定的生产纲领，而且在很多情况下，由哪个企业完成该项产品的生产任务也是已经确定的。因此，材料成形方法选择的可行性原则，就是要把主观设想的毛坯制造方案或获得途径，与某个特定企业的生产条件以及社会协作条件和供货条件结合起来，以保证按质、按量、按时获得所需要的毛坯或零件。

一个企业的生产条件，既包括该企业的工程技术人员和工人的业务技术水平和生产经验，也包括设备条件、生产能力和当前生产任务状况，以及企业的管理水平等。例如，某个零件的毛坯，原设计为锻钢件，但某厂具有稳定生产球墨铸铁件的条件和生产经验，而该零件的设计只要稍加改动，采用球墨铸铁件不仅完全可以满足使用要求，而且生产成本可以显著降低，于是就可改变原来的设计方案。再如，某厂开发出一种新产品，由于生产批量迅速扩大，按照经济性考虑，其中的锻件都应采用模锻件，但该厂目前的模锻生产能力不能适应，而自由锻设备较多，该厂一方面积极考虑扩大模锻生产能力的问题，同时，从当前生产条件出发，结构复杂的重要锻件采用模锻，将部分简单锻件采用胎模锻制造，既满足了产量迅速扩大对锻件的需求，同时也充分利用了现有的生产条件。

考虑获得某个毛坯或零件的可行性，除本企业的生产条件外，还应把社会协作条件和供货条件考虑在内，从外协或外购途径获得毛坯或者直接获得的零件，有时具有更好的质量和经济效益。随着社会生产分工的不断细化和专业化，以及产品的不断标准化和系列化，越来越多的零件和部件由专业化工厂生产是必然的趋势。因此，制定生产方案时，要尽量掌握有关信息，结合本企业的条件，按照保证质量、降低成本、按时完成生产任务的要求，选择最佳生产或供货方案。

3. 经济性原则

在所选择的成形方法能满足毛坯使用要求的前提下，对几个可供选择的成形方案应从经济角度进行分析和比较，选择成本低廉的方案。

1）材料的价格应尽量低

在满足性能和工艺要求的条件下，零件材料的价格无疑应该尽量低。材料的价格在产品的总成本中占有较大的比重，据有关资料统计，在许多工业部门中可占产品价格的30%～70%，因此设计人员要十分关心材料的市场价格。表7.1.1为我国常用金属材料的相对价格。

表7.1.1 我国常用金属材料的相对价格

材料	相对价格	材料	相对价格
碳素结构钢	1	碳素工具钢	1.4～1.5
低合金结构钢	1.2～1.7	低合金工具钢	2.4～3.7
优质碳素结构钢	1.4～1.5	高合金工具钢	5.4～7.2
易切削钢	2	高速钢	13.5～15
合金结构钢	1.7～2.9	铬不锈钢	8
铬镍合金结构钢	3	铬镍不锈钢	20
滚动轴承钢	2.1～2.9	普通黄铜	13
弹簧钢	1.6～1.9	球墨铸铁	2.4～2.9

2）加工费用应尽量少

在各种热处理改性工艺中，以退火工艺加工费相对价格为1时，则调质处理为2.5，高频淬火为5，渗碳处理为6，渗氮处理为38。例如，在确定一个轴类零件的热处理工艺时，在耐磨性能满足要求的情况下，采用调质后高频淬火比调质后渗氮处理要便宜得多。

对于耐腐蚀零件而言，采用碳素钢进行表面涂层工艺代替不锈钢，则成本可降低很多。

制造内腔较大的零件时，采用铸造或旋压加工成形均比采用实心锻件经切削加工制造内腔要便宜。

对于形状复杂的零件如果能采用焊接结构，可比整体锻造，然后机械加工成形更为方便。

3）部分材料可代用

球墨铸铁有较高的强度和良好的抗振性能，在满足使用条件的情况下，可作曲轴使用，从而做到“以铁代钢”，有良好的经济效益。

对引进产品进行国产化研究时，在成分相当、性能相近的情况下，可考虑用相近的材料代用。

4）在淬透性满足要求的情况下，应优先选用碳素钢

在含碳量相同的情况下，碳钢与合金钢相比，主要是合金钢的淬透性大，允许制作较大截面的零件。在避开回火脆性使用的情况下，合金钢有较好的韧性。但当制造截面不大的

零件时，采用合金钢不一定更保险，而且会提高钢材的成本消耗。

5）成组选材，减少品种

在机械设计时，同一个机器上的零件，在使用性能满足的情况下，应尽量减少材料的品种，减少采购手续，以便于管理。尽量选型材，代替锻、轧材，以减少加工工序。

4. 环保性原则

现在环境已成为全球关注的大问题。地球正面临着温暖化、臭氧层破坏、酸雨、固体垃圾、资源和能源的枯竭等问题。环境恶化不仅阻碍生产发展，甚至危及人类的生存。因此，人们在发展工业生产的同时，必须考虑环境保护问题，力求做到与环境相宜，对环境友好。

对环境友好就是要使环境负载小，主要表现在以下几个方面：

(1) 能量耗费少，CO_2 等气体产生少。

(2) 贵重资源用量少。

(3) 废弃物少，且再生处理容易，能够实现再循环。

(4) 不使用、不产生对环境有害的物质。

1）环境负载性的评价

要考虑从原料到制成材料，然后经成形加工成制品，再经使用至损坏而废弃或回收、再生、再使用(再循环)，在这整个过程中所消耗的全部能量(即全寿命消耗能量)、CO_2 气体的排出量，以及在各阶段产生的废弃物、有毒排气、废水等情况。这就是说，评价环境负载性，谋求对环境友好，不能仅考虑制品的生产工程，而应全面考虑生产、还原两个工程。所谓还原工程就是指制品制造时的废弃物及其使用后的废弃物的再循环、再资源化工程。这一点，将会对材料与成形方法的选择产生根本性的影响。例如，汽车在使用时需要燃料并排出废气，人们就希望出现尽可能节能的汽车，故首先要求汽车轻，发动机效率高，这必然要通过更新汽车用材与成形方法才可能实现。

2）成形加工方法与单位能耗的关系

材料经各种成形加工工艺制成为产品，生产系统中的能耗就由工艺流程确定。据有关报道，钢铁由棒材到制品的几种成形加工方法的单位能耗与材料利用率如表 7.1.2 所示。

表 7.1.2 几种成形加工方法的单位能耗、材料利用率比较

成形加工方法	制品耗能量/(MJ/kg)	材料利用率/%
铸造	30～38	90
冷、温变形	41	85
热变形	46～49	75～80
机械加工	66～82	45～50

从矿石精炼到制成棒材的单位能耗大约为 33 MJ/kg。由表 7.1.2 可见，与材料生产的单位能耗相比，铸造与塑性变形等加工方法的单位能耗不算大，且其材料利用率较高。与材料生产相比，制品成形加工的单位耗能量较大，且单位能耗大的加工方法，其材料利用率通

常也较低。由于成形加工方法与材料密切相关,因此在选择制品的成形加工方法时,应通盘考虑选择单位能耗少的成形加工方法,并选择能采用低单位能耗成形加工方法的材料。

在上述4项原则中,适用性原则是第一位的。所有产品必须达到质量优良,满足使用要求,在规定的服役年限内能够保证正常工作。否则在使用过程中就会发生各种问题,甚至造成严重的后果。经济性原则是将产品总成本降至最低,取得最大的经济效益,使产品在市场上具有最强的竞争力。可行性原则是确定毛坯或零件的生产方案或生产途径的现实出发点。环保性原则是保护自然界生态平衡的重要措施。

思考练习题

1. 选择材料成形方法应遵循哪些原则?
2. 零件的使用要求包括哪些方面?以车床主轴为例说明其使用要求。
3. 为什么齿轮多用锻件毛坯,而带轮、手轮多用铸造毛坯?

7.2 零件毛坯的主要种类及成形特点

7.2.1 金属的铸造成形特点

铸件是熔融金属液体在铸型中冷却凝固而获得的,其突出特点是尺寸、形状几乎不受限制。铸件是零件毛坯最主要的来源,通常用于形状复杂、强度要求不太高的场合。目前生产中的铸件大多数是用砂型铸造,少数尺寸较小、精度要求较高的优质铸件一般采用特种铸造,如金属型铸造、离心铸造和压力铸造等。砂型铸造的铸件,当采用手工造形时,铸型误差较大,铸件的精度低,因而铸件表面的加工余量也比较大,影响零件的加工效率,故适用于单件小批生产。当大批量生产时,广泛采用机器造形。机器造形所需的设备投资费较高,而且铸件的重量也受到一定限制,一般多用于中、小尺寸铸件。砂型铸造铸件的材料不受限制,铸铁应用最多,铸钢和有色金属也有一定的应用。

熔模铸造的铸件精度高,表面质量好。由于型壳用高级耐火材料制成,故能用于生产高熔点及难切削合金。生产批量不受限制。主要用于生产汽轮机叶片,成形刀具和汽车、拖拉机、机床上的小型零件,以及形状复杂的薄壁小件。

金属型铸造的铸件,比砂型铸造的铸件精度高,表面质量和力学性能好,生产率较高,但需要一套专业的金属型。金属型铸造适用于生产批量大、尺寸不大、结构不太复杂的有色金属铸件,如发动机中的铝活塞等。

离心铸造的铸件,金属组织致密,力学性能较好,外圆精度及表面质量均好,但内孔精度差,需留出较大的加工余量。离心铸造适用黑色金属及铜合金的旋转铸件(如套筒、管子和法兰盘等)。由于铸造时需要特殊设备,故产量大时才比较经济。

压力铸造的铸件精度高,表面粗糙度值小,机械加工时只需进行精加工,因而节省很多金属。同时,铸件的结构可以较复杂,铸件上的各种孔眼、螺纹、文字及花纹图案均可铸出。但压力铸造需要一套昂贵的设备和铸型,故主要用于生产批量大、形状复杂、尺寸较小、质量不大的有色金属铸件。

几种常用铸件的基本特点、生产成本与生产条件见表 7.2.1。

表 7.2.1　几种常用铸件的基本特点、生产成本与生产条件

特点	类型	砂型铸件	金属型铸件	离心铸件	熔模铸件	低压铸造件	压铸件
零件	材料	任意	铸铁及有色金属	以铸铁及铜合金为主	所有金属，以铸钢为主	以有色金属为主	锌合金及铝合金
零件	形状	任意	用金属芯时形状有一定限制	以自由表面为旋转面的零件为主	任意	用金属型与金属芯时，形状有一定限制	形状有一定限制
零件	质量/kg	0.01～300 000	0.01～100	0.1～4000	0.01～10(100)	0.1～3000	<50
零件	最小壁厚/mm	3～6	2～4	2	1	2～4	0.5～1
零件	最小孔径/mm	4～6	4～6	10	0.5～1	3～6	3(锌合金0.8)
零件	致密性	低～中	中～较好	高	较高～高	较好～高	中～较好
零件	表面质量	低～中	中～较好	中	高	较好	高
成本	设备成本	低(手工)～中(机器)	较高	较低～中	中	中～高	高
成本	模具成本	低(手工)～中(机器)	较高	低	中～较高	中～较高	高
成本	工时成本	高(手工)～中(机器)	较低	低	中～高	低	低
生产条件	操作技术	高(手工)～中(机器)	低	低	中～高	低	低
生产条件	工艺准备时间	几天(手工)～几周(机器)	几周	几天	几小时～几周	几周	几周～几个月
生产条件	生产率/(件/h)	<1(手工)～100(机器)	5～50	2(大件)～36(小件)	1～1000	5～30	20～200
生产条件	最小批量/件	1(手工)～20(机器)	～1000	～10	10～10 000	～100	～10 000
产品举例		机床床身、缸体、带轮、箱体	铝合金、铜套	缸套、污水管	汽轮机叶片、成形刀具	大功率柴油机活塞、汽缸头、曲轴箱	微型电极外壳、化油器体

7.2.2 金属的塑性成形特点

1. 锻件成形特点

由于锻件是通过金属塑性变形而获得的，因此其形状复杂程度受到较大的限制。在生产中应用较多的锻件主要有自由锻件和模锻件两种。

自由锻件不使用专用模具,故精度低。锻件毛坯加工余量大,生产效率不高,因此一般只适合于单件小批生产结构较为简单的零件或大型锻件。

模锻件的精度高,加工余量小,生产效率高,而且可以锻造形状复杂的毛坯件。特别是材料经锻造后锻造流线得到了合理分布,使锻件强度比铸件强度大大提高。生产模锻件毛坯需要专用模具和设备,因此只适用于大批量生产中、小型锻件。

2. 冷冲压件成形特点

冷冲压成形一般是在室温下进行的,主要适用于厚度为6 mm以下、塑性良好的金属板料、条料的制作,也适用于一些非金属材料,如塑料、石棉、硬橡胶板材的某些制件的制作。冷冲压可以制作出形状复杂、质量较小而刚度好的薄壁件,其表面品质好,尺寸精度满足一般互换性要求,而不必再经切削加工。由于冷变形后会产生加工硬化的结果,因此冲压件的强度和刚度有所提高。冷冲压易于实现机械化与自动化,生产率高,成品合格率与材料利用率均高,所以冲压件的制造成本较低。由于冲压模具费用高,故冲压件只适合于成批或大量生产,广泛应用于汽车、飞机、电动机、电器、仪表、玩具与生活日用器皿等许多生产领域。在交通运输机械和农业机械中,冲压件所占的比重很大,很多薄壁件都采用冲压法成形,如汽车罩壳、储油箱、机床防护罩等。

3. 挤压件成形特点

冷挤压是一种生产率高的少、无切削加工工艺。挤压件尺寸精确、表面光洁,挤压所生产的薄壁、深孔、异型截面等形状复杂的零件,一般不再需要切削加工,因而节省了金属材料与加工工时。此外,由于挤压过程的加工硬化作用,零件的强度、硬度、耐疲劳性能都有显著提高。而且,挤压时金属在三向压应力状态下变形,有利于改善金属的塑性,因此,不但塑性良好的铜、铝合金、低碳钢可以挤压成形,其他中、高碳量的碳素结构钢、合金结构钢、工具钢、奥氏体不锈钢也都可以挤压成形。目前受挤压设备吨位的限制,挤压件的质量一般还只限于30 kg以下。为了增大挤压变形量,简化工序,提高生产率与解决设备吨位不足的困难,也可将金属加热到100～800℃之间进行温挤压或热挤压成形,但所得产品的精度与表面品质不如室温下冷挤压成形的好。

目前,挤压成形工艺已广泛用于汽车、拖拉机、风动机械以及一些军工零件与自行车、缝纫机等零件的生产。

常用金属塑性成形工艺的特点及选用见表7.2.2。

7.2.3 金属的焊接成形特点

焊接是一种永久性连接金属的方法。一些单件生产的大型机件,如机架、立柱、箱体、底座、水轮机、蜗壳、管道、容器、转子与空心转轴等,有些是采用焊接成形工艺制造的。焊接成形工艺具有非常灵活的特点,它能以小拼大,焊件不仅强度与刚度好,且质量少;还可进行异种材料之间的焊接,材料利用率高;工序简单,工艺准备和生产周期短;一般不需重型与专用设备;产品的改型较方便。例如,一些受力复杂的大型机件,对强度、刚度要求均高,若采用锻

表 7.2.2 常用锻件、挤压件、冷镦件和冷冲压件的成形特点、生产成本与生产条件

特点 \ 类型		锻件			挤压件	冷镦件	冷冲压件			
		自由锻件	模锻件	平锻件			落料与冲孔件	弯曲件	拉深件	旋压件
零件	材料	各种形变合金	各种形变合金	各种形变合金	各种形变合金，特别适用于铜、铝合金及低碳钢	各种形变合金	各种形变合金板料	各种形变合金板料	各种形变合金板料	各种形变合金板料
零件	形状	有一定限制	有一定限制	有一定限制	有一定限制	有一定限制	有一定限制	有一定限制	一端封闭的筒体、箱体	一端封闭的旋转体
零件	质量/kg	0.1～200 000	0.01～100	1～100	1～500	0.001～50	—	—	—	—
零件	最小壁厚或板厚/mm	5	3	ϕ3～ϕ230 棒料	—	—	最大板厚 10	最大 100	最大 10	最大 25
零件	最小孔径/mm	10	10	—	20	(1)5	(1/2～1)板厚	—	<3	—
零件	表面质量	差	中	中	中～好	较好～好	好	好	好	好
成本	设备成本	较低～高	高	高	高	中～高	中	低～中	中～高	低～中
成本	模具成本	低	较高～高	较高～高	中	中～高	中	低～中	较高～高	低
成本	工时成本	高	中	中	中	中	低～中	低～中	中	中
生产条件	操作技术	高	中	中	中	中	低	低～中	中	中
生产条件	工艺准备时间	几小时	几周～几个月	几周～几个月	几天～几周	几周	几天～几周	几小时～几天	几周～几个月	几小时～几天
生产条件	生产率/(件/h)	1～50	10～300	400～900	10～100	100～10 000	10～10 000	10～10 000	10～1000	10～100
生产条件	最小批量/件	1	100～1000	100～10 000	10～1000	1000～10 000	100～10 000	1～10 000	100～10 000	1～100

件必须为之先铸钢锭，钢锭锻造之前还要截头去尾，材料利用率低，且大件自由锻造所用的巨型水压机不是一般工厂所具有的。若采用铸钢件，则需用大容量炼钢炉，还需巨大的模样与专用砂箱等工艺装备，不但工艺准备周期长，而且单件生产采用这些大型专用装备的成本也太高，产品改型时，还需改变所有工艺装备，十分麻烦。而采用钢板或型材焊接，或采用铸-焊，锻-焊或冲-焊联合成形工艺，其优点就十分明显了。缺点是容易产生焊接变形，抗振性较差。

图 7.2.1 所示为大型水轮机空心轴毛坯的 3 种制造方案，工件的净质量为 47.3 t。它有 3 种制造工艺可供选择，现比较如下。

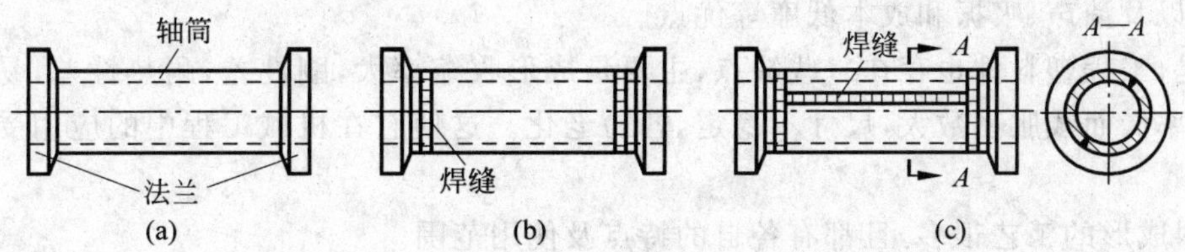

图 7.2.1 水轮机空心轴毛坯的 3 种制造方案

(a) 整体自由锻造成形；(b) 铸焊成形Ⅰ；(c) 铸焊成形Ⅱ

(1) 整体自由锻造成形，如图 7.2.1(a)所示。本方案需先铸出 200 t 的钢锭，在万吨水压机上进行自由锻造，由于两端法兰不能锻出，只能用余块填补，因而加工余量大，毛坯质量达 110 t，材料利用率只有 23.6%，切削加工需 1400 台·时。

(2) 两端法兰用铸钢件(砂型铸造成形)，轴筒仍用水压机自由锻造成形，然后将轴筒与两个法兰焊接成一体，如图 7.2.1(b)所示。本方案消耗钢 132 t，焊成毛坯后质量为 66 t，材料利用率为 35.8%，切削加工尚需 1200 台·时。

(3) 两端法兰用铸钢件，轴筒用厚钢板弯成两个半筒之后再焊成整个筒体，然后再与法兰焊成一体，如图 7.2.1(c)所示。本方案用钢 102 t，焊成的毛坯质量为 53 t，材料利用率 47%，切削加工只需 1000 台·时，且不需大型熔炼与锻压设备，一般工厂可以进行生产。

上述 3 种制造方案的相对直接成本(即材料成本与工时成本之和)之比为 2.2∶1.4∶1.0。

若将大型熔炼设备、钢锭加热设备与大型水压机的维修、管理和折旧费用都计算在内，则方案(a)的生产总成本将是方案(c)的 3 倍以上，由此可以看出方案(c)铸-焊联合成形工艺的优越性。

根据不同要求，焊接结构还可在同一零件上采用不同材料。例如，绞刀的切削部分采用高速钢，刀柄部分采用 45 钢，然后焊成一体。有时为了简化后续工艺，还可以把工件分段制造，然后再焊接成整体。这些优点都是其他成形工艺所不具备的。

但是，焊接是一个不均匀的加热和冷却过程，焊接结构内部容易产生应力与变形，同时焊接结构上热影响区的力学性能也会有所下降。因此，若工艺措施不当，焊件可能产生不易发现的缺陷，这些缺陷有时还会在使用过程中逐步扩展，导致焊件突然失效，酿成事故，所以重要的焊件必须进行无损探伤，并且作定期检查。

对于性能要求高的重要机械零部件如床身、底座等，采用焊接式毛坯时，机械加工前应进行退火或回火处理，以消除焊接应力，防止零件变形。

焊接结构应尽可能采用同种金属材料制作，异种金属材料焊接时，往往由于两者热物理性能不同，在焊接处会产生很大的应力，甚至造成裂纹，必须引起注意。

7.2.4 塑料件的成形特点

塑料具有优异的性能。工程塑料件往往是一次成形，几乎可制成任何形状的制品，生产效率高；工程塑料的密度只有钢材的1/7～1/5，可减轻制件的质量；工程塑料件的比强度高于金属件；大多数工程塑料的摩擦系数都很小，因此，不论有无润滑，塑料都是良好的减摩材料，常用来制造轴承、齿轮、密封圈等零件；工程塑料件对酸、碱的抗蚀性很好，例如，被称为塑料王的聚四氟乙烯，甚至在“王水”中煮沸也不会腐蚀。此外，工程塑料件还具有优良的绝缘性能，以及消声、吸振和成本低廉等优点。

但是，工程塑料件也存在一些缺点，主要是成形收缩率大，刚性差，耐热性差，易发生蠕变，热导率低而线胀系数大，尺寸不稳定，容易老化。这使它在机械工程中的应用受到一定的限制。

塑料成形的工艺很多，且都有各自的特点及使用范围。

1. 注射成形

注射成形是热塑性塑件的主要成形工艺，亦可应用于某些热固性塑料件的成形，因此，最适宜用于形状复杂的塑件，尤其是侧向抽芯数量多的塑件的制作。与压制成形相比，它具有成形周期短、生产率高、塑件品质好且稳定、模具寿命长、易于实现自动化操作等优点。但注射机及其模具费用较高，只有在成批、大量生产条件下选用才合算。而且，注射成形不适于用布基和纤维填充的塑料，因为它们会堵塞注射机的喷嘴。

此外，对于尺寸精度和形状精度要求高、表面粗糙度要求低的塑件，还可选用精密注射成形工艺。但这种工艺需要有专门的精密注射机来产生高的注射压力(180～250 MPa，普通注射压力为40～200 MPa)和注射速度，并且温度控制要精确，合模系统要有足够的刚度，塑料应有良好的流动性和成形性，尺寸与形状的稳定性要好，抗蠕变性能也要好。目前用于精密注射成形的塑料有聚碳酸酯、聚酰胺、聚甲醛及ABS塑料等。

2. 压制成形

压制成形又称为压缩成形、模压成形或压缩模塑。与注射成形相比，压制成形的优点是可采用普通液压机而不需专用注塑机，压制模具结构简单(无浇注系统)，压制的塑件内部取向组织少，塑件收缩率小，性能均匀。其缺点是成形周期长，生产效率低，劳动强度大，塑件精度难以控制，模具寿命短，不易实现自动化生产。

压制成形主要用于热固性塑料，尤其适合含布基或纤维基填充塑料的成形，其塑件形状一般不如注塑件复杂。压制成形亦可用于压制热塑性塑料，但塑料同样要经历由固态变为黏流态而充满型腔的阶段。热塑性塑料进行压制成形时，模具需要交替地加热和冷却，故生产周期长，效率低，所以只是对于一些流动性很差无法进行注射成形的热塑性塑料(如聚四氟乙烯等)，才考虑使用压制成形。此外，压制成形还可用来生产发泡塑料制品。

3. 挤出成形

挤出成形亦称为挤出模塑，它是一种用途广泛的热塑性塑料的加工方法。挤出成形的特点如下：

(1) 生产操作简单，工艺控制较容易。挤出成形生产过程是连续的，生产效率高，可生产品质均匀、致密的塑件。

(2) 设备成本低，投资少，见效快。

(3) 应用范围广，综合生产能力强，主要用来生产连续的型材，如管、棒、丝、板、薄膜、电线电缆的涂层塑件等，亦可用于异形型材及中空塑件型坯的生产，还可用于混合、塑化、造粒等的加工。除热塑性件以外，挤出成形还可用于如酚醛、脲醛等不含矿物质，以石棉、碎布等为填料的热固性塑料的成形，但仅限于少数几种塑料，而且挤出塑件的种类少。

4. 吹塑成形

吹塑成形又称为中空成形，其优点是所用设备和模具结构简单，缺点是塑件壁厚不均匀，适用于容器类及箱体类塑件的成形。

5. 浇注成形

浇注成形又称铸塑，包括静态浇注、离心浇注、嵌铸、流延铸塑、搪塑及滚塑等多种。浇注成形时塑料为流体状态充填型腔，很少施加压力，故对设备和模具要求不高，适合于形状复杂件及大型件的成形。

7.2.5 粉末冶金件、陶瓷及复合材料件等的成形特点

1. 粉末冶金件成形

粉末冶金既是制取金属材料的一种冶金方法，也是制造毛坯或零件和器件的一种成形方法。随着粉末冶金技术的不断发展，用金属粉末制造的零件越来越多。粉末冶金件一般都具有某些特殊性能，如减磨性、耐磨性、密封性、过滤性、多孔性、耐热性、电磁性能等。粉末冶金的优点是生产率高，适合生产复杂形状的零件，无需机械加工，或少量加工，节约材料，适合生产各种材料或各种具有特殊性能材料搭配在一起的零件。它的缺点是模具成本相对较高，粉末冶金件的强度比相应的固体材料强度低，材料成本也相对较高。

粉末冶金构件的性能及应用见表 7.2.3。

表 7.2.3 粉末冶金构件的性能及应用

材料类别	密度/(g/cm^3)	抗拉强度/MPa	伸长率/%	应用举例
铁及低合金粉末压实件	5.2～6.8	5～20	2～8	轴承和低负荷结构元件
	6.1～7.4	14～50	8～30	中等负荷结构元件，磁性零件
合金钢粉末压实件	6.8～7.4	20～80	2～15	高负荷结构零、部件
不锈钢粉末压实件	6.3～7.6	30～75	5～30	抗腐蚀性好的零件
青铜	5.5～7.5	10～30	2～11	垫片、轴承及机器零件
黄铜	7.0～7.9	11～24	5～35	机器零件

2. 陶瓷成形

1）成形前的准备

陶瓷成形与大多数成形工艺的不同之处在于，它在成形前必须进行制粉。粉体的填充特性及其集合体的组织不仅影响陶瓷制品的外观品质，而且在很大程度上决定了陶瓷制品烧结后的显微结构，从而影响制品的性能。因特种陶瓷粉体要求粒度细而均匀，一般多采用合成法制取，而较少采用粉碎法，更少用球磨机粉碎。

塑化是特种陶瓷成形前的一道工序。因特种陶瓷多为松散的瘠性粒子，无可塑性，故必须加入塑化剂（一般为有机塑化剂），使其具有流动性、可塑性，以利制坯。

造粒也是不可缺少的工序。粉料细虽对烧结有益，但其流动性不好，对成形过程反而不利。故应在加入塑化剂的同时，将粉体制成粒度较粗、具有一定假颗粒级配、流动性好的粒子（或称为团粒），其粒径为 20～80 目（0.85～0.19 mm）。

2）特点及应用

（1）注浆成形　注浆成形适于制造大型的、形状复杂的、薄壁的制品。在传统工艺中，一般利用浆料自重流入石膏模型中成形，目前则采用压力注浆、离心注浆和真空注浆等新工艺，以适合形状复杂、精度更高的中小型制品，其中效果较好的有热压铸成形。

（2）挤压成形　挤压成形的优点是污染小，操作易于自动化，可连续生产，效率高，适合管状、棒状制品的成形。缺点是挤嘴结构复杂，加工精度要求高，对泥料的要求（如细度、溶剂、增塑剂、黏结剂的含量）较高。

（3）轧膜成形　轧膜成形用于制造批量较大的厚度在 1 mm 以下的薄片状制品，如薄膜、厚膜电路基片、圆片电容器等。该方法的不足之处是坯体性能上出现各向异性，烧结时横向收缩大，易出现变形和开裂，不能制造厚度为 0.08 mm 以下的超薄片。

（4）模压成形（干压成形）　模压成形的工艺简单，操作方便，生产周期短，生产效率高，便于自动化生产，坯体密度大，尺寸精确，收缩小，强度高，电性能好，为特种陶瓷生产所常用。该法的缺点是生产大型坯体较困难，模具磨损大，加工复杂，成本高；只能上下方向加压，压力分布不均，密度不均，收缩不均，从而会产生开裂、分层等现象。

3. 复合材料成形

复合材料是指把两种或多种在宏观上成分不同、性质不同的材料以物理方式复合而制得的一种材料，目的是通过复合，在保留原材料独自特性的基础上，来提高单一材料所不能具备的综合特性。复合材料的种类较多，如按其基体来分，可分为塑料（树脂）基复合材料、陶瓷基复合材料和金属基复合材料。

1）塑料（树脂）基复合材料的成形

用于塑料（树脂）基复合材料的增强物主要是纤维，其中尤以玻璃纤维增强的塑料（树脂）基复合材料的成形技术较为成熟，其制品已在国民经济的很多行业得到应用。其成形工艺及特点如表 7.2.4 所示，可根据结构件的大小、形状、批量及品质要求，选择不同的成形工艺。

表 7.2.4 玻璃纤维增强塑料的成形条件及优缺点

成形方法		制品举例	优点	缺点
湿法成形	手糊成形	长达 50 m 的船壳	1. 操作简单；2. 模具便宜；3. 不限制尺寸；4. 设计自由；5. 设计变更容易；6. 设备简单；7. 可涂胶衣	1. 工时数多；2. 只有单面平滑；3. 制品品质受操作者影响
	真空袋成形	长达 25 m 的大型制品	1. 玻璃纤维含量大；2. 表面品质良好；3. 孔隙率小；4. 蜂窝夹层时与芯材的黏结好；5. 其他与手糊成形相同	1. 工时数多；2. 袋面的品质不如模具面；3. 制品品质受操作者影响
	加压袋成形		1. 可成形圆筒状；2. 玻璃纤维含量大；3. 密度高，孔隙率小；4. 可成形陷槽；5. 可以预埋芯材嵌件；6. 其他与手糊成形相同	1. 仅用凹模；2. 工时数更多；3. 袋面的品质不如模具面；4. 制品品质受操作者影响
	高压釜成形	大小为能放到高压釜内的制品	1. 可成形陷槽；2. 玻璃纤维含量大；3. 密度大；4. 可以预埋芯材和嵌件；5. 其他与手糊成形相同	1. 工时数多；2. 高压釜价格高；3. 尺寸受高压釜限制；4. 制品品质受操作的影响
	喷射成形	长达 10 m 的大型制品	1. 装置轻便，投资小；2. 玻璃纤维基材便宜；3. 成形复杂形状制品时损失少；4. 工时数少；5. 模具便宜；6. 容易现场施工	1. 模具反面的表面加工差；2. 操作控制难；3. 在简单形状时与手糊成形的工时数无差别
	冷压成形	大至汽艇的船壳	1. 模具、夹具便宜；2. 模具制作时间短；3. 成形压力低；4. 可涂胶衣；5. 可预埋嵌件；6. 工艺操作性比手糊好；7. 工时数少，适于成批（200～10 000 件）生产	1. 生产性比金属对模成形的差；2. 必须装饰
	丙烯酸酯板/纤维增强塑料复合成形	大至浴盆、防水底盘或汽车底盘	表面品质好	1. 生产性不如喷射成形；2. 表面耐热性不够
树脂注入成形		长达 5 m、深至浴盆的深度	1. 工艺操作性比手糊成形好；2. 模具寿命长；3. 两表面品质都好，适于中等批量（250～5000 件）生产	1. 必须修理；2. 生产性比金属对模成形的差
连续层合成形		宽达 2 m 的板状物，长度不限	1. 长度自由；2. 可自动化；3. 模具、夹具便宜；4. 表面品质可变；5. 可赋予各种形状；6. 壁厚均匀	1. 最大厚度为 4 mm；2. 少量生产不经济
连续挤拉成形		从小型棒状物到直径为 250 mm 的圆筒，以及高为 200 mm、宽为 1000 mm 的方管	1. 连续操作；2. 可用于小型截面物件；3. 在一个方向可以得到高强度；4. 可成形截面形状相当复杂的制品	少量生产不经济
纤维缠绕成形		从小型圆筒至直径为 4 mm、长度为 7 mm 的容器	1. 比强度最大；2. 材质、方向性均匀；3. 可进行机械加工；4. 可自动化；5. 使用特殊模具也可成形复杂形状的制品；6. 可用预浸纱；7. 可成形两端封闭物；8. 玻璃纤维成本便宜	1. 形状限于回转体或与回转体接近的制品；2. 在高压（1～7 MPa）条件下使用时需要衬里

续表

成形方法		制品举例	优点	缺点
金属对模成形	预浸纱压力成形，毡压力成形	从安全帽至长度达7 m的船壳	1. 经济；2. 材料便宜；3. 易自动化；4. 易调节厚度	1. 厚度在6 mm以下；2. 尺寸受限制
	预浸布压力成形		1. 适于大型平板成形；2. 壁厚一定的制品成形容易	限于简单形状制品
	预浸布压力成形	从小型板状物至厚板	1. 玻璃纤维含量大，强度高；2. 既可成形厚壁层合板，也可成形薄壁层合板	1. 布的成本高；2. 限于简单形状的制品
	片状模塑料成形	从小型制品至100 kg的制品	1. 形状自由；2. 易使用注入法；3. 适于自动化；4. 厚度变化自由；5. 细部成形性良好；6. 可带嵌件	1. 材料价格稍高；2. 需要注意材料保管
	块状模塑料成形	从小型制品到10 kg的制品	1. 形状自由；2. 易使用注入法；3. 适于自动化；4. 厚度变化自由；5. 细部成形性良好；6. 可带嵌件	强度不高
	热冲压成形（纤维增强塑料板）	从小型制品到100 kg的制品	1. 工艺操作性极好；2. 可用机械压力；3. 制品特性好；4. 成形的同时就可进行装饰	1. 最小生产批量大；2. 形状受限制；3. 设备费用高；4. 模具价格高
传递成形（块状模塑料）		小型电气零件等	1. 制品尺寸精度好；2. 成形时毛刺少；3. 可带嵌件	1. 制品尺寸受限制；2. 模具价格高
注射成形（块状模塑料及纤维增强热塑性塑料）		200 g以下的制品，也可制成质量达6 kg的制品	1. 适于自动化大量生产；2. 工时数少；3. 重复性好；4. 细部成形好；5. 适于小型精密零件成形	1. 制品尺寸受限制；2. 模具价格高
离心成形		长达7 m的圆筒	1. 工时数少；2. 可自动化；3. 模具、夹具便宜；4. 内、外表面平滑；5. 损耗少；6. 壁厚均匀，孔隙率少；7. 可在外面开螺纹	1. 形状限于壁厚一定的圆筒；2. 设备价格高
回转成形		—	1. 可一体成形大型密闭容器；2. 可以干法混合（热塑性树脂）	1. 设备费用高；2. 成形周期长；3. 玻璃纤维的分布难以均匀
回转层合成形		—	1. 可一体成形大型圆筒；2. 不需模具；3. 设备简单；4. 生产性良好；5. 材料性能良好；6. 可现场成形	形状限于圆筒形
浇注成形		小型电气零件等	1. 工艺简单；2. 模具、夹具便宜；3. 材料利用率高；4. 可埋入任意尺寸、形状和数量的嵌件	1. 固化速度慢；2. 增强效果差

2）陶瓷基复合材料的成形

陶瓷基复合材料通常是指由纤维、晶须、颗粒及相变增韧的陶瓷材料。在发挥陶瓷基体的耐高温、耐腐蚀、超硬度等优点的基础上，复合的主要目的是克服陶瓷基体的脆性而改善其韧性。目前，在改进陶瓷脆性方面开发了几种有效的工艺方法，但仍存在不少问题。其中，有必要进一步在纤维/陶瓷复合材料的制备及成形工艺上进行开发研究。而晶须增韧陶瓷复合材料的制备技术相对较成熟，将此复合材料应用于热机结构是可行的，但仍需完善制备及成形技术，以稳定和提高其力学性能。以下介绍几种有应用前景的制备及成形工艺。

(1) 传统的浆料浸渗成形　浆料浸渗成形在制造长纤维补强玻璃和玻璃纤维增强陶瓷基复合材料上应用较多且较成功。其缺点是只能制作一维或二维纤维增强的复合材料，且由于热压烧结等工艺的限制，只能生产一些结构简单的零件。

(2) 短纤维定向排列的浸渗成形　短纤维定向排列的浸渗成形弥补了长纤维浆料浸渗成形的不足，通过定向排列成形工艺，得到了一种分散均匀、性能优良的短纤维增强复合材料。

(3) 熔体浸渗成形　熔体浸渗成形是通过加压将陶瓷熔体浸渗于增韧纤维或颗粒预成形体的间隙内，以制备复合材料制品的一种工艺，其最大优点是能生产出形状结构复杂的制品。

(4) 化学气相浸渗成形　用化学气相浸渗成形，是用涂敷材料的气体在热端发生化学反应并沉积下来浸渗到纤维预制件中，可在较低温度和压力下制造出成分均匀、结构复杂的浸渗复合材料制品，但是沉积速度慢，生产效率低。

3) 金属基复合材料的成形

金属基复合材料的制备及成形技术不如塑料基复合材料成熟，但其性能好于陶瓷基复合材料。金属基复合材料的增强物主要有纤维、晶须和颗粒，其加工及成形工艺中属于纤维增强的有熔融浸透法，其中包括热固成形法(热压、热辊、热拉、烧结)、液态成形法(浸润、真空浇注、挤压、压铸)、加压铸造法和真空铸造法。属于颗粒增强的有液态搅拌铸造成形、半固态复合铸造成形、喷射复合成形、离心铸造成形和原位反应成形法。这些方法的主要特点是让金属液能顺利渗透到增强物之间，使增强物与金属基体结合良好，其中尤以真空加压法更能获得均匀、致密的制品。颗粒增强复合材料的成形方法及特点如表 7.2.5 所示。

表 7.2.5　颗粒增强金属基复合材料的成形特点及技术关键

制造工艺	特　点	技术关键
液态搅拌铸造成形	整体复合，用于低熔点合金	防止颗粒偏析，防止搅动过程中吸气
半固态复合铸造成形	整体复合，除用于非铁合金外，还可用于铁合金	简化工艺和设备
喷射铸造成形	整体复合，颗粒与基体密度差小	控制快速凝固，控制增强颗粒含量
离心铸造成形	用于环形、筒形件的外表或内表面的复合，粒子与基体材料的密度差大	控制凝固速度

4. 型材

机械零件采用型材毛坯占有相当大的比重。通常选用作为毛坯的型材有圆钢、方钢、六角钢以及槽钢、角钢等。型材根据其精度可分为普通精度的热轧材和高精度的冷轧(或冷拔)材两种。普通机械零件多采用热轧型材。冷轧型材尺寸较小，精度较高，多用于毛坯精度要求较高的中小型零件生产或进行自动送料的自动机械加工中。冷轧型材价格相对贵些，一般用于批量较大的生产。

思考练习题

1. 举例说明生产批量不同与毛坯成形方法选择之间的关系。

2. 为什么说毛坯材料确定之后，毛坯的成形方法也就基本确定了？

3. 大批量生产家用液化气罐，试合理选择制作材料及成形方法。

4. 试为大型船用柴油机、高速轿车、普通汽车货车上使用的活塞选择合适的制作材料和成形方法。

7.3 常用零件毛坯的成形方法

7.3.1 常用零件毛坯的特点

常用的机械零件按其形状特征和用途不同，一般可分为轴杆类、盘套类和机架箱体类 3 大类。由于各类零件形状结构的差异和材料、生产批量及用途的不同，其毛坯的成形方法也不同。下面分别介绍各类零件毛坯选择的一般方法。

1. 轴杆类零件

轴杆类零件的结构特点是其轴向尺寸远大于径向尺寸，见图 7.3.1。在机械装置中，该类零件主要用来支承传动零件(如齿轮等)和传递扭矩。

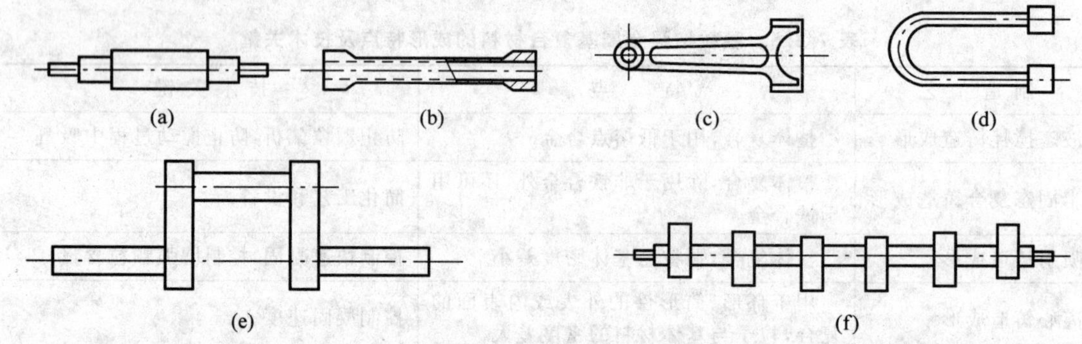

图 7.3.1 轴杆类零件

按照承载状况的不同，轴可分为转轴、心轴和传动轴 3 大类。工作时既承受弯矩又承受扭矩作用的轴称为转轴，如支承齿轮、带轮的轴。支承转动零件但本身承受弯矩作用而不传递扭矩的轴称为心轴，如火车轮轴、汽车和自行车的前轴等。主要传递扭矩，不承受或只承受很小弯矩作用的轴为传动轴，如车床上的光杠。此外，还有少数承受轴向力作用的轴，如车床上的丝杠、连杆等。

轴杆类零件大多要求具有高的力学性能。除直径无变化的光轴外，多数采用锻件，选中碳钢或中碳合金钢材料制作，经调质处理后具有良好的综合力学性能。对某些大型、结构复杂、受力不大的轴(异型断面或弯曲轴线的轴)，如凸轮轴、曲轴等，可采用 QT450-10，QT500-5 等球墨铸铁毛坯，这样可简化制作工艺。某些情况下，可选用锻-焊或铸-焊结合方式制造轴杆类毛坯。例如,发动机的进、排气阀门,采用合金耐热钢的头部与碳素钢的阀杆焊成一体,节约了合金钢材料,如图 7.3.2 所示。再如图 7.3.3 所示的 12 000 t 水压机立柱毛坯,长 18 m,净重 80 t,采用 ZG270～500 分成 6 段铸造,粗加工后采用电渣焊焊成整体毛坯。

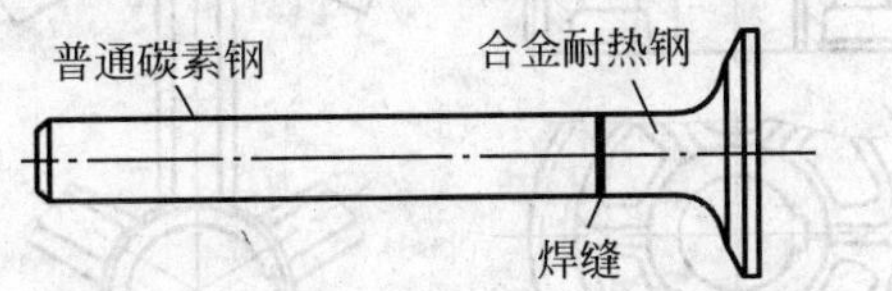

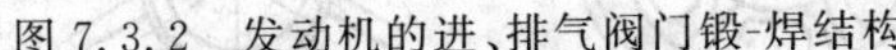

图 7.3.2　发动机的进、排气阀门锻-焊结构

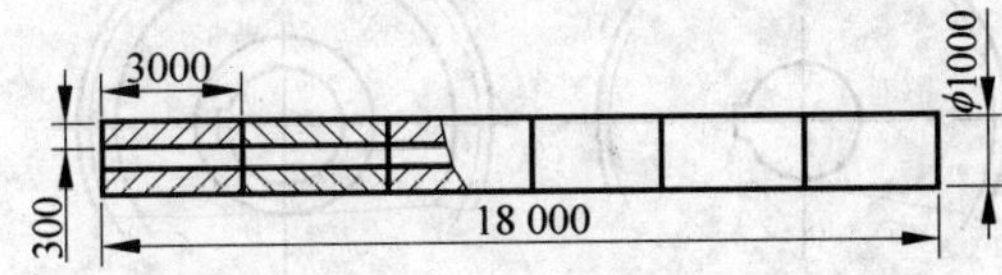

图 7.3.3　铸-焊结构的水压机立柱毛坯

2. 盘套类零件

盘套类零件的结构特点是零件长度一般小于直径或两个方向尺寸相差不大。属于该类零件的有各种齿轮、带轮、飞轮、模具、联轴器、法兰盘、套环、螺母、垫圈、轴承内外圈和手轮等,见图 7.3.4。

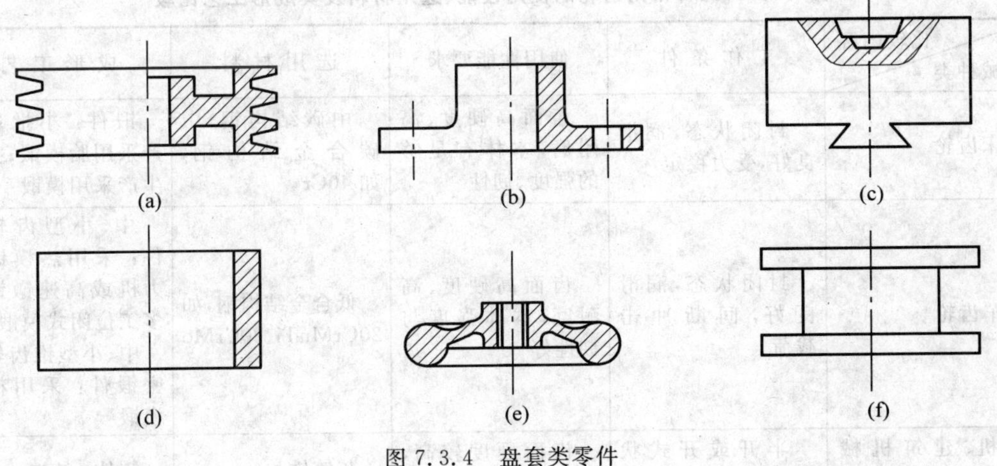

图 7.3.4　盘套类零件

盘套类零件的用途和工作条件差异很大,故材料和成形方法也有很大的差别。

1) 齿轮

齿轮作为重要的机械传动零件,工作时齿面承受接触压应力和摩擦力,齿根承受弯曲应力,有时还要承受冲击力,故轮齿需有较高的强度和韧性,齿面需有较高的硬度和耐磨性。受力小的仪表齿轮在大批生产时,可采用板料冲压和非铁合金(如 ZL202)压铸成形方法制造,也可用塑料(如尼龙)注射成形制造。在低速且受力不大或在多粉尘环境下工作的齿轮,可用灰铸铁(如 HT200)铸造成形。低速、轻载齿轮常用 45、50Mn2、40Cr 等中碳结构钢,经正火或调质处理以提高其综合力学性能。高速、重载齿轮常采用 20CrMnTi、20CrMo 等合金结构钢制造且齿部经渗碳、淬火处理,也可采用 38CrMoAl 等渗氮钢制造且齿部经渗氮处理,从而获得良好的内韧外硬的性能。大批量生产齿轮时可采用热轧或精密模锻的方法生产齿轮毛坯,以提高齿轮的力学性能。单件或小批量生产时,直径 100 mm 以下且形状简单的小齿轮可用圆钢为毛坯(图 7.3.5(a))制造。直径大于 400～500 mm 的大型齿轮,锻造比较困难,可用铸钢或球墨铸铁件为毛坯制造,铸造齿轮一般以辐条结构(图 7.3.5(c))代替模锻齿轮的辐板结构(图 7.3.5(b)),在单件生产下,也可采用焊接方式制造大型齿轮的毛坯(图 7.3.5(d))。

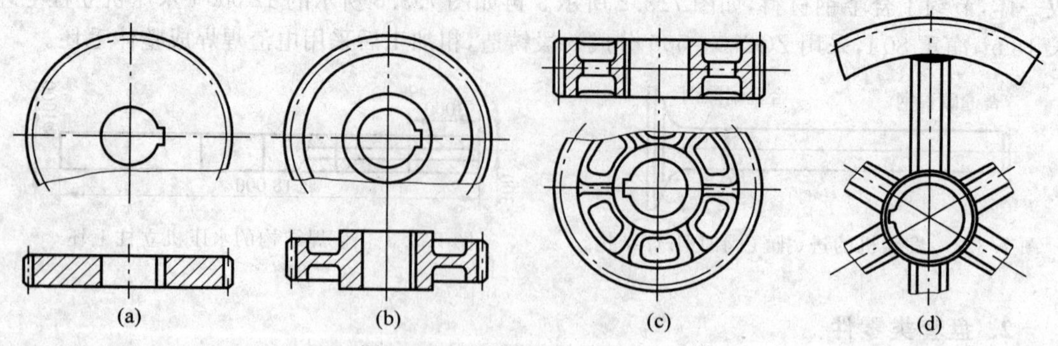

图 7.3.5 不同类型的齿轮毛坯

(a) 用圆钢毛坯；(b) 用锻造毛坯；(c) 用铸造毛坯；(d) 用焊接毛坯

几种常用齿轮的工作条件、使用性能要求、材料及其成形工艺比较见表 7.3.1。

表 7.3.1 几种常用齿轮的使用性能、选用材料及其成形工艺比较

比较内容 机械种类	工作条件	使用性能要求	选用材料	成形工艺
机床齿轮	封闭状态，润滑良好，受力稳定	齿面高硬度、高耐磨，本体有足够的强度、韧性	中碳结构钢、中碳合金结构钢，如 40Cr	锻件：小批量生产采用胎模锻；批量生产采用模锻
汽车齿轮	封闭状态，润滑良好，间断冲击载荷	齿面高硬度、高耐磨，本体强度与韧性好	低合金结构钢，如 20CrMnTi、20CrMo	中、小型齿轮锻件：采用热模锻压力机或高速镦锻机多工位闭式模锻 中、小型锥齿轮精密锻件：采用精密模锻
农机、建筑机械齿轮	半开或开式状态，低速，受力不大	齿面硬度较高，耐磨	灰铸铁	铸件：铸造成形
仪表齿轮	封闭状态，润滑良好，运动平稳，受力小	耐磨，运动精度高	T8A、T10A、35～70 钢、铜合金、铝合金	精冲零件：精密冲裁

2) 带轮、飞轮、手轮等

这类零件受力不大或仅承受压力，通常可采用灰铸铁、球墨铸铁等材料铸造成形。单件生产时，也可采用 Q215、Q235 等低碳钢型材焊接成形。

3) 法兰、垫圈等

可根据形状、尺寸和受力等因素，分别采用铸铁件、锻钢件或圆钢为毛坯。厚度较小者在单件或小批量生产时，也可直接用钢板下料。

4) 模具

热锻模要求高强度、高韧性，常用 5CrMnMo、5CrNiMo 等合金工具钢制造并经淬火和高温回火处理。冲模要求高硬度、高耐磨性，常用 Cr12、Cr12MoV 等合金工具钢制造并经淬火和低温回火处理。模具工作零件毛坯的成形方法通常采用锻造。

3. 机架、箱体类零件

该类零件一般结构复杂，有不规则的外形和内腔，壁厚不均，质量从几千克至数十吨。

这类零件包括各种机械的机身、底座、支架、横梁、工作台，以及齿轮箱、轴承座、缸体、泵体、导轨等，如图 7.3.6 所示。它们的工作条件相差很大，一般的基础零件，如机身、底座、齿轮箱等，以承压为主，要求有较好的刚度和减振性；有些机身、支架同时受压、拉和弯曲应力的联合作用，甚至有冲击载荷，如工作台和导轨等零件，则要求有较好的耐磨性；齿轮箱、阀体等箱体类零件，要求有较大的刚度和较好的密封性。

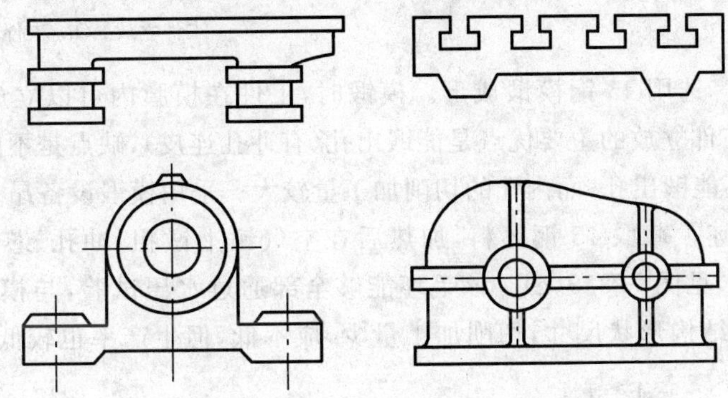

图 7.3.6 机架、箱体类零件

箱体类零件一般具有形状复杂、体积较大、壁薄等特点，大多选用铸铁件；承载较大的箱体可采用铸钢件；要求质量轻、散热良好的箱体，如飞机发动机汽缸体等，可采用铝合金铸造；单件小批量生产时，可采用各种钢材焊接而成。

无论铸造还是焊接毛坯，内部往往应力较大，为避免使用过程中因变形失效，机加工前应进行去应力退火或自然时效处理。

7.3.2 毛坯成形方法选择实例

1. 承压油缸

承压油缸的形状及尺寸如图 7.3.7 所示，材料为 45 钢，批量为 200 件。工作压力为 1.5 MPa，要求水压试验的压力为 3 MPa。图纸规定内孔及两端法兰结合面要加工，其余外圆部分不加工。下面比较承压油缸毛坯的选择方案。

(1) 圆钢切削加工　直接选用 ϕ150 mm 的圆钢进行切削加工。该方案的优点是能全部通过水压试验。缺点是材料利用率低，切削加工量大，因而提高了产品的生产成本。

(2) 铸造毛坯　铸造毛坯选用 ZG340-640 材料砂型铸造成形，浇铸位置可以采用水平浇铸，也可以采用垂直浇铸，见图 7.3.8 所示。水平浇铸时，在法兰顶部安装冒口。该方案的主要优点是工艺较简单，铸出内孔方便，节约金属材料，切削加工量小；缺点是法兰与缸壁的交接处可能补缩不好，冒口消耗大量钢水，内表面质量较差，水压试验的合格率较低。垂直浇铸时，可在上部法兰处设置冒口，下部法兰四周安置冷铁，以实现定向凝固。该方案的主要优点是内孔表面质量较水平浇铸高，补缩问题有所改善；缺点是工艺较复杂，冒口消耗大量钢液,仍不能全部通过水压试验。

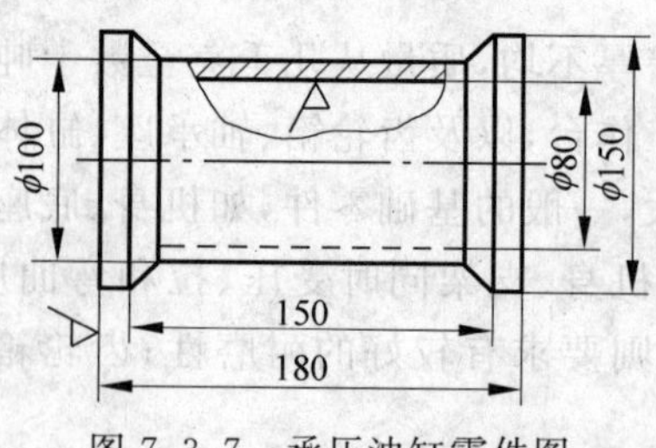

图 7.3.7 承压油缸零件图

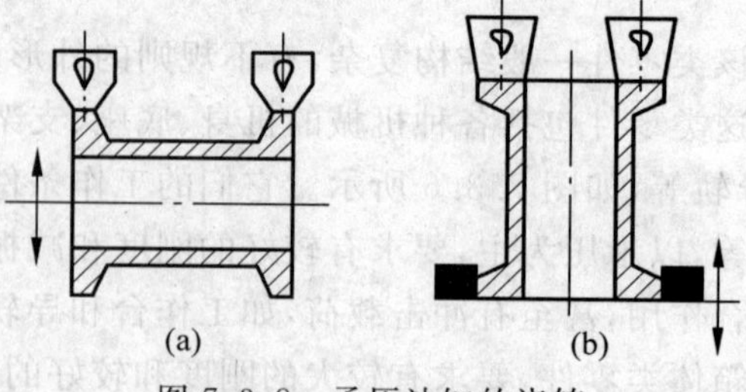

图 7.3.8 承压油缸的浇铸

(a) 工件立放;(b) 工件卧放

(3) 模锻毛坯 选用 45 钢模锻成形。模锻时,工件在模膛内可以立放,也可以卧放,见图 7.3.9(a)、(b)。工件立放的主要优点是能锻出孔(有冲孔连皮),缺点是不能锻出法兰。工件卧放可锻出法兰,不能锻出孔,而内孔的切削加工量较大。采用模锻设备昂贵,模具费用高。

(4) 胎模锻毛坯 截取 45 钢坯料,加热后在空气锤上镦粗、冲孔、芯轴拔长,并在胎模内带芯轴锻出法兰,见图 7.3.9(c)。该毛坯能够全部通过水压试验,与模锻相比,主要优点是毛坯接近零件的结构形状尺寸,切削加工量少,成本低,但生产率也较低。

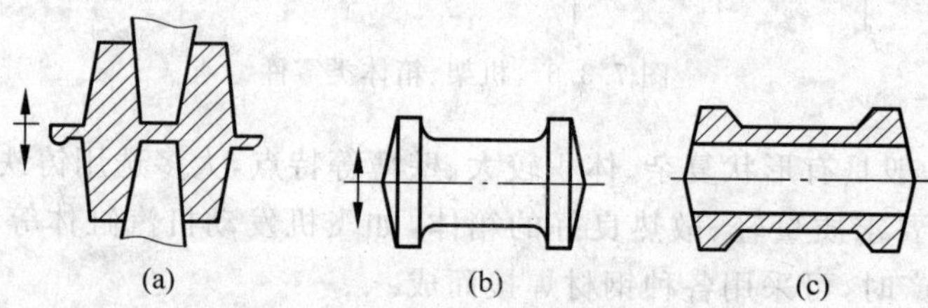

图 7.3.9 承压油缸锻造毛坯

(a) 工件立放模锻;(b) 工件卧放模锻;(c) 胎模锻

(5) 焊接结构毛坯 选用 45 钢无缝钢管,在其两端焊上 45 钢法兰,见图 7.3.10。该方案的主要优点是节省材料,工艺准备时间短,无需特殊设备,能全部通过水压试验。缺点是不易获得规格合适的无缝钢管。

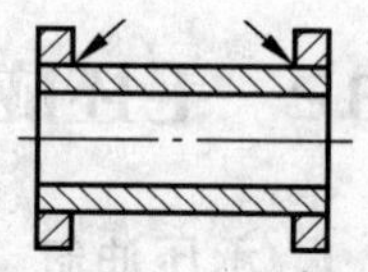

图 7.3.10 承压油缸焊接毛坯

综上所述,从生产批量、生产可行性及经济性考虑,以胎模锻毛坯的方案较为合理,但若有合适的无缝钢管,也可采用焊接结构。

2. 齿轮减速器

图 7.3.11 为齿轮减速器,传递功率为 4 kW,其主要零件毛坯选择如下。

(1) 箱体和箱盖(零件 1、4) 箱体和箱盖是传动零件的支承件和包容件,结构复杂。其中的箱体承受压力,要求有较好的刚度和减振性。通常采用灰铸铁(HT150、HT200)铸造成形,单件小批生产时也可采用碳素结构钢(如 Q235A)型材和板料焊接成形。

(2) 齿轮、齿轮轴和轴(零件 2、8、3) 齿轮、齿轮轴和轴是重要的传动零件,工作时承受弯矩和扭矩,要求具有较好的综合力学性能。齿轮部分承受较大的弯曲应力、接触应力和摩擦,要求具有较高的强度、韧性和耐磨性。根据齿轮直径的不同,成形方案有所不同。单件

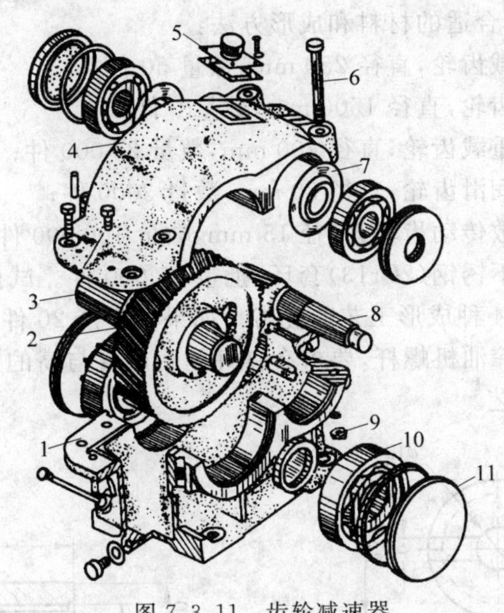

图 7.3.11 齿轮减速器

1—箱体；2—齿轮；3—轴；4—箱盖；5—孔盖；6—螺栓；7—挡油盘；
8—齿轮轴；9—螺母；10—滚动轴承；11—端盖

生产时，采用中碳优质碳素结构钢(45 钢)自由锻件或胎模锻件毛坯，也可采用相应钢的圆棒车削而成；大批量生产时，可采用模锻成形。齿轮轴和轴可直接采用45、40Cr 棒料进行机加工和调质处理获得，也可采用锻件毛坯。

(3) 孔盖(零件 5) 孔盖用于观察箱内情况及加油，力学性能要求不高。单件小批量生产时，采用碳素结构钢(Q235A)钢板焊接，或手工造形生产铸铁(HT150)件毛坯；大批量生产时，采用优质碳素结构钢(08 钢)冲压而成，或采用机器造形生产铸铁件毛坯。

(4) 螺栓和螺母(零件 6、9) 螺栓和螺母起固定箱盖和箱体的作用。螺栓工作时，栓杆承受轴向拉应力，螺纹牙承受弯曲应力和剪切应力。螺栓与螺母是成对使用的螺纹副，均为标准件，通常采用碳素结构钢(如 Q235A)经镦、挤而成，螺纹常采用搓丝或攻螺纹成形。

(5) 挡油盘(零件 7) 挡油盘的用途是防止箱内机油进入轴承。单件生产时，采用碳素结构钢(Q235A)圆棒下料切削而成；大批量生产时，采用优质碳素结构钢(08 钢)冲压件。

(6) 滚动轴承(零件 10) 滚动轴承是重要的支承件，承受较大的交变应力和压应力，并承受摩擦，要求有较高的强度、硬度和耐磨性。滚动轴承由内外套圈、钢球和保持架组成，系标准件。其内外套圈通常采用滚动轴承钢(如 GCr15 钢)，经扩孔或辗环轧制而成。钢球也采用滚动轴承钢，经螺旋斜轧制成。保持架一般采用低碳钢(如 08 钢)薄板经冲压成形。

(7) 端盖(零件 11) 端盖用于轴承定位。单件小批量生产时，采用手工造形铸铁(HT150)件或采用碳素结构钢(Q235A)圆钢下料车削而成。大批量生产时，采用机器造形铸铁件。

思考练习题

1. 为什么轴类零件一般采用锻件，而机架类零件多采用铸件？
2. 试确定齿轮减速器箱体的材料及其毛坯成形方法，并说明理由。

3. 试为下列齿轮选择合适的材料和成形方法：

(1) 无冲击的低速中载齿轮，直径 250 mm，数量 50 件；

(2) 卷扬机大型人字齿轮，直径 1500 mm，数量 5 件；

(3) 承受冲击的高速重载齿轮，直径 200 mm，数量 20 000 件；

(4) 小模数仪表用无润滑齿轮，直径 30 mm，数量 3000 件；

(5) 钟表中用的小模数传动齿轮，直径 15 mm，数量 100 000 件。

4. 图 7.3.12 所示为不锈钢(2Cr13)套环，批量 25 000 件。试比较用棒料车制、挤压成形、熔模铸造、粉末冶金等 4 种成形工艺的优劣。如果只生产 20 件，应选用何种成形工艺？

5. 图 7.3.13 所示为榨油机螺杆，要求有良好的耐磨性与高的疲劳强度，年产 2000 件。试选择制作材料及成形工艺。

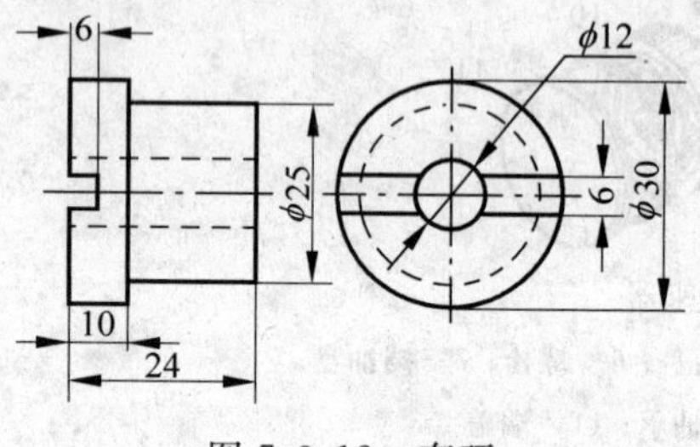

图 7.3.12 套环

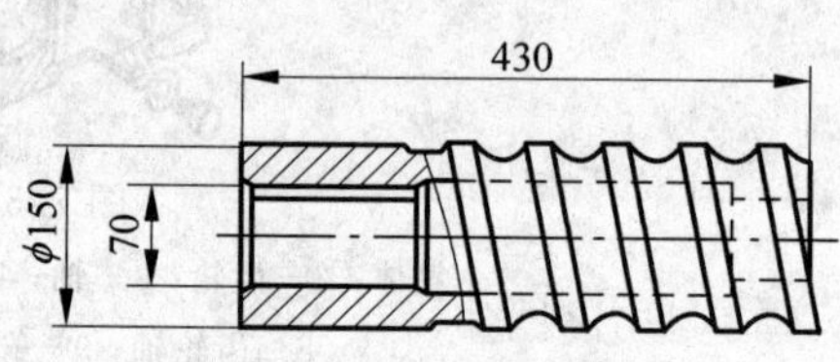

图 7.3.13 榨油机螺杆

6. 图 7.3.14 所示为空调器中的冷却水管接头，底部 ϕ7 mm 孔为进水孔，另一端的 4 个 ϕ5 mm 孔为出水孔，要求壁薄、质量轻、散热快，能够承受自来水的水压。请选择材料成形方法。

7. 图 7.3.15 所示为汽车发动机活塞连杆组件，请分别选择图中各零件的毛坯成形方案。

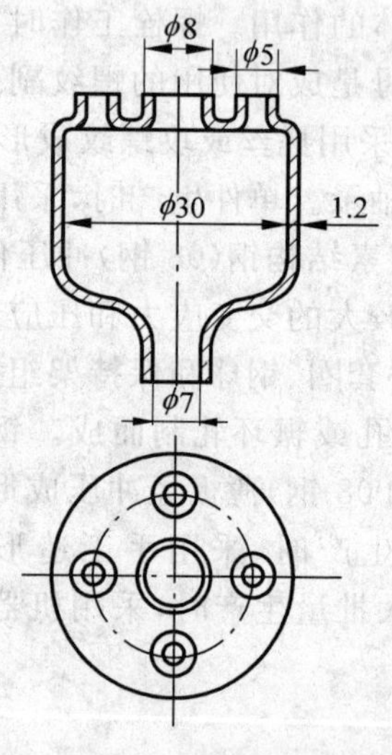

图 7.3.14 冷却水管接头

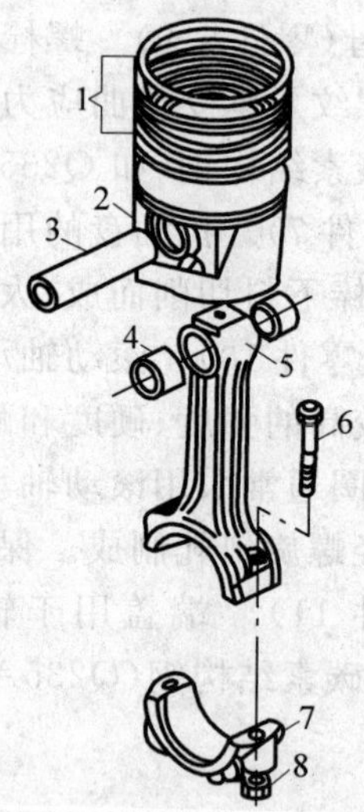

图 7.3.15 发动机活塞连杆组件

1—活塞环；2—活塞；3—活塞销；4—衬套；
5—连杆；6—连杆螺栓；7—连杆轴瓦；8—连杆螺母

常用专业术语

A

accelerator 促进剂
acid electrode 酸性焊条
additives 附加物
adhesion 粘合
adherend 被粘物
adhesive 胶粘剂
adhesive layer 胶层
adjusted 调整
adjustment assembly method 调整法
ageing 老化
agglutination 胶合
alloy steel 合金钢
aluminium 铝
aluminium alloy 铝合金
annealing 退火
anvil 砧铁
apron 溜板箱
arc 电弧
arc furnace 电弧炉
arc strike 引弧
argon shielded arc welding 氩弧焊
assemble 装配
autoprogramming 自动编程

B

ball bearing 流动轴承
base metal 母材
basic electrode 碱性焊条
bending 弯曲
binder 黏料,黏结剂
blacking 涂料
blanking 冲裁,落料
blank made 毛坯制造
bland layout 排样
blasting treatment 喷砂处理
blocking 粘连
blowhole 气孔
blow moulding 吹塑成形
bond 胶接,熔合区
bonding strength 胶接强度
brass 黄铜
brazing 钎焊
brazing alloy 钎料
brazing flux 钎剂
bridge tooling 间接制模
Brinell hardness 布氏硬度
Brinell hardness number 布氏硬度值
bronze 青铜
brush coating 刷胶
buring 过烧
burr 毛刺
burring 去毛刺
burning moulding 烧结成形
butt joint 对接接头
butt rammer 舂砂锤
butt welding 对焊

C

capacity 公称压力
carbon steel 碳钢
carburizing 渗碳
carburizing flame 碳化焰
carbon-dioxide arc welding 二氧化碳气体保护焊
carbon equivalent 碳当量
cast alloy steel 合金铸钢
cast aluminum alloy 铸造铝合金
cast carbon steel 碳素铸钢
castability 铸造性能
cast iron 铸铁
cast steel 铸钢
casting 铸造
casting stress 铸造应力
casting system 浇注系统
centrifugal casting 离心铸造

ceramics 陶瓷
ceramic powder 陶瓷粉
ceramic mold casting 陶瓷型铸造
C-frame press 开式压力机
chaplet 芯撑
characteristic of mechanical properties of metal 金属力学性能判据
characteristic of plasticity 塑性判据
characteristic of strength 强度判据
charge 炉料
Charpy impact test 夏比冲击试验
chemical property 化学性能
chemical treatment 化学处理
classified groups assembly method 分组装配方法
cleaner 提钩
cleaning fettling 清理
clearance gauge 厚薄尺
coating 药皮
coke bed 底焦
cold cracking 冷裂
cold shut 冷隔
cold deformation strengthening 冷变形强化
column 立柱
compasses 圆规
composite materials 复合材料
compound die 复合冲模
compression molding 压塑成形
computer aided design 计算机辅助设计
computer aided manufacture 计算机辅助制造
computer aided process planning 计算机辅助工艺规程编制
computer integrated manufacturing system 计算机集成制造系统
computer numerical control 计算机数控
conter punching 样冲眼
contraction 收缩
controlled atmosphere heat treatment 可控气氛处理
control unit 控制单元
cope 上箱
copper 铜
copper alloy 铜合金
core 芯,芯子
core box 芯盒
core drilling 扩孔
core print 型芯头
core raised 偏芯
core rod 芯骨
core sand 芯砂
core wire 焊芯
core-making 造芯
CO_2 shielded arc welding　CO_2 气体保护焊
counterboring 扩孔
covered electrode 焊条
cracking 裂纹
crank press 曲柄压力机
cross helical rolling 斜轧
cross rolling 横轧
crucible furnace 坩埚炉
cupola 冲天炉
cupola well 炉缸
curing 固化
curing agent 固化剂
curing temperature 固化温度
curing time 固化时间
cutting 切割
cutting off 切断

D

datum 基准
datum plane 基准平面
decarbonization 脱碳
defect 缺陷
deformability 退让性
delamination 分层
dic 凹模
die casting 金属型铸造
die forging 模锻
digital technology 数字技术
digital-brick laying 数码累积造形
diluent 稀释剂
disassembly 拆卸
dislodge forming 去除成形
dispersed shrinkage 缩松
directional solidification 定向凝固
distortion 变形
double ended radius sleeker 双头铜勺

dowel joint 套接接头
draft angle 模锻斜度
drag 下箱
drawing 拉拔,拉深
drawing out 拔长
drilling 钻孔,钻削
draw spike 起模针
ductile iron 球墨铸铁

E

elastic limit 弹性极限
elastic deformation 弹性变形
electric induction furnace 感应电炉
electrode holder 焊钳
electrode collar 两极
electrode arc welding 焊条电弧焊
electron-beam welding 电子束焊
electroslag welding 电渣焊
electro-discharge machining 电火花加工
engineering ceramic 工业陶瓷
engineering plastics 工程塑料
expendable pattern casting 实型铸造
extrusion 挤压
excess metal 工艺余块
extrusion molding 模压成形,挤出成形

F

filler 填料
filing 锉削
finish-forging temperature 终锻温度
fitting assembly method 修配法
flanging 翻边
flash butt welding 闪光对焊
flask 砂箱
flat position welding 平焊
flexible manufacturing system 柔性制造系统
flexibilizer 增韧剂
fluidity 流动性
flux 熔剂
follow rest 跟刀架
forced forming 受迫成形
forehearth 前炉
forging 锻造
forging dies 锻模
forging temperature interval 锻造温度范围
forging tolerance 锻件公差
forging welding 锻接
form precision 形状精度
form turning 车成形面
forming 成形法
foundry 铸造
foundry coke 焦炭
foundry molding drawing 铸造工艺图
foundry return 回炉料
friction welding 摩擦焊
fuel 燃料
furnace lining 炉衬
fusible pattern molding 熔模
fused deposition molding 熔丝沉积制模
fusion welding 熔化焊

G

gas absorption 吸气性
gas cutting 气割
gas regulator 减压机
gas shielded arc welding 气体保护焊
glue joint 胶接
gluing 胶接
gravity die casting 金属型铸造
graphitization 石墨化
gray cast iron 灰铸铁
green strength 湿强度
groove 磨削用量
grooving 切槽

H

hand molding 手工造型
heat-affected zone 热影响区
hard tooling 硬模
hard metal 硬质合金
hardness 硬度
heating of preform 坯料的加热
heat treatment installation of steel 钢的热处理设备
heat treatment of steel 钢的热处理
hot tearing 热裂
hydraulic blast 水砂清理

hydraulic press 液压机
hydrogen briffleness 氢脆

I

incomplete joint penetration 未焊接
inert gas shielded arc welding 惰性气体保护焊
ingate 内浇道
injection molding 注射成型
inoculating agent 孕育剂
inspection 探伤
inspected 检验
inspection of casting 铸件检验
internal stress 内应力
iron 铁
iron coke ratio 铁焦比

J

joint 接头
jolt molding machine 振压式造型机

K

knee 升降台
knockout 落砂
knurling 滚花

L

ladle 浇包
laminated object manufacturing 层合实体制造
lap 折叠
lap joint 搭接接头
laser 激光
laser welding 激光焊接
laser beam machining 激光加工
laser heat treatment 激光热处理
liquid phase sintering 液相烧结
lip runner 压边浇口
loose piece 活块
loose piece molding 活块造型
loose tool 胎模
loose tooling forging 胎模锻
lower dead point 下死点
low hydrogen type electrode 低氢型焊条
low-pressure die casting 低压铸造
lower table 下工作台
lower-temperature tempering 低温回火
lube 润滑油

M

machanical working 压力加工
machine-building process 机械制造过程
machine molding 机械造型
machined surface 已加工表面
machining 机械加工
machining allowance 机械加工余量
machining by trail cuts 试切法
magnetic particle inspection 磁力探伤
magnetical molding process 磁型铸造
main engine 主机
making powder 制粉
malleable cast iron 可锻铸铁
malleability 锻造性能
manual programming 手工编程
manual welding 手工焊
maximum stroke 最大行程
mechanical properties of metal 金属力学性能
mechanical working 压力加工
mechanical working of metal 金属压力加工
medium-temperature tempering 中温回火
melting 熔炼
metallic raw material 金属原材料
metal casting 铸造
metal material 金属材料
metal mold 金属型
metal penetration 机械粘砂
metallic charge 金属炉料
metallic powder 金属粉
metal inert gas welding 熔化极氩弧焊
microcast process 精密铸造
minimum bending radius 最小弯曲半径
moisture content 水分,含水量
mold-filling capacity 充型能力
mold parting 铸型分型面
mold assembling 合型
mold cavity 型腔
mold joint 分型面
molding 造型

molding material 造型材料
molding sand 型砂
mottled cast iron 麻口铸铁

N

natural aging 自然时效
near net shape casting 近终形状铸造
near net shape forming 近无余量成形
neutral flame 中性焰
nitriding 渗氮
nondestructive inspection 无损检测
non-traditional machining 特种加工
normalized zone 正火区
numerical controlled machining 数控加工

O

oddside molding 假箱造型
offset 错移,偏置
one-piece pattern 整体模
open die forging 自由锻造
overhead position welding 仰焊
over heat 过热
overheated zone 过热区
overlap 焊瘤
overlapping moulding 层压成型
oxidation 氧化,氧化性
oxide coating 酸性药皮
oxidizing flame 氧化焰
oxyfuel gas welding 气焊
oxyfuel gas welding torch 气焊炬
oxygen cutting 气割

P

parted pattern 分开模
part phase-changed zone 部分相变区
part 零件
pattern 模样
pattern draft 起模斜度
penetrant inspection 渗透探伤
percentage elongation after fracture 断后伸长率
percentage reduction of area 断面收缩率
permanent mold casting 金属型铸造
permeability 透气性
physical property 物理性能
pig iron 生铁
pit molding 地坑造型
plane shear 剪板机,剪床
plasma arc welding 等离子弧焊接
plasma cutting 等离子弧切割
plastic deformation 塑性变形
plastics 塑料
pneumatic hammer 空气锤
polymerization 聚合
polymethy lmethacrylate 有机玻璃
porosity 气空
position precision 位置精度
pouring 浇注
pouring basin 外注口
pouring position 浇注位置
pouring temperature 浇注温度
powder 粉末
powder metallurgy 粉末冶金
perform 坯料
precision blanking 精密冲裁
precision die forging 精密模锻
precision forging 精密锻造
prepare function 准备功能
press 压力机,冲床
pressure die casting 压力铸造
pressure welding 压力焊
primary motion 主运动
procedure specification 工艺规范
progressive die 连续冲模
prototype 原型
properties of metal material 金属材料的性能
punch 冲子
punching 冲孔

Q

quench hardening 淬火

R

ramming 夯砂,紧实
radiographic inspection 射线探伤
rapid prototyping manufacturing 快速原型制造
refractoriness 耐火性

resistance welding 电阻焊
resistance spot welding 电阻点焊
reverse engineering 逆向工程
reversed polarity 反接
rheo-casting 流变铸造
riser 冒口
rubber 橡胶
Rockwell hardness 洛氏硬度
Rockwell hardness number 洛氏硬度值
roller 轧辊
rolling 轧制
roll forging 辊锻
root face 钝边
roughness of surface 表面粗糙度
runner 横浇道

S

sand 砂
sand blasting 喷砂清理
sand casting process 砂型铸造
sand inclusion 砂眼
scab 夹砂结疤
scab loss 烧损
scale-less or free heating 少(或)无氧化加热
scarf joint 斜接接头
scraper 刮刀
scum 渣气孔
sealing adhesive 密封胶粘剂
seam welding 缝焊
selected laser sintering 选择性激光烧结
semi-solid metal casting 半固态金属铸造
setting 镦粗
setting ratio 锻造比
setting-up workpiece 安装工件
shake-out 落砂
shaving 修整
shielded metal arc welding 焊条电弧焊
shift 错型
shearing 剪切
shot blasting 抛丸清理
shower gate 雨淋式浇口
shrinkage hole 缩孔
shrinkage allowance 收缩余量
shut height 封闭高度
simple die 简单冲模
size precision 尺寸精度
slag 炉渣
slag inclusion 夹渣
slicing solid manufacturing 分层实体制造
slippage 滑动
slug 冲孔余料
soft tooling 软模
solder 软钎焊
solidification 凝固
solid pattern molding 整模造型
soldering 钎焊
solvent adhesive 溶剂型胶粘剂
solventless adhesive 无溶剂胶粘剂
spark-erosion machining 电火花加工
spark-erosion sinking 电火花成形
spark-erosion sinking machine 电火花成形机床
spark-erosion cutting with a wire 电火花线切割
spark-erosion cutting with a wire machine 电火花线切割机床
special casting 特种铸造
spheroidal graphite cast iron 球墨铸铁
spot welding 点焊
spray deposition 喷射沉积
spring back angle 回弹角
split pattern molding 分模造型
sprue 直浇道
stabilizer 稳定剂
stacking forming 堆积成形
stamping 冲压
start-forging temperature 始锻温度
steam-air forging hammer 蒸汽-空气锤
steam die forging hammer 蒸汽空气模锻锤
steel 钢
step gating system 阶梯式浇注系统
stereo lithography apparatus 立体光固化成形
stereo lithography file STL 文件
straight polarity 正接
strength 强度
stroke 行程
structural adhesive 结构胶粘剂
submerged-arc welding 埋弧焊

superconductivity 超导性
suppress moulding 压制成形
surface hardening 表面淬火
surface heat treatment 表面热处理
surface treatment 表面处理
surface turning 车平面
suspending agent 悬浮剂
suspension casting 悬浮铸造
sweep molding 刮板造型
sweep pattern 刮板模

T

table 工具台,工作台
tensile strength 抗拉强度
tensile testing 拉伸试验
thixo- casting 搅溶铸造
three dimensional printing and gluing 三维喷涂黏结
three-part molding 三箱造型
tool 刀具
three dimensional printing and gluing 三维喷涂黏结
transient surface 过渡表面
twisting 扭转
tungsten inert gas arc welding 钨极氩弧焊
ture centrifugal casting 离心铸造

U

ultrasonic inspection 超声波探伤
ultrasonic machining 超声波加工
undercut 咬边
upper dead point 上死点
upper table 上工作台
upsetting 镦粗
upset butt welding 电阻对焊

V

vacuum heat treatment 真空热处理
variety of shaper tools 刨刀的种类
vertical position welding 立焊
vermicular graphite cast iron 蠕墨铸铁
vernier calliper 游标卡尺
visual examination 外观检查

W

wad 连皮,填块
water resistance 耐水性
wax pattern 蜡模
wear offset 磨损补偿
weight 压铁
weldability 熔结性,可焊性,焊接性
welding 焊接
weld bond 熔合区
welding condition 焊接参数
weld crack 焊接裂纹
welding distortion 焊接变形
welding operation 焊接操作
welding point 焊接接头
welding position 焊接位置
welding seam 焊缝
welding stress 焊接应力
welding wire 焊丝
welding pool 焊接熔池
wettability 润湿性
wetting 湿润
wheelhead 砂轮架
whirl gate dirt trap system 离心集渣浇注系统
white cast iron 白口铁
work surface 待加工表面
wire drive device 走丝装置
wire travelling speed 走丝速度
work hardening 加工硬化
work head 头架
working motion 工作运动

Y

yield point 屈服点

主要参考文献

[1] 邓文英.金属工艺学.北京:高等教育出版社,第四版,2000

[2] 傅水根,马二恩,张学政.机械制造工艺基础.北京:清华大学出版社,1998

[3] 刘舜尧,李燕,邓曦明.制造工程工艺基础.长沙:中南大学出版社,2002

[4] 严绍华.材料成形工艺基础.北京:清华大学出版社,2001

[5] 夏巨谌.塑性成形工艺及设备.北京:机械工业出版社,2001

[6] 汤酞则.材料成形工艺基础.长沙:中南大学出版社,2003

[7] 何红媛.材料成形技术基础.南京:东南大学出版社,2004

[8] 沈其文.材料成形基础.武汉:华中理工大学出版社,1999

[9] 王寿彭.铸件形成理论及工艺基础.西安:西北工业大学出版社,1994

[10] 王文清,李魁盛.铸造工艺学.北京:机械工业出版社,1998

[11] 中国机械工程学会铸造专业学会.铸造手册:第6卷 特种铸造.北京:机械工业出版社,2000

[12] 胡忠,张启勋,高以熹.铝镁合金铸造工艺及质量控制.北京:航空工业出版社,1990

[13] 黄乃瑜等.面向21世纪的消失模铸造技术.特种铸造及有色合金,1998(4):37～40

[14] 谢长生等.半固态金属加工技术及其应用.北京:冶金工业出版社,1999

[15] 施江澜.材料成形技术基础.北京:机械工业出版社,2001

[16] 吕广庶,张远明.工程材料及成形技术基础.北京:高等教育出版社,2001

[17] 丁德全.金属工艺学.北京:机械工业出版社,2000

[18] 张永昌.金属喷射成形的进展.粉末冶金工业,2001(12):17～21

[19] 曹志强等.电磁铸造技术及其发展.轻金属,1995(10):51～53

[20] 魏华胜.铸造工程基础.北京:机械工业出版社,2002

[21] 姚泽坤.锻造工艺学与模具设计.西安:西北工业大学出版社,2001

[22] 鞠鲁粤.工程材料与成形技术基础.北京:高等教育出版社,2004

[23] 张启芳.热加工工艺基础.南京:东南大学出版社,1996

[24] (美)美国金属学会.金属手册:第九版.第十四卷 成型和锻造.北京:机械工业出版社,1994

[25] (美)T.阿尔坦等.现代锻造.陆索,译.北京:国防工业出版社,1982

[26] 汤酞则.冷冲压工艺与模具设计.长沙:湖南大学出版社,2007

[27] 丁松聚等.冷冲模设计.北京:机械工业出版社,1994

[28] 姜奎华.冲压工艺与模具设计.北京:机械工业出版社,1997

[29] 中国机械工程学会铸造学会.铸造手册.北京:机械工业出版社,2001

[30] 中国机械工程学会焊接学会.焊接手册.北京:机械工业出版社,2001

[31] 中国机械工程学会锻压学会.锻压手册.北京:机械工业出版社,2001

[32] 孙大涌.先进制造技术.北京:机械工业出版社,2000

[33] 袁哲俊.精密和超精密加工技术.北京:机械工业出版社,1999

[34] 肖景容.冲压工艺学.北京:机械工业出版社,2000

[35] 夏巨谌.精密塑性成形工艺.北京:机械工业出版社,1999

[36] 颜永年.先进制造技术.北京:化学工业出版社,2002

[37] 熊腊森.焊接工程基础.北京:机械工业出版社,1990

[38] 林尚杨.焊接机器人及其应用.北京:机械工业出版社,2000

[39] 邹茉莲.焊接理论及工艺基础.北京:北京航空航天大学出版社,1994
[40] 王寿彭.铸件形成理论及工艺基础.西安:西北工业大学出版社,1994
[41] 邱明恒.塑料成型工艺.西北工业大学出版社,1994
[42] 汪啸穆.陶瓷工艺学.北京:中国轻工业出版社,1994
[43] 王盘鑫.粉末冶金学.北京:冶金工业出版社,1997
[44] 郑明新.工程材料.北京:清华大学出版社,2000
[45] 屈华昌.塑料成型工艺与模具设计.北京:高等教育出版社,2005
[46] 李德群等.中国模具设计大典:第二卷 轻工模具设计.江西:江西科学技术出版社,2002
[47] 李德群.塑性成型工艺及模具设计.北京:机械工业出版社,1994
[48] (俄罗斯)C. A.库尔金.焊接结构生产工艺:机械化与自动化图册.关桥等译,北京:机械工业出版社,1995
[49] 王兴天.注塑成型技术.北京:化学工业出版社,1989
[50] 张留成等.高分子材料基础.北京:化学工业出版社,2002
[51] 申开智.塑料成型模具.北京:中国轻工业出版社,2002
[52] 王贵恒.高分子材料成形加工原理.北京:化学工业出版社,1995
[53] (日)安腾宏平,长谷川雄.焊接电弧现象.施雨湘,译.北京:机械工业出版社,1988
[54] (日)舟久保等.形状记忆合金.千东范,译.北京:机械工业出版社,1992
[55] Hardwick R, Doherty A. High Energy Rate Forming-Considerations and Production Methods. Sheet Metal 1nd. 1998(4)
[56] Ogasawara T,Matuyama T, Saito T, et al.. A Power Souce for Gasshield Arc Welding with New Current Waveforms. Welding Journal. Mar. 1987:57~63
[57] (美)Rao P N.制造技术:铸造、成形和焊接(英文版).北京:机械工业出版社,2003